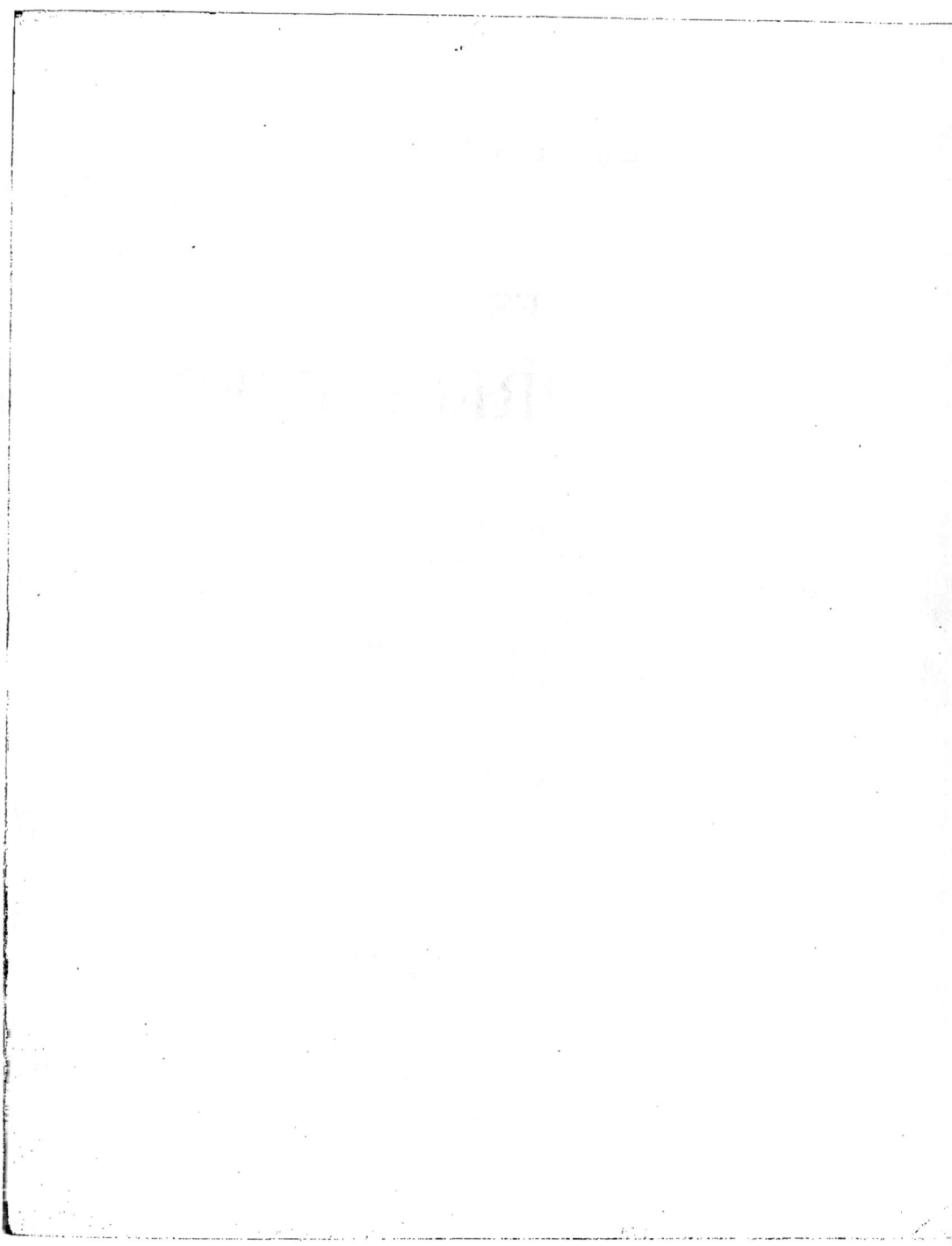

JEAN ESCARD

LES
PIERRES PRÉCIEUSES

Propriétés caractéristiques et procédés de détermination.
Diamant, gemmes quartzeuses, silicatées, alumineuses.
Perles. Corail. Gisements gemmifères : distribution géographique,
exploitation, production.
Travail des gemmes. Utilisation dans les arts industriels.
Production artificielle. Imitations. Lois et règlements.

PARIS

H. DUNOD ET E. PINAT, LIBRAIRES-ÉDITEURS

49, QUAI DES GRANDS-AUGUSTINS, 49

1914

LES PIERRES
PRÉCIEUSES

lège, le minéral doit posséder un certain nombre de qualités qui sont les suivantes :

Il doit d'abord être *transparent* et d'une *très belle eau*, c'est-à-dire parfaitement limpide. Sa *couleur* doit être *vive et franche*, c'est-à-dire sans nuances vagues et indécises. Il doit en outre posséder un grand *éclat* ou de beaux *jeux de lumière* : ces qualités sont sous la dépendance directe de ses caractères optiques, et notamment de sa dispersion et de sa réfringence, propriétés dont il sera question plus loin. Enfin, toutes les pierres précieuses sont naturellement *dures*, c'est-à-dire résistent à l'usure par le frottement, ce qui leur permet de conserver indéfiniment leur poli, leur éclat et leurs feux. Le caractère de la *densité* a aussi une grande valeur pour la détermination des gemmes, car il est lié étroitement à leur réfringence ; aussi la plupart des pièces précieuses sont-elles toujours assez lourdes.

La place d'un minéral est d'autant plus élevée dans la hiérarchie des gemmes que ces diverses qualités, dans un même échantillon, sont plus développées et en même temps réunies. Il existe cependant des pierres estimées, en petit nombre il est vrai, qui ne sont ni transparentes, ni pesantes, ni à grand éclat, ni d'une couleur vive. Telles sont en particulier la chatoyante opale et le labrador aux effets changeants dont les beaux reflets irisés constituent le principal attrait. Telle est également la turquoise dont la délicate couleur bleu tendre fait la valeur et suffit à compenser l'opacité complète. Aussi la définition précédente ne saurait-elle être absolue et doit-on seulement la regarder comme une loi approchée supportant quelques exceptions.

Aux qualités énoncées, il faut du reste ajouter deux autres facteurs d'estimation qui n'ont aucun caractère scientifique mais jouent cependant un rôle important dans l'appréciation commerciale des pierres précieuses : la *rareté* et la *mode*.

Le prix des gemmes est en rapport si étroit avec leur abondance plus ou moins grande sur le marché qu'à certaines époques on en a vu

PRÉFACE

L'homme a toujours aimé se parer des richesses de la nature. Mis dès le début en présence de tout ce qu'elle détient de grâce et de beauté aussi bien dans le règne organisé que dans le règne minéral, il a été vite attiré par ce qu'elle lui offrait à la fois de plus éclatant et de plus durable : les *gemmes*.

Et, aujourd'hui comme aux premiers siècles de l'Histoire, plus encore peut-être, le luxe des pierreries n'a d'égal que celui de la fortune ; il semble cependant avoir toujours su s'adapter, plus ou moins, aux exigences, aux goûts et aux mœurs de toutes les époques. En effet, tandis que les plus favorisés de la richesse recherchent avidement et conservent pour leur seule rareté des pierres exceptionnelles arrivées miraculeusement au jour sous la pioche du mineur, plus modestes mais aussi plus épris d'idéal et mus par l'instinct du beau, l'amateur, l'artiste convoitent, eux aussi, d'autres gemmes ; mais dans leur choix ils sont attirés moins par le désir d'amonceler des trésors que par celui de jouir d'un objet dont les qualités physiques et la délicate harmonie des effets permettront de réaliser une œuvre rêvée.

*
* *

Qu'est-ce donc qu'une pierre précieuse ? Peut-on appeler ainsi tout minéral d'une certaine rareté, doué d'une belle coloration et susceptible d'acquérir un éclat remarquable ? Non, pour pouvoir jouir de ce privi-

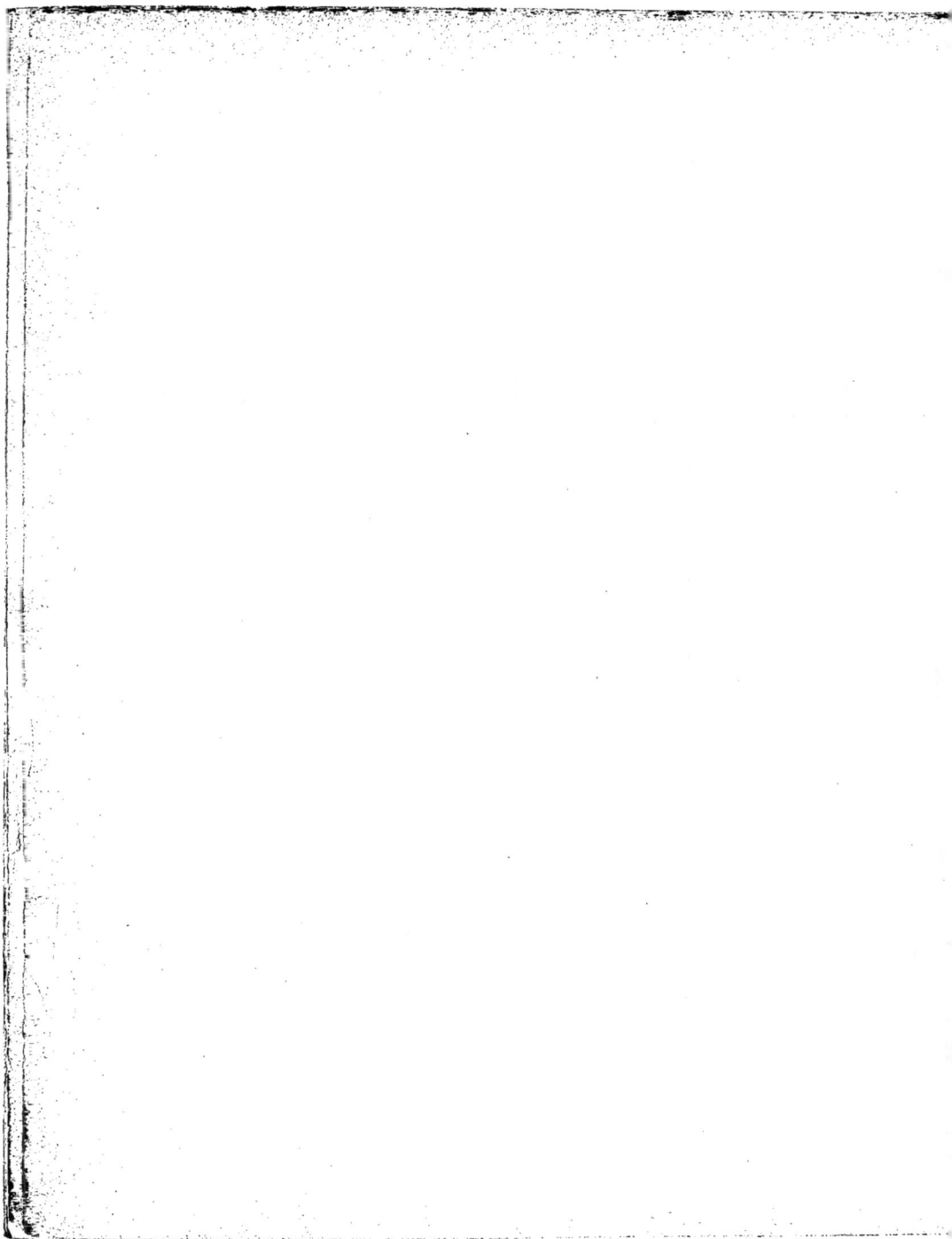

JEAN ESCARD

LES
PIERRES PRÉCIEUSES

Propriétés caractéristiques et procédés de détermination.
Diamant, gemmes quartzeuses, silicatées, alumineuses.
Perles. Corail. Gisements gemmifères : distribution géographique,
exploitation, production.
Travail des gemmes. Utilisation dans les arts industriels.
Production artificielle. Imitations. Lois et règlements.

PARIS
H. DUNOD ET E. PINAT, LIBRAIRES-ÉDITEURS
49, QUAI DES GRANDS-AUGUSTINS, 49

1914

atteindre tout à coup des cours inaccoutumés. Le rubis en fournit un exemple frappant, car son prix atteint parfois et peut même dépasser celui du diamant. La dernière « crise américaine du diamant », qui date de 1907, a même engendré une si grande baisse de prix de cette gemme qu'elle a été cause, pendant plusieurs mois, d'un arrêt complet des affaires.

La mode agit de même en discréditant momentanément certaines pierres jusque là très appréciées et en faisant jouir d'une estime inespérée des gemmes secondaires. Ainsi la topaze, après avoir été très appréciée, est aujourd'hui démodée. Au contraire, grâce à la faveur accordée actuellement aux bijoux artistiques, certaines pierres dénommées précisément « pierres de fantaisie » sont de plus en plus recherchées. Nombre de belles variétés de quartz, de jaspe, d'agate, de feldspath, sont dans ce cas ; par la diversité de leurs nuances, la variété d'éclat et de poli dont elles sont susceptibles sous le doigt du graveur et du lapidaire, elles se prêtent admirablement à la réalisation de sujets artistiques de goût parfait. La gravure et la sculpture sur gemmes en ont fourni dans ces dernières années de nombreux exemples.

Quant à la *nature chimique* et à la *forme cristalline*, si intéressantes soient-elles aux yeux du minéralogiste et de l'expert au point de vue de l'identification des gemmes, elles ne constituent pas une propriété qualitative de ces dernières. On rencontre parmi les gemmes des pierres de toutes compositions, et les multiples modalités que peut prendre la symétrie cristalline y sont également représentées.

Il convient enfin d'insister sur ce fait que la *couleur* des gemmes n'a aucune valeur et ne peut être d'aucun secours pour leur détermination. Elle est due à une sorte de teinture naturelle (oxydes métalliques généralement) presque toujours indosable à l'analyse et, ainsi, ne constitue pas une propriété moléculaire en rapport avec la nature chimique du minéral. Par suite, des pierres de composition différente peuvent avoir exactement la même coloration et, inversement, une même espèce peut offrir des couleurs variées. Ainsi, certaines variétés de tourmaline (rubellite), de corindon (saphir rose), de cristal de roche (quartz rose), de triphane (kunzite), de béryl (béryl rose ou morganite), possèdent une coloration rosée telle que le simple aspect de ces pierres taillées ne permet pas de les différencier. D'autre part, M. Lacroix a récemment signalé à Madagascar la présence de tourmalines fournissant toute la gamme des couleurs. Il s'en trouve de parfaitement incolores ; d'autres sont rouges et des rouges les plus divers : sang de pigeon comme les plus belles variétés de rubis, rouges plus ou moins violacées et passant insensiblement de cette teinte au rose le plus tendre ; certains échantillons sont verts ou bleus ; on en rencontre également de bruns avec, parfois, une teinte enfumée ; d'autres enfin sont de couleur jaune ou jaune d'or.

On ne doit donc pas dire, contrairement à ce que beaucoup de personnes affirment sans se rendre compte de leur erreur : telle pierre est du rubis parce qu'elle est rouge, telle autre du saphir parce qu'elle est bleue, telle autre de l'émeraude parce qu'elle est verte, telle autre encore de la topaze parce qu'elle est jaune. Cette affirmation est d'autant plus fausse que la liste des gemmes, loin d'être close, s'accroît de temps à autre de nouvelles variétés et même d'espèces entièrement nouvelles.

Ainsi, dans ces vingt dernières années, la découverte de plusieurs gisements gemmifères a fait apparaître sur le marché des pierres jusquelà ignorées et susceptibles cependant de donner, après la taille, de fort belles gemmes. C'est le cas, par exemple, de certaines variétés d'orthose dont les plus communes sont l'un des principaux constituants des roches granitiques. M. Lacroix en a signalé à Madagascar des spécimens parfaitement limpides et d'une superbe coloration jaune d'or. Le grenat spessartine de couleur orangée, qui commence à être apprécié en joaillerie, était également inconnu il y a quelques années. On peut en dire autant de certaines tourmalines légèrement teintées de bleu, du béryl rose et d'autres gemmes qui ne demandent qu'à être mieux connues pour jouir de l'estime des connaisseurs à l'égal des plus belles gemmes orientales.

*
* *

Mais, à côté de toute cette réserve naturelle de richesses que le sol
ne laisse échapper qu'avec parcimonie et dont l'estimation est impossible,
il n'est pas sans intérêt de connaître ce qu'il a déjà abandonné à la
parure et à la frivolité humaine.

A ce point de vue, la valeur collective des gemmes, brutes ou taillées, montées ou non montées, atteint des chiffres véritablement surpre-
nants. Depuis 1871, date à laquelle ont été découverts les gisements de
l'Afrique Australe, il n'a pas été extrait de ces derniers pour moins de
cinq milliards de francs de diamants. La seule ville de New-York possède
pour plus de 250 millions de dollars de gemmes taillées. En France, la
valeur globale des pierres précieuses atteint le chiffre formidable de cinq
milliards dont 500 millions seulement en dépôt chez les commerçants et
fabricants joailliers. On achète encore annuellement dans le monde entier
pour 600 millions de diamants taillés, soit 140 millions de francs environ de diamants bruts. Et ces chiffres n'entendent pas la quantité
énorme de diamants, perles et pierres de toutes couleurs passés en
fraude.

Aussi les gemmes sont-elles plus qu'un ornement, qu'une superbe
parure pour la femme ; elles constituent un capital, une réserve utile aux
époques difficiles. Et, en fait, les banques les ont souvent acceptées en
garantie de prêts d'argent. Étant d'un très petit volume et d'un poids
minime, elles représentent une valeur très grande, facilement transpor-
table et qui peut être d'un grand secours dans une période critique.

Là, cependant, ne se borne pas le rôle utile des gemmes. Elles sont
encore susceptibles d'applications industrielles importantes. Dans ces
dernières années, en effet, on a su tirer parti des gemmes inutilisables
en joaillerie par suite de leur transparence imparfaite ou de leurs défauts.
C'est ainsi que les diamants impurs, les corindons opaques, certains
rubis et saphirs, les grenats à structure irrégulière, sont utilisés comme

abrasifs pour user et polir les pierres dures. Le carbonado ou diamant noir sert, dans les perforateurs, pour creuser des tunnels et effectuer des travaux de sondage à de grandes profondeurs. Le cristal de roche, ou quartz hyalin, sert à la fabrication des instruments d'optique et, à l'état fondu, comme matière première des creusets et tubes destinés à supporter de hautes températures. De même, certaines variétés de quartz opaques, les agates, donnent par leur fusion au four électrique, des matières susceptibles, après polissage, d'applications artistiques nombreuses. Enfin, de certaines gemmes (zircon, émeraude, etc.), on a pu extraire des éléments rares chers aux chimistes et que l'industrie sait utiliser.

Toutes ces applications, pour la plupart récentes, n'ont pas été simplement le point de départ de nouveaux progrès : elles ont permis de tirer parti des pierres impropres au travail de la taille et qui constituaient jadis un rebut inutilisable.

Depuis quelques années cependant, les pierres naturelles ont à lutter avec une concurrence demeurée longtemps insoupçonnée : celle des *pierres synthétiques*, encore appelées gemmes artificielles ou reconstituées. C'est que l'industrie, profitant des résultats acquis par la Science et progressant elle-même à sa suite, a pu réaliser la synthèse de certaines gemmes (rubis, saphir, etc.) dans des conditions si économiques que le commerce de la joaillerie s'en est profondément ressenti. Par leur composition aussi bien que par leurs qualités physiques, les pierres artificielles peuvent en effet soutenir la concurrence des pierres naturelles dont elles ont la dureté, la couleur et l'éclat.

Il y a enfin les *imitations*, connues de temps immémorial puisque les Anciens pratiquaient déjà l'art de contrefaire les gemmes, mais qui, à l'inverse des pierres synthétiques, ne possèdent ni la composition, ni la durée, ni l'éclat des véritables gemmes ; elles ne leur ressemblent que par la couleur et la transparence. Constituées pour la plupart par de simples morceaux de verre habilement taillés, elles ne supportent pas

l'épreuve du temps ; aussi perdent-elles rapidement leur brillant et leurs feux. Leur fabrication a cependant atteint un si grand degré de perfection qu'il est souvent impossible de les caractériser à première vue et que l'intervention de l'expert est nécessaire.

*
* *

L'étude des pierres précieuses n'offre donc pas seulement de l'intérêt en satisfaisant notre curiosité naturelle ; elle a une portée plus générale et plus pratique. Science très attrayante par elle-même, puisqu'elle nous met en présence et nous fait jouir des plus belles productions de la nature, elle a aussi le mérite de nous intéresser quant à leur genèse, de nous faire connaître leurs gisements, leurs caractères distinctifs et les débouchés qu'elles offrent à l'activité des travailleurs, des savants et des artistes. Enfin elle nous instruit utilement en nous prévenant et en nous armant contre la tromperie et la fraude.

A ces multiples points de vue, un ouvrage consacré aux gemmes doit être le bienvenu et semble appelé à rendre d'utiles services. Aux géologues et aux prospecteurs, chercheurs infatigables de nouvelles richesses dans des contrées lointaines, il peut servir de guide en mettant entre leurs mains le bagage scientifique nécessaire au profit et à l'utilité de leurs découvertes et en leur facilitant d'heureuses trouvailles. Aux lapidaires et aux joailliers, il fait connaître les résultats à atteindre et les nouveaux essais à tenter pour perfectionner encore, s'il se peut, le travail de la taille, le montage et le sertissage des pierres. Aux artistes graveurs sur gemmes il donne les éléments de nouvelles compositions et les guide dans leur choix. Aux industriels il montre les gemmes susceptibles d'utilisation pratique, leurs gisements et leur valeur. Aux gens du monde enfin, il apprend à mieux connaître et peut-être aussi à mieux apprécier les richesses qu'ils possèdent et dont ils ignorent pour la plupart l'origine, la valeur et même la nature.

Cet ouvrage semblait d'autant plus s'imposer qu'il n'en existe aucun de récent en France sur cette importante question, alors que les littératures scientifiques étrangères en possèdent chacune plusieurs. Et, si l'on en juge par les éditions successives auxquelles ont donné lieu ces ouvrages en très peu de temps, on se rendra compte de l'intérêt qui s'attache au sujet qui nous occupe. On en trouve une autre preuve dans les nombreux travaux effectués dans ces dernières années sur les gemmes. En particulier, un de nos plus savants minéralogistes, M. Lacroix, professeur au Muséum, a fait connaître par d'importants mémoires les résultats de ses recherches sur les traits distinctifs et les conditions de gisement d'un grand nombre de pierres précieuses [1]. M. de Launay, ingénieur au Corps des Mines, a également précisé plusieurs points importants de la science des gemmes, notamment en ce qui concerne leur dif-

1. La plupart des minéraux reproduits dans ce volume proviennent soit du Muséum d'Histoire naturelle, soit de notre collection personnelle. Nous adressons tous nos remerciements à M. le Professeur Lacroix, de l'Institut, qui a obligeamment mis à notre disposition un grand nombre d'échantillons de la riche collection du Muséum et a facilité ainsi notre tâche.

Nous nous faisons un devoir d'exprimer également notre gratitude envers plusieurs personnalités du monde savant et industriel, qui nous ont aimablement autorisé à reproduire, ou nous ont même communiqué des documents précieux pour l'illustration de ce travail, particulièrement à MM. E. Babelon, de l'Institut, professeur au Collège de France ; Raphaël Dubois, professeur à la Faculté des sciences de Lyon ; L. de Launay, de l'Institut, professeur à l'École supérieure des Mines ; A. Dumas, directeur du *Génie civil* ; Roger Sandoz, secrétaire de la Société de propagation des livres d'art ; Maillet, directeur du *Moniteur de la joaillerie* ; Templier et H. Vever, président et secrétaire de la Chambre syndicale de la joaillerie ; Ch.-Ed. Guillaume, directeur-adjoint du Bureau international des poids et mesures.

Nous devons remercier MM. Eknayan, Chaumet, Pinier, Asscher, Stachling, Kunz, Cattelle, Vuillerme, Claremont, Haardt, lapidaires en pierres précieuses ou auteurs de recherches personnelles sur les gemmes, qui ont bien voulu nous fournir nombre de renseignements connus seulement des praticiens et dont la mise au jour était nécessaire pour un sujet d'aussi vaste étendue.

fusion et leur exploitation. Enfin, de récentes missions organisées dans nos colonies et à l'étranger en vue d'étudier sur place des gisements problématiques ou peu connus et d'amener, si possible, à de nouvelles découvertes, ont contribué à étendre considérablement nos connaissances sur les gemmes.

Tous ces travaux, dont on trouvera les résultats dans ce volume à côté des recherches personnelles que nous avons nous-même effectuées en vue de la détermination des gemmes par la seule connaissance de leurs caractères physiques, constituent comme les jalons d'un immense champ d'expériences, témoin des données acquises et guide des recherches futures. Il appartient à chacun, et surtout aux représentants les plus autorisés de la Science, de compléter et aussi de préciser les points les moins élucidés de l'étude des pierres précieuses, et dont les plus captivants sont certainement ceux qui ont trait à leur origine première et à leur venue au jour.

JEAN ESCARD

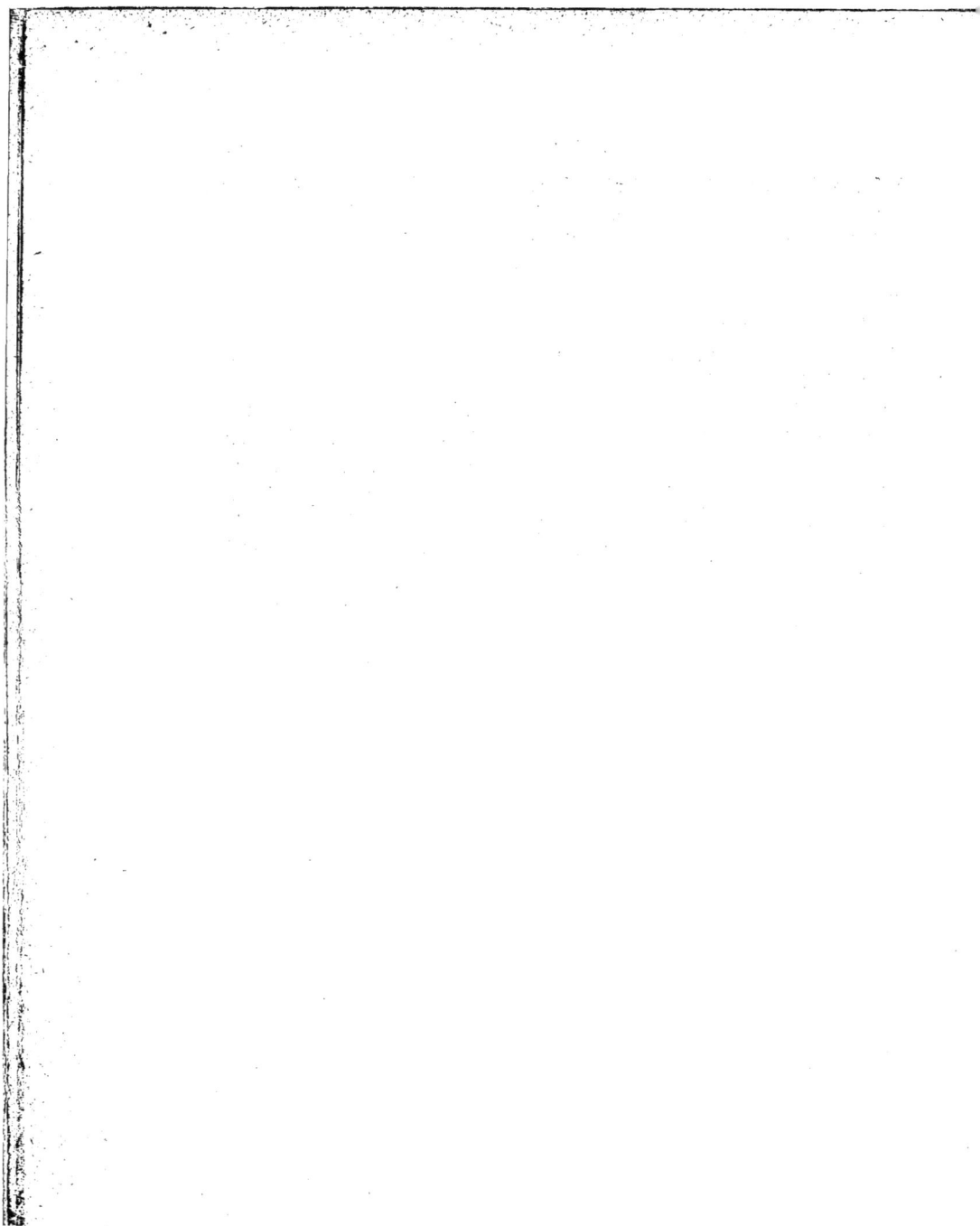

TABLE SYSTÉMATIQUE DES MATIÈRES

Pages.

PRÉFACE V

CHAPITRE 1

Aperçu historique : idées des Anciens et des Modernes sur la nature et les propriétés des gemmes.

I. — Emploi comme objet de parure.

Les Anciens.. 3
Les Grecs et les Romains... 5
Les premières pierreries en France 6
La perle.. 7

II. — Emploi comme emblèmes et talismans. — Les cachets gravés.

Les Hindous, les Égyptiens... 9
Les Grecs et les Romains 10
Les Arabes et les Persans.. 11
Le Moyen-Age 11
De l'alchimie à l'époque actuelle.. 11
Emploi divers des gemmes 13

III. — Origine, constitution et propriétés.

Les Anciens.. 13
Les philosophes et les savants des premiers siècles.......................... 14
Du IVe au XIVe siècle.. 15
Du XVe au XIXe siècle.. 15
Les perles... 16
Le corail.. 17
La phosphorescence des gemmes 18

IV. — *La fraude et les imitations.*   Pages.

Les Égyptiens, les Romains... 19
Les « cristalliers » et les « pierriers de voirre » du XIIIe au XVIe siècle 20
L'art du faux et ses conséquences.. 21
Le stras.. 22

CHAPITRE II

Propriétés caractéristiques et procédés de détermination des pierres précieuses.

I. — *Cristallisation.*

Cristaux... 24
Origine des cristaux. — Système cristallin 25
Détermination des formes cristallines. — Goniomètres 28

II. — *Densité.*

Importance de la densité dans la détermination des gemmes.......................... 30
Mesure de la densité : Emploi des solutions denses. — Balance densimétrique........... 31
Tableau de la densité des principales gemmes 32
Emploi de la balance hydrostatique et méthodes dérivées. — Balance de Jolly, Pycnomètre,
    Aréomètre de Nicholson.. 36
Emploi des éprouvettes graduées. — Densivolumètres 39

III. — *Dureté, Cohésion, Clivage.*

Définition de la dureté.. 43
Rôle de la dureté dans la détermination des gemmes. — Échelle de dureté......... 44
Classification des gemmes d'après leur dureté....................................... 45
Mesure de la dureté 46
Appareils pour mesurer la dureté : scléromètres 47

IV. — *Propriétés optiques.*

Réfrigence simple et double. — Réfractomètres. — Méthode d'immersion............. ... 48
Tableau des indices de réfraction des principales gemmes 51
Pouvoir de dispersion, feux, scintillement 52
Eclat, phénomène de l'imbibition.. 53

V. — *Estimation commerciale des pierres précieuses.*

Unité de poids des gemmes : carat métrique... 54
Multiples et sous-multiples du carat.. 57
Balances carat-métrique 58
Tables et règles de concordance 60
Calibres... 62
Valeur commerciale des pierres précieuses... 63

CHAPITRE III

Particularités diverses présentées par les pierres précieuses.

I. — *Transparence et couleur.*   Pages.

Classification des gemmes d'après leur couleur.. 66
Rôle secondaire de la coloration dans la détermination des gemmes 66
Origine de la coloration : présence de matières étrangères 69
Influence des phénomènes optiques. — Irisation, chatoiement, polychroïsme, double coloration.. 71
Modification de la coloration des gemmes :
 1º Par l'action de la chaleur... 74
 2º Par l'action des substances radioactives 75
 3º Par l'action des rayons ultra-violets, des rayons X, des rayons cathodiques....... 78
 4º Par les actions chimiques 79
Transparence et opacité des pierres précieuses pour les rayons X..................... 81

II. — *Phosphorescence et fluorescence.*

Phosphorescence par la lumière solaire............. 82
Phosphorescence par les décharges électriques et les tubes de Crookes................ 82
Action du radium : fluorescence scintillante 84
Fluorescence par les rayons violets du spectre 85

III. — *Propriétés diverses.*

Cassure. — Géodes cristallines. — Stries.......... 86
Étude microscopique. Inclusions 87
Température de fusion 89
Conductibilités calorifique et électrique. — Dilatation par la chaleur............... 91
Pyro et thermo-électricité. — Caractères chimiques 92

CHAPITRE IV

Le Diamant.

I. — *Propriétés générales.*

Caractères distinctifs. — État naturel 94
Propriétés physiques : formes cristallines holoédriques et hémiédriques, macles, courbures,
 dureté, clivage, éclat, stries, impressions, cavités et inclusions, densité 96
Colorations diverses.. 103
Propriétés optiques..... 104
Action de la chaleur.. 105
Propriétés chimiques : combustion dans l'oxygène, action de diverses substances........ 106
Impuretés des diamants..........,.. 107

Pages.

Dimension des diamants bruts 108
Mode de formation dans la nature 109

II. — *Histoire de quelques diamants.*

Le Régent 111
Le Sancy 112
L'Étoile du Sud, la Table de Tavernier 113
Le Grand-Mogol, le Kohi-Noor 114
L'Étoile de l'Afrique du Sud, le Stewart, le Nizam 115
La Lune des Montagnes, le diamant de l'impératrice Eugénie, le Shah 116
Le Pigott, le Nassack, le diamant de Dresden 117
Le Florentin, l'Excelsior, le Jubilee, le Cullinan 118
Autres diamants célèbres. — Diamants de la Couronne 120

CHAPITRE V

Gisements diamantifères.

I. — *Énumération et description des principaux gisements.*

Gisements de l'Inde : gisements du Sud, du Centre, du Nord 124
Gisements du Brésil :
Gisements de rivières 129
Gupiarras, gisements de plateaux 130
Description de quelques gisements 130
Gisements du Cap :
Découverte 131
Principaux gisements 134
Cheminées diamantifères : constitution géologique, mode de formation, blue ground .. 134
Autres gisements diamantifères :
Bornéo 139
Sumatra, Australie 140
Sud-Ouest africain et Libéria, Guyane anglaise, Amérique du Nord 141
Chine, Europe 142
Gisements problématiques 143
Météorites diamantifères 143

II. — *Exploitation des gisements diamantifères.*

Extraction du minerai : gisements d'alluvions, mines 145
Traitement de la terre diamantifère au sortir de la mine : pulsators et tables à graisse, tube-mill 149
Prix et production 153
Législation des mines 155

CHAPITRE VI

Gemmes quartzeuses.

                                                  Pages.

Propriétés générales. — Classification... 157

I. — *Groupe du quartz proprement dit.*

Quartz hyalin ou cristal de roche :
Caractères minéralogiques.. 158
Principaux gisements.. 161
Utilisation.. 162
Améthyste :
Caractères minéralogiques.. 163
Utilisation... 164
Principaux gisements... 164
Exploitation et premier traitement... 167
Quartz enfumé (diamant d'Alençon, topaze enfumée)................................ 167
Quartz jaune (citrine, fausse topaze)... 167
Quartz rouges et roses.. 168
Quartz bleus (saphir de France) et verts.. 169
Girasol, quartz iris, œil-de-chat (quartz chatoyant) et œil-de-tigre, aventurine........... 170

II. — *Groupe de la calcédoine.*

1° CALCÉDOINES DE TEINTE UNIFORME.

Calcédoine proprement dite, cornaline... 171
Prase, chrysoprase... 172
Héliotrope, sardoine... 173

2° AGATES.

Sardonyx et agate nicolo... 173
Onyx, agates arborisées, moussues, rubannées....................................... 174
Principaux gisements d'agate... 175
Traitements après extraction. — Agates baignées.................................... 176

3° JASPES ET BOIS SILICIFIÉS.

Jaspes.. 177
Bois silicifié ou quartz xyloïde.. 177

III. — *Opales.*

Opale noble ou orientale :
Principaux gisements... 181
Origine géologique.. 182
Opale de feu ou opale flamboyante.. 183
Variétés diverses : opale rose (rosopale), résinite, hydrophane, hyalite.................. 184

CHAPITRE VII
Gemmes silicatées.
I. — *Silicates simples.*

Pages.

Zircon : caractères, variétés, gisements.. 185
Disthène... 188
Cyanite, andalousite... 189
Fibrolite, dumortiérite, rhodonite.. 190

II. — *Feldspaths nobles.*

Adulaire... 191
Orthose opalisant et aventuriné, pierre-de-lune...................................... 192
Obsidienne : obsidiennes chatoyante et aventurinée, perlite.......................... 193
Amazonite.. 194
Pierre-de-soleil, labrador... 195
Outremer (lapis-lazuli).. 195
Sodalite, jadéite.. 197

III. — *Silicates complexes.*

Triphanes : kunzite, hiddenite... 198
Diopside et diallage... 199
Cordiérite (saphir d'eau).. 200
Saphirine.. 201
Péridot (olivine, chrysolithe)... 201
Topazes : classification et propriétés, variétés, gisements.......................... 203
Danburite.. 206
Jade (néphrite).. 207
Kornepurine.. 209
Bénitoïde, staurotide (pierre de croix), épidote..................................... 210
Chrysocolle et dioptase, serpentine.. 211
Pagodite... 212

CHAPITRE VIII
Grenats, Tourmalines et Béryls.
I. — *Grenats.*

Propriétés. — Classification... 213
Grossulaire.. 214
Pyrope... 215
Almandin... 216
Spessartine, mélanite.. 217
Ouwarowite, idocrase... 219
Californite.. 220

II. — *Tourmalines.*

Propriétés. — Classification... 220
Rubellite... 223
Indicolite (saphir du Brésil), tourmaline verte 224
Tourmalines jaune verdâtre et jaunes, tourmalines brunes et noires, achroïte.. 225
Principaux gisements de tourmaline... 226

III. — *Béryls.*

Émeraude et aigue-marine.. 229
Gisements de béryls.. 231
Béryl rose (morganite)... 237
Euclase et phénacite... 238

CHAPITRE IX

Gemmes de compositions diverses non silicatées.

I. — *Gemmes alumineuses ou gemmes orientales.*

Famille des corindons.. 239
Rubis.. 240
Procédés de différenciation des diverses variétés de rubis : texture, densité, fluorescence
    et phosphorescence... 241
Principaux gisements de rubis.. 243
Valeur et poids des rubis. — Rubis célèbres...................................... 245
Saphir... 247
Principaux gisements de saphir.. 248
Gemmes orientales de diverses couleurs : émeraude, améthyste et topaze orientales, saphir
    rose, astérie, corindon hyalin (saphir blanc), saphir girasol, saphir opalescent........ 250

II. — *Aluminates.*

Spinelles.. 252
Variétés diverses de spinelle.. 253
Principaux gisements de spinelle... 254
Cymophane : chrysobéryl, alexandrite.. 255
Rhodizite..

III. — *Gemmes diverses.*

Turquoise orientale.. 256
Principaux gisements de turquoise orientale...................................... 257
Turquoise occidentale (odontolithe). — Variétés diverses......................... 259
Lazulite... 260
Malachite.. 261
Azurite, fluorine.. 262
Pyrite et marcassite, oligiste, jais... 264

CHAPITRE X

Perle, Corail, Ambre.

I. — La Perle.

Pages.

Origine des perles. Mollusques producteurs de perles............................... 266
Structure et composition des perles.. 268
Propriétés chimiques... 270
Propriétés physiques : couleur, orient, lustre ou satiné, eau, irisation.................. 271
Forme et grosseur... 274
Qualités mécaniques : résistance, dureté. — Densité............................... 275
Mode de formation.. 275
Production forcée de la perle. — Perles artificielles ou perles de nacre................. 277
Propriétés des perles artificielles.. 279
Pêcheries de perles.. 280
Moules perlières.. 282
Récolte des huîtres perlières.. 283
Ostréiculture perlière... 284
Perles d'imitation ou perles fausses... 288

II. — Le Corail.

Origine et constitution.. 289
Pêche du corail.. 290
Différentes variétés de corail... 291
Lieux de production et commerce.. 292

III. — L'Ambre.

Origine, constitution, propriétés.. 292
Gisements et exploitation... 293
Industrie de l'ambre.. 294
Imitations.. 294

CHAPITRE XI

Production artificielle des pierres précieuses.

I. — Procédés généraux de synthèse.

Exposé technique de la question... 296
Méthodes employées :
1° Fusion simple et cristallisation par refroidissement............................. 297
2° Fusion en présence d'un dissolvant volatilisable ou non à la température de l'opération.. 298
3° Réactions chimiques en présence de vapeurs.................................... 299
4° Actions des minéralisateurs.. 299

Pages.

II. — *Diamant.*

Historique... 300
Emploi de l'argent comme dissolvant du carbone......................... 301
Emploi de la fonte de fer :
Marche de l'expérience... 302
Propriétés des diamants de synthèse..................................... 303
Les diamants de l'acier.. 305
Emploi de l'arc électrique dit musical................................... 305
Emploi des hydrocarbures gazeux... 306
Electrolyse du carbure de calcium....................................... 308
Recherches diverses.. 310
Avenir du diamant artificiel 311

III. — *Gemmes orientales.*

1° Rubis et saphir synthétiques.

Premières recherches 312
Procédé Fremy et Feil.. 315
Emploi du four électrique. — Procédé aluminothermique................... 317

2° Gemmes orientales dites reconstituées.

Principe de la fabrication 319
Four de fusion. — Marche de l'opération................................. 320
Propriétés des rubis reconstitués. — Différences avec les rubis naturels ... 321
Autres gemmes : saphir, topaze, émeraude orientales..................... 323

IV. — *Gemmes diverses.*

Quartz... 325
Opales... 326
Topaze, émeraude... 327
Phénacite, péridot... 328
Zircon, grenats.. 329
Spinelles.. 330
Cymophane.. 332
Azurite et malachite... 333
Oligiste, labrador, dioptase, cordiérite (saphir d'eau)................. 334

CHAPITRE XII

Travail des pierres précieuses.

I. — *Diamant.*

Histoire de la taille.. 338
Clivage.. 341

Pages.

Sciage, ébrutage 343
Polissage 344
Formes diverses de taille 348
Brillants 349
Roses 350
Briolettes, pendeloques, tables 351
Tailleries de diamant 352

II. — *Pierres de couleur, perles, corail.*

Travail 354
Formes diverses de taille : taille à degrés, cabochons, gouttes 356
Opérations spéciales. — Sciage 358
Polissage à la meule de grès 360
Perçage 362
Travail du corail 363
Montage des pierres précieuses 364

CHAPITRE XIII

Gravure et sculpture sur gemmes : camées et intailles.

I. — *Résumé historique de la gravure sur gemmes.*

Égypte 367
Chaldée, Assyrie, Perse et Phénicie 368
Palestine, Cypre et Carthage. Intailles mycéniennes 370
Glyptiques grecque et étrusque 371
Période hellénistique 372
Rome et le Haut-Empire 373
Glyptique byzantine 375
Du xᵉ au xvᵉ siècle 376
Le xvᵉ et le xvıᵉ siècle 377
La glyptique en France jusqu'à la fin du xvıııᵉ siècle 378
Le xıxᵉ siècle. L'époque actuelle 381

II. — *Technique de la gravure sur gemmes.*

Instruments 382
Matières employées 383
Travail 385
Imitations 386

III. — *Gemmes gravées.*

Diamant 388
Corindon, rubis, saphir 389
Cristal de roche 390

Pages.

Améthyste.. 392
Quartz impurs : cornaline, agates, sardonyx.. 393
Jaspe, opale, calcédoine, obsidienne............ 396
Émeraude et aigue-marine... 397
Topaze, grenat 398
Spinelle (rubis balais), turquoise, lapis-lazuli...................................... 399
Malachite, corail 400
Camées-coquilles 401

CHAPITRE XIV
Utilisation des pierres précieuses dans les arts industriels.

1. — Diamant.

DIAMANTS NOIRS OU CARBONS.

Origine et propriétés... 403
Exploitation.. 405
Utilisation.. 406

SCIES DIAMANTÉES.

Scies rectilignes...... 408
Scies à ruban... 409
Scies circulaires. — Sertissage des diamants. — Utilisation............................ 412

AUTRES APPAREILS DIAMANTÉS.

Perceuses et perforatrices diamantées....... 418
Outils d'ateliers diamantés 420
Filières en diamant... 423
Emploi du diamant comme instrument tranchant............. 423
Égrisée............. 424

II. — Corindon, rubis, saphir.

Corindon.. 424
Utilisation du corindon comme abrasif.. 425
Principaux gisements de corindon 427
Rubis et saphir 428
Corindon artificiel 430

III. — Quartz.

Emplois dans l'industrie chimique............. 431
Étalons de longueur en quartz.......................... 433
Thermomètres.. 433
Instruments d'optique.. 434

                                                                    Pages.
Industrie électrique : lampes en quartz fondu, isolants.......................... 436
Production du quartz fondu... 438

                          IV. — Autres gemmes.

Zircon 441
Émeraude... 442
Grenat... 442
Agate 443
Fluorine... 443
Lapis-lazuli.. 444
Jais, obsidienne 444

CHAPITRE XV
Imitation des pierres précieuses.

I. — Procédés généraux d'imitation.

Pierres naturelles remplacées par des verres de fabrication spéciale ou d'autres composés
    artificiels 445
Pierres naturelles de grande valeur remplacées par des pierres naturelles de valeur moindre. 446
Pierres dites doublées... 447
Règlements et lois... 449

II. — Composition de diverses imitations.

Diamant.. 449
Saphir et rubis.. 450
Topaze... 451
Émeraude et aigue-marine... 451
Zircon et grenat... 452
Améthyste.. 452
Opale, calcédoine, agates.. 453
Aventurine... 454
Lapis-lazuli 455
Turquoise 455

III. — Méthodes permettant de déceler les imitations.

Caractères physiques... 456
Étude microscopique.. 457
Emploi des rayons X 458
BIBLIOGRAPHIE.. 461
INDEX ALPHABÉTIQUE... 511

TABLE DES PLANCHES HORS TEXTE

	Pages
Pl. I. — Inclusions : vues microscopiques	72
Pl. II. — Diamants bruts. — Le Cullinan	104
Pl. III. — Mine diamantifère au Transvaal	128
Pl. IV. — Géode de quartz améthyste. — Cristaux groupés de quartz hyalin	160
Pl. V. — Chrysoprase, quartz rose, jaspe, cornaline, héliotrope, quartz enfumé, améthyste, œil-de-tigre	168
Pl. VI. — Quartz enfumé, quartz hyalin, quartz avec inclusions de tourmaline	176
Pl. VII. — Rosopale, agates zonée, rubannée, moussue, opale de feu, orthose, opale noble	184
Pl. VIII. — Outremer, rhodonite, sodalite, amazonite, zircon, andalousite, cyanite, cordiérite	200
Pl. IX. — Jade, topaze, kunzite, olivine, topaze bleue, chrysocolle, danburite, dioptase	208
Pl. X. — Émeraude, aigue-marine, grenats, béryls	224
Pl. XI. — Saphirs, spinelles, rubis, rubellite, cymophane, alexandrite	232
Pl. XII. — Rubis : vues microscopiques	248
Pl. XIII. — Mine de rubis à Mogok (Birmanie). — Atelier de triage des rubis	256
Pl. XIV. — Turquoise, malachite, lazulite, fluorine	264
Pl. XV et XVI. — Perles : vues microscopiques	272 et 280
Pl. XVII. — Rubis de synthèse	312
Pl. XVIII. — Camées : pierres diverses	368
Pl. XIX. — Parure camée donnée par Napoléon Ier à l'impératrice Joséphine	384
Pl. XX. — Camées sardonyx	392
Pl. XXI. — Diamants noirs	408
Pl. XXII. — Scies circulaires diamantées	424
Pl. XXIII. — Rubis artificiels : vues microscopiques	448
Pl. XXIV. — Transparence des gemmes pour les rayons X	456

LES PIERRES PRÉCIEUSES

CHAPITRE PREMIER

APERÇU HISTORIQUE : IDÉES DES ANCIENS ET DES MODERNES SUR LA NATURE ET LES PROPRIÉTÉS DES GEMMES

Si l'on cherche à établir quelque parallèle, au point de vue du goût artistique et de l'amour des bijoux, entre les troglodytes de l'époque quaternaire et les richissimes possesseurs des plus somptueux palais de l'Orient actuel, on retrouve dans ces deux extrêmes représentants de la civilisation les mêmes désirs, les mêmes instincts, le même idéal : celui du beau et des moyens de l'atteindre, même au plus haut prix.

Aussi n'est-il pas étonnant que dès la plus lointaine antiquité les peuples se soient laissé séduire par l'appât des gemmes, considérées à juste titre comme la production la plus parfaite, le joyau le plus merveilleux de la nature. Leurs feux étincelants, leurs couleurs vives et franches, leur éclat, leur transparence, leur dureté excessive, leur forme généralement régulière, enfin leur rareté, ont toujours excité la curiosité de l'homme et tenté son envie ; il a pris vite plaisir à les voir briller autour de son cou, de ses bras et de ses doigts, et à les faire scintiller sur ses vêtements. Et il est curieux de constater que tandis que certaines populations ignorent à peu près l'usage de ces derniers, par contre elles recherchent les pierreries avec une extrême avidité : pour elles, le superflu semble être devenu le nécessaire [1].

Cependant, cette beauté idéale, cet éclat merveilleux des gemmes qui ravit celui qui les possède et fait rêver jalousement celui qui les désire, semblent avoir

---

[1]. Certaines races indigènes de l'Amérique du Sud se percent le visage de tous côtés, les joues, les mâchoires, les oreilles, et garnissent les cavités ainsi creusées avec des pierres de couleurs variées ou du cristal, de l'obsidienne, etc. Les femmes M'Brous, du Centre africain (Haut-Oubanghi), font traverser leur lèvre inférieure par des baguettes de cristal de roche. Les Australiens font de même.

quelque chose de céleste et de mystérieux. Et alors la pierre n'est pas simplement un objet de parure et de luxe : elle devient un emblème, un talisman, un porte-bonheur investi de toutes sortes de vertus souveraines. Aussi les peuples la con-sacreront-ils pendant plusieurs siècles à leurs plus hautes divinités ; elle assure la réussite et constitue une sauvegarde contre les imprévus et les misères de l'exis-tence.

Mais à côté de ses feux étincelants et de sa brillante coloration, la gemme possède encore une autre propriété remarquable : elle résiste à l'usure et peut par cela même servir à travailler les autres pierres. Le diamant grave le rubis, le saphir entame l'améthyste. De là l'usage qu'on a toujours fait des gemmes les plus dures, diamant et saphir notamment, pour la gravure des camées et des intailles ou cachets.

Par cette triple fin, emploi comme parure, comme talisman et comme cachet, les pierres précieuses ne pouvaient donc manquer d'attirer l'attention des peuples. Cependant leurs attributs ont subi, comme ces derniers, une évolution, chaque siècle les modifiant à son gré et les adaptant à ses croyances et à ses coutumes.

1. — EMPLOI COMME OBJET DE PARURE

Comme objet de parure, on peut dire que dès le berceau de l'humanité, les gemmes ont été en honneur partout où la richesse a pu s'installer et s'affermir.

« Les fables, dit Pline[1], font dériver l'usage des pierreries de la roche du Caucase, d'après l'interprétation que les destins donnèrent aux liens de Prométhée ; et elles rapportent qu'un fragment de cette roche ayant été renfermé dans du fer et porté au doigt, ce fut le premier anneau et le premier joyau. Ainsi commença la vogue des pierres précieuses. »

Pour pouvoir adapter plus facilement les pierres aux différentes parties du corps et les mettre le plus en vue, on imagina un certain nombre de types dont la plupart sont encore usités aujourd'hui : colliers, bracelets, anneaux, chaînes, pendeloques. Les sceptres et diadèmes, faits de métaux précieux incrustés de pierreries, ont toujours été le privilège des têtes couronnées dont elles personnifient la majesté et la puissance.

Dès l'âge du renne, on trouve (terrain solutréen) des colliers, bracelets et bagues faits de cailloux et pierres fines (fluorine, améthyste) percés de trous. Ce sont à peu près les plus anciens représentants de l'attrait de la parure chez l'homme primitif préhistorique. L'Amérique centrale nous en a fourni des témoins plus récents (fig. 1).

---

1. PLINE, *Histoire naturelle*, t. II, livre XXXVII, § 1.

Les Anciens. — Près de 3000 ans avant notre ère, le diamant était déjà connu et apprécié des peuples de l'Extrême-Orient et notamment dans l'Inde. Les poèmes sanscrits nous parlent d'un lieu merveilleux, illuminé par des diamants et des rubis qui émettent une lumière aussi éclatante que celle des étoiles. Quand ils nous disent que :

> Le Vajra[1] n'est rayé par aucune pierre, il les coupe toutes,
> Le Vajra raye le Vajra,
> Le cœur des Grands est plus dur que le Vajra,

ils nous laissent entendre que le diamant possède, entre autres qualités, une dureté prodigieuse, impossible à vaincre.

Les Orientaux ont toujours classé le diamant en tête des gemmes dont les plus précieuses après lui étaient : le rubis, l'œil-de-chat, la perle, le zircon, le corail, l'émeraude, la topaze et le saphir. Les jours de fête, toutes ces pierreries constituaient le principal ornement de leurs décorations merveilleuses dont notre imagination a peine à se faire une idée, tant elles avaient de splendeur et d'éclat.

En Occident, le diamant ne semble avoir été connu qu'assez tard. Flinders Petrie, dans son ouvrage *Dix ans en Égypte*, parle bien d'outils en diamant et notamment de forets diamantés employés par les Égyptiens de l'Ancien Empire pour le travail

D'après G.-F. Kunz.

FIG. 1. — Collier formé de jadéite, agate, jaspe, serpentine et cristal de roche (Ancienne vallée de Mexico).

des pierres dures ; mais, d'après M. Vernier, de l'Institut archéologique du Caire, dans aucun tombeau égyptien, dans aucun des trésors retrouvés, on n'a découvert le moindre diamant. Les Égyptiens ne connaissaient donc pas, c'est très probable, le diamant. A l'origine, leurs gemmes furent la cornaline (fig. 2), le cristal de roche et l'améthyste, plus tard l'émeraude.

A l'époque de Platon (430-347 av. J.-C.) on n'avait encore aucune donnée précise sur le diamant, ni même sur son existence. Théophraste lui-même (371-

1. VAJRA, nom du diamant en langue sanscrite.

266 av. J.-C.), qui a laissé un *Traité des pierres précieuses*, ne comprend pas le diamant (*adamas*) dans la liste des gemmes.

Par contre, l'améthyste, l'émeraude, le grenat, l'agate, le lapis-lazuli sont déjà taillés en perles rondes ou ovales, en poires, en losanges et enfilés en colliers. On a trouvé dans le sable des nécropoles de Memphis et d'Erment de nombreuses pierres, la plupart calibrées avec une grande perfection et très bien polies ; elles font honneur aux ouvriers de cette époque qui travaillaient pour la plupart sans autre instrument que la pointe.

C'est entre Théophraste et Pline, c'est-à-dire entre le troisième siècle avant notre ère et le siècle d'Auguste, que le diamant paraît avoir fait son entrée en Europe. D'après Boutan, on est autorisé à croire que ce fut à la suite des expéditions d'Alexandre, qui avaient amené des relations fréquentes entre les ports de la mer Rouge et ceux de la côte de Malabar, dans l'Inde.

Les Perses, amoureux de la parure et des bijoux, surent de bonne heure se couvrir de bracelets et de pierreries variées ; leurs rois étaient couronnés d'une tiare ornée de perles et de cabochons étincelants ; la tunique, la ceinture, les chaussures de ces monarques étaient constellées de pierreries ; dans leur demeure, ce n'était partout que des vases, des coupes, des meubles incrustés de gemmes de colorations variées. Ce luxe émerveillera plus tard les Romains et les Byzantins.

Fig. 2. — Bague égyptienne en cornaline.

Les mêmes usages ont existé chez les Hébreux. Isaïe, apostrophant les filles de Sion, leur reproche amèrement leur coquetterie et les menace de se voir enlever par le Seigneur les bijoux qui les enorgueillissent, « leurs colliers, leurs filets de perles, leurs bracelets de bras et de jambes, leurs bagues, les pierreries qui pendent sur leur front, leurs poinçons de diamant... ».

Le rational, ou pectoral (fig. 3), vêtement d'étoffe soyeuse que portait le grand-prêtre sur sa poitrine les jours de fête, était garni de douze gemmes représentant les douze tribus d'Israël. Ces gemmes, enchâssées dans de l'or, étaient les suivantes : hyacinthe ou grenat, améthyste, jaspe, saphir (probablement notre lapis-lazuli actuel), agate, émeraude, onyx, cornaline, chrysolite (péridot), aiguemarine, topaze et rubis.

Il faut arriver à Pline (23-79 après J.-C.) pour trouver quelques notions détaillées sur le diamant. Dans son *Histoire naturelle*, il le décrit en détails montrant ainsi nettement que cette gemme était parfaitement connue de son temps. Il énumère également un grand nombre d'autres pierres précieuses dont il signale les principaux caractères et les gisements.

Les Grecs et les Romains. — Les Grecs comme les Romains étaient passionnés pour les pierreries. Les femmes possédaient des bracelets pour les bras et les avant-bras ; elles en attachaient même à leurs chevilles. Ces bracelets affectaient généralement la forme d'un serpent enroulé. Lollia Paulina, femme de l'empereur Caligula, portait à son dîner de fiançailles pour quarante millions de sesterces (8.000.000 de francs environ) de perles et d'émeraudes. Tertullien reproche aux femmes riches de son temps « de porter en un fil autour du cou des patrimoines entiers ». Juvénal stigmatise de même les jeunes gens, tellement efféminés que leurs bagues leur paraissent trop lourdes pendant l'été ; ils en portent de plus ou moins légères suivant les saisons. Enfin, Martial tourne en ridicule cette folie des hautes classes pour les pierreries : leurs possesseurs n'ont même pas d'écrin pour contenir l'objet qui les a parfois ruinés.

L'empereur Claude affectionnait particulièrement les émeraudes. Néron avait un lit plaqué d'or et de pierres précieuses variées. Les murs du palais de Cléopâtre étaient incrustés d'émeraudes. Sur leurs chaussures, leurs vêtements et leurs armes, Caligula, Dioclétien et Sévère avaient fait enchâsser des gemmes de grand prix. Les riches romains, princes et princesses, possédaient des meubles gemmés.

« Ce n'est pas seulement les bagues, dit E. Babelon, mais aussi les colliers, les pendants d'oreilles, les bracelets, les agrafes, les diadèmes, les coiffures, les vêtements qui étaient constellés de gemmes étincelantes percées de trous pour être suspendues ou cousues, ou bien arrangées pour être serties dans des bâtes de métal précieux. »

Fig. 3. — Le Rational (vêtement gemmé) des grands-prêtres hébreux.

La passion des gemmes était poussée à un si haut degré chez les Romains que le sénateur Nonius préféra l'exil plutôt que de céder une belle bague à l'empereur Marc-Antoine qui la convoitait. « Nous fouillons les entrailles de la terre pour en tirer des gemmes, a écrit Pline. Que de mains sont fatiguées pour faire briller une seule phalange ! »

Les découvertes archéologiques récentes ont confirmé tous les témoignages des historiens, car on a trouvé dans des tombeaux des parures de femmes grecques et romaines composées de gemmes diverses (émeraudes, saphirs, améthystes, gre-

nats) dont la valeur est certainement très élevée. Les documents authentiques de ce genre sont nombreux.

L'orfèvrerie gemmée était aussi très en honneur à Athènes et à Rome. En Grèce, Hippaeos fabriqua pour les noces de Pirithoüs une coupe en pierres fines cerclée d'or. On a trouvé à Kertch un flacon à parfum en or, incrusté de quatre-vingts grenats cabochons. Les poètes romains considéraient l'orfèvrerie gemmée comme le dernier degré du luxe et de l'opulence. Ovide, Cicéron, Pline, Juvénal sont tour à tour tombés en admiration devant ces couronnes, ces coupes, ces coffrets, ces tables, ces casques entièrement recouverts de gemmes. Le sertissage de celles-ci était assez simple (incrustation avec ou sans rabattu), car on pouvait presque les détacher avec l'ongle. Aussi prenait-on toutes sortes de précautions contre les voleurs et même contre les indélicatesses possibles des convives. Dans les maisons princières, la garde des objets gemmés était confiée à un esclave qui portait le titre de « préposé à l'or gemmé »; on ne les sortait que les jours de grande cérémonie.

On payait tous ces ornements très cher. Les empereurs romains n'hésitaient pas cependant à offrir plusieurs millions pour une pierre ou une coupe à leur goût. Néron acheta cinquante mille francs un simple vase de cristal de roche et le brisa peu de temps après dans un accès de colère. Jules César, qui paya une perle un million, possédait un véritable musée de gemmes et d'objets gemmés.

Les premières pierreries en France. — En France, notamment dans les premiers siècles de notre histoire (période gauloise et franque), le luxe des bijoux se manifesta dès la domination romaine. Les bijoux mérovingiens et carlovingiens, lourds et massifs, décèlent encore, cependant, l'élément franc. Mais peu à peu, avec les artistes lombards et italiens, plus tard avec saint Éloi, commença l'ère de la bijouterie grossière. Sous Charlemagne, les pierreries surchargent l'or des orne-ments; la couronne du grand empereur et la croix de Lothaire étaient recouvertes de pierreries; la pureté des formes est sacrifiée à la magnificence.

Cependant, dans notre pays, les pierreries furent, au début, l'attribut exclusif de la puissance et de la noblesse, et défense était faite aux vilains d'en porter. Les différents règnes se sont ensuite caractérisés chacun d'une façon spéciale. Sous Charles VII, les diamants étaient très en crédit. Sous François Ier, ce sont plutôt les pierres colorées enchâssées dans des montures d'or. A l'époque de Henri II, Marie Stuart ramena les parures en diamant qui cédèrent bientôt la place aux col-liers de perles. En 1583, Henri III fit un édit par lequel il interdisait aux bourgeois de porter des pierreries; il leur permettait cependant d'orner leurs livres d'heures de quelques diamants, quatre au plus. Les femmes nobles pouvaient en mettre cinq. Pour les plus grandes dames, le nombre était illimité. Sous Louis XV, le

diamant revint encore en faveur et à un tel point que les garnitures de vêtements, les poignées d'épée et les montres étaient garnies de nombreux brillants. Sous Louis XVI, la mode n'avait pas changé : il suffit de rappeler la fameuse « affaire du collier » de la reine Marie-Antoinette et la profusion, jusqu'à l'abus, des bijoux gemmés de toutes sortes que femmes et hommes étalaient avant 1789. La Révolution supprima momentanément tout ce luxe qui reparut sous le Directoire. Les différents régimes qui se sont succédé depuis n'ont diminué en rien le goût de la fortune pour les pierreries qui s'étalent encore actuellement dans les réceptions mondaines et les cérémonies officielles avec tout leur luxe et tout leur éclat.

La perle. — A côté des pierres précieuses proprement dites, il convient de signaler la perle dont nous avons déjà dit quelques mots. Bien qu'on ne connaisse pas exactement la date de son apparition, on sait qu'elle remonte, comme le diamant, à la plus haute antiquité. Douze ou quinze siècles avant notre ère, en effet, les bancs de Manaar, dans l'océan Indien, étaient déjà activement exploités, et les perles recueillies jouissaient d'une faveur identique à celle que nous leur témoignons aujourd'hui. De l'Inde, la perle passa en Chine : on la trouve mentionnée avec assez de détails dans le *Rh'ya*, sorte de dictionnaire qui date de mille ans environ avant J.-C. et où on la voit entourée de la même admiration.

FIG. 4. — Reliquaire gemmé de la Sainte-Croix (Trésor de la cathédrale de Tournai).

On attribue l'importation de la perle en Grèce aux Phéniciens qui la tenaient eux-mêmes des Indiens et des Assyriens. Cependant, ni Homère ni Hérodote ne la mentionnent dans leurs écrits. On ne la trouve citée qu'à partir d'Alexandre et de la conquête de l'Orient, surtout après la bataille d'Arbelles. En revenant de leurs expéditions contre Darius, les Macédoniens en rapportèrent de grandes quantités pillées dans les palais de ce monarque. Théophraste nous a laissé plusieurs écrits sur l'huître perlière.

On sait par Pline l'histoire de deux perles de Cléopâtre évaluées environ deux millions de francs [1]. Les jours de fête, elle paraissait, enveloppée depuis le cou jusqu'aux chevilles par un réseau entièrement formé des plus belles perles de son trésor qui était, d'ailleurs, le plus riche du monde à cette époque.

C'est au temps de Sylla que les premières perles firent leur apparition à Rome où les Phéniciens les auraient importées en même temps qu'en Grèce. D'abord assez rares, elles devinrent plus communes après les guerres des Romains contre Carthage, contre les rois de l'Asie-Mineure et après la conquête de l'Égypte. Le luxe en devint effréné, car les empereurs et les princes en portaient sur leurs vêtements et jusque sur leurs chaussures ; les femmes riches en mettaient à leur chevelure et se drapaient avec des tuniques qui en étaient constellées. L'empereur Constantin avait un casque orné de très grosses perles. César, pour mettre un frein à cette folie du luxe presque aussi marquée chez les hommes que chez les femmes, interdit les parures de perles aux femmes âgées de moins de cinquante-cinq ans qui n'avaient ni mari ni enfants.

En France, la perle fut, au Moyen-Age, employée surtout pour orner les reliquaires et les châsses concurremment aux gemmes (fig. 4). Elle ne s'introduisit comme parure que sous Catherine de Médicis qui en apporta dans sa corbeille de noces. Depuis, elle a toujours joui dans notre pays de la même faveur. En 1789, les perles de la Couronne de France furent estimées un million.

Actuellement, la perle s'associe, comme objet de parure, aux plus belles pierres précieuses, notamment au diamant et aux gemmes alumineuses (rubis, saphir) dont elle rehausse l'éclat sans se nuire à elle-même.

II. — EMPLOI COMME EMBLÈMES ET TALISMANS.
LES CACHETS GRAVÉS.

Les pierres précieuses ont été pendant longtemps appréciées, non seulement comme ornement, mais aussi, comme nous l'avons vu, pour les propriétés que l'imagination populaire s'est plu dès le début à leur attribuer. L'homme, dont la curiosité ne demande qu'à être satisfaite devant les multiples objets de la nature, a de bonne heure été émerveillé des caractères particuliers des gemmes. Impuissant à se les expliquer, il s'est imaginé qu'un être supérieur, un génie, habitait dans chaque

---

[1]. Au festin auquel elle avait convié Antoine et voulant battre celui-ci en prodigalité, Cléopâtre aurait mis une perle dans du vinaigre, puis vidé la coupe en l'honneur d'Antoine. Lucius Plautius sauva la seconde perle du même sort. D'après l'Histoire, la première perle aurait disparu dissoute dans le vinaigre, ce qui n'est pas possible : la dissolution d'une perle exige, en effet, sa pulvérisation préalable (Voy. CHAPITRE X, *Propriétés chimiques des perles*). Il est donc probable, si cette légende a un fond de vérité, que Cléopâtre avala la perle entière.

pierre et que celle-ci avait quelque chose de céleste et de divin. De là à la croire investie de toutes sortes de pouvoirs magiques ou surnaturels, il n'y avait que la rive de la superstition à atteindre, et elle le fut par le désir ardent et continuel de l'être humain de rechercher toujours un lien entre la matière inanimée et lui.

« Comparant l'éclat différemment nuancé des astres qui brillent au-dessus de sa tête avec le scintillement coloré des gemmes, l'homme a cru qu'il existait des rapports secrets entre celles-ci et les étoiles [1]. C'est ainsi que naquit par la force des choses, dès l'origine du monde, l'étrange superstition qui attribue aux pierres précieuses un caractère astrologique et talismanique. Chez les sauvages de nos jours, les mêmes causes produisent les mêmes effets, et nous voyons l'Africain, l'Océanien, le Peau-Rouge attacher aux plus belles des gemmes de son collier des vertus prophylactiques ; il leur demande la guérison de ses maladies, la préservation contre les coups de ses ennemis, contre l'atteinte des mauvais esprits. »

Les Hindous. — Les Hindous, qui les premiers connurent les gemmes et spécialement le diamant, attachaient à ce dernier des vertus particulières, variables du reste avec sa coloration, sa densité, son éclat et sa forme. Les diamants épais faisaient obtenir la domination universelle ; les diamants lourds, froids et transparents, procuraient contentement, richesse et renommée ; les diamants légers et à angles vifs donnaient du cœur et de la grâce ; ceux légèrement colorés procuraient la puissance, le courage et l'espoir ; enfin, les diamants limpides, ou diamants célestes, donnaient la santé.

D'une façon générale, les Hindous reconnaissaient aux diamants cinq qualités et cinq défauts. Leurs qualités étaient d'avoir six angles et huit côtés égaux, d'être légers, purs et à arêtes vives ; leurs défauts étaient d'avoir des impuretés, des taches, des raies et des pattes d'oie. Ces derniers offraient naturellement un danger ou un inconvénient pour celui qui portait un diamant souillé ; en particulier, les diamants impurs donnaient la lèpre, la pleurésie, la jaunisse, mais il y avait des rites permettant de les purifier. Les beaux diamants chassaient les ennemis, le danger de la foudre et procuraient toutes sortes de félicités.

Les Égyptiens. — Sous les Égyptiens et les Chaldéens, les cylindres gravés étaient considérés comme des talismans protégeant leurs possesseurs pendant les jours néfastes de l'existence. Ces pierres s'identifient même si bien avec la personnalité que chaque individu se fait enterrer avec son talisman fixé au poignet. On a trouvé, en effet, de ces pierres dans un grand nombre de tombes chal-

---

1. E. BABELON, *La gravure en pierres fines*, p. 32.

J. ESCARD.   2

déennes : le nom de leur possesseur est presque toujours gravé à côté de scènes symboliques qui en décorent le pourtour.

Les Grecs et les Romains. — En Grèce et à Rome, il a circulé pendant longtemps de véritables traités d'astrologie minérale, des livres de magie, dont la base était les propriétés supposées des pierres précieuses. Ces ouvrages, probablement d'origine chaldéenne, avaient d'autant plus de crédit auprès de leurs lecteurs qu'on les attribuait alors à Pythagore, à Platon, à Aristote, à Plutarque. Ainsi que l'a établi E. Babelon, c'est là l'origine primordiale des livres qu'ont écrits ou simplement transcrits les auteurs grecs et romains.

Suivant les croyances des Anciens, le rubis et l'escarboucle servaient d'œil aux dragons quand, trop vieux, ils risquaient de perdre la vue. Le cristal de roche servait à allumer au Soleil le feu des sacrifices et pour cautériser les blessures. La cornaline donnait du courage aux plus timides et aux lâches.

Au temps de Pline, la plupart de ces superstitions existaient encore. L'esprit humain était tellement porté au merveilleux que les plus belles gemmes possédaient des vertus médicinales particulières : « Le diamant, dit-il, neutralise les poisons, dissipe les troubles d'esprit, chasse les vaines terreurs, ce qui lui a fait donner par quelques-uns le nom d'ananchite [1]. » Pline cependant critique lui-même les fausses croyances relatives à certaines gemmes [2] :

« Les mages menteurs assurent que l'améthyste empêche l'ivresse, croyant sans doute que cela est bien en rapport avec l'apparence et la couleur de cette pierre ; de là, disent-ils, le nom qu'elle a. De plus, si on y inscrit le nom de la lune et du soleil et qu'on la porte suspendue au cou avec des poils de cynocéphale ou des plumes d'hirondelle, elle préserve des maléfices. Elle procure, de quelle façon qu'on la porte, un favorable accueil auprès des rois ; elle détourne la grêle et les sauterelles si on récite une prière qu'ils indiquent. Quant aux émeraudes, ils leur ont attribué de semblables vertus, à la condition d'y graver des aigles ou des scarabées. Sans doute ce n'est pas sans un sentiment de mépris et de moquerie pour le genre humain qu'ils ont écrit de pareils contes. »

Au IVe siècle, le médecin Marcellus Empiricus recommande les gemmes gravées pour la guérison de certaines maladies : « Gravez sur une pierre de jaspe le signe NNN et suspendez-la au cou d'une malade souffrant au côté : vous obtiendrez une cure merveilleuse. » Cette pratique relève uniquement de la sorcellerie et est digne de l'antiquité païenne.

1. *Étym.* : Sans cauchemar.
2. *Histoire naturelle*, t. II, livre XXXVII, § 90.

Les Arabes et les Persans. — Les Arabes et les Persans ont eu des préjugés analogues, quoique les attributs des gemmes fussent différents. Suivant les lapidaires arabes du xi° et du xii° siècle, le rubis fortifie le cœur, garantit de la peste, de la foudre et de la soif, et arrête les hémorragies ; l'émeraude guérit de la morsure des vipères, chasse les démons et préserve des attaques d'épilepsie.

Mais chez ces peuples, les vertus surnaturelles ainsi attribuées aux gemmes sont considérées comme provenant, non seulement de la pierre elle-même, mais de la formule précise dont elle était presque toujours ornée. La perte de ce talisman devait donc être considérée comme un mauvais présage. En effet, l'Histoire raconte qu'un calife ayant laissé tomber dans un puits le sceau de Mahomet, on vit dans cet accident l'annonce des calamités qui survinrent peu de temps après : cette année fut appelée l'*année de la perte de l'anneau*.

Le Moyen-Age. — Au Moyen-Age, c'est encore le même fonds de croyances qui subsiste : mêmes superstitions, mêmes erreurs. Les pierres magiques ont passé de génération en génération sans rien perdre de leurs attributs ; elles en ont même acquis de nouveaux par la sagesse du temps. On n'hésite pas à demander aux gemmes la guérison de tous les maux : un simple attouchement accompagné de la récitation d'une formule précise doit, dans la plupart des cas, opérer le miracle. Parfois le mal ne doit disparaître qu'à la suite d'opérations dont le secret est expliqué dans les *Traités des pierres*. C'est dans ces traités qu'on apprend, par exemple, qu'une émeraude gravée d'un certain oiseau au bec crochu guérit de la fièvre quarte, de la lèpre et facilite les accouchements.

« Sur un saphir, nous dit un de ces livres, faites graver une autruche tenant dans son bec une merluche ; sous la pierre, mettez un peu d'orchis, et, avec de la pierre broyée qui vient de l'estomac de l'autruche, un morceau de la peau du même estomac : vous aurez un remède infaillible contre l'indigestion. »

De l'Alchimie à l'époque actuelle. — Les alchimistes, encore tout pénétrés de la lecture des poèmes antiques, cherchent à se convaincre qu'il existe un rapport entre les gemmes et les planètes : la turquoise est consacrée à Saturne, la cornaline à Jupiter, l'émeraude à Mars, le saphir au Soleil, l'améthyste à Vénus, le cristal de roche à la Lune.

Ces exemples montrent l'affinité étroite qui rattache les pierres magiques et les lapidaires du Moyen-Age aux gemmes et aux lapidaires de l'antiquité. On retrouve en effet les mêmes croyances et la persistance des pratiques du paganisme gréco-romain ou oriental.

En 1609, paraît un ouvrage demeuré célèbre : *Du parfait Joaillier*, attribué à Anselme Boétius de Boet, médecin de l'empereur Rodolphe II. Boétius combat et dément bon nombre d'erreurs de ses devanciers, mais en laisse cependant subsister volontairement plusieurs. En particulier, il admet que « la substance des pierres précieuses, à cause de leur beauté, de leur splendeur et de leur dignité, est propre pour être le siège et le réceptacle des esprits bons ». Ce sont donc les esprits qui donnent ces qualités aux gemmes. En ce qui concerne le diamant, il ajoute :

« Le diamant est réputé contre les venins, la peste, les ensorcellemens et enchantemens, insanies, craintes vaines, terreurs qui surviennent entre le sommeil, maladies qui travaillent de nuit ceux qui reposent, nuisances des démons et prestiges estre un asseuré préservatif et divertir toutes ces choses. Il se mouille en présence du venin, et faict la victoire, la constance et la force de l'esprit. L'on dict aussi qu'il calme la colère et qu'il nourrit et fomente l'amour des mariez, pour quelle cause il est appelé pierre précieuse de conciliation. »

Il est curieux de constater que ces singulières affirmations existent encore en partie à notre époque, bien qu'un peu transformées. Les vrilleurs indiens qui pratiquent le perçage des perles connaissent l'usage que les parihalis (médecins indigènes) font de la poussière résiduelle de cette opération ; elle est employée pour la guérison des fièvres par application sur la langue. Certaines pierres, qui passent depuis quelques années comme porte-malheur, ont été autrefois très en faveur ; d'autres, au contraire, sont de plus en plus appréciées aujourd'hui. En outre, chaque pierre a son symbole et ses vertus : le rubis symbolise la beauté et l'élégance ; sa vertu est de préserver des fausses amitiés ; l'émeraude symbolise l'espérance et fait connaître l'avenir ; le saphir symbolise la vérité ; la turquoise, le courage ; l'améthyste, le bonheur ; le diamant, la réconciliation et l'amour ; la perle a toujours été considérée comme le symbole de l'hyménée.

Fig. 5. — Cachet oriental en forme de cône : agate.

Mais ce n'est pas tout : chaque mois a sa pierre. Aussi, pour conserver la santé et conjurer les mauvais sorts, doit-on raisonnablement porter celle qui correspond au mois où l'on est né. Ces gemmes ont, paraît-il, encore plus de vertu si elles sont gravées aux signes du Zodiaque !...

Il est inutile de multiplier les exemples et de les détailler davantage. Dans le cours des siècles, la Science progresse, mais les idées fausses et les troubles des imaginations rêveuses subsistent. Par leur rareté, leur prix et leur nature spéciale dans le règne minéral, les gemmes semblent pour beaucoup devoir être considérées tout autrement que les autres pierres ; leur beauté et leurs qualités doivent ainsi engendrer des vertus et des propriétés se manifestant à nous sous une forme mystique. Et cependant, pour le savant, le géologue, le minéralogiste, la gemme n'est qu'un minéral de nature quelconque jouissant d'un ensemble de propriétés physiques le rendant à la fois durable et agréable à la vue.

Emplois divers des gemmes. — Parmi les nombreux emplois des gemmes dans les temps anciens, il faut citer l'application qui a été réservée, dès le commencement de notre ère, au diamant comme instrument de travail. Dans son *Histoire naturelle*, Pline nous dit, en effet, que les morceaux de diamant sont recherchés non seulement par les lapidaires, mais aussi par les ouvriers qui les enchâssent dans du fer et, par ce moyen, entament aisément les substances les plus dures. Nous verrons plus loin (CHAP. XIV, *Utilisation*) quel parti merveilleux on a tiré depuis, et surtout dans ce dernier siècle, de l'emploi du diamant pour le perforage des trous de mines en pierre dure.

Les *cachets* en pierres précieuses (agate, saphir, émeraude) existent de temps immémorial. On les trouve chez les populations préhistoriques, puis dans les grands empires de l'antique Orient (fig. 5). L'idée de faire servir les gemmes gravées au scellement des actes les plus importants de la vie civile des hommes naquit des vertus mêmes attribuées aux pierres précieuses, considérées comme l'emblème de la personnalité. On retrouve cette coutume chez les Grecs et les Romains, puis au Moyen-Age.

Les Grecs se servaient des pierres gravées en guise de bulletins de vote dans leurs assemblées délibératives. Hérodote prétend que les Éthiopiens de l'armée de Xerxès utilisaient aussi certaines gemmes comme monnaie. Il n'y a du reste pas encore bien longtemps, dans l'Amérique centrale, les peuples rachetaient leurs prisonniers de guerre à l'aide de gemmes brutes ou taillées et notamment d'émeraudes.

III. — ORIGINE, CONSTITUTION ET PROPRIÉTÉS

Les Anciens. — Les Anciens n'avaient aucune idée sur l'origine et la constitution des pierres précieuses. Sous le nom de *gemmæ*, ils réunissaient toutes les pierres susceptibles d'être investies d'un rôle magique ou thérapeutique ; la perle, les pâtes vitreuses et même certaines pierres fossiles aux formes étranges, étaient considérées comme telles. Cependant, dès les temps les plus reculés, on a su émettre et formuler des hypothèses sur leur mode de formation.

Les Hindous avaient déjà leurs idées relativement à la composition du diamant. D'après eux, suivant son aspect et sa couleur, il était formé en proportions variables de cinq éléments : la terre, l'eau, le ciel, l'air et l'énergie. Les diamants épais étaient ceux dans lesquels la terre formait la base ; les diamants lourds polis, froids et transparents renfermaient surtout de l'eau ; ceux composés surtout de matière céleste étaient très brillants, limpides et à arêtes vives ; ceux formés d'air étaient légers et pointus ; enfin ceux dans lesquels dominait l'énergie étaient presque toujours rouge de sang.

Cette classification nous montre l'erreur commise au point de vue de la coloration, les diamants « rouge de sang » étant certainement confondus avec le rubis, cette gemme se trouvant aussi dans l'Inde et souvent dans les mêmes gisements que le diamant.

Les philosophes et les savants des premiers siècles. — La plupart des grands philosophes qui ont écrit sur le règne minéral ont classé les gemmes uniquement d'après l'observation de la couleur, des caractères physiques, de l'usage auquel on les destinait, mais non d'après la composition qu'on pouvait alors leur supposer. De plus, telle pierre était considérée comme vulgaire par un auteur et comme gemme par un autre, sans qu'il soit possible de discerner les raisons qui aient fait adopter cette classification.

Aristote considère les gemmes comme des pierres « ni liquéfiables, ni fusibles, ni solubles et se formant d'une exhalaison terrestre, sèche, brûlée ou en ignition ». Nous retrouverons souvent cette idée, à travers les siècles, que les pierres précieuses vivent et sont formées d'un suc très pur, origine de leur éclat et de leur transparence.

Pline nous dit en effet que « les pierres naissent et qu'il peut s'en former tout à coup de nouvelles comme jadis une qu'on trouva dans les mines d'or de Lampsaque ». Elle parut si belle qu'on l'envoya au roi Alexandre, ainsi que le rapporte Théophraste.

De même que ses devanciers, Pline confond le diamant avec beaucoup d'autres gemmes. Le diamant désigné par lui sous le nom de *sidérite* et qui a « l'éclat métallique du fer » est fort probablement une variété de corindon impur ; le diamant « trouvé à Cypre, qui tire sur l'azur », est sans doute du saphir. Il est cependant curieux de voir cet auteur, au milieu de toutes ces confusions, émettre l'hypothèse exacte de l'identité de l'émeraude et de l'aigue-marine (CHAP. VIII). Mais il considère le cristal de roche comme une « glace » résultant d'une forte congélation ; il croit trouver une confirmation de son idée dans le fait qu'on ne trouve ce minéral que dans les régions où les neiges d'hiver et les glaciers sont les plus abondants, dans les Alpes par exemple. Son idée de la « naissance » des gemmes se manifeste nettement dans cette phrase :

« Pour moi, je puis assurer comme chose certaine qu'il se produit du cristal dans des rochers des Alpes.. ; on n'en rencontre point dans les endroits humides, quelque froid que soit le climat, là même où les rivières se glacent jusqu'au fond. Pour qu'il se produise, il faut nécessairement l'eau de pluie et de la neige pure. »

Du IVᵉ au XIVᵉ siècle. — Pendant plusieurs siècles, aucun progrès ne se fit sentir sur les connaissances relatives à l'origine des gemmes. Au ivᵉ siècle, saint Épiphane, parlant des douze pierres du rational, cite encore le diamant comme une pierre d'aspect bleuâtre, le confondant ainsi toujours avec le saphir. Au viiᵉ siècle, Isidore, évêque de Séville, décrit quelques minéraux dans ses *Origines*, mais maintient les erreurs de ses prédécesseurs. Au xiiᵉ siècle, paraît un traité des gemmes dû à Mohammed ben Mansur et dans lequel chaque pierre est étudiée au triple point de vue de ses propriétés, de ses variétés et de ses gisements. Plusieurs autres ouvrages du même genre voient aussi le jour pendant les xiiiᵉ et xivᵉ siècles.

Du XVᵉ au XIXᵉ siècle. — Au xvᵉ siècle, Fallope considère les gemmes comme différentes des autres pierres par leur origine : « Je dis que la matière des pierreries est un suc très pur ; voire si pur, qu'il ne se trouve aucun composé en la nature plus pur qu'icelui, excepté les esprits des animaux, vitaux, surnaturels. »

Vers 1540, Jérôme Cardan émet des hypothèses aussi peu fondées mais plus claires : « Les pierreries s'engendrent entre les rochers par le moyen d'un suc qui distille entre les concavités des pierres. Les montagnes aux régions chaudes sont plus fertiles en pierreries, que non pas aux pays froids, parce que l'humeur y est beaucoup plus atténuée et desséchée. » Cardan semble donc reconnaître l'intervention de la chaleur amenant la condensation progressive d'une matière quelconque jusqu'à sa complète solidification : c'est un premier pas vers l'étude de la formation des pierres et des gemmes par dissolution et cristallisation par refroidissement.

En 1561, Jehan de Mandevil admet encore que le diamant « croît de la rosée du ciel en diverses montaignes ». Cette idée de la naissance et de la croissance des gemmes est soutenue par Garcias ab Horto, médecin du vice-roi de Goa (Indes), qui, en 1565, écrit à propos de la formation du diamant :

« Il me semble tout à fait extraordinaire que ces pierres, qu'on se serait attendu à voir se produire au plus profond des entrailles de la terre et avec le concours du temps, soient au contraire engendrées presque à la surface et arrivent à leur perfection dans l'intervalle de deux ou trois ans. Ainsi, vous avez une mine profonde d'une coudée : vous l'exploitez et vous y trouvez des diamants. Au bout de deux ans revenez, lavez au même endroit et vous trouverez encore des diamants. Mais on admet que les gros diamants ne se trouvent qu'au fond. »

Il est facile de se rendre compte, à la simple lecture de ce passage, de l'erreur commise par son auteur ; elle provient de son ignorance sur l'exploitation des gisements dont il parle. Il s'agit, en effet, de gisements d'alluvions : les eaux entraînent périodiquement, aux mêmes endroits, de nouveaux cristaux qui paraissent ainsi y prendre tour à tour naissance à peu de temps d'intervalle.

C'est à Anselme Boétius de Boot, auteur d'un ouvrage demeuré célèbre et déjà cité, *Du parfait Joaillier*, paru en 1609, que l'on doit le premier progrès important dans la science des gemmes. Il dément un grand nombre de fausses interprétations de ses prédécesseurs, parle avec détails de certaines propriétés essentielles du diamant, mais n'ose cependant se prononcer sur sa véritable nature chimique. Il suppose seulement que le diamant pourrait peut-être faire partie de la classe des combustibles.

En 1673, Boyle, en chauffant dans un creuset différentes pierres précieuses et entre autres du diamant, vit s'en échapper des vapeurs « âcres et abondantes ». En 1694 et 1695, Averani et Targioni constatent la disparition de plusieurs diamants chauffés dans un feu très violent alors que des rubis placés dans les mêmes conditions ne subissent aucune altération. En 1704, Newton émet très nettement l'idée que le diamant doit être combustible.

De nombreux expérimentateurs, entre autres Darcet, Macquer, Leblanc, répétèrent les expériences précédentes et aboutirent toujours au même résultat : la disparition du diamant. Mais c'est seulement en 1772 que Lavoisier démontra non seulement la combustibilité du diamant, mais son analogie avec le charbon. A Smithson Tennant, célèbre chimiste anglais, revient l'honneur d'avoir établi l'identité complète de ces deux substances.

La composition de la plupart des autres pierres précieuses (rubis, etc.) a été établie dès la fin du xviiie siècle, grâce aux progrès très rapides de la Chimie et aux efforts des premiers minéralogistes. La recherche de substances rares dans plusieurs minéraux, la détermination de leurs propriétés physiques, leur classification par groupes chimiques et leur distinction par des systèmes cristallins, ont permis de les caractériser à peu près toutes avant 1800. Actuellement, elles font partie de plusieurs grandes familles minéralogiques dont les principaux éléments de distinction sont encore la constitution chimique et la structure du réseau cristallin.

Les perles. — Les perles ont de tout temps excité la curiosité des naturalistes au même titre que les pierres. Les Hindous les considéraient comme des gouttes de rosée solidifiées. Ces dernières, tombant dans la coquille des mollusques producteurs de perles au moment où ils entr'ouvrent leurs valves à la surface de l'eau, constituaient le germe des perles ; celles-ci se formaient ensuite définitivement par la solidification des gouttelettes sous l'action de la chaleur du soleil.

Pline et Dioscoride sont d'accord avec cette manière de voir, car ils disent que le mollusque qui produit les perles entr'ouvre ses valves pendant la nuit à l'époque de sa reproduction ; c'est alors qu'il reçoit la goutte de rosée qui engendre la perle. La beauté de celle-ci dépend donc de la qualité de la rosée : si elle est limpide, la perle est blanche et brillante.

Pendant de longs siècles, on a été unanime à reconnaître aux perles cette origine, et encore actuellement beaucoup de pêcheurs de Ceylan et de la mer Rouge croient à la formation des perles par l'intervention de l'eau.

Cependant, au cours des xvie et xviie siècles, plusieurs naturalistes ont démenti cette manière de voir et considéré les perles comme des œufs du mollusque. Les perles, disent-ils, sont pondues par le mollusque, elles s'accroissent et deviennent elles-mêmes des coquilles.

En 1826, un savant anglais, Everard Home, transforma cette hypothèse en émettant l'opinion que les perles se forment à la surface d'un œuf qui n'est pas expulsé avec les autres et se recouvre de nacre.

On sait aujourd'hui que la perle, composée presque entièrement de carbonate de calcium et en partie d'une substance organique, la conchyoline, a une origine parasitaire ; elle résulte, suivant toute vraisemblance, de l'emprisonnement de jeunes individus (acariens généralement) par une matière spéciale sécrétée par le mollusque pour se débarrasser de son adversaire, ainsi que nous le verrons plus loin (CHAP. X).

Le corail. — L'histoire de l'origine du corail n'a pas prê.é à moins de controverses et d'idées bizarres que celle de la perle. Considéré, suivant les époques, comme une plante, une pierre ou un animal, le corail a été, en effet, l'objet de nombreuses hypothèses. Théophraste le classe parmi les pierres précieuses bien qu'ayant l'aspect d'une racine et croissant dans la mer. Dioscoride lui donne le nom de λιθόδενδρον (arbre-pierre) ; il le considère comme une plante marine qui se durcit dès qu'on la retire du fond de l'eau, par contact avec l'air Pline, Ovide, Solin (iiie siècle après J.-C.), puis Claudien (ve siècle) partagent cette opinion. D'après Solin, la tige est molle sous l'eau ; à l'air libre, ses branches deviennent d'un rouge éclatant et changent de nature.

Tous ces témoignages considèrent donc le corail comme passant du règne végétal au règne minéral. « Exposé au souffle de l'air, il est changé en pierre mais garde sa première conformation, ses rameaux et la racine même qui lui apportait le suc vivifiant : il est, en plante, absolument ce qu'il était en pierre. » L'embarras est donc de le classer.

En 1629, Gansius considère le corail, non comme une plante, mais comme une sorte de matière minérale, une résine visqueuse qui se pétrifie d'elle-même.

En 1727, Réaumur en était encore à dédoubler le corail et à reconnaître en lui deux matières distinctes : la partie dure, concrétion indépendante, à l'intérieur, et le végétal, représenté par l'écorce, à l'extérieur.

C'est à Milne-Edwards et à Lacaze-Duthiers que l'on doit d'avoir établi, il y a un demi-siècle, la véritable nature du corail, déjà pressentie par Peyssonnel au commencement du xviii° siècle, à savoir qu'il est formé par des animaux vivant en société et sécrétant une matière (calcaire) qui subsiste après leur mort. De nombreuses études ont établi depuis le mécanisme détaillé de sa production et son mode d'accroissement et de développement (v. CHAP. X).

La phosphorescence des gemmes. — La phosphorescence naturelle des pierres précieuses n'était sans doute pas connue des Anciens. Par contre, dès la plus haute antiquité, on sut mettre à profit des recettes pratiques pour leur communiquer une phosphorescence superficielle de durée variable.

La collection des alchimistes grecs renferme en effet un traité contenant les procédés « pour colorer les pierres précieuses, les émeraudes, les escarboucles, les hyacinthes » et dans lequel on trouve cités plusieurs auteurs, Ostanès, Marie, Démocrite, dont les deux derniers sont également cités par Pline dans son *Histoire naturelle*. Dans ce traité, sont indiquées différentes méthodes basées sur l'emploi de matières organiques, telles que la *bile* des animaux marins[1].

« Si tu veux teindre en vert, écrit Marie, mélange la rouille de cuivre avec la bile de tortue; pour faire plus beau, c'est avec la bile de tortue d'Inde. Mets-y les objets, et la teinture sera de première qualité. Si tu n'as pas de la bile de tortue, emploie du poumon marin bleu (méduse), et tu feras une teinture plus belle. Lorsqu'elle est complètement développée, les objets qui y sont plongés émettent une lueur pareille à celle des rayons du soleil. »

La phosphorescence des matières organiques oxydables nous est parfaitement connue aujourd'hui. Appliquée aux pierres, elle ne devait cependant pas être d'une bien longue durée ; mais elle pouvait se prolonger pendant plusieurs heures, peut-être plusieurs jours et être rétablie par une nouvelle application des mêmes agents. Néanmoins son intensité devait être assez grande, car on pouvait « se diriger à l'aide de la lumière ainsi émise, en vertu de la propriété de ces pierres de briller la nuit ».

Pratiquement, les biles des animaux étaient d'abord desséchées pour perdre leur partie aqueuse, puis mélangées à la « rouille de cuivre » et à la « comaris » (talc). Le tout était cuit et coloré par une matière active, peut-être un polysulfure alcalin. Les pierres, chauffées d'abord isolément, étaient introduites dans cet état dans la teinture qui leur communiquait à la fois une belle coloration et des propriétés lumineuses.

1. D'après Berthelot, les textes de ce traité se rattacheraient aux plus vieilles traditions de l'Égypte hellénisée ; peut-être même ils remonteraient aux pratiques, encore plus anciennes, des prêtres égyptiens et du culte de leurs divinités. En tout cas, ils constituent un des chapitres les plus curieux à l'actif des connaissances pratiques des Anciens.

IV. — LA FRAUDE ET LES IMITATIONS

Les traditions les plus anciennes nous apprennent que l'art d'imiter les pierres précieuses a été pratiqué dès que celles-ci ont pu être appréciées et utilisées comme objets de parure. A l'origine il y avait fort peu de pierreries, et l'homme seul en portait, profitant ainsi de sa supériorité sur la femme. Lorsqu'elles commencèrent à se répandre, les chefs parèrent leurs femmes de celles ayant le moins de valeur, puis avec les imitations.

Les Égyptiens. — Les Égyptiens étaient très habiles pour imiter les gemmes colorées. Ils savaient déjà fabriquer avec de la pâte de verre des camées, des intailles, des coupes, des statuettes ressemblant à s'y méprendre aux joyaux en pierre fine. Les tombeaux et monuments égyptiens, fouillés au cours du siècle dernier, ont mis au jour des pièces tout à fait remarquables par leur couleur, leur transparence et leur solidité. Ils connaissaient déjà l'oxyde de plomb et le mêlaient à la pâte vitreuse pour augmenter son pouvoir dispersif, c'est-à-dire ses feux après polissage. La coloration bleue était obtenue avec le cuivre et le cobalt, la teinte violette avec l'oxyde de manganèse.

Les Romains. — Les Romains, par suite de leur engouement pour les gemmes et les parures gemmées, surent rapidement s'emparer de cet art, — on devrait dire de cette industrie — qui permettait d'imiter à vil prix des gemmes de grande valeur et de favoriser ainsi la fraude. Aussi, dans son *Histoire naturelle*, Pline insiste-t-il assez longuement sur les moyens de reconnaître les pierres fausses et les pierres véritables :

« Il est fort difficile, dit-il, de discerner les vraies pierres précieuses des fausses, car on a trouvé le moyen de transformer des pierreries vraies en fausses d'une autre espèce. On fait des sardoines [1] avec trois sortes de pierres qu'on agglutine, et cela de telle façon que la fraude ne peut se découvrir ; le noir, le blanc, le vermillon qu'on accole sont pris tous dans des pierres d'élite. Il y a même des livres, qu'à la vérité je ne veux pas indiquer, dans lesquels est expliquée la manière de donner au cristal la couleur de l'émeraude ou d'autres pierres transparentes, de faire une sardoine avec une sarde [2] et ainsi des autres. Il n'y a point, en effet, de fraude où l'on gagne plus.

« Nous, au contraire, nous indiquerons des moyens généraux de reconnaître les pierres fausses... Les épreuves se font de plusieurs manières. D'abord, on pèse

1 et 2. *Sardoine* et *Sarde*: variétés de quartz zonées dont il sera question plus loin (chap. VI, *Gemmes quartzeuses*, p. 173).

la pierre : les vraies sont plus pesantes. On apprécie ensuite le froid : les vraies sont senties plus froides dans la bouche. Puis on examine la substance même : au dedans des pierres fausses on voit des vésicules ; de plus, surface raboteuse, filaments, reflet inégal, éclat qui s'éteint avant d'arriver à l'œil. La meilleure façon d'éprouver une pierrerie, c'est d'en détacher un fragment et de le broyer sous une lame de fer ; mais les marchands de pierreries ne veulent pas permettre cette épreuve, non plus que celle de la lime... Les fausses ne supportent pas la gravure. Au reste, il y a de si grandes différences de dureté que les unes ne peuvent être gravées avec le fer et que les autres ne permettent l'emploi que d'un instrument émoussé ; mais toutes sont entamées par le diamant. »

Il est curieux de constater qu'à l'époque où ces lignes ont été écrites, c'est-à-dire il y a environ dix-huit cents ans, on connaissait déjà trois propriétés importantes et caractéristiques des gemmes naturelles : la densité, la dureté et l'absence de bulles gazeuses à l'intérieur.

Pour les pierres les plus employées, Pline ne craint du reste pas de dénoncer les imitations courantes. A propos de l'escarboucle (variété de grenat), il indique la contrefaçon au moyen du verre et l'art des lapidaires à dénaturer la nuance des moins belles « en les forçant à refléter les couleurs des montures[1] ». D'après lui, il n'est point de pierre plus facile à contrefaire à l'aide du verre que la turquoise. Il en est de même de l'opale que les Indiens imitent au mieux. « Ils emploient le verre coloré et c'est à s'y méprendre. On ne reconnaît la tromperie qu'au soleil : les opales fausses, exposées aux rayons de cet astre et tenues entre un doigt et le pouce, ne donnent qu'une seule et même couleur, limitée au corps de la pierre[2] ; les opales vraies offrent des nuances successives, donnent des reflets plus vifs, tantôt dans un sens, tantôt dans un autre, et projettent un éclat lumineux sur les doigts. » Les autres gemmes sont caractérisées, pour la plupart, avec le même discernement.

Les « cristalliers » et les « pierriers de voirre » du XIII⁰ au XVI⁰ siècle. — Pendant de longs siècles, le métier de fabricant de fausses pierreries s'exerça sans grandes modifications. Au XIIIᵉ siècle, tandis que les *cristalliers* (corporation de lapidaires qui taillaient le cristal de roche et les autres pierres fines naturelles) réalisaient de grands progrès dans leur art, les *pierriers de voirre* ou *voirriniers* excellaient eux aussi dans l'art du faux.

« Il y a des hommes, dit saint Thomas d'Aquin dans son *Traité des pierres*

---

1. Il s'agit ici de la combinaison, par réflexion, de la couleur propre de la pierre et de celle du métal poli qui lui sert de monture.

2. Cette teinte uniforme est due à l'absence des phénomènes d'irisation qui caractérisent l'opale noble véritable (p. 181).

précieuses, qui fabriquent des gemmes artificielles. Ils produisent des hyacinthes qui ressemblent aux hyacinthes de la nature, et des saphirs pareils aux vrais saphirs. Ils obtiennent des émeraudes en employant de la poudre d'airain de bonne qualité. Le rubis s'obtient par l'intervention du crocus de fer[1]. Pour obtenir la topaze, il faut agir ainsi : prendre du bois d'aloès et le poser sur le vase qui renferme le verre en fusion. On peut, en un mot, colorer le verre de toutes les manières possibles. »

Dans les ouvrages et documents du Moyen Age, il est souvent question de « pierres de voirre », « émeraudes et rubis de voirre », « voirre teint en manière d'agathe », etc. Dans l'ouvrage intitulé *Le Propriétaire des Choses*, on est frappé de la ressemblance des pâtes vitreuses et des gemmes véritables :

« Aucunes foys, dit l'auteur de cet ouvrage, les faulces pierres sont si semblables aux vreyes, que ceux qui myeulx si cognoissent y sont bien souvent déceulz. »

On pouvait alors si facilement se laisser tromper que les cristalliers, pour éviter toute confusion entre les produits de leur art et les imitations, furent amenés, en 1331, à modifier les règlements de leur corporation. Beaucoup plus tard, en 1584, ils cessèrent même de conserver leur nom et s'appelèrent simplement *lapidaires, tailleurs* ou *graveurs en camées et pierres fines*.

Collection H. Vever.

Fig. 6. — Carte commerciale de Stras.

L'art du faux et ses conséquences. — Au xviie siècle l'art des imitations devint si lucratif qu'il permit à plusieurs de réaliser de très gros bénéfices. Dans le « Journal d'un voyage à Paris », de la seconde moitié de ce siècle, on lit en effet ceci sous la signature de De Villiers :

« Le 16 janvier 1657, nous fûmes voir le Temple, qui est une espèce de ville entourée de murailles... Il est renommé par ce merveilleux artisan, le sieur d'Arce,

1. Oxyde de fer.

qui a trouvé l'invention de contrefaire les diamants, émeraudes, topazes et rubis, dans laquelle il a si bien réussi, qu'en peu de temps il a gagné une si grosse somme d'argent, qu'il tient carrosse et fait bâtir deux corps de logis dans ledit enclos. »

Les exemples à citer ne manquent pas non plus, qui montrent à quel point l'art d'imiter les pierres naturelles avait atteint la perfection. Plusieurs vases conservés dans des musées nationaux comme taillés dans des gemmes de grande valeur, ont été reconnus ensuite pour du verre. C'est le cas du « Sacro Catino », qui appartient à la cathédrale de Gênes et qui a passé jusqu'au commencement du XIXe siècle pour être taillé dans un bloc d'émeraude. Il en est de même d'un verre bleu du trésor de Monza, donné par la reine Théodelinde et qui a longtemps été considéré comme un saphir. M. Babelon a cité également de nombreux faux camées antiques, notamment au Cabinet des médailles de la Bibliothèque nationale et dans plusieurs collections privées.

Mais le grand progrès réalisé dans l'imitation des gemmes de toutes sortes, colorées ou non, transparentes ou opaques, ne date que de l'époque où l'on sut, grâce aux progrès de la Chimie, établir la formule d'un verre possédant les principales propriétés des gemmes véritables, en particulier leur vivacité de ton, leur transparence et leur éclat.

Le stras. — C'est à Stras[1] que l'on doit d'avoir trouvé cette formule vers 1750. La pierre fine dite *stras* était un verre à indice de réfraction voisin de celui du diamant grâce à la présence d'une certaine quantité de sel de plomb. Les premières fabriques de stras furent installées en Franche-Comté, en particulier dans les environs de Saint-Claude. Souvent, toute une famille, homme, femme et enfants, travaillait à la production de ces pierres qu'on nommait alors *pans*, *chatons* ou *dentelles*. Cependant, jusque vers 1815, il n'y eut en France que sept ou huit fabriques et le seul important industriel en imitation fut pendant longtemps Martin Lançon, de Saint-Claude.

Les travailleurs apportaient leurs produits, taillés et polis, à Paris où peu à peu la nouvelle industrie excita d'autres appétits et vint s'y fixer définitivement. Plusieurs usines se fondèrent aussi à l'étranger, notamment en Allemagne et en Suisse.

Lançon perfectionna la fabrication du stras en le rendant plus dur et plus réfringent. Vers 1810, cette pierre était même désignée presque partout sous le nom d'*éclatante*. Après la mort de Martin Lançon, ses fils prirent la suite de cette industrie, mais n'ayant réussi qu'incomplètement, ils vendirent leurs procédés de

1. Georges-Frédéric Stras naquit à Strasbourg en 1700 et mourut à Paris en 1773. Ses ateliers étaient à Paris, sur le quai des Orfèvres ; son industrie lui permit de réaliser une grande fortune.

fabrication. L'acheteur fut un bijoutier actif et entreprenant qui en fit une grande spéculation : il commença par changer le nom de stras en celui de *pierres adaman-toïdes*, puis lança le produit en grand et fit fortune.

D'autres procédés cependant avaient vu le jour. On arrivait facilement à fabriquer des pierres colorées avec les plus belles teintes, notamment de bleues, de violettes et de vertes ; les pierres rouges, destinées à imiter le rubis et le grenat, ne furent connues que plus tard.

Vers 1840, plusieurs habiles chimistes, entre autres Feil et Gaudin, déjà célèbres par d'importants travaux de chimie et notamment par la réalisation pratique de plusieurs synthèses minéralogiques, réussirent à obtenir une substance pouvant joindre aux propriétés optiques (réfringence, dispersion) des pierres naturelles, leur uniformité de coloration et leur éclat. On n'est cependant pas encore arrivé à communiquer aux pierres fausses la dureté des véritables gemmes, ce qui permet toujours de distinguer ces dernières des imitations.

CHAPITRE II

PROPRIÉTÉS CARACTÉRISTIQUES ET PROCÉDÉS DE DÉTERMINATION DES PIERRES PRÉCIEUSES

I. — CRISTALLISATION

Cristaux. — La Chimie et la Physique moléculaire nous apprennent qu'à part de très rares exceptions, tous les corps peuvent, en passant de l'état liquide ou gazeux à l'état solide, prendre la forme de solides géométriques réguliers. On a donné à ces derniers le nom de *cristaux*.

La plupart des pierres précieuses se rencontrent dans cet état. Celles qui font exception à cette règle sont en masses plus ou moins régulières, à cassure esquilleuse et conchoïdale ; telles sont la résinite, l'opale, l'ambre.

Origine des cristaux. — Dans la nature, les minéraux cristallisés n'ont généralement pas pris naissance d'une façon autre que les substances chimiques dans nos laboratoires, c'est-à-dire qu'ils ont utilisé l'un des quatre procédés suivants :

1° Fusion et refroidissement consécutif ;

2° Sublimation, c'est-à-dire passage direct, par chauffe rapide, de l'état solide à l'état gazeux, puis de l'état gazeux à l'état solide (fer oligiste) ;

3° Dissolution à chaud d'une matière moins soluble à froid et qui se solidifie ainsi par refroidissement ;

4° Dissolution lente et régulière à la température ordinaire, puis évaporation également lente mais constante du dissolvant.

Quoi qu'il en soit, les formes cristallines des minéraux sont extrêmement variables et il est nécessaire de les ramener à un certain nombre de types auxquels peuvent être rattachés tous les autres. La Science minéralogique a ainsi établi l'existence de sept *systèmes cristallins* d'où dérivent toutes les formes observées dans la nature et désignées pour cette raison sous le nom de *formes dérivées ou secondaires*.

Malheureusement, la plupart des minéraux, et en particulier les pierres précieuses, ne nous apparaissent que rarement à l'état de cristaux intacts. Très souvent, ils sont brisés, ne laissant ainsi apparaître que quelques facettes. D'autres fois, ils ont été roulés et leurs arêtes sont arrondies ou font même presque complètement défaut.

En outre, certains minéraux n'existent que rarement à l'état isolé. Ils se trouvent groupés deux par deux, à l'état de *macles* (c'est sous ce nom qu'on désigne ces associations) qui peuvent se produire, soit par accolement, soit par pénétration (fig. 7). Dans le premier cas, les deux cristaux se touchent par une de leurs faces et sont comme soudés par leur matière elle-même (1 et 2) ; dans le second cas, les deux cristaux se pénètrent mutuellement comme les deux fragments d'une croix (3, 4, 5).

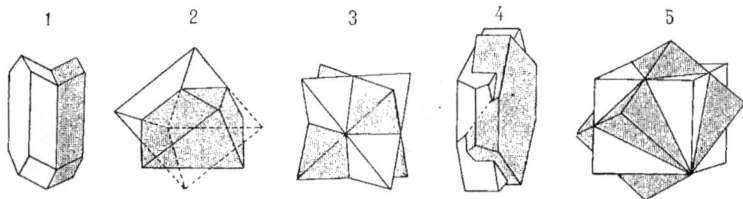

Fig. 7. — Macles : 1 et 2, macles par accolement ; 3, 4, 5, macles par pénétration.
1, Orthose ; 2, Spinelle ; 3, Diamant ; 4, Orthose ; 5, Fluorine et Pyrite.

Toutes ces particularités de cristallisation rendent ainsi très difficile, dans un grand nombre de cas, la détermination rapide des pierres que l'on a sous les yeux ; ce n'est qu'en s'aidant des autres propriétés (couleur, densité, dureté, etc.) qu'on peut arriver à les caractériser d'une façon précise.

Systèmes cristallins. — Bien que nous ne puissions nous étendre longuement sur les systèmes cristallins et sur leurs nombreuses formes dérivées, il est essentiel de dire quelques mots des formes auxquelles se rattachent les pierres précieuses. Cela sera d'une grande utilité pour la compréhension de ce qui va suivre.

Toutes les formes cristallines se rattachent, avons-nous dit, à sept types fondamentaux. Ce sont les suivants : le système cubique, le système hexagonal, le système quadratique, le système rhomboédrique, le système rhombique, le système monoclinique et le système triclinique.

J. ESCARD.   4

Quel que soit le prisme fondamental auquel se rattache, de près ou de loin, un minéral quelconque cristallisé, il existe un principe qui sert de base à l'étude de la détermination des minéraux : c'est celui de la symétrie cristalline, d'après lequel toutes les parties semblables d'un même cristal sont toujours modifiées semblablement.

Considérons par exemple (fig. 8, *1*), le cube, le plus simple et le plus parfait des édifices cristallins, et supposons que pour une cause quelconque un plan *n* vienne remplacer un des huit angles solides de ce cube. Tous les autres angles se trouveront modifiés semblablement et nous aurons alors un solide ayant la forme représentée en *2* (cubo-octaèdre). Si au lieu d'agir sur un angle, le plan *m* agit sur une arête (fig. 8, *3*), ce plan sera également incliné sur les deux faces A ; de plus, une modification analogue se manifestera sur toutes les autres arêtes du cube et conduira au solide représenté en *4*.

Au lieu d'un cube, considérons un solide moins régulier, un prisme hexagonal par exemple. Les angles et les arêtes étant disposés d'une façon moins symé-

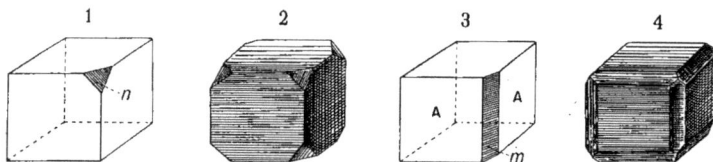

Fig. 8. — Principe de la symétrie cristalline appliqué au cube.

trique, les modifications s'effectueront également d'une façon moins régulière. On conçoit donc que le nombre des formes cristallines dérivées puisse être considérable. Aussi est-ce seulement par l'étude approfondie de la science cristallographique et une grande pratique des minéraux qu'on peut reconnaître rapidement le prisme originel d'un cristal donné, c'est-à-dire ramener celui-ci à son système cristallin et, ainsi, l'identifier.

Comme complément utile à ce qui précède, nous donnons ci-dessous les caractères essentiels des types fondamentaux des sept systèmes cristallins en mentionnant à la suite les principales pierres précieuses qui s'y rattachent, soit directement, soit par des formes dérivées :

I. **Système cubique.** — Il est représenté par un cube parfait (fig. 9, *1*). C'est le plus riche des solides en éléments de symétrie, toutes ses arêtes et toutes ses faces ayant les mêmes dimensions et la même orientation par rapport au centre du prisme. C'est dans ce système que cristallisent le *spinelle*, le *diamant*[1], la *fluorine*, la *pyrite de fer*, le *grenat*, la *sodalite*.

II. Système hexagonal. — Il est caractérisé par un prisme droit à base d'hexagone (fig. 9, *2*). A lui se rattachent l'*apatite* et l'*émeraude* ou *béryl*.

III. Système quadratique. — Il est caractérisé par un prisme droit à base carrée (fig. 9, *3*). C'est donc un cube allongé dans le sens de la hauteur. Les principales pierres précieuses qui dérivent de ce système sont le *zircon*, le *rutile*, l'*idocrase*.

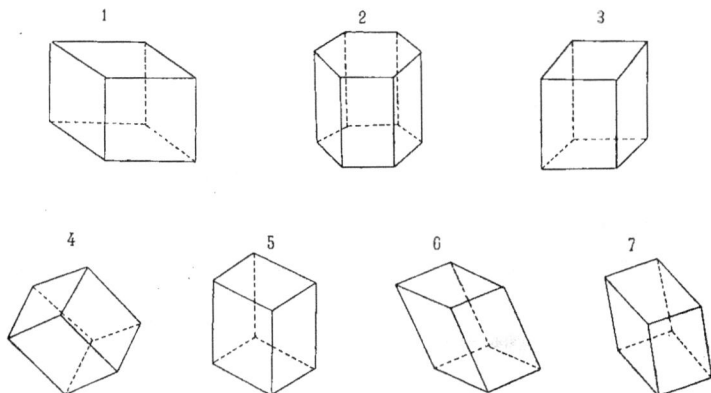

Fig. 9. — Systèmes cristallins : 1, cubique ; 2, hexagonal ; 3, quadratique ; 4, rhomboédrique ; 5, rhombique ; 6, monoclinique ; 7, triclinique.

IV. Système rhomboédrique. — C'est un système à symétrie assez compliquée. Il est caractérisé par un prisme à six losanges (fig. 9, *4*). Le *quartz* ou *cristal de roche* et ses différentes variétés (*améthyste*, *quartz enfumé*, etc.), l'*oligiste*, la *tourmaline*, la *dioptase*, le *corindon* et ses variétés (*rubis*, *saphir*) se rattachent à ce système par des modifications plus ou moins complexes.

1. L'existence de facettes et d'arêtes courbes dans les cristaux de diamant n'a pas encore reçu d'explication (v. p. 100).

V. Système rhombique. — Il est caractérisé par un prisme droit à base de losange (fig. 9, *5*). A lui se rattachent la *staurotide*, la *topaze*, la *marcassite*.

VI. Système monoclinique ou clinorhombique. — Comme son nom l'indique, il est caractérisé par un prisme incliné à base de losange (fig. 9, *6*). L'*orthose*, l'*augite*, l'*azurite*, l'*épidote* se rattachent à ce système.

VII. Système triclinique. — On l'appelle encore « anorthique » parce qu'on n'y rencontre aucun angle droit (fig. 9, *7*). Cela revient à dire que les trois arêtes de son parallélipipède sont toutes inclinées les unes par rapport aux autres. C'est donc le moins régulier des solides simples. Il est principalement représenté par l'*oligoclase*, l'*amazonite*, etc.

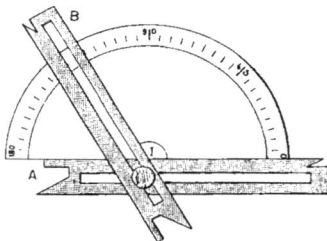

Fig. 10. — Goniomètre d'application.

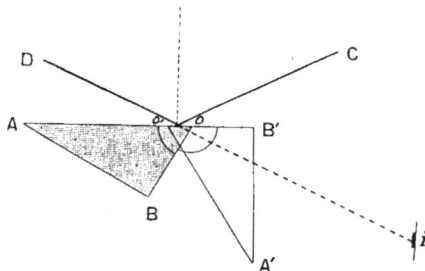

Fig. 11. — Principe de la construction et de l'emploi des goniomètres à réflexion.

Détermination des formes cristallines. — Goniomètres. — Il est généralement difficile de reconnaître, par un simple examen visuel, la valeur des angles des cristaux qui, seuls, permettent dans bon nombre de cas de les caractériser. Aussi a-t-on recours à des instruments désignés sous le nom de *goniomètres* et qui permettent d'effectuer rapidement cette mesure.

Le *goniomètre d'application* (fig. 10), inventé au xviiie siècle par Carangeot, est le plus simple de ces instruments. Il se compose de deux réglettes ou alidades A et B, qui peuvent pivoter autour d'un axe commun de façon à faire entre elles tous les angles possibles.

Pour mesurer l'angle de deux facettes d'un cristal, on fait coïncider ces deux dernières avec les réglettes, on fixe celles-ci au moyen de la vis qui les réunit, puis on porte l'instrument sur un rapporteur. On a ainsi immédiatement la valeur de l'angle I formé par les deux faces du cristal[1].

Dans les mesures qui demandent une grande précision, on utilise les *goniomètres à réflexion* dont le principe et l'emploi sont très simples. La construction de ces appareils repose sur la mesure d'angles produits par des rayons émanant d'un point lumineux fixe et reçus par le cristal à déterminer.

Soit AoB (fig. 11) un cristal dont il faut déterminer l'angle des faces Ao et oB. Une source lumineuse située en C envoie sur la face oA un rayon qui, réfléchi en oD, vient pénétrer en D dans l'œil de l'opérateur. Ce rayon paraît venir d'un point i qu'il est facile de repérer. On fait alors pivoter le cristal de manière que la face oB vienne en oB', c'est-à-dire sur le prolongement de Ao. Le rayon lumineux émanant de C suit le même chemin que précédemment quoique réfléchi par la face oB. Pour s'assurer que oB' est bien sur le prolongement de oA, il suffit de faire coïncider les deux images de C réfléchies successivement par oA et par oB'. Or à ce moment, le cristal a tourné d'un angle BoB' égal au supplément de AoB, c'est-à-dire de l'angle à mesurer.

Pratiquement, le cristal est fixé au moyen de cire à l'extrémité d'une tige qui elle-même est implantée normalement au centre d'un limbe gradué. Une série

Fig. 12. — Constance des angles dans les cristaux (saphir), indépendamment de la longueur des arêtes.

de mouvements simples permet d'établir une coïncidence rigoureuse entre l'arête projetée en o et l'axe de rotation de l'appareil. Les mesures d'angles de déplacement se font sur le limbe gradué. Naturellement, ces appareils ne peuvent être employés que pour les cristaux dont les faces sont suffisamment polies pour réfléchir la lumière.

Les mesures d'angles présentent une grande importance dans la détermination des minéraux. Les modifications dans la forme primitive des cristaux sont en effet parfois si complexes qu'un cristal simple peut paraître composé de plusieurs unités et inversement. Ainsi que le montre la figure 12, qui se rapporte à différents échantillons de la même pierre (saphir), la valeur seule des angles est à considérer. C'est pourquoi les formes aplaties ou à facettes de dimensions irrégulières sont si difficiles à déterminer lorsque le cristal n'est pas intact.

---

1. C'est à l'aide de ce goniomètre que le fondateur de la Cristallographie, l'abbé Haüy, a pu caractériser la plupart des minéraux et les rattacher à des systèmes cristallins. De même, Romé de Lisle et ses élèves l'ont utilisé avec succès. Malgré sa simplicité, il a servi à édifier les premiers fondements de la science cristallographique qui sert encore aujourd'hui de base à la Minéralogie.

II. — DENSITÉ

La densité, ou poids spécifique d'un corps, est le rapport entre le poids de volumes égaux du corps considéré et d'eau pure à 4°. On peut encore la définir en disant qu'elle est égale, pour chaque corps, au poids d'un centimètre cube de ce corps. On peut l'exprimer par la relation :

$$\text{Densité} = \frac{\text{Poids (en grammes)}}{\text{Volume (en cm}^3)} .$$

L'unité de poids spécifique est celle de l'eau dont 1 centimètre cube pèse exactement 1 gramme à 4° (maximum de densité à cette température).

Importance de la densité dans la détermination des gemmes.

— La connaissance de la densité des pierres précieuses est d'une grande ressource pour leur détermination. Aussi a-t-elle été utilisée de tout temps pour les caractériser[1]. Lorsque les pierres sont taillées ou qu'à l'état brut elles se trouvent sous forme de cailloux roulés et sans facettes cristallines apparentes, la détermination de la densité peut être d'un grand secours, concurremment aux autres propriétés physiques, pour connaître rapidement leur nature[2].

D'une façon générale, et très approximative du reste, on range dans les minéraux *très légers* ceux dont la densité est de 1 environ, c'est-à-dire voisine de celle de l'eau. Les minéraux *légers* ont une densité se rapprochant de 2 et ceux de *densité ordinaire*, de 3. Les minéraux *lourds* sont ceux dont la densité oscille entre 4 et 5. Enfin, les minéraux *très lourds* sont ceux dont la densité égale ou dépasse 6.

Les pierres précieuses se classent presque toutes dans la troisième et la quatrième catégories. Leur densité est en effet comprise, à peu d'exceptions près, entre 2,60 et 4,5. C'est ce que montre le tableau ci-dessous dans lequel sont indiquées les densités des principales pierres employées actuellement dans la

---

1. Dans son *Histoire naturelle* (chap. 10, liv. XXXVII), Pline mentionne que les Anciens faisaient usage de la *pesanteur* pour reconnaître les pierres. Il est évident qu'il s'agit là de la « pesanteur spécifique », ou densité.

2. Il ne faudrait cependant pas la regarder dans tous les cas comme une valeur absolue, car elle supporte des exceptions. Ainsi, certaines variétés de béryl rose (morganite) présentent une échelle de densités très étendue : de 2,65 à 2,92. A l'analyse spectrale, on constate la présence de métaux à poids moléculaires élevés (césium, rubidium) qui expliquent cette anomalie, confirmée du reste par la variation parallèle des propriétés optiques. Au fur et à mesure que la pesanteur de ces métaux augmente, la densité et les indices de réfraction croissent également.

joaillerie ; elles sont classées par ordre de densité décroissante et en ne tenant compte, pour chaque minéral, que de la valeur moyenne de la densité :

Zircon	4,6 à 4,7	Péridot	3,3
Almandin	4,1	Tourmaline	3 à 3,2
Spessartine	4,18	Danburite	3,1
Corindon	4,1	Triphane	3,15
Pyrope	3,7	Phénacite	2,95
Cymophane	3,7 à 3,8	Béryl	2,68 à 2,90
Essonite	3,6	Quartz	2,65
Spinelle	3,6	Cordiérite	2,9
Topaze	3,5	Orthose	2,56
Diamant	3,5	Opale	2,2

Mesure de la densité.

Il existe de nombreuses méthodes permettant de déterminer la densité des minéraux. Comme elles reposent sur des principes variés, il est préférable de ne pas les employer indifféremment, les unes s'appliquant particulièrement aux pierres dont le volume est assez considérable, les autres à celles qui se présentent en menus fragments. D'une façon générale, il est prudent, si l'on veut comparer les densités de plusieurs échantillons différant peu de volume, d'employer la même méthode, quitte à la contrôler ensuite par une autre si cela est nécessaire.

Naturellement, les chances d'erreur sont d'autant plus réduites que les échantillons sont de plus grande dimension. Pour cette raison, lorsqu'on possède plusieurs petits fragments d'une même pierre, il est préférable de mesurer leur densité d'une façon globale plutôt que d'opérer sur les fragments pris isolément et de prendre ensuite la moyenne des résultats obtenus.

Emploi des solutions denses. — L'emploi des solutions à densité élevée est très pratique pour mesurer le poids spécifique des pierres précieuses en raison de la rapidité avec laquelle elle permet d'opérer. Les plus employées sont l'iodure de méthylène (densité : 3.33), le mélange d'azotates de thallium et d'argent (densité supérieure à 4), le tungstoborate de cadmium pur (densité : 3,35) ou additionné d'eau, le chlorure de plomb fondu pur (densité voisine de 5) ou additionné de chlorure de zinc (densité : 2,4).

L'*iodure de méthylène* peut servir à caractériser un grand nombre de pierres précieuses. Soit ainsi deux échantillons, l'un constitué par une émeraude orientale (corindon vert) et l'autre par de l'émeraude ordinaire (silicate d'alumine et de glucine). Laissons tomber ces deux pierres dans une éprouvette contenant de l'iodure de méthylène : l'émeraude orientale, dont la densité est voisine de 4,

Tableau de la densité des principales pierres précieuses.

NOM DES PIERRES PRÉCIEUSES	DENSITÉ	NOM DES PIERRES PRÉCIEUSES	DENSITÉ
Agate...................	2,53 à 2,62	Diamant d'Alençon (quartz enfumé)...............	2,65
Aigue-marine............	2,67 à 2,76	Émeraude...............	2,67 à 2,76
Alexandrite (cymophane)..	3,70 à 3,74	— orientale (corin-	
Almandin (grenat)........	3,60 à 4,10	don).........	4,10
Amazonite...............	2,54 à 2,58	Essonite (grenat).........	3,55 à 3,60
Ambre...................	1,06 à 1,21	Euclase	3,08
Améthyste orientale (corin-		Fluorine.................	3,18 à 3,20
don)...................	4,10	Gahnite (spinelle)........	4,10 à 4,56
Améthyste ordinaire (quartz		Girasol { Quartz	2,65
violet)	2,65 à 2,66	{ Silice hydratée..	2,05 à 2,10
Andalousite.............	3,16	Grenat essonite...........	3,55 à 3,60
Astérie (corindon).......	4,10	— pyrope...........	3,66 à 3,80
Aventurine { Oligoclase...	2,67	— spessartine.......	3,77 à 4,27
{ Orthose.....	2,56	— syrien (almandin)..	3,50 à 4,30
{ Quartz......	2,65	— vert (ouwarowite)..	3,42 à 3,51
Azurite.................	3,7 à 3,8	Héliotrope (jaspe)........	2,54 à 2,62
Béryl rose..............	2,67 à 2,90	Hyacinthe (grenat essonite).	3,40 à 3,60
Caillou du Rhin (quartz)...	2,65	— (zircon)........	4,26 à 4,67
Calcédoine..............	2,53 à 2,62	— de Compostelle	
Chrysobéryl (cymophane)..	3,70 à 3,74	(quartz)......	2,65
Chrysocole..............	3,10 à 3,40	Hypersthène.............	3,37 à 3,42
Chrysolite (péridot)......	3,33 à 3,45	Idocrase................	3,36 à 3,45
Chrysoprase	2,53 à 2,62	Iris (quartz irisé)........	2,65
Citrine (quartz jaune)	2,65	Jade (néphrite)..........	2,96 à 3,10
Cordiérite (saphir d'eau)...	2,58	Jadéite.................	3,32 à 3,34
Corindon................	4 à 4,10	Jargon (zircon)...........	4,16 à 4,67
Cornaline...............	2,58 à 2,60	Jaspe...................	2,52 à 2,76
Cristal de roche (quartz)...	2,65	Jayet ou jais.............	1,30 à 1,32
Cyanite (disthène bleu)....	3,67	Kunzite (triphane)........	3,15
Cymophane..............	3,70 à 3,80	Labradorite.............	2,68 à 2,76
Danburite	3,1	Lapis-lazuli.............	2,50 à 3,04
Diamant................	3,51 à 3,53		

Tableau de la densité des principales pierres précieuses (suite).

Nom DES PIERRES PRÉCIEUSES	DENSITÉ	Nom DES PIERRES PRÉCIEUSES	DENSITÉ
Lazulite.................	3,05 à 3,12	Rubis de Brésil (topaze rose)............	3,51 à 3,53
Malachite..............	3,72 à 4,00		
Marcassite............	5,01	Saphir d'eau (cordiérite)...	2,58
Morganite (béryl rose).....	2,65 à 2,92	— oriental (corindon)..	4,10
Néphrite	2,96 à 3,10	— occidental (quartz bleu)........ .	2,65
Obsidienne	2,36		
OEil-de-chat (cymophane)..	3,70 à 3,74	Saphirine (calcédoine bleue)..............	2,60
— (quartz)......	2,64 à 2,67		
Oligiste................	5,24 à 5,28	Sardoine	2,59
Olivine (grenat vert)......	3,84 à 3,90	Serpentine.............	2,49 à 2,66
— (péridot).........	3,33 à 3,45	Sodalite...............	2,38 à 2,42
Onyx (calcédoine)........	2,62	Spessartite (grenat)	3,90 à 4,20
Opale..................	2,2	Succin (ambre)..........	1,06 à 1,21
Orthose................	2,56	Spinelle...............	3,60 à 4,00
Péridot (olivine).........	3,33 à 3,45	Topaze.................	3,51 à 3,57
Phénacite..............	2,95	Topaze occidentale (quartz enfumé)...........	2,65
Pierre des Amazones (amazonite)...............	2,54 à 2,58	Topaze orientale (corindon).	4,10
Pierre-de-lune (orthose)....	2,59	Tourmaline.............	3,03 à 3,20
Pierre-de-soleil (oligoclase).	2,65	Triphane	3,15
Plasma (agate)..........	2,53 à 2,61	Turquoise	2,52 à 2,82
Prase (quartz vert)	2,65 à 2,67	— osseuse (odontolite)...........	3,06 à 3,12
Pyrope (grenat)	3,66 à 3,80		
Quartz.................	2,65	Vermeille (grenat)........	3,66 à 3,75
Rosopale (opale).........	2,01 à 2,15	Zircon	4,6 à 4,67
Rubellite (tourmaline).....	3,04 à 3,06		
Rubicelle (spinelle)	3,50 à 4,00		
Rubis balais (spinelle).....	3,50 à 4,00	La densité des imitations (verre) varie suivant leur composition : elle oscille généralement entre 2,8 et 3,6.	
— de Sibérie (rubellite).	3,04 à 3,06		
— de Bohême (quartz rose)...........	2,65		
— oriental (corindon)..	4,10		

tombera immédiatement au fond du vase, tandis que l'émeraude ordinaire (densité : 2,67 à 2,76) flottera à la surface du liquide.

Le mélange des *azotates d'argent et de thallium*, imaginé il y a une quinzaine d'années par Retgers, est encore plus pratique en raison de sa très haute densité [1]. Supposons que nous ayons sous les yeux un tas de petites pierres rouges taillées de toutes provenances : ces pierres peuvent être de la rubellite, du spinelle, du zircon, du grenat, du rubis. Ces cinq minéraux ont parfois de si faibles différences de teinte que seul un œil exercé peut les caractériser. Le mélange précédent va nous renseigner, au contraire, immédiatement sur la nature de ces pierres. Laissons tomber en effet ces minéraux dans le liquide. Le zircon seul (densité : 4,56 à 4,67) tombera au fond tandis que les autres flotteront à la surface. En ajoutant de l'eau au mélange et en agitant pour que la solution ait une densité bien homogène, on diminue cette dernière et quelques pierres tombent à leur tour au fond du vase : ce sont les rubis (densité : 4,1). En ajoutant une nouvelle quantité d'eau, on voit le grenat tomber (densité : 3,8 à 3,9), puis enfin le spinelle (densité : 3,6) ; la rubellite, dont la densité est à peine supérieure à 3, reste à la surface. L'iodure de méthylène permettrait du reste de la séparer d'autres minéraux de même couleur dont la densité est inférieure à 3, comme le quartz rose par exemple (densité : 2,65). La densité de l'iodure de méthylène peut elle-même être progressivement diminuée par addition d'éther.

La méthode de Thoulet repose sur l'emploi d'une *solution de biiodure de mercure dans l'iodure de potassium*. Elle ne convient que pour les minéraux dont la densité est comprise entre 1 et 3,2 ; mais, comme les précédentes, elle peut avoir des densités différentes par additions d'eau. On prépare généralement quatre liqueurs de densités respectivement égales à 3,2 ; 3 ; 2,5 et 2.

Ces liqueurs étant contenues dans des éprouvettes placées par ordre de densité décroissante, on met dans la première l'échantillon à essayer ; s'il tombe au fond, c'est que sa densité est au moins égale à 3,2. Sinon on fait la même opération avec la seconde éprouvette et ainsi de suite. Un minéral qui tombe au fond de la deuxième éprouvette et qui flotte sur le liquide contenu dans la première a ainsi une densité moyenne de 3,1.

Le *mélange de chlorure de plomb et de chlorure de zinc* s'applique particulièrement aux minéraux de très petites dimensions et disséminés dans les roches. Nous avons vu plus haut que la densité du chlorure de plomb liquide est égale à 5 ; celle du chlorure de zinc liquide est égale à 2,4. En mélangeant ces deux substances dans des proportions variables, on obtient comme avec les solutions précédentes des liquides dont la densité pourra osciller entre ces deux limites.

1. On l'obtient en faisant fondre à 75° un mélange en parties égales de ces deux corps. Il se dissout dans l'eau avec facilité en donnant des liquides transparents de densités très variées.

Par refroidissement, cette liqueur se solidifie, de sorte que pour essayer la densité des minéraux, il convient de la chauffer, par exemple dans un bain-marie d'eau pure ou additionnée d'acide acétique.

La poudre minérale dont on veut caractériser les éléments est jetée par petites portions et brassée pendant quelques instants dans la liqueur fondue. On abandonne le tout au refroidissement, puis on brise le tube. On est alors en présence d'un culot solide dont le fond contient les substances qui ont une densité supérieure à celle de la liqueur employée. En isolant les différents étages du culot et en les faisant fondre dans des récipients différents (de simples tubes à essai conviennent très bien), il est facile de caractériser les minéraux primitivement superposés dans le liquide.

D'après M. Bréon, auteur de cette méthode, on arrive ainsi à isoler facilement les grenats, saphirs, zircons, topazes, pyroxènes, tourmalines, émeraudes, etc., des roches où on les rencontre, ces pierres précieuses se trouvant souvent dans la nature à l'état d'associations plus ou moins complexes.

Balance densimétrique. — Cet appareil, qui repose sur l'emploi des liqueurs denses amenées graduellement à la densité du minéral à déterminer par addition d'un liquide convenable, permet d'opérer très rapidement. Il comprend (fig. 13) un levier ab pouvant osciller, comme le fléau d'une balance,

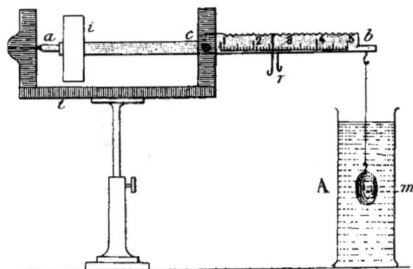

Fig. 13. — Balance densimétrique.

sur un couteau c fixé au support t. A l'extrémité a de ce levier est un contre-poids circulaire i muni d'une aiguille marquant l'horizontalité du levier pendant la position d'équilibre. A l'autre extrémité b est suspendu un fil soutenant une masse m jouant le rôle de plongeur. La partie cb du levier est munie de divisions et supporte un cavalier r destiné à produire l'équilibre. Enfin, une éprouvette A contenant la liqueur dense dans laquelle plonge la masse m est destinée à recevoir la pierre à examiner.

Supposons qu'on soit en présence de deux pierres taillées incolores dont on ignore la nature. On verse d'abord dans l'éprouvette A une certaine quantité d'iodure de méthylène (densité : 3,33), puis on y introduit les deux pierres. L'une tombe au fond : c'est que sa densité est supérieure à 3,33. L'autre flotte sur le liquide : ajoutons à l'iodure de méthylène autant d'éther qu'il en faudra pour que cette seconde pierre reste en suspension dans ce mélange. A ce moment celui-ci et la pierre ont la même densité.

Pour connaître cette densité, il suffit d'introduire la masse m dans l'éprouvette A remplie du mélange et de faire mouvoir le cavalier r le long de l'échelle divisée jusqu'à ce que le levier soit en équilibre. La lecture, faite sur cette échelle, de la division à laquelle se trouve à ce moment le cavalier, donne la densité du mélange liquide, c'est-à-dire celle de la pierre.

Si par exemple on hésite entre un béryl incolore $(d = 2,7)$ et un corindon blanc $(d = 4,1)$, on arrivera rapidement, par cette méthode, à caractériser les deux pierres.

Emploi de la balance hydrostatique et méthodes dérivées. —

L'emploi de la balance hydrostatique pour la mesure de la densité des pierres

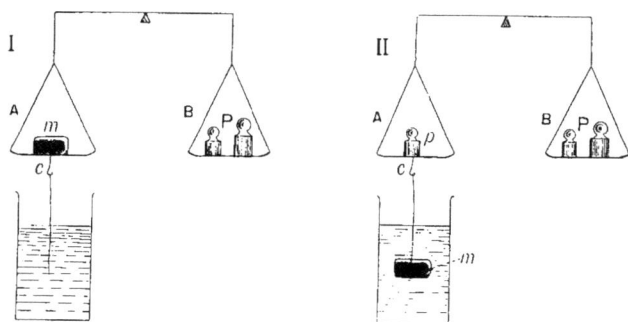

Fig. 14. -- Emploi de la balance hydrostatique pour la mesure de la densité des minéraux

précieuses est suffisamment exacte lorsque celles-ci ont un volume qui dépasse plusieurs centimètres cubes.

On sait que cet instrument ne diffère des balances ordinaires que par l'adjonction, à la partie inférieure de l'un des plateaux A (fig. 14), d'un petit crochet c supportant un fil d'acier mince et résistant. Le poids de chaque plateau est calculé de façon que la balance soit en équilibre lorsqu'il n'y a aucune charge sur les plateaux.

Pour utiliser ce dispositif à la détermination de la densité d'un minéral, on place au-dessous du plateau à crochet A (fig. 14, I) un vase contenant de l'eau, et sur ce même plateau le minéral à essayer m. On rétablit l'équilibre sur l'autre plateau B à l'aide de masses P. Ces dernières donnent le poids du minéral *m* dans l'air.

On enlève ensuite le minéral du plateau A sans supprimer les poids P et on le suspend au fil supporté par le crochet *c* (fig. 14, II) de façon qu'il plonge entièrement dans le liquide[1]. D'après le principe d'Archimède, « tout corps plongé dans un liquide perd une partie de son poids égale au poids du volume de liquide

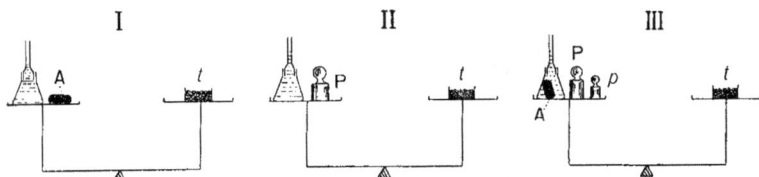

FIG. 15. — Détermination de la densité des minéraux par la méthode du flacon.

déplacé » ; l'équilibre primitif n'existe donc plus et, pour le rétablir, il faut mettre sur le plateau A un certain poids *p*. Ce dernier mesure le poids d'un volume d'eau égal à celui du minéral *m*. Les densités de deux corps qui ont même volume étant entre elles comme leurs poids, on a :

$$\frac{\text{Densité de } m}{\text{Densité de l'eau}} = \frac{p}{P} \text{ , ou : Densité de } m = \frac{P}{p} \text{ .}$$

Supposons, par exemple, que pour un rubis oriental (corindon), nous ayons obtenu les résultats suivants :

Poids dans l'air, P . .   1 gr. 020
Perte dans l'eau, *p* . .   0 gr. 251

On aura :

Densité du rubis $= \dfrac{1,020}{0,251} = 4,06.$

Pycnomètre. — La *méthode du flacon* ou du *pycnomètre* est très précise.

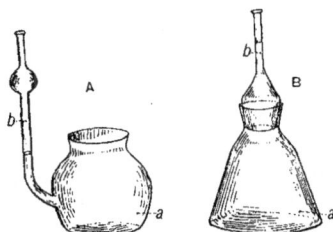

FIG. 16. — Flacons à densité.

Elle demande cependant beaucoup de soins, est longue et nécessite l'emploi d'un flacon spécial et d'une balance de précision.

1. Pour arriver à des résultats très précis, il faut veiller à ce que, dans les deux phases de l'opération, la même longueur de fil plonge dans le liquide.

Pour opérer, on place d'abord sur l'un des plateaux de la balance (fig. 15, I) le flacon (fig. 16) rempli d'eau distillée jusqu'au trait de repère de la tubulure latérale et le minéral A à côté ; puis on fait la tare t sur l'autre plateau. En remplaçant le minéral par des masses marquées P (fig. 15, II), on a le poids de celui-ci.

On introduit ensuite le minéral A dans le flacon (fig. 15, III). Le liquide contenu dans ce dernier dépassant son niveau primitif, on en déverse la quantité nécessaire au rétablissement de ce niveau. On essuie le flacon et on le replace sur la balance. L'eau extraite du flacon a naturellement un volume égal à celui du minéral. Par suite, la masse p qu'il faut ajouter à côté de P pour rétablir l'équilibre représente le poids de l'eau enlevée.

On a donc :

$$\text{Densité} = \frac{P}{p}.$$

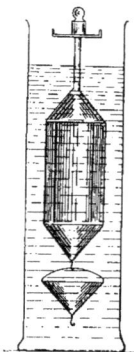

Fig. 17.
Aréomètre de
Nicholson.

Les flacons que l'on emploie pour cette opération peuvent avoir des formes variées ; les plus courantes sont représentées par la figure 16. Dans le flacon représenté en A, le vase a est muni d'une tubulure latérale b portant un trait de repère servant de niveau. L'appareil représenté en B comprend deux parties : le flacon proprement dit a, à large ouverture pour l'introduction du minéral, et le bouchon b qui se prolonge par un tube de très petit diamètre portant un trait de repère. Ces deux pièces se réunissent par pénétration de b dans a au moyen d'un rodage à l'émeri. Avant et après l'introduction du minéral dans a, le niveau de l'eau doit être le même dans le tube b. En raison du faible diamètre de ce tube, les déterminations sont toujours très exactes.

Aréomètre de Nicholson. — L'aréomètre de Nicholson (fig. 17) consiste en un petit cylindre de cuivre creux et terminé par deux cônes. Il est muni à sa partie inférieure d'un petit panier métallique soutenu par un crochet.

Pour se servir de l'instrument, on le plonge dans une éprouvette remplie d'eau, puis on place sur le plateau supérieur le minéral à essayer ainsi que la charge nécessaire (grenaille) pour que le trait de repère de la tige vienne affleurer exactement au niveau du liquide.

On enlève alors le minéral et on le remplace par des masses marquées pour rétablir l'équilibre. Ces masses représentent le poids P du minéral.

On retire ensuite les masses marquées et l'on introduit le minéral dans la petite nacelle placée à la partie inférieure de l'appareil, l'aréomètre restant toujours plongé dans l'eau. Comme il subit une perte de [poids égale au poids du volume de liquide déplacé par le minéral, il faut, pour faire de nouveau affleurer le trait de repère de la tige au niveau de l'eau, mettre sur le plateau supérieur un poids supplémentaire *p*. Ce poids représente celui du volume d'eau déplacé qui est aussi le volume du minéral. On a donc comme précédemment :

$$\text{Densité} = \frac{P}{p}.$$

Cette méthode est intermédiaire, au point de vue de la précision des résultats, entre celle de la balance hydrostatique et celle du pycnomètre. Lorsque l'aréomètre est d'une bonne construction et les mesures soigneusement effectuées, les résultats sont très satisfaisants avec les échantillons ayant un volume compris entre 1 et 3 centimètres cubes environ.

Emploi des éprouvettes graduées. — Densivolumètres.

— Le procédé le plus simple et le plus rapide pour déterminer la densité d'un minéral est de mesurer son volume au moyen d'une éprouvette graduée remplie d'eau. La différence de niveau avant et après l'introduction du minéral mesure le volume de ce dernier, et le quotient de son poids par le nombre exprimant ce volume donne sa densité.

Cette méthode est suffisamment exacte lorsque les échantillons à déterminer ont un assez grand volume ou se présentent, à l'état brut, sous forme de cristaux allongés. En effet, le déplacement de liquide dans l'éprouvette d'essai est toujours assez important par rapport au volume de l'échantillon introduit et à la graduation.

Il n'en est plus de même lorsque le minéral à essayer est de forme irrégulière ou de très petite dimension (inférieure par exemple à 1 centimètre cube). On est alors obligé, en effet, d'utiliser une éprouvette de large section et les déplacements du liquide sont peu importants, d'où la difficulté, l'impossibilité même, d'effectuer des mesures précises.

Il y a donc intérêt à étendre le plus possible en longueur la quantité de liquide déplacé par l'immersion du minéral dans l'éprouvette et qui mesure son volume. Les appareils décrits ci-après, que nous avons établis dans ce but, permettent d'arriver aisément à ce résultat.

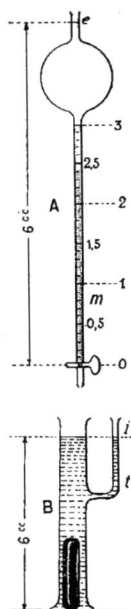

Fig. 18. — Densivolumètre à niveau. (Échantillons inférieurs à 3 cm. cubes.)

I. — Le premier de ces appareils, qui permet de mesurer des échantillons dont le volume est inférieur à 3 centimètres cubes, consiste en un récipient en verre A (fig. 18) ayant à peu près la forme d'une pipette et mesurant 6 centimètres cubes exactement. Le tube *m* a un volume de 3 centimètres cubes et s'étend sur une longueur de 20 centimètres environ ; il est gradué en vingtièmes de centimètres cubes et se termine par un robinet de verre.

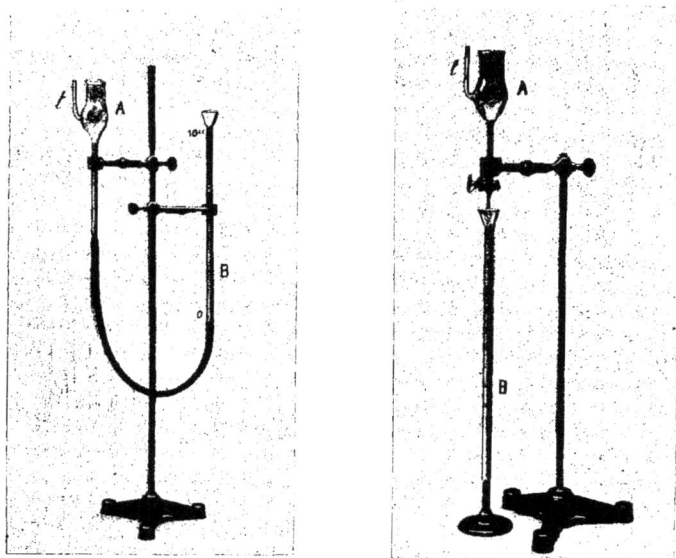

Fig. 19 et 20. — Densivolumètres de l'auteur : minéraux de 3 et 10 centimètres cubes environ.

Au-dessous de ce récipient se trouve une éprouvette B munie latéralement d'un tube recourbé *t* de très faible diamètre qui porte un trait de repère *i*. Ce trait de repère correspond à un volume total de 6 centimètres cubes dans l'éprouvette B et le tube *t*. Ce dernier a pour but de préciser les lectures de niveau dans l'éprouvette qui, autrement, seraient trop approximatives.

Pour se servir de l'instrument, il suffit d'introduire le minéral dans l'éprouvette B et d'ouvrir le robinet tournant le tube *m*. On ferme le robinet lorsque le liquide atteint dans l'éprouvette le niveau indiqué par le trait de repère du tube latéral *t*. Le volume de liquide contenu à ce moment dans le tube *m* et lu sur la graduation correspond, à 1/30° de centimètre cube près, à celui de l'échantillon soumis à l'essai.

Ce dispositif se prête particulièrement bien à la détermination de la densité des pierres précieuses brutes ou taillées qui ont une forme allongée : rubellite, tourmaline noire, zircon, corindon, quartz, etc.

II. — Le second dispositif concerne les minéraux de forme quelconque et d'un volume pouvant atteindre 10 centimètres cubes. Il comprend un tube A (fig. 19) terminé à sa partie supérieure par une ampoule de forme grossièrement ovoïdale. Cette dernière est munie d'un tube latéral *t* de très petit diamètre et sur lequel on a marqué un trait de repère fixe. Un second tube de verre B ayant environ 25 centimètres de hauteur communique avec A par l'intermédiaire d'un tube de caoutchouc ; sa capacité est de 10 centimètres cubes et il est gradué en vingtièmes de centimètre cube.

Le minéral à mesurer est placé dans l'ampoule A. Celle-ci est munie à sa partie inférieure de trois pointes de verre destinées à le soutenir et à laisser une libre communication entre l'ampoule et le tube qui la prolonge, au cas où le solide aurait la forme sphérique et risquerait ainsi d'interrompre cette communication.

Pour effectuer les mesures, on remplit d'eau l'appareil, de façon que le zéro du

Fig. 21. — Densivolumètre de l'auteur : minéraux de 1 et 10 centimètres cubes.

tube gradué B et le repère du tube *t* soient au même niveau ; on introduit ensuite le corps dans l'ampoule A. Le niveau de l'eau s'élève dans les différentes branches du système de vases communicants ainsi constitué. On le rétablit à sa valeur primitive dans le tube *t* qui, en raison de son étroitesse, permet de le repérer exactement. Pendant ce déplacement, le tube B, primitivement vide, se remplit de liquide jusqu'à une certaine hauteur. La lecture de cette hauteur sur la graduation donne, avec une grande exactitude, le volume de l'échantillon introduit en A.

III. — Le dispositif représenté par la figure 20 ne diffère du précédent que par la suppression du tube de communication des réservoirs A et B.

L'ampoule A étant remplie de liquide jusqu'au niveau déterminé par le trait de repère du tube *t*, on y introduit le corps à mesurer, puis on rétablit le niveau primitif en faisant couler une partie du liquide dans le tube gradué B. La division à laquelle il s'arrête dans celui-ci donne le volume cherché.

IV. — L'appareil représenté par la figure 21 remplit encore le même but, mais d'une façon différente. Il comprend un globe de verre A surmonté d'un tube gradué *t* d'une contenance de 10 centimètres cubes et divisé en vingtièmes de centimètre cube. Ce globe A est muni, sur le côté, d'une ouverture fermée par un bouchon *a* soigneusement rodé ; c'est par cette ouverture qu'on introduit les échantillons dont on veut déterminer le volume. A la partie inférieure, il est muni d'un prolongement relié par un tube de caoutchouc à un second récipient à entonnoir B, d'une contenance un peu supérieure à celle de A. Un curseur circulaire *m*, mobile à frottement dur le long de *s*, sert d'égaliseur de niveau de l'eau contenue dans le système de vases communicants constitué par *t* et *s*.

Pour utiliser cet appareil, on introduit d'abord de l'eau dans les tubes *t* et *s* au moyen du récipient à entonnoir B, de façon que le zéro de la graduation du tube *t* coïncide avec le niveau du liquide dans ce tube. On déplace le récipient B et le curseur *m* de façon que la limite supérieure de celui-ci coïncide également avec le niveau du liquide contenu dans le tube *s*.

On élève alors progressivement le tube *t* de manière à chasser l'eau du globe A et à pouvoir y introduire l'échantillon à mesurer après avoir enlevé le bouchon *a*. On remet celui-ci en place et l'on fait remonter le liquide dans le globe A de façon que son niveau dans le tube *s* revienne, en *m*, à sa position initiale. Naturellement, une certaine quantité d'eau monte dans le tube *t*. La lecture, faite sur l'échelle graduée, de la hauteur à laquelle il s'arrête dans ce tube donne, avec une grande précision, le volume du corps introduit en A.

Il n'y a pas lieu de s'inquiéter, pendant cette opération, de l'usure du bouchon *a* après une plus ou moins longue durée de service de l'appareil ; elle est, en effet, pour ainsi dire nulle entre les deux phases d'une même mesure et, de même que dans le pycnomètre classique, l'expérience démontre que le bouchon occupe exactement la même position *avant et après* l'introduction de l'échantillon en A. L'usure qui peut en résulter à la longue est du reste sans importance pratique, le point de départ (zéro) de la graduation du tube *t* étant au-dessus de A et celle-ci demeurant ainsi invariable.

III. — DURETÉ, COHÉSION, CLIVAGE

Définition de la dureté. — La dureté est un des caractères physiques les plus importants dans la détermination des pierres précieuses et, généralement, celui que l'on met le plus à profit pour essayer les minéraux bruts.

Que faut-il donc entendre exactement par le mot *dureté*? Est-elle du même ordre que ces trois autres propriétés des corps solides que l'on appelle *cohésion*, *résistance au choc* et *résistance à l'écrasement*? — Non, et elle en diffère essentiellement. Si, du reste, nous insistons sur ce point, c'est parce qu'il n'est pas rare de rencontrer dans les recueils scientifiques et industriels des indécisions tout à fait regrettables au sujet du véritable sens de ces mots que l'on confond souvent mutuellement alors qu'ils s'appliquent à des propriétés essentiellement différentes de la matière.

Nous définirons donc la dureté : *la force physique qu'un corps solide* (tout minéral dans le cas qui nous occupe) *oppose à tout agent qui tend à le rayer, c'est-à-dire à entamer sa surface*.

La *cohésion* est la propriété que possèdent les corps solides de maintenir unies leurs molécules constituantes contre les forces qui tendent à les désagréger.

La *résistance à l'écrasement* et la *résistance au choc*, qui se définissent d'elles-mêmes, représentent la force qu'opposent les corps solides à tout agent qui tend à les diviser sous l'influence d'une lourde masse agissant simplement par son poids ou par chute brusque. La *fragilité* est la propriété inverse.

Quelques exemples bien choisis feront mieux comprendre ces définitions essentielles :

Le *diamant*, qui est le plus dur des minéraux connus, puisqu'il les raye tous, est très fragile : en effet, un coup de marteau donné sur un brillant le fait immédiatement voler en éclats[1]. Le *verre*, qui est très résistant à l'écrasement, puisqu'il peut supporter la charge de plusieurs tonnes sous une faible épaisseur sans se briser, n'est pas dur : on sait en effet qu'une pointe d'acier le raye facilement ; il est de même très fragile, puisque sous le choc il se divise immédiatement. Le *cuivre* n'est ni dur, ni résistant à l'écrasement, car il se laisse rayer avec facilité et s'écrase sous le marteau ou le laminoir ; par contre, il a une très grande cohésion, car il se divise très difficilement par le choc.

Nous ajouterons qu'il existe certains corps qui possèdent à la fois une grande dureté, une parfaite cohésion et une grande résistance au choc et à l'écrasement.

---

1. Cette propriété est utilisée pour la préparation de l'*égrisée* (poussière de diamant) par la pulvérisation des diamants impropres à la joaillerie sous le choc de petits marteaux dans des mortiers d'acier. Pline était dans l'erreur la plus grande quand il disait que « lorsqu'on éprouve les diamants sous l'enclume, le fer rebondit de part et d'autre et l'enclume se fend ».

C'est le cas, en particulier, de certaines variétés de corindons artificiels utilisés dans l'industrie des abrasifs.

Rôle de la dureté dans la détermination des gemmes. — La dureté est, comme nous l'avons vu, une des propriétés les plus importantes des pierres dites *précieuses*, celle sans laquelle aucun minéral, quel que soit son éclat, ne saurait mériter cette détermination. En effet, sans la dureté les poussières de l'atmosphère auraient vite fait d'user la surface polie par le travail de la taille et de faire perdre à la pierre toutes ses propriétés optiques auxquelles elle doit son éclat et ses feux.

C'est pour cette raison que certains produits artificiels à indice de réfraction élevé (stras) et possédant après polissage les mêmes qualités (reflets, éclat, feux) que le diamant, ne peuvent lutter avec lui que pendant peu de temps ; ils sont, en effet, rapidement usés et dépolis au contact des poussières de l'air. Par contre, c'est grâce à leur dureté que des pierres taillées plusieurs milliers d'années avant notre ère ont pu arriver intactes jusqu'à nous ; c'est le cas de nombreuses gemmes trouvées dans les tombeaux égyptiens et indiens.

Échelle de dureté. — Pour mesurer la dureté des minéraux, on a imaginé plusieurs méthodes. La plus simple et la plus pratique est certainement celle de Mohs qui utilise une *échelle dite de dureté*, composée de dix termes successifs tels que chacun d'eux raye celui qui le suit immédiatement et est rayé par celui qui le précède. Cette échelle est la suivante :

10. Diamant.			6. Orthose.	}	Assez dures : rayées
9. Corindon.	}	Très durs :	5. Apatite.	}	par l'acier.
8. Topaze		rayent le	4. Fluorine.	}	Tendres : rayées par le
ou	}	quartz.	3. Calcite.	}	verre.
émeraude.			2. Gypse.	}	Très tendres : rayés par
7. Quartz. — Dur : raye le verre.			1. Talc.	}	l'ongle.

La dureté croît donc de 1 à 10. Cette échelle signifie que la topaze, par exemple, qui possède une dureté égale à 8, raye le quartz et est rayée par le corindon. Une pierre précieuse qui raye le quartz mais qui est rayée par la topaze aura une dureté égale à 7,5.

Comme on le voit, l'emploi de cette méthode est très simple. Elle présente cependant l'inconvénient de n'être pas rigoureusement proportionnelle, c'est-à-dire de ne pas présenter entre ses divers éléments une distance égale. C'est ainsi que la différence de dureté entre 9 (corindon) et 10 (diamant) est beaucoup plus grande qu'entre 4 (fluorine) et 5 (apatite). Certains praticiens affirment même qu'il y a une plus grande différence de dureté entre le diamant et le corindon qu'entre celui-ci et le talc, dernier terme de l'échelle de Mohs. Cela démontre pourquoi, malgré son prix élevé, le diamant pourra être difficilement remplacé dans ses emplois industriels (scies et perforateurs diamantés) par le rubis (corindon) que l'on est arrivé à produire artificiellement d'une façon courante [1].

Classification des gemmes d'après leur dureté.

— Au point de vue de la détermination et de la classification des pierres précieuses, il est évident que seuls, dans l'échelle de Mohs, doivent nous intéresser les minéraux dont la dureté est au moins égale à 6. Cependant, vu leur rareté ou leur belle couleur, *quelques* minéraux ayant une dureté inférieure à ce chiffre sont utilisés en joaillerie. Nous donnons ci-dessous la valeur comparative des principales pierres précieuses d'après cette propriété :

Dureté 10. — Diamant : bort, carbonado, égrisée, diamant transparent.

Dureté 9. — Corindon : rubis, saphir, topaze et émeraude orientales.

Dureté 8,5. — Cymophane.

Dureté 8. — Spinelle, topaze, émeraude.

Dureté 7,5. — Staurotide, tourmaline, béryls, phénacite, zircon.

Dureté 7. — Quartz (améthyste, quartz enfumé, etc.), triphane, cordiérite, danburite, tourmaline, grenats (essonite, pyrope, almandin, spessartine).

Dureté comprise entre 6,5 et 7. — Péridot (olivine, chrysolite), idocrase.

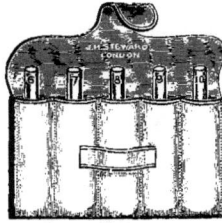

Fig. 22. — Échelle pratique de dureté pour l'essai des pierres précieuses.

Dureté 6. — Orthose, turquoise, opale.

Dureté 5,5. — Labrador, oligoclase, pierre-de-soleil, lapis-lazuli.

Dureté égale ou inférieure à 5. — Apatite, dioptase (5), fluorine (4), azurite, malachite, marcassite (3,5).

Les imitations (verres colorés et stras), dont la dureté moyenne est 5, sont d'autant moins dures qu'elles sont plus denses, leur densité augmentant avec leur pourcentage de plomb.

1. Depuis quelques années, l'emploi du four électrique a permis de préparer un certain nombre de corps (carbures, borures, siliciures) dont la dureté dépasse de beaucoup celle de la plupart des substances connues jusqu'ici et dont quelques-unes, même, rayent les pierres précieuses. En particulier, le *borure de carbone* raye légèrement le diamant transparent ; le *carbosiliciure de titane* a une dureté presque égale à celle de ce dernier ; enfin le *carborundum* (ou siliciure de carbone) produit sur un rubis des stries très profondes. Réduites en poudre, ces substances constituent donc des abrasifs intéressants pour le travail et le polissage des corps durs, concurremment au corindon et à la poudre de rubis.

Mesure de la dureté. — D'après ce qui précède, lorsqu'on est en présence d'un minéral qui, à première vue, paraît susceptible d'être utilisé comme gemme, il est facile de mesurer sa dureté. On choisit dans ce but une arête de cristal suffisamment nette et résistante, et l'on essaie de rayer, avec elle, d'abord du verre, puis du quartz : on connaît ainsi rapidement sa dureté, et d'après ce simple examen, on peut déjà se rendre compte si l'on est en présence d'un minéral appartenant ou non à la catégorie des pierres précieuses.

Lorsque la pierre est taillée, il serait cependant imprudent de l'essayer à la rayure, car on risquerait de la détériorer. Le mieux est donc d'agir comme précédemment, c'est-à-dire de l'essayer sur du verre, puis sur du quartz, du corindon, en choisissant comme arêtes d'essai celles qui forment le pourtour de la pierre. Il existe même, à l'usage des lapidaires et des joailliers, des échelles pratiques de dureté (fig. 22) qui comprennent cinq échantillons (diamant, rubis, topaze, quartz, orthose) correspondant aux duretés de 6 à 10 ; elles sont serties à l'extrémité de tiges métalliques de longueur suffisante, ce qui en facilite l'emploi.

Quelques précautions sont néanmoins nécessaires dans cette opération. Tout d'abord, lorsqu'il s'agit de minéraux bruts, il faut bien nettoyer la surface choisie pour être sûr que la rayure produite persiste et ne puisse être confondue avec la trace due à la poussière provenant du minéral de l'échelle de dureté.

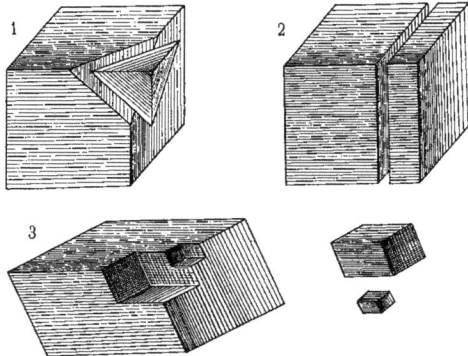

Fig. 23. — Clivage dans les minéraux cristallisés : 1, diamant et fluorine ; 2, orthose ; 3, calcite.

Ensuite, il faut, autant que possible, n'opérer que sur des surfaces planes et bien nettes. Un cristal fendillé peut en effet être légèrement éraillé sous l'action d'un minéral moins dur et induire ainsi en erreur.

Enfin, il faut se rappeler que deux surfaces d'égale dureté se rayent mutuellement ou s'usent l'une l'autre et qu'un minéral plus tendre qu'un autre s'écrase sur celui-ci. L'examen à la loupe de la surface après l'essai est un utile contrôle des résultats obtenus.

Pour un même minéral, la dureté varie suivant la face envisagée et souvent sur une même face. D'une façon générale, ces variations sont en rapport avec la structure moléculaire cristalline de la substance et ne sont réellement apparentes que dans les cristaux susceptibles de se cliver. On sait que le *clivage* est la propriété par laquelle certains minéraux (diamant, calcite, fluorine, orthose) peuvent facilement donner naissance à des surfaces planes sous le choc d'un outil (fig. 23). Les *plans de clivage* sont les directions suivant lesquelles s'effectue cette séparation : ce sont donc ceux de moindre cohésion.

C'est en raison des différences parfois assez considérables que présente la dureté des cristaux clivables qu'il est nécessaire, pendant les essais, de rayer les échantillons tantôt sur une face et tantôt sur une autre, et, pour une même face, dans des directions différentes.

La pratique de la taille et du polissage des pierres précieuses confirme pleinement les données qui précèdent. Tous les lapidaires savent en effet combien est irrégulière l'usure produite par un tour sur une pierre suivant la face en travail. Alors qu'une face demande, par exemple, mille tours de roue pour être usée, une autre en exige deux cents, une troisième quatre mille. Nous verrons du reste plus loin (CHAP. IV, p. 101) de curieux exemples de ce fait, notamment en ce qui concerne le diamant.

Nous ajouterons enfin, d'après M. Gaubert, qu'il paraît exister un rapport entre la dureté des minéraux et les poids atomiques des éléments entrant dans la constitution des substances cristallisées appartenant aux mêmes séries isomorphes[1]. Dans l'objet qui nous occupe, les *spinelles* d'une part, et les *grenats*, d'autre part, en sont des exemples typiques.

Appareils pour mesurer la dureté : scléromètres. — Les appareils destinés à mesurer la dureté des minéraux portent le nom de *scléromètres*. Ils sont constitués par un petit chariot mobile dans une ou plusieurs directions et pouvant être entraîné par un poids. Celui-ci est choisi de façon à ne faire mouvoir que très lentement le chariot. Sur ce dernier, on place le minéral à essayer de manière que la face sur laquelle on désire opérer soit bien horizontale. Une pointe fine et de très grande dureté (le diamant convient très bien) s'appuie sur le cristal ; elle est surmontée d'un petit plateau dont elle est solidaire et qu'on peut charger de poids variables. Au plateau est fixée une tige terminée par une aiguille pouvant se déplacer sur un cadran.

Il est évident que la dureté de l'échantillon essayé est proportionnelle au poids dont il faut charger le plateau surmontant la pointe pour obtenir de celle-ci une raie visible sur la surface du minéral. Dans ce cas, la dureté est exprimée en

1. P. GAUBERT, Sur la dureté des minéraux (*Bulletin du Muséum d'Histoire naturelle*, année 1906, n° 1, p. 67).

poids, ou bien en chiffres par l'intermédiaire de l'aiguille mobile sur le cadran divisé, ce qui permet de connaître immédiatement sa valeur.

Certains appareils n'utilisent pas de poids ; la rayure est produite par une pointe agissant toujours avec la même force. On mesure alors, à l'aide d'un micromètre, la largeur et la profondeur du sillon ainsi créé. Il est évident que les chiffres obtenus sont en rapport inverse avec la dureté du corps soumis à l'essai.

IV. — PROPRIÉTÉS OPTIQUES

Les phénomènes optiques qui se produisent dans les cristaux sont trop complexes pour que nous les étudiions ici avec détail. Cependant, comme ce sont eux qui concourent surtout à la beauté des reflets, de l'éclat et des feux des pierres précieuses, il importe de ne pas les passer complètement sous silence.

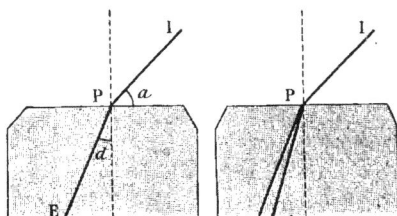

Fig. 24. — Réfraction simple.

Fig. 25. — Réfraction double.

Réfringence simple et double. — On sait que lorsqu'un rayon lumineux se propage dans un milieu homogène tel que l'air, il suit une direction rectiligne. Quand il change de milieu, par exemple lorsqu'il passe de l'air dans un cristal, il change aussi de direction : on dit qu'il se réfracte (de *refractum* : brisé). Le phénomène en question porte le nom de *réfringence* et le rapport du sinus de l'angle d'incidence a (fig. 24) du rayon IP au sinus de l'angle de réfraction d du rayon PE est l'*indice de réfraction* du milieu dans lequel se produit ce changement de direction.

Cependant la réfraction simple, ainsi définie, ne se manifeste que dans les cristaux appartenant au système cubique ou non cristallisés (opale). Tous les autres minéraux, c'est-à-dire ceux cristallisant dans les autres systèmes, sont *biréfringents*.

Dans ce cas, le rayon incident IP (fig. 25) se divise en deux rayons réfractés PE et PE'. On a donc deux rayons réfractés pour un rayon incident. Le spath d'Islande (calcite) en fournit un exemple très net. Ces deux rayons possèdent des propriétés différentes de celles de la lumière naturelle et donnent lieu à des phénomènes dont l'importance pratique est considérable. On en trouvera la description et la théorie dans les traités de physique.

La façon dont se comportent les pierres précieuses au point de vue de la réfringence permet de les caractériser ou tout au moins de les différencier d'autres pierres ayant la même teinte et le même aspect extérieur. C'est ainsi qu'on distingue à première vue le quartz du verre, le spinelle du rubis, le grenat du zircon, le corindon du diamant, etc. Une simple bougie peut suffire pour cela. On saisit la pierre dans une pince et on la place entre l'œil et la bougie, puis on regarde cette dernière à travers le cristal. S'il est biréfringent, on voit se dédoubler l'image de la bougie lorsqu'on éloigne peu à peu celle-ci du cristal. La pince à tourmaline s'emploie dans le même but.

L'indice de réfraction des gemmes est toujours plus grand que 1, car elles sont toutes plus denses que l'air pris pour unité ; il croît aussi avec leur densité.

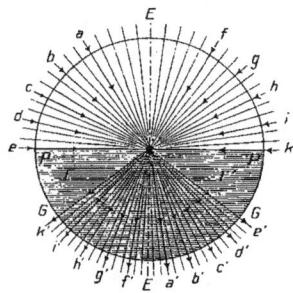

Fig. 26. — Réfraction à travers une demi-sphère de verre : principe du réfractomètre Rau-Zeiss.

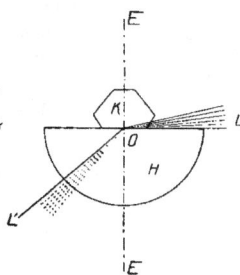

Fig. 27. — Détermination de l'indice de réfraction par l'emploi du rayon tangent.

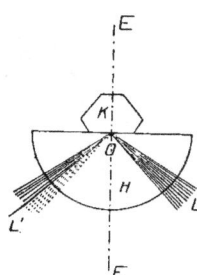

Fig. 28. — Détermination de l'indice de réfraction par l'emploi du rayon réfléchi.

Réfractomètres. — On mesure pratiquement les indices de réfraction à l'aide d'appareils désignés sous le nom de *réfractomètres*. Ceux qui sont destinés à la joaillerie (réfractomètres de Smith, de Rau-Zeiss, etc.) nécessitent une fabrication spéciale permettant d'opérer rapidement. Celui de Rau-Zeiss repose sur le principe suivant :

Lorsque des rayons lumineux passent d'un milieu moins réfringent, soit l'air, dans un milieu plus réfringent, une demi-boule de verre par exemple, ils sont déviés vers la normale, ainsi que nous venons de le voir et comme le montre la figure 26.

Si la demi-boule ne reçoit la lumière que par le haut, la partie inférieure GEG de cette demi-boule seule sera éclairée, tandis que les zones supérieures F et F' (GP) resteront sombres. Un phénomène analogue se produira si on remplace l'air par un cristal, un rubis par exemple, moins réfringent que la substance consti-

tuant la demi-boule (flint très dense). Plus la différence des indices sera grande,
plus les surfaces sombres F et F' seront étendues. On conçoit donc qu'en mesurant F et F' et la plage claire GG de la demi-sphère, on puisse déterminer la
réfringence du cristal examiné et connaître sa nature.

La partie essentielle de l'instrument est donc la demi-sphère H (fig. 27 et 29)
sur laquelle on place l'échantillon à examiner K. Cette demi-sphère est renfer-
mée dans une cage opaque, de manière qu'elle reçoive seulement les rayons
venant d'en haut par l'intermédiaire du cristal K. Ce dernier est éclairé au moyen
du miroir Sp. On a donc sur la gauche de la demi-sphère une plage inférieure
claire dont il s'agit d'observer la limite.
Comme il serait incommode de regarder la
demi-sphère par le bas, on l'observe avec
une lunette Ok munie d'un prisme P et
d'une échelle divisée Sk. Ce système optique
renverse l'image, de sorte que la plage
sombre est en bas et la plage claire en
haut. On observe sur une échelle semblable à celle représentée par la figure 31
la position de la limite, ce qui donne directement l'indice du cristal.

Le zircon et le diamant sont les seules
pierres précieuses qui ne peuvent être mesu-
rées avec cet appareil, car leur indice de
réfraction est plus élevé que celui de la
matière constituant la demi-boule.

Au lieu d'opérer par transparence, on
peut, lorsque le cristal à examiner est plus
ou moins opaque, utiliser la réflexion totale
(fig. 28) en éclairant la demi-boule par le
bas (position inférieure du miroir Sp dans

FIG. — 29. — Réfractomètre Rau-Zeiss, coupe
schématique.

la figure 29), à travers une fenêtre M s'ouvrant dans la cage et précédemment
fermée. Dans ce cas, c'est la plage supérieure de la demi-boule, éclairée par réflexion
totale seulement, qui est la plus éclairée ; la plage inférieure, éclairée seulement
par réflexion partielle, est moins lumineuse. La limite entre les deux plages est
un peu plus difficile à voir mais permet néanmoins de déterminer l'indice.

Le réfractomètre de Smith (fig. 30), qui repose à peu près sur le même principe, est d'un emploi aussi pratique. Il suffit de placer la pierre à examiner sur la
fenêtre de la partie supérieure de l'appareil : en regardant par l'oculaire on lit
immédiatement l'indice de réfraction porté sur une échelle divisée (fig. 31).

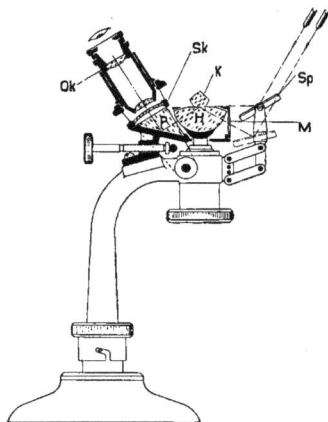

Méthode d'immersion. — On peut encore mesurer l'indice de réfraction des pierres transparentes et incolores par la *méthode dite d'immersion* qui repose sur le principe suivant :

Si l'on immerge un solide transparent dans un liquide ayant le même indice de réfraction que lui, ce solide semble disparaître, c'est-à-dire que les deux milieux se confondent au point de vue de l'œil, en lumière naturelle.

Pour connaître l'indice de réfraction d'un cristal incolore et transparent, il suffit donc de trouver un liquide d'indice de réfraction tel qu'un menu fragment de la substance à déterminer ne montre plus de contours distincts à l'examen microscopique. Il existe dans ce but une échelle de liquides d'indices de réfraction croissants et composée comme il suit :

Eau	1,33	Créosote	1,54
Alcool ordinaire	1,36	Huiles d'amandes amères	1,60
Alcool amylique	1,40	Monobromonaphtalène...	1,66
Chloroforme....	1,45	Iodomercurate de potas-	
Benzène	1,55	sium saturé	1,73

En plaçant le minéral à étudier sur le porte-objet du microscope et baigné dans une goutte de ces différents liquides d'essai, on connaît son indice de réfraction lorsqu'il disparaît dans un de ces liquides. On peut aussi se servir d'un mélange d'iodomercurate de potassium saturé et d'eau que l'on additionne de ce dernier liquide jusqu'à disparition du cristal ; on détermine ensuite l'indice de ce mélange, qui est celui du cristal, d'après une méthode connue.

Indices de réfraction des principales gemmes. — Ils sont donnés dans le tableau suivant :

Noms des gemmes	Cristaux mono-ré-fringents.	Cristaux biréfringents		Noms des gemmes	Cristaux mono-ré-fringents.	Cristaux biréfringents	
		Indice max.	Indice min.			Indice max.	Indice min.
Diamant	2,43	»	»	Péridot	»	1,70	1,66
Zircon	»	1,97	1,92	Phénacite	»	1,68	1,66
Spessartite	1,80	»	»	Triphane	»	1,67	1,66
Essonite	1,79	»	»	Tourmalines	»	1,64	1,62
Almandin	1,77	»	»	Danburite	»	1,64	1,63
Corindons	»	1,77	1,76	Andalousite	»	1,64	1,63
Bénitoïde	»	1,77	1,76	Topaze	»	1,63	1,62
Pyrope	1,76	»	»	Quartz	»	1,36	1,55
Cymophane	»	1,76	1,75	Cordiérite	»	1,56	1,54
Epidote	»	1,76	1,73	Béryl	»	1,58	1,53
Spinelle	1,72	»	»	Orthose	»	1,52	1,51
Idocrase	»	1,72	1,71	Opale	1,46	»	»

Pouvoir de dispersion. — **Feux**. — On sait que les différents rayons du spectre (violet, indigo,... rouge) ne sont pas également réfrangibles, c'est-à-dire que la valeur de l'angle de réfraction de ces divers rayons n'est pas la même. Cela entraîne leur « dispersion » au sortir du milieu réfringent. Plus le coefficient de dispersion (différence des indices de réfraction extrêmes correspondant au violet et au rouge) est grand, plus le spectre est étendu et, par suite, plus les couleurs de celui-ci sont étalées. On a donné à ce phénomène le nom de « pouvoir de dispersion » ; c'est à lui qu'il faut attribuer ce qu'on désigne en joaillerie sous le nom de « feux » des pierres précieuses. Voici la valeur de ce coefficient pour quelques pierres précieuses :

Diamant	0,044	Tourmaline	0,019
Saphir	0,029	Emeraude	0,015
Grenat[1]	0,027	Quartz	0,014

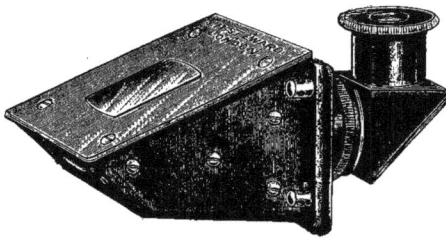

On conçoit, d'après cela, la beauté des feux du diamant, lorsque celui-ci, convenablement taillé, est exposé à un brillant éclairage. Et cependant, certains verres artificiels à base de plomb (flint-glass, crown-glass) ont un coefficient supérieur à celui du diamant. Il est vrai que leur faible dureté fait que cette propriété ne jouit chez eux que d'une courte durée.

FIG. 30. — Réfractomètre de Smith.

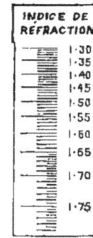

INDICE DE RÉFRACTION

1·30
1·35
1·40
1·45
1·50
1·55
1·60
1·65
1·70
1·75

FIG. 31. Échelle des indices.

Scintillement. — Il est une autre propriété, caractéristique seulement d'un petit nombre de pierres précieuses, qui contribue aussi pour beaucoup à leur beauté : c'est le *scintillement*. Il résulte de l'effet produit par une source lumineuse dont l'intensité et la coloration varient sans cesse. On l'a très justement comparé à celui produit par certaines étoiles pendant les nuits d'été.

Le genre de lumière influe beaucoup sur la netteté et la beauté du phénomène : ainsi, une lumière fixe ne le fait se manifester qu'à un faible degré. L'éclairage à l'aide de bougies est au contraire idéal pour faire scintiller les pierres transparentes telles que le diamant.

Éclat. — Cette propriété, à laquelle on attribue des sens très différents, est toujours en rapport avec la structure du minéral et les phénomènes de réflexion anxquels il donne lieu. La taille a naturellement pour but de mettre en valeur cette propriété en disposant les facettes du cristal de telle façon que les rayons lumineux entrant par la partie antérieure (fig. 32) subissent du côté de la culasse une ou plusieurs réflexions totales et soient ensuite renvoyés vers l'œil de l'observateur.

On comprend facilement comment ce mélange complexe de réflexions, de réfractions et de dispersions puisse, dans les cristaux parfaitement transparents et très réfringents, donner naissance à des phénomènes optiques dont le résultat est un éclat et des feux en rapport avec le nombre et les dimensions des facettes du cristal taillé.

Par le mot « éclat », on entend encore cet aspect spécial qui caractérise la plupart des corps cristallisés alors même qu'ils sont brisés. C'est ainsi que l'éclat dit *adamantin*, que manifeste précisément le diamant à un haut degré, est intermédiaire entre celui du verre et de l'acier poli. Le corindon incolore et le zircon le manifestent aussi, mais à un degré moindre, et cependant les praticiens ne s'y trompent point. Il est dit *gras* lorsqu'il rappelle celui d'une substance huileuse (jais), *résineux* lorsqu'il se rapproche de celui de la résine (résinite, opale). On connaît aussi les éclats dits *métallique* (oligiste, pyrite), *nacré*, *velouté*, *mat*, *vitreux*, etc.

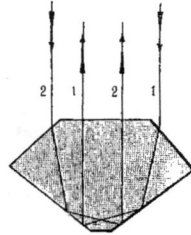

Fig. 32. — Marche des rayons lumineux dans une pierre taillée en brillant.

Phénomène de l'imbibition. — La faculté que possèdent certains corps de s'*imbiber* en quelque sorte de la lumière reçue n'appartient guère, dans le règne minéral, qu'au diamant. Elle est du reste très connue des lapidaires et des joailliers. « Dans l'enchevêtrement compliqué des divers rayons rendu possible par sa limpidité parfaite, dit Boutan, il se produit dans l'intérieur de ce corps une certaine diffusion dans tous les sens et qui semble le rendre véritablement lumineux par lui-même. » Pour l'observer, il suffit de se placer dans une chambre noire percée d'un trou qui livre passage à un rayon lumineux très mince arrivant sur un diamant taillé : l'effet est très sensible, même lorsque l'éclairement est de faible intensité.

V. — ESTIMATION COMMERCIALE DES PIERRES PRÉCIEUSES

Unité de poids des gemmes : carat métrique. — Les pierres précieuses étant presque toujours d'un prix élevé même sous un petit volume, il paraît
difficile, au premier abord, d'exprimer commercialement leur poids en sous-multiples du gramme. Aussi, dès les temps les plus reculés a-t-on choisi des unités
inférieures à ce dernier poids ; la plus anciennement connue est le *carat*.

L'origine de ce mot doit être recherchée, croit-on, dans *kouara* ou *kuara*, fruit
d'un arbuste des Indes et du pays des Shangallais (Afrique) appelé *erythrina coralodendron*, de la famille des légumineuses. La graine, sorte de petite fève rouge
piquetée d'un point noir (fig. 33), se dessèche assez facilement et une fois dans cet
état, possède la remarquable propriété de ne plus absorber l'eau ni l'humidité de
l'atmosphère, c'est-à-dire de conserver un poids inva-
riable. Elle a été utilisée de tout temps dans l'Inde pour
peser l'or et les minéraux précieux, et son application à
la mesure du poids des gemmes s'est perpétuée à travers
les siècles.

D'après certains étymologistes, l'origine du mot
« carat » devrait être attribuée à la graine de caroube
(en arabe : *kharrouba*) dont le radical grec *keras* a formé
le mot *keration*, qui représente le tiers de l'obole. Or
l'obole correspondait, à Athènes, à l'unité de poids usitée
et valait 720 milligrammes. Le carat représenterait donc,
d'après cela, 240 milligrammes.

Fig. 33. — Graine d'*erythrina
coralodendron*, origine du
carat.

Quoi qu'il en soit, le mot « carat » désigne dans ces deux versions une graine.
Elle a servi d'unité de poids, dans l'ancienne Grèce sous le nom *keration*, et en
Afrique et dans l'Inde sous celui de *kuara*. Cela explique les multiples valeurs
données à ces unités suivant les étalons (!) recueillis, dont le poids était nécessairement très variable.

La nécessité d'utiliser des unités plus précises a naturellement fait abandonner
peu à peu ces poids primitifs, mais leur nom originel a été conservé en dépit de
toutes les transformations qu'a dû subir le carat et de la divergence des valeurs
qu'on lui a attribuées jusqu'à ces deux dernières années dans les différents États.

De pareils écarts[1], s'ils rendaient souvent service aux commerçants peu scrupuleux en leur facilitant la fraude et en ne donnant aux acheteurs aucune garantie

---

1. Les chiffres indiqués plus bas manifestent un écart allant jusqu'à un huitième en plus ou en moins
de la valeur moyenne des différents poids.

réelle de quantité, privaient en outre de tous les avantages attachés à l'emploi d'une unité légale, c'est-à-dire la vérification facile des étalons et l'obtention de la protection judiciaire en cas de litige.

	Valeur en milligrammes		Valeur en milligrammes
Alexandrie	191,7	Francfort	205,8
Amsterdam	205,1	Hambourg	205,8
Anvers	205,3	Indes orientales	205,5
Berlin	205,5	Lisbonne	205,8
Bologne	188,5	Londres	205,5
Brésil	192,2	Madras	205,5
Constantinople	205,5	Turin	213,5
Espagne	199,9	Venise	207,0
Florence	196,5	Vienne	206,1
France	205 à 205,5	Carat perle	207,3

Si l'on ajoute à cela que le carat est accompagné d'une armée de sous-multiples non décimaux, tel que le huitième du carat qui pèse 25 mmgr. 6875, le soixante-quatrième de carat qui pèse 3 mmgr. 2109, qu'en outre le quart de carat est désigné sous le nom de *grain*, et qu'enfin 144 carats représentent une *once*, on peut se demander à quels problèmes de multiplication et de division il fallait se livrer pour déterminer le prix de l'unité de poids d'une pierre dont la provenance est connue mais achetée en un lieu souvent très éloigné du gisement.

Il semble donc que d'un commun accord, tous les États auraient dû depuis longtemps se rendre compte de la nécessité d'adopter une unité invariable et se rattachant au système métrique. L'esprit de routine a cependant souvent raison de la logique et dans un commerce où la vue, c'est-à-dire la qualité de la marchandise, joue un rôle au moins aussi important que son poids, les habitudes surannées sont difficilement bannies.

Cependant pour échapper à toute confusion, un certain nombre d'Associations syndicales françaises et étrangères ont proposé à différentes reprises la réforme du carat en vue de le ramener à une valeur fixe. En particulier, M. Ch.-Ed. Guillaume, directeur du Bureau international des poids et mesures, a proposé la substitution aux carats en usage d'un carat unique compris entre les extrêmes ; sa valeur, égale à 200 milligrammes, serait ainsi exprimée, en fonction des unités métriques, par un nombre assez simple pour qu'on puisse le considérer comme appartenant au système.

En avril 1905, la Commission des instruments et travaux du Comité international des poids et mesures proposa l'adoption de cette nouvelle unité sous la forme suivante :

« La Commission estime qu'il serait désirable que la valeur de l'unité de masse de pierres précieuses (le carat), laquelle est variable d'un pays à l'autre, fût uniformisée et ramenée à son équivalent métrique le plus voisin. La masse de 200 milligrammes, très rapprochée du carat le plus usuel (205 mmgr. 5), semble réaliser très heureusement cette unification. La Commission ne verrait pas d'inconvénient à ce que, pour faciliter l'abandon de l'ancien carat, cette masse de 200 milligrammes fût désignée par les intéressés sous le nom de *carat métrique.* »

Cette proposition fut accueillie très favorablement par la plupart des associations de bijoutiers, joailliers et orfèvres, et, le 22 juin 1909, une loi française comprenant un article unique interdisait formellement l'emploi de l'ancien carat. Elle est ainsi conçue :

« Dans les transactions relatives au diamant, perles fines et pierres précieuses, la dénomination de *carat métrique* pourra, par dérogation à l'article 5 de la loi du

Fig. 34. — Poids carat-métrique (grandeur naturelle). 1, faces supérieures ; 2, faces inférieures ; A, forme généralement adoptée.

4 juillet 1837, être donnée au double décigramme. L'emploi du mot *carat* pour désigner tout autre poids demeure prohibé. »

Cette loi est devenue effective à partir du 1er janvier 1911, mais par tolérance, elle n'est entrée rigoureusement en vigueur que le 1er juillet de cette même année.

Nous devons ajouter que, dans la plupart des États, le carat métrique a été adopté et légalisé ; dans d'autres, la législation est en voie de préparation ou d'adoption et la réforme du carat y est inscrite dans les règlements en cours de revision. C'est ainsi que dans 18 États, le carat métrique est prescrit par les lois ; citons en particulier l'Allemagne, le Danemark [1], l'Espagne [2],

1. « Dans l'application du système métrique au commerce des pierres précieuses, des perles fines, etc., on emploiera désormais le carat métrique, équivalant à 200 milligrammes. » (*Art. 1er de la loi du 1er avril 1910.*)

2. *Ordre royal du 11 mars 1908.*

le Japon[1], la Hollande, la Norvège[2], le Mexique, le Portugal, la Russie, la Serbie, la Suisse[3], la Suède[4], l'Italie, la Roumanie[5], les États-Unis.

Les unités reposant sur des bases n'ayant aucun rapport avec le système métrique disparaissent donc de ce chef, par l'adoption générale d'une unité fixe, le *carat métrique*, d'une valeur de 200 milligrammes. Cette unité, que des lois ou des associations ont universellement adoptée, ne pourra évidemment qu'éclairer ceux qui s'intéressent au commerce des gemmes.

Multiples et sous-multiples du carat. — Le carat de 200 milligrammes étant adopté, il restait à déterminer le nombre de multiples et de sous-multiples nécessaires à l'établissement d'une série de poids pouvant se suffire à elle-même. Au lieu de la division binaire (moitié, quart,... soixante-quatrième) de l'ancien système, on a naturellement cherché à se conformer au système métrique.

La loi française du 7 juillet 1910 a ainsi établi la série minimum des poids carats d'après le tableau de concordance ci-dessous :

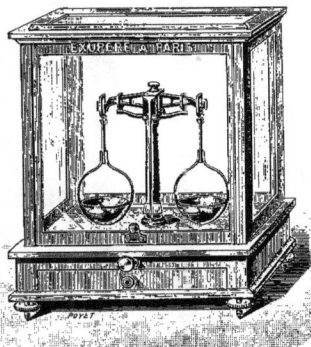

Poids en grammes	Poids en carats métriques	Poids en grammes	Poids en carats métriques
100	500	0,200	1,00
50	250	0,100	0,50
20	100	0,050	0,25
10	50	0,020	0,10
5	25	0,010	0,05
2	10	0,002	0,01
1	5		

Fig. 35. — Balance carat.

Cette série de poids peut naturellement être complétée par autant de représentants de chaque unité que cela est nécessaire pour les opérations commerciales.

La forme des poids carats est celle d'un tronc de pyramide quadrangulaire

1. « Lorsque les quantités des pierres précieuses sont exprimées en carats, le mot *carat* doit désigner la masse de 200 milligrammes. » (*Ordonnance du 11 novembre 1909.*)

2. « Le nom de *carat métrique* désigne une unité métrique spéciale de masse, d'une valeur de 200 milligrammes, exclusivement destinée à l'estimation du prix et à la vente ou l'achat des perles fines, des diamants et autres pierres précieuses. Le mot *carat* sera, dans l'avenir, exclusivement réservé pour désigner la masse ci-dessus définie. » (*Loi du 27 mai 1910.*)

3. La *loi du 24 juin 1909* sur les poids et mesures prescrit le carat de 200 milligrammes.

4. La loi instituant le carat métrique a été promulguée le 10 juin 1910.

5. *Décret royal du 3 mars 1910.*

J. ESCARD. 8

(fig. 34) ou d'un cylindre surmonté d'un bouton. Les poids inférieurs à 1 gramme sont constitués par des lames métalliques coupées en forme de carrés. Les dénominations sont inscrites en creux : les grammes sur la face inférieure, et les carats métriques, suivis de l'abréviation C. M., sur la face supérieure [1].

Balances carat-métrique. — Les balances de précision que l'on emploie pour effectuer les pesées sont de plusieurs systèmes. Celles qui doivent rester en magasin sont montées à demeure sur un socle et recouvertes d'une cage en verre destinée à éviter les courants d'air pendant les mesures. Le socle porte en outre l'indication du poids maximum que l'instrument peut recevoir [2] et celle de sa sensibilité.

Les balances destinées à être transportées (trébuchets) sont contenues dans des boîtes ou pochettes dont le couvercle porte une plaque sur laquelle sont inscrites les indications précédentes.

La loi de 1910 sur le carat métrique oblige aussi à faire poinçonner à la marque première, c'est-à-dire à la marque de fabrication, tous les instruments en cours. Chaque fléau est éprouvé à charge maximum et reçoit le poinçon primitif. De plus, tout détenteur de balances est tenu de présenter ses instruments chaque année afin de recevoir la marque annuelle ; cette dernière se compose d'une lettre qui change tous les ans.

Fig. 36. — Balance carat-métrique Conti à trois cadrans (carats anciens, carats métriques, grains).

---

1. La loi mentionne en outre que « les poids carats doivent porter la marque du fabricant et être contenus dans des boîtes sur lesquelles sont inscrits le nom et la marque de ce dernier, ainsi que le nombre de poids de chaque unité ». (*Art. 2.*)

2. *Article 3 de la loi du 7 juillet 1910.*

Les balances montées sous cage (fig. 35) doivent être sensibles au milligramme ; les balances de poche ou à air libre doivent accuser 2 milligrammes, soit le centième de carat. Cette grande précision, qui tient à la valeur des matières pesées, demande de la part des fabricants un soin minutieux d'ajustage.

Pour éviter les complications dues à la conversion des multiples et sous-multiples de l'ancien carat en ceux du carat métrique actuel, on a également imaginé des *balances dites carat-métrique* qui, par simple lecture, donnent les poids à la fois en grammes, grains, carats métriques, carats étrangers, etc.

La balance carat-métrique Conti est dans ce cas. Elle comprend (fig. 36) un fléau équilibré par des masses, un étrier portant une cuvette mobile destinée à recevoir les pierres à peser et un sous-plateau pour les tares de double pesée permettant à la balance de peser jusqu'à 300 carats. Trois cadrans placés à la partie supérieure de l'appareil et deux échelles verticales servent à faire les lectures.

Nous n'insisterons pas sur le maniement de cette balance qui est des plus simples et qui, malgré une grande souplesse de fonctionnement et une grande précision, donne des indications très rapides. Pour la lecture,

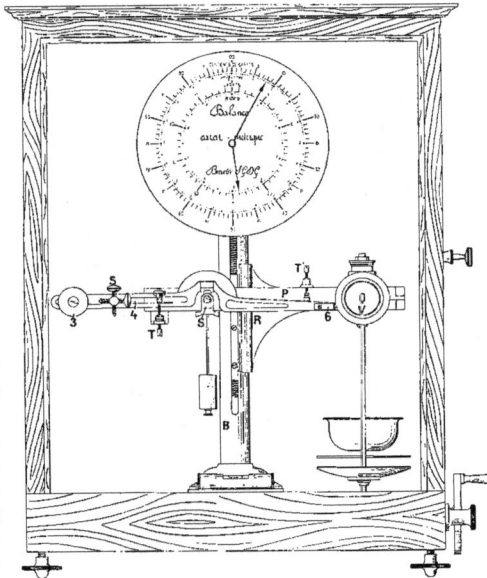

Fig. 37. — Balance carat-métrique Conti à cadran unique.

on lit les carats métriques sur l'échelle verticale de droite et les centièmes sur le cadran de droite. On peut aussi lire les carats anciens sur l'échelle de gauche et les fractions sur le cadran de gauche. Le disque supérieur donne les poids en grains. Les aiguilles des trois cadrans sont commandées par des engrenages appropriés.

Cette balance est utilisée actuellement par la plupart des joailliers et laboratoires de contrôle. Elle présente l'avantage de pouvoir donner directement le poids de l'objet placé dans la cuvette sans qu'il soit nécessaire d'établir l'équilibre ; elle permet également d'enregistrer sur une bande, quand cela est utile, les indications fournies par les aiguilles et qui peuvent être ainsi totalisées.

Par suite de l'emploi obligatoire du carat métrique en France, on tend de plus en plus à utiliser les balances exprimant le poids des pierres uniquement en multiples et sous-multiples de cette nouvelle unité. La balance carat-métrique à disque unique (fig. 37) comprend une colonne creuse B dans laquelle se trouve une vis manœuvrée par le volant à main placé à droite. L'écrou de cette vis porte le levier P tournant autour de l'axe horizontal L, à l'extrémité de la potence R. Le fléau proprement dit repose par son couteau de milieu sur le support à contre-poids S. La masse principale du fléau est la pièce 3 ; les masses de réglage sont représentées en 4 et 5. En 6 est le support du réticule ; l'équilibre a lieu quand le point de croisement des fils de ce réticule coïncide avec le point de repère du viseur V. Les bornes de rassemblement T et T′ soulèvent le fléau au repos. Le nombre de tours de la vis est enregistré en carats et grammes sur la graduation intérieure du disque, les fractions de carat et les milligrammes sur la graduation extérieure. La grande aiguille fait un tour complet quand la petite fait une division représentant un carat.

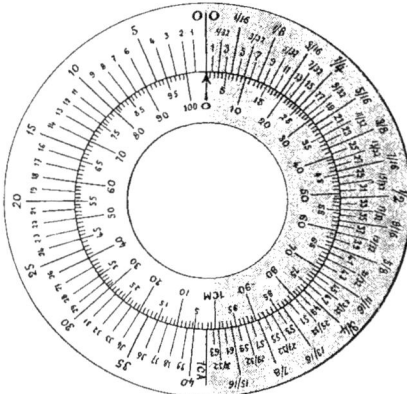

FIG. 38. — Convertisseur de Bourck.
(Les traits sont en rouge dans la partie pointillée.)

Tables et règles de concordance. — Les tables et règles dites de concordance ont pour but la conversion rapide des anciennes unités en unités légales. Elles permettent donc d'utiliser les anciennes balances.

Les tables actuellement usitées sont dues à M. Robin, vice-président de la Chambre syndicale de la bijouterie-joaillerie-orfèvrerie de Paris. Elles donnent immédiatement et par simple lecture la correspondance des carats anciens et des carats métriques, des poids comptés dans l'un et l'autre système et permettent ainsi la conversion des poids exprimés en grains. Elles sont basées sur le rapport des deux unités d'après l'équivalence suivante :

$$1 \text{ carat ancien} = 1,025 \text{ carat métrique.}$$

En adoptant cette concordance et en la multipliant successivement par tous les nombres de 2 à 100, on obtient les conversions des carats anciens en carats métriques jusqu'à 100 carats. On établirait de même la concordance des subdivisions (1/2, 1/4, 1/8,... 1/64) de l'ancien carat en carats métriques. Ces tables rendent donc de grands services à tous ceux que touche la réforme.

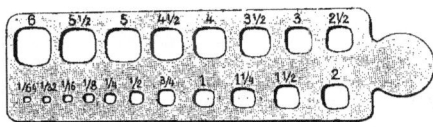

Fig. 39. — Calibre à brillants. (Deux tiers de grandeur naturelle.)

On a établi en outre des *convertisseurs à disque* ayant extérieurement l'aspect des cercles à calcul et dont il existe plusieurs modèles. Celui de Bourck (fig. 38) comprend deux parties : un disque et sa couronne, mobiles l'un par rapport à l'autre et portant deux échelles. Celle qui est à l'intérieur comprend les centièmes successifs de deux carats métriques ; l'autre se compose de 40 carats anciens suivis de la division binaire (1/2, 1/4, 1/16, 1/64) de ce carat dont la valeur usuelle en France était de 205 milligrammes.

Une flèche marque l'origine du carat métrique. Si on la place en regard de l'origine de la division binaire, les deux échelles qui s'étendent à la droite des zéros établissent les correspondances. Le carat ancien déborde ainsi de 0,025 le carat métrique, ce qui équivaut très exactement à un écart de 5 milligrammes par carat.

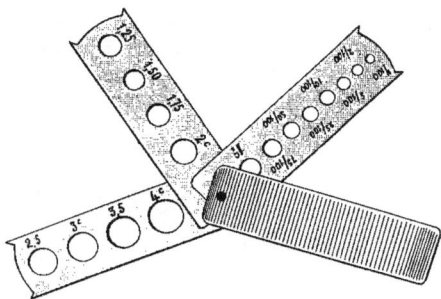

Fig. 40. — Calibre à éventail pour brillants. (Deux tiers de grandeur naturelle.)

Supposons par exemple qu'on veuille connaître la valeur en carats métriques de 10 7/16 carats anciens. On fait tourner le disque de manière à placer la flèche en regard du chiffre 10. En face du trait marqué 7/16 sur la couronne, on trouve sur le disque le trait 70. On voit donc immédiatement que 10 7/6 carats anciens équivalent à 10,70 carats métriques actuels.

Pour faciliter les calculs, la moitié de l'échelle est marquée en rouge (partie pointillée de la fig. 38). De plus, l'instrument porte au verso la table de conversion des multiples de 40 et de 41 (40 carats anciens = 41 carats métriques), la limite de l'échelle étant établie d'après ces chiffres.

Calibres. — Les calibres sont de petits instruments construits empiriquement et destinés à donner approximativement le poids des pierres montées d'après la mesure de leur diamètre ou de leur épaisseur. Ils sont surtout employés par les experts et les commissaires-priseurs en vue d'estimer la valeur des pierres. Leur fabrication repose sur ce principe qu'il existe un rapport à *peu près* constant entre le diamètre de la couronne d'une pierre taillée et son épaisseur, par suite entre son diamètre et son poids. La précision n'est donc pas très grande, mais elle est généralement suffisante pour les cas où on a recours à ces instruments qui présentent l'avantage de pouvoir opérer rapidement et sur les pierres toutes montées.

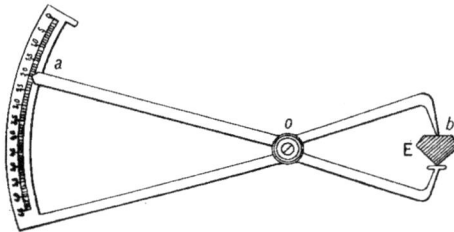

Fig. 41. — Calibre à charnière pour brillants.

Il existe plusieurs modèles de ces appareils. Pour les brillants, le plus employé est celui qui est représenté par la figure 39. C'est une plaque de nickel, d'acier ou de cuivre, perforée d'un certain nombre de trous de diamètres décroissants. Au-dessus de chaque trou est

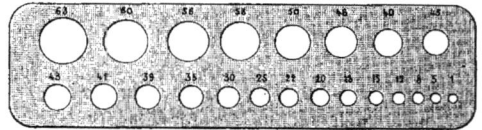

Fig. 42. — Calibre pour les pierres de couleur et les perles.
(Deux tiers de grandeur naturelle.)

inscrit le poids (en carats ou sous-multiples de carat) correspondant à son diamètre. Pour estimer le prix d'un brillant monté sur bague par exemple, il suffit, sans dessertir la pierre, de l'introduire dans le trou qui la limite le mieux, de lire le poids correspondant à ce dernier et de multiplier le chiffre lu par le prix actuel du carat-diamant. L'instrument représenté par la figure 40, dit *calibre à éventail*, ne diffère du précédent que par la forme.

Il existe également des calibres à charnière (fig. 41). Ils permettent, encore plus facilement que les dispositifs précédents, de mesurer les pierres sans les dessertir de leur monture. Leur construction et leur emploi sont basés sur la mesure, non du diamètre des pierres, mais de leur épaisseur. Un levier d'une seule pièce *aob*, mobile autour du point *o*, appuie en *b* sur la table de la pierre E ; une échelle divisée donne immédiatement, en carats, le poids correspondant à l'épaisseur de E.

Lorsqu'on désire obtenir des résultats très précis, on peut établir le poids, d'une part d'après la mesure du diamètre (appareils fig. 39 et 40), et d'autre part d'après la mesure de l'épaisseur (appareil fig. 41). Les chiffres trouvés doivent se correspondre. S'ils ne sont pas égaux, on prend la moyenne, ce qui donne, à une approximation très suffisante, le poids du brillant.

Pour l'achat en gros des pierres de couleur (vraies ou imitées) et des perles, les joailliers font également usage de calibres semblables à celui représenté par la figure 42. C'est encore une plaque métallique perforée d'un grand nombre de trous. A chaque trou correspond un chiffre en rapport avec son diamètre. Il suffit d'indiquer à un lapidaire ou à un marchand de pierres qu'on désire 10, 100 ou 1000 pierres de tel numéro pour que celui-ci indique immédiatement le diamètre de la pierre sans confusion possible. Le classement des pierres et des perles par grosseur se fait auparavant à l'aide de séries de *calibres-tamis* (fig. 43) dont l'emploi se comprend facilement.

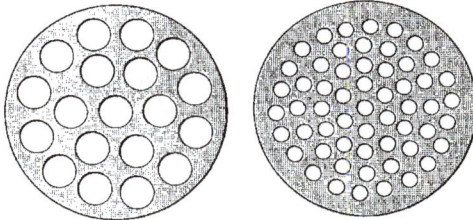

Fig. 43. — Calibres-tamis pour les pierres de couleur et les perles.

Valeur commerciale des pierres précieuses. — Il est impossible de donner, même avec des chiffres approchés, la valeur comparative des gemmes. Elle varie, en effet, non seulement suivant leur rareté, leur poids, leurs qualités (transparence, limpidité), mais aussi suivant la mode. En outre, pour des espèces déterminées (tourmalines, grenats, béryls, etc.), la coloration joue un grand rôle dans leur estimation commerciale. Aussi la classification des pierres précieuses par valeur marchande ne peut-elle être que très approximative.

Sous cette réserve et en s'en tenant aux gemmes dites classiques, le diamant occupe naturellement le premier rang. Viennent ensuite, par ordre de valeur décroissante, les gemmes orientales (rubis, saphir, etc.), l'opale, certains béryls (émeraude, morganite), plusieurs variétés de tourmaline (rubellite, tourmaline bleue), le péridot, le grenat et l'aigue-marine, l'améthyste, la topaze, enfin les gemmes quartzeuses (agates, chrysoprase, quartz rose, quartz enfumé ou diamant d'Alençon, œil-de-chat, œil-de-tigre, etc.). Les pierres opaques destinées à l'ornementation (malachite, lapis-lazuli, jaspes) ont une valeur bien moindre.

Au point de vue de la forme et du poids, on peut dire d'une façon générale que, toutes autres propriétés égales, la valeur d'une pierre est d'autant plus élevée que ces deux qualités se trouvent développées dans le minéral à l'état brut. Cela revient à dire qu'il n'y a pas proportionnalité rigoureuse entre le poids des pierres et leur valeur, les gemmes de poids élevé étant toujours très rares, en dehors même de la coexistence d'autres qualités physiques importantes. Une pierre d'un poids double d'une autre peut ainsi avoir une valeur commerciale cinq ou dix fois plus grande si elle constitue un spécimen rare, sous ce poids, du minéral en question.

CHAPITRE III

PARTICULARITÉS DIVERSES PRÉSENTÉES PAR LES PIERRES PRÉCIEUSES

I. — TRANSPARENCE ET COULEUR

La transparence et la couleur des pierres précieuses se rattachent, pour ainsi dire, l'une à l'autre, car si le minéral est très coloré sa transparence diminue et si, d'autre part, il est peu transparent quoique faiblement coloré, sa coloration n'apparaît pas avec toute sa netteté.

Au point de vue de la transparence, on classe généralement les minéraux de la façon suivante : *transparents purs*, ceux qui permettent de voir très nettement un objet à travers leur épaisseur (améthyste peu colorée) ; *translucides*, ceux qui diffusent la lumière (quartz laiteux) ; *subtranslucides*, ou translucides en lames minces (certaines variétés de cornaline) ; *limpides*, ceux qui sont transparents, incolores et clairs (quartz hyalin) ; *demi-transparents*, ceux qui ne laissent passer que très faiblement la lumière (quartz enfumé, obsidienne claire) ; enfin *opaques*, ceux qui ne se laissent traverser par aucun rayon lumineux même sous une faible épaisseur (jais, turquoise).

La coloration peut aussi être appréciée de façons fort diverses suivant son origine. Elle est dite *propre*, lorsqu'elle est en relation intime avec la nature chimique du minéral (malachite, rhodonite) ; *accidentelle*, lorsqu'elle est due à une impureté, comme c'est le cas de la plupart des pierres précieuses (rubis, améthyste, émeraude, quartz enfumé) ; *dichroïque* ou *polychroïque*, lorsqu'elle est due à des phénomènes optiques de polarisation (cordiérite) ; *superficielle*, lorsqu'elle ne s'étend pas à toute la masse de la pierre et qu'elle est due à une altération (certaines variétés de pyrites).

A la couleur se rattachent également le *chatoiement* et l'*irisation* sur lesquels nous reviendrons plus loin et qui contribuent à augmenter la beauté et par conséquent la valeur des minéraux dans lesquels ils se manifestent (labrador, opale, pierre-de-lune, quartz irisé).

Classification des gemmes d'après leur couleur. — Suivant leur couleur, les pierres précieuses peuvent être classées ainsi qu'il suit :

Pierres blanc-laiteux. — Orthose, certaines variétés d'apatite, quartz dit « laiteux », calcédoine, opale commune.

Pierres incolores et transparentes. — Adulaire, aragonite, béryl (rarement), corindon, saphir blanc, diamant, fluorine, quartz hyalin, topaze (rarement), tourmaline, achroïte, zircon (rarement), rhodizite, phénacite.

Pierres roses ou rouges. — Fluorine, pegmatolite (orthose), rhodonite, diamant rose (rare), spinelle, corindon rose, rubellite, grossulaire, quartz hyacinthe, zircon, rubis, pyrope, rutile, grenats, limbilite (péridot), sphène, kunzite, béryl rose (morganite), quartz rose (rubis de Bohême), cornaline, jaspe, rosopale.

Pierres jaunes ou blondes. — Serpentine noble, béryl, topaze, citrine (fausse topaze), quartz légèrement enfumé (diamant d'Alençon), apatite (rarement), fluorine, ambre, résinite, cornaline, danburite.

Pierres vertes. — Émeraude (béryl), olivine (péridot vert), sphène, chlorospinelle, grossulaire, idocrase, tourmaline de Saint-Béat, amazonite, dioptase, ouwarovite, actinote, apatite, épidote, chrysoprase, héliotrope, jadéite, malachite, serpentine, néphrite (jade oriental), alexandrite.

Pierres bleues. — Aigue-marine, cordiérite, cyprine (idocrase), saphir, topaze de Sibérie, quartz bleu (saphir de France), azurite, haüyne, indicolite (tourmaline), calcédoine saphirine, turquoise, lapis-lazuli, sodalite, saphirine, diamant bleu (rare), fluorine.

Pierres violettes. — Apatite, fluorine, améthyste.

Pierres noires. — Augite, carbonado (diamant noir), mélanite (grenat), pléonaste, quartz enfumé, tourmaline, jais ou jayet, obsidienne, résinite.

Pierres brunes. — Sardoine (cornaline), obsidienne, quartz enfumé, staurotide, andalousite.

Pierres irisées ou polychroïques. — Aventurine (quartz), astérie (corindon), cymophane œil-de-chat, labrador, opale noble, orthose opalescent, pierre-de-lune, pierre-de-soleil, quartz œil-de-chat, quartz œil-de-tigre, obsidienne chatoyante.

Rôle secondaire de la coloration dans la détermination des gemmes. — Dans la classification qui précède, nous n'avons pas séparé, pour une même coloration, les minéraux qui se présentent en cristaux ou en masses cristallines transparentes de ceux qui sont en concrétions ou en masses compactes. Ces caractères seront étudiés avec plus de détails aux chapitres consacrés aux pierres elles-mêmes. Mais ce qui ressort avec le plus de netteté de cette énumération, c'est que la coloration n'est pas un caractère distinctif et exclusif d'une variété de pierre. Ce qui précède permet en effet de constater les faits suivants :

1° *Une pierre de composition chimique déterminée peut avoir des colorations variées.* — C'est le cas du corindon : bleu dans le saphir, rouge dans le rubis, jaune dans la topaze orientale, vert dans l'émeraude orientale. C'est également le cas du quartz : incolore dans le cristal de roche, violet dans l'améthyste, rose dans le quartz rose (rubis de Bohême), noir dans le quartz enfumé (diamant d'Alençon), vert dans la chrysoprase, rouge dans la cornaline.

2° *Des pierres de compositions chimiques différentes peuvent avoir la même coloration.* — C'est ainsi que le zircon (silicate de zirconium), le rubis (alumine), la cornaline (silice), la limbilite (silicate de magnésie et de fer), la fluorure de calcium), le grenat (silicate d'alumine et de chaux) sont d'un rouge plus ou moins prononcé. Il en est de même de nombreuses pierres précieuses de teinte verte ou jaune.

3° *Une pierre de nom unique peut avoir des colorations différentes.* — C'est le cas de la tourmaline qui souvent, dans un même échantillon, possède des teintes différentes, par exemple verte, incolore et rose depuis l'un des sommets du cristal jusqu'à la base, ou de la périphérie au centre. C'est également le cas de la fluorine qui, suivant les échantillons, peut être bleue, incolore, verte ou violette et, la dureté et le mode de cristallisation mis à part, être ainsi confondue avec le saphir, le quartz hyalin, l'émeraude, l'améthyste.

C'est enfin le cas également du diamant qui peut affecter les teintes les plus diverses : incolore, bleu foncé (comme le saphir), rouge rubis (diamant de Paul I), verte (diamant de Dresde), rose, noire.

Si nous insistons sur ce caractère de la coloration, c'est parce qu'il n'est pas rare de voir des personnes, peu initiées il est vrai à la science minéralogique, différencier les pierres précieuses uniquement d'après leur couleur. Sous le nom d'améthyste, elles désignent toutes les pierres violettes, sous celui de rubis toutes les pierres rouges, sous celui d'émeraude toutes les pierres vertes. Il est pourtant facile de se rendre compte, d'après ce qui précède, combien il y a de différence entre des minéraux de même couleur, différence qui se traduit aussi par des estimations inégales sur le marché.

Les commerçants peu scrupuleux savent du reste combien est grande l'ignorance du public à ce sujet et ils l'utilisent à leur profit. Les exemples à citer seraient nombreux où des pierres de très faible valeur ont été vendues comme des gemmes de haut prix. N'a-t-on pas vu des zircons et des corindons [1] d'un poids supérieur à 20 carats être vendus pour des diamants !

Daubenton, dans son *Tableau méthodique des minéraux*, publié en 1780, était dans l'ignorance de la portée pratique de l'analyse quand il annonçait que « les différences de couleurs sont les caractères les plus évidens, les plus commodes et peut-être les plus praticables pour déterminer les différentes sortes de pierres précieuses et pour la variété de chaque sorte ».

Heureusement, Bergmann, peu de temps après, dans sa *Sciagraphie du règne minéral*, parue en 1792, rectifiait l'erreur de Daubenton :

« Une des plus grandes sources d'erreur dans la détermination des gemmes, dit-il, a été la couleur. Dans le commerce, on distingue les pierres précieuses principalement par cette qualité, et les minéralogistes n'ont que trop souvent suivi la routine des commerçants. Ainsi on croyait le diamant toujours blanc [2], le saphir bleu, le rubis rouge, la topaze jaune, l'émeraude verte, l'aigue-marine d'un vert bleu, la chrysolite d'un jaune verdâtre, le péridot d'un vert jaunâtre, le jargon d'un brun enfumé. Mais de nouvelles observations ont fait voir que ces idées n'étaient pas fondées ; on a reconnu que telle couleur n'était pas affectée à telle pierre. Les naturalistes ont donc cherché d'autres caractères plus sûrs. »

Le célèbre minéralogiste Haüy à son tour, dans son *Traité des caractères physiques des pierres précieuses*, paru en 1817, établissait ainsi l'indépendance complète de la coloration et de la nature chimique des pierres :

« Un rubis spinelle d'une belle couleur rouge peut être pris pour un rubis oriental et les méprises de ce genre ne sont pas sans exemple. Il y a des topazes qui, après avoir été rougies par l'action du feu, imitent parfaitement certains rubis balais. On a découvert au Brésil des tourmalines d'un rouge vif, que l'on met au rang des pierres précieuses et que des hommes de l'art à qui elles étaient inconnues ont rapportées, les unes au rubis oriental, les autres au rubis spinelle. Parmi les aigues-marines jaunes de Sibérie, il en est qui ne diffèrent pas sensiblement par leur aspect de certaines topazes du Brésil avec lesquelles on les confond quelquefois. Parmi les pierres qui circulent dans le commerce sous le nom de hyacinthes, il s'en trouve qui sont de la nature du zircon quoique jusqu'ici toutes celles que j'ai eu à examiner soient des essonites. Ces exemples, auxquels je pourrais en ajouter beaucoup d'autres, m'ont fait naître l'idée de choisir des caractères physiques susceptibles d'être observés dans les pierres précieuses taillées. »

1. Nous verrons plus loin que par leur éclat dit *adamantin*, ces deux pierres précieuses peuvent, leur dureté mise à part, se confondre facilement avec le diamant lorsqu'elles sont incolores et taillées.
2. Dans l'esprit de Bergmann, *blanc* est synonyme d'*incolore*.

Il n'est pas inutile d'ajouter que depuis quinze ans, des gemmes d'une couleur inconnue antérieurement ont été découvertes et classées, d'après leur composition, parmi celles déjà connues. M. Lacroix a signalé en particulier des variétés de *tourmaline jaune*, de *spessartine orangée*, de *béryl rose*, de *triphane rose* (kunzite), originaires de Madagascar et que nulle collection ne possédait avant les recherches de ce savant.

En voilà plus qu'il n'en faut pour mettre en garde contre de prétendus caractères distinctifs des gemmes au double point de vue de leur valeur marchande et de leur nature chimique.

Toutefois, ce que nous venons de dire ne signifie pas que la coloration ne joue aucun rôle dans l'estimation des pierres précieuses. Au contraire, une belle teinte, lorsqu'elle est franche et qu'elle n'altère en rien la transparence d'une pierre, peut contribuer pour beaucoup à augmenter son prix. C'est le cas, notamment, de certaines variétés de *corindon rose* (saphir rose) dont les jolis spécimens se rencontrent très rarement dans la nature en cristaux volumineux.

Origine de la coloration des pierres précieuses.

La coloration des pierres précieuses peut avoir une double origine : une origine purement *chimique* et une origine *physique*, en rapport avec des phénomènes d'optique.

Présence de matières étrangères. — Dans un grand nombre de pierres, la coloration est due uniquement à la présence de matières étrangères disséminées en très faible quantité dans la masse du minéral. Leur proportion est même souvent si petite que l'analyse ne les décèle pas (émeraude) et il faut avoir recours à des termes de comparaison pour les caractériser[1].

Dans les cristaux homogènes, la dissémination de la matière colorante est régulièrement ordonnée, c'est-à-dire qu'elle est en rapport avec le mode de distribution des particules cristallines qui constituent le minéral[2].

1. C'est ainsi que la coloration violette de la fluorine semble attribuable, dans la plupart des cas, au manganèse ; dans les gisements manganésifères, il n'est pas rare en effet de rencontrer des veinules de psilomélane (oxyde de manganèse) traversant des filons de fluorine ; la coloration de cette dernière, nettement violette dans leur voisinage immédiat, devient peu à peu incolore au fur et à mesure qu'on s'en éloigne. De même, la présence de gisements de manganèse à proximité de ceux de béryl rose à Madagascar (M. Lacroix) permet d'attribuer à cette coloration une origine semblable.

2. Nous verrons plus loin (p. 79) que, très souvent, les pierres de vilaine teinte ou faiblement colorées (rosopale, chrysoprase, cornaline) sont, après un premier polissage, plongées dans des bains chimiques appropriés qui modifient ou renforcent leur coloration de manière à augmenter leur valeur marchande (agates dites *baignées*). Cet accroissement de coloration n'est pas seulement superficiel, mais pénètre au contraire le minéral jusqu'à une certaine profondeur en profitant des plans de clivage qui séparent les molécules du réseau cristallin de la substance.

Ce sont en général des *oxydes* qui colorent les pierres précieuses et princi-palement l'oxyde de chrome (rubis, émeraude), l'oxyde de manganèse (améthyste), l'oxyde de fer, l'oxyde de nickel (chrysoprase). Suivant l'état d'oxydation du colo-rant, la teinte peut varier dans des limites très étendues pour une même substance.

Bien entendu, nous ne parlons ici que des pierres dans lesquelles la colora-tion, dite *accidentelle* (p. 73), n'est pas en rapport avec la nature chimique de la pierre elle-même. Comme nous l'avons vu plus haut, certaines pierres telles que la malachite, la pyrite, etc. ont une couleur qui est celle de la matière qui les constitue.

Dans le quartz enfumé et le carbonado (diamant noir), c'est le charbon qui donne à ces pierres leur teinte noirâtre. On sait du reste qu'il suffit de chauffer un fragment de quartz enfumé pour faire disparaître cette coloration : le carbone brûle et s'élimine du cristal par les interstices moléculaires, très nombreux, qui existent dans le minéral [1].

G. Rose attribuait la coloration des diamants à des mélanges chimiques. Ainsi, la teinte verte proviendrait d'une substance chloritique. D'après certains minéralogistes, les teintes jaune et brune seraient dues à des hydrocarbures. Quant au rouge, au bleu et à certaines autres teintes que l'on rencontre parfois chez certains diamants, il est probable qu'elles sont dues à des oxydes analogues à ceux qui colorent le rubis et le saphir, mais on ne saurait l'affirmer. Les essais dans cette voie sont du reste encore peu nombreux à cause du prix élevé des dia-mants de couleur et de la difficulté que l'on éprouve à analyser d'une façon exacte les très petits cristaux.

La matière colorante est-elle, dans les pierres transparentes, distribuée régu-lièrement dans tout le cristal, en d'autres termes imbibe-t-elle uniformément la pierre, ou bien se trouve-t-elle divisée à l'infini sous forme d'occlusions logées dans les réseaux du cristal ?

La réponse à cette question est assez délicate, car les deux hypothèses sont plausibles. D'autre part, l'expérience est presque impuissante à les confirmer en raison des faibles dimensions des particules constituant les réseaux cristallins, divisibles, comme on le sait, presque à l'infini.

1. On s'est demandé si la matière colorante des pierres précieuses ne jouait pas un certain rôle dans leur mode de cristallisation, puisqu'au moment de leur formation la substance chimique qui les consti-tue se trouve en présence d'une autre substance chimique, qui est précisément le colorant. Il semble donc qu'il puisse en résulter des modifications de forme dans le solide définitif, comme cela se produit avec certains mélanges chimiques (azotate d'urée et bleu de méthylène : l'azotate d'urée est orthorhombique lorsqu'il cristallise naturellement, et monoclinique lorsqu'il cristallise dans le bleu de méthylène). Il n'en est pas ainsi avec les pierres précieuses, leur colorant étant, comme nous l'avons dit, en proportion trop infime pour influencer leur forme cristalline au moment où elles se sont soli-difiées.

Il n'est pas impossible que le colorant baigne en quelque sorte uniformément le minéral à la façon d'un produit chimique ajouté en minime proportion dans une solution cristallisable par refroidissement. Cela ne s'opposerait nullement au fait maintes fois constaté de la présence d'étages diversement colorés dans les pierres précieuses (améthyste, tourmaline, saphir) transparentes.

La seconde hypothèse suppose que les molécules cristallines constituant le minéral restent toujours incolores, si foncé que soit celui-ci ; seuls, les interstices séparant les molécules seraient alors remplies de la teinture à la façon d'un liquide abandonnant son principe colorant dans les fissures d'une masse homogène transparente et incolore. Les changements de coloration que peuvent subir un grand nombre de pierres sous certaines influences (chaleur, radium, substances chimiques) semblent confirmer cette manière de voir.

Influence des phénomènes optiques. — Irisation, chatoiement, polychroïsme, double coloration. — La coloration de certaines pierres provient en grande partie, sinon en totalité, de phénomènes optiques dus à l'irrégularité, c'est-à-dire aux imperfections de leur structure cristalline. C'est notamment à ces phénomènes particuliers qu'il faut attribuer l'irisation, le chatoiement ou le polychroïsme de certaines pierres (labrador, opale, cordiérite, orthose opalescent, obsidienne chatoyante, etc.) qui contribuent pour beaucoup, par les reflets qu'ils leur communiquent, à augmenter leur beauté et par suite leur valeur marchande.

Le *polychroïsme* est intimement lié à des phénomènes d'absorption qui se manifestent dans les cristaux à plusieurs axes. Nous savons en effet que dans les cristaux uniaxes, des plaques de même épaisseur taillées dans un sens quelconque dans un même fragment offrent toutes la même coloration, parce que l'absorption qui engendre cette coloration s'y effectue régulièrement. Il ne saurait en être de même dans les cristaux biaxes, car l'absorption y varie, pour une épaisseur donnée, suivant la vitesse de propagation des vibrations, variable elle-même suivant la direction considérée. Les deux rayons auxquels donne lieu la biréfringence ne se propageant pas aussi vite l'un que l'autre, sont inégalement absorbés ; cette différence d'absorption change suivant le sens des vibrations. Pour chaque direction des rayons transmis, l'œil perçoit ainsi une couleur qui résulte de la combinaison de l'absorption de chaque rayon réfracté.

Les teintes ainsi perçues peuvent donc être très différentes. Il y a autant de nuances que de directions de transmission. D'où les multiples colorations que l'on observe chez certains minéraux tels que la *cordiérite* ou *dichroïte* par exemple : un cristal de cette substance se montre d'un beau bleu dans un sens, bleu pâle dans un sens perpendiculaire et gris jaunâtre dans une direction perpendiculaire aux deux premières.

Le dichroïsme est facilement mis en évidence à l'aide du *dichroscope* ou *loupe dichroscopique* (fig. 44 et 45) dont le principe est le suivant :

En regardant un objet éclairé à travers un cristal de spath d'Islande, on aperçoit deux images de cet objet par suite de la valeur différente des indices de réfraction. Si l'on applique une lame d'un cristal dichroïque contre une ouverture circulaire *m* (fig. 44) et si l'on projette du côté opposé sur ce cristal un faisceau de lumière parallèle blanche, on perçoit une image circulaire émettant la

lumière transmise. Mais, si l'on interpose sur le trajet des rayons transmis une lame de spath M enchâssée entre deux coins de verre P de façon à constituer une lame mixte à faces parallèles, les résultats sont différents : on obtient deux images de l'ouverture lors-

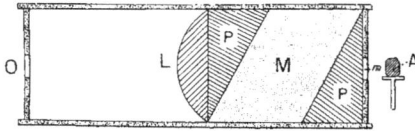

Fig. 44. — Lunette dichroscopique : coupe schématique.

qu'on la regarde par l'oculaire O au moyen d'une loupe L convenablement placée. L'épaisseur de la lame M est calculée de façon que ces deux images se recouvrent en partie. La portion commune a ainsi la teinte que percevrait l'œil sans l'interposition du spath ; les parties non communes ont chacune la teinte des deux couleurs composantes.

Pour étudier une pierre au point de vue de son dichroïsme, il suffit donc de la placer devant l'appareil, en A, de façon qu'elle soit en pleine lumière, et de l'examiner par l'oculaire O. Si elle est dichroïque, on aperçoit deux images distinctes A et B (fig. 45) l'une à côté de l'autre.

Il est ainsi très facile de différencier et de caractériser des pierres ayant la même couleur, le rubis et le grenat par exemple. Avec le rubis, les

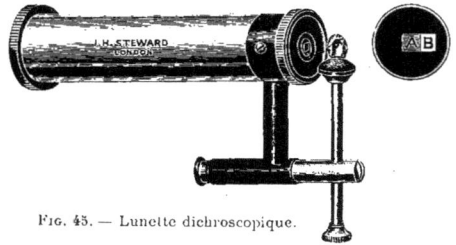

Fig. 45. — Lunette dichroscopique.

images perçues changent de couleur suivant les positions différentes obtenues en faisant tourner le support de la pierre. Le grenat conserve toujours, au contraire, la même coloration quel que soit l'angle sous lequel on fait tourner la pierre. Ce diagnostic est précieux quoique très simple en pratique.

Brewster a expliqué la coloration de certains diamants par la présence de nombreuses cavités microscopiques autour desquelles la substance de la

INCLUSIONS

 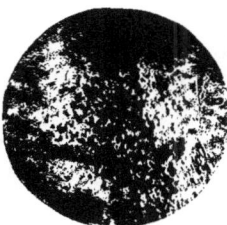 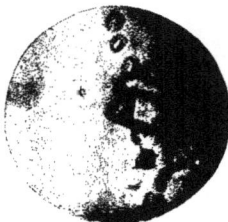

1. Diamant.   2. Améthyste.   3. Topaze.

  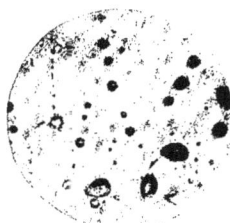

4. Émeraude.   5. Grenat.   6. Rubis spinelle.

  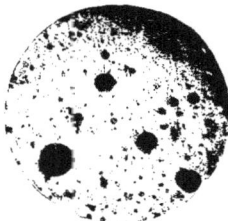

7. Tourmaline.   8. Rubis oriental.   9. Rubis artificiel.

(Coll. Haardt.)

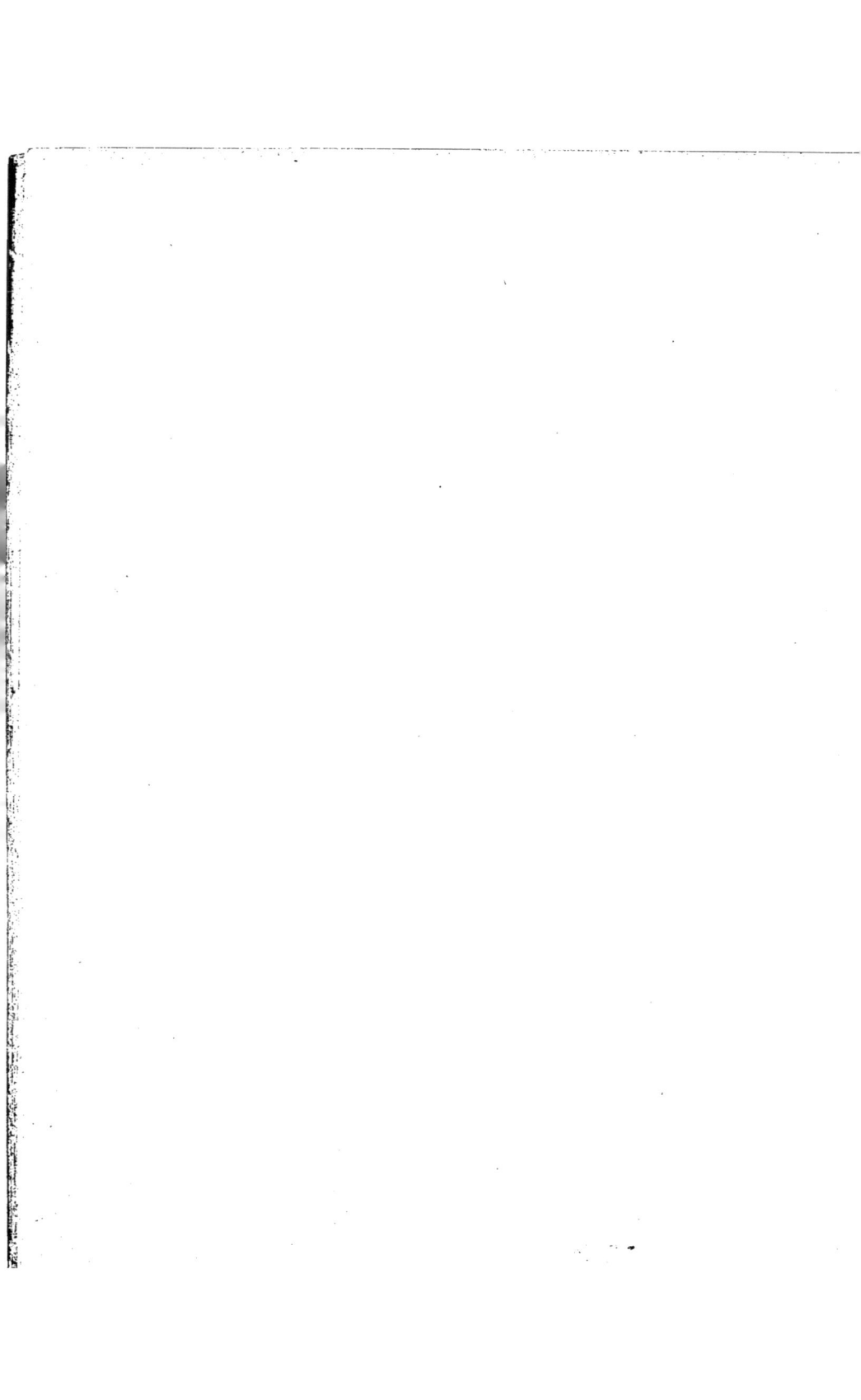

pierre aurait été comprimée et altérée d'une façon sensible. Ces modifications dans la cristallisation régulière du diamant auraient ainsi créé un milieu impropre au passage de la lumière d'où il serait résulté une coloration plus ou moins accentuée suivant le nombre de bulles gazeuses ainsi emprisonnées.

Le chatoiement de l'opale et de quelques autres pierres (labrador, quartz irisé) est dû à des phénomènes de réflexion et de diffraction provenant de fissures très ténues, régulières ou non, qui interrompent la continuité de la matière. Il a donc pour première origine un phénomène de lame mince analogue à celui qui colore les bulles de savon.

Dans l'opale, ce sont, non des lames d'eau, mais des lames d'air qui, plus ou moins épaisses et distribuées dans le minéral au hasard de sa formation, engendrent cette diversité de tons qui en fait la beauté et lui donne de la valeur. Ces lames d'air ne sont pas visibles à l'œil nu, mais on peut aisément les observer au microscope et même à la loupe.

Dans la pierre-de-lune (p. 192) et certaines variétés d'aculaire, le chatoiement blanc bleuâtre ou violacé que l'on observe provient de réflexions sur des plans de séparation parallèles. Il est du reste possible de suivre le mécanisme de sa production ; d'après M. Lacroix, il s'effectuerait de l'extérieur à l'intérieur des cristaux sans atteindre généralement le centre qui, ainsi, reste souvent limpide. Comme les cristaux brisés présentent eux-mêmes cette curieuse propriété sur toute leur périphérie, on peut supposer qu'elle est d'origine secondaire et postérieure à la désagrégation de la roche. Du reste, au-dessous d'une certaine limite d'épaisseur du minéral, le chatoiement disparaît ou devient très faible, sans doute par insuffisance du nombre de réflexions.

Dans certains minéraux, la coloration qui se produit ainsi par des phénomènes de lame mince est accrue par la présence, dans les fissures de la pierre, de parcelles de matières étrangères ou de petites lamelles cristallines (oligiste) ; c'est ce qui a lieu par exemple dans la labradorite et la variété d'oligoclase désignée sous le nom de pierre-de-soleil.

Tout différents du dichroïsme sont les phénomènes de *double coloration* que présentent certains minéraux tels que la fluorine en particulier. Cette pierre est souvent verte par réflexion et bleue par transmission. Ce caractère n'est pas spécial aux minéraux, car un grand nombre de métaux le manifestent également à un haut degré. On sait en effet que l'or, par exemple, est rouge par réflexion et vert par transparence.

Modification de la coloration des pierres précieuses.

Modification par l'action de la chaleur.

— Nous ne parlerons pas ici de l'action des hautes températures sur les pierres précieuses qui peuvent les transformer totalement : il en sera question plus loin. Il ne s'agit pour le moment que des changements de coloration dus à l'action de températures ne dépassant pas 300 à 600° environ.

La chaleur décolore un grand nombre de gemmes et cela d'une façon qui est souvent définitive, c'est-à-dire non réversible. Ainsi, la tourmaline rouge (rubellite), la fluorine rose, le zircon hyacinthe et la plupart des pierres bleues (saphir, sodalite, lapis-lazuli) perdent leur coloration sans retour. Quelques pierres changent de couleur : c'est le cas de la topaze jaune du Brésil, qui prend une teinte rose plus ou moins violacée lorsqu'on la chauffe (topaze brûlée). D'autres pierres retrouvent après refroidissement leur couleur initiale : tels sont le rubis oriental, le rubis spinelle et le grenat pyrope qui sont rouges à froid et verts à chaud. Les substances d'origine végétale (ambre) se carbonisent rapidement. On sait depuis longtemps que les variétés de quartz utilisées comme gemmes se décolorent par la chaleur. En 1872, E. Jannettaz avait reconnu en effet que l'améthyste perd sa teinte violette lorsqu'on la chauffe. M. Gonnard a également montré qu'il est facile d'obtenir des cristaux de quartz enfumé encapuchonnés de quartz incolore en chauffant assez fortement des échantillons de ce minéral : le carbone brûle et disparaît d'une façon régulière, les cristaux étant souvent formés par des surfaces superposées et comme emboîtées les unes dans les autres.

Certaines variétés de fluorine bleue, en particulier celles de Cornwall, se décolorent par une chauffe légère. Le minéral, qui était d'abord bleu par réflexion et vert par transparence, devient vert aussi bien pour la lumière réfléchie que pour la lumière transmise. Par le refroidissement, le cristal reprend les deux nuances dont il jouissait au début, et ce phénomène peut être répété un grand nombre de fois sur le même échantillon sans amoindrissement sensible de l'effet produit.

Certains diamants teintés se décolorent partiellement par l'action de la chaleur. Nous avons vu précédemment que, dès les temps les plus reculés, cette propriété a été mise à profit pour augmenter la valeur des diamants de « vilaine eau ». Lorsque cette coloration est superficielle (croûte très mince de teinte rouge ou brune), on brûle le diamant avec un peu de salpêtre placé au fond d'un creuset : une ou deux secondes suffisent pour faire disparaître la couche colorée. Les diamants verts superficiellement ne sont pas soumis à ce traitement, parce que leur teinte est assez séduisante, la pierre prenant un ton général qui la fait paraître d'une très belle eau alors qu'elle ne possède pas naturellement cette qualité.

Les diamants du Cap, qui sont toujours plus ou moins teintés de jaune, ne se décolorent pas, même par une chauffe prolongée à l'abri de l'air [1]. Descloizeaux a signalé des diamants pénétrés d'une substance verte qui, par une calcination à blanc dans l'hydrogène, prenaient une teinte uniforme jaune pâle. Von Baumhauer a également cité un diamant vert qui devenait jaunâtre par la chaleur, et un autre vert foncé qui devenait violet. Mais l'observation la plus curieuse à signaler à ce sujet est celle de M. Halphen qui concerne un brillant de 27 carats légèrement teinté de brun. Soumis à l'action du feu, ce diamant prenait une teinte rosée très nette qu'il conservait pendant huit à dix jours après lesquels il revenait peu à peu à sa teinte initiale. Cette modification semble pouvoir être réalisée indéfiniment, car l'auteur de cette expérience l'a répétée un grand nombre de fois sans affaiblissement sensible. D'autres diamants soumis au même essai n'ont pas donné ce résultat.

Cette question de coloration des diamants n'est pas sans intérêt au point de vue commercial. En effet, la pierre incolore ou légèrement teintée de brun n'a que le tiers environ de la valeur qu'elle posséderait à l'état de diamant rose si cette coloration était permanente.

On peut résumer et compléter de la façon suivante les données qui précèdent :

1° *Pierres dont la coloration est modifiée d'une façon permanente :* azurite (de bleue devient noire) ; dioptase (de vert émeraude devient noire) ; lapis-lazuli (de bleu devient blanc) ; malachite (de verte devient noire) ; topaze (de jaune devient rose violacé) ; turquoise (de bleu opaque devient brun noirâtre).

Les pierres suivantes deviennent incolores : amazonite (de verte devient blanc opaque), apatite (de verte ou brune devient blanc opaque) ; émeraude (de transparente et verte devient opaque) ; fluorines (deviennent incolores) ; quartz enfumé, améthyste, tourmaline, saphir (simple décoloration).

2° *Pierres dont la coloration est modifiée d'une façon temporaire :* grenats noirs (noirs à froid, verts à chaud) ; rubis (du rose ou rouge passe au vert).

Modification par l'action des substances radioactives. — La plupart des pierres précieuses, colorées ou non naturellement, sont influencées par les radiations émises par les corps radioactifs, et en particulier par le radium.

Par un contact prolongé avec du bromure de radium, les *diamants* incolores acquièrent une coloration bleue persistante qui est de nature, comme la coloration rose, à augmenter leur valeur, les diamants bleus étant fort rares et par conséquent très recherchés. La coloration ainsi acquise ne disparaît pas si on chauffe les dia-

1. Il est nécessaire d'opérer à *l'abri de l'air* parce que, sans cette précaution, le diamant (qui est du carbone pur) brûlerait en présence de l'oxygène de l'air en se transformant en acide carbonique.

mants au rouge ; elle ne disparaît pas non plus si on les chauffe dans un mélange d'acide nitrique et de chlorate de potassium.

Si l'exposition du diamant au rayonnement actif est prolongée pendant 12 mois environ, le changement de coloration s'accompagne d'une forte radioactivité qui résiste aux traitements chimiques les plus énergiques et qui ne semble pas non plus disparaître avec le temps. Les radiations ainsi émises par le diamant affectent, sur la plaque sensible, une forme régulière en rapport avec la cristallisation et la taille des échantillons.

Ces résultats conduisent à penser que les modifications ainsi apportées dans les propriétés du diamant ne s'arrêtent pas à la couche superficielle, mais, bien au contraire, pénètrent toute la masse du cristal.

Les pierres colorées subissent également des transformations intéressantes. Ainsi, le *corindon* incolore devient jaune ou brun sous l'influence du radium ; le *saphir* devient verdâtre. Si l'on prolonge l'action de la substance radioactive, le saphir devient finalement jaunâtre. Le *rubis*, qui acquiert d'abord une sorte de renforcement de teinte, passe ensuite au violet, puis au bleu, au vert et finalement au jaune comme le saphir.

Ce qu'il y a de curieux et d'important à constater, c'est que les rubis et saphirs artificiels, que leurs propriétés générales ne différencient pas des rubis et saphirs naturels, ne sont pas modifiés dans leur coloration par l'action du radium : leur teinte reste invariable.

La *topaze* jaune devient brun foncé, la topaze incolore devient jaune orangé, le *quartz* transparent se transforme en quartz enfumé (diamant d'Alençon).

En général, les colorations ainsi acquises ne sont pas stables : elles disparaissent lorsqu'on soumet les pierres à l'action d'une température élevée.

En ce qui concerne l'alumine et ses variétés, on peut se demander si dans bien des cas cette substance n'a pas d'abord cristallisé à l'état de rubis, dont le saphir et le corindon incolore ne seraient que les termes successifs. On sait en effet que la radioactivité n'appartient pas seulement au radium et à ses sels, mais à un grand nombre de substances et en particulier aux eaux souterraines qui possèdent cette propriété un haut degré ; elles ont donc pu agir, dans maintes circonstances, sur les minéraux qu'elles ont charriés souvent pendant un long parcours avant de les abandonner à la surface du sol ou non loin de la surface, dans les lits de rivières ou les roches où on les rencontre habituellement.

Cette transformation dans la coloration des pierres précieuses ne doit pas cependant modifier nos idées sur la valeur des gemmes. Pour les pierres à base d'alumine (corindon, rubis, saphir), elle n'a abouti, en effet, qu'à diminuer leur valeur, le corindon étant d'un prix très faible comparativement au rubis et au saphir. Il convient d'ajouter que cette transformation, qui nécessite l'emploi du radium, est assez coûteuse. C'est donc la solution du problème inverse (coloration en rouge ou en bleu du corindon incolore) qu'il convient de chercher.

Ce problème n'a du reste rien d'insoluble, car de récentes expériences ont montré que le quartz et la fluorine décolorés par la chaleur peuvent retrouver leur coloration initiale lorsqu'on les soumet à l'influence d'un sel de radium. Si donc on admet que les gemmes alumineuses incolores renferment un principe colorant dénaturé chimiquement avant leur arrivée au jour, rien ne s'oppose à ce qu'une radiation d'une nature déterminée puisse transformer ce principe colorant en une substance à l'état d'oxydation plus avancée ; cette substance conserverait alors sa teinte même lorsque la substance radioactive a cessé d'agir.

Les résultats les plus dignes d'intérêt sur cette question sont dus à Berthelot et concernent l'*améthyste*. Quelques cristaux de ce minéral ont d'abord été décolorés par chauffage dans un tube de verre, à la température de 300°. Immédiatement après leur décoloration, on les a soumis à l'action du chlorure de radium enfermé dans une petite ampoule de verre fermée à la lampe ; cette ampoule était elle-même déposée dans un tube de verre fermé également à la lampe. Les cristaux décolorés étaient ainsi séparés du sel radifère par deux parois de verre d'une épaisseur totale de plus d'un millimètre et, en outre, par une feuille de papier à filtre enroulée autour du tube à radium. Le tout fut abandonné dans l'obscurité au sein d'une armoire bien close.

Trois semaines après, les cristaux furent examinés : on constata qu'ils commençaient à se colorer en violet. Après six semaines, ils avaient une teinte plus foncée, analogue à celle de l'améthyste non décolorée artificiellement.

Dans une seconde expérience, on a opéré avec un tube de *quartz fondu* comme on en prépare aujourd'hui couramment dans l'industrie (CHAP. XIV) et demeuré parfaitement incolore après une année de conservation à la lumière diffuse, bien que renfermant des traces de manganèse. Mis à côté d'un tube à radium, le quartz commença, quelques semaines après, à se colorer en violet dans la région la plus voisine du sel de radium ; cette coloration n'a pas cessé de s'accentuer pendant toute la durée de l'exposition.

Une troisième expérience, effectuée avec de la *fluorine violette* décolorée également par la chaleur comme l'améthyste, donna les mêmes résultats : après vingt jours, on voyait apparaître une légère teinte rosée et cette coloration a augmenté avec le temps, bien que d'une façon moins rapide que dans les expériences précédentes.

Quelle que soit l'intensité de la coloration ainsi obtenue ou ainsi « régénérée », pour parler plus exactement, il est certain que le radium agit chimiquement sur le principe colorant (oxyde de manganèse suroxydé) des substances ainsi transformées. Par une température élevée, il y a désoxydation partielle de ce composé dont l'oxygène s'échappe du cristal par les interstices étroits qui en séparent les lamelles superposées. Le radium n'a d'autre effet que de provoquer la réintégration de cet oxygène et de faire renaître le composé suroxydé primitif : il en résulte ainsi la réapparition de la coloration violette initiale du cristal décoloré par la chaleur[1].

« Ces expériences, dit Berthelot, établissent à la fois l'existence et le rôle des radiations souterraines dans les colorations initiales si singulières que présentent les gemmes naturelles. Elles rendent compte des oppositions qui existent entre la stabilité de certaines teintures, telles que celles du corindon, et l'instabilité pyrogénée de certaines autres, tantôt irréversibles (c'est-à-dire non reproductibles par le radium), parce qu'elles ont été produites par des matières organiques détruites sans retour (fluorine verte), tantôt, au contraire, réversibles, parce qu'elles sont engendrées par un métal, tel que le manganèse, qui subsiste après décoloration et qui peut être ramené à la couleur initiale (quartz améthyste). Il y a là tout un champ fécond d'expériences synthétiques. »

Modifications par l'action des rayons ultra-violets, des rayons X et des rayons cathodiques. — La *lumière violette* agit sur certains diamants en modifiant momentanément leur coloration. Si l'on approche pendant quelques minutes de cette lumière un diamant légèrement teinté de jaune, on voit sa coloration devenir brun foncé. Par le seul fait de cette transformation, la pierre perd les quatre cinquièmes de sa valeur commerciale. Fort heureusement, elle retrouve sa couleur initiale en moins de 24 heures.

Les *rayons X* agissent un peu à la façon du radium en teintant certaines pierres incolores ou en recolorant celles qui ont perdu leur teinte initiale par l'action de la chaleur. M. Fuchs a imaginé d'après cela un procédé pratique qui permet de colorer les diamants incolores. Théoriquement, cette coloration serait due au transport des particules de certains métaux (ceux constituant la cathode

---

1. Ces phénomènes de décoloration et de recoloration successives sont analogues à ceux qui se manifestent avec les verres riches en manganèse exposés au rayonnement du radium. Par l'action du radium il se produit une transformation dans la masse du verre ; quand on chauffe, la transformation inverse se manifeste et le verre est ramené à son état primitif. Il redevient ensuite susceptible d'être coloré à nouveau par le radium et ainsi de suite.

Les expériences des *perles au borax*, que l'on effectue journellement dans les laboratoires pour reconnaître la nature des oxydes, se rattachent également aux faits qui précèdent. Si l'on introduit dans une perle ainsi préparée une très petite quantité d'oxyde de manganèse finement pulvérisé, on voit cette perle se colorer en violet dès qu'on la chauffe dans une flamme oxydante. En chauffant à nouveau la même perle dans une flamme réductrice, la coloration disparaît. Comme avec l'améthyste, la fluorine et le verre, la nuance violette ne résulte donc que de la production d'un composé manganique suroxydé. En faisant alterner les deux flammes, on peut du reste renouveler ces transformations autant de fois qu'on le désire.

des ampoules) dans les interstices moléculaires du diamant par une sorte d'occlusion analogue à la cémentation des aciers. Les colorations ainsi acquises ne sont point altérées par l'action même prolongée des acides ; elles disparaissent cependant si on inverse le sens du courant.

Les corindons et les diamants incolores ou très faiblement teintés se colorent également, d'une façon plus ou moins intense, en jaune si on les soumet à l'action des rayons X. La durée d'exposition peut être très courte : la teinte obtenue semble atteindre son maximum après une heure environ d'exposition.

Les *rayons cathodiques* modifient considérablement la couleur du diamant. Sa teinte initiale blanche (incolore) ou jaune verdâtre très pâle s'accentue progressivement jusqu'à devenir d'une belle couleur vin de Madère qui vire ensuite au brun plus ou moins foncé si on prolonge son action. Les diamants ainsi colorés semblent conserver indéfiniment leur teinte, car l'action de la lumière solaire ne la modifie pas, même à la longue. La chaleur seule la fait disparaître : une température de 300° à 400° ramène les diamants à leur teinte initiale. Les corindons de diverses nuances (incolores, roses, bleus) se colorent également en jaune plus ou moins foncé par l'action des rayons cathodiques.

Modifications par les actions chimiques. — Nous avons vu précédemment qu'on augmente la coloration de certaines pierres, faiblement ou irrégulièrement teintées, en les plongeant dans des bains de substances qui, en pénétrant dans leur masse, rendent leur coloration plus uniforme.

A notre avis, en outre qu'il y a là une sorte de « trucage » commercial, ces pierres étant toujours vendues comme des échantillons naturels, cette transformation n'embellit nullement la pierre : les colorations obtenues sont en effet très « crues » et généralement très communes. C'est en particulier le cas de la chrysoprase (quartz coloré en vert) et de la rosopale (opale rose) dont la plupart des spécimens naturels ont un aspect et une teinte de très bon goût malgré l'irrégularité de la coloration. On ne les embellit donc pas en uniformisant et en renforçant artificiellement leur teinte.

On colore parfois aussi certaines variétés de quartz incolores et transparentes en les chauffant dans des dissolutions diversement colorées. Les pierres ainsi obtenues portent le nom de *rubasses*.

Tout autre est la *décoloration des diamants teintés*, tels que ceux de l'Afrique du Sud, dont la teinte jaune constitue le principal défaut au point de vue de leur valeur marchande.

Le procédé consiste à plonger des diamants colorés et taillés dans une solution dont la couleur est complémentaire de celle qu'ils possèdent : une solution alcoolique d'aniline violette convient très bien dans le cas de diamants jaunes. En les retirant du bain, on constate que de jaunes ils sont devenus incolores sans avoir rien perdu de leurs feux et de leur éclat. Mélangés avec un lot de diamants incolores, ils ne présentent aucune différence avec ces derniers.

A quel phénomène ou à quelle transformation doit-on attribuer ce changement qui fait presque doubler le prix des diamants ainsi traités ? Bien des théories ont été émises à ce sujet et ce serait allonger inutilement ce travail que de les exposer ici. Nous nous bornerons à comparer ce phénomène à celui qui se produit lorsqu'on expose un diamant jaune et un diamant incolore à la lumière artificielle, comme celle du gaz par exemple : il est impossible de voir une différence de teinte entre les deux échantillons, lesquels paraissent identiquement clairs et incolores. Il y a là une association des couleurs initiales du spectre qui aboutit à l'effet constaté.

Mais ce qu'il y a de plus curieux dans les diamants ainsi décolorés, c'est que des frictions répétées, avec une peau de chamois par exemple, ne peuvent rien enlever de cette nouvelle propriété. Il faut donc supposer que la teinture imprègne uniquement l'arête tranchante qui forme le pourtour de la pierre ; cette arête est en effet la seule partie du brillant dont le polissage n'est pas parfait comparativement aux facettes.

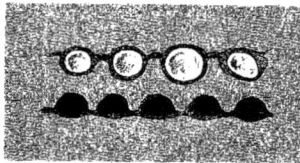

Fig. 46. — Transparence du diamant pour les rayons X : en haut, diamant naturel (complètement transparent) ; en bas, imitation en stras (opaque).

La modification ainsi acquise est si stable que l'acide nitrique est le seul produit qui puisse la faire disparaître et redonner au brillant sa teinte initiale.

Quoi qu'il en soit, la fraude est parfaitement possible, et d'autant plus que les diamants sont généralement livrés aux joailliers et bijoutiers d'après un simple examen visuel.

C'est vers 1880 que ce procédé a été dévoilé pour la première fois. Le bruit s'était répandu qu'on était parvenu à décolorer les diamants du Cap, ces « vilains diamants jaunes » qu'on ne cessait de déprécier depuis leur découverte comparativement aux « vieux diamants » de l'Inde. La première fraude avait concerné un diamant vendu comme pierre du Brésil de la plus belle eau et qui, après un simple lavage à l'eau de savon, s'était révélé simple caillou du Transvaal, perdant ainsi 50 p. 100 au moins de sa valeur. Il y a une quinzaine d'années, le même fait a été signalé, mais cette fois, non pas pour un diamant unique, mais pour tout un lot de pierres du Cap représentant plusieurs millions. Plus de vingt grands joailliers de Paris avaient été ainsi trompés et c'est depuis cette époque qu'on a cherché à dévoiler les procédés employés pour arriver à ce résultat.

Transparence et opacité pour les rayons X. — Les pierres précieuses se différencient assez nettement d'après leur transparence ou leur opacité pour les rayons X. Ainsi, le diamant est *transparent* pour ces rayons, c'est-à-dire que placé sur une plaque photographique, il ne laisse aucune trace de sa présence lorsqu'on développe la plaque (fig. 46) ; l'émeraude, l'améthyste, le saphir sont *translucides* ; le grenat, le zircon, la tourmaline sont *opaques*. Le verre est également opaque.

Ces intéressantes propriétés seront étudiées plus loin en détail (CHAP. XV) en raison de leur grande importance pratique.

II. — PHOSPHORESCENCE ET FLUORESCENCE

Un certain nombre de pierres précieuses, en particulier le *diamant*, le *rubis*, l'*émeraude*, la *kunzite*, possèdent la curieuse propriété d'émettre dans l'obscurité une certaine quantité de lumière lorsqu'elles ont été préalablement soumises à différentes actions extérieures : frottement, élévation de température, exposition à la lumière solaire, aux rayons cathodiques ou au radium.

Ce phénomène, qui constitue la *phosphorescence*, se distingue de la *fluorescence* que manifestent aussi certaines gemmes en ce que cette dernière ne se produit qu'au moment même où la cause agit. Ainsi, si l'on place un diamant sur le trajet des rayons violets de la lumière solaire, ou mieux d'une lampe à arc, ce diamant devient lumineux ; mais il ne conserve sa luminosité que pendant le temps de son exposition à ces rayons. Dans ces conditions, il est *fluorescent*. Il est *phosphorescent* lorsque, exposé pendant un certain temps au soleil ou aux rayons cathodiques, il reste lumineux pendant quelques instants, même lorsqu'on le met dans l'obscurité ou qu'on supprime le courant dans l'ampoule.

La phosphorescence des pierres précieuses a été connue dès la plus haute antiquité (CHAP. I, p. 18). Elle a même été longtemps considérée comme une de leurs principales qualités.

Cette phosphorescence se manifeste souvent par le simple frottement de deux pierres de même espèce l'une contre l'autre ou à l'aide d'un morceau de drap. Quand on écrase à coups de marteau un cristal d'*adulaire* (p. 191), il se produit dans chaque fissure une lueur qui peut durer plusieurs minutes ; pilé dans le mortier, le minéral paraît en feu.

« On connoît, dit P. Brard [1], plusieurs pierres qui répandent une lueur douce lorsqu'on les frotte les unes contre les autres, et cette phosphorescence est analogue à celle que produisent deux morceaux de sucre frottés l'un contre

1. C. PROSPER BRARD, *Traité des pierres précieuses.* — Paris, 1808.

J. ESCARD. 11

l'autre. Les agathes et les différentes variétés de cristal de roche sont les principales pierres phosphorescentes par le frottement. »

Dès 1665, Boyle avait pu constater que certains diamants devenaient lumineux dans l'obscurité lorsqu'on les avait préalablement frottés ou qu'on les
approchait d'une bougie. On sait, d'autre part, que certaines variétés de fluorine
émettent une lumière verte, violette ou bleue lorsqu'on les chauffe fortement.
Un grand nombre de savants, Dessaignes (1809), Becquerel (1859), Glads-
tone (1860), Edwards (1884), Kunz (1891 et 1906) ont étudié en détails la
phosphorescence des pierres précieuses et ont cherché à comparer l'intensité de
la lumière ainsi émise à celle d'autres substances phosphorescentes connues, telles
que le spath d'Islande, le sulfure de calcium, le phosphate d'urane.

Phosphorescence par la lumière solaire. — La phosphorescence la
plus facile à observer est naturellement celle qui prend naissance par l'action des
rayons solaires. Le diamant la manifeste avec une assez grande intensité chez
certains échantillons. D'après Dufay, ce sont les diamants jaunes qui sont les
plus lumineux ; il y en a cependant des blancs et des bleus qui sont très phosphorescents.

En général, la lumière émise est faible et diminue assez rapidement avec le
temps. On a cité cependant des diamants blancs qui émettaient de la lumière une
heure après leur exposition aux rayons solaires, entre autres un brillant de 92
carats qui, après avoir subi l'action du soleil pendant une heure, conservait pendant plus de vingt minutes une luminosité très nette : on pouvait distinguer dans
son voisinage le papier blanc reflétant l'éclat de ses rayons dans une chambre
complètement obscure.

La lumière de l'arc électrique produit le même effet que la lumière solaire,
mais avec moins d'intensité.

**Phosphorescence par les décharges électriques et les tubes de
Crookes.** — Les décharges électriques produites dans le voisinage de diamants,
taillés ou non, rendent ces derniers phosphorescents ; mais les diamants ainsi
excités perdent leur luminosité par la chaleur.

La phosphorescence la plus vive est celle qui se manifeste dans les tubes à
vide et spécialement dans les ampoules de Crookes. Déjà, dans l'air raréfié, un
certain nombre de diamants brillent d'une belle lumière bleue analogue à celle
qu'acquiert le sulfate de quinine placé dans les mêmes conditions ; il en est cependant qui ne donnent lieu à aucun effet lumineux appréciable.

La figure 47 montre le dispositif employé pour produire la phosphorescence
du diamant dans le vide à l'aide d'un tube de Crookes. Le brillant est maintenu

dans une position fixe à peu près au centre de l'ampoule au moyen d'un support relié à l'une de ses parois. On fait passer la décharge, puis après quelques minutes on l'interrompt et on examine la pierre dans l'obscurité. On voit le diamant émettre une lumière dont l'éclat est voisin de celui d'une bougie.

On a constaté que la coloration de la lumière ainsi engendrée varie suivant l'origine des diamants soumis à ce genre d'essai. Les diamants du Cap donnent généralement une lumière bleue ; ceux d'autres provenances produisent une lumière verte, jaune orangée ou rouge selon les échantillons.

On a en outre remarqué que, pour une même pierre, la couleur de la lumière ainsi émise peut varier suivant les faces du cristal. Maskelyne possédait une collection de diamants dont les couleurs de phosphorescence affectaient presque toutes les nuances du spectre, chaque facette ayant sa teinte propre. En particu-

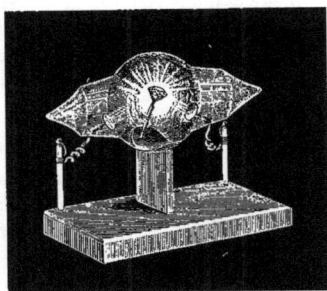

Fig. 47. — Dispositif permettant de mettre en évidence la phosphorescence du diamant par l'action des rayons cathodiques.

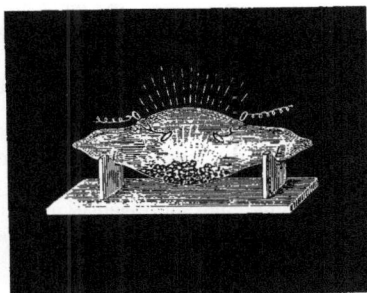

Fig. 48. — Dispositif permettant de mettre en évidence la phosphorescence des pierres précieuse (rubis, kunzite, émeraude) dans les tubes à vide.

lier, un cristal brut cubique avec modifications sur les angles et arêtes donnait une lumière de couleur jaune orangé sur les faces du cube, jaune clair sur les faces du dodécaèdre et jaune citron sur les faces de l'octaèdre.

Ces faits se rapprochent de ceux constatés en 1809 par Dessaignes. En étudiant la phosphorescence d'un diamant après insolation, il remarqua la lumière très nette produite par les faces cubiques alors que les faces octaédriques restaient obscures.

Bien que ces phénomènes n'aient pas encore reçu une explication satisfaisante, il est certain qu'il existe un rapport entre la structure cristalline des substances qui les produisent et les différences qu'ils manifestent dans leur mode d'emmagasinement et de restitution de la lumière.

Après le diamant, une des pierres les plus remarquables par sa phosphorescence dans les tubes à vide est le *rubis* [1]. La figure 48 montre un de ces tubes contenant un grand nombre de rubis de grosseur et de coloration différentes. Dès qu'on fait passer le courant, on voit ces pierres émettre une lumière rouge comme si elles étaient portées à l'incandescence. La teinte propre du rubis semble sans influence sur la couleur de la lumière émise : en plaçant dans le tube des rubis rose tendre, rouge sang de pigeon (variété très recherchée) et d'autres presque incolores, on constate que sous le choc de la matière radiante, ils deviennent tous lumineux et il est impossible de les différencier.

Les autres pierres qui manifestent une phosphorescence sensible dans les tubes à vide sont la *kunzite* (p. 198), qui donne une belle lumière jaune d'or ou jaune rosé, et l'*émeraude*, qui émet une belle lueur cramoisie. Avec la kunzite, le phénomène se produit avec une remarquable intensité. Il est même si vif que lorsqu'on expose ce minéral à l'action prolongée des rayons Rœntgen, il donne lieu à une radiation secondaire capable d'impressionner une plaque photographique à travers une couche de papier mince.

Action du radium : fluorescence scintillante. — Le radium agit aussi, mais d'une façon plus inconstante : certains diamants présentent sous son influence une phosphorescence intense qui manque absolument chez d'autres. Les diamants rendus ainsi phosphorescents conservent leur luminosité pendant un certain temps.

L'appareil désigné sous le nom de *spinthariscope* permet de rendre fluorescentes certaines pierres précieuses d'une façon tout à fait spéciale et par un procédé extrêmement simple. Il se compose d'un cadre circulaire E (fig. 49) sur lequel est disposé un carton recouvert de la matière que l'on veut rendre fluorescente. Une petite tige métallique *a*, placée près de ce carton, supporte à son extrémité *i* une fraction de milligramme d'un sel de radium. Enfin une loupe L permet d'examiner ce qui se passe dans l'appareil lorsque, ainsi préparé, on le transporte dans l'obscurité.

En plaçant sur le support E de la poudre très fine de diamant, on aperçoit une multitude de petits points brillants qui apparaissent et disparaissent continuellement. Ils font songer à un ciel chargé d'étoiles scintillantes. L'effet est des plus curieux et s'explique par le fait que chaque point lumineux résulte du choc d'un

1. En 1859, Edmond Becquerel avait déjà constaté la phosphorescence de l'*alumine* qui, comme on le sait, est la substance chimique du rubis. Dans un savant mémoire, il avait décrit ce corps comme donnant une belle lumière de couleur rouge au phosphoroscope.

projectile. Cette expérience peut être considérée comme démontrant de la façon la plus visible l'action individuelle de l'atome et de la division à l'infini de la matière. Le phénomène en question a reçu le nom de *fluorescence scintillante*.

Ce phénomène se produit aussi par la radioactivité induite (fig. 50). Un ballon A renferme un sel de radium Ra et communique avec un second ballon B contenant de la poudre de diamant. Un robinet *m* permet d'établir ou de supprimer la communication entre A et B. Au début de l'expérience, le robinet *m* est fermé : la poudre de diamant reste obscure. On chauffe légèrement le ballon A au bain-marie et on ouvre le robinet *m*. Immédiatement, et par l'effet de l'émanation, le diamant devient lumineux. La lumière émise dure quelques instants après qu'on a fermé le robinet *m*, puis disparaît. Elle se manifeste à nouveau dès qu'on rétablit la communication, et ainsi continuellement.

Fluorescence par les rayons violets du spectre. — La fluorescence par les rayons violets présente un grand intérêt au point de vue pratique, car elle permet de caractériser certains diamants et rubis que les rayons X ne permettent pas de déterminer d'une façon suffisamment précise quant à leur origine.

On sait que tous les diamants se laissent traverser par les rayons X (CHAP. XV et pl. XXIV) ; l'impression qu'ils produisent sur la plaque sensible est à peu près la même quelles que soient leur origine et leur couleur. Les rayons violets donnent lieu à une fluorescence beaucoup plus marquée avec les diamants à grand éclat qu'avec ceux dont les feux sont peu intenses. Cela revient à dire que les diamants qui ont le plus de feux sont aussi ceux dont la fluorescence est la plus marquée à la lumière violette. Ce diagnostic, dû à M. Chaumet, est très précieux pour la distinction des différentes variétés de diamants en raison de son application facile.

Les résultats auxquels on arrive avec le rubis sont du même ordre. On sait que les *rubis de Birmanie* (CHAP. IX) ont une valeur commerciale très supérieure à

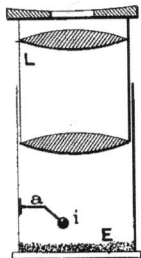

FIG. 49.
Spinthariscope
de Crookes.

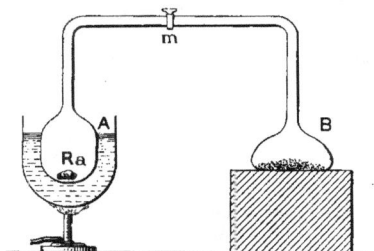

FIG. 50. — Dispositif permettant de rendre fluorescentes les gemmes par la radioactivité induite.

celle des *rubis de Siam*. Cependant, ces deux variétés ne présentent, dans leurs caractères physiques extérieurs, que des différences minimes ; la radiographie ne les révèle du reste pas. Or, on constate facilement que tous les rubis de Siam laissent passer les rayons violets en manifestant une fluorescence à peine visible, tandis que ceux de Birmanie, toujours très fluorescents, s'illuminent d'une vive lueur rouge ; cette lueur les fait nettement ressortir lorsqu'ils sont mélangés à des rubis de Siam qui restent sombres.

III. — PROPRIÉTÉS DIVERSES

Cassure. — Géodes cristallines. — L'état de la cassure caractérise souvent les minéraux d'une façon très nette et, dans beaucoup de cas, ajoute un complément à leur détermination. Elle est dite *conchoïdale* (obsidienne et quartz) lorsque, sous le choc du marteau, le minéral se brise en donnant des fragments à surface plus ou moins courbe et irrégulière. Elle est *rayonnée* lorsque (malachite) la matière est plus ou moins concrétionnée et que les fibres divergent à partir d'un centre commun. La cassure *esquilleuse*, qui se définit d'elle-même, se rencontre fréquemment (serpentine, jade). On connaît également les cassures dites *lisses, lamellaires, fibreuses, compactes, saccharoïdes, grenues*, etc.

La tendance à la formation des *géodes* appartient surtout aux variétés de quartz (améthyste, agate, etc.). En brisant ces minéraux, on trouve des cristaux tapissant l'intérieur d'une surface plus ou moins régulièrement sphérique. La matière y est généralement disposée par couches alternées et diversement colorées, ce qui témoigne d'un accroissement lent, par voie de dissolution et d'évaporation.

Les pierres *arborescentes* ou *dentritiques* offrent également de nombreux spécimens dans le groupe du quartz. Les variétés dites *agates moussues* ou *arborescentes* en sont les exemples les plus typiques. On ne connaît pas bien l'origine de cette structure spéciale, la matière qui constitue les dentrites étant elle-même minérale et non végétale comme on pourrait le supposer. Vus par transparence, les minéraux présentant cette particularité sont du plus joli aspect et le polissage contribue à accroître encore cette propriété.

Stries. — Les stries sont fréquentes dans les minéraux cristallisés. Elles peuvent exister, non seulement à leur surface, mais même dans leur intérieur. Elles sont évidemment en rapport avec leur structure cristalline et leur mode de formation. Aussi se manifestent-elles d'une façon différente suivant les minéraux. En général, elles sont parallèles à l'intersection de deux faces importantes du cristal. D'après Friedel, elles se répètent de la même façon sur les faces correspondantes et sont assez constantes dans certaines espèces pour pouvoir les caractériser.

Dans le quartz (fig. 51, *a*), les faces du prisme sont presque toujours striées parallèlement à leur intersection avec celles de la pyramide. Les cubes de pyrite (fig. 51, *b*) ont leurs faces striées parallèlement à l'intersection des faces. Dans le diamant (fig. 51, *c*), ces stries sont souvent très régulières et dessinent sur chaque face des dessins d'une finesse merveilleuse. Dans la topaze (fig. 51, *d*), les faces du prisme sont striées parallèlement à l'axe vertical.

Le phénomène de *l'astérisme*, qui se manifeste chez plusieurs variétés de corindon, a pour double origine un phénomène de diffraction et une direction spéciale et régulière des stries à l'intérieur du cristal.

Au lieu de stries, certains cristaux, ceux de quartz en particulier, présentent des petits creux dont la forme est en rapport avec celle du minéral (fig. 52). Une attaque ménagée à l'acide fluorhydrique peut faire naître ces cavités chez les cristaux qui ne les possèdent pas naturellement. On obtient ainsi ce qu'on appelle en minéralogie des *figures de corrosion* et qui donnent en général de précieuses indications sur la structure des cristaux.

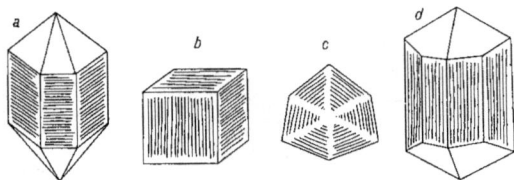

Fig. 51. — Stries dans les minéraux cristallisés : *a*, quartz; *b*, pyrite; *c*, diamant; *d*, topaze.

Étude microscopique. — L'étude microscopique des minéraux, qui a pris dans ces dernières années un grand développement, rend aussi de nombreux services dans la détermination des pierres précieuses.

Dans les cas simples, par exemple lorsqu'il ne s'agit que de particularités de forme, de couleur ou de cristallisation, une simple loupe à fort grossissement (fig. 55) est suffisante. Mais dans les recherches minutieuses, l'emploi d'un microscope devient nécessaire.

Sous un grossissement de 300 diamètres environ, toutes les particularités des pierres apparaissent avec une parfaite netteté. C'est ainsi qu'on peut différencier rapidement les rubis artificiels des rubis naturels, les premiers présentant généralement des cavités circulaires et les seconds des stries (pl. XXIII). Au point de vue de la taille, le microscope rend les mêmes services en faisant connaître la structure cristalline véritable de la pierre, ses défauts (inclusions, impressions, etc.) et en conduisant ainsi à un meilleur résultat.

L'étude microscopique de la terre bleue du Cap, celle de certains sables de Laponie ont décelé la présence de très petits diamants dans ces roches ainsi que celle d'autres pierres précieuses. On conçoit donc que l'application de la micrographie à l'étude des minéraux précieux puisse rendre les mêmes services aux minéralogistes et aux prospecteurs qu'aux métallurgistes et aux pétrographes. Elle est du reste aujourd'hui d'un emploi courant.

Inclusions. — Le microscope met en évidence, dans un grand nombre de pierres précieuses, la présence de matières différentes, comme composition et cristallisation, de la substance qui les constitue. On a donné le nom d'*inclusions* à ces matières. Elles affectent les aspects les plus divers (pl. I), car elles peuvent être solides, liquides ou gazeuses. Il en a déjà été question à propos de la couleur des gemmes (p. 72).

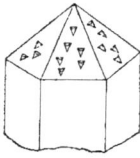

FIG. 52. — Cavités (figures de corrosion) produites dans des cristaux de quartz par une attaque à l'acide fluorhydrique.

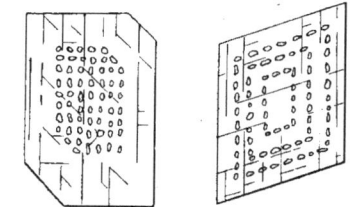

FIG. 53. — Inclusions solides (microlithes) disposées par zones ou traînées dans les cristaux.

Les inclusions *solides* peuvent être constituées par du fer oxydulé (olivine), de l'or (carbonado), de la pyrite de fer (diamant), du rutile (quartz) [fig. 54]. Elles atteignent parfois d'assez grandes dimensions et sont fréquemment alignées ou disposées en zones régulières par rapport à l'orientation des faces des cristaux (fig. 53).

Les inclusions *liquides* consistent généralement en eau pure ou en dissolutions salines. On les rencontre fréquemment dans les cristaux de quartz.

Les inclusions *gazeuses*, qui ont le plus souvent une forme sphérique ou elliptique, sont formées par de l'azote, avec traces d'oxygène et d'acide carbonique. On a aussi parfois observé la présence de l'hydrogène et de certains hydrocarbures.

C'est par les inclusions liquides et solides contenues dans le quartz qu'on a pu se faire une idée de la température et de la pression sous lesquelles ce minéral a cristallisé. Aussi, si ces observations étaient généralisées, il est certain qu'elles jetteraient un nouveau jour sur le mode de formation des gemmes que nous ignorons à peu près complètement et nous permettraient ainsi d'arriver plus facilement à leur synthèse.

Température de fusion. — Les pierres précieuses ont des points de fusion assez variés, ce qui permet jusqu'à un certain point d'expliquer la nature des roches dans lesquelles on les rencontre le plus généralement. On peut les classer de la manière suivante, d'après l'effet produit sur elles par la flamme du chalumeau :

Pierres facilement fusibles au chalumeau. — Grenats (almandin, grossulaire, spessartine), fluorine, idocrase, labrador, obsidienne, marcassite, rhodonite.

Pierres fusibles au chalumeau sous forme de goutte en tête d'épingle. — Apatite, épidote, lapis-lazuli, oligoclase, tourmaline.

Pierres difficilement fusibles au chalumeau : les arêtes seules s'arrondissent. — Adulaire (orthose), cordiérite, émeraude.

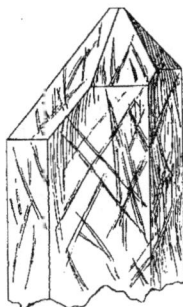

Fig. 54.
Inclusions de rutile
dans du quartz.

Infusibles au chalumeau. — Alumine (rubis, saphir), calcédoine, diamant, oligiste, quartz, spinelle.

Bien entendu, il ne s'agit ici que du chalumeau fonctionnant dans les conditions normales (bord bleu de la flamme d'un bec Bunsen), c'est-à-dire donnant environ 1300°. Nous verrons en effet plus loin (CHAP. XIV) que par certains procédés on arrive facilement à fondre le quartz et même l'alumine et qu'on réalise ainsi la production artificielle de pierres composées de ces substances.

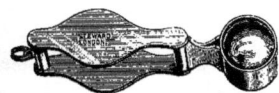

Fig. 55. — Loupe pour l'examen sommaire des minéraux.

Voici d'autre part, d'après différents auteurs, la température de fusion de quelques pierres précieuses :

Obsidienne	820°	Idocrase	1000
Sodalite	915[1]	Triphane	1010
Néphrite	950	Tourmaline	1050

1. Sodalite : 1310° d'après Brun, 1130° d'après Cusack.

Almandin	1080 [1]	Cordiérite	1310
Grossulaire	1100	Amazonite	1330
Épidote	1250	Labrador	1370
Olivine	1250 [2]	Émeraude	1420
Oligoclase	1260	Apatite	1550
Fluorine	1270	Quartz	1780
Adulaire	1285	Spinelle rose	1900

Quant au diamant, il est généralement regardé comme infusible. D'après Moissan, dans les conditions ordinaires de pression, il se transforme toujours en graphite par l'action d'une température élevée telle que celle produite par l'arc électrique (CHAP. IV, p. 105).

Le point de fusion des pierres précieuses, comme celui des minéraux peu fusibles, se détermine généralement à l'aide de fours spéciaux (fours à réverbère, fours à gaz, fours électriques à spirale d'iridium) dans lesquels on peut élever graduellement la température. On observe le passage de l'état solide à l'état fondu au moyen

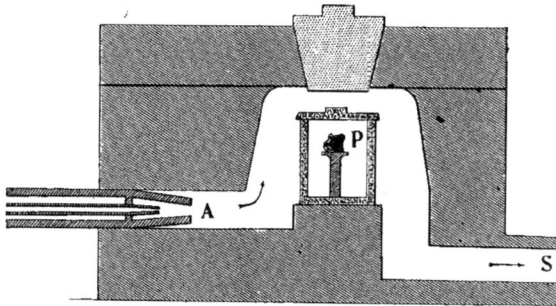

FIG. 56. — Four Brun pour la mesure du point de fusion des minéraux.

d'un regard pratiqué dans l'une des parois du four et, au même instant, on prend note de la température à l'aide d'un pyromètre optique.

La figure 56 représente l'appareil utilisé par M. Brun pour mesurer le point de fusion d'un grand nombre de gemmes. La flamme du chalumeau A contourne le creuset en terre réfractaire renfermant le minéral à étudier P et sort de l'appareil par le conduit S. Le rendement calorifique est très élevé, toute perte de chaleur étant supprimée par suite de la disposition adoptée pour le creuset. Les déterminations sont également très rapides, l'équilibre de température étant atteint peu de temps après la mise en marche du four.

1. Almandin : 1265° d'après Cusack.
2. Olivine : 1750° d'après Brun, 1360 à 1380° d'après Cusack.

Conductibilités calorifique et électrique. — Les corps cristallisés produisent au contact de la main une sensation de froid d'autant plus marquée qu'ils sont meilleurs conducteurs de la chaleur. C'est ainsi qu'il est facile de distinguer, au simple toucher, un cristal de *quartz* d'une *topaze* (échantillons de volume suffisant). Celle-ci est beaucoup plus conductrice de la chaleur que le quartz et paraît ainsi plus froide. En outre, la conductibilité varie pour une même face d'un cristal [1].

En général, les pierres précieuses sont mauvaises conductrices de la chaleur comme la plupart des substances cristallisées non métalliques. A l'inverse du carbone graphitique et amorphe, le diamant est aussi très mauvais conducteur.

Il en est de même de la conductibilité électrique. Cependant, bien que pouvant être considérées comme de très bons isolants, certaines pierres cristallisées acquièrent par la chauffe une certaine conductibilité. Les tourmalines transparentes, incolores ou légèrement teintées de vert, de jaune ou de rose sont généralement isolantes. Les tourmalines plus ou moins opaques ou noires sont au contraire conductrices. Il semble que l'on peut attribuer cette conductibilité à la grande quantité d'oxydes métalliques conducteurs qu'elles renferment.

D'après J. Curie, le quartz est à peine conducteur dans toutes les directions perpendiculaires à l'axe; suivant l'axe, la conductibilité est environ 2500 fois plus forte. Les résultats sont d'ailleurs variables suivant les échantillons et sont influencés en outre par la température : celle-ci diminue la conductibilité.

Bien que les expériences effectuées à ce sujet soient encore peu nombreuses, il semble que la conductibilité présentée par certains cristaux soit due à l'eau interposée d'une manière plus ou moins régulière entre leurs molécules.

Dilatation par la chaleur. — Les pierres précieuses se dilatent généralement par l'action de la chaleur bien que d'une façon très faible. Le coefficient de dilatation (variation de l'unité de longueur pour 1° de température) varie, d'une part avec la nature du minéral et, d'autre part, avec son mode de cristallisation. Dans les cristaux à plusieurs axes, le coefficient de dilatation a naturelle-

---

1. Une expérience facile à réaliser met en évidence cette propriété. On répand sur l'une des faces d'un cristal une couche mince de cire et, quand cette dernière s'est solidifiée, on place au centre de la surface ainsi déterminée une pointe métallique préalablement chauffée. La cire fond avec une vitesse d'autant plus rapide que la surface est plus conductrice et, au bout de quelques minutes, on obtient une courbe, dite *courbe thermique*, qui limite la surface fondue. Cette courbe a la forme circulaire dans les cristaux appartenant au système cubique et la forme elliptique dans ceux dérivés des autres systèmes cristallins.

ment plusieurs valeurs, puisque l'orientation varie elle-même avec la direction de ces axes. Voici la valeur de ce coefficient pour quelques pierres précieuses :

Diamant	0,000.001.18
Fluorine	0,000.019.10
Quartz	0,000.007.81
	0,000.014.19
Émeraude	— 0,000.001.06
	0,008.001.37
Zircon	0,000.004.43
	0,000.002.33
	0,000.005.92
Topaze	0,000.004.84
	0,000.004.14

Le signe négatif indiqué pour l'émeraude montre qu'il y a contraction et non dilatation de cette substance par l'échauffement. L'orthose possède la même propriété.

Pyro et thermo-électricité. — Par le frottement, les cristaux acquièrent de l'électricité comme tous les corps, mais leur symétrie les rend particulièrement intéressants à cet égard. On a donné le nom de *pyro-électricité* à la propriété que possèdent certains cristaux de développer à leurs deux extrémités, pendant qu'on les chauffe, des électricités contraires. La tourmaline, la topaze et le quartz en sont des exemples typiques.

La *thermo-électricité*, qui résulte de la formation d'un courant électrique par contact de deux substances conductrices réunies par un fil métallique lorsqu'on chauffe leur point de contact, ne se manifeste que rarement dans les pierres précieuses ; nous avons vu en effet qu'elles sont mauvaises conductrices. Nous signalerons seulement le cas de la *pyrite de fer* qui est nettement thermo-électrique.

Caractères chimiques. — Un assez grand nombre de réactifs chimiques (carbonates, acide fluorhydrique, etc.) décomposent facilement les pierres précieuses en permettant ainsi de déterminer leur composition et de les identifier par l'analyse. Certaines réactions sont même utilisées pour décomposer celles qui, en raison de leurs impuretés ou de leur non-transparence, sont impropres à la taille. C'est le cas, en particulier, de l'*émeraude* de Limoges, qu'on exploite spécialement pour la préparation du glucinium, et du *zircon* dont l'élément métallique, le zirconium, est utilisé actuellement pour la fabrication des filaments et des manchons à incandescence employés dans l'éclairage.

CHAPITRE IV

LE DIAMANT

Ainsi que nous l'avons vu précédemment (CHAPITRE I, p. 3), l'origine du diamant est fort lointaine, puisque plus de 3000 ans avant notre ère cette précieuse gemme était déjà connue et appréciée des peuples de l'Orient.

Le nom d'*adamas* qui lui fut donné par les Grecs et qui signifie « indomptable » explique sa grande dureté qui le rendait réfractaire à l'action du ciseau incapable de l'entamer. C'est ce mot qui a servi à former les noms sous lesquels on le désigne actuellement dans les différentes langues : *diamond* (anglais), *demant* ou *diamant* (allemand), *diamente* (italien), *almas* (arabe). D'après certains auteurs, l'origine de ce mot serait différente : elle proviendrait de *dæmonis* (démon), à cause des lueurs du diamant « bicolores comme l'iris du diable ».

Théophraste, dans son *Traité des pierres précieuses*, ne parle pas du diamant, et, en Occident, Pline paraît être le premier auteur qui l'ait cité. Pendant de longs siècles, il dut ensuite être confondu avec d'autres gemmes telles que le saphir et l'émeraude, car les auteurs qui en parlent ne manquent pas de faire remarquer que « certains diamants colorés ont une dureté de beaucoup inférieure à celle du diamant

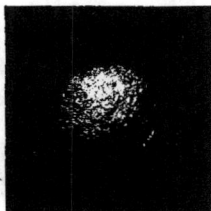

Fig. 57. — Bort.

de l'Inde ». C'est du reste dans cette erreur qu'est tombé saint Épiphane (IVe siècle) qui le décrit comme ressemblant au *bleu du ciel*.

Au XIIe siècle, Mohammed ben Mansur, dans un long travail sur les gemmes, paraît nettement différencier le diamant des autres pierres. Au XVIe siècle, de grands voyages entrepris aux Indes par de hardis observateurs nous rapportent des données précises sur les gisements de ce minéral. A la fin du XVIIe siècle, en 1674, les alchimistes cherchent à déceler sa nature, mais sans pouvoir y arriver et ce n'est qu'en 1704 que Newton, dans son *Optique*, émet le premier l'idée que le diamant peut brûler au contact de l'air.

En 1772, Lavoisier décrit dans un mémoire demeuré célèbre les phénomènes qui accompagnent la combustion du diamant mais n'ose cependant pas encore affirmer l'identité chimique du carbone et du diamant. C'est à Smithson-Tennant que l'on doit d'avoir, quelques années plus tard, établi cette identité complète, confirmée ensuite par les expériences de Guyton de Morveau, Davy, Dumas et Stass. Ces derniers savants, puis Roscoe et Friedel, ont montré que le diamant, après combustion, laisse toujours des *cendres*. Moissan a fait une longue étude de ces dernières.

I. — PROPRIÉTÉS GÉNÉRALES

Caractères distinctifs. — On sait aujourd'hui que le diamant n'est autre chose que du *carbone pur et cristallisé*. Il se distingue des autres variétés de carbone (graphite et carbone amorphe) par sa densité voisine de 3,55, sa *dureté*, qui dépasse celle de tous les autres minéraux connus, enfin par sa propriété de se *consumer dans l'oxygène vers 1000°* en donnant environ trois fois et demie son poids d'acide carbonique (1 gr. de diamant produit exactement 3 gr., 666 d'acide carbonique).

Tout essai qui ne porte que sur une seule de ces trois propriétés est incomplet et peut ainsi conduire à de fausses conclusions.

Fig. 58. — Gros diamant noir (carbonado) trouvé à Bahia (Brésil). Poids : 3080 carats. (Grandeur naturelle.)

Ajoutons à ces caractères essentiels qu'un mélange de chlorate de potassium et d'acide nitrique fumant est impuissant à transformer le diamant alors qu'il détruit aisément les autres variétés de carbone.

État naturel. — Dans la nature, le diamant se rencontre sous trois états différents qui peuvent, d'ailleurs, coexister dans une même mine. Ce sont :

1° Le *diamant proprement dit*, incolore ou teinté de diverses nuances, toujours cristallisé et transparent (fig. 94 à 97 et pl. II). C'est le seul utilisé dans la joaillerie et celui qui a le plus de valeur.

2° Le *bort* (ou boort), qui se présente sous la forme de boules plus ou moins noirâtres (fig. 57) et à structure souvent radiée. On l'utilise pour la taille et le polissage du diamant transparent, et, dans ce but, on le réduit à l'état de poudre impalpable. Cette dernière est désignée sous le nom d'*égrisée*.

Sous le nom de bort on désigne aussi indistinctement tous les diamants cris-

Octaèdre droit.   Octaèdre courbe.   Tricctaèdre.

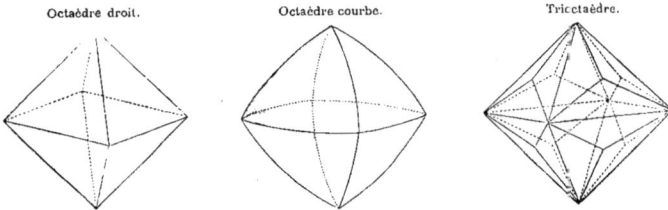

Fig. 59 à 61. — Formes cristallines du diamant : formes holoédriques simples.

tallisés qui, par suite d'une vilaine teinte ou de défauts (glaces, givres, crapauds), sont inutilisables en joaillerie. Les borts à structure radiée sont généralement désignés sous le nom de «balas» ou de «kogel-boort», c'est-à-dire «boort-boule» ; ce sont les plus durs.

Rhombododécaèdre droit.   Rhombododécaèdre courbe.   Tétrahexaèdre.

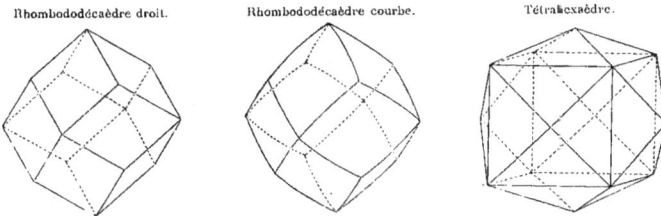

Fig. 62 à 64. — Formes cristallines du diamant : formes holoédriques simples.

3° Le *carbonado*, ou diamant noir (fig. 58 et pl. XXI), encore désigné sous les noms de *carbone*, *carbon* ou même *carbonate*. Il est très dur et est utilisé pour le travail et le perforage des roches (scies et perforatrices diamantées).

Dans ce chapitre il ne sera question que du diamant transparent. Les autres variétés, bort et carbonado, seront étudiées dans le chapitre consacré à l'utilisation industrielle des pierres précieuses (CHAP. XIV).

Propriétés physiques. — **Formes cristallines.** — Le diamant est l'un des minéraux les mieux cristallisés que l'on connaisse et cependant il est parfois difficile de se rendre compte à première vue de la forme véritable de certains cristaux, tant les combinaisons qu'il peut présenter sont nombreuses.

Hexoctaèdre droit.   Hexoctaèdre courbe.   Cubo-octaèdre.

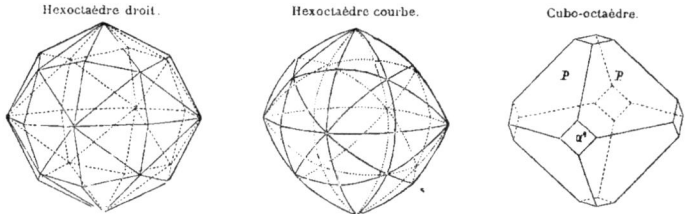

FIG. 65 à 67. — Formes cristallines, du diamant : formes holoédriques simples ou combinées.

Toutes les formes cristallines du diamant appartiennent au système cubique. On y rencontre des formes holoédriques, des formes hémiédriques et des macles.

Formes holoédriques. — Parmi les formes holoédriques simples, l'*octaèdre* régulier (fig. 59) est une de celles qui se rencontrent le plus souvent, particuliè-

Cubes et tétrahexaèdre.   Cube, octaèdre et   Cube, octaèdre et
                             rhombododécaèdre.   tétrahexaèdre.

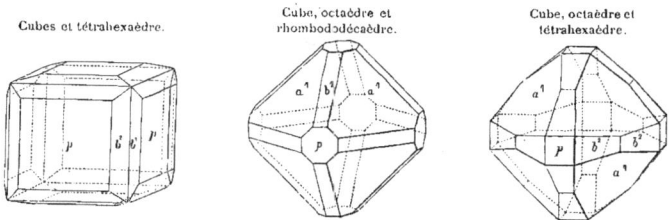

FIG. 68 à 70. — Formes cristallines du diamant : formes holoédriques combinées.

rement au Cap ; il est parfois à faces planes mais généralement courbes (fig. 60). Le *trioctaèdre* (fig.61), qui dérive du cube par la substitution aux angles d'un plan interceptant sur les arêtes deux longueurs égales et une inégale, a souvent ses faces rayées parallèlement aux arêtes les plus longues.

Le *rhombododécaèdre* (fig. 62) provient de la troncature des arêtes par un plan interceptant sur les arêtes non parallèles des longueurs égales. Les diamants que l'on rencontre avec cette forme sont généralement isolés et courbes (fig. 63). Le *tétrahexaèdre* (fig. 64) provient de la troncature des arêtes par un plan interceptant sur chacune des deux autres arêtes non parallèles des longueurs inégales ; les faces sont brillantes et généralement courbes. L'*hexoctaèdre* (fig. 65) provient de la

Octaèdre et trioctaèdre.　　Octaèdre et hexoctaèdre.　　Hexoctaèdre et tétrahexaèdre.

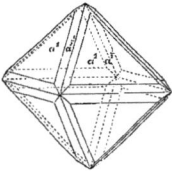

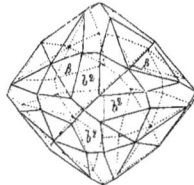

Fig. 71 à 73. — Formes cristallines du diamant : formes holoédriques combinées.

troncature des angles du cube par un plan interceptant sur chacune des trois arêtes des longueurs inégales. Il peut être droit ou courbe (fig. 66).

Parmi les formes holoédriques combinées, c'est-à-dire résultant de la réunion de plusieurs formes simples, il faut citer le *cubo-octaèdre* (fig. 67) : les faces pré-

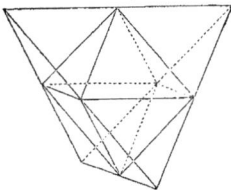

Tétraèdre.　　　　Tétraèdre tronqué.　　　　Hexatétraèdre.

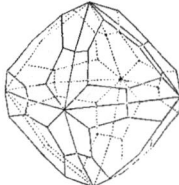

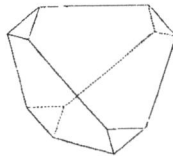

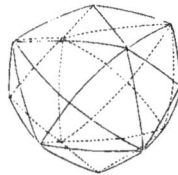

Fig. 74 à 76. — Formes cristallines du diamant : formes hémiédriques.

dominantes peuvent être aussi bien celles de l'octaèdre que celles du cube. On rencontre aussi la combinaison du cube et du dodécaèdre, du cube et du tétrahexaèdre (fig. 68), du cube, de l'octaèdre et du rhombododécaèdre (fig. 69), du cube, de l'octaèdre et du tétrahexaèdre (fig. 70).

L'octaèdre combiné avec le cube apparaît dans un grand nombre de formes combinées où sa prédominance est très marquée. On le rencontre tronqué par les faces du dodécaèdre, du trioctaèdre (fig. 71) et de l'hexoctaèdre (fig. 72). Les arêtes des cristaux qui résultent de cette dernière combinaison sont généralement rectilignes malgré leur apparence sphéroïdique. Il existe des combinaisons encore plus complexes et notamment celle de l'hexoctaèdre et du tétrahexaèdre (fig. 73).

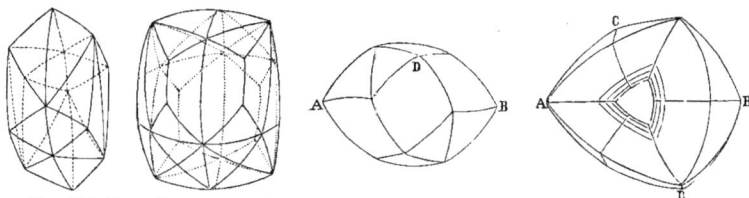

Fig. 77 à 80. — Formes cristallines du diamant : formes hémiédriques allongées courbes.

Certains cristaux, entre autres ceux résultant de la combinaison de l'octaèdre, de l'hexatétraèdre et de l'hexoctaèdre ont 80 facettes, dont 8 pour le premier solide, 24 pour le second et 48 pour le troisième. Malgré ce grand nombre de facettes, la forme générale de l'octaèdre se reconnaît facilement, quoique très arrondie.

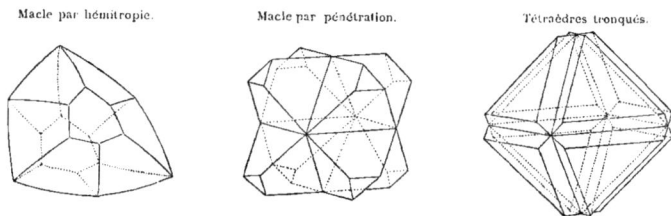

Macle par hémitropie.   Macle par pénétration.   Tétraèdres tronqués.

Fig. 81 à 83. — Formes cristallines du diamant : macles.

Formes hémiédriques. — L'hémiédrie, qui comme on le sait se traduit dans les cristaux par le développement de la moitié seulement des faces au détriment des autres faces qui ainsi disparaissent, se manifeste chez le diamant d'une façon assez simple. La plus connue est l'*hémiédrie tétraédrique* : le cristal cesse d'avoir un centre et les faces ne possèdent plus de faces opposées ; on obtient ainsi un tétraèdre ou hémioctaèdre par le prolongement des faces adjacentes de l'octaèdre (fig. 74). Ce tétraèdre peut être *tronqué* (fig. 75) si le prolongement des autres faces de l'octaèdre a lieu également. Il existe des formes dérivées de ces cristallisations, notamment l'hexatétraèdre simple ou courbe (fig. 76), ou hémiexoctaèdre. Mais parfois aussi, l'un des axes s'allonge et conduit à des formes qui n'ont plus l'apparence cubique. Ces formes (fig. 77 à 80) sont cependant très fréquentes dans la nature, aussi bien au Brésil qu'au Cap et notamment celles représentées par les figures 79 et 80.

Macles. — La *macle par hémitropie* la plus fréquente chez le diamant est celle de l'hémitropie perpendiculaire, avec axe d'hémitropie parallèle à l'un des axes ternaires, c'est-à-dire à l'une des diagonales du cube. On arrive ainsi à des formes extrêmement bizarres telles que celle représentée par la figure 81 où on ne voit plus que deux hexagones formant les bases de deux pyramides à six pans,

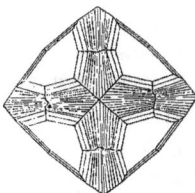

FIG. 84.   FIG. 85 et 86. — Stries naturelles sur les diamants.

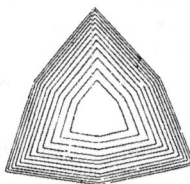

avec angles alternativement aigus et obtus. Ces cristaux, assez fréquents, ont presque toujours des faces courbes.

Comme *macle par pénétration*, il faut citer celle qui résulte de l'entrecroisement de deux tétraèdres tronqués (fig. 82), les troncatures pouvant avoir plus ou moins d'importance. Lorsque celles-ci prédominent, le cristal prend l'aspect d'un octaèdre à arêtes creuses ou à gouttières (fig. 83) qui se rapproche d'autant plus de l'octaèdre simple que les gouttières sont plus petites.

En résumé, c'est la forme octaédrique qui se rencontre le plus habituellement, surtout dans les gisements de l'Afrique Australe. Les cristaux sont souvent très nets (pl. II, fig. 1), se prêtant bien ainsi au travail de la taille, mais souvent aussi combinés au dodécaèdre, au trioctaèdre, à l'hexatétraèdre et au tétrahexaèdre. Les faces sont rarement planes, mais presque toujours courbes et striées.

Courbures. — La particularité la plus curieuse des cristaux de diamant est certainement leur courbure qui n'a pu être expliquée jusqu'ici d'une façon satisfaisante. Elle est parfois si accentuée que certains diamants paraissent complètement sphériques.

A quelle cause peut-on rattacher cette particularité que *seul* possède le diamant, et avec une si grande netteté ? On a cherché à l'expliquer par la superposition de couches successives (fig. 84) sur les différentes faces du cristal ; ces couches, par leurs surfaces constamment réduites, formeraient dans leur ensemble une sorte de trémie (formation par écailles). On a également émis l'hypothèse que ces courbures pouvaient être en relation étroite avec l'usure due au frottement des diamants contre les graviers et les roches qui les accompagnent.

Ces deux explications tombent d'elles-mêmes : la première par ce fait que les faces de clivage du diamant sont parfaitement planes même à une très faible distance de la surface, la seconde par cette considération que les arêtes de courbure sont presque toujours d'une parfaite netteté ; il n'en serait pas ainsi si le diamant avait été usé par le frottement, car alors les arêtes n'auraient pas été plus respectées que les faces du cristal. Du reste, les stries et saillies que possèdent un grand nombre de diamants à faces courbes et qui disparaîtraient les premières par un frottement prolongé vont aussi à l'encontre de cette hypothèse.

Dureté. — Au point de vue de la dureté, le diamant est *le plus dur de tous les minéraux* connus : il n'est donc rayé par aucun autre et il les raye tous. Pline était ainsi dans l'erreur la plus profonde quand il disait qu'on « éprouve la dureté des diamants sur l'enclume et qu'ils résistent si bien aux coups que le fer rebondit de part et d'autre, et que souvent l'enclume se fend ». Personne aujourd'hui ne s'aviserait de juger de la dureté d'un diamant par le choc : il volerait immédiatement en éclats. Nous avons vu en effet (p. 43) que la dureté est définie par la résistance à la rayure, c'est-à-dire à l'usure par le frottement, et non par la résistance au choc. Et cependant nombre de faits de l'histoire des diamants témoignent du peu de connaissances qu'on a eues pendant longtemps de cette propriété. Il suffira de rappeler un fait souvent cité : en 1476, les Suisses, après la mort de Charles le Téméraire, voulurent apprécier la valeur des joyaux qu'ils trouvèrent dans ses dépouilles ; ils s'emparèrent des plus gros diamants et les frappèrent du marteau pour juger de leur qualité ; naturellement, ceux-ci se brisèrent et les Suisses en conclurent qu'ils étaient faux !

« Cette propriété de dureté, dit Boutan, constitue la principale qualité du diamant. Il ne faut pas croire cependant, comme on se le figure quelquefois à tort, qu'elle n'a pas une grande influence sur la valeur de cette pierre comme objet de parure et de luxe. Cette influence est au contraire énorme : si l'éclat et la beauté du diamant se conservent à travers les âges aussi parfaits, on peut le dire, qu'au sortir de l'atelier du lapidaire, il le doit à son extrême dureté. Si soignés qu'ils soient par leurs possesseurs, les joyaux sont toujours soumis à une multitude de causes d'usure dont la trace se voit nettement à la monture dans les bijoux anciens. Le diamant, lui, n'en est point affecté, il conserve toujours son éclat et son brillant incomparables. »

En 1888, on a cité un diamant dont la dureté était si grande qu'on a dû renoncer à sa taille. Après un nombre de tours du lapidaire dont le chemin parcouru sur la pierre équivalait à trois fois environ la circonférence de la terre, on n'a réussi qu'à mettre l'appareil complètement hors d'usage.

On sait du reste que les diamants transparents n'ont pas tous la même dureté. C'est ainsi que les diamants de l'Inde sont réputés plus durs que ceux du Brésil. Dans un même cristal, on observe également des différences de dureté suivant

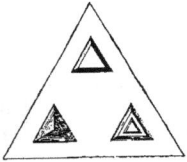

FIG. 87. — Impressions produites artificiellement sur un diamant.

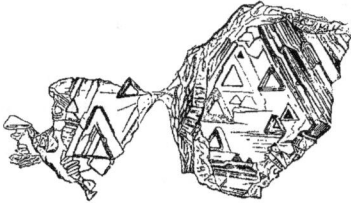

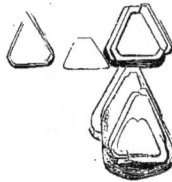

FIG. 88 et 89. — Impressions triangulaires naturelles, disposées par groupes à l'intérieur de diamants transparents. (Grossissement : 100 diam. environ.)

les faces considérées. Cela est parfaitement compréhensible et s'explique facilement par la différence d'orientation et de juxtaposition des molécules cristallines dans un même élément.

Clivage. — Le diamant se clive avec une grande facilité. Cette propriété est même mise à profit pour l'opération de la taille. Le clivage s'effectue parallèlement aux faces de l'octaèdre. Sa cassure est lamelleuse lorsque le cristal est brisé dans le sens des plans de clivage ; elle est conchoïdale dans une direction à peu près perpendiculaire à la première.

Éclat. — L'éclat du diamant est si spécial qu'on l'a qualifié d'*adamantin*. Il est intermédiaire entre celui du verre et de l'acier poli. Les anciens chimistes avaient désigné pour cela le diamant sous le nom de *demi-métal*. Un œil exercé reconnaît facilement ce minéral d'après cette seule propriété.

Stries, impressions, cavités et inclusions. — Les faces du diamant sont souvent *striées*, les stries pouvant former des dessins plus ou moins réguliers ; elles constituent fréquemment des triangles ou des hexagones concentriques ; parfois elles sont parallèles aux faces du cristal et peuvent ainsi s'entrecouper (fig. 85 et 86). Les faces montrent, fréquemment aussi, des *impressions* que l'on ne distingue pas toujours à l'œil nu mais qu'on peut faire apparaître en opérant la combustion partielle du diamant : elles se manifestent alors sur les faces octaédriques sous forme de triangles (fig. 87) que Rose a assimilés à des trapézoèdres. Gœppert, Von Baumhauer, Morren les ont étudiées en détails (fig. 88 et 89).

Les *cavités* sont parfois si nombreuses dans un même cristal qu'elles peuvent rendre celui-ci complètement opaque. Elles sont en général très petites, mais parfois cependant visibles à l'œil nu.

Les *inclusions* sont également très fréquentes : elles peuvent être solides, liquides ou gazeuses. On les désigne dans le commerce sous le nom de « crapauds » et elles diminuent toujours beaucoup la valeur des pierres. C'est à Tavernier qu'on doit de les avoir le premier observées. Voici en effet ce qu'il dit d'un diamant recueilli par lui dans les Indes :

FIG. 90. — Inclusion de pyrite dans un diamant. (D'après Chatrian.)

« Bien qu'il fût de très belle eau, il paraissait contenir au milieu tant de saletés que, comme il était grand et tenu à un haut prix, il n'y avait point de Banian qui osât se hasarder à l'acheter. Cependant, il y eut un Hollandais qui fut assez hardi pour cela. Mais, l'ayant fait cliver, il trouva dedans la pesanteur de huit carats de saleté comme de l'herbe pourrie ».

La présence de matières végétales plus ou moins charbonneuses à l'intérieur des diamants a servi d'appui aux hypothèses formulées sur l'origine végétale du diamant. Il en sera question plus loin (p. 110).

Les inclusions solides (pl. 1, fig. 1) sont parfois constituées par de l'oxyde de fer, de la pyrite (fig. 90), de l'or, de l'acide titanique. On y a rencontré aussi de petits cristaux de topaze, parfois même de petits octaèdres de diamant englobés ainsi dans leur propre substance.

Conductibilité. — **Densité.** — Le diamant conduit mal la chaleur et le courant électrique. Il s'électrise positivement par le frottement. Il se dilate très faiblement par la chaleur ; son coefficient de dilatation, égal à 0.000.001.286 à la température de 50°, d'après Fizeau, est nul à — 42° environ.

Quant à sa densité, elle est en moyenne de 3,5, mais varie cependant avec les échantillons. Dumas et Stass (1851), Damour (1853), Dufrénoy (1855), Von Baumhauer (1873), Kunz (1888). Moissan (1893) ont effectué de nombreuses déterminations à ce sujet. Voici quelques-uns des résultats obtenus avec des diamants d'origines diverses :

Cristaux du Brésil (Damour)	3.524
Diamants incolores du Cap, taillés (Von Baumhauer)	3.521
Diamants bleus (Von Baumhauer)	3.517
Carbonado très dur du Brésil (Moissan)	3.500
Diamant jaunâtre du Cap, taillé (Moissan)	3.510
Bort gris violacé (Moissan)	3.490
Diamant lourd de Dysartville (Kunz)	3.549

On peut reconnaître facilement la densité d'un diamant au moyen du *bromal* (densité : 3,34) et du *bromoforme* (densité : 2,9). Le bromal peut être remplacé par l'*iodure de méthylène* dont la densité est 3,4.

Colorations diverses. — Il existe des diamants de toutes couleurs. Lorsque celles-ci sont vives et franches elles augmentent la valeur de la pierre en raison de leur rareté. Les teintes les plus fréquentes sont le rose, le jaune, le brun et l'orangé. Les diamants

Fig. 91 et 92. — Diamant bleu de Hope (première taille).

rouges, bleus et verts sont beaucoup plus rares. Nous passons sous silence les diamants légèrement teintés de jaune qui ont une valeur moindre que les diamants « blancs » ou parfaitement incolores. Il y a également plusieurs qualités de *blanc* ; les diamants *blancs-bleus* sont ceux qui ont le plus de valeur. Le diamant rouge rubis de Paul Ier, le diamant rose du Prince de la Riccia, le diamant bleu de Hope et le diamant vert de Dresde sont les plus gros spécimens de diamants colorés trouvés jusqu'à ce jour. Les diamants teintés sont appelés *diamants de fantaisie.*

Le *diamant bleu de Hope* (fig. 91-92), dont la teinte est identique à celle du saphir, a été rapporté des Indes par Tavernier. Louis XIV l'acheta 3 millions et le plaça parmi les joyaux de la Couronne. Pendant la Révolution il fut volé. Afin d'être mieux dissimulé, il subit une nouvelle taille (fig. 120). M. Hope l'acheta 18.000 livres sterling à D. Eliason ; il pesait alors 44 carats et affectait la forme d'un brillant à contour presque circulaire. Les fragments résultant de cette nouvelle taille ont été achetés par MM. Hochs frères et une famille anglaise. Actuellement, le gros brillant qui, de M. Hope était passé entre les mains d'une maison de New-York, appartient à M. S. Habid.

Le *diamant vert de Dresde* appartient à la Couronne de Saxe depuis 1742. Sa forme (fig. 119) rappelle celle d'une amande. On ignore sa valeur et son origine exactes. On sait néanmoins que ses possesseurs actuels l'ont acheté à un marchand arménien nommé Delles. C'est un des plus beaux diamants que l'on connaisse. Il pèse 40 carats environ.

Le Musée de Chantilly possède également, dans la « salle des Gemmes », un diamant rose tendre estimé 800.000 francs. On l'appelle le *Grand Condé* parce qu'il appartint pendant longtemps à ce prince : il fut recueilli dans l'héritage de son dernier descendant. Il est taillé en forme de brillant en poire.

Certains diamants, teintés ou non naturellement, peuvent acquérir des colorations particulières par l'effet de la chaleur ou des agents chimiques. Nous ne reviendrons pas sur ce que nous avons déjà dit à ce sujet (p. 74), mais il ne sera pas inutile d'ajouter que ces changements de coloration sont liés d'une manière presque évidente aux transformations chimiques que subit le principe colorant de la pierre sous les influences qui viennent d'être indiquées. Ainsi, on a cité un diamant *jaune* qui devenait nettement *rose* par l'action de la chaleur (p. 75). Or, ce phénomène se produit avec la topaze qui est naturellement jaune et dont la teinte passe au rose très net par une élévation de température suffisante. Il est donc permis de supposer que le colorant du diamant jaune aurait la même composition que celui de la topaze. Cette hypothèse trouve une confirmation dans le fait que la topaze existe parfois dans le diamant à l'état d'inclusions.

Quoi qu'il en soit, il est certain que la connaissance exacte de la nature chimique des colorants du diamant, de même que celle des impuretés qu'il présente souvent, apporterait une contribution importante à l'étude de son origine que nous ignorons à peu près complètement.

Propriétés optiques. — Les propriétés optiques du diamant concernent principalement son grand pouvoir de dispersion, qui contribue à lui communiquer ses *feux*. La taille a pour but d'augmenter cette propriété et de multiplier les réflexions et réfractions successives qui se produisent sur ses différentes

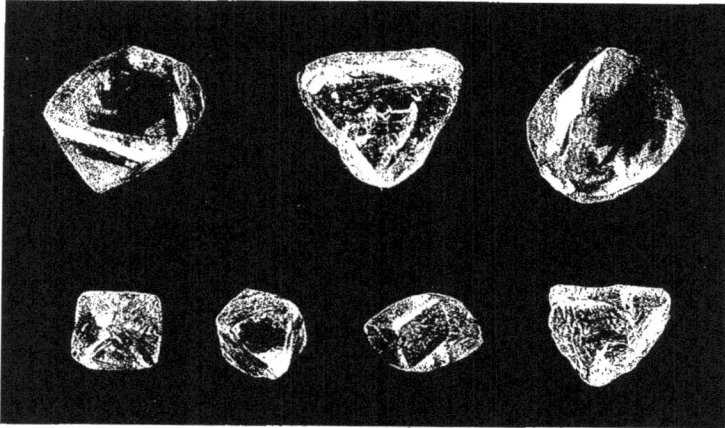

1. Diamants bruts, grandeur naturelle. — De gauche à droite et de bas en haut :
1. octaèdre; 2. cristal hémiédrique tétraèdre ; 3. octaèdre courbe; 4. octaèdre vu par un sommet ; 5. octaèdre combiné; 6. cristal hémiédrique courbe (v. fig. 79) ; 7. tétraèdre.

2. Le Cullinan (gr. nat.), le plus gros diamant trouvé à ce jour (*Mine Premier*, Transvaal). — Poids : 3024 carats.

facettes (fig. 32). Celles-ci constituent ainsi comme autant de miroirs réfléchissants qui augmentent le nombre de réflexions à travers la masse du cristal.

Contrairement à la loi générale, le diamant est biréfringent bien qu'appartenant au système cubique. Cette propriété semble avoir quelque rapport avec la pression qu'a dû subir ce minéral au moment de sa formation.

Action de la chaleur. — Par l'action de la chaleur, de la lumière, du radium, des rayons cathodiques, la plupart des diamants deviennent phosphorescents ou fluorescents. Ils peuvent, par une action prolongée du radium et des rayons X, acquérir une certaine activité et impressionner ainsi, dans l'obscurité, une plaque sensible.

Une température très élevée, agissant à l'abri de l'air, transforme le diamant en graphite. La transformation n'est que superficielle et peut disparaître par un second polissage lorsque l'effet de la chaleur se manifeste pendant quelques instants seulement. C'est le cas de l'expérience de Maillard, souvent citée (1771). Trois diamants introduits dans un fourneau en terre de pipe furent soumis à l'action de la chaleur produite par un bon four à moufle. Le creuset ainsi constitué était entouré par une brasque de charbon bien tassé ; un couvercle de fer recouvrait le tout. Après une chauffe de quatre heures, les diamants avaient noirci par la formation d'une couche très mince de graphite recouvrant leur surface.

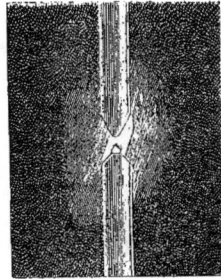

Fig. 93. — Expérience de la transformation du diamant en graphite dans l'arc électrique.

Dans un vide élevé, la conversion du diamant en coke s'effectue rapidement au moyen des rayons cathodiques. Le cristal devient rouge, rouge blanc, blanc éblouissant, puis une désagrégation se produit : il augmente considérablement de volume et laisse un résidu constitué par du coke. La température nécessaire à cette transformation est comprise entre 1900° et 2000° C.

L'action de l'arc électrique est facilement mise en évidence par l'expérience suivante (fig. 93) :

On projette sur un écran, au moyen d'un faisceau de lumière électrique assez intense, l'image de deux charbons entre lesquels jaillit un arc d'intensité moindre. Le charbon inférieur est creusé d'une petite cavité qui permet de loger un diamant. On projette l'image de ce dispositif, puis on fait passer l'arc. Au bout de quelques instants, on voit le diamant foisonner *sans fondre* et se transformer lentement en graphite. Celui-ci, examiné à la loupe, se présente sous forme de petites lamelles hexagonales très nettes. Si l'expérience se prolonge, le graphite disparaît lui-même par volatilisation.

Cette expérience établit, non seulement la transformation du diamant en graphite à haute température et à la pression ordinaire, mais aussi le passage direct du charbon de l'état solide à l'état gazeux ; pour cette raison, le charbon n'a jamais pu encore être obtenu à l'état liquide malgré les nombreuses tentatives effectuées dans ce but. Le diamant semble donc infusible.

Propriétés chimiques. — **Combustion dans l'oxygène.** — En présence de l'air, la chaleur agit sur le diamant d'une façon tout autre que dans le vide ou dans une atmosphère neutre. Le diamant n'est en effet que du charbon et, comme lui, doit pouvoir brûler au contact de l'oxygène. Il en est bien ainsi et c'est Lavoisier qui a le premier mis ce fait en évidence. Dans une cloche remplie d'oxygène et renversée sur la cuve à mercure, il plaça un diamant soutenu par une tige verticale ; la température nécessaire à l'expérience était obtenue à l'aide d'une lentille concentrant la chaleur du soleil sur le diamant placé à son foyer.

Lorsque l'expérience fut terminée, Lavoisier put constater que le diamant avait disparu ; l'oxygène était presque complètement remplacé par de l'acide carbonique, produit de la combustion du diamant.

L'expérience de Darcet fut aussi concluante. Quatre diamants appartenant, le premier au comte de Lauraguais, le second à Darcet lui-même et les deux autres au chimiste Rouelle, furent placés dans des coupelles en platine introduites dans un fourneau à moufle. Les diamants ne tardèrent pas à rougir, puis à diminuer de volume, enfin à disparaître : ils s'étaient consumés comme un simple morceau d'anthracite.

Aujourd'hui, l'expérience de la combustion du diamant s'effectue d'une façon très simple : on prend un fil de platine tourné en spirale à sa partie inférieure et on lui fait soutenir un très petit diamant. On chauffe fortement celui-ci à la flamme d'un chalumeau oxhydrique, puis on l'introduit immédiatement dans un flacon plein d'oxygène. La combustion s'opère lentement et l'on voit une petite flamme entourer le diamant. La température nécessaire à cette combustion varie entre 850 et 1000° suivant les échantillons.

Action de diverses substances. — Très peu de substances peuvent attaquer le diamant. L'hydrogène, le chlore, l'acide fluorhydrique n'exercent aucune action sur lui, même à 1200°. Le soufre ne se combine que vers 900° avec formation de sulfure de carbone. Le bisulfate de potassium, le sulfate de chaux, les sulfates alcalins fondus, l'acide iodique anhydre n'exercent aucune action.

Les oxydants ont au contraire un effet parfois très marqué sur certaines variétés de diamants. Ainsi le chlorate et le nitrate de potassium fondus attaquent le diamant noir, mais laissent intact le diamant transparent. Le véritable dissolvant de ce minéral est le carbonate de potassium (ou de sodium) fondu. En effet, à une température voisine de 1200°, un diamant introduit dans un bain de cette substance disparaît rapidement avec formation d'oxyde de carbone.

Le mélange d'acide nitrique et de chlorate de potassium, qui agit si bien sur le graphite et le carbone amorphe, ne produit aucune transformation dans le diamant même après douze attaques successives.

De même que le charbon ordinaire, le diamant peut se combiner au fer pour donner de l'acier. En 1800, Clouet, Welter et Hachette ayant enfermé un diamant dans l'intérieur d'une petite masse de fer très pur, obtinrent par une chauffe convenable un culot d'acier fondu. Quelques années plus tard, Pepys arriva au même résultat en chauffant à l'aide du courant électrique un fil de fer épais fendu dans le sens de la longueur pour loger de la poussière de diamant. Dans ces dernières années, la carburation du fer par le diamant a fait l'objet de nombreuses études, particulièrement de la part du métallurgiste Osmond.

Fig. 94. — Diamants bruts (Transvaal). Cristaux brisés et octaèdres.
(Gr. nat.)

Impuretés des diamants. — Bien que regardé comme un corps pur, le diamant contient toujours une petite quantité de *cendres*. Tous les savants qui ont étudié ce corps l'ont constaté. Dumas et Stass, Elie de Beaumont, Rivot, Moissan ont même cherché à analyser ces cendres, espérant par là apporter une contribution à l'étude de l'origine de cette gemme. Malheureusement, les quantités recueillies sont toujours trop faibles, dans les diamants transparents, pour se prêter à une analyse concluante et ce n'est que par l'étude spectroscopique des résidus que l'on peut obtenir quelques indications précises,

La quantité de cendres varie entre 1/500 et quelques centièmes suivant les échantillons. Le bort et le carbonado en contiennent davantage, parfois jusqu'à 2,2 %; ces cendres sont constituées principalement par de l'oxyde de fer, de la silice, de la chaux et des traces de magnésie; leur couleur peut être blanche, jaunâtre, ocreuse, blanc grisâtre ou rouge brique suivant la proportion des divers éléments qui les composent.

Dimension des diamants bruts. — Les gisements diamantifères fournissent des cristaux de dimensions extrêmement variables (fig. 94 à 97). La terre bleue du Cap. qui contient des diamants microscopiques ($0^{mm}, 2$ à $0^{mm}, 5$), a fourni aussi des diamants pesant plusieurs centaines de carats (fig. 94). On rencontre bon nombre de diamants qui, à l'état brut, ont de 8 à 10 millimètres de diamètre et très bien cristallisés (fig. 95 et 96). La taille leur fait malheureusement perdre de 40 à 60 % de leur poids. La présence d'inclusions, de quelque nature qu'elles soient, oblige également à les scier pour obtenir des morceaux parfaitement transparents.

Fig. 95. — Diamants bruts : octaèdres et formes dérivées. (Gr. nat.)

Parmi les plus gros diamants trouvés jusqu'à ce jour, nous citerons le *Régent* (fig. 98) qui, à l'état brut, pesait 410 carats, et le *Grand-Mogol* (fig. 102), du poids de 787 carats, tous deux originaires de l'Inde. Depuis l'année 1869, on a trouvé également dans l'Afrique du Sud plusieurs diamants de grande dimension. Citons en particulier l'*Excelsior* (fig. 113), qui pesait 974 carats à l'état brut, le *Reitz* (631 carats), deux autres gros diamants de 428 et 503 carats trouvés, le premier à la mine de De Beers et le second à la mine de Kimberley, enfin le *Cullinan* (pl. II, fig. 2) qui, à l'état brut, ne pesait pas moins de 3024 carats (p. 118); il mesurait 8 centimètres de longueur sur 5 de largeur et 5 d'épaisseur moyenne. Il a été trouvé en 1905 dans la mine Premier.

Mode de formation dans la nature. — Les théories les plus bizarres et les plus fantaisistes ont été invoquées pour expliquer l'origine naturelle du diamant. Elles peuvent se diviser en deux catégories : celles qui lui attribuent une *origine végétale* ou organique et celles qui lui attribuent une *origine minérale*. Dans l'état actuel de nos connaissances, il semble que seule cette dernière soit en rapport avec les faits observés dans les gisements diamantifères et digne, par conséquent, de crédulité. Cela n'est du reste nullement en contradiction avec les phénomènes différents qui ont pu se manifester au moment de la transformation du carbone amorphe en diamant. On ignore encore, en effet, si la cristallisation du carbone s'est effectuée au sein d'un dissolvant ou s'il y a eu simplement sublimation.

Fig. 96. — Diamants bruts : octaèdres droits. (Gr. nat.)

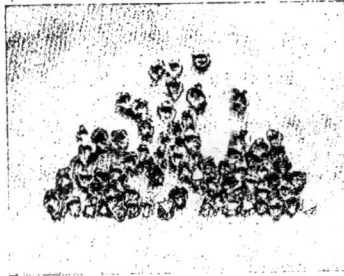

Fig. 97. — Diamants bruts : petits octaèdres courbes. (Gr. nat.)

La difficulté d'arriver à une conclusion certaine à ce sujet repose sur ce fait que jamais le diamant n'a encore été trouvé dans une roche pouvant être regardée *infailliblement* comme sa gangue originelle, c'est-à-dire sa roche-mère. Il est même permis de supposer que les diamants n'ont pas tous la même origine. Cette hypothèse n'a rien d'invraisemblable, puisqu'à chaque instant nous constatons des faits analogues pour d'autres corps. On sait, par exemple, qu'on obtient des cristaux de plomb en fondant une masse de ce métal et en la laissant lentement refroidir, ou encore en décomposant par le zinc une solution d'acétate de plomb. Ces façons d'opérer sont totalement différentes, et cependant nous obtenons dans les deux cas le même résultat. Rien ne s'oppose donc à ce qu'il en ait été de même pour le diamant dans les gisements, de *nature si différente*, où on le rencontre.

Brewster regardait le diamant comme provenant d'une sécrétion analogue à une gomme ; comme cette dernière, il aurait passé à l'état mou avant de cristalliser. Cette hypothèse paraît en contradiction absolue avec l'expérience qui nous fait regarder le diamant comme le corps le plus infusible que nous connaissions.

Dana, Gœppert, Parrot, Léonhardt et Liebig ont formulé des théories analogues. Ils supposent que le carbone du diamant provient de la décomposition de matières végétales analogues à celles qui ont formé la houille. Il y aurait eu ensuite cristallisation et élimination des carbures non dissociés.

Damour suppose que la formation du diamant est liée à des réactions assez complexes ; celles-ci auraient donné naissance, non seulement au diamant, mais à la plupart de ses satellites (corindon, grenat, etc.). Gorceix a émis la même hypothèse au sujet de l'origine des diamants brésiliens : après s'être formés à la suite de dissociations multiples, tous les minéraux des roches diamantifères auraient cristallisé en masse, puis se seraient séparés avant d'arriver à la surface comme cela se produit pour un grand nombre d'autres minéraux.

D'après De Chancourtois, le diamant dériverait des émanations hydrocarburées de la même façon que le soufre dérive des émanations hydrosulfurées. « Cette théorie, dit-il, est d'accord avec l'opinion la plus accréditée qui place le gisement ordinaire du diamant dans les itacolumites et dans les grès ferrugineux remontant à la période dévonienne. » L'abondance des imprégnations bitumineuses qui marque cette période et qui correspond au maximum des émanations hydrocarbonées sert de principal argument à ce savant. La plupart des colorations que possède le diamant seraient dues, d'après cela, à ces mêmes hydrocarbures : on sait en effet qu'ils permettent d'obtenir une multitude de teintes.

M. Werth a formulé en 1893 une théorie qui s'est trouvée confirmée par les expériences synthétiques de Moissan (CHAP. XI) et d'après laquelle le diamant se serait formé à haute température et sous une forte pression. Il y aurait eu ensuite refroidissement brusque. Quant au carbone, il proviendrait de carbures d'hydrogène plus ou moins riches en matières carbonées : la présence du grisou, de carbures fétides et même de poches à pétrole dans les gisements du Cap donne à cette hypothèse un grand caractère de vraisemblance.

Selon nous, le diamant aurait pour origine principale une dissolution, dans les couches profondes du globe, du carbone au sein des métaux en fusion [1]. Certains gisements (mines du Cap) permettent aussi de supposer qu'il y a eu parfois condensation moléculaire de carbures d'hydrogène au sein de roches ignées, puis cristallisation du carbone ainsi condensé.

[1]. Jean ESCARD, Sur le mode de formation du diamant dans la nature (*Revue scientifique*, 9 mars 1907, p. 302).

On a aussi beaucoup discuté sur l'origine superficielle ou profonde du diamant. Daubrée suppose qu'il a été formé à une très grande profondeur, mais non au sein des roches fragmentaires dans lesquelles on le rencontre généralement. Un grand nombre de cristaux apparaissent du reste complètement brisés sans qu'on puisse retrouver à une faible distance les uns des autres les divers fragments qui les composent.

D'après St. Meunier, le diamant ne serait que le résidu de l'altération sur place de roches formées comme dans un cratère par l'action d'une température très élevée. Il y aurait eu ensuite transport vers la surface sous forme d'*alluvions verticales* analogues à certains amas de sables granitiques intercalés au travers des couches stratifiées.

II. — HISTOIRE DE QUELQUES DIAMANTS

Étant donné leur très faible diffusion et leur grande valeur, les gros diamants ont rarement pu devenir la propriété des particuliers. Aussi appartiennent-ils presque tous à des têtes couronnées ou à des trésors nationaux. Les rajahs de l'Inde ont toujours été célèbres par leur richesse en diamants qu'ils considèrent comme le symbole le plus étincelant de leur dignité et de leur pouvoir.

Dans ses *Merveilles des Indes*, Tavernier nous a décrit la splendeur du trône des rois mogols que l'on peut vraisemblablement considérer comme un des plus riches trésors de la terre. On n'y voit que diamants et rubis de plusieurs centaines de carats chacun et disposés avec un goût qu'aucun peuple de l'Occident n'a su atteindre.

Il ne nous appartient pas de faire l'histoire complète de tous les diamants célèbres : elle remplirait certainement à elle seule tout un volume. Nous nous contenterons donc de décrire sommairement les principaux [1] en indiquant aussi exactement que possible leur origine et les circonstances de leur découverte.

Le Régent. — Ce diamant, qui a toujours été considéré comme la plus belle gemme du trésor français, provient des mines de Partial, entre Hyderabad et Mazulipatam (Indes), où il a été découvert en 1701. Brut, il pesait 410 carats ; sa forme était assez régulière et sa transparence parfaite malgré sa teinte légèrement jaunâtre. Il fut acheté 25.000 francs par Jamchund, un des plus riches joailliers de Golconde, qui le revendit 510.000 francs au ministre anglais Pitt. En 1717, le duc d'Orléans, régent de France, l'acheta à ce dernier 2 millions pour le futur roi Louis XV.

1. Les gros diamants colorés (diamant bleu de Hope, diamant vert de Dresde, etc.) ont été décrits précédemment (p. 104).

La taille de ce diamant, qui dura près de deux ans, réduisit son poids à 136 carats (fig. 98). Louis XV le fit placer sur sa couronne et, jusqu'en 1792, il fut conservé dans la collection royale. La Terreur survenue, les révolutionnaires s'en emparèrent. Mais, grâce à une lettre anonyme, il put être retrouvé dans un fossé de l'Allée des Veuves, aux Champs-Élysées. Certains disent qu'il aurait été caché dans un grenier entre deux poutres où il fut ensuite découvert. Sa valeur, à cette époque, était de 12 millions. En 1796, il fut donné en garantie à la banque d'Amsterdam pour 6 millions de fourrages lors des guerres de la Première République. Après Marengo, Bonaparte chargea Duroc d'aller le reprendre et l'on sait que le jour de son sacre, à Notre-Dame, il le portait au pommeau de son épée. Depuis cette époque, il a souvent figuré aux grandes expositions ; il est

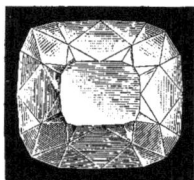

Fig. 98. — Le Régent.   Fig. 99. — Le Sancy.   Fig. 100. — L'Étoile du Sud.

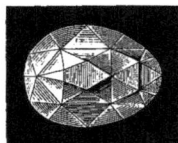

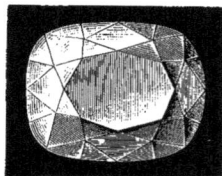

actuellement au Louvre, dans la vitrine centrale de la galerie d'Apollon qui renferme également la couronne de Louis XV, l'épée de Charles X et d'autres gemmes de grande valeur.

Le Sancy. — Le Sancy (fig. 99) ne pèse que 53 carats. Son nom vient de l'un de ses premiers possesseurs, Harlay de Sancy, ambassadeur d'Angleterre au Levant, qui le tenait lui-même de son père, mort en 1629. Entré dans la Maison d'Angleterre, il tomba entre les mains de Jacques II qui le céda à Louis XIV vers 1685 pour 625.000 francs. En 1792, il disparut lors du vol des diamants de la Couronne et pendant dix ans on n'entendit plus parler de lui. Reconnu par Joseph Bonaparte dans le coffre de la Couronne de Charles IV

d'Espagne, il y fut dérobé mais disparut encore une fois en 1800. En 1838 seulement, on apprit que la princesse Demidoff l'avait acheté pour 500.000 roubles ;
elle le revendit vers 1865 à un riche Anglais de Bombay qui chercha à s'en débarrasser en 1867 mais ne put réussir à le vendre à cause du prix élevé qu'il en

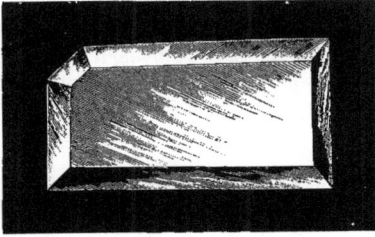

FIG. 101. — La Grande Table de Tavernier.

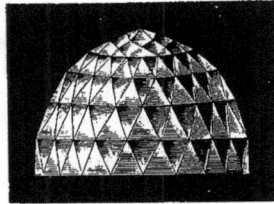

FIG. 102. — Le Grand-Mogol.

demandait. On ignore aujourd'hui s'il est encore en la possession de ce dernier
ou s'il a passé dans d'autres mains.

L'Étoile du Sud. — Jusqu'en 1887, ce diamant a été le plus gros brillant originaire du Brésil. Trouvé en 1853 dans le district de Bagagem, il pesait
environ 255 carats à
l'état brut. Acheté
dès sa découverte par
M. Halphen, il fut
soumis à l'examen
du minéralogiste Du-
frénoy qui publia un
long mémoire sur ses
propriétés cristallo-
graphiques et phy-
siques. Sa forme (fig.
100) est celle d'un
brillant rectangu-

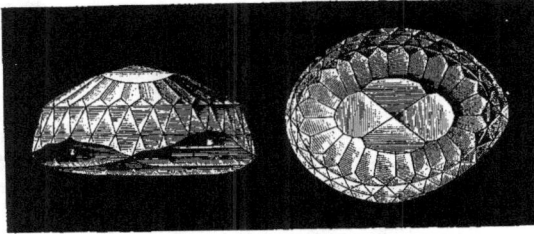

FIG. 103. — Le Kohi-Noor (première taille).

laire ; il pèse 127 carats. Il a toujours été renommé par la pureté de son eau et la
vivacité de ses feux.

La Table de Tavernier. — Ainsi nommé à cause de sa forme (fig. 101),
ce diamant mesure 55 millimètres de longueur et 30 millimètres de largeur. Il

J. ESCARD.   15

pèse environ 190 carats. Rapporté en 1642 de Golconde par Tavernier, il ne subit pas une taille complète mais simplement un polissage sur les faces les plus apparentes. On ignore son possesseur actuel, mais sa véritable origine n'a jamais fait de doute, car il a été décrit en détails par Tavernier au moment de son achat.

Le Grand-Mogol. — Ce diamant (fig. 102), qui tire son nom de Shah Jehan, « le grand monarque », cinquième successeur du fondateur de la dynastie mogole dans l'Hindoustan, pesait brut **787** carats. Par la taille il est tombé à 280 carats. On ignore aujourd'hui ce qu'il est devenu ; on a supposé que, volé à plusieurs reprises, il aurait été divisé en divers fragments après avoir disparu pendant le sac de Delhi par les Anglais.

Le Kohi-Noor. — Le Kohi-Noor, ou « montagne de lumière », est originaire de l'Inde, mais on ignore sa provenance exacte. D'après les mémoires du

Fig. 104. — L'Étoile de l'Afrique du Sud.

Fig. 105. — L'Orloff.

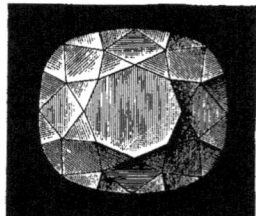

Fig. 106. — Le Stewart.

sultan Baber, il aurait été donné à ce prince par son fils après la bataille de Panipat en 1526. Vainqueur d'Ibrahim Pacha, Baber, après avoir pénétré dans le Delhi, se serait en effet rendu maître des richesses de son souverain, y compris le Kohi-Noor.

Jusqu'en 1739, ce diamant resta entre les mains des Mogols et, après de nombreuses aventures, entra dans le trésor du roi de Lahore. Mais en 1850, lors de l'annexion du Pendjab, les Anglais s'en emparèrent et l'offrirent à la reine Victoria. A cette époque, il pesait environ 186 carats. Sa forme irrégulière (fig. 103) et la présence de plusieurs impuretés dans sa masse obligèrent à une nouvelle taille qui lui fit perdre environ les 45/100es de son poids (fig. 110). Il appartient encore actuellement à la Couronne d'Angleterre.

L'Étoile de l'Afrique du Sud. — Cette pierre (fig. 104) est originaire du Cap où elle fut découverte en 1867 dans les alluvions de la rivière du Vaal. Parfaitement transparente et incolore, elle a été taillée en brillant, ce qui a fait tomber son poids de 83 à 46 carats.

L'Orloff. — Encore appelé *diamant d'Amsterdam*, l'Orloff provient des Indes. C'est un des plus beaux spécimens de la taille indienne (fig. 105) ; son poids est de 194 carats. Il a pendant longtemps constitué l'un des yeux d'une idole du temple de Brahma dont l'autre œil était formé d'un diamant à peu près semblable.

Au début du xviiie siècle, un soldat français, résolu à s'en emparer, feignit un zèle excessif pour la religion des Indiens. Il réussit si bien à gagner leur confiance qu'il obtint l'autorisation d'aller prier dans leur temple. Pendant une nuit, il put mettre son dessein à exécution, mais ne réussit à enlever qu'un œil à la déesse ; il se sauva à Madras avec son précieux butin et céda son diamant à

Fig. 107. — Diamant de l'impératrice Eugénie.   Fig. 108. — Le Shah.

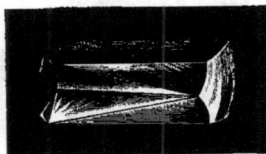

un capitaine de navire anglais pour 50.000 francs. Celui-ci le revendit en Angleterre pour 300.000 francs. Il appartient actuellement à l'empereur de Russie.

Le Stewart. — Ce diamant (fig. 106) est originaire de l'Afrique australe où il fut trouvé en 1872, c'est-à-dire peu de temps après la découverte de ces gisements. Brut, il pesait 288 carats, mais la taille l'a réduit à 120 carats. Il est d'une très belle eau et a été pendant longtemps le plus gros diamant de la région du Cap.

Le Nizam. — Ce diamant date de 1835. Il aurait été trouvé par un enfant à la surface du sol, non loin de Golconde. Il pesait alors 277 carats. On a supposé d'autre part qu'il aurait été trouvé dans une poterie enfouie sous terre, à Narkola ; il aurait été brisé en trois fragments dont le plus gros appartiendrait actuellement au Nizam d'Hyderabad.

La Lune des Montagnes. — Confondue souvent avec l'*Orloff*, parce qu'elle fait partie comme lui de la Couronne de Russie, cette pierre aurait d'abord appartenu aux empereurs mogols, puis aurait été achetée par un juif pour 65.000 piastres et deux chevaux arabes. Après différentes aventures, elle a successivement apparu à Constantinople, en Hongrie, en Silésie, en Hollande, et finalement à Saint-Pétersbourg où elle fut achetée par Lasaroff, joaillier du tsar Pierre III. Lasaroff la céda à celui-ci pour une forte somme et en échange d'un titre de noblesse par l'intermédiaire du comte Panine, ministre favori de Catherine.

Le diamant de l'impératrice Eugénie. — Ce diamant (fig. 107) ne pèse que 51 carats ; il est originaire du Brésil. On ne connaît son histoire que depuis le règne de Catherine II à qui il appartint à la fin du xviiie siècle. Cette souveraine le donna à Potenkin et c'est à la petite nièce de celui-ci que l'acheta

FIG. 109. — Le Pigott.   FIG. 110. — Le Kohi-Noor   FIG. 111. — Le Nassack.
                                      (seconde taille).

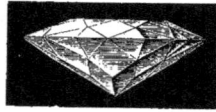

Napoléon III pour l'impératrice à l'occasion de son mariage. Après la guerre, il fut vendu 375.000 francs au Gaikwar de Baroda ; mais il a disparu au moment de la déposition de ce dernier par les Anglais et on ignore encore quel est son possesseur actuel.

Le Shah. — L'histoire de ce diamant est assez obscure, mais on sait qu'il a fait partie jusqu'au milieu du xixe siècle du trésor de Perse. Trois noms de souverains persans ont été gravés sur ses faces, mais un polissage ultérieur les a fait disparaître en même temps qu'il a réduit son poids de 95 à 93 carats. Sa forme actuelle (fig. 108) est celle d'un prisme allongé irrégulier dont la moitié des faces sont naturelles et les autres taillées. Il a été offert au tsar Nicolas Ier par Cosrboès, fils cadet du shah Abbas-Mirza, d'où son nom. Il est d'une très belle eau, mais sa valeur n'est pas très grande par suite de sa forme irrégulière.

Le Pigott. — Ce diamant (fig. 109) provient de l'Inde d'où il a été rapporté en 1775 par lord Pigott, d'où son nom. Son épaisseur est très faible proportionnellement à sa surface ; il ne pèse du reste que 49 carats. Mis en loterie en 1801 pour 30.000 livres, il tomba entre les mains d'un jeune homme de condition modeste qui le revendit aussitôt pour une somme très faible. On ignore ce qu'il est devenu, mais on a supposé qu'Ali-Pacha, à qui il a appartenu, l'a fait réduire en poudre à la suite d'une histoire de jalousie.

Le Nassack. — Originaire de l'Inde, ce diamant a tiré son nom de la ville de Nassack dans le temple de laquelle il est pendant longtemps resté. Tombé ensuite entre les mains de Bajerow, il fut vendu à Rundell et Bridge après avoir

FIG. 112. — Le diamant de Dresden.

FIG. 113. — L'Excelsior à l'état brut (gr. nat.).

été pris comme butin de guerre par la Cie des Indes. Il appartient aujourd'hui à la famille du marquis de Westminster qui l'acheta, en 1837, à E. Brothers.

Sa forme actuelle (fig. 111) diffère de celle qu'il possédait au début et qui était très irrégulière ; il est taillé en brillant triangulaire à angles courbes. Il pèse 78 carats.

Le diamant de Dresden. — Ce diamant (fig. 112), qu'il ne faut pas confondre avec le *diamant vert de Dresde* (fig. 119), est un magnifique brillant de 77 carats. Découvert au Brésil en 1857, il pesait 119 carats à l'état brut. Il fut acheté directement par M. Dresden au sortir de la taille. Maintes fois il a été proposé en vente aux souverains d'Europe, mais le prix demandé était, paraît-il, trop élevé ; il a été acheté un million par un marchand de coton de l'Inde, mais celui-ci le garda peu de temps et le céda pour la même somme à l'ex-Gaikwar de Baroda.

Le Florentin. — Encore désigné sous les noms de *Grand-Duc de Toscane* et de *l'Autrichien*, parce qu'il a appartenu successivement, au xviie siècle, aux monarques de ces deux États, ce diamant pèse environ 135 carats. Il est taillé en rose double et constitue une sorte d'étoile à neuf rayons (fig. 115 et 116). Sa teinte est légèrement jaunâtre. Il appartient actuellement à l'empereur d'Autriche.

L'Excelsior. — Cet énorme diamant, qui à l'état brut (fig. 113) ne pesait pas moins de 974 carats, a été trouvé en 1893 à Jagersfontein (mines du Cap). Ses dimensions étaient de 66 millimètres sur 53 millimètres. Il a été taillé par MM. Ascher, d'Amsterdam, en un splendide brillant de très belle eau. Il est estimé 25 millions et appartient actuellement à la Couronne d'Angleterre.

Le Jubilee. — Le *Jubilee* provient également de Jagersfontein. Il a figuré à l'Exposition de Paris de 1900 sous forme d'un brillant rectangulaire du poids de 239 carats (fig. 114). Sa taille est, paraît-il, si parfaite et sa forme si régulière qu'il se tient en équilibre lorsqu'on le fait reposer sur sa pointe.

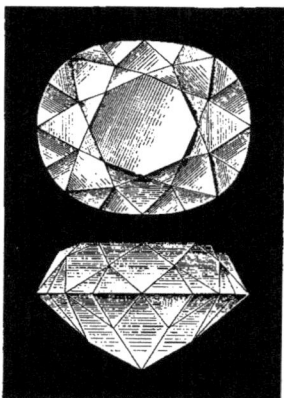

Fig. 114. — Le Jubilee.

Le Cullinan. — Le *Cullinan*, du nom du propriétaire de la mine où il fut découvert, est certainement le diamant le plus volumineux connu jusqu'à ce jour (pl. II, fig. 2). Il a été trouvé en 1905 dans la mine Premier (Transvaal). Son poids, à l'état brut, était de 3024 carats, soit environ 610 grammes. On l'appelle encore *le diamant des boërs* parce que le Gouvernement du Transvaal, en 1907, l'acheta pour l'offrir au roi d'Angleterre en gage de reconnaissance du don de la Constitution de 1906, qui accordait à ce pays un gouvernement autonome, quatre ans seulement après la guerre.

D'après Sir W. Crookes, à qui le Cullinan a été soumis en examen, ce diamant ne serait qu'un fragment d'un cristal octaédrique et représenterait moins de la moitié du volume initial de la pierre. Il a été taillé à Amsterdam en 1908, par MM. Ascher et il en est sorti plusieurs brillants du poids total de 968 carats. Le plus gros ne pèse pas moins de 517 carats : il a la forme d'un pendant. Le second, du poids de 310 carats, est un brillant rectangulaire. Les autres pierres pèsent respectivement 92, 62, 18, 11, 8, 6 et 4 carats. On a retiré finalement des déchets de la taille et du clivage 96 petits brillants pesant ensemble 8 carats.

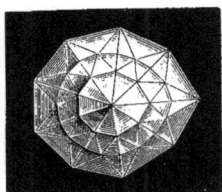

Fig. 115 et 116. — Le Grand-Duc de Toscane.

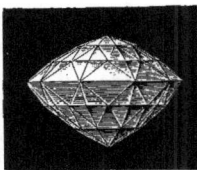

Fig. 117. — Le Pacha.

La taille du Cullinan a duré 8 mois. Elle fut précédée d'une étude sur des moulages en plâtre de la pierre brute ; celle-ci fut ensuite divisée en trois fragments (fig. 275) d'après les plans de clivage correspondant aux impuretés qui avaient nécessité cette opération. Naturellement, un outillage spécial dut être créé pour le travail de cette pierre : disques à bort, dopp, etc.

Fig. 118. — L'Étoile polaire.

Fig. 119. — Le diamant vert de Dresde.

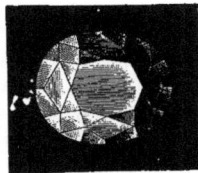

Fig. 120. — Le diamant bleu de Hope.

Ces deux superbes diamants, le *Cullinan I* et le *Cullinan II*, de même que ceux composant avec eux la pierre initiale, sont actuellement à la Tour de Londres avec les autres joyaux de la Couronne d'Angleterre. Leur valeur dépasse certainement 50 millions si on les compare au Jubilee et à l'Excelsior quant à leur origine et à leur poids.

Autres diamants célèbres. — En outre des diamants précédemment cités, on connaît un assez grand nombre de pierres qui ont joué dans l'Histoire des rôles plus ou moins importants. Malheureusement, les récits qui les concernent manquent souvent de certitude et parfois même se contredisent. Citons en particulier : l'*Étoile polaire* (fig. 118), qui pèse 40 carats ; le *Dutch*, qui fait partie de la Couronne de Hollande ; le *Pacha d'Égypte* (fig. 117), qui a la forme octogonale ; enfin les diamants du sultan Abd-ul-Amid II dont une vingtaine ne pèsent pas moins de 90 carats chacun et que l'on a pu voir exposés à Paris en 1912, au moment de leur vente, quelques mois après la chute de ce monarque.

Diamants de la Couronne. — D'après Bapst, l'origine des diamants de la Couronne remonterait à l'année 1530. Les premiers éléments de cette collection de joyaux seraient dus à François Ier qui la créa avec cette clause qu' « à chaque mutation d'iceulx joyaux, leur appréciation, prix, poincture, plomb, soient vérifiez en présence de ses successeurs afin qu'ils baillent leurs lettres patentes obligatoires de les garder à la couronne ». A cette époque, le Trésor comprenait six joyaux et un grand collier représentant ensemble 3.675.000 francs.

Presque toutes ces riches parures provenaient d'Anne de Bretagne qui les tenait elle-même de Marguerite de Foix. On y distinguait un très beau diamant connu sous le nom de *Belle-Pointe* et un gros rubis, la *Côte-de-Bretagne*, pesant 206 carats.

Pendant les guerres de religion, en 1569, ces joyaux furent déposés comme gage chez le duc de Florence contre un prêt de 100.000 écus. En 1571, ils rentrèrent dans le Trésor, mais cinq ans plus tard ils furent remis à Jean Casimir, comte palatin venu en France avec 25 000 Allemands à la faveur des guerres civiles et qui ne consentit à partir qu'une fois en possession des joyaux de la Couronne de France. Ils revinrent encore une fois dans leur pays d'origine, mais Henri III s'en débarrassa totalement, soit par insouciance, soit à la suite de prêts d'argent. Henri IV chercha à les réunir de nouveau et c'est sous son règne qu'apparut le *Sancy* (fig. 99). En 1661, Mazarin laissa au roi, par testament et sous la condition expresse qu'ils conserveraient toujours son nom, douze diamants (*les douze Mazarins*), parmi lesquels on compte précisément le Sancy, ou *premier Mazarin*, un diamant taillé en table et le *Miroir de Portugal*.

Sous Louis XIV, de nouvelles acquisitions eurent lieu : le *diamant bleu* de Hope (fig. 120) et le *diamant de la Maison de Guise*. Puis ce fut le tour du *Régent* (fig. 98), qui entra dans le trésor en 1717. L'inventaire de 1774 porte à 7.482 le nombre de diamants faisant partie de la Couronne de France. Cependant, en 1776, les dépenses de la Couronne obligèrent le roi à en vendre 1.471 qui furent, il est vrai, compensés peu après par un nouvel achat qui porta le nombre total des diamants à 9.547.

En 1791, toutes ces pierres représentaient, d'après les inventaires de l'époque, environ 24 millions de francs. Le 26 mai et le 1er juin de cette même année, l'Assemblée nationale décida qu'elles feraient désormais partie de la propriété nationale. Peu de temps après, leur vente aux enchères fut votée par l'Assemblée législative, mais avant qu'elle eût pu avoir lieu, la plupart des beaux diamants qui formaient cette collection unique disparaissaient du Garde-meuble où ils

(Extrait de La Bijout. au XIXᵉ siècle, par H. Vever.)

FIG. 121. — L'un des deux nœuds d'épaule exécutés en 1863 par Bapst pour l'impératrice Eugénie (faisait partie des *Diamants de la Couronne*).

avaient été conservés et exposés. Ce *vol des diamants de la Couronne*, qui est resté un fait historique, a été raconté par H. Alis de la façon suivante :

« Par une nuit sombre, deux hommes, nommés l'un Douligny et l'autre Chambon, s'aidant de leurs pieds, de leurs mains et de la corde d'un réverbère, s'élevèrent à la hauteur du Garde-meuble (le Garde-meuble était situé sur la place de la Concorde actuelle), coupèrent avec un diamant le carreau d'une

J. ESCARD.   16

croisée et pénétrèrent dans les appartements avec une lanterne sourde. Les complices de ces audacieux bandits, déguisés en gardes nationaux, simulaient une patrouille et, en réalité, surveillaient les abords du Garde-meuble. Quand les fausses clefs et les rossignols eurent ouvert les coffres-forts, les voleurs se passèrent les pierreries de main en main et ainsi jusqu'au pied de la colonnade.

« Mais tout à coup une patrouille de vrais gardes nationaux arriva sur le lieu du délit, attirée de loin par des lumières suspectes dans le Garde-meuble. Les voleurs prirent aussitôt la fuite, les poches bien garnies. Cependant les gardes trouvèrent Douligny qui, ayant manqué la corde du réverbère en voulant fuir, était tombé à terre. Ils arrêtèrent Chambon dans les appartements.

« Cependant, avec une singulière audace et tandis que le tocsin sonnait dans Paris, les voleurs qui avaient pu prendre la fuite se réunissaient sous le pont de la Concorde et procédaient calmement au partage des bijoux. Plusieurs coffres avaient été vidés ainsi quand de nouveaux importuns, des gardes, survinrent. Chacun s'esquiva comme il put et le distributeur jeta le reste des diamants dans la Seine. Chambon et Douligny, condamnés à mort, firent des révélations ; d'autres arrestations eurent lieu et quantité de pierres furent retrouvées. Sur l'indication d'une lettre anonyme, on en recueillit pour plus d'un million enfouis dans l'Allée des Veuves, aux Champs-Élysées. Le Régent fut retrouvé dans un grenier. »

Napoléon Ier contribua à faire reconstituer cette belle collection et à l'augmenter. L'inventaire de 1810 mentionne 37.393 pierres pesant ensemble 13.968 carats. L'année suivante, il en acheta pour près de 6 millions.

En 1814, tous les joyaux de la Couronne furent emportés à Blois par Marie-Louise, mais l'empereur François II, son père, après lui avoir fait réclamer, les rendit à Louis XVIII qui les emporta momentanément à Gand. Il les ramena à Paris après en avoir séparé une belle croix dont il fit cadeau à Wellington.

A l'avènement de Charles X, les pierres furent remontées pour le sacre, mais en 1848 deux diamants furent volés pendant leur transport du Louvre au Trésor. En 1870, ils furent transportés à Brest et conservés dans une cour de l'Arsenal, sous un tas de ferrailles. Ils revinrent à Paris après la Commune. En 1880, Jules Ferry présenta un projet de loi qui en ordonnait la vente, exception faite des plus belles pierres et des souvenirs historiques : c'est ainsi que le *Régent* a été conservé en raison de sa rareté, l'*épée de Charles X*, en raison de sa beauté et des souvenirs qui s'y rattachent ; il en est de même du bijou dit *Reliquaire*, qui date du xve siècle. Les autres pierres et bijoux ont été vendus en plusieurs fois après avoir figuré à différentes expositions. La dernière vente date de 1909.

CHAPITRE V

GISEMENTS DIAMANTIFÈRES

I. — ÉNUMÉRATION ET DESCRIPTION DES PRINCIPAUX GISEMENTS

Trois pays ont successivement concouru à la production du diamant. Ce sont : l'Inde jusqu'au commencement du xviiie siècle, le Brésil jusque vers 1870 et, à partir de cette date, l'Afrique Australe. On a en outre découvert et exploité des gisements plus ou moins importants en Australie, à Bornéo, dans l'Oural et dans l'Amérique du Nord.

Gisements de l'Inde.

Les premiers diamants de l'Inde ont été recueillis dans des alluvions de rivières ; on en a trouvé ensuite à la surface du sol, dans des roches décomposées par les agents atmosphériques. Plus de 3000 ans avant notre ère, les alluvions diamantifères étaient déjà exploitées et c'est à Golconde que s'effectuait le marché des pierres. Cependant la ville de Golconde même n'a jamais eu de mines, contrairement à ce qu'on suppose généralement.

Au point de vue géologique, les gisements diamantifères de l'Inde peuvent se diviser en trois catégories : les *gisements de rivière*, dans lesquels le diamant est encore aujourd'hui apporté par les crues ; les *gisements de surface*, qui consistent en des amas provenant d'alluvions anciennes ou récentes ; les *gisements d'origine sédimentaire*, de formation beaucoup plus ancienne que les deux précédents et qu'il faut sans doute rapporter à la période silurienne.

Au point de vue géographique, il y a lieu de distinguer trois régions principales (fig. 122) : la région du Sud, la région du Centre et la région du Nord. Elles sont en effet très éloignées l'une de l'autre et forment aussi des groupes nettement isolés.

Gisements du Sud. — La mine la plus méridionale de l'Inde est celle dite de Golconde, située dans le Nizam. Les gisements du *district de Golconde*, exploités autrefois dans cette région, étaient très riches, non seulement par le nombre mais aussi par la qualité et la grosseur des diamants trouvés. On peut citer en particulier les mines de Kollur, Wustapilly, Cadavetty-Kallu, Akur, Barthenépadu, Partial, Golapilly et Mullavilly, aux alentours de Mazulipatam. A une assez grande distance de là sont les gisements abandonnés de Damarapad et Malawary.

Les mines de Kollur auraient fourni, paraît-il, le *Grand-Mogol* et le *diamant bleu de Hope* ; celles de Partial, d'une très grande richesse, ont donné le *Régent*. Bien que ces mines soient à peu près abandonnées aujourd'hui, on les considère comme encore assez riches pour pouvoir être exploitées. Beaucoup d'explorateurs ont en effet constaté qu'en un grand nombre de points et dans le voisinage presque immédiat des gisements, les terrains paraissent intacts.

Le *district de Karnul* comprend principalement les mines de Banaganpilly, exploitées par couches, celles de Ramulkota,

Fig. 122. — Gisements diamantifères de l'Inde.

Yembye, Byanpully et Gooramankota, complètement délaissées. Plus à l'est sont les mines de Timapooram, Shaïtankota, Deomurrooh, Tandropad et Buswapor. Les plus importantes sont celles de Banaganpilly et de Ramulkota. Elles sont constituées par des puits communiquant souterrainement par des galeries que l'on exploite à l'aide du pic. La roche composant ces mines est de nature quartzitique.

Le *district de Bellary* ne comprend que quelques mines, complètement abandonnées depuis 1883, mais dans lesquelles on rencontre encore quelques diamants. Ce sont les mines de Munimadagu, de Vayra-Karur et de Guti.

Le *district de Kuddapah* comprend les mines de Cunnapurtee et Woblapully, près de Chennur, celles de Lamdur et Pinchetgadapu, Goulagoonta, Goorapur et Hussanapur. Les mines de Woblapully n'ont été découvertes qu'en 1750 ; les diamants n'y sont pas très abondants mais ont, paraît-il, une grande dureté et un éclat spécial qui leur donnent une grande valeur. A Chennur, on rencontre encore quelques puits abandonnés, creusés dans des couches de graviers provenant de la désagrégation des quartzites de Banaganpilly.

La mine de Cunnapurtee est encore un peu exploitée actuellement. Les puits ont la forme carrée et une profondeur variable suivant les irrégularités des couches superposées. La partie superficielle est constituée par du quartz en petits grains, et, au-dessous, se trouvent des roches diverses et des blocs arrondis au milieu desquels on recueille les diamants.

On choisit les mois de la saison sèche pour extraire ces derniers afin d'éviter les travaux d'épuisement des eaux, toujours longs, pénibles et coûteux. Un grand nombre de minéraux accompagnent les diamants : silex, jaspe, épidote, corindon, oxyde de fer.

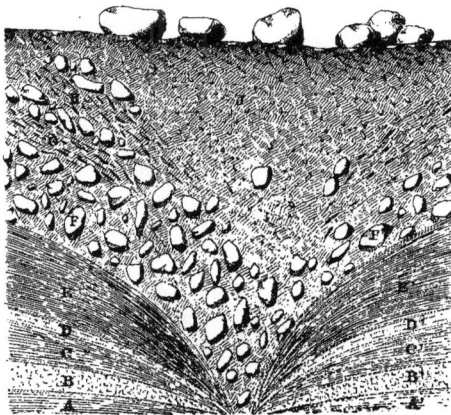

FIG. 123. — Coupe d'une mine de diamants près Panna (Indes), d'après Jacquemont.

AA', brèche siliceuse servant de gangue au diamant ; BB', grès verdâtre ; CC', argile schisteuse micacée ; DD', grès argileux, tabulaire ou schisteux, verdâtre ou violacé ; EE', argile semblable à CC', mais moins cohérente ; FF", gros blocs de grès blanc ou rouge, empâtés dans une argile serpentineuse ; G et H, argile comme en C et E ; J, argile terreuse.

Gisements du Centre. — Dans le centre, les districts les plus connus sont ceux de Sambalpur, Wairagarh et Chutia-Nagpur.

Le *district de Sambalpur*, situé sur la rivière de Mahanadi, n'est guère connu en détails que depuis les voyages de l'Anglais Motte (1766) effectués dans le but d'établir un commerce régulier entre l'Angleterre et les possessions de ce pays dans l'Inde. Le diamant s'y rencontre dans une terre rougeâtre et seulement sur la rive gauche du Mahanadi et dans les torrents tributaires du Kaigarh. Le plus gros diamant trouvé dans cette région pesait 211 carats. On ignore ce qu'il est devenu, bien que sa découverte ne remonte pas à plus d'un siècle. Le Mahanadi contient en outre, à côté du diamant, d'autres belles pierres, en particulier des béryls, topazes, grenats et améthystes.

Les mines du *district de Wairagarh* ont été autrefois d'une grande richesse, mais elles ne sont presque plus exploitées aujourd'hui. Les diamants s'y rencontrent au sein d'une terre jaune située à une certaine profondeur et qu'on amène au jour au moyen de puits et de galeries.

Les mines du *district de Chutia-Nagpur* ont été décrites en détails par Tavernier dans ses « Merveilles des Indes » et par Ball. D'après ce dernier, Ibrahim-Khan, gouverneur de Bihar vers 1616, aurait envahi le Chutia-Nagpur et se serait emparé des laveries de diamants de toute la région. C'est dans le Sunk, rivière traversant ce district et très riche autrefois en alluvions diamantifères, qu'on a extrait le plus de diamants, bien qu'on ignore l'emplacement exact des gisements.

Gisements du Nord. — Dans le nord de l'Inde, il existe deux districts principaux : celui de Panna et celui des mines de Kamariya, Brijpur, Majgoha et Baghin.

C'est à Jacquemont que l'on doit les détails les plus complets sur les mines du *district de Panna*, visitées par lui vers 1840. Le diamant s'y rencontre dans un gravier de couleur rougeâtre et désigné par les indigènes sous le nom de « lalkakrou ». Parfois les gisements sont superficiels (djilas) : la terre caillouteuse est extraite et pétrie comme du mortier avec de l'eau de manière à être transformée en une boue semi-liquide qu'il suffit ensuite de laver à grande eau, puis de dessécher pour en isoler les diamants. Les mines (gahivas) sont assez profondes : on est donc obligé de les exploiter par puits. La figure 123 représente schématiquement les différentes formations géologiques que l'on rencontre avant d'arriver à la brèche siliceuse renfermant les diamants.

D'après M. Hacket, certains gisements de cette région seraient encore à l'état vierge et susceptibles par conséquent d'un très bon rendement. Celles qui ont subi un commencement d'exploitation, et pour la plupart abandonnées aujourd'hui, seraient de même encore exploitables.

L'arrêt dans le développement de l'exploitation diamantifère aux Indes tient surtout aux lourdes taxes dont sont redevables les exploitants. Il convient également de faire entrer en ligne de compte la petitesse des diamants et les procédés d'extraction très primitifs qui ne permettent pas une exploitation suffisamment rémunératrice.

Gisements du Brésil.

C'est en 1723 qu'ont été découverts les premiers gisements diamantifères du Brésil, dans les graviers aurifères des petits cours d'eau traversant la région désignée depuis, pour cette raison, sous le nom de « Diamantina ». Le premier diamant aurait été trouvé par un religieux qui, étant allé au Brésil après avoir visité les Indes, aurait remarqué l'analogie des terrains des deux pays ; après quelques recherches, il aurait fini par recueillir un petit lot de diamants.

Les travaux de prospection se multiplièrent rapidement et peu de temps après la découverte de la première pierre eut lieu celle de la célèbre *Étoile du Sud*, diamant de toute beauté et dont le poids, après la taille, était encore de 127 carats (fig. 100). Après de nouvelles fouilles, on découvrit d'autres gisements un peu partout, mais spécialement

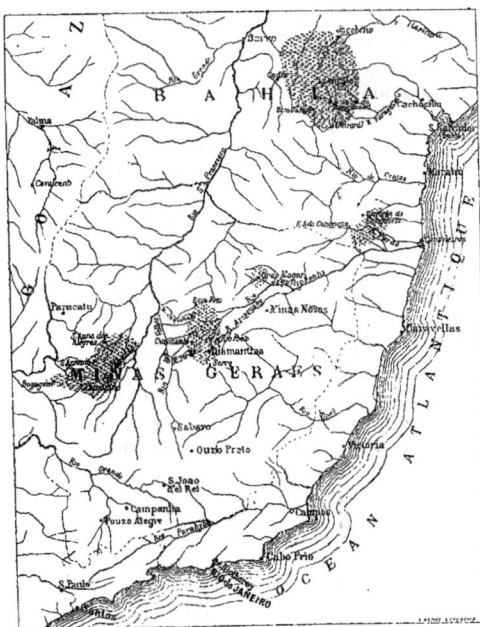

FIG. 124. — Gisements diamantifères du Brésil.

dans les États de *Minas Geraës*, de *Bahia* et de *Matto-Grosso* qui sont encore assez activement exploités aujourd'hui (fig. 124).

Pendant quelques années, les chercheurs d'or, qui seuls avaient obtenu des concessions pour laver le gravier des cours d'eau de Diamantina en vue de l'extraction de ce métal, profitèrent largement de cette nouvelle richesse naturelle.

Mais en 1730, c'est-à-dire sept ans après la découverte des premiers gisements, le Gouvernement portugais édicta un règlement qui soumettait à une taxe annuelle de 30 francs par tête tout esclave employé à l'extraction des diamants. La modicité de cette redevance était évidemment peu en rapport avec l'énorme valeur des diamants. Aussi en 1732, plus de 40.000 esclaves étaient déjà employés à ces travaux dans les gisements de Minas Geraès.

La quantité de diamants trouvés et lancés en Europe fut alors telle qu'ils perdirent les trois quarts de leur valeur. Pour relever le marché, la taxe fut portée à 750 francs avec l'obligation, pour tous les mineurs, d'abandonner au Gouvernement portugais les diamants dont le poids était supérieur à 20 carats. Quelques années plus tard, on chercha à en limiter la production en monopolisant entre les mains de quelques soumissionnaires l'exploitation de tous les gisements. Chaque soumissionnaire devait payer à la Couronne environ 1.500 francs pour chaque travailleur employé à l'extraction des diamants dans une zone limitée par un contrat [1].

En 1771, l'État portugais se déclara seul exploitant des gisements diamantifères et, à ses risques et périls, dirigea leur exploitation jusqu'en 1832. A partir de cette date et jusqu'en 1890, les gisements de diamants découverts ou à découvrir, bien que déclarés encore propriété de la nation, purent être exploités à titre de concessions par quiconque en faisait la demande et moyennant de modiques redevances.

La Constitution de 1891 a fait rentrer les mines de diamant dans la même catégorie que les autres mines ; leur propriété a été ainsi rattachée à celle des terres où elles sont situées. Il en est résulté de plus grandes difficultés d'exploitation qui semblent devoir rendre cette industrie beaucoup moins prospère.

Les chiffres ci-dessous montrent la marche de l'exploitation depuis l'origine jusqu'à l'époque actuelle, non compris les diamants noirs :

	Poids annuel moyen.
De 1730 à 1771	40.650 carats
En 1772	33.490 »
En 1828	3.721 »
En 1857 (découverte des mines de Bahia)	151.075 »
En 1894	90.000 »
En 1905	50.000 »

Les gisements diamantifères, au Brésil, se rencontrent au milieu de dépôts métamorphiques qui constituent presque tous les terrains de la région. On

1. Pendant cette période dite des « contrats », le Brésil a exporté 1.666.570 carats de diamants représentant environ 90 millions de francs. Le Trésor portugais aurait reçu, de ce chef, 27 millions, soit près de 30 p. 100 du produit total.

Pl. III.

Mine diamantifère à ciel ouvert (Cie Premier) : transport de la terre diamantifère aux ateliers de lavage et de concentration.

s'accorde même à regarder l'*itacolumite* comme la roche-mère du diamant. Parmi les minéraux qui accompagnent le diamant, un certain nombre semblent être l'indice certain de sa présence ; on les a désignés pour cette raison sous le nom de *satellites* du diamant (fig. 125). Ce sont principalement : le quartz, la tourmaline, le rutile, l'anatase, le fer titané, l'oligiste et la magnétite. Là où on les rencontre réunis, on a chance de trouver du diamant[1].

D'après leur aspect et la façon dont les diamants se montrent, les gisements brésiliens peuvent être divisés en trois catégories : les gisements de rivières, les gupiarras et les dépôts des hauts plateaux.

Gisements de rivières. — Ces gisements, appelés aussi *cascalho*, sont constitués par des dépôts d'alluvions résultant d'un mélange d'argile et de graviers quartzeux. La roche de fond, ou *pisarra*, sur laquelle repose le cascalho a une constitution assez variable.

Au point de vue de la consistance, le cascalho est plus ou moins dur suivant la proportion de sable et d'argile qu'il contient. Il est même parfois nécessaire de le briser pour obtenir le diamant. Il n'est pas distribué régulièrement dans le lit des rivières : tantôt il affecte la disposition en chapelet, tantôt il apparaît dans des puits. Ces derniers sont parfois d'une très grande richesse. Par suite de l'usure due au long parcours des graviers qui ont

Fig. 125. — Principaux minéraux des alluvions diamantifères de Minas Geraës (Brésil).

a, saphir; *b*, pyrite; *c*, tourmaline roulée ; *d*, corindon roulé ; *e*, diamant; *f*, rutile ; *g*, pépites ou paillettes d'or ; *h*, tourmaline : *i*, cristal de roche ; *k*, saphir dans roche bréchiforme.

entraîné le diamant, celui-ci seul est resté à l'état de fragments intacts, conservant ainsi ses dimensions primitives alors que tout le gravier est passé à l'état de

1. Les mineurs brésiliens, bien que ne connaissant pas la nature chimique et minéralogique de ces pierres, savent très bien les reconnaître. Ils les désignent du reste sous des noms bizarres mais qui suffisent cependant à les caractériser. Le rutile porte le nom d'*aiguille*, la tourmaline roulée celui d'*haricot noir*, le quartz hyalin roulé celui d'*œuf de pigeon*. Ces désignations rappellent ainsi leur couleur ou leur forme. Englobés dans une pâte, ces différents minéraux deviennent des *formacoès* (*formations*).

sable. A cause de sa densité élevée, le diamant, une fois entré dans ces cavités, n'en est plus sorti, tandis que le sable, plus ou moins remué par les eaux, a été entraîné; d'où l'accumulation des diamants dans ces puits que l'on a toujours considérés comme des points de richesse maximum [1]. On leur a donné le nom de *caldeiraô*, qui signifie « marmite de géant ». Ils peuvent être circulaires ou plus ou moins allongés; dans ce dernier cas, on leur donne le nom de *canaux*.

Cela explique pourquoi les gisements diamantifères sont toujours peu abondants dans le voisinage immédiat des torrents et des fortes cascades. Ils sont au contraire très riches loin de ces dernières, les diamants étant entraînés par les eaux et se fixant définitivement dans les cavités qu'ils rencontrent sur leur chemin.

Gupiarras. — Les gupiarras sont les gisements placés sur le flanc des vallées. Ils occupent des hauteurs très variables et ont une étendue toujours limitée. Les minéraux qui accompagnent le diamant sont souvent arrondis, par suite de leur long parcours jusqu'au point de destination. Ce sont les mêmes que ceux des gisements de rivière : aussi leur conserve-t-on le nom de cascalho.

Entre ce dernier et la roche de support, se trouve une couche d'argile ou de sable dont l'épaisseur est très variable ; elle est surmontée d'une autre couche de terre rougeâtre, également argileuse.

Gisements de plateaux. — Comme leur nom le laisse supposer, ces gisements sont constitués par de vastes étendues situées à une certaine altitude. Les diamants y sont disséminés dans un gravier grossier disposé par couches plus ou moins épaisses et dans lesquelles domine le quartz.

Dans ces gisements, les minéraux accompagnant le diamant ont des formes cristallines assez nettes, ce qui tend à prouver qu'ils ne sont pas loin de leur point d'origine. L'oxyde de fer y est assez abondant et communique aux couches d'argile une teinte ocreuse très caractéristique.

C'est dans ces gisements que l'on trouve les plus gros diamants. Mais leur richesse est plus faible que celle des gupiarras et des gisements de rivière. Cela se comprend étant donné les grandes surfaces sur lesquelles ont été entraînées les terres diamantifères avant de s'enrichir dans les cavités placées sur leur chemin et où les eaux les ont conduites.

Description de quelques gisements. — Parmi les mines les plus prospères du Brésil, il convient de citer tout d'abord, dans l'*État de Minas Geraès*, celles qui occupent le bassin du haut Jequitinhonha depuis la ville de Conceiçaô jusque et au delà de Diamantina. Dans ce même État, ont été très

---

1. Un de ces puits a fourni à lui seul pour 10.000 carats de diamants.

exploités et sont encore très exploités aujourd'hui les gisements ces environs de Graô-Mogol, sur la rive gauche du San-Francisco, les rivières d'Abaété, Jequitahy, Rio-Verde, Sommo, Indaya, Bambuhy, Paracatu. Ces différentes mines occupent la partie sud de l'État de Minas Geraès connue sous le nom de « triangle minier » et dont le centre diamantifère le plus important est celui de Bagagem qui a fourni l'*Étoile du Sud*.

Dans l'*État de Bahia*, célèbre par les gros carbons et boorts que l'on y rencontre en abondance, les gisements les plus importants sont ceux de Chapada-Velha, Chapada-Diamantina, Sincoral et Salobro. A Goyaz, les alluvions du Rio Claro, du Rio dos Piloès, du Rio Fortuna, du Desengano et du Tres-Barras sont également diamantifères.

Dans l'*État de Matto-Grosso*, il convient de citer les versants des affluents du Haut-Paraguay et les sources de l'Arinos. Les sables et graviers de plusieurs rivières des *États de Saô-Paulo et de Parana* ont aussi fourni des diamants.

Tous ces gisements ont donné lieu à de nombreux travaux de géologie et de minéralogie. Ils ont été surtout étudiés par Calogeras et Gorceix. Un ingénieur français, M. de Bovet, a aussi beaucoup perfectionné dans ces dernières années les procédés assez primitifs d'exploitation dans le but de les rendre plus économiques. Les méthodes d'extraction varient du reste suivant la nature des gisements. Nous en reparlerons plus loin (p. 145).

Gisements du Cap.

Découverte. — D'après Jacobs et Chatrian, des gisements diamantifères auraient été signalés dès 1750 au Cap de Bonne-Espérance. Leur découverte serait due à des missionnaires français qui les auraient même signalés sur une carte de cette région. Mais la tradition s'en est complètement perdue et, en réalité, c'est seulement depuis 1867 qu'ils sont authentiquement connus.

Les premières pierres ont été trouvées le long de l'Orange River par les enfants d'un fermier boër. Deux trafiquants et un chasseur d'autruches ayant demandé l'hospitalité à ce dernier, remarquèrent dans la main des enfants quelques cristaux brillants avec lesquels ils jouaient innocemment. L'un des compagnons, nommé O'Reilly, attiré par l'éclat de ces pierres, demanda au fermier de les lui céder ; le fermier, qui n'en soupçonnait nullement la valeur, les lui offrit gracieusement. Cependant O'Reilly, cherchant à identifier ces pierres, les montra un peu partout et finalement elles furent reconnues comme des diamants.

Telle est l'histoire de cette importante découverte dont les conséquences devaient presque réduire à néant le commerce des gisements diamantifères jusque-là exploités.

Mais la nouvelle se répandit vite, et de tous côtés on se mit à fouiller le sol dans les environs de l'habitation du fermier. En 1869, on découvrit des dépôts d'alluvions sur les bords du Vaal River (fig. 126). En 1870, on trouva dans l'État libre d'Orange d'autres dépôts qui amenèrent la découverte de la mine de Jagersfontein. La même année, à une vingtaine de milles au sud du Vaal, on découvrit les mines de Dutoits Pan, de Bultfontein et De Beers. En 1871, ce fut le tour de la célèbre mine de Kimberley qui demeura pendant longtemps la plus riche. En 1890, tout près de Dutoits Pan, on découvrit celle de Wesselton.

Fig. 126. — Alluvions diamantifères de Gong-Gong, sur les bords du Vaal River (Transvaal).

La découverte de la mine de Kimberley est assez typique :

Un protestant d'origine française, paysan arriéré, habitant avec sa famille une ferme isolée, se vit tout à coup entouré de gens venus à lui pour lui proposer l'achat de sa maison et de ses terres. Ce fait se produisait quelques jours après qu'un mineur du Vaal eut remarqué dans les mains du paysan quelques diamants. Celui-ci, surpris de tels procédés et ne comprenant rien aux demandes de ses envahisseurs, refusa de lier avec eux toute conversation. Convaincu qu'on en voulait à ses jours, il se sauva pendant une nuit, courant la campagne pour échapper à ses meurtriers imaginaires. C'est alors que ceux-ci, étant revenus le lendemain de leur première visite et ne voyant plus le fermier, se mirent à sa poursuite : au bout de six jours, ils le trouvèrent réfugié au milieu d'un troupeau de chèvres. Là, ils lui firent signer l'acte de vente de sa maison et lui donnèrent 125.000 francs en échange. Le paysan, bien que ne saisissant aucunement la manœuvre dont il avait été l'objet, accepta l'argent et alla se fixer, petit rentier, à Capetown.

Cependant, les terres ainsi envahies étaient fouillées de tou es parts et les trouvailles dépassèrent tout ce qu'on pouvait espérer. En quelques semaines, un grand nombre d'exploitants firent fortune, à en juger par ce fait que l'un d'eux trouva en quinze jours pour plus de 250.000 francs de diamants. C'est du reste sur l'emplacement même de la ferme du paysan que repose aujourd'hui Kimberley, la capitale du diamant. En 1872, 30.000 personnes, blancs ou gens de couleur, étaient déjà rassemblées sous des tentes autour de la mine. Mais le nombre d'aventuriers était certainement trop grand pour l'étendue à exploiter, car la nourriture manquait dans cet immense désert du Karoo en plus de toutes les difficultés matérielles qui s'opposèrent, dès le début, à une exploitation rationnelle.

Aujourd'hui, Kimberley est une ville de plus de 20.000 âmes avec de larges et belles avenues éclairées à la lumière électrique et jouissant de tous les bien-

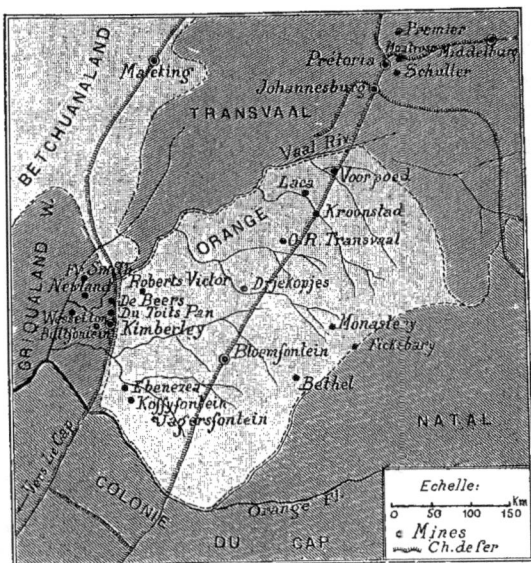

FIG. 127. — Gisements diamantifères de l'Afrique australe.

faits du progrès moderne. Le chemin de fer la dessert, de sor e que toutes les relations avec l'extérieur sont extrêmement faciles.

Depuis 1870, tout le territoire et les environs des champs diamantifères du Cap ont été examinés avec soin dans le but d'y découvrir d'autres mines. On en a trouvé effectivement plusieurs, mais il en est peu dont l'exploitation soit suffisamment rémunératrice. Par contre, celles qu'on a pu exploiter à bénéfice ont donné d'excellents résultats ; elles ont contribué pour une très large part au développement de l'Afrique du Sud, car certaines personnes qui s'y étaient intéressées ont réalisé en peu de temps des fortunes que l'on peut sans exagération qualifier de colossales.

Principaux gisements. — Actuellement, les principales mines exploitées sont les suivantes (fig. 127) : dans le *Griqualand-West*, celles de De Beers, Kimberley, Bultfontein et Wesselton, qui appartiennent à la Compagnie De Beers ; dans l'*État libre d'Orange*, celles de Jagersfontein, Koffyfontein, Voorpoed et Roberts Victor ; dans le *Transvaal*, la mine Premier qui est de beaucoup la plus importante.

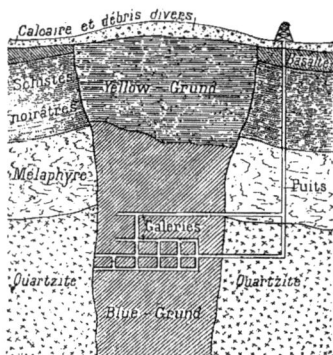

Fig. 128. — Coupe schématique d'une cheminée diamantifère.

Dans le *Damaraland allemand*, on a aussi découvert récemment une région diamantifère d'environ 35 kilomètres de longueur sur 5 kilomètres de largeur et située presque au bord de la mer. Les diamants y sont disséminés dans le sable à la surface du sol. La faible épaisseur de ces dépôts, qui ne dépasse pas 5 centimètres en moyenne, laisse supposer qu'ils seront assez vite épuisés.

Gisements d'alluvions. — Les gisements diamantifères du Cap exploités au début étaient des gisements d'alluvions (fig. 126). Ils ont été presque tous délaissés depuis la découverte des mines ou « cheminées diamantifères », exploitées en profondeur et dont la mine importante de Kimberley représente le type.

Dans les gisements d'alluvions on trouve parfois de fort beaux diamants, mais ils sont peu abondants, de sorte que leur exploitation n'est pas rémunératrice. Ils sont généralement cristallisés en octaèdres et colorés superficiellement en rouge. Leur production annuelle est de 18.000 carats environ. L'origine de ces gisements est assez problématique ; on s'accorde néanmoins à reconnaître que les diamants qu'on y trouve proviennent de cheminées diamantifères cachées dans le voisinage, sous les détritus de la roche mélaphyrique.

Cheminées diamantifères. — **Constitution géologique.** — Les cheminées diamantifères (fig. 128) ont un caractère tout différent. On les a comparées à juste titre à d'immenses colonnades enfoncées dans le sol. Lorsqu'on les découvrit au milieu du désert du Karoo, elles se montraient simplement sous forme de proéminences ne dépassant que de quelques mètres le niveau général de la région. Au-dessous de ces bosses, dont le diamètre varie entre 100 et 800 mètres, s'enfoncent normalement dans le sol des masses cylindriques taillées comme à l'emporte-pièce dans les roches encaissantes.

Dans l'intérieur de ces immenses cylindres, qui constituent la roche diamantifère proprement dite, se trouvent les diamants; il n'en existe aucun au dehors. L'exploitation consiste donc à enlever, par couches horizontales, chacune de ces colonnes (fig. 129) dont l'extrémité n'a encore jamais été atteinte dans aucune mine. Le diamètre des cheminées se rétrécit généralement dans la profondeur.

Les parois des cheminées sont parfaitement lisses et finement striées verticalement. Les stries, toutes parallèles, attestent nettement un frottement énergique et une poussée verticale dirigée de bas en haut. Au milieu de la masse on constate l'existence de nombreux débris de roches arrachés aux parois de la cheminée et souvent remontés de plus de 100 mètres de leur point d'origine.

Fig. 129. — Exploitation diamantifère à ciel ouvert au Cap (Cie Premier).

Le remplissage des cheminées consiste en roches fragmentaires, la plupart silicatées et magnésiennes, dans lesquelles se trouvent disséminés les diamants. Leur ensemble forme comme une boue solidifiée, sorte de brèche serpentineuse de teinte bleu verdâtre ou noire et empâtant un grand nombre de minéraux. Par l'action de l'air, elle se décolore peu à peu, se désagrège et constitue alors ce qu'on appelle le *blue-grund* ou terre bleue du Cap. La couche supérieure, qui est de couleur jaune et dont l'épaisseur varie entre 10 et 25 mètres, porte le nom de *yellow-grund* (terre jaune).

Les plus grandes profondeurs atteintes jusqu'ici dans les mines du Cap ne dépassent pas 900 mètres. La forme des cheminées varie suivant les gisements ; elle est souvent circulaire, parfois elliptique. Il en est de même de leur diamètre qui peut varier entre 10 et 500 mètres. Les dimensions de la mine Premier dépassent celles de tous les autres ; la cheminée a environ 800 mètres de grand axe et 400 mètres de petit axe. On arriverait donc à peine à la combler avec les matières réunies de toutes les autres mines du groupe de Kimberley.

Le roc constituant la ceinture de ces cheminées est variable suivant les mines. A Kimberley et Jagersfontein, c'est du schiste ou du basalte ; dans la mine Premier, c'est du grès. Les couches qui forment cette ceinture ne paraissent avoir éprouvé aucune altération pendant la montée de la roche diamantifère ; elles sont seulement un peu relevées dans le voisinage immédiat des cheminées.

Mode de formation. — D'après de Launay, la formation de ces cheminées semble pouvoir s'expliquer de la façon suivante :

Après s'être déposés et consolidés dans les eaux d'un grand lac qui pendant les anciennes périodes géologiques a certainement couvert l'Afrique Australe, les terrains horizontaux qui forment le plateau du Karoo ont été perforés par un *phénomène éruptif*, peut-être par une explosion de gaz internes.

FIG. 130. — Diamant dans sa gangue.

C'est alors que se sont brusquement ouvertes les cheminées diamantifères dont l'orifice peut être comparé aux cratères incomplets des régions volcaniques (gours de l'Auvergne, maares de l'Eifel). Il est ensuite monté de la profondeur une masse de roches à l'état de fusion aqueuse entraînant, avec des minéraux divers arrachés au sous-sol, des diamants entièrement cristallisés sous une très forte pression exercée en profondeur[1]. Le tout s'est finalement solidifié en masse (fig. 130).

---

1. Les expériences récentes de Von Bolton et De Boismenu (chap. XI) semblent démontrer que la pression ne joue pas dans la formation du diamant un rôle aussi important qu'on l'a supposé jusqu'à présent.

Nous avons dit que la plupart des gisements du Cap se sont présentés, au début de leur exploitation, c'est-à-dire au moment de leur découverte, comme surmontés d'une légère *éminence*. Dans certains cas, la présence des gisements s'est signalée par un phénomène inverse, par une *dépression* à laquelle les Boërs ont donné le nom expressif de « pans », qui signifie marmite ou poêle à frire.

Ces éminences et ces dépressions sont un puissant argument en faveur de la théorie précédente et il est facile de les expliquer en les comparant aux phénomènes auxquels donnent lieu certains volcans à lave très fluide tels que le Stromboli par exemple.

Dans ce volcan, la lave est soumise à des mouvements intermittents de montée et de descente alternant avec des périodes de repos. Pendant ces dernières, la masse fluide apparaît à des niveaux différents suivant la quantité de matière entraînée et la pression qui agit au-dessous d'elle. On la voit parfois déborder complètement et couler sur les pentes extérieures du cratère, parfois atteindre juste le sommet du volcan, parfois aussi rester à un certain niveau au-dessous de l'orifice, à l'intérieur du cratère. Si l'on suppose maintenant cette lave, dans l'une quelconque de ces positions, se solidifier plus ou moins brusquement, on aura là l'exemple le plus frappant de ce qui s'est certainement passé lors de la formation des cheminées diamantifères. Les *kopyes* (émi-

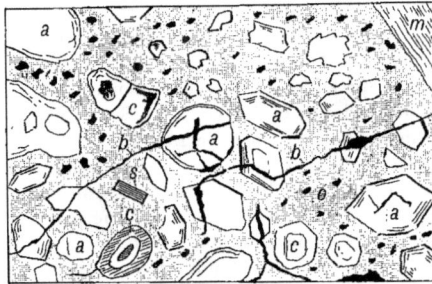

Fig. 131. — Brèche diamantifère du Cap (blue-grund) vue au microscope : 20 diamètres. (D'après L. de Launay.)

a, serpentine ; b, veinules de serpentine ; c, péridot non altéré ; s, mica noir ; m, fragment de roche étrangère ; les points noirs sont constitués par de la magnétite.

nences) correspondent à la solidification de la masse fluide ou pâteuse après son épanchement sur le sol au-dessus du niveau supérieur de la cheminée, et les *pans* à sa solidification à l'intérieur de la cheminée, soit que la matière ait fait défaut, soit que la pression soit demeurée insuffisante.

Blue-grund. — On a beaucoup étudié, au point de vue géologique et minéralogique, le *blue-grund* qui, ainsi que nous l'avons vu, constitue le remplissage des cheminées diamantifères. La pâte qui unit les fragments de roches constituant cette sorte de brèche est généralement regardée comme une bronzite

J. ESCARD.   18

hydratée pénétrée par une quantité variable de calcite et de silice. Voici la composition exacte de celle qui constitue les gisements de Kimberley :

Silice	39,73 %
Alumine	2,31
Protoxyde de fer	9,70
Magnésie	24,42
Chaux	10,16
Acide carbonique	6,56
Eau	7,55

D'après L. de Launay, le blue-grund serait une péridotite à pyroxène serpentinisée pouvant passer à une pyroxénite à olivine, parfois avec mica noir et limonite. Il renferme des cristaux inaltérés de péridot et de pyroxène (salite) englobés dans une pâte serpentineuse. Certains cristaux ont des fissures remplies de bastite. Il y a aussi une grande abondance de magnétite souvent chromifère ainsi que de limonite qui en dérive (fig. 131).

D'après Moulle, la roche diamantifère proviendrait d'un niveau inférieur au granite primitif de l'Afrique du Sud. Elle a dû subir une désagrégation plus ou moins importante par l'action des gaz hydrocarbonés à haute pression avec le concours de l'eau ou d'hydrocarbures liquides. Le diamant aurait trouvé son carbone dans ces hydrocarbures ; il aurait cristallisé, non dans les cheminées éruptives, mais au sein du magma formé par la roche broyée et imprégnée d'hydrocarbures. Ces derniers ont imbibé en quelque sorte la roche diamantifère qu'ils ont colorée en noir, tandis que les hydrocarbures en excès se sont peu à peu dégagés : ils ont laissé comme témoins de leur passage des mélanges gazeux semblables au grisou des mines de houille et qui remplissent certaines cavités de la roche diamantifère. Quant au yellow-grund, il ne serait que du blue-grund duquel les hydrocarbures se seraient complètement échappés ; son foisonnement proviendrait précisément des gaz qu'il tenait antérieurement emprisonnés.

Parmi les nombreux minéraux qui accompagnent le diamant dans les cheminées diamantifères, il faut citer un certain nombre de gemmes telles que la topaze, le grenat, le quartz hyalin ou opalin, l'agate, le zircon. On y rencontre également des micas magnésiens, l'ilménite, la pyrite de fer, la limonite, la salite (variété de pyroxène), l'asbeste, la calcite, des zéolithes. Moissan a en outre décelé la présence, dans la terre bleue, de diamants microscopiques (0 mm, 1 à 0 mm, 8), transparents, colorés ou noirs (carbonados) ; les diamants transparents sont toujours bien cristallisés et possèdent généralement des arêtes arrondies. On y rencontre aussi des boorts.

Autres gisements diamantifères.

Bornéo. — Les mines de diamants de l'île de Bornéo sont connues et exploitées depuis plusieurs siècles. Elles comprennent deux districts principaux (fig. 132) : celui de Landak, à l'ouest de l'île, et celui de Martapoera auquel se rattachent tous les gisements du sud et de l'est de l'île.

Dans les *gisements de Landak*, les diamants se rencontrent dans des couches de diluvium ainsi que dans le lit des rivières qui traversent cette région. On en trouve également dans les amas de graviers anciens situés au pied de plusieurs monts. L'épaisseur des couches de diluvium varie entre 2 et 12 mètres, mais les couches inférieures seules renferment des diamants. Ceux-ci sont accom-

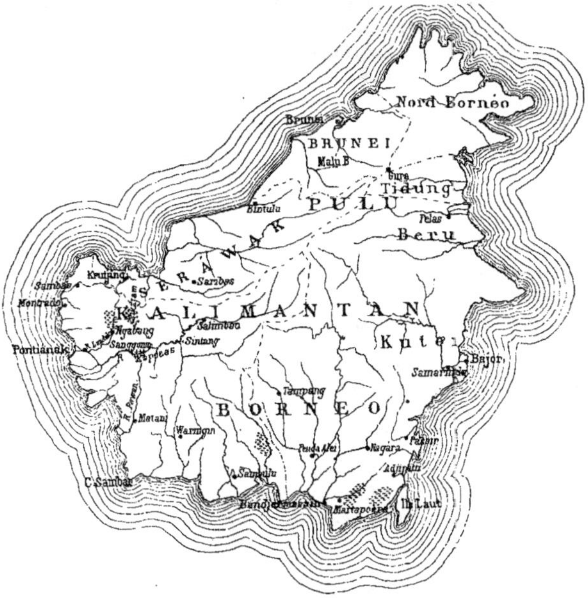

Fig. 132. — Gisements diamantifères de Bornéo.

pagnés d'un grand nombre de minéraux plus ou moins roulés : quartz, corindon, amphibole, mica, magnétite, cinabre. L'exploitation des diamants s'y fait dans de très mauvaises conditions par suite des rares visites d'explorateurs dans l'île, de sorte que les améliorations sont très peu sensibles. Ce sont des Malais et des Chinois qui travaillent dans la plupart de ces gisements.

Les diamants se présentent avec des formes et des colorations assez variées;

les octaèdres et les rhombododécaèdres sont les plus fréquents; leurs faces sont souvent striées. Comme teintes, celles que l'on rencontre accidentellement sont le jaune, le violet et le vert; elles donnent à ces diamants une grande valeur. La plupart sont d'un beau blanc ou légèrement teintés de jaune ou de bleu.

Dans les *gisements de Martapoera*, on rencontre de très vastes étendues de terres diamantifères; mais leur richesse est faible et il n'y a actuellement que quelques mines qui soient l'objet d'une exploitation active. Le recouvrement superficiel est formé par un mélange de terres argilo-marneuses, de sable et de galets. Immédiatement au-dessous sont les dépôts diamantifères où l'on rencontre des fragments de quartz roulé, des blocs de calcaire coquillier, du silex, de l'argile ainsi que les satellites du diamant : rutile, saphir, rubis, topaze, zircon, chromite, magnétite, etc. La roche de fond est constituée par un mélange ou des assises d'argile rouge compacte, de schistes, de houille bitumineuse et de grès. Les formes prédominantes du diamant, dans ces gisements, sont l'octaèdre, le dodécaèdre et l'hémioctaèdre. Leur coloration est très variée.

Sumatra. — Le diamant a été signalé à Sumatra dans le district de Daladoula. De même qu'à Bornéo, il se rencontre dans un gravier disposé par couches au milieu d'assises de terre végétale et d'argile. Dans le gravier, on trouve à côté du diamant un certain nombre de roches dures ainsi que des cailloux de quartz roulé, du platine et de l'or en paillettes.

Australie. — C'est en 1851 que le diamant a été découvert en Australie dans les sables aurifères de Reedy-Creek, près de Bathurst. En 1859, on en a également trouvé sur plusieurs points de la Nouvelle-Galles du Sud et, en 1862, dans les sables métallifères de Freemantle. Enfin, en 1867, on a découvert deux autres gisements diamantifères : celui de Mudgee, sur la rivière de Cudgegong, et celui de Bingera, près des montagnes de la Chaîne de Drummond.

Ces deux derniers gisements seuls ont de l'importance. Celui de Mudgee, exploité depuis 1869, est constitué par de petits îlots ayant certainement fait partie autrefois du lit d'une ancienne rivière. Aujourd'hui, il est recouvert par une nappe de basalte que l'on peut rattacher au pliocène. L'épaisseur de la couche diamantifère varie entre 3 et 20 mètres.

Les dépôts jusqu'ici exploités ont une superficie voisine de 400 hectares; ils sont constitués par des substances grossièrement mélangées et peu consistantes bien qu'en certains points les minéraux paraissent liés par une sorte de ciment blanc très riche en silice. Le quartz, le grenat, la tourmaline, le corindon, le zircon, l'or, accompagnent presque toujours le diamant dans ces gisements.

Les gisements de Bingera n'ont en aucun point plus de 50 à 60 centimètres d'épaisseur; les diamants s'y rencontrent du reste tout près de la surface, dans un mélange de sable et d'argile. La roche de fond est un schiste argileux plus ou moins pur. On y trouve aussi un grand nombre de métaux rares, tels que l'osmium, l'iridium, l'or, l'étain, et différentes gemmes : topazes, corindons, tourmalines, etc. Les diamants sont généralement petits mais d'une très belle eau.

Sud-Ouest africain et Libéria. — On a découvert, en 1908, dans le *Sud-Ouest africain allemand*, non loin du port de Lüderitzbuch, des gisements diamantifères situés à 20 kilomètres environ de la côte. Ces gisements s'étendent sur une longueur de 260 km. Depuis leur découverte, ils ont fourni annuellement environ 250.000 carats de diamants bruts.

Dans la république de *Libéria* (Afrique occidentale), un géologue anglais, M. Hatch, a découvert, en 1911, des diamants dans les alluvions de plusieurs rivières. D'après ce savant, les alluvions diamantifères ne résulteraient pas de l'attaque directe de la roche en place, mais seulement de celle de ses produits de décomposition.

Guyane anglaise. — La Guyane anglaise possède actuellement trois régions diamantifères exploitées : celle du cours supérieur de la rivière Barima, à 90 kilom. environ au sud-est de Janua ; celle du bassin du Mazaruni supérieur et le long de la rivière Putareng ; enfin celle du district d'Omai, sur la rivière Potaro, tributaire de l'Essequibo.

Les exploitations ne sont pas encore dirigées sur une grande échelle à cause de leur éloignement des grands centres et des dépenses considérables qu'elles occasionnent pour leur installation. La plupart des gisements sont cependant suffisamment riches pour être d'un bon rapport.

Amérique du Nord. — On connaît, depuis plusieurs années, quelques gisements diamantifères aux *États-Unis*. Les diamants s'y trouvent généralement dans des terrains d'alluvions, principalement dans l'Ohio, l'Indiana, le Michigan et le Wisconsin. Récemment, on a découvert près de Marfreesboro, dans le comté de Pike (Arkansas), un champ diamantifère dont les pierres, diversement teintées, pèsent de 1,5 à 6,5 carats. On a trouvé également des diamants en Géorgie (comté de Hall), dans la Caroline-du-Nord (comtés de Rutherford et de Franklin) et dans la Virginie, près de Richmond.

Au *Canada*, des recherches ont été faites dans le but de trouver le diamant en place le long de la ligne transcontinentale de Québec à Winnipeg. Sur le versant est du Blue-Ridge et le versant ouest de la Sierra-Nevada, on a rencontré des diamants.

Il est peut-être utile de rappeler qu'à différentes reprises et notamment en 1872, des spéculateurs malhonnêtes ont affirmé avoir trouvé un champ de diamants dans l'Arizona, alors que ceux qu'ils prétendaient avoir recueillis venaient du Cap.

Chine. — C'est en 1874 que deux Français, David et Fauvel, signalèrent pour la première fois la présence du diamant sur le territoire chinois. En 1875, M. David signala comme probable la présence de poussières diamantifères dans certaines rues de Pékin [1]. En 1878, M. Fauvel, officier des douanes chinoises, a pu recueillir un grand nombre de petits diamants dont la plupart sont utilisés par les raccommodeurs de porcelaine en raison de leur dureté.

L'existence du diamant a été en effet vérifiée dans les environs de Yi-Tchéou-Fou. A 16 km. de cette ville, sont les monts Tching-Kang-Sin (étym. : *chaîne des diamants*) dans lesquels les diamants se montrent en assez grande abondance. C'est surtout dans les terres sablonneuses qu'on les rencontre le plus généralement. La grosseur des cristaux varie entre celle d'un grain de millet et celle d'un grain de chènevis ; leur couleur est généralement blanc jaunâtre, mais il y en a aussi de parfaitement incolores.

L'exploitation de ces gisements est des plus originales. C'est à l'aide de leurs sandales que les Chinois recueillent les diamants en profitant de leurs arêtes aiguës ; les cristaux se piquent ainsi dans la semelle en paille de riz et lorsqu'on juge celle-ci suffisamment armée, on en dégage les diamants.

Europe. — On a trouvé des diamants dans l'*Oural* en 1830. C'est à la suite d'explorations entreprises précisément dans un but géologique et minéralogique que fut faite cette découverte. L'analogie entre certains terrains de l'Oural et ceux des gisements diamantifères du Brésil avait laissé supposer que le diamant pouvait exister aussi bien dans les premiers que dans les seconds. Il en fut bien ainsi, mais depuis cette époque on n'a pas trouvé de gisements pouvant être exploités d'une façon suffisamment rémunératrice.

En *Laponie*, MM. Rabot et Vélain ont montré la présence du diamant dans des sables provenant de la désagrégation par les eaux de nombreuses roches gneissiques et granitiques. Les sables étudiés provenaient de la région de la rivière Paswig.

Les diamants sont toujours de petite taille, car ils ne dépassent guère $1^{mm},25$ de diamètre. Ils présentent cependant un éclat très vif, une réfringence

1. On suppose que cette poussière diamantifère, que beaucoup de travailleurs passent au tamis pour l'enrichir, provient de cendres de briquettes artificielles de houille. Cette dernière est en effet exploitée activement à 150 km. environ au nord-ouest de Pékin (mines de Ki-Ming-Chan). Le diamant aurait ainsi son origine dans les schistes cristallins encaissant les couches de houille et qui, une fois décomposés, donnent l'argile utilisée pour la fabrication des briquettes.

marquée et une parfaite transparence. Ils sont accompagnés d'un grand nombre de minéraux : grenat, zircon, amphibole, disthène, rutile, glaucophane, tourmaline, sphène, épidote, etc. Leur origine semble devoir être recherchée dans les pegmatites qui abondent en certains points de la région ; elle serait donc analogue à celle des diamants de l'Inde.

Gisements problématiques. — Nous ne dirons que quelques mots des gisements dans lesquels le diamant a été signalé mais dont la présence nécessite de nouvelles confirmations.

En *Bohême*, un diamant aurait été trouvé en 1870 par M. Schafaritz, à 60 km. au nord-ouest de Prague, dans des sables grenatifères. On a beaucoup parlé de ce diamant *unique*, on l'a étudié sous tous ses aspects, mais depuis cette époque on n'en a jamais trouvé d'autres dans cette contrée.

En *Colombie*, on a signalé la présence du diamant dans les mines d'or d'Antiquia. Les terrains de cette région ont une composition presque identique à celle des gisements sud-africains et, d'après plusieurs géologues et explorateurs, les gisements diamantifères devraient aussi se correspondre comme richesse et disposition. Cependant, aucune confirma-

FIG. 133. — Météorite diamantifère de Cañon-Diablo (1/4 environ de grandeur naturelle).

tion n'a encore été donnée de ces théories qui demeurent ainsi, jusqu'à de nouvelles recherches, à l'état de pures hypothèses.

Trois diamants auraient été découverts aussi en *Algérie*, près de Constantine, en 1833. Ils ont été soumis à l'examen de différents savants, mais depuis cette date, aucun autre diamant n'a été signalé dans cette colonie.

On a également mentionné la présence du diamant dans la Sierra-Madre, au *Mexique*.

Météorites diamantifères. — On sait que les météorites sont des roches extra-terrestres provenant sans doute du démantèlement d'astres plus ou moins rapprochés de nous et que l'on peut ainsi considérer comme des prises d'échantillons témoins de leur composition.

Weinschenk, Mallard, Friedel et Moissan ont constaté la présence de très petits diamants dans plusieurs météorites. C'est dans le fer d'Arva, trouvé à Mangoura (Hongrie), que fut faite la première découverte. Soumis à l'analyse, ce fer contenait, à côté d'une notable quantité de carbure de fer et d'alliages divers de nickel et de fer, un certain nombre de minéraux tels que le péridot, la trydimite, l'enstatite et, à côté, de tous petits cristaux d'une substance parfaitement transparente et incolore qui rayait facilement la surface polie d'un rubis. Ces derniers cristaux étaient des diamants, ainsi qu'on a pu s'en rendre compte par leur analyse et leur combustion dans l'oxygène.

En 1886, une constatation analogue eut lieu pour une météorite recueillie près du village de Nowo-Uréi, en Russie. Cette météorite avait la composition suivante :

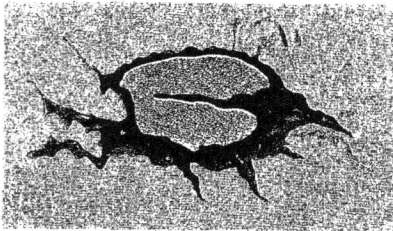

FIG. 134. — Tache elliptique de la météorite diamantifère de Cañon-Diablo. (Gr. nat.)

Péridot	67,48 °/₀
Pyroxène	23,82
Fer nickelé	5,45
Pyrrothine	0,43
Chromite	0,65
Substances charbonneuses	2,26

Le diamant existait dans cette météorite dans la proportion de 1 0/0 environ du poids total. C'est un rendement énorme si l'on songe à la faible diffusion de ce corps à la surface terrestre. Il y était distribué sous forme de poussière très fine disséminée dans la roche.

La météorite de Cañon-Diablo (Arizona), trouvée en 1891, montra également la présence de diamants noirs : le diamètre maximum de ces derniers ne dépassait pas 1 millimètre. G. Friedel et Moissan ont confirmé depuis ces faits et démontré en outre la présence de diamants transparents dans cette même météorite. On y rencontre également de petites quantités de graphite et de carbone amorphe.

C'est en cherchant à diviser en deux blocs cette météorite par la scie que la présence du diamant fut ainsi décelée. Après avoir pénétré assez facilement dans la masse métallique jusqu'à une profondeur de plusieurs centimètres, la scie s'arrêta comme si elle eût heurté un corps très dur analogue à un clou dans un morceau de bois. Néanmoins, la scie contourna l'obstacle et parvint ainsi à diviser le bloc.

La météorite montrait alors sur les deux surfaces mises ainsi à nu (fig. 133) cinq grosses taches de teinte grise ou noirâtre ; la plus grande, de forme elliptique (fig. 134), mesurait 25 millim. de grand axe et 20 millim. de petit axe. Il fut acile de se rendre compte que c'étaient ces taches qui avaient formé résistance contre la scie. Analysées, elles ont montré la présence d'une partie métallique soluble et d'un résidu insoluble dans l'acide chlorhydrique pur. Dans ce résidu, se trouvaient plusieurs variétés de charbon : un charbon léger de couleur marron, du graphite et enfin du diamant. Celui-ci est constitué, soit par du diamant noir en grains arrondis et toujours très petits, soit par du diamant transparent qui affecte différentes formes : gouttes, octaèdres, diamants à crapauds. Ces diamants ont de 0 mm, 5 à 1 millimètre de longueur. Les taches sont constituées par une combinaison de fer, nickel, soufre et phosphore. Le carbone y existe dans la proportion de 1,96 0/0 ; le cobalt, le silicium et le magnésium s'y montrent également à l'état de traces.

On sait que c'est la constatation de la présence simultanée de ces divers éléments dans la météorite de Cañon-Diablo qui a été le point de départ des recherches de Moissan sur la production artificielle du diamant (chap. XI). Il est du reste logique de supposer qu'il se trouve bien là dans sa roche-mère, celle au sein de laquelle il a pris naissance.

II. — EXPLOITATION DES GISEMENTS DIAMANTIFÈRES

Extraction du minerai. — Gisements d'alluvions. — Les gisements diamantifères d'alluvions étaient autrefois travaillés par des moyens assez primitifs et rudimentaires. Les sables, recueillis avec toutes les matières étrangères accompagnant le diamant, étaient portés dans de grandes cavités creusées dans le sol près d'une rivière. On pouvait ainsi les transformer en une sorte de ciment dont l'argile s'éliminait peu à peu. La masse traitée était ensuite étendue sur un terrain plat où on la laissait se dessécher au soleil. Finalement on effectuait le triage des diamants à la main.

Au Brésil, on s'est servi pendant longtemps et on se sert encore dans certaines mines de tamis de diverses grosseurs qu'on remplit de terre diamantifère et qu'on agite continuellement en y versant de l'eau. Les matières argileuses sont entraînées par l'eau et il ne reste dans les tamis que les graviers et les diamants. La séparation de ces derniers se fait à la main.

Les cours d'eau diamantifères ne sont généralement exploitables que par l'établissement d'une dérivation (fig. 135) mettant momentanément à sec l'étendue d'alluvions à travailler. C'est du reste après la saison des pluies seulement que ce travail est possible.

Mines. — Dans les mines du Cap, l'eau faisait totalement défaut au moment de leur découverte ; elle était même tellement rare à Kimberley qu'en 1881 une barrique d'eau se payait couramment 3 fr. 75. L'année suivante, on y amena l'eau du Vaal River.

Au début, l'exploitation de ces mines s'effectuait simplement à la pioche et à la pelle. Chaque mineur avait la concession d'une partie ou de la totalité d'un *claim*. Le claim valait environ 100 mètres carrés. Au fur et à mesure que les travaux d'extraction ont avancé, de grandes difficultés ont surgi pour élever les terres jusqu'au niveau du sol où s'effectuait leur traitement. On installa alors des

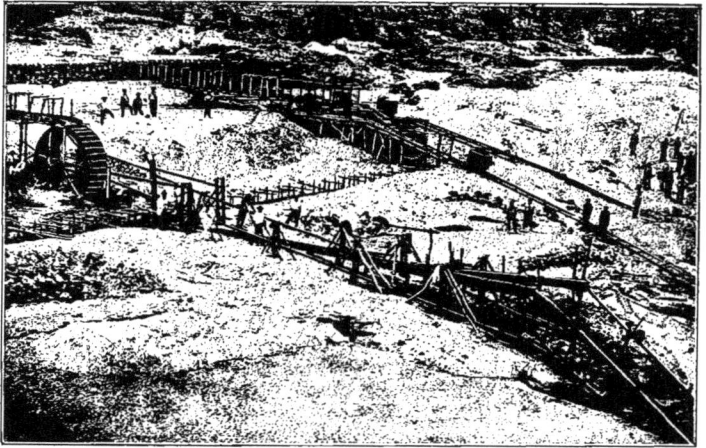

Fig. 135. — Exploitation des alluvions diamantifères de Portao-de-Ferro, près Diamantina (Brésil).

treuils mus à la main ou par des chevaux. Ces treuils remontaient des seaux pleins de terre qui glissaient le long de câbles aériens.

C'est en 1885 que furent installées à Kimberley les premières machines à vapeur. Elles ont permis d'activer et surtout de régulariser les travaux d'extraction de la roche diamantifère. Les mines, qui jusque-là avaient l'aspect d'immenses cavités remplies de blocs de terrain de différentes hauteurs, se transformèrent peu à peu en trous assez régulièrement cylindriques. On imagina également des dispositifs destinés à supprimer les éboulements des parois vers l'intérieur.

Cependant, au fur et à mesure qu'on s'enfonçait dans le sol, le yellow-grund faisait place au blue-grund, beaucoup plus dur et qui nécessite l'emploi de la dynamite pour l'abatage. Pour extraire les diamants, cette terre était d'abord divisée en gros blocs dans la mine même, puis on chargeait ces derniers dans des wagonnets aboutissant à un point central où arrivait également une grande benne glissant de la surface jusqu'au niveau d'extraction sur des câbles en acier.

La terre diamantifère était ensuite étalée sur des champs appelés *floors* (fig. 136) où on la divisait le mieux possible à coups de pioches. Par l'action de la pluie, de l'air et du soleil, elle finissait par devenir très pulvérulente et, par lavage, permettait d'isoler les diamants.

Dans certaines mines, le travail souterrain est nécessaire à cause des éboulements dus au terrain meuble formant la ceinture des cheminées. On procède alors par puits et galeries solidement boisés.

Pour différentes raisons cependant, l'exploitation d'un grand nombre de gisements par claims est devenue peu à peu impossible. Aussi, la nécessité de réunir en une seule so-

Fɪɢ. 136. — Aspect désertique des champs diamantifères de l'Afrique australe : un floor.

ciété les diverses compagnies de chaque mine en vue d'arriver à un travail rationnel s'est-elle rapidement montrée comme évidente.

La « De Beers Cᵒ » seule réussit à absorber, non seulement toutes les autres compagnies du même nom, mais aussi toutes les mines du groupe de Kimberley. Ce travail de fusion dura de 1886 à 1890. Dans ce groupe, il n'y a plus que la mine de Wesselton que l'on exploite encore en partie à ciel ouvert et en partie souterrainement, mais il faudra bientôt y abandonner le premier procédé. Les mines de Jagersfontein et de Voorspoed, dans l'État libre d'Orange, n'ont pas encore adopté le travail souterrain. Au Transvaal, la mine Premier travaille aussi et travaillera encore longtemps, semble-t-il, à ciel ouvert (pl. III) ; la ceinture de la cheminée est en effet un roc très dur, du grès, qui ne se désagrège que lentement même lorsqu'il est mis à nu.

Dans ces mines, on travaille toujours en terrasses et, quatre fois par jour, on désagrège la roche par des coups de mine qui abattent la terre. Jusqu'à ces derniers temps, les trous étaient préparés à la main : il était en effet impossible d'utiliser pour cela des perforatrices à air comprimé, car il aurait fallu avoir dans toute la mine des conduites amenant cet air comprimé, et les conduites auraient dû être déplacées au fur et à mesure de l'avancement des travaux en profondeur. La question vient d'être résolue par l'adoption de perforatrices percutantes-rotatives fonctionnant électriquement. Chaque série de cinq perforatrices marche, il est vrai, à l'air comprimé, mais les compresseurs d'air sont dans leur voisinage immédiat et ces derniers seuls sont commandés électriquement. Bien entendu, chaque perforatrice est reliée à son compresseur par un tuyau flexible, mais comme il est facile d'établir dans la mine des câbles électriques en tous sens, la mise en marche de l'ensemble de ces appareils s'effectue avec une extrême rapidité. Au moment du « gare la mine », tous les appareils sont mis dans des abris recouverts de sacs de terre.

L'adoption de ce procédé réalise une grande économie sur l'emploi des anciennes méthodes, notamment pour les frais d'abatage : elle a permis de supprimer d'un seul coup plusieurs milliers d'ouvriers noirs au travail de la mine. Les perforatrices tournent très rapidement et permettent de pratiquer un trou de 2 mètres environ de profondeur en moins de 5 minutes ; elles peuvent fonctionner dans tous les sens, aussi bien de bas en haut que de haut en bas et latéralement ; les débris s'échappent par une ouverture ménagée dans l'appareil pendant le percement du trou. Les mines de Kimberley, de Beers, Dutoits Pan et Bultfontien ne sont travaillées actuellement que souterrainement.

D'après M. P. Dreyfus, administrateur de la mine Premier et de qui nous tenons ces renseignements, les plus grandes profondeurs atteintes jusqu'ici sont les suivantes : dans le groupe de la « De Beers », 880 mètres pour la mine de Kimberley, 650 mètres pour celle de la De Beers, 340 mètres pour celle de Bultfontein, 330 mètres pour celle de Wesselton et 260 mètres pour celle de Dutoits Pan. A la mine Premier, le point le plus profond actuellement n'est qu'à 60 mètres de la surface. D'après les sondages effectués et en supposant une exploitation de 15 mètres environ d'épaisseur par an, on a calculé qu'il y avait encore pour 25 ans au moins de travail dans cette mine.

Traitement de la terre diamantifère au sortir de la mine. — Comme la cohésion et la dureté du minerai diamantifère varient d'une mine à l'autre, l'emploi des *floors* ne présente pas partout les mêmes avantages. La « De Beers C° » est du reste à peu près la seule actuellement qui utilise ce procédé. Elle emploie de lourds rouleaux à vapeur semblables à ceux qui servent à empierrer nos routes et munis de fortes pointes d'acier. Néanmoins, certaines terres sont si dures qu'elles n'arrivent jamais à se pulvériser sur les floors, même après 4 ou 5 mois d'exposition au soleil et à la pluie. Il faut donc, dans ce cas, employer une autre méthode.

Fig. 137. — Pans pour le lavage des boues diamantifères au Cap.

Celle qu'utilise la Cie Premier, ou traitement direct, consiste à faire arriver la terre diamantifère, au sortir de la mine, dans des *machines à laver*. Les wagonnets sont déchargés automatiquement et déversent le minerai sur une grille : le fin passe au travers tandis que les blocs restent au-dessus ; on les conduit alors dans des concasseurs, et de là ils rejoignent le fin ; l'ensemble passe entre des rouleaux cannelés qui le réduisent à l'état de fragments ne dépassant pas 2 centimètres environ de diamètre.

Pulsators et tables à graisse. — Quel que soit cependant le procédé de division adopté, on obtient finalement une poudre qu'on arrose abondamment d'eau et qu'on reprend par des chaînes à godets. Celles-ci déversent la matière dans des pans (fig. 137), vastes bassins circulaires où la boue ainsi formée se sépare d'après la densité des graviers contenant les diamants. Les secondes boues qui sortent de ce pan repassent à travers une nouvelle série de rouleaux qui

Fig. 138. — Pulsators pour le traitement et l'enrichissement de la terre diamantifère au Cap.

achèvent de diviser en menus fragments ceux que l'eau n'a pas réussi à réduire ; on les amène dans un autre pan qui leur fait subir un second lavage.

Ce traitement s'effectue dans d'excellentes conditions, l'eau étant maintenue dans un état d'agitation constante au moyen de bras en acier animés d'un mouvement de rotation. La boue légère s'écoule régulièrement vers le centre tandis que le gravier lourd déposé au fond du pan est extrait de celui-ci pour se rendre aux appareils de concentration. Ce gravier porte le nom de *déposit*. Comme il contient toujours un peu de boue entraînée, on le lave, puis on le fait arriver dans les *pulsators* (fig. 138), qui rejettent environ 75 p. 100 des graviers. Ceux-ci, malaxés dans un cylindre classeur, sortent de l'appareil sous quatre dimensions : les plus gros s'échappent par l'extrémité du cylindre et tombent sur une *table de triage* qui permet de recueillir les diamants pesant 75 carats et plus ; les trois autres dimensions de gravier, plus petites, tombent sur des tamis placés au-dessus de boîtes réceptrices ; à l'intérieur de ces boîtes arrive un fort courant d'eau qui suffit pour rejeter en dehors du tamis les sables légers ; les graviers lourds et les diamants passent au travers et tombent dans la boîte.

Pour séparer les diamants de ces derniers graviers, on a recours aux *tables à graisse* dont l'emploi est basé sur ce fait que, de tous les minéraux composant le gravier à diviser, le diamant est le seul qui adhère à la graisse. Il est donc très facile de mettre à profit cette propriété en utilisant des tables à secousses recouvertes de graisse et qui reçoivent le gravier en même temps qu'un courant d'eau. Lorsque la graisse est suffisamment chargée de graviers, on la recueille

Fig. 139. — Triage des diamants à la main au sortir des appareils de lavage et de concentration.

et on l'introduit dans des marmites perforées, à leur partie inférieure, de tous petits trous. On les plonge dans l'eau bouillante : la graisse fond, s'écoule et ne laisse dans les marmites que les diamants et fort peu de graviers. Finalement, le contenu de ces marmites est déversé sur des tables de triage d'où les diamants sont retirés à la main (fig. 139).

Tube-mill. — Un des derniers perfectionnements est l'emploi du *tube-mill* (fig. 140), qui donne un meilleur rendement que les tables à graisse, celles-ci laissant toujours quelques diamants s'échapper. Le tube-mill est un énorme cylindre de fonte entièrement garni à l'intérieur d'un revêtement de blocs de silex unis par du ciment; il tourne horizontalement autour de son axe avec une vitesse de 25 tours par minute. Les graviers provenant des pans arrivent dans ce tube par une extrémité et sortent par l'autre. Ils sont réduits en poudre fine dans la proportion de 85 p. 100 environ de la matière introduite, des galets de silex contenus dans les cylindres les broyant rapidement pendant leur rotation.

Fig. 140. — Tube-mill pour l'élimination des graviers et la concentration de la terre diamantifère au Cap.

Les diamants ne sont pas brisés pendant ce travail, ainsi qu'on s'en est rendu compte en introduisant dans les tube-mill certains diamants faciles à reconnaître : on les a toujours recueillis intacts à leur sortie des appareils.

Ces installations permettent de traiter de 25.000 à 30.000 tonnes de terre diamantifère par jour. Ces chiffres, qui se rapportent à la mine Premier, permettent de se rendre compte de l'importance de cette industrie. Et cependant la teneur du minerai en diamant est extrêmement faible : elle varie, en effet, quant au poids, entre 1/15.000.000 et 1/50.000.000^e. Autrement dit, il faut traiter en moyenne 22.000 kilog. de terre diamantifère pour obtenir 1 gramme de diamant. En d'autres termes encore, on ne recueille guère plus de 1 gramme de diamants par 5 à 7 mètres cubes de terre diamantifère traitée.

En résumé, les perfectionnements apportés dans le mode de traitement du minerai concernent les trois points suivants :

1° Suppression des floors par l'adoption du traitement direct dans des appareils de lavage et de concentration ;

2° Remplacement, dans les appareils de lavage, des pans par les pulsators qui donnent un meilleur rendement ;

3° Adoption du tube-mill dans les appareils de concentration, qui permet de réaliser une grande économie de main-d'œuvre.

Nous devons ajouter que l'emploi de l'électricité, aussi bien pour l'éclairage que pour la force motrice, réalise une nouvelle économie sur la vapeur dont on a dû se contenter jusqu'à ces dernières années.

Prix et production. — Le prix de revient du carat brut varie suivant les mines. A la « Cie Premier » il est de 8 à 9 francs ; à la « De Beers C° », il dépasse 30 francs. Cette grande différence tient aux difficultés d'extraction dans les mines de cette dernière Compagnie où l'exploitation se fait au moyen de galeries souterraines très profondes, alors qu'à la mine Premier on travaille à ciel ouvert.

La production annuelle mondiale en diamants des diverses mines se chiffre par plusieurs millions de carats, soit plusieurs tonnes de ce précieux minéral. Nous donnons ci-dessous les chiffres de la production, jusqu'en 1911, des trois principales Compagnies de l'Afrique Australe, en carats bruts :

Années	Cie De Beers	Cie Premier	Cie Jagersfontein.
1906	2.214.000 c. b.	899.745 c. b.	219.271 c. b.
1907	2.619.872	1.889.987	265.331
1908	1.859.131	2.078.835	224.204
1909	1.308.834	1.872.136	338.581
1910	2.255.834	2.145.832	—
1911	—	1.774.206	—

Les nouvelles installations vont permettre d'ici peu à la Cie Premier de fournir annuellement 4.000.000 de carats bruts.

J. Escard.

M. L. de Launay évalue ainsi la production totale des diamants dans le monde entier depuis l'origine de leur extraction :

	Prod. totale : millions de carats.	Valeur à l'état brut : millions de francs.
Indes	10	426
Brésil (1713-1910)	12	500
Afrique australe (1867-1910).....	120	3.900
Totaux...	142	4.826

Ces 142 millions de carats de diamants bruts représentent 28 t. 4, soit 8 mètres cubes, et 4,8 milliards de francs. En tenant compte de la taille, le volume et le poids de ce stock de diamant peuvent être diminués de moitié; mais sa valeur marchande, aux cours actuels, est peut-être cinq à six fois supérieure.

On peut estimer que le public achète encore, chaque année, pour 140 millions de francs de diamants bruts, correspondant à plus de 600 millions de francs de diamants taillés.

Les prix moyens de vente actuels sont, par carat brut :

Mine Premier...	20 à 22 francs		Bultfontein.....	47 à 50 francs
De Beers.......	50 à 55 —		Jagersfontein....	70 à 76 —
Kimberley......	48 à 52 —		Koffyfontein....	50 à 65 —

La grande différence des prix, suivant les Compagnies, tient surtout à la qualité des diamants. Ainsi, la Compagnie Premier produit aussi bien des borts que des diamants de très belle qualité, ce qui donne un prix moyen très faible pour le carat. La Compagnie Jagersfontein, qui ne produit que des diamants de choix, a naturellement des prix plus élevés. Le prix du diamant varie en outre d'une année à l'autre et subit même des fluctuations importantes suivant l'offre et la demande. La dernière crise date de 1907 : elle fut d'origine américaine et causa une telle baisse de prix qu'elle a entraîné pendant plusieurs mois un arrêt complet des affaires.

Le grand marché des diamants bruts est à Londres. Depuis plusieurs années, la production des Cies De Beers et Jagersfontein est achetée par un puissant syndicat de cette ville qui la détaille aux diamantaires de Hollande, de Belgique, de France et des États-Unis. La Cie Premier a également des bureaux de vente à Londres.

Les diamants sont classés et vendus par qualités et grosseurs. En tête sont les diamants parfaitement transparents, dits de *première eau*. Viennent ensuite ceux de deuxième, de troisième eau, puis ceux qui présentent certains défauts nécessitant ultérieurement le sciage. Le *mêlé* comprend les pierres de vilaine couleur, les cristaux de petites dimensions maclés ou parsemés de taches, les diamants irréguliers ; toutes ces pierres s'ajoutent au bort pour la préparation de l'*égrisée*, employée pour la taille du diamant ; leur prix ne dépasse guère, au carat, le huitième environ de celui des belles pierres de dimension moyenne.

Législation des mines. — Dans les mines du Cap, la plupart des ouvriers sont des Cafres qui travaillent sous la direction des blancs. Les mécaniciens, mineurs, etc., c'est-à-dire tous les ouvriers techniques, sont des blancs. Les salaires des noirs varient entre 35 et 80 francs par mois ; leur travail est généralement organisé à la tâche. Ils reçoivent en outre une prime chaque fois qu'ils trouvent eux-mêmes des diamants entraînés hors des appareils. Cette pratique a du reste le grand avantage d'encourager à l'honnêteté et de diminuer les *vols de diamants*.

Ces derniers ont été et sont encore très importants. Il est impossible de les estimer exactement, mais il n'est certainement pas exagéré de dire qu'à certains moments ils ont dépassé le quart de la production. C'est énorme quand on songe à la valeur du diamant, même à l'état brut au sortir de la mine.

Pour réduire ces vols, les divers Gouvernements du Cap, du Transvaal et de l'État libre d'Orange ont établi des lois spéciales, d'abord pour permettre une surveillance plus active des employés des mines et organiser une police chargée de découvrir les vols, ensuite pour réglementer dans ces contrées le commerce des diamants bruts. Il existe des lois analogues au Brésil.

Les noirs peuvent être fouillés. Mais quand une mine emploie à elle seule 10.000 noirs, il serait bien long de les fouiller tous, d'autant plus qu'ils sont parfois fort habiles pour dissimuler les diamants : ils les cachent dans leurs cheveux, dans leurs oreilles et même sous leurs paupières. On en a même cité qui avalaient des diamants ! A une certaine époque, on a établi des mesures vexatoires pour supprimer le plus possible ces vols : pendant les heures de repos, entre deux séances consécutives de travail, on leur enfermait les mains dans des sortes de gants en cuir munis de cadenas. Ce procédé, très peu humain et qui ne contribuait qu'à désunir moralement les noirs de leurs maîtres et à leur enlever le goût du travail, a complètement disparu aujourd'hui. Il a été remplacé par l'*isolement*.

Tous les noirs recrutés pour les mines de diamants s'engagent à y rester six mois au moins. Pendant la durée de leur engagement, ils logent dans des bâtiments qui ne communiquent qu'avec la mine, non avec l'extérieur. Ces bâtiments, appelés *compounds*, sont toujours très vastes. Ils sont pourvus de grands magasins où les noirs peuvent s'approvisionner de tout ce qui leur est nécessaire et où ils sont fort bien traités ; aussi s'y plaisent-ils généralement. C'est du reste un spectacle des plus curieux de voir avec quelle ardeur ils se jettent sur leur travail dès que le signal leur est donné d'entrer dans la mine. C'est dans les compounds qu'ils remettent à leur chef les diamants qu'ils ont pu trouver, soit en brisant le minerai, soit en chargeant les wagonnets, et dont ils reçoivent en échange, comme nous l'avons dit, un tant pour cent sur la valeur de la pierre.

Les gisements d'alluvions du Vaal River emploient environ 6.000 noirs et 1.500 blancs (mineurs). Au total, l'industrie diamantifère, dans les mines du Cap, n'occupe pas moins de 5.000 blancs et 30.000 noirs. Chaque tête de travailleur représente donc une production annuelle de 30 grammes environ, soit 150 carats de diamants. C'est évidemment très peu si l'on songe que ce poids de matière tient facilement dans le creux de la main et que pour le même prix on a sur le carreau de la mine environ 150 tonnes de houille, substance dont le diamant n'est, sous une autre forme, que le représentant pur et cristallisé.

CHAPITRE VI

GEMMES QUARTZEUSES

Propriétés générales. — Classification. — Le quartz [ÉTYM. : *Quartz*, nom d'une localité allemande), ou silice, forme la base d'un grand nombre de pierres utilisées dans la joaillerie et dans l'ornementation. Leur valeur n'est cependant pas très élevée, car elles n'ont ni la dureté ni les propriétés optiques de la plupart des autres gemmes. Néanmoins elles sont assez appréciées lorsqu'elles possèdent après la taille des dimensions peu courantes et qu'elles ont une belle teinte.

A l'état naturel, les gemmes quartzeuses se présentent sous des aspects très divers : tantôt elles constituent de véritables filons[1], tantôt elles se montrent sous forme de cristaux isolés ou groupés à l'intérieur de géodes de dimensions variables.

Bien qu'on ignore le mode de formation exact du quartz, tout laisse à supposer que la chaleur n'a pas joué un rôle important dans sa venue au jour : celle-ci doit, au contraire, être en rapport immédiat avec des phénomènes de dissolution et d'évaporation très lentes au sein d'un dissolvant plus ou moins aqueux. La structure fréquemment zonée et concentrique de ce minéral ainsi que sa coloration, distribuée par couches alternées et régulières, sont parfaitement d'accord avec cette manière de voir.

Le quartz est insoluble dans tous les acides, sauf dans l'acide fluorhydrique[2]. Il ne peut être fondu en masse qu'à la flamme du chalumeau oxhydrique (entre

1. Ces filons se prolongent parfois sans interruption sur plusieurs kilomètres. En Auvergne, un filon de quartz, qui n'a pas moins de 20 kilomètres de longueur, se montre depuis Château-sur-Cher jusqu'à Saint-Maurice et Evaux. A l'ouest de la Sioule, on en connaît également un qui s'étend de Roure jusqu'à Pranal. Certains filons de quartz améthyste ont de 2 à 3 km. de longueur avec des ramifications dans tous les sens.

2. Armand Gautier a montré récemment qu'une lame de quartz taillée perpendiculairement à l'allongement résiste à l'action de l'acide fluorhydrique. Au contraire, une lame taillée parallèlement à l'allongement est attaquée.

1770° et 1790°) ou de l'arc électrique ; ses arêtes s'arrondissent à 1650° et commencent à fondre vers 1700°. Après fusion, il est soluble dans la potasse caustique. En présence de la soude, il fond en bouillonnant et se transforme en un verre limpide.

Suivant sa coloration, son état de cristallisation, sa transparence, son état de pureté et d'hydratation, le quartz constitue autant de variétés qui ont reçu des noms particuliers. On peut cependant les ramener à trois groupes bien distincts qui sont les suivants : le groupe du *quartz* proprement dit, celui de la *calcédoine* et celui de l'*opale*. Chacun de ces groupes renferme un certain nombre de genres qui se différencient surtout d'après la coloration et la structure de leurs représentants. On peut les classer ainsi qu'il suit :

1° *Groupe du quartz* : quartz hyalin (cristal de roche), améthyste, quartz enfumé, quartz rose, quartz rubigineux, œil-de-chat, œil-de-tigre, girasol, aventurine, quartz chloriteux.

2° *Groupe de la calcédoine* : sardoine, plasma, héliotrope, chrysoprase, prase, agates, bois silicifié.

3° *Groupe de l'opale* : opale noble, opale de feu, rosopale, résinite, cachalong, hydrophane, hyalite.

Ce sont des différentes pierres et leurs sous-variétés qui font l'objet de ce chapitre.

I. — GROUPE DU QUARTZ PROPREMENT DIT

Quartz hyalin ou Cristal de roche. — **Caractères minéralogiques.** — Dans son état de plus parfaite transparence et complètement incolore, le quartz constitue le *cristal de roche*[1] ou *quartz hyalin* (du GREC : *hualos*, verre fondu). Il cristallise dans le système rhomboédrique, bien que les rhomboèdres isolés soient extrêmement rares. La forme birhomboédrique est au contraire fréquente, soit seule, soit combinée avec le prisme (fig. 141 et 142, *1*). Dans ce dernier cas, les cristaux ont l'apparence hexagonale (fig. 142, *2 à 6*) et sont terminés par des pyramides. Les faces de celles-ci sont souvent irrégulièrement développées ; les unes prennent un développement excessif alors que les autres sont à

---

1. ÉTYMOLOGIE : du grec, χρύσταλλος, *glace*. Les Anciens considéraient le cristal de roche comme le résultat d'une forte congélation semblable à celle de l'eau (PLINE, *Histoire naturelle*, t. II, livre XXXII, § 9). Le nom de *cristal* donné aux variétés les plus fines de verre a pour origine l'identité d'aspect de ces deux substances. On sait du reste (p. 20) que dès le début on a imité le cristal de roche, notamment pour la fabrication des vases murrhins. A l'époque romaine le travail du cristal artificiel était assimilé à celui des gemmes, Plus tard, le nom de « cristalliers » fut réservé aux seuls artisans qui travaillaient le cristal de roche naturel.

peine apparentes (pl. VI, fig. 2). Il en résulte que les cristaux ont parfois un aspect très irrégulier, fusiforme, tordu ou étiré (fig. 142, *6 à 8*).

Les faces du prisme sont presque toujours striées perpendiculairement aux arêtes (fig. 142, 4). Assez souvent, celles des pyramides ont des impressions en creux ou des saillies ayant la forme de petits triangles isocèles dont la base est parallèle à celle de la pyramide (fig. 52). Les clivages sont rares ; la cassure du cristal de roche est du reste conchoïdale et raboteuse. Son éclat est vitreux sur les faces naturelles, légèrement gras dans la cassure. Il conduit mal la chaleur et l'électricité, mais est nettement pyro-électrique. Sa poussière est blanchâtre.

Les cristaux de quartz existent souvent à l'état de macles produites par l'accolement de plusieurs individus à faces parallèles compris parfois sous une même enveloppe. Les inclusions sont fréquentes, et à un tel point qu'elles peuvent rendre les cristaux entièrement opaques ; il en est de même des cavités, généralement alignées et auxquelles on attribue l'aspect laiteux[1] de certains cristaux alors que leur matière est parfaitement limpide.

Les inclusions ne diminuent pas toujours la valeur de la pierre. Ainsi la présence de fines aiguilles de *rutile* d'un blond doré (cheveux de Vénus) ou de *tourmaline* produit un aspect des plus curieux aussi bien par la longueur et le faible diamètre des cris-

Coll. de l'auteur.

Fig. 141. — Cristaux groupés de quartz hyalin.

taux de ces substances que par leur enchevêtrement (fig. 143 et pl. VI, fig. 4). Les cristaux de quartz avec rutile sont assez estimés des collectionneurs ; dans la joaillerie, on les taille généralement en cœurs ou en poires. Dans l'Isère, on trouve aussi du cristal de roche contenant des paillettes d'*or*. A

1. Dans le massif du mont Bity, à Madagascar, il existe des filons de quartz laiteux translucide dont l'aspect rappelle celui de certaines opales. A Ampangabé, le cristal de roche parfaitement limpide présente localement des traînées d'inclusions liquides avec bulles gazeuses assez grosses pour être visibles à l'œil nu.

Madagascar (Mangily, dans la vallée de la Loky) le quartz limpide renferme de nombreuses inclusions de mica *muscovite* en lamelles ; celui d'Ampangabé renferme de grands cristaux d'épidote et des paillettes de ripidolite. L'hématite à l'état de lamelles très brillantes, certains oxydes de manganèse et diverses *pyrites* existent également dans les cristaux de quartz ; mais ces minéraux ne contribuent généralement pas à augmenter sa valeur. C'est à la présence de fines aiguilles d'*actinote* et de *biotite* que la variété de quartz connue sous le nom de prase (p. 172) doit sa belle couleur vert d'herbe.

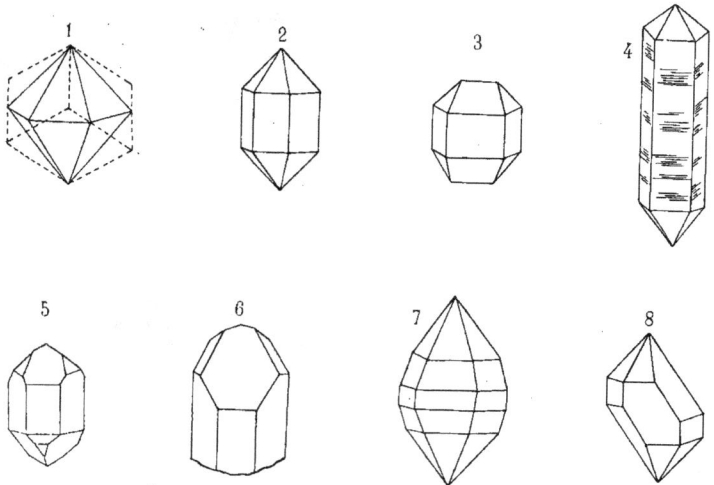

Fig. 142. — Principales formes cristallines du quartz.
1, prisme bipyramidé ; 2, prisme hexagonal, forme simple ; 3, prisme, variété dite *comprimée* ; 4, prisme strié ; 5, prisme modifié : 6, prisme, variété *basoïde* ; 7, prisme fusiforme ; 8, prisme, variété *sphalloïde*.

En raison de sa grande transparence, le cristal de roche roulé, tel qu'on le trouve dans le lit de certains fleuves, a été souvent confondu avec le diamant, bien qu'il soit facile de le reconnaître. C'est là l'origine des *cailloux du Rhin* (pl. VI, fig. 3) et des *diamants de Rennes* qu'on vend dans le commerce et dans les villes d'eau à un prix bien au-dessus de leur valeur. A Meylan, près de Grenoble, on rencontre également dans certaines géodes de calcaire noir siliceux des cristaux de quartz remarquables par leur limpidité ; taillés, ils portent le nom de *diamants du Dauphiné*.

1. Géode de quartz améthyste dans calcédoine (Colorado).

2. Cristaux groupés de quartz hyalin (Tyrol).

Principaux gisements. — Les gisements de cristal de roche les plus importants sont ceux du Saint-Gothard [1], de l'Oisans (Dauphiné), du Tyrol, du Brésil, de Madagascar. Dans cette dernière contrée, il n'est pas rare de trouver des échantillons, mal cristallisés il est vrai, atteignant 1 mètre de tour et pesant de 250 à 350 kilogrammes. On conçoit facilement qu'on puisse tailler dans de semblables masses des objets de toutes sortes (coupes, vases, prismes, lentilles) utilisées dans les arts et l'optique.

Les cristaux de moyenne et de petite taille ($0^m,10$ à $0^m,20$ de hauteur) sont extrêmement fréquents à Madagascar où ils font l'objet d'exploitations importantes. Les chiffres d'exportation, dans ces dernières années, ont été les suivants :

1907	18.650 kilog.
1908	81.400
1909	76.170
1910	28.700
1911	235.500
1912	300.000

Le Muséum de Paris possède un cristal originaire de Fischbach, dans le Valais (Suisse), et mesurant environ $0^m,75$ dans tous les sens. Le British-Museum de Londres possède également un échantillon qui a $0^m,90$ de longueur et $0^m,30$ de diamètre. A Milan, il en existe aussi un qui mesure $1^m,15$ de longueur et $1^m,65$ de tour. Enfin, on a récemment trouvé au Japon, à Masutomi-Mura (district de Kita-Koma) un cristal de $1^m,30$ de hauteur et pesant 680 kilogrammes.

Coll. Bardet.

Fig. 143. — Cristal de quartz à inclusions rares : sidérose, quartz, rutile, tourmaline (Uruguay).

Au Brésil, presque tout le quartz hyalin exporté provient des États de Goyaz et Minas Geraès. Depuis longtemps, les cristaux sont recueillis dans la *Serra dos Crystaes* (montagne des cristaux), non loin de la limite de ces deux États. Ils pro-

1. Pendant longtemps la profession de *cristallier* a été très lucrative dans la région des Alpes. L'abondance des cristaux de quartz hyalin dans certaines géodes « ou fours à cristaux » comme on les appelait, entraînait les habitants pauvres du Dauphiné à tenter les recherches les plus périlleuses pour en découvrir de nouveaux gisements. Les géodes étaient généralement annoncées par l'apparition de veines de quartz commun faciles à caractériser. En frappant doucement la pierre on se rendait compte aisément, au son qu'elle rendait, si elle était creuse, c'est-à-dire tapissée de cristaux intérieurement.

J. Escard. 21

viennent de filons intercalés au milieu des gneiss. Leur exploitation est des plus faciles, car on n'a qu'à les recueillir sur place, après les fortes pluies qui entraînent les matières argileuses et le sable avec lesquels ils se trouvent mélangés. Le transport est malheureusement assez coûteux par suite de l'absence de voies naturelles de communication ; il se fait encore à dos de mulet ou au moyen de chars à bœufs jusqu'à Araguary et, de là, par chemin de fer jusqu'aux ports de Santos et Rio-de-Janeiro qui se partagent cette exportation. Cette dernière est, annuellement, de 25 à 30 tonnes, dont 14 pour la France, 10 pour l'Angleterre et 6 à 8 pour l'Allemagne. Le prix des cristaux varie entre 1 fr. 50 et 4 fr. le kilogramme suivant leur volume.

Utilisation. — Nous avons vu plus haut comment les Grecs et les Romains utilisaient le cristal de roche (p. 6) pour la confection des vases, coupes et autres objets artistiques. Au moment de l'inventaire des trésors d'art de la Couronne, en 1791, celle-ci possédait environ 25 objets en cristal de roche (vases, coupes, tasses, coffrets, etc.) dont le total a été évalué à près d'un million de francs.

Aujourd'hui, on grave le quartz en creux et en relief, on en fait des boules, des coffrets, des croix et des pendants de lustres ; les plus beaux fragments sont réservés à la fabrication des prismes utilisés dans les instruments d'optique. Le quartz fondu (CHAP. XIV) tend actuellement à avoir des applications de plus en plus nombreuses, malgré son prix de revient élevé.

On a souvent taillé le cristal de roche en brillant, rose, poire, etc., mais son indice de réfraction n'étant pas très élevé, il donne des pierres peu estimées malgré leur transparence : la dispersion de la lumière est faible et les feux sont par suite peu marqués.

M. Lacroix a récemment signalé, comme bijou recherché par les indigènes du Haut-Oubanghi, des baguettes de cristal de roche taillé que les femmes portent implantées dans la lèvre inférieure. Ces objets, appelés *baguérés*, sont très régulièrement taillés en cônes très allongés de 5 à 7 cm. de longueur et de 1 cm. de diamètre. Quelques femmes portent jusqu'à trois de ces singuliers ornements implantés la pointe en bas dans la même lèvre. Le centre de fabrication se trouve chez les M'Brous : il existe en effet sur leur territoire d'intéressants gisements de quartz en cristaux isolés dans un conglomérat ferrugineux superficiel ; ils proviennent de la destruction de filons quartzeux.

Le travail des cristaux de quartz par la fabrication des baguérés est des plus simples. Les arêtes sont d'abord abattues par des chocs violents à l'aide de corps durs, puis la pierre est presque amenée à sa forme définitive par des retouches successives qui n'enlèvent que de petits éclats. On lui donne sa forme dernière par frottement contre une dalle de grès ; la surface des aiguilles ainsi obtenues n'est jamais polie complètement mais simplement doucie.

Ce travail dure en moyenne sept jours et chaque baguéré se vend environ quatre francs : ce prix est certainement élevé étant donnée la faible valeur de l'objet.

Améthyste. — L'améthyste ordinaire est du quartz violet. Elle ne doit pas être confondue avec l'*améthyste orientale*, qui est du corindon et dont la valeur est beaucoup plus grande (CHAP. IX). Aussi, pour la différencier de cette dernière, on a donné le nom d'*améthyste occidentale* au quartz violet [1].

Caractères minéralogiques. — L'améthyste se présente rarement en gros cristaux isolés bien qu'elle soit assez abondamment ré-pandue dans la na-ture. Le plus souvent elle est en masses irrégulières et filo-niennes (pl. V, fig. 7), en cristaux grou-pés (fig. 144) ou en géodes (pl. IV, fig. 1).

La coloration n'est généralement pas distribuée d'une fa-çon régulière dans toute la masse du minéral ; aussi les améthystes taillées ont-elles une grande valeur lorsque leur

Coll. du Muséum.
FIG. 144. — Cristaux de quartz améthyste (Colorado).

teinte est uniforme et leur volume suffisant. Les morceaux opaques ou irrégulière-ment colorés servent pour l'ornementation.

Les extrémités pyramidales des cristaux sont souvent complètement incolores ou laiteuses et, de même que dans certains échantillons de quartz enfumé, la matière colorante se trouve distribuée par zones, ce qui démontre la formation du cristal pour accroissement lent. Les inclusions sont fréquentes (pl. I, fig. 2).

1. Étymologie : du grec, *amethustos* (a, privatif ; *méthé*, ivresse), à cause de la propriété que lui attribuaient les Anciens de préserver de l'ivresse.

La coloration violette de l'améthyste a été attribuée, tantôt au manganèse, tantôt à un composé de chaux, soude, magnésie et fer. D'après certains auteurs, elle serait due, au moins en partie, à un composé du carbone. L'améthyste la plus foncée contient du reste moins de 0,25 °/₀ d'oxyde de manganèse et perd sa coloration vers 250° (p. 75). Certaines améthystes du Brésil contiennent jusqu'à 0,02 °/₀ d'oxyde de fer et des traces de magnésie, de chaux et de soude. Nous avons vu précédemment (p. 77) que les améthystes décolorées par la chaleur reprenaient leur teinte initiale sous l'influence des émanations radioactives.

Utilisation. — Cette pierre a reçu différents noms suivant les vertus qu'on lui a attribuées et les usages qu'on lui a réservés. La variété légèrement rosée était désignée par les Anciens sous le nom de « paupière de Vénus ». Les Espagnols l'appellent la « pierre de vie ». C'est aussi la « pierre des évêques » ; on sait en effet qu'elle a été adoptée universellement par tous les prélats dont elle orne l'anneau pastoral.

En joaillerie, on emploie surtout l'améthyste pour faire des bijoux demi-deuil. Étant donnée sa faible valeur comparativement à celle d'un grand nombre d'autres pierres précieuses, on ne la monte que rarement sur or. Cela est regrettable au point de vue artistique, car elle se marie très bien avec ce métal qui rehausse sa coloration.

Principaux gisements. — La plupart des gisements d'améthyste se trouvent au sein des roches granulitiques ou granitiques et se montrent souvent à l'état de véritables filons. Ceux-ci ont toutes les inclinaisons possibles, une largeur comprise entre 0 m,40 et 2 mètres et une longueur qui peut atteindre plusieurs kilomètres.

On rencontre surtout ce minéral au Brésil, en Hongrie, en Sibérie, à Madagascar, en Prusse et en France (Auvergne, Vosges, Saint-Gothard).

L'améthyste du *Brésil* est généralement de couleur claire. Ce pays en exporte depuis longtemps une assez grande quantité provenant surtout des États de Minas Geraès (carrière des Americanas), Bahia, Goyaz et Rio-Grande-do-Sul. Ce sont les deux premiers États qui en fournissent le plus. Les centres de commerce de cette pierre sont les villes de Grao-Mogol, Minas-Novas et Arassuaby. C'est par le port de Bahia que se font presque toutes les expéditions; mais comme la douane, dans sa statistique, englobe ce minéral avec les autres pierres colorées de la région (tourmalines, topazes, cymophanes), il est impossible de savoir exactement l'importance du commerce auquel il donne lieu dans cette contrée.

En *Sibérie*, on trouve surtout des améthystes de très belle teinte dans l'Oural, notamment dans les monts Ilmen. En Transbaïkalie, on en rencontre dans les cavités des roches basaltiques de Moulina et de Godymboï.

A *Madagascar*, l'améthyste se rencontre surtout à Ambohibé (sud-ouest de Betafo) où elle forme de remarquables groupements à axes parallèles ; elle est souvent accompagnée de microcline en grands cristaux.

En *Espagne*, la variété d'améthyste la plus connue est celle dite pourprée, spéciale à la région des environs de Carthagène et qui possède des reflets particuliers. A cinquante kilomètres de Barcelone, à Villadran, il existe aussi un gisement qui a été très activement exploité autrefois.

En *France*, on connaît des gisements filoniens d'améthyste depuis plus de deux siècles, mais on est resté pendant longtemps sans se douter de leur richesse et de leur étendue. Les plus célèbres et les plus activement exploités aujourd'hui sont ceux de l'Auvergne. Parmi les principaux, il convient de citer ceux de Vernet-la-Varenne, Condat, Champagnat et Châteauneuf dans le Puy-de-Dôme (*pierres dites d'Auvergne*). Ceux de la Haute-Loire (montagne des *pierres de bague*, près de Vézezoux) ont moins d'importance.

Les premières mines qui ont été exploitées sont celles de Châteauneuf. Vers le milieu du xviie siècle, un seigneur de cette ville eut l'idée de faire ouvrir et travailler un filon dont il vendit ensuite les améthystes à des prix modiques. Les propriétaires voisins, encouragés par la réussite de ce premier exploitant, firent pratiquer d'autres fouilles et, pour la plupart, découvrirent de nouveaux gisements. Un particulier du Vernet cherchant un débouché pour ses pierres, alla en proposer à des joailliers de Genève qui s'en approvisionnèrent ensuite régulièrement. Toute la région fut alors fouillée et les mines d'améthyste se multiplièrent.

Ce n'est cependant que depuis trente ans environ que les gisements auvergnats sont exploités d'une façon méthodique et régulière. Ils fournissent actuellement la majeure partie des améthystes achetées par les joailliers français et occupent plusieurs centaines d'ouvriers, hommes et femmes, rien que pour l'extraction du minéral et le premier traitement.

Dans le Puy-de-Dôme, deux gisements sont en ce moment en exploitation : l'un à Champagnat-le-Jeune (fig. 145), dans le canton de Jumeaux ; l'autre à Escout, dans le canton de Sauxillanges ; ils sont distants de 200 mètres environ l'un de l'autre. Les filons actuellement travaillés sont à 20 mètres de profondeur ; leur direction est sensiblement ouest-est et leur inclinaison de 45° environ. Le plus souvent l'améthyste cristallisée se présente sous forme de grandes géodes ou poches affectant la disposition en chapelet, c'est-à-dire intermittentes ; elles ont jusqu'à 1 mètre de diamètre et finissent avec quelques centimètres seulement.

Dans l'intérieur des poches, les cristaux sont en général très nets et faciles à détacher. Au contraire, dans les parties terminales, c'est-à-dire aux points où elles se resserrent, il est difficile d'isoler les cristaux, le quartz de support étant très dur et très tenace.

Dans ces gisements, l'améthyste cristallisée est presque toujours très foncée, mais la teinte y est mal répartie et il est rare de rencontrer de gros cristaux à teinte homogène ; la couleur affecte une allure nuageuse, de sorte qu'on est obligé de couper les cristaux avant de les tailler.

Il faut environ 150 kilog. de pierre brute (gangue, quartz incolore et quartz violet) pour obtenir après dégrossissage 1 kilog. d'améthyste livrable aux lapi-

FIG. 145. — Gisements d'améthyste de Champagnat-le-Jeune (Puy-de-Dôme) : entrée d'un puits. (Exploitation Vuillerme.)

daires pour la taille. Après triage, les améthystes non taillées se vendent à raison de 80 à 120 francs le kilogramme suivant leur teinte et leur grosseur.

L'améthyste massive pour objet d'art est exploitée à Bansat, près Lamontgic (Puy-de-Dôme). Les filons actuellement travaillés se trouvent au sein de quartz laiteux ; ils fournissent de la très belle pierre qu'on expédie à Idar (Allemagne) pour le déblocage et le polissage.

Exploitation et premier traitement. — L'extraction de l'améthyste se fait par tranchées, puits et galeries comme celle des minéraux métallifères. La pierre est arrachée à l'aide de pics et de coins en fer, mais rarement par l'emploi de la poudre qui noircit et fendille les blocs en les rendant ainsi inutilisables. Une fois abattus, ces derniers sont ramassés à la main, amenés à la surface dans de simples seaux manœuvrés par un treuil et, de là, conduits directement aux ateliers de *lavage* et de *triage*.

Ce sont généralement des femmes qui sont chargées de ce dernier travail. A l'aide de brosses, elles débarrassent les blocs de la couche argileuse qui les recouvre presque toujours et rejettent les parties stériles, c'est-à-dire les morceaux impropres à la taille.

Les fragments suffisamment colorés sont seuls conduits au *dégrossissage*. A l'aide d'un marteau ou d'une machine à casser (CHAP. XIV), on les divise de façon à isoler les parties entièrement violettes et transparentes. Ces dernières vont à l'atelier de *taille*, tandis que les morceaux teintés irrégulièrement mais possédant cependant une belle coloration sont débités et polis à la meule pour servir à la fabrication d'objets d'ornementation.

La taille de l'améthyste se pratique avec les mêmes instruments et par les mêmes procédés que celle des autres pierres précieuses (CHAP. XII, § II). Le dernier polissage s'effectue généralement à l'aide de boue d'émeri et de tripoli.

Quartz enfumé. — Il existe plusieurs variétés de quartz teintées de jaune ou de brun. Suivant l'intensité de la coloration, qui peut varier du jaune citron au brun noir (pl. V, fig. 6, et pl. VI, fig. 1), elles ont reçu des noms différents.

Le *quartz enfumé*, encore appelé *diamant d'Alençon* et *topaze enfumée*, est du cristal de roche coloré par des matières charbonneuses ou bitumineuses. On peut s'en assurer en chauffant fortement des cristaux de cette substance : ils deviennent peu à peu incolores en se transformant en quartz hyalin par la disparition du charbon qui brûle au contact de l'air. Les variétés presque noires peuvent ainsi, par une calcination ménagée, prendre une très belle teinte qui les rapproche de la véritable topaze.

On taille le quartz enfumé en brillants à culasse très épaisse et à facettes allongées. Il est abondant en Auvergne, dans l'Isère et dans l'Orne, mais les gros cristaux régulièrement teintés sont assez rares et la calcination arrive difficilement à uniformiser la nuance dans un même échantillon.

Quartz jaune. — Le *quartz jaune*, désigné aussi sous les noms de *citrine*, *fausse topaze*, *topaze de Bohême*, *pierre de cannelle*, doit sa coloration à une petite quantité de substances minérales, probablement un mélange de fer et d'alumine.

Quartz rouges et roses. — Les variétés de quartz rouges (*quartz ferrugineux* ou *rubigineux*, *quartz hématoïde*, *hyacinthe de Compostelle*) sont plus ou moins ferrugineuses et ont parfois une très jolie teinte ; mais elles sont rarement transparentes et en cristaux de grande dimension.

Le *quartz rose*, ou *rubis de Bohême* (pl. V, fig. 2), se trouve surtout en Bavière (Rabenstein), en Écosse, en Irlande, au Brésil (Minas Geraès), à Madagascar[1]. Lorsqu'il est complètement transparent, il donne par la taille de très belles pierres. A l'état légèrement translucide ou irrégulièrement teinté, il sert à la fabrication de nombreux objets de parure et d'ornementation. Sa couleur est généralement pâle et rappelle celle de la rubellite.

Le *quartz rubasse* présente des fissures colorées en rose, le reste de la masse cristalline étant incolore ; on l'obtient artificiellement en chauffant au rouge le quartz incolore et en le plongeant ensuite dans de l'eau froide colorée en rouge par du pourpre de Cassius ou du carmin.

Quartz bleus (saphir de France) et verts. — Le *quartz bleu* est très rare. On le désigne parfois sous les noms de *saphir d'eau* ou *saphir de France* pour éviter de le confondre avec le véritable saphir qui est du corindon (CHAP. IX), mais c'est là une mauvaise dénomination, le nom de saphir d'eau étant réservé à la cordiérite (silicate de fer, d'aluminium et de magnésium), qui est également bleue.

M. Lacroix a récemment signalé la présence du quartz bleu à Madagascar. Dans cette île, au mont Bity, on trouve également une très belle variété de quartz translucide bleu pâle. Ce minéral, dont les premiers échantillons ont été rapportés en France il y a une dizaine d'années, doit sa coloration à la présence de très nombreux petits cristaux (moins de $1/10°$ de millimètre de longueur) de lazulite (CHAP. IX, § III).

Dans le commerce de la joaillerie, le quartz bleu est fréquemment remplacé frauduleusement par un verre dur coloré par de l'oxyde de cobalt (CHAP. XV) et auquel on donne, fort improprement du reste, le nom de *saphirine*. La saphirine véritable est, en effet, un silicate naturel qui constitue une gemme très appréciée (p. 201).

Le *quartz chloriteux*, plus ou moins régulièrement verdâtre, doit sa teinte à des lamelles de chlorite. Il est assez répandu dans l'Oisans (Dauphiné).

---

1. Le quartz normal des pegmatites à béryl de Madagascar présente souvent une belle coloration rose qui rend possible son utilisation pour la bijouterie commune (Lacroix). Malheureusement, sa teinte disparaît ou s'atténue fortement sous l'influence d'une insolation prolongée ; de plus, au fur et à mesure que la roche disparaît en profondeur, cette coloration rosée disparaît, de sorte qu'on ne l'observe guère qu'au voisinage des affleurements. On exporte annuellement de Madagascar environ 8.500 kilog. de quartz rose de belle qualité, mais la production est beaucoup plus élevée.

1. Chrysoprase.

2. Quartz rose.

3. Jaspe.

4. Cornaline.

5. Héliotrope.

6. Quartz enfumé.

7. Améthyste.

8. Œil-de-tigre.

Girasol. — Le *girasol* (ÉTYM. : *tourne au soleil*) est un quartz laiteux opalescent, blanc bleuâtre et d'aspect légèrement gras. On le taille généralement en cabochon ; mû dans plusieurs directions, il possède des reflets alternativement bleus et rouges qui suivent ses différentes positions par rapport aux rayons lumineux qu'il reçoit. C'est à cette curieuse propriété qu'il doit son nom. Certains joailliers et lapidaires l'appellent à tort *astérie* : cette dernière pierre est en effet une variété de corindon.

Le girasol se rencontre principalement au Brésil, en Sibérie, aux Indes, en Bohême, en Hongrie. Lorsqu'il atteint, après la taille, des dimensions suffisantes et que ses colorations sont très vives, il peut atteindre un prix élevé. On a cité plusieurs de ces pierres dont la valeur commerciale atteignait 25.000 francs.

Quartz iris. — L'*iris*, ou *quartz iris*, que son aspect chatoyant et irisé fait parfois confondre avec l'opale, est du cristal de roche présentant intérieurement un grand nombre de fissures qui agissent sur la lumière en la décomposant partiellement ; de là le mélange de teintes qu'il manifeste au jour.

L'impératrice Joséphine possédait une parure entièrement composée d'iris. Aujourd'hui, cette pierre est peu employée, son prix étant du reste assez élevé. On l'imite assez facilement en plongeant du quartz incolore et transparent, d'abord dans de l'eau bouillante, puis dans de l'eau froide, de manière à le dilater irrégulièrement ; cela entraîne la formation d'un grand nombre de fines craquelures ou de fissures internes[1] qui imitent assez bien celles de l'iris véritable.

Œil-de-chat (quartz chatoyant) et œil-de-tigre. — L'*œil-de-chat*, ou *quartz chatoyant*, est constitué par du quartz contenant des fibres d'asbeste (amiante) qui produisent un « chatoiement » des plus agréables, d'où son nom. L'*œil-de-tigre* (pl. V, fig. 8) possède à peu près la même origine, mais au lieu d'asbeste ce sont des fibres de crocidolite (variété d'amphibole) qui produisent cet effet. Suivant la coloration et la ténuité des fibres, les reflets ont des teintes très variées, et dans un même échantillon, ils changent suivant l'angle sous lequel on regarde la pierre et la quantité de lumière qu'elle reçoit. Ces pierres ont peu de valeur. On les taille toujours en cabochon.

Aventurine. — L'*aventurine* doit son nom à la ressemblance des premiers échantillons trouvés avec le verre aventurine (CHAP. XV) dont la fabrication est connue depuis des siècles.

---

1. Ces craquelures ne vont jamais jusqu'à diviser complètement le cristal de roche. On sait en effet que ce minéral possède l'intéressante propriété d'être moins sensible que le verre aux variations brusques de température.

Cette pierre, le plus souvent brune ou rougeâtre, contient de nombreux points brillants qui réfléchissent vivement la lumière ; ils sont généralement constitués par du mica mais peuvent avoir des colorations différentes suivant la variété qui domine. On la désigne encore sous le nom de *quartz aventuriné*. On attribue le fond de sa teinte à des matières ferrugineuses. Les plus beaux échantillons sont originaires de Bretagne (environs de Quimper), d'Espagne et de Transylvanie. On la taille généralement en cœurs ou en cabochons ovales.

II. — GROUPE DE LA CALCÉDOINE

1° Calcédoines de teinte uniforme.

Sous le nom de *calcédoine*,[1] on réunit un certain nombre d'espèces minérales plus ou moins transparentes et diversement colorées, que l'on considère généralement comme résultant d'un mélange de silice cristallisée et de silice gélatineuse amorphe. Elle ne renferme jamais plus de 1 à 2 p. 100 d'eau. Dans la nature, elle se rencontre rarement en filons, mais presque toujours à l'état de concrétions ou de masses sphéroïdales et stalactiformes. Très souvent les noyaux de calcédoine gisent çà et là sur le sol, mais leur origine première doit être recherchée dans la présence de cavités au sein des roches amygdaloïdes (porphyres, granites, etc.) dont la désagrégation plus ou moins rapide a mis au jour des rognons de cette substance.

L'origine gélatineuse de la calcédoine, dans un grand nombre de cas au moins, peut être mise en évidence par le fait suivant :

Certains noyaux, entre autres ceux que l'on rencontre aux environs de Bône (Djebel-Takouch, Rey-Takouch) sont fendus par le milieu suivant une surface plane qui les partage en deux parties à peu près égales dont l'une a glissé sur l'autre. L'écart de glissement est à peu près constant pour tous les noyaux, car il ne varie qu'entre 3 et 5 millimètres. Ce partage et ce glissement ne semblent avoir pu se produire que lorsque la silice était à l'état pâteux, c'est-à-dire à l'état gélatineux ou colloïdal. Les gouttes de calcédoine, aplaties souvent d'un seul côté et à structure non concentrique, de même que sa cassure unie et translucide en masse, confirment cette hypothèse. Cependant, cette dernière ne saurait s'appliquer aux *agates* dont la structure concentrique et souvent cristalline au centre atteste nettement une formation par voie de dissolution et d'évaporation successives.

1. Étym. : de la ville de Chalcédoine (Asie-Mineure) où furent trouvées les premières pierres.

Bien que possédant toujours un fond uniforme, la calcédoine porte des noms différents suivant sa coloration et ses particularités de structure. Nous donnons ci-dessous ceux de ses principales variétés :

Blanc plus ou moins pur.......	*Calcédoine* proprement dite.
Rouge.....................	*Cornaline.*
Bleu clair.................	*Calcédoine saphirine.*
Bleu d'azur................	*Faux-lapis.*
Vert poireau...............	*Prase.*
Vert pomme................	*Chrysoprase.*
Vert très foncé.............	*Plasma.*
Vert avec taches rouges.......	*Héliotrope* ou *Pierre de sang.*
Brun jaunâtre...............	*Sardoine.*

Calcédoine proprement dite. — La *calcédoine* proprement dite a l'apparence laiteuse. Sa dureté est un peu inférieure à celle du quartz cristallisé mais elle peut prendre un beau brillant par le polissage. Elle a été très employée autrefois pour la confection de bagues et de bracelets. Aujourd'hui on en fait surtout des camées. Les plus beaux échantillons viennent des îles Fœroë, d'Islande, d'Oberstein (Allemagne), de la Transylvanie, des Indes, de la Tunisie (Carthage). En France, on en trouve surtout en Auvergne, principalement à Cour-

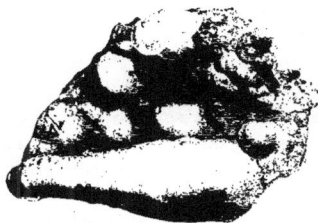

Coll. du Muséum.

Fig. 146. — Calcédoine guttulaire.

non, Vic-le-Comte et Pont-du-Château (Puy-de-Dôme). Dans cette dernière localité, à côté de la calcédoine commune, on rencontre la variété dite *guttulaire* ou *goutte de suif* (fig. 146) qui forme à la surface d'un tuf bitumineux exploité des enduits recouvrant souvent un groupe rayonné de cristaux de quartz. C'est également à Pont-du-Château qu'on rencontre des helix (escargots fossiles) transformés en calcédoine.

Cornaline. — La *cornaline*, dont le nom rappelle l'aspect extérieur (celui de la corne), est brune, blanc rougeâtre ou nettement rouge suivant les échantillons (pl. V, fig. 4). Sa coloration est attribuée à l'oxyde de fer. On la trouve surtout en Perse, aux Indes, en Arabie, à Ceylan, au Brésil.

Comme elle se décolore partiellement par l'action de la chaleur et qu'elle acquiert ainsi une teinte plus agréable, on utilise cette propriété pour augmenter sa valeur commerciale. Les pierres sont d'abord séchées pendant une semaine environ dans un four spécial, puis introduites dans un creuset. On les mouille légèrement avec de l'acide sulfurique et, après avoir fermé le creuset, on chauffe celui-ci au rouge. Par la calcination, l'oxyde de fer plus ou moins hydraté que contient la pierre perd son eau et se répartit d'une façon plus uniforme en même temps que sa coloration diminue. Naturellement, cette manipulation exige certaines précautions afin d'éviter l'éclatement des pierres pendant la chauffe [1].

La calcédoine bleue (*calcédoine saphirine, faux-lapis*) est assez rare, mais on l'obtient artificiellement en colorant par certains produits chimiques les agates légèrement teintées (p. 177).

Prase. — La *prase* (ÉTYM. : du grec, *prasos*, poireau), encore appelée *quartz vert*, est de la calcédoine imprégnée de très fines particules d'actinote qui lui donnent une teinte vert poireau très caractéristique. Elle est généralement opaque en épaisseur, mais légèrement translucide sur les bords. Sa cassure est esquilleuse et irrégulière. Elle est peu commune en France ; on la rencontre surtout en Bohême, en Russie et en Finlande. Sa densité est de 2,7.

Certaines variétés de prase, notamment celle de Lazer (Hautes-Alpes), ont une teinte vert sombre qui ressemble assez à celle de l'olivine (p. 201). Au microscope, on aperçoit des myriades de minuscules cristaux de biotite (1/100 de millimètre de longueur) de teinte vert sale ou brun pâle qui lui donnent sa coloration.

Calcinée au tube fermé, la prase dégage de la vapeur d'eau et une faible quantité d'hydrocarbures dont on reconnaît la présence à l'odeur empyreumatique qui se dégage pendant la chauffe. Cette teneur en eau et hydrocarbures ne dépasse jamais un centième de la composition totale ; elle permet néanmoins d'attribuer à ce minéral une origine hydrothermale.

Chrysoprase. — La *chrysoprase* (pl. V, fig. 1), beaucoup plus claire que la prase, doit sa coloration vert-pomme à des traces d'oxyde de nickel. Elle est translucide, possède une cassure souvent résineuse et se décolore partiellement par la calcination. Elle est susceptible d'un beau poli bien que sa dureté soit inférieure à celle du quartz. On en trouve de beaux spécimens dans les roches magnésiennes de Kosemütz (Silésie).

---

1. Les mines de cornaline de l'État de Bombay, notamment celles de Broach (Baroutch), au nord de Bombay (côté ouest de l'Inde), tendent actuellement à s'épuiser, après avoir fourni pendant plusieurs siècles de quoi enrichir des contrées entières. L'État de Rajpipl a fourni annuellement environ 400 tonnes de cornaline valant 75.000 francs.

Héliotrope. — L'*héliotrope*, encore appelée *pierre de sang* et *pierre des martyrs*, se confondrait facilement avec la prase si ce n'était la présence, dans sa masse, d'une multitude de petites taches rouges couleur de sang (pl. V, fig. 5). Le nom d'héliotrope lui vient de la propriété qu'on lui attribuait autrefois de changer la couleur des rayons du soleil (EN GREC: *helios*, soleil, et *trepo*, je tourne) quand elle était plongée dans l'eau.

Sardoine. — La sardoine est généralement brune, mais elle peut aussi avoir une teinte jaune ou bistre. Elle a été utilisée de tout temps pour faire des camées, des vases et des coffrets. Par le polissage, elle acquiert un brillant légèrement vitreux. On la désigne parfois sous le nom de *calcédoine jaune*. Les Anciens l'estimaient particulièrement pour faire des cachets parce que, dit Pline, « seule parmi les pierres précieuses, elle n'enlève pas la cire quand on appose le sceau ».

2° **Agates**.

Les agates[1] ne diffèrent des calcédoines que par leur structure zonaire et à couches concentriques ou rubannées. On passe cependant par degrés insensibles d'une variété à une autre ; il y a en effet des calcédoines qu'on ne saurait classer comme telles à cause de leur teinte irrégulière qui semble attester une formation par couches ; d'autre part, certaines agates ont des zones si nettement confondues et entremêlées qu'on les prendrait volontiers pour de la calcédoine. Nous pensons cependant qu'il est préférable de réserver le nom d'*agate* aux seules variétés à zones nettement visibles (pl. VII, fig. 2 et 3).

Suivant la disposition réciproque et la coloration des diverses couches qui les composent, les agates portent, comme les calcédoines, des noms différents. Les variétés les plus répandues sont les suivantes :

Couches alternativement blanches et rouges	*Sardonyx*.
Couches alternativement blanches et noires	*Nicolo*.
Cercle noir entouré d'anneaux diversement colorés ...	*Agate œillée*.
Couches concentriques de teintes diverses	*Onyx*.
Fond coloré avec arborisations	*Agate arborisée*.

Sardonyx et agate nicolo. — La *sardonyx* (fig. 147) a été utilisée de tout temps pour fabriquer des vases et graver des camées. Lorsque la couleur rouge domine par rapport au blanc, elle porte le nom de sarde[2].

1. ÉTYM. : de *Achates*, rivière de Sicile (le Drillo) où ont été trouvées les premières agates.
2. ÉTYM. : de *Sardes*, capitale de l'ancienne Lydie, dont les fleuves et les montagnes possédaient autrefois beaucoup de ces pierres.

L'*agathe œillée* (fig. 148) est assez commune et ne constitue pas ainsi une véritable gemme. Cependant, lorsqu'elle est finement travaillée, elle peut se prêter à la confection d'objets d'art de grande valeur. Il en est de même de l'agate *nicolo* (ÉTYM. : de l'italien *onicolo*, petit onyx) dont les couches, généralement blanches et noires alternativement, peuvent comprendre aussi une couche bleuâtre entre deux brunes.

Onyx. — L'*onyx* (ÉTYM. : du grec *onux*, ongle), ainsi nommé à cause de sa teinte qui rappelle celle de l'ongle, était autrefois très estimé en raison de la vivacité et de la beauté de sa coloration après polissage. Peu à peu cependant, on a étendu et même détourné la signification de ce mot, de sorte qu'aujourd'hui on appelle onyx non seulement des variétés d'agate sans valeur,

FIG. 147. — Sardonyx.

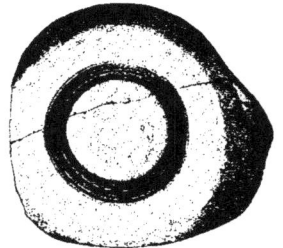

FIG. 148. — Agate œillée.

mais même certains marbres (onyx calcaire d'Algérie). L'analogie est du reste très grande entre les onyx siliceux et les onyx calcaires et il ne manque à ces derniers, à part la dureté et la composition, qu'un peu plus de finesse pour tromper l'œil d'un observateur superficiel. L'idée seule que l'on exploite industriellement en Algérie et au Brésil des blocs de 10.000 kilog. d'une matière qui porte le même nom qu'une gemme et que beaucoup confondent avec elle, a fait déprécier beaucoup les vrais onyx, malgré leurs qualités minéralogiques et artistiques. Actuellement, on en fait surtout des camées.

Agates arborisées, moussues, rubannées. — Sous le nom d'*agates arborisées* ou *herborisées* (fig. 149), on range certaines variétés d'agate caractérisées par la présence de veines plus ou moins irrégulières et qui imitent, jusqu'à s'y méprendre, des arborescences végétales. Ces dernières sont constituées par des assemblages de substances nettement cristallines, en général par des oxydes de fer et de manganèse ; elles peuvent être noires, vertes, rouges ou brunes. Elles se détachent d'autant mieux sur le fond de la pierre que celle-ci est plus claire et plus transparente. On les désigne encore sous le nom de *pierres de Moka* parce que c'est de cette ville d'Arabie qu'on les a rapportées pour la première fois.

L'*agate mousseuse* ou *moussue* (pl. VII, fig. 4) possède dans sa pâte des dentrites analogues à des mousses ; elle est généralement verte. L'*agate figurée* présente des dessins rappelant plus ou moins des profils d'hommes ou d'animaux. Il en est de même de l'*agate ponctuée* qui se rapproche de l'héliotrope. L'*agate rubannée* (pl. VII, fig. 3) sert pour la confection de nombreux objets de bijouterie ; elle est formée par des bandes de coloration et de contours variés, parfois rectilignes mais presque toujours sinueuses.

Dans toutes ces variétés d'agate, le principal minéral colorant, qu'il soit distribué uniformément ou par plages, bandes ou dentrites dans la masse de la pierre, doit avoir pour origine une infiltration ; celle-ci s'est produite lorsque la pierre était déjà presque solidifiée (état gélatineux) ou lorsque, déjà complètement solidifiée, un certain nombre de fissures naturelles ont permis aux colorants de la pénétrer en remplissant les vides.

Fig. 149. — Agate arborisée.

Principaux gisements d'agate. — Les agates se rencontrent dans de nombreux gisements, mais elles sont surtout abondantes aux Indes, au Brésil, en Saxe, en Sibérie, en Arabie, à la Martinique.

Les agates de l'*Inde* sont connues et exploitées depuis fort longtemps. L'un des centres de production les plus importants est situé au nord-est de Bombay, autour des villes de Cambay et Broach, où les agates sont taillées. Elles proviennent de coulées volcaniques (trapps du Dekkan) dont la désagrégation naturelle met au jour de nombreux blocs qu'on va chercher dans les graviers d'alluvions plus ou moins anciennes [1].

1. L'origine des agates, aux Indes, est donc dans les géodes des trapps qui couvrent d'immenses espaces au Dekkan ou, plus rarement, dans d'autres roches éruptives antérieures. Partant de là, ces noyaux durs se sont concentrés en galets dans des graviers d'alluvions ou conglomérats plus ou moins anciens.

L'exploitation a lieu souterrainement par puits ne dépassant pas 10 mètres de profondeur et à l'extrémité desquels s'entrecroisent des galeries ayant de 200 à 250 mètres de longueur. Chaque mineur, armé d'une tige de fer, d'une corde et de quelques paniers de bambou, rapporte, suivant la richesse de la mine, de 5 à 20 kilog. de pierres par jour. Le contenu de tous les paniers est réuni en un seul lot qu'on divise à nouveau d'après la coloration des agates et leur qualité. Les onyx eux-mêmes sont triés suivant que leurs veines sont blanches, grises ou plus ou moins noirâtres. A Cambay, ce travail occupe plus de 500 familles, la production annuelle étant de 450 tonnes environ.

Dans le Bengale, sur les Rajmahal Hills, on trouve de nombreux blocs d'agate dans des trapps d'âge liasique. D'après L. de Launay, dans le Chutia-Nagpur, plusieurs bancs d'agate nettement zonée apparaissent également au milieu des terrains précambriens et fournissent des galets aux rivières voisines. L'un des gisements les plus anciennement connus et très célèbre est celui de Ratnapur qui, pendant près de 2.000 ans, paraît-il, a fourni la plupart des agates et cornalines indoues ; on trouve ces dernières dans un banc de graviers tertiaires ferrugineux. La présence du fer contribue, comme on le sait, à donner de la valeur à ces pierres par la belle coloration qu'il leur communique.

En *Chine*, le gisement d'agate le plus connu et le plus activement exploité est celui de Tourfan, au pied du Tien-Chan. Cette montagne, qui passe pour volcanique, contient de nombreux nodules d'agate.

En *Asie-Mineure*, on a recueilli de tout temps des agates, onyx et jaspes zonés dans le Pont, sur la côte qui s'étend de Kerasoun à Trébizonde. Ces gisements étaient déjà célèbres au temps de Mithridate, car ses trésors tombés aux mains de Pompée en renfermaient de nombreux spécimens. Les cours supérieurs de l'Halys et du Thermodon fournissent encore actuellement beaucoup de ces pierres ; on les expédie en Europe par le port d'Ounich.

Au *Brésil*, les plus belles agates viennent de la province de Rio-Grande-do-Sul et principalement de Santa-Anna-de-Livramento, sur les frontières de l'Uruguay. Les variétés sont très nombreuses et, à côté des agates et onyx proprement dits, on rencontre beaucoup de cornalines et de calcédoines. L'exportation annuelle de ces pierres varie entre 70.000 et 80.000 kilogs. La plus grande partie va en Allemagne (Idar, Oberstein) et le reste en Belgique où se tiennent les principaux marchés de pierres fines destinées à la gravure et à l'ornementation.

Traitements après extraction. Agates baignées. — Au Brésil,

comme aux Indes et en Allemagne, on utilise de nombreux procédés pour rehausser ou modifier artificiellement la coloration des agates dont la nuance est trop terne ou démodée.

1. Quartz enfumé dans calcite.

2. Quartz hyalin.

3. Caillou du Rhin quartz roulé.

4. Quartz avec inclusions de tourmaline.

Aux Indes, les pierres sont *cuites*, d'abord par une longue exposition au soleil, puis par l'action indirecte du feu. On fait une tranchée ayant 0^m, 60 de profondeur et 1 mètre de largeur, au fond de laquelle on met les rognons bruts d'agate préalablement introduits dans des pots de terre placés l'ouverture en bas. Entre les pots, on tasse de la bouse de vache et du crottin de chèvre bien secs qu'on allume et qu'on fait brûler pendant toute une nuit. On ouvre ensuite les pots. Par l'action de la chaleur, les zones claires de l'agate sont devenues blanches ; les zones sombres ont pris un ton plus ou moins châtain, les jaunes ont passé au rose, les orangées au rouge et certaines bandes, préalablement brunes et jaunes, sont devenues blanches et rouges.

Par des procédés de teinture, on produit facilement des colorations différentes de celles que la chaleur seule peut donner. Les agates étant constituées par du quartz à cristallisation confuse, ne sont pas aussi compactes que les cristaux eux-mêmes et se laissent pénétrer à la longue par les liquides. Des substances visqueuses comme le miel et l'huile peuvent même s'y infiltrer.

En Allemagne, on utilise ces propriétés pour obtenir ce qu'on appelle commercialement les *agates baignées*. Les pierres, d'abord lavées et séchées avec grand soin, sont plongées dans une solution étendue de miel. Celui-ci pénètre peu à peu dans les veines et les fissures naturelles de la pierre, mais d'une façon irrégulière et selon leur porosité relative. Lorsqu'on juge l'imbibition suffisante, on retire les pierres, on les lave et on les transporte dans un bain d'acide sulfurique. On sait que cet acide a la propriété de brûler les matières organiques telles que le sucre, en les transformant en charbon. Cette réaction se produit aussi bien à l'intérieur de la pierre que dans un creuset de laboratoire, de sorte qu'après une immersion suffisante, le miel se trouve transformé en matière charbonneuse. Les fissures de la pierre qui pourraient nuire au polissage disparaissent aussi et les bandes trop pâles deviennent d'un très beau noir. Le miel peut être remplacé par de l'huile. Le traitement par l'huile termine du reste généralement cette opération ; les pierres sont immergées pendant toute une journée dans ce liquide après polissage, ce qui leur donne un plus bel éclat. Elles sont ensuite lavées et frottées avec du son.

Certaines colorations sont obtenues en trempant les pierres, après le traitement acide, dans des sels appropriés. Ainsi, on obtient une belle coloration bleue (agate saphirine) en utilisant un bain formé d'un mélange de sel de fer et de cyanure de potassium. Ces colorations sont très stables, car elles ne peuvent se modifier que par l'action du feu.

Les Indiens obtiennent artificiellement des *arborisations* analogues à celles des agates arborisées naturelles en recouvrant les pierres de carbonate de soude et en les soumettant ensuite à la chaleur d'un four à moufle. L'émail blanc et opaque qui se produit dans ces conditions est aussi dur que la pierre par suite des réactions entre le sel de soude et la silice dont est formée l'agate.

3° Jaspes et bois silicifiés.

Jaspes. — Les jaspes ne sont pas à proprement parler des pierres précieuses, bien que certaines variétés, d'une belle teinte, servent parfois à les imiter. Ce sont des pierres siliceuses, opaques même en minces écailles et contenant souvent des matières argileuses plus ou moins colorées (*jaspe sanguin*). Les belles variétés (pl. V. fig. 3) servent pour la confection des camées. De même que dans les agates, il y en a de *panachés*, de *rubannés*, d'*arborisés*.

Les jaspes les plus estimés sont originaires de Saxe, de Sibérie, d'Égypte. Les jaspes ondulés d'Asie-Mineure sont susceptibles d'un très beau poli. Le jaspe égyptien, ou *caillou d'Égypte*, est brun ou rouge avec des zones parfois concentriques ; il est susceptible d'un beau brillant. Le jaspe noir (quartz lydien, lydite) est encore appelé *pierre de touche* à cause

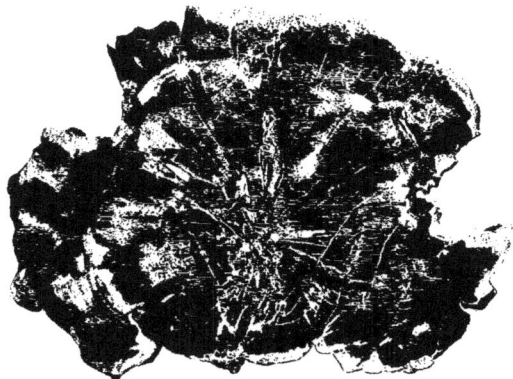

Coll. du Muséum.
FIG. 150. — Bois agatisé (Arizona).

de son emploi dans la bijouterie, les objets d'or laissant à sa surface une trace dont on peut étudier la manière d'être en présence des acides. Il sert aussi à imiter le jais ; d'où le nom de *faux-jais* sous lequel on le désigne encore parfois. La *mongolite*, dont le nom rappelle l'origine, est un jaspe jaunâtre, parfois tacheté de points rougeâtres ou bruns.

Bois silicifié ou quartz xyloïde. — Le quartz xyloïde (DU GREC : *xylos*, bois), encore désigné sous les noms de *bois silicifié*, *opalisé* ou *agatisé*, résulte de la substitution de la silice au tissu cellulaire de certains arbres enfouis dans le sol. Suivant son origine, il participe à la fois des propriétés de l'agate, du

jaspe et de l'opale. Cette substitution s'effectue d'une façon si complète qu'il est
très difficile de déterminer la nature des bois ainsi transformés (fig. 150). Quoi
qu'il en soit, les résultats de cette transformation donnent un minéral de toute
beauté, analogue à l'agate et capable de rivaliser avec les plus belles variétés de
cette substance.

On rencontre des bois silicifiés en France (Auvergne), à la Martinique, dans
l'Uruguay, dans l'Arizona (États-Unis), mais nulle part ils n'atteignent d'aussi
grandes dimensions et une aussi
grande valeur que dans cette
dernière contrée. Il existe en
effet dans l'Arizona une forêt
composée entièrement d'arbres
agatisés dans toute leur épaisseur et formés de couches atteignant jusqu'à six centimètres
de largeur ; le diamètre des
arbres varie entre $0^m,10$ et
$2^m,50$ environ ; ils gisent au
milieu de laves et de cendres
volcaniques (fig. 151).

On admet que la « pétrifi-
cation » de ces arbres est due
à une sorte d'immersion dans
de la silice à haute température
provenant des geysers qui
abondent dans cette région.
Après refroidissement, la silice
se serait solidifiée en se substituant peu à peu à la matière
organique du bois. On peut
également supposer que la sili-
cification a été beaucoup plus
lente, que des eaux froides
chargées de silice et baignant

Fig. 151. — Troncs d'arbres agatisés de Chalcedony Park
(Arizona).

les troncs d'arbres ont pénétré à travers les fibres du bois et se sont déposées
de la même façon que dans les agates.

A l'aide du microscope, on a pu se rendre compte que les bois ainsi silicifiés se rapprochent de l'araucaria actuel. C'est dans le « Chalcedony Park » qu'on
les rencontre en plus grande abondance ; en section, ils offrent de nombreuses

teintes, surtout le rouge et le jaune, et, à la partie centrale, renferment souvent des géodes tapissées de cristaux d'améthyste. Ils sont actuellement exploités par une grande compagnie américaine, la « Drake Cⁱ », qui a installé pour les travailler d'importantes machines à scier et a user. Le polissage s'effectue à l'aide de poussière de diamant. On en fait toutes sortes d'objets, mais leur prix élevé est encore un obstacle à leur diffusion, malgré le grand succès qu'ils ont eu dès leur apparition dans le commerce, il y a une trentaine d'années. Il est néanmoins permis d'espérer que des méthodes pratiques d'exploitation permettront d'arriver à des prix moins élevés, ces bois agatisés constituant certainement une des plus belles merveilles du monde minéral.

(Extr. de *La bijout. au XIXᵉ siècle*, par H. Vever.)

Fig. 152. — Opale noble montée en pendentif.

III. — OPALES

On connaît un assez grand nombre de variétés d'opales, mais il en est peu qui soient utilisables en joaillerie. Celles qui ont le plus de valeur sont *l'opale noble* et *l'opale de feu*. Toutes cependant ont à peu près la même composition chimique : elles sont constituées par de la silice hydratée, ou silice gélatineuse, la proportion d'eau pouvant varier entre 3 et 12 0/0. On y trouve quelquefois une faible quantité d'alcalis, de chaux, de magnésie, d'alumine et d'oxyde de fer.

La densité de l'opale varie entre 1,9 et 2,3 ; elle est donc beaucoup plus légère que le quartz ou silice anhydre. Sa dureté est également plus faible ; elle est comprise entre 5,5 et 6,5. L'indice de réfraction varie de 1,406 à 1,435. Au point de vue cristallographique et physique, l'opale constitue un des plus beaux exemples de substance colloïdale naturelle ; elle n'est pas susceptible, en effet, de cristallisation.

Opale noble. — L'*opale noble*, encore qualifiée d'*orientale* et d'*arlequine* (pl. VII, fig. 7), est la plus rare et la plus riche en couleurs de toutes les variétés d'opales. Elle est remarquable par la beauté de ses reflets irisés. D'après certains auteurs, ces derniers seraient dus à la présence d'hydrocarbures, d'après d'autres à la présence de petites cavités ou fissures disposées en réseaux réguliers ; on a admis aussi l'existence de fentes de retrait à peu près parallèles aux surfaces souvent mamelonnées de l'opale et remplies de substances de transparence ou de densité différentes.

Bien que sa valeur soit bien inférieure à celle du diamant, l'opale est souvent préférée à ce dernier et, de tout temps, elle a été tenue en grande estime. On ne la taille jamais à facettes puisqu'elle manque de transparence et que, par suite, les phénomènes de réfraction ne se produisent pas à travers sa masse, mais en cabochons, en poires ou en cœurs (fig. 152). Elle s'harmonise du reste fort bien avec le diamant et les pierres de couleur faiblement teintées. On l'use au moyen de lapidaires en plomb humectés d'adouci, puis à l'aide de ponce finement porphyrisée ; le polissage proprement dit s'effectue à l'aide de tripoli.

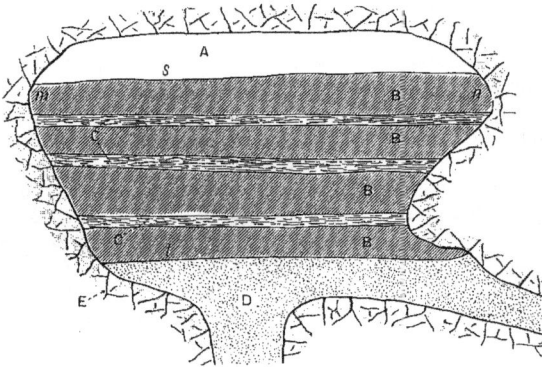

FIG. 153. — Coupe verticale du nid d'opale de Lilanka (Hongrie).
A, partie restée vide ; B, couches d'opale laiteuse ; C, couches minces d'opale noble ; D, opale altérée moins dure ; E, roche encaissante (trachyte pyroxénique).

La température influe sur les propriétés de l'opale : elle peut faire disparaître ou modifier sa coloration, par suite d'actions mécaniques se manifestant dans les fissures auxquelles elle doit ses propriétés irisées. Certaines opales, exposées pendant longtemps au soleil, perdent ainsi presque complètement leur teinte initiale et tombent par suite à une valeur presque nulle.

Principaux gisements. — Les anciennes opales sont originaires de l'Inde. Aujourd'hui on les rencontre surtout en filons dans les terrains anciens, sous forme de couches peu épaisses et distribuées irrégulièrement en surface. Les principaux pays producteurs d'opale sont la Hongrie, l'Australie, l'Arabie, la Perse, la Saxe, le Mexique et le Honduras. En Hongrie il existe des gisements importants de cette gemme, principalement à Veresvâgâs (ou Cservenitza), dans les montagnes de Vihorlet et de Mâtra, et à Nagy Mihaly. Les gisements paraissent être d'une grande simplicité : l'opale remplit les pores et les fentes d'un trachyte. Sa quantité paraît plutôt croître que diminuer avec la profondeur.

La figure 153 montre la disposition d'un de ces nids d'opale tels qu'on les exploite actuellement. La masse, grossièrement elliptique, a environ 80 centimètres de longueur mn, 40 centimètres de largeur et 30 centimètres d'épaisseur st. La roche encaissante E est un trachyte pyroxénique. La cavité qu'elle limite n'est pas complètement remplie d'opale, car la partie supérieure A est vide. La première couche d'opale laiteuse B est recouverte d'une poudre blanche très fine qui n'est que de la silice hydratée : elle peut être considérée comme le résidu d'une dissolution de cette substance dans l'eau après évaporation du dissolvant. La figure montre très nettement sa formation par couches horizontales et parallèles.

A côté de l'opale, on rencontre dans les fissures du trachyte un grand nombre d'autres minéraux et en particulier de la marcassite (sulfure de fer), du sulfate de baryte, des pyrites. On a trouvé dans ces gisements des opales de toutes teintes et pouvant donner après la taille de fort belles pierres ; on en connaît dont le poids dépasse 500 grammes et qui ont atteint une valeur supérieure à 2 millions.

Au *Mexique*, on trouve de belles opales irisées à Queretaro et à Zimapan. Leur structure est généralement lamellaire, c'est-à-dire produite par des couches parallèles. La roche encaissante est ici une rhyolite blanche, très quartzeuse. Dans certains échantillons, l'opale est complètement irisée, tandis que dans d'autres les couches irisées alternent avec de l'opale blanche laiteuse, translucide ou opaque.

En *Australie*, il existe également des mines importantes d'opale, principalement dans le Queensland et la Nouvelle-Galles du Sud ; les plus belles proviennent du district aride de White Cliffs, à 1.200 kilomètres environ à l'ouest de Sydney. Malheureusement le manque d'eau rend l'extraction très pénible bien que la roche contenant les opales soit assez facile à désagréger. La production annuelle de ces mines, dont l'exploitation date de quinze ans à peine, n'est pas inférieure à 3 millions de francs environ.

Origine géologique. — L'origine de l'opale n'est pas encore connue d'une façon exacte, mais il est permis de supposer qu'elle peut être due à la décomposition de silicates alcalins par un acide : témoins les expériences synthétiques qui ont permis de la reproduire (CHAP. XI), témoin également la présence de l'opale dans certains végétaux des régions tropicales. La flore des Philippines renferme, en effet, une variété de bambou (rabashir) dont les tiges renferment souvent un minéral ayant tous les caractères de l'opale noble bien que toujours de petite dimension ; il n'est pas impossible qu'il soit dû à des silicates décomposés, à moins qu'on suppose que la silice hydratée ait été entraînée directement sous la forme colloïdale avec la sève et se soit ensuite solidifiée.

Les faits observés dans les principaux gisements actuellement exploités (Hongrie, Mexique) tendent à démontrer que l'opale a été introduite à l'état de dissolution dans les roches qui la contiennent. Elle a pénétré ces roches en y formant des couches extrêmement minces et plus ou moins étendues. Son origine paraît être geysérienne et comme la dernière manifestation de cette phase d'activité volcanique presque éteinte. Ses éléments proviennent donc de la profondeur comme cela a lieu pour la plupart des filons métallifères : suivant les circonstances, il peut y avoir eu simplement apport de gaz, ou bien dissolution par une colonne d'eau à haute température. Cela explique les différents aspects de l'opale suivant les gisements, tantôt en couches, tantôt en masses homogènes, apparemment sans structure lamellaire, mais finissant, même dans ce cas, par une surface unie horizontale.

D'après M. Szabo, la formation de l'opale serait récente et continuelle, et, conformément aux théories émises, il y a tout lieu de croire que la richesse des gisements doit augmenter avec la profondeur.

Opale de feu ou Opale flamboyante. — L'*opale de feu*, ou *opale flamboyante* (pl. VII, fig. 5), est originaire du Mexique où on la rencontre en assez grande abondance à Zimapan et à Queretaro. Elle se distingue facilement de l'opale noble par l'absence totale d'irisations et sa couleur rutilante analogue à celle d'une flamme. Son éclat est gras, mais par le polissage elle acquiert une grande vivacité de ton. Elle renferme environ 92 % de silice, 7,75 % d'eau et 0,25 % d'oxyde de fer ; c'est à ce dernier qu'elle doit sa coloration.

On a souvent essayé d'augmenter frauduleusement la valeur de l'opale de feu en lui faisant imiter le plus possible l'opale noble. Un des procédés les plus simples consiste à passer une couche d'huile d'olive sur sa surface et à la chauffer légèrement ; elle acquiert ainsi une sorte d'irisation superficielle qui augmente sa beauté, mais en passant la pierre sur sa langue on ressent une saveur désagréable qui permet de reconnaître aisément la fraude.

Les opales rouges de Queretaro n'ont pas toujours une teinte uniforme. La couleur rouge passe parfois au bleu et on trouve même des variétés bleuâtres translucides sans la moindre trace de coloration rouge. Ces opales paraissent homogènes dans leur masse, car on n'y voit pas trace de dépôt en couches parallèles. Les variétés bleues possèdent cependant parfois des reflets irisés qui augmentent considérablement leur valeur.

Autres variétés d'opales. — Les *opales communes*, ou *semi-opales*, comprennent toutes les variétés de silice hydratée et colorées; elles ont un éclat gras et résineux et sont dépourvues de jeux de lumière.

Parmi les variétés utilisées en joaillerie, nous citerons la *rosopale*, encore appelée *quincyte* ou *opale rose* (pl. VII, fig. 1); elle doit sans doute sa teinte rouge cochenille ou rose fleur de pêcher à des matières hydrocarbonées ; on l'accentue du reste généralement en la trempant à chaud dans des bains de colorants appropriés ; en France on la rencontre principalement à Quincy, à Méhun et à Néris (Nièvre). On la taille toujours en cabochons.

La *résinite*, ou *opale résinite*, a peu de valeur. Comme son nom l'indique, elle présente l'aspect de la résine et possède une cassure esquilleuse. Elle se polit facilement et affecte des colorations variées : blanc laiteux, jaune, vert, brun, noir suivant les localités. En France, on l'exploite assez activement en Auvergne, principalement à Gergovie, Vertaizon, au Puy Girou (Puy-de-Dôme). Les variétés d'aspect laiteux portent le nom de *demi-opales*.

L'*hydrophane*, opaque et généralement blanche ou légèrement teintée, possède la curieuse propriété de devenir complètement transparente lorsqu'on la plonge dans l'eau. Ce phénomène se produit par imbibition d'une façon analogue à ce qui a lieu avec l'opale de feu. Les belles variétés d'hydrophane, translucides à l'état brut, se taillent en cabochons.

Le *cacholong*, ou cacholon, se trouve surtout en Italie (près de Turin), en Hongrie et aux îles Fœroë. Il est d'un blanc opaque, généralement laiteux, légèrement translucide sur les bords, plus dur que l'opale noble et happe à la langue. Il a servi autrefois à faire de jolis camées, notamment celui représentant Valentin III (Bibliothèque nationale de Paris).

Mentionnons enfin l'*hyalite*, ou *fiorite*, qui est une opale transparente sans jeux de lumière et à éclat gras ou vitreux très prononcé. Elle affecte généralement une structure globulaire par couches concentriques. On l'emploie peu en joaillerie parce qu'elle a presque toujours une épaisseur insuffisante pour la taille. M. Lacroix a signalé sa présence sur les laves et cendres du Vésuve.

Toutes ces différentes variétés (cacholong, hydrophane, hyalite) accompagnent généralement l'opale noble dans ses gisements (Hongrie, Mexique) ; elles paraissent en dériver directement par altération avec perte des irisations.

1. Rosopale.

2. Agate zonée.

3. Agate rubannée.

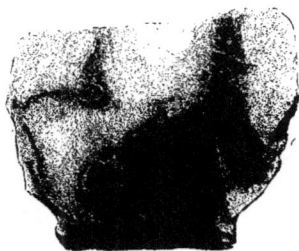

4. Agate moussue.

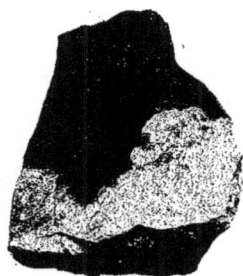

5. Opale de feu.

6. Orthose.

7. Opale noble.

CHAPITRE VII

GEMMES SILICATÉES

I. — SILICATES SIMPLES

Zircon. — **Caractères.** — Le zircon (pl. VIII, fig. 5) est un silicate de zirconium[1]. Il se présente généralement sous forme de petits cristaux isolés ne dépassant pas quelques millimètres de longueur et dérivés du système quadratique (fig. 154). Les modifications sur les arêtes et les angles conduisent à des formes assez variées et qui vont jusqu'à se confondre parfois avec le dodécaèdre rhomboïdal (fig. 154, 3). Son poids spécifique, qui varie suivant les échantillons entre 3,98 et 4,7, augmente légèrement par la calcination. Sa dureté est égale à 7,5, c'est-à-dire un peu supérieure à celle du quartz. Les clivages sont assez faciles. La cassure est conchoïdale ou irrégulière. Son éclat est vitreux et souvent adamantin. Comme il possède après le diamant le plus grand indice de réfraction (1,945), il pourrait être facilement confondu avec ce dernier si sa dureté et ses propriétés optiques ne permettaient de l'en distinguer. Il est généralement très transparent en écailles minces, même lorsqu'il possède une teinte foncée. Il est assez fragile sous le choc du marteau.

Le zircon est infusible au chalumeau, mais par une calcination prolongée il se décolore. Chauffé un peu au-dessus du rouge sombre, il devient phosphorescent dans l'obscurité. Au point de vue de sa composition, il contient de 33,5 à 33,9 % de silice, 64 à 66,4 % d'oxyde de zirconium (zircone), de 1 à 2 % d'oxyde de fer et souvent des traces de magnésie. Il est très difficilement attaquable par les acides : sa poudre ne peut être attaquée que par une longue digestion avec l'acide sulfurique. Les alcalis agissent par contre sur lui avec facilité ;

---

1. Métal rare employé pour la fabrication des filaments de lampes électriques et des manchons à incandescence.

J. Escard.

24

fondu avec la soude ou la potasse et dissous dans l'acide chlorhydrique concentré, il communique au papier de curcuma une coloration orangée.

Variétés. — Suivant sa teinte, qui peut être incolore, rouge, brune, jaune, grisâtre ou verdâtre, le zircon possède des noms différents. Ce sont les suivants :

Incolore et hyalin...	*Diamant de Ceylan ou de Matara.*
Rouge............	*Hyacinthe ou Jacinthe.*
Verdâtre..........	*Jargon.*

A ces noms correspondent des valeurs commerciales fort différentes pour les prospecteurs et les joailliers.

Le zircon incolore et complètement transparent est très rare en beaux échantillons. On en trouve cependant à Ceylan et dans l'Inde où, quand on le peut, on le vend quelquefois, une fois taillé, comme du diamant.

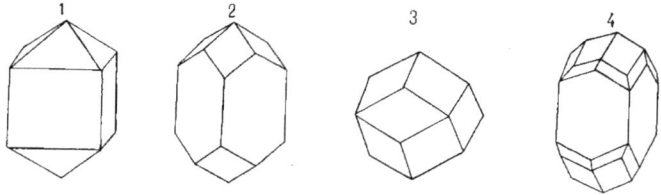

Fig. 154. — Principales formes cristallines du zircon.
1, prisme modifié sur les faces (forme *mb¹*) ; 2 à 4, prisme modifié sur les arêtes (formes *h¹b¹* et *h¹b¹a₃*).

Le zircon rouge est le plus apprécié en joaillerie. On le rencontre dans les basaltes et les tufs volcaniques (Haute-Loire) ainsi que dans les alluvions aurifères et diamantifères où il se trouve en compagnie de plusieurs autres gemmes (corindon, grenat, tourmaline). Malgré son nom de *hyacinthe*, il ne doit pas être confondu avec l'*hyacinthe de Compostelle*, qui est du quartz, ni avec l'*hyacinthe orientale*, qui est du corindon. Les beaux échantillons de zircon hyacinthe se taillent en brillants ou en cabochons allongés. Sa teinte peut varier depuis le rouge grenat jusqu'au vermillon et au rouge cramoisi.

Le *jargon*, ou zircon verdâtre de mauvaise coloration, a peu de valeur. On l'utilise en horlogerie, à la place du rubis et du saphir, et aussi pour la préparation du zirconium et de la zircone. On peut rendre sa teinte plus agréable en l'exposant à un feu modéré : il devient alors presque incolore.

Gisements. — Le zircon a été considéré comme un minéral rare jusqu'à la fin du XVIIIᵉ siècle, époque à laquelle Klaproth démontra l'identité complète de ce minéral avec l'hyacinthe de Ceylan. En 1795, on le signala à Friedrichwärm (Norvège), dans la province de Christiana. En 1847, on en trouva assez abondamment à Lichtfield (États-Unis), et, quatre ans plus tard, Hunt décrivit les gisements zirconifères du Canada. En 1853, Wetherib indiqua ceux de Pensylvanie. En 1859, Hofmeister énuméra ceux de Buncomte. Les gisements zirconifères de Miask (Oural) ont été découverts en 1875.

A partir de cette date, les zircons ont été signalés un peu partout et souvent en assez grande abondance, bien que les cristaux utilisables en joaillerie soient assez rares. Actuellement, on les rencontre principalement : 1° dans les roches métamorphiques (amphibolites, gneiss, phyllades, schistes micacés et ardoisiers, calcaires cristallins), où ils sont souvent accompagnés de rutile, d'andalousite, de tourmaline ; 2° dans les roches granitoïdes (syénites, granulites, filons de pegmatite à apatite) ; 3° enfin dans les roches trachytoïdes (trachytes, andésites, basaltes, leucitites, leucotéphrites).

Il paraît douteux que le zircon soit dû à une cristallisation par voie sèche ; il semble, dans bien des cas, être un produit de sublimation ou avoir été arraché aux roches anciennes. Dans tous les cas, il n'est pas impossible qu'il ait eu le fluor pour minéralisateur ainsi que l'ont montré les expériences qui ont permis de l'obtenir artificiellement.

Les gisements de zircon les plus importants sont certainement ceux de *Nouvelle-Zélande*, dont plusieurs occupent une superficie de plus de 50 hectares. Ils sont situés entre Emin-Bay et Circular-Head. Les zircons se trouvent disséminés dans une couche de gravier située à 25 mètres environ de la surface et ayant environ 20 centimètres d'épaisseur ; au-dessous se trouve une couche de sable. Leur extraction s'effectue d'une façon fort primitive : par simple lavage et en utilisant la densité élevée du zircon pour le débarrasser des autres produits entraînés.

Dans la *Caroline du Nord*, le *Colorado* et le *Texas*, les gisements de zircon, assez importants également, se confondent avec ceux de monazite [1]. Les granites de *Suède* renferment presque tous des zircons ; il en est de même des syénites de *Norvège* qui, précisément en raison de leur richesse en zircon, ont été appelées syénites zirconiennes. L'extraction de cette gemme des roches se fait par broyages suivis de lavages et triages par densités. Les schistes talqueux du *Tyrol*, notamment à Pfitsch, sont aussi très riches en zircons.

1. La *monazite* est un phosphate multiple de cérium, lanthane, didyme, etc. Elle contient toujours aussi une quantité variable d'oxyde de thorium. Aussi la recherche-t-on activement pour la préparation des terres rares destinées à la fabrication des manchons pour l'éclairage à incandescence.

Dans l'*Oural* (groupe des monts Ilmen), les filons de syénite micacée qui traversent les gneiss constituent de véritables mines de zircon; on y trouve parfois des cristaux pesant près de 1 kilogramme. On en a découvert exceptionnellement un pesant 3.580 grammes.

Depuis quelques années, on a recherché ce minéral à *Madagascar* et on a constaté qu'il se trouve en abondance dans les résidus des lavages aurifères d'un grand nombre d'exploitations du massif central. Dans ces sables on le rencontre, tantôt en fragments roulés, tantôt en cristaux remarquables par la netteté de leurs formes et leur richesse en facettes. Dans un même lot, on trouve souvent à la fois des cristaux incolores, jaunes, brunâtres, roses et même violacés. Ils sont accompagnés de saphirs, grenats, tourmalines, quartz, magnétite et or en pépites. Les alluvions de la rivière Matitanana (district d'Ikongo) en contiennent une quantité considérable; il en est de même de la Zomandao, affluent de droite de l'Iochy, et de la région comprise entre Antambohobe et Antananarivokely. La région volcanique du massif d'Ambre (vallée du Rodo) contient beaucoup de zircons roulés pouvant atteindre de 3 à 4 centimètres de diamètre. Le gisement d'Itrongahy (sud de l'île), à mi-chemin entre Betroka et Benenitra, renferme des zircons bruns, noirs ou vert olive. Les cristaux transparents, d'un violet d'axinite, ont une densité comprise entre 4,40 et 4,70, alors que celle des variétés foncées oscille entre 3,98 et 4,10 seulement; ces zircons légers ont une biréfringence voisine de celle du quartz. Sous l'influence prolongée de la température, elle se rapproche de la biréfringence normale du zircon avec augmentation concomitante de la densité jusque vers 4,43 (Lacroix).

En *France*, on connaît depuis près de deux siècles le gisement du petit ruisseau le Riou-Pezzouliou, qui coule à Espaly (Haute-Loire) et qui renferme, à côté du zircon, des grenats, sphènes, saphirs, péridots et spinelles qui ont enrichi de nombreuses collections minéralogiques. Pour recueillir ces gemmes, et surtout les zircons qui y sont assez abondants, il suffit de prendre quelques poignées de sable dans le lit du ruisseau et de l'examiner à l'œil nu ou à la loupe : les zircons sont très brillants. Ils paraissent provenir d'une andésite augitique, en place un peu plus loin, près du hameau des Brus; ils ont fait partie d'enclaves arrachées à des roches primitives par les éruptions volcaniques. Les paysans les recherchent assez activement et les vendent aux bijoutiers et aux amateurs de la région.

Au Croustet et à la Denise, non loin du Riou-Pezzouliou, le zircon a été trouvé en place dans sa gangue originelle, de même qu'au Capucin (Mont-Dore) et dans les enclaves feldspathiques zirconifères des basaltes du Puy de Montaudou, près de Royat (Puy-de-Dôme).

Disthène. — Le *disthène* (ÉTYM. : du grec, δίς, *deux fois*, et σθένος, *fort*, par allusion à l'inégale dureté des faces et des clivages) est assez difficile à tailler par suite de son clivage facile. C'est un silicate d'alumine (SiO^2, Al^2O^3) cristallisant dans le système triclinique. Sa densité varie entre 3,58 et 3,68. Sa dureté est de 5 parallèlement à l'allongement et de 7 dans le sens perpendiculaire. Il est transparent et translucide, possède un éclat vitreux ou nacré, une couleur bleu de ciel, verte, grise, noirâtre. Il existe également des échantillons incolores ou blanchâtres.

Cyanite. — La *cyanite* (du grec, *cyanos*, bleu) est du disthène bleu (pl. VIII, fig. 7). On la confondrait volontiers avec la cordiérite par son polychroïsme, et avec le saphir par sa couleur, si sa dureté, sa densité, sa cristallisation et ses propriétés optiques ne permettaient de la caractériser facilement. Elle fond vers 1300° et se transforme vers 1350° en sillimanite, autre silicate d'alumine. Elle est inattaquable par les acides, mais se dissout dans le sel de phosphore en laissant un squelette de silice. Sa composition est la suivante :

Silice..............................	36,55 %
Alumine..........................	63,06
Oxyde de fer.....................	1,15

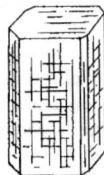

Fig. 155. — Cristal d'andalousite.

On la rencontre surtout dans les schistes cristallins, notamment au Saint-Gothard, en Bohême et à Madagascar. Dans cette dernière contrée, on la trouve aussi fréquemment dans les alluvions de plusieurs points du massif central ; elle provient sans doute de la désagrégation de micaschistes à disthène (Marovato, Ambositra, Fianarantsoa). Les cristaux sont fréquemment accompagnés de sillimanite, de quartz et d'or natif.

Andalousite. — L'*andalousite*, qui a tiré son nom de la province d'Andalousie (Espagne), est aussi un silicate d'alumine de formule SiO^2, Al^2O^3. Elle ne contient que 0,7 à 1,8 % d'oxyde de fer. Elle cristallise en prismes orthorhombiques très voisins de 90° (exactement 90°13′) et par suite presque quadratiques (fig. 155). Elle possède un éclat vitreux et une coloration vert olive, rouge, rose, grise ou violacée ; elle est très polychroïque. Sa dureté est de 7-7,5 et son poids spécifique de 3,17. Elle est infusible à la flamme du chalumeau et ne se laisse attaquer par l'acide sulfurique que vers 300°. A l'état transparent, elle présente certaines analogies d'aspect avec la *kornepurine* de Madagascar (p. 209).

L'andalousite apparaît souvent en prismes se détachant nettement des roches quartzeuses et micacées (pl. VIII, fig. 6). On la trouve surtout au Tyrol, en Bavière, à l'île d'Elbe (où elle accompagne la tourmaline), aux États-Unis, au Brésil (sables diamantifères), à Madagascar.

Fibrolite. — Ce minéral, formé essentiellement de sillimanite et avec lequel ont été fabriqués autrefois (période néolithique) de nombreux objets, est remarquable par sa texture compacte, sa dureté et son éclat soyeux. On l'emploie parfois comme pierre d'ornementation mais non comme gemme proprement dite, car elle est assez commune et ne possède jamais une transparence parfaite. Elle est inattaquable par les acides et infusible au chalumeau. Sa couleur peut être grise, bleu verdâtre, rouge, blanc bleuâtre, blanche. Longtemps considérée comme d'origine exotique, elle a fini par être rencontrée en France, dans les alluvions de nombreux cours d'eau, principalement en Auvergne (Allier et ses affluents), sous forme de cailloux plus ou moins roulés. Nos ancêtres de la période néolithique en confectionnaient surtout des haches et des polissoirs de petites dimensions.

Dumortiérite. — La *dumortiérite* est un minéral d'un bleu de cobalt ou d'un bleu foncé presque noir. Elle correspond à la formule $Si^3 O^{18} Al^8$. Sa densité est égale à 3,36 et sa dureté à 7. Elle se distingue du disthène et des amphiboles bleues (glaucophane ou crocidolite), qui ont parfois sa teinte, par ses propriétés optiques et particulièrement par son polychroïsme intense, rose et rougeâtre.

Finement pulvérisée, la dumortiérite paraît blanc faiblement teinté de bleu ; mais elle redevient bleue par une légère humectation d'eau. Elle résiste à l'acide fluorhydrique, ce qui permet de la séparer facilement des roches qui l'englobent : on ne la rencontre, en effet, que rarement en beaux cristaux isolés. Elle constitue un des éléments de la roche bleue rapportée d'Équateur par le Dr Rivet et a été souvent confondue avec le lapis-lazuli (p. 195).

Rhodonite. — La *rhodonite* (ÉTYM. : ῥόδον, *rose*) n'est pas à proprement parler une gemme, mais une belle pierre d'ornementation utilisée par les ouvrages d'art. Elle est constituée par un silicate de manganèse, $SiO^3 Mg$. Les belles variétés, fréquentes dans l'Oural (Jékatérimbourg), sont utilisées pour la fabrication de vases et autres objets d'ornementation.

Généralement translucide, elle est bariolée de petites veines noires d'oxyde de manganèse (pyrolusite) qui, par le polissage, augmentent son effet. Sa couleur varie du rose rougeâtre au rose fleur de pêcher (pl. VIII, fig. 2). Elle possède un éclat gras, fond assez facilement et donne les réactions du manganèse. Sa dureté varie entre 5,5 et 6,5 ; sa densité est voisine de 3,60.

II. — FELDSPATHS NOBLES

Classification. — Sous le nom de feldspaths nobles on réunit un certain nombre de pierres précieuses de valeur très différente mais dont plusieurs peuvent, par leur rareté ou leurs propriétés, rivaliser avec les plus belles gemmes orientales. Comme leur nom l'indique, elles appartiennent à la grande famille minéralogique des feldspaths et sont ainsi constituées par des silicates d'alumine et d'une ou plusieurs autres bases qui peuvent être de la potasse, de la soude ou de la chaux. On peut les diviser ainsi qu'il suit :

Désignation minéralogique.	Noms.
Orthose	*Adulaire, Orthose opalisant et aventuriné, Pierre-de-lune.*
Orthose vitrifiée	*Obsidienne, Perlite.*
Microcline	*Pierre des Amazones ou Amazonite.*
Oligoclase	*Pierre-de-soleil.*
Labrador ou labradorite	*Labrador ou Pierre du Labrador.*
Outremer (ou lapis-lazuli) et sodalite .	*Lapis.*
Jadéite	*Jadéite.*

Ces différents minéraux se distinguent, non seulement par leur composition, mais aussi par leur coloration, leur dureté, leur poids spécifique, leurs propriétés optiques.

Adulaire. — L'*adulaire*[1], ou orthose limpide (fig. 156 et 157), est un silicate d'aluminium et de potassium qui se présente souvent en beaux cristaux hyalins et à éclat vitreux très prononcé. Lorsqu'il est imprégné de chlorite, ce minéral possède une coloration verdâtre, mais il existe aussi des variétés gris perle, jaunâtres (pl. VII, fig. 6), bleuâtres ou rosées. On le rencontre principalement au Saint-Gothard, en Suisse, en Allemagne, en Norvège, dans l'Amérique du Nord, à Ceylan, à Madagascar. Il est inattaquable par les acides, fond entre 1270° et 1300°, et donne un verre transparent dans un bain de borax en fusion ; il contient environ 64,5 % de silice, 18,5 % d'alumine et 17 % de potasse. Sa dureté est comprise entre 6 et 6,5, et sa densité entre 2,4 et 2,6. Son clivage est parfait sous certaines faces ; sa cassure est conchoïdale et vitreuse. Certaines variétés ont en outre un aspect chatoyant des plus agréables. D'autres sont nettement dichroïques, s'électrisent par le frottement et deviennent phosphorescentes lorsqu'on les broie dans un creuset.

M. Lacroix a signalé à Madagascar (Itrongahy, dans le sud de l'île) la pré-

1. Étym. : du latin *Adula*, ancien nom du Saint-Gothard.

sence de beaux cristaux d'orthose adulaire d'une limpidité parfaite et susceptibles d'être utilisés comme gemme. Ils sont rarement incolores, souvent jaunes et parfois même d'un jaune d'or foncé qui subsiste même à la suite d'une chauffe prolongée ou rouge. Une fois taillé, le minéral ressemble à s'y méprendre au béryl d'or (CHAP. IX). Les variations de densité (2,558 à 2,596) et des autres propriétés physiques montrent qu'il s'agit d'une orthose de composition variable et parfois même sodique.

Coll. du Mu-éum.

FIG. 156. — Cristaux d'adulaire
(vallée de Binn, *Valais*).

Coll. du Muséum.

FIG. 157. — Orthose adulaire
(Saint-Gothard).

Orthose opalisant et aventuriné. — L'*orthose opalisant* ou *opalescent*, avec jeux de lumière spéciaux, et l'*orthose aventuriné* (qu'il ne faut pas confondre avec le quartz aventuriné) avec intercalation de petites lamelles d'oligiste, concourent comme l'oligoclase à former la pierre-de-soleil dont nous parlerons plus loin.

Pierre-de-lune. — La *pierre-de-lune* ou *lunaire* est encore une variété d'orthose d'éclat spécial, vitreux et nacré sur certaines faces. Elle peut être incolore, blanc gris, rose de chair ou brunâtre. Ses reflets blanc bleuâtre ou blanc de lait semblent circuler dans sa masse quand on la déplace [1]. Sa densité est voisine de 2,6. On la taille généralement en cabochon ou en goutte de suif.

Les plus belles variétés de pierre-de-lune sont originaires de Ceylan ; on en a trouvé également au Saint-Gothard, à Madagascar (Lacroix) et au Brésil.

Obsidienne. — L'*obsidienne* (ÉTYM. : de *Obsidius*, nom d'un Ancien qui aurait le premier signalé cette substance) peut être considérée comme formée en majeure partie par de l'orthose amorphe, c'est-à-dire vitrifiée. On la désigne encore sous les noms de *verre volcanique, miroir des Incas, agate d'Islande*, qui rappellent son origine. Elle est en effet essentiellement de nature volcanique.

On la trouve principalement aux îles Lipari, au Mexique, à Santorin (archipel grec), en Islande, dans l'Amérique du Nord. Elle se montre, soit en masses plus ou moins compactes et importantes, soit sous forme de grains ou de sphérolithes ayant de quelques millimètres à plusieurs centimètres de diamètre. Sa couleur est très variable ; elle peut être noir de velours, verdâtre, vert bouteille, brunâtre, noir bleuâtre ou jaunâtre. Elle a tout à fait l'aspect du verre (fig. 158), aussi bien comme cassure que comme fragilité. Elle est parfois d'une opacité complète quoique générale-

Coll. Bouhée.

Fig. 158. — Obsidienne (Mexique).

ment transparente en écailles minces. Sa dureté varie entre 5 et 5,5, et sa densité entre 2,35 et 2,50.

Certaines obsidiennes contiennent des cristaux disséminés de feldspath, des paillettes de mica, des aiguilles d'amphibole ou des grains quartzeux. Elle est parfois zonaire par suite de l'alternance des couches uniformes concentriques. Étant donnée sa nature vitreuse, elle n'a pas de point de fusion fixe : celui-ci varie, suivant son origine, entre 800 et 950°. L'obsidienne de Lipari répond à la composition suivante :

Silice	74,05 %	Oxyde de fer	2,73 %
Alumine	12,97	Magnésie et chaux	0,40
Potasse	5,11	Chlore	0,31
Soude	3,88	Eau	0,22

1. La cause probable de ces effets a été indiquée plus haut (CHAP. III, p. 77). -

J. ESCARD.   25

L'obsidienne ne peut pas être considérée à proprement parler comme une gemme en raison de sa faible dureté et de sa grande diffusion dans la plupart des régions volcaniques. Elle a servi cependant de tout temps et sert encore à fabriquer des objets d'art et d'ornement (miroirs, perles, breloques), notamment au Mexique. Les beaux échantillons sont taillés à facettes ou en cabochons lorsqu'ils possèdent une teinte claire et une structure homogène.

Obsidiennes chatoyante et aventurinée.

— L'*obsidienne chatoyante* doit ses reflets à la présence d'innombrables petites aiguilles disséminées dans sa masse. On la rencontre surtout au Caucase et en de nombreux points de la Transcaucasie et de l'Arménie. Les montagnes volcaniques sont en effet très nombreuses dans ces régions. La roche ne s'y présente pas en masses compactes, mais elle est comme concassée en fragments plus ou moins gros et dont le poids ne dépasse guère quelques kilogrammes.

Cette variété d'obsidienne semble avoir été soumise dans ses différentes parties à des températures très variables : il s'est produit ainsi comme un commencement de dévitrification, et par conséquent un changement de volume. On la taille à Tiflis pour faire des objets d'ornement et de parure qui ont un très bel aspect.

L'*obsidienne aventurinée*, qui semble avoir la même origine, se trouve surtout au Mexique.

Perlite.

— La *perlite* est une variété d'obsidienne que l'on rencontre au hameau du Pessy, près La Bourboule (Puy-de-Dôme), en grains de couleur blonde et à vif éclat : ils sont disséminés dans une cinérite grossière ; leur densité est de 2,36.

Amazonite.

— L'*amazonite* ou *pierre des Amazones*, ainsi nommée parce qu'on l'a trouvée d'abord dans la région du fleuve Amazone et notamment à Pike-Speak (Colorado), possède la composition et presque toutes les propriétés extérieures de l'orthose. Sa teinte varie du vert émeraude au vert pomme ; elle est fréquemment irrégulière, de nombreuses veines blanches lui donnant l'aspect de certains marbres. Les variétés d'un bleu franc sont très rares. Elle est toujours opaque et possède un éclat gras caractéristique. Elle fond vers 1300°. Sa dureté est voisine de 6 et sa densité comprise entre 2,5 et 2,65.

Autrefois on ne trouvait ce minéral qu'en cailloux roulés, mais peu à peu on l'a rencontré en place en très beaux cristaux (pl. VIII, fig. 4), dont certains dépassent 15 centimètres de longueur. On en fait des objets d'art ou on le taille en cabochon. On le désigne parfois sous le nom de *spath vert*. Sa coloration paraît due à des traces d'oxyde de cuivre.

Pierre-de-soleil. — La *pierre-de-soleil* est constituée par un mélange d'orthose et d'oligoclase. C'est donc un feldspath à base de soude, de potasse et de chaux. Elle est plus fusible que l'orthose. Elle possède des reflets semblables à ceux de l'aventurine, dus à des réflexions sur les parois de petites fissures ou sur des inclusions d'oligiste ; son fond est plus grisâtre que celui de la pierre-de-lune et contient de nombreux points brillants jaunes ou rouge vif. Elle est transparente ou translucide. On la rencontre surtout en Norvège (Tvedestrand), en Pensylvanie et dans la Caroline du Nord.

Labrador. — Le *labrador*, encore appelé *labradorite* ou *pierre du Labrador*, parce que les plus belles variétés sont originaires de cette région (île Saint-Paul sur la côte du Labrador), est un feldspath à base de soude et de chaux. Il présente une coloration grisâtre avec de magnifiques reflets irisés bleus, verts, jaunes et rouges, dus sans doute à des phénomènes de réflexion et d'absorption, et liés à la présence d'inclusions. Sa densité varie entre 2,68 et 2,76. Sa dureté est égale à 6. Il fond entre 1350° et 1400° en un verre blanc semi-transparent. Il est difficilement mais complètement attaqué par l'acide chlorhydrique avant ou après calcination. Sa cassure est généralement irrégulière et écailleuse. Son éclat est vitreux ou nacré. Les gros cristaux sont très rares et généralement incomplets. On en trouve cependant de beaux échantillons en Norvège, en Russie et aux États-Unis.

Outremer ou **Lapis-lazuli.** — L'*outremer*, qui porte encore les noms de *lapis-lazuli*, *ultra-marine* et *pierre d'azur*, ne doit pas être confondu avec la *lazulite* (CHAP. IX, § 3), qui est un phosphate, ni avec l'*azurite*, qui est un hydrocarbonate de cuivre voisin de la malachite. Il possède une très belle coloration bleue (pl. VIII, fig. 1), que l'on attribue soit à une combinaison de soufre avec le sodium et le fer, soit à un sulfure d'aluminium. Il répond en effet à la composition suivante :

Silice......................................	43,25 °/₀
Alumine.....................................	22,20
Oxyde de fer................................	4,20
Chaux......................................	14,72
Soude......................................	8,75
Anhydride sulfurique........................	5,65
Soufre.....................................	1,15
Chlore	0,50

Les analyses sont néanmoins assez variables suivant l'origine des échantillons. La densité du lapis-lazuli varie entre 2,38 et 2,45 environ ; sa dureté est égale à 5,5.

Il contient souvent de nombreuses particules cristallines de pyrite de cuivre qui acquièrent du brillant par le polissage. Son clivage est à peine marqué ; sa cassure est conchoïdale. Il fond assez facilement au chalumeau en un verre blanc. Sa poudre se décolore et se dissout dans l'acide chlorhydrique en formant une gelée.

Principaux gisements. — On rencontre généralement le lapis-lazuli en masses compactes avec pyrite et mica disséminés dans des calcaires grenus qui pénètrent des granites ou des phyllades. Il n'est jamais transparent, à peine translucide. Les principales contrées où on le trouve sont la Chine, le Thibet, l'Afghanistan, les Indes, la Perse, la Sibérie (lac Baïkal), l'Argentine et le Chili.

Dans l'*Afghanistan*, on connaît d'importants gisements de cette substance ; ils sont même devenus classiques par leur célébrité. Ils se trouvent sur le haut cours de la Koktcha, affluent de l'Amour-Daria, à la descente et sur le flanc nord de l'Hindou-Kouch, entre Faisabad et Chitrad. La roche encaissante est un calcaire blanc ou veiné, placé au milieu de phyllades dans lesquels on trouve le lapis par masses compactes, avec pyrite et mica. Les variétés de teinte bleu de ciel sont désignées dans le pays sous le nom d' « asmani », celles de teinte indigo sous celui de « nili » et celles qui sont vertes sous celui de « salzi ».

Coll. de l'auteur.
Fig. 159. — Hache en jadéite (Mexique).

Dans les *Indes*, il existe un gisement de lapis, très important également, dans les Nagpaharhills de l'Ajmir, avec aussi des pyrites. Il est logique d'admettre avec M. de Launay que ce sont probablement ces pyrites qui ont donné les sulfates et sulfures sodiques caractéristiques de la composition du lapis, par un métamorphisme analogue à celui qui, ailleurs, a donné naissance à l'alunite aux dépens des feldspaths dans les filons de la campagne romaine.

Utilisation. — Le lapis-lazuli entre dans la fabrication de nombreux objets d'ornementation ; il acquiert du reste par le polissage un très beau brillant. On l'imite malheureusement avec une assez grande facilité à l'aide de substances artificielles ou de minéraux qu'on immerge à chaud dans des bains de couleur appropriée et qui conservent leur teinte sans affaiblissement avec le temps. Le lapis naturel subit même souvent ce traitement pour relever sa coloration lorsqu'il n'est pas suffisamment foncé.

La poudre de lapis a été autrefois utilisée pour la peinture (bleu d'outremer) ; elle est remplacée actuellement, pour cet usage, par l'outremer artificiel.

Sodalite. — On peut rapprocher du lapis-lazuli la *sodalite*, qui possède comme lui une très belle teinte bleue, quoique légèrement plus foncée (pl. VIII, fig. 3). C'est une sorte de feldspath avec chlore (silicochlorure d'aluminium, de sodium et de calcium). On la rencontre surtout au Canada où elle apparaît souvent en grandes masses disséminées au sein des granites et des granulites. Elle se décolore avant 500° et fond vers 1310°.

On a souvent confondu avec le lapis-lazuli et la sodalite une très belle *roche* d'une nature plus complexe et connue surtout depuis la mission en Equateur du Dr Rivet. Elle est formée par la réunion de deux minéraux incolores (quartz et andalousite) et de deux minéraux bleus (dumortiérite [p. 190] et tourmaline). Elle se présente généralement en sphéroïdes plus ou moins volumineux ; sa coloration est irrégulière, localement tacheté de blanc et de bleu plus ou moins sombre. Elle est infusible au chalumeau et inattaquable par les acides. On ne l'a pas encore trouvée en place et, même en Equateur, elle semble avoir été importée. On en fait des haches, des bracelets ayant tout à fait l'aspect du lapis. Il existe au Musée du Trocadéro une petite statuette faite de cette roche.

Jadéite. — La *jadéite* est un silicate d'alumine et de soude. Elle est connue et utilisée depuis longtemps par les peuples asiatiques qui en font de multiples objets d'ornementation et de parure : vases, amulettes, grains de collier, etc. Son aspect extérieur rappelle celui de plusieurs minéraux importants, entre autres la serpentine, le jade commun, la fibrolite, avec lesquels elle ne doit pas être confondue. Elle s'en distingue par les propriétés suivantes :

Sa densité varie entre 3 et 3,35, sa dureté entre 6,5 et 7. Elle est remarquablement fusible à la flamme du chalumeau et donne un verre transparent ou translucide. Elle est généralement compacte bien que formée de fibres cristallines enchevêtrées. Sa couleur est très variable : blanche, gris verdâtre, vert d'herbe, parfois vert émeraude avec veines de teinte différente. Elle est insoluble dans les acides. Son éclat est vitreux ou nacré, sa cassure esquilleuse.

Les principaux gisements de jadéite se trouvent en Chine, au Thibet, aux Indes, en Indo-Chine, au Mexique (vallée de Mexico et environs d'Oajaca), dans l'archipel grec (schistes cristallins de Syra), en Italie (vallée d'Aoste).

Les Indiens aztèques, qui désignent ce minéral sous le nom de « chalchihuitl », en fabriquent des haches (fig. 159), des colliers, des idoles.

Aux Indes, dans le Burma supérieur, près de Tamman (district de Myitkyina), par 25° 44' et 96° 14' la jadéite forme des gisements très importants. Elle constitue des veines noyées dans une serpentine vert sombre traversant des grès miocènes.

On en extrait annuellement pour 1.100.000 fr. environ, que l'on exporte pour la plus grande partie par Rangoon à destination de la Chine. Le prix est très variable suivant la qualité. On trouve également de la jadéite, en noyaux, dans les graviers de l'Uru, tributaire de Chindwin.

III. — SILICATES COMPLEXES

Triphane. — Le *triphane*, ou *spodumène*, qu'on a longtemps classé parmi les feldspaths, est en réalité un pyroxène (M. Lacroix) répondant à la formule $(Si\ O^3)^2\ Al\ Si$. C'est donc un silicate double d'alumine et de lithine. Sa dureté varie entre 6,5 et 7, et sa densité entre 3,1 et 3,2. Ses propriétés cristallographiques sont analogues à celles des pyroxènes ; il possède une grande réfringence ; son indice de réfraction maximum est 1,67.

Les variétés communes de triphane sont incolores ou verdâtres, mais les variétés transparentes, assez rares du reste, constituent des gemmes d'une grande valeur.

Kunzite. — La plus connue, la *kunzite* (du nom du minéralogiste américain Kunz), possède une belle teinte rosée ou violacée (pl. IX, fig. 3) et donne de très belles pierres par la taille ; malheureusement celle-ci est souvent rendue difficile par suite de deux clivages très nets.

Coll. Kunz.

Fig. 160. — Kunzite de Pala (Californie) : cristal vu de profil et de face.

La kunzite a été découverte à Pala, dans le comté de San Diego (Californie) où l'on trouve des cristaux atteignant 10 centim. de longueur (fig. 160). On l'a rencontrée également au Brésil et à Madagascar (gisement d'Antondrokomby, au sud du mont Bity).

Cette gemme se distingue difficilement, à première vue, du béryl rose ou morganite (CHAP. VIII) avec laquelle elle est du reste parfois associée, de la rubellite (p. 223) et du quartz rose (p. 168), surtout lorsqu'elle est taillée. La détermination des propriétés optiques et des autres caractères physiques (dureté, densité) permet cependant de dissiper rapidement les hésitations.

La kunzite acquiert une belle fluorescence sous l'action des décharges produites dans un tube de Crookes ou des rayons du radium.

Hiddenite. — La *hiddenite* (du nom de celui qui l'a découverte, M. Hidden) est aussi une variété de triphane de couleur vert émeraude. Les Américains la désignent à tort sous le nom d'*émeraude lithique*. On la trouve surtout dans la Caroline du Nord.

Les cristaux, d'une transparence presque parfaite, sont généralement peu épais mais ont de 2 à 4 centim. de longueur. Les échantillons incolores sont très

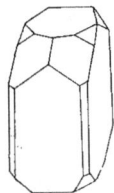

FIG. 161. — Diopside.   FIG. 162. — Cordiérite.   FIG. 163. — Olivine.

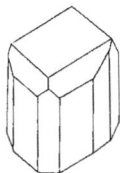

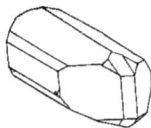

rares, mais on en rencontre parfois qui ont une teinte irrégulière ; ceux qui possèdent une belle coloration verte atteignent une grande valeur (100 fr. le carat). Les clivages sont très nets et donnent des surfaces douées d'un grand éclat : le polissage aboutit au même résultat. Dans la flamme du chalumeau, la hiddenite perd sa couleur, mais la reprend à froid.

Diopside et Diallage. — Ces deux minéraux se rattachent aussi à la classe des pyroxènes. Ils sont isomorphes et cristallisent dans le système monoclinique. Leur densité est voisine de 3,3. La dureté du diopside est comprise entre 5 et 6 ; celle de la diallage n'est que de 4.

Le *diopside* (fig. 161), qui se rencontre souvent en cristaux associés au grenat, est transparent ou translucide, vert pâle ou vert d'herbe, fusible vers 1270°. Il possède une cassure conchoïdale ou inégale.

A Madagascar, où il a été récemment signalé par M. Lacroix (Itrongahy, dans le sud de l'île), le diopside constitue une gemme d'une teinte assez agréable : il est parfois jaune, avec coloration superficielle noire et souvent vert bouteille. Les cristaux, allongés suivant l'axe vertical, sont parfois aplatis. On en rencontre ayant plus de 10 centim. de longueur. Leur densité est de 3,23. Ils proviennent sans doute de la décomposition des roches pegmatites dont ils sont, à Madagascar, un des éléments constituants : on les rencontre en fragments ou en cristaux épars à la surface du sol, englobés dans un tuf calcaire de formation récente.

La *diallage*, riche en fer et en alumine, se rencontre surtout en masses lamellaires facilement clivables et à éclat nacré. Sa couleur peut être grise, brune ou verdâtre. Elle fond vers 1210°. Elle est fréquente dans les gabbros et les serpentines.

La *smaragdite*, ou *diallage verte*, de teinte vert d'herbe, se rattache à l'amphibole. On la rencontre surtout en Corse.

Ces différents minéraux sont utilisés dans l'ornementation et pour la fabrication des objets d'art. Les variétés transparentes sont taillées en cabochons ou en tables.

Cordiérite. — La *cordiérite* (ÉTYM. : dédiée au géologue Cordier), encore appelée *iolite* (du grec ἴον, violet) et *saphir d'eau* à cause de sa teinte parfois d'un beau bleu violacé ou bleu saphir, est un silicate de fer, d'aluminium et de magnésium. On la distingue facilement du véritable saphir par sa faible densité qui n'est que de 2,63. Sa dureté, variable entre 7 et 7,5, est également inférieure à celle du saphir. Elle cristallise dans le système rhombique (fig. 162), possède une cassure conchoïdale, un éclat vitreux et un polychroïsme marqué : d'où le nom de *dichroïte* qu'on lui donne également. Sa teinte, d'un bleu variable, est nettement bleue dans le sens de l'axe vertical et d'un blanc grisâtre ou brune perpendiculairement à cette direction. Elle ne doit pas être confondue avec la saphirine (p. 201).

La cordiérite fond imparfaitement au chalumeau vers 1310° en un émail gris verdâtre. Elle renferme parfois des inclusions de sillimanite et de spinelle. On la rencontre principalement en Bavière, au Groënland, en Finlande, à Ceylan, aux Indes (micaschistes de Fis Kernas), aux États-Unis, où elle se signale soit sous forme de cristaux isolés et roulés, soit en amas vitreux (pl. VIII, fig. 8) disséminés dans les granites et les micaschistes. En France, elle existe en abondance dans certaines roches volcaniques de l'Auvergne. MM. Lacroix et De Launay ont également signalé sa présence dans les roches sédimentaires fondues par les incendies des houillères de Commentry (Allier) et dans les granulites de cette même région.

1. Outremer.   2. Rhodonite.   3. Sodalite.

4. Amazonite.   5. Zircon.

6. Andalousite.   7. Cyanite.   8. Cordiérite.

Saphirine. — Ainsi nommé parce que sa couleur ressemble à s'y méprendre à celle du saphir, ce beau minéral est encore peu connu. On ne connaît guère actuellement que les gisements du Groënland, ceux de l'Inde et de Madagascar. C'est un silicate double d'alumine et de magnésie contenant en outre un peu de fer. La saphirine de Madagascar correspond à la composition suivante :

Silice, SiO^2 .... 14,90 %
Alumine, Al^2O^3 62,55
Magnésie, MgO 21,20
Oxyde de fer, FeO 1,78

Cette composition conduit approximativement à la formule $2\ SiO^2$, $5\ Al^2O^3$, $4,5\ (MgO, FeO)$, alors que la saphirine du Groënland correspond à la suivante : $2\ SiO^2$, $6\ Al^2O^3$, $5\ MgO$.

Les cristaux de saphirine sont généralement d'un beau bleu foncé et manifestent parfois un polychroïsme intense. Ceux de Madagascar sont seulement translucides (Lacroix) à cause des nombreuses fissures qui les traversent ; leurs propriétés physiques sont à peu près les mêmes que dans ceux du Groënland, sauf la densité qui est plus faible (3,31) et les indices de réfraction un peu moins élevés. Cette différence tient sans doute à une teneur plus grande en magnésie. La saphirine de Madagascar se rapproche ainsi plus de celle de l'Inde que de celle du Groënland, bien que la proportion de fer y soit beaucoup plus faible.

Fig. 164. — Olivine : structure fibreuse.
(Grossissement : 150 diam.)

La saphirine ne doit pas être confondue avec l'agate saphirine dont il a été précédemment question (p. 172).

Péridot. — Le *péridot* est une pierre qui a été utilisée comme gemme dès les temps les plus reculés. Sa variété principale, l'*olivine*, ainsi nommée à cause de sa teinte qui rappelle celle de l'huile d'olive verte ou ce fruit lui-même, est un silicate double de fer et de magnésium. Elle possède la plupart des propriétés de la *chrysolite* (ÉTYM. : pierre d'or) ou *péridot noble* d'Orient, qui renferme un peu moins de fer. En joaillerie, on confond du reste indistinctement ces deux pierres sous le nom de péridot.

Cette gemme possède, d'après M. Lacroix, une densité variant entre 3,2 et 3,36 et une dureté comprise entre 6,5 et 7. Elle cristallise dans le système rhombique (fig. 163). Sa teinte peut être vert jaunâtre, vert olive (pl. IX, fig. 4 et 5) ou brune. Elle est très biréfringente et possède un éclat vitreux très marqué. Son point de fusion est voisin de 1750°.

Le péridot renferme souvent des inclusions solides de fer oxydulé et des inclusions liquides d'acide carbonique. Dans les plaques minces, il déploie souvent des couleurs de polarisation très vives. Sa structure est souvent fibreuse (fig. 164). Sa variété rose, la *limbilite*, est fréquemment irisée aussi, par suite d'une décomposition plus ou moins avancée. Nous donnons ci-dessous la composition d'un échantillon de péridot olivine :

Silice...........................	39,73 °/₀
Oxyde de fer.....................	9,19
Magnésie.........................	50,15
Oxyde de nickel et alumine........	Traces

Certains échantillons renferment en outre une petite quantité d'oxyde de manganèse.

Principaux gisements. — Le péridot se rencontre en abondance dans les basaltes et les scories basaltiques. Les conglomérats volcaniques de l'Auvergne et de la région de l'Eifel (Allemagne) renferment des boules d'olivine de la grosseur de la tête et remarquables par leur structure fendillée ; cette propriété les rend malheureusement impropres à la taille, les grains isolés n'ayant jamais plus de 2 à 3 millimètres de diamètre.

Les péridots destinés à la joaillerie viennent surtout de l'Oural, du Brésil, de la Perse, du Mexique et de l'Egypte. Ils se rencontrent parfois en cailloux roulés dans les alluvions de certaines rivières en compagnie du diamant, du grenat, de la cymophane, de la tourmaline ; mais le plus souvent, la matière du gisement est une véritable roche, la péridotite.

Actuellement, l'exploitation en règle des péridots n'est guère organisée qu'en deux points du monde. L'un de ces points, découvert en 1904, se trouve dans l'*Arizona* (États-Unis), à Mesa près Talkaï. Les cristaux, parfaitement transparents, atteignent de 3 à 3,5 centimètres de longueur avec un poids pouvant dépasser 40 grammes. L'autre gisement, qui se trouve dans l'île de Sebirget ou Saint-Jean (*Mer Rouge*), au sud d'Assouan, est aussi riche que le premier. La production annuelle de ces deux gisements représente environ 250.000 francs. Les carrières datent de la domination grecque ainsi qu'on a pu en juger par plusieurs objets (lampes, vases) abandonnés sur place. Elles paraissent avoir été délaissées vers le XIIIᵉ siècle.

La roche originelle, la péridotite, s'altère d'une façon intense à la surface ; sa décomposition est même très accentuée dans certaines veines, de sorte que les cristaux de péridote se détachent facilement de leur gangue qui n'est plus ainsi qu'une sorte de masse sableuse plus ou moins consistante. Comme minéraux accessoires, on ne remarque guère, dans l'Arizona, que de l'obsidienne et, à Sebirget, un peu de pyrite et des enduits verdâtres légèrement nickelifères.

Ces deux gisements, dont la production n'est pas exactement connue en raison des nombreux vols et détournements dont elle est l'objet, occupent environ 30 hommes chacun. On peut estimer qu'ils fournissent ensemble, annuellement, 100 kilogrammes de belles pierres, ce qui met le prix du carat brut à 1 franc environ.

Topazes. — Classification et propriétés. — Le nom de topaze[1] fait naturellement penser à une pierre d'un jaune plus ou moins prononcé. Cependant il y a des topazes de toutes les teintes : incolores, bleues, roses, brunes, vertes, etc.

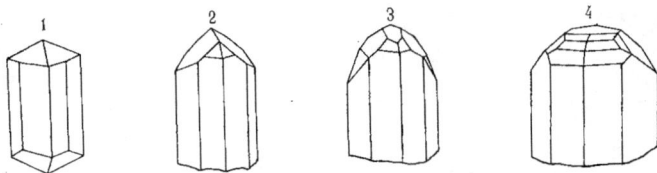

FIG. 165. — Principales formes cristallines de la topaze.
1, combinaison mg^3b^1 ; 2, combinaison $mg^2b^1e^1$; 3 et 4, formes complexes.

Les noms diffèrent suivant la coloration. Nous donnons ci-dessous ceux des principales variétés :

Incolore	*Goutte d'eau.*
Jaune	*Topaze du Brésil.*
Rose jaunâtre	*Topaze brûlée* ou *rubis brésilien.*
Bleu	*Saphir brésilien.*
Bleu verdâtre	*Topaze aigue-marine.*

Toutes ces pierres ont naturellement la même composition, la topaze pouvant être considérée comme un fluosilicate d'alumine. Elle renferme de 24 à 30 °/₀ de silice, 54 à 58 °/₀ d'alumine et 14 à 17,8 °/₀ de fluor. Elle cristallise toujours dans le système rhombique (fig. 165 et 166) avec formes généralement

1. *Topaze* a pour origine Τόπαξον (topazon), île de la Mer Rouge, mot avec lequel Pline a fait *topazius*. Cependant la topaze de Pline n'était pas la véritable topaze qu'il confondait avec la *chrysolite*, minéral verdâtre du genre péridot (p. 201).

brachypyramidales. Presque tous les cristaux ont un seul pointement; les faces du prisme sont en général striées parallèlement aux arêtes prismatiques (fig. 51, d). Les clivages sont très nets parallèlement à la base. Les inclusions sont fréquentes (pl. I, fig. 3); elles sont parfois à deux liquides (eau et acide carbonique) ou formées d'hydrocarbures ; on remarque quelquefois aussi, dans ces inclusions, des cristaux d'apparence cubique ou rhombique.

L'éclat de la topaze est vitreux. Elle est pyroélectrique (p. 92) et manifeste nettement le phénomène de la double réfraction positive. Sa cassure est conchoïdale. Sa densité varie entre 3,5 et 3,6. Sa dureté est égale à 8 : elle n'est donc rayée que par le diamant et le rubis.

La chaleur ne provoque pas la fusion de la topaze, mais chauffée dans le tube ouvert avec le sel de phosphore, elle donne lieu à un dégagement d'acide fluorhydrique; elle se dissout partiellement dans ce sel en laissant un squelette de silice. Chauffée avec l'acide sulfurique, elle dégage également une faible quantité d'acide fluorhydrique. Certaines topazes du Brésil se colorent en jaune plus ou moins rougeâtre par la calcination[1]; on leur donne alors le nom de *topazes*

Coll. du Muséum.
FIG. 166. — Topazes jaunes (gr. nat.) de José-Correa et Ouro-Preto (Brésil).

brûlées et elles ont une plus grande valeur, toutes les variétés de topazes ne pouvant être ainsi transformées.

On taille généralement la topaze en brillants à degrés. Comme elle n'a pas beaucoup de reflets, on donne à la culasse le plus d'épaisseur possible et on multiplie les facettes. On ne la taille jamais en rose ni en cabochon.

Différentes variétés. — Les *topazes incolores* ou *gouttes d'eau*, comme on les désigne habituellement en joaillerie, viennent surtout de l'Oural, de Minas-Novas (Brésil) et de Madagascar. Elles ont été fréquemment confondues avec le diamant et même vendues frauduleusement comme tel. Cependant il est facile de

1. Propriété découverte en 1751 par le joaillier Dumelle.

les distinguer, d'abord par leur faible éclat, ensuite par leur biréfringence, enfin par leur dureté inférieure à celle du diamant; elles sont de plus incombustibles et donnent toujours par le clivage des lames parallèles.

La *topaze jaune*, ou topaze ordinaire (pl. IX, fig. 2), est plus ou moins teintée suivant son origine; il y en a de jaune citron, de jaune d'or, de jaune roux, de jaune brun. Il ne faut pas la confondre avec la *topaze orientale*, qui est du corindon jaune (CHAP. IX), ni avec la *fausse topaze* ou *citrine* (p. 167), qui est du quartz, ni avec la danburite (p. 206), ni avec la tourmaline jaune (p. 225). Les différences de dureté et de densité de ces cinq minéraux permettent de trancher rapidement toutes les difficultés.

De même, les *topazes bleues* ou *saphirs brésiliens* (pl. IX, fig. 6) et les *topazes roses* ou *rubis brésiliens*, ne peuvent être confondues avec le rubis et le saphir orientaux, qui sont du corindon (CHAP. IX). On les distinguera aussi facilement des tourmalines roses (*rubellite*) et bleues (*indicolite*) par la densité et l'examen des propriétés optiques.

La *topaze aigue-marine*, d'une teinte eau de mer ou bleu verdâtre, possède une grande valeur lorsqu'elle est parfaitement limpide. De même que les précédentes, cette gemme ne doit être confondue, ni avec l'*aigue-marine orientale* (CHAP. IX), qui est du corindon, ni avec l'*aigue-marine ordinaire* (CHAP. VIII), qui est une variété d'émeraude.

Gisements. — La topaze se rencontre, soit dans les alluvions des rivières sous forme de cailloux plus ou moins roulés, soit dans des roches en place, tels que les granites, les granulites, les gneiss, les pegmatites. On la trouve fréquemment aussi dans les gisements d'étain; dans ce dernier cas, elle est généralement accompagnée de cristaux de quartz et de tourmaline.

Au *Brésil*, les pierres exportées depuis plus d'un siècle proviennent de carrières situées à quelques kilomètres d'Ouro-Preto. Les gisements forment plusieurs filons au milieu des schistes micacés jalonnés par les anciennes exploitations de Boa-Vista, Saô-Joaô de Chapada, José-Correa, Serramenha, Capâo-Fundâo et Marro-de-Caxamba. De nombreuses gemmes accompagnent la topaze: l'émeraude, l'euclase, le rutile, le quartz. La formation des topazes par l'action d'agents fluorés dont elles contiennent encore une quantité importante à l'état de combinaison peut être considérée comme à peu près certaine, d'autant plus qu'elle a été confirmée par les expériences synthétiques (CHAP. XI) relatives à cette gemme.

L'exploitation ne présente pas de difficultés, les roches encaissantes étant souvent fortement altérées. Les eaux de pluie, entraînant celles-ci dans les ravins et les parties basses, lavent les terres, et il suffit de ramasser les cristaux de topaze au milieu des graviers. Leur couleur est généralement jaune miel; quelques-unes paraissent verdâtres ou d'un beau rouge violacé après la taille.

Malheureusement, la topaze a beaucoup baissé de mode et l'exploitation de plusieurs carrières est à peu près abandonnée. C'est surtout à leur abondance (dans les faubourgs d'Ouro-Preto, elles sont mélangées au sable des ruisseaux) et à leur faible valeur commerciale comparativement à celle d'autres gemmes de la même région qu'il faut attribuer cet insuccès actuel. Leur couleur chaude et gaie est cependant bien supérieure aux teintes vertes ou bleues presque ternes d'autres pierres plus appréciées, mais aussi beaucoup plus rares. Certaines carrières peuvent du reste en fournir encore de grandes quantités.

Au *Mexique*, les principaux gisements de topaze sont les suivants : Guanajuato, où les cristaux sont tantôt incolores, hyalins ou troubles, tantôt légèrement rosés; San Luis de Potosi, où les cristaux sont hyalins, fumés, parfois très brillants et riches en formes cristallines ; Zacatecas, où presque tous les échantillons ont une vilaine teinte rouge brique ; enfin Coneto, près de Durango, où certains cristaux sont roulés ; ils sont transparents, incolores ou diversement colorés.

En *Australie*, on trouve de fort belles topazes (certaines pèsent plus de 400 grammes) dans la Nouvelle-Galles du Sud, près d'Emmaville. Elles sont généralement accompagnées de béryls et d'émeraudes. On en rencontre aussi en *Asie-Mineure* et principalement vers Moughla, en Carie, au sud de Smyrne. Les cristaux sont très beaux et à peu près semblables à ceux du Brésil.

En *Sibérie* (monts Ilmen), la topaze est assez fréquente ; elle est accompagnée de rutile, de tourmaline noire et de mica potassique, le tout dans un granite riche en amazonite.

Il faut enfin citer les gisements plus ou moins importants signalés en Écosse, en Irlande, en *Saxe*, en Bohême, à *Madagascar*, aux *États-Unis*.

La *France* ne possède pas de gisements importants de topazes, mais on en a découvert, il y a une quinzaine d'années, en Bretagne et dans les Pyrénées. A Montbelleux (Ille-et-Vilaine), on trouve de jolis cristaux de topaze atteignant 45 millimètres d'axe vertical ; ils ont à peu près l'aspect de ceux du Brésil, mais sont malheureusement très fendillés, ont une teinte jaunâtre et sont en partie opaques. M. Lacroix a également signalé en abondance la présence de petits fragments de ce minéral aux Colettes (Allier), dans les produits lourds du lavage du kaolin d'Echassières ; cette topaze est lamellaire et généralement d'un blanc laiteux opaque.

Danburite. — Cette gemme (ÉTYM. : de Danbury, dans le Connecticut) est connue depuis peu de temps. Elle a surtout été étudiée par M. Lacroix qui en a signalé les principaux caractères et les gisements. Sa forme extérieure (fig. 167) et sa couleur (pl. IX, fig. 8) l'ont fait confondre souvent avec la topaze. Cependant sa dureté (7 au lieu de 8), sa densité (3,1 au lieu de 3,4 à 3,6) permettent de distinguer même les pierres taillées. Sa composition est la suivante :

Silice, SiO^2	48,50 °/₀
Acide borique, B^2O^3	27,50
Alumine, Al^2O^3 ⎫	0,50
Sesquioxyde de fer, Fe^2O^3. ⎭	
Chaux, CaO	24,25

Cette composition permet de lui attribuer l'une des deux formules suivantes :

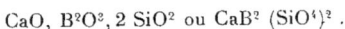

$$CaO, B^2O^2, 2\ SiO^2 \text{ ou } CaB^2\ (SiO^4)^2.$$

Elle est donc constituée chimiquement par un silico-borate de chaux, avec traces d'alumine et de fer. La présence du borate permet de la distinguer aussi de la topaze par attaque au moyen de bisulfate de potasse et de fluorure de chaux, puis examen au chalumeau.

La danburite a été rencontrée surtout, jusqu'ici, à Maharitra et à Anjanabonoana (Madagascar), où elle existe en cristaux de 2 à 5 centimètres de longueur, à Danbury et à Russell (État de New-York). Elle possède généralement un éclat vitreux et présente souvent des fissures intérieures, des inclusions de lépidolite et de rubellite ; sa cassure est conchoïdale. Elle fond assez facilement en un verre incolore un peu bulbeux et colore la flamme en vert au feu oxydant. Elle est à peine attaquée par les acides mais fait gelée avec eux après calcination.

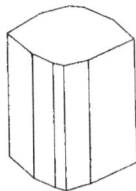

Fig. 167. — Danburite.

La coloration est parfois variable dans un même échantillon : on observe des jaunes de diverses nuances. Les cristaux de teinte jaune d'or uniforme (Madagascar) sont utilisables en joaillerie, car ils donnent par la taille de très belles pierres ; on n'en a malheureusement pas encore trouvé de gisements suffisamment importants pour permettre une exploitation rémunératrice. Elle possède un grand éclat dû à la valeur élevée de sa réfringence et de sa dispersion. Les cristaux incolores sont toujours très rares. A Maharitra, on rencontre surtout ce minéral noyé dans de la kaolinite et associé au béryl (incolore, vert ou rose), à la tourmaline (noire ou rose) et au triphane (kunzite).

Jade ou Néphrite. — Ce minéral (pl. IX, fig. 1), qui nous est surtout connu depuis les recherches de Damour, est une variété d'amphibole trémolite. D'une couleur qui varie du blanc à peine verdâtre au vert poireau et au vert émeraude, il doit sa grande ténacité et son homogénéité à l'enchevêtrement de fibres

très fines. C'est un silicate renfermant surtout de la magnésie et de la chaux, avec
des quantités variables de fer et d'alumine. On peut s'en rendre compte d'après
les deux analyses ci-après :

	a	*b*
Silice	56,60	55,13
Magnésie	23,04	19,67
Chaux	13,45	14,13
Oxyde de fer	2,38	1,40
Alumine	1,37	6,10
Perte au feu	3,03	3,10

L'analyse *a* se rapporte à une néphrite de couleur blonde et l'analyse *b* à une
néphrite verte.

La densité de cette substance varie entre 3,08 et 3,2. Au chalumeau, elle fond
facilement (vers 1250°) en globules d'un vert clair. Ces deux caractères permettent
de la distinguer facilement de la jadéite (p. 197) avec laquelle on la confond quelquefois. Sa dureté, égale à 6,5, est donc supérieure à celle de l'orthose ; elle est
même voisine de 7 (dureté du quartz) sur certaines faces. Elle est ainsi susceptible
d'un très beau poli. Sa cassure est écailleuse, son éclat légèrement gras. Elle
peut être transparente ou translucide.

« Il est certain, dit M. de Launay, que dès les temps les plus reculés, des
objets de néphrite ont été utilisés dans la civilisation méditerranéenne. On en a
notamment la preuve par les objets en néphrite trouvés dans les couches les plus
anciennes de Troie. En France, les haches en néphrite sont nombreuses, d'autres
sont en jadéite. Les Égyptiens n'ont pas employé de néphrite et, en Assyrie, sur
tant de milliers de cylindres, on en a trouvé un seul en cette substance. On en a
recueilli des échantillons en Silésie, à Jardansmühle, et dans l'Amour (Monts
Jablonov), sans parler du Mexique. La question archéologique semble donc avoir
perdu de son intérêt. »

Les principaux gisements actuels de néphrite se trouvent dans l'Asie centrale,
notamment dans le Turkestan et la Chine. On lui donne aussi, pour cette raison,
les noms de *jade oriental*, *néphrite de Chine* et aussi celui de *néphrite Alibert*,
en mémoire de celui qui en a découvert d'importants gisements. On la rencontre
également en Nouvelle-Zélande. Mais le *jade océanique*, que l'on trouve surtout
en Nouvelle-Calédonie et aux îles Marquises, paraît devoir se rattacher plutôt au
groupe du pyroxène qu'à celui de l'amphibole.

En *Chine*, le centre principal du « jade blanc » est dans la vallée de Kara-
Kach, près de Khotan où, d'après M. de Launay, il existe de nombreux puits de
petite dimension et d'une dizaine de mètres de profondeur. A l'époque de la
prospérité du royaume de Khotan, la récolte du jade, qui s'effectuait après chaque

1. Jade.   2. Topaze.   3. Kunsite.

4. Olivine.   5. Péridot.   6. Topaze bleue.

7. Chrysocolle.   8. Danburite.   9. Dioptase.

grande-crue, était inaugurée par le souverain comme une cérémonie religieuse. Les plus beaux échantillons étaient alors conservés pour le trésor de l'État.

Le fleuve de Khotan est formé par la réunion de trois cours d'eau qui, ayant sans doute leur source en des points très éloignés les uns des autres, charrient chacun des galets de jade d'une couleur spéciale : il existe en effet la « rivière dite du jade vert », la « rivière du jade blanc » et la « rivière du jade noir ».

Mais on rencontre aussi ce minéral en place près de Balakchi. La roche enveloppante est un gneiss syénitique alternant avec des micaschistes et des schistes amphiboliques. Dans ces roches courent des veines blanchâtres ayant 10 mètres environ d'épaisseur et renfermant elles-mêmes des veinules de jade. En général, ce jade ne possède la belle couleur verte estimée que dans la partie centrale des veinules ; la teinte est presque blanche sur les bords.

On trouve aussi des galets de jade dans les affluents descendants du Kouen-Lun. Au voisinage de la mine célèbre de graphite Alibert, près du lac Baïkal, on connaît également d'intéressants gisements de jade.

La néphrite a été rarement taillée. On la débite généralement en plaques d'épaisseur variable et elle sert surtout à la fabrication d'objets d'ornementation. Néanmoins, les jolis échantillons sont taillés et polis en gouttes de suif très allongées pour la fabrication des pendentifs et de breloques diverses. Les variétés très transparentes ont parfois servi à imiter frauduleusement la chrysoprase (p. 172) et l'émeraude dont elle a souvent la teinte.

Kornepurine. — La *kornepurine* est un silicate double d'alumine et de magnésie auquel on attribue généralement la formule suivante :

$$SiO^2, Al^2O^3, MgO.$$

D'après MM. Lacroix et Pisani, celle de Madagascar aurait une formule plus complexe :

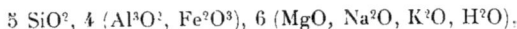

$$5 SiO^2, 4 (Al^3O^3, Fe^2O^3), 6 (MgO, Na^2O, K^2O, H^2O).$$

correspondant à la composition ci-dessous :

Silice..	31,35 %
Alumine.	41.20
Oxyde de fer...................................	2,27
Magnésie	23,80
Potasse...	0,24
Soude...	0,60
Eau...	0,64

Ce minéral, qui constitue une gemme d'un très vif éclat, se rencontre à Madagascar (gisements d'Itrongahy et Betroka, dans le sud de l'île) en cristaux fragmentés atteignant plusieurs centimètres, de couleur vert eau de mer et d'une parfaite transparence. En plaques épaisses, la kornepurine est nettement pléochroïque et, dans ce cas, verte parallèlement à l'axe vertical et brun rouge perpendiculairement à cet axe. Sa densité est de 3,27. Elle est inattaquable par les acides et ne se décompose que par une longue ébullition dans l'acide fluorhydrique. Elle fond au chalumeau en un émail blanchâtre.

La kornepurine de Saxe est prismatique et constituée par de petits cristaux brunâtres ; celle du Groënland forme des baguettes grises. Dans ces deux contrées, ce minéral est loin de posséder les qualités de la kornepurine de Madagascar.

Bénitoïde. — Ce minéral (ÉTYM. : de San-Benito, lieu d'origine), de découverte assez récente, est constitué par un silico-titanate de baryte répondant à la formule Si^3O^9TiBa. Il possède une belle couleur, généralement bleu saphir et due sans doute à du sesquioxyde de titane. Il est très utilisé comme gemme en Amérique. On le trouve surtout à San-Benito River (San-Benito County) où il existe en beaux cristaux disséminés dans des filons.

Les cristaux de bénitoïde sont hexagonaux et généralement aplatis suivant la base. La coloration varie, non seulement d'un échantillon à l'autre, mais aussi dans le même échantillon, où il peut exister des parties incolores. Sa densité est 3,645 et sa dureté 6,5. Elle est insoluble dans l'acide chlorhydrique, mais se laisse facilement attaquer par l'acide fluorhydrique. Elle fond aisément en donnant un émail vitreux conservant la coloration bleue du cristal primitif.

Staurotide. — La staurotide (ÉTYM. : du grec, σταυρός, croix) est encore appelée pierre de croix ou croisette de Bretagne, par suite de macles fréquentes qui simulent une croix (fig. 168 et 169). C'est un silicate hydraté d'alumine, de fer et de magnésie. Elle cristallise en prismes orthorhombiques souvent très nets (fig. 168). Sa dureté varie entre 7 et 7,5 et sa densité entre 3,3 et 3,8. Elle est peu employée en joaillerie, sauf dans certaines régions (Bretagne) où on la trouve en assez grande abondance dans les schistes. On la rencontre, accompagnée d'andalousite, de grenat et de disthène, dans les Pyrénées, la Montagne-Noire, le Plateau Central, le Var, l'Algérie et la Guyane.

Pour son emploi, on se contente de la polir en uniformisant ses faces et en conservant sa forme originelle. Elle est généralement portée en amulette, en pendentif ou en broche.

Épidote. — L'épidote est un silicate hydraté de fer, d'alumine et de chaux cristallisant dans le système monoclinique (fig. 170). Sa dureté est de 6,5 et son poids spécifique compris entre 3,32 et 3,45. Sa couleur habituelle est le vert bouteille ou le vert pistache : d'où ses autres noms de *pistachite* ou *pistazite*. Il y a aussi des variétés jaunes, rouges, brunes et noirâtres. Au chalumeau elle se gonfle et s'arrondit en chou-fleur ; les variétés fortement ferrugineuses sont assez facilement fusibles. Sa cassure est inégale. Les macles sont fréquentes.

L'épidote se rencontre surtout dans les roches cristallines grenues ; elle est généralement en groupes bacillaires. Les plus belles variétés se trouvent dans le Dauphiné, dans l'Oural, en Scandinavie, en Bohême, aux États-Unis (New-Jersey, Connecticut). Une belle variété rose chair, la *zoïzite* ou *thulite*, dépourvue de fer, se rencontre en Norvège. Elle est opaque et utilisée dans la fabrication des objets d'art.

Chrysocolle et Dioptase. — Ces deux pierres, constituées par des hydrosilicates de cuivre, sont remarquables par leur belle couleur bleue ou bleu verdâtre. Le chrysocolle est amorphe et se présente généralement en masses irrégulières (pl. IX, fig. 7). La dioptase est en jolis cristaux (fig. 171 et pl. IX, fig. 9), malheureusement assez fragiles pour se prêter facilement à la taille.

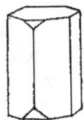

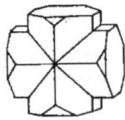

Coll. du Muséum.

FIG. 168. — Staurotide : prisme et macle.   FIG. 169. — Cristaux de staurotide maclés.

Le chrysocolle est souvent immergé dans des bains cyanurés avant d'être travaillé, en vue d'augmenter et de régulariser sa teinte bleu verdâtre. On le taille toujours en cabochon, mais il est peu estimé, quoique imitant assez bien la turquoise, en raison de sa faible dureté.

A Mindouli (Congo français), on rencontre de beaux échantillons de dioptase sous les quatre formes suivantes : en veines dans le calcaire compact, dans les filons de calcite spathique, en veinules dans les grès supérieurs et en rognons géodiques au milieu des argiles rouges (*ruisseau* dit *aux dioptases*).

Serpentine. — Ce minéral, ainsi nommé à cause de sa coloration bigarrée qui rappelle celle de la peau de serpent, est un hydrosilicate de magnésie. Il présente de grandes variantes de structure, de composition et de teinte. La plus estimée est la *serpentine noble*, massive, de couleur vert olive et translucide sur les bords. La serpentine commune est de teinte sombre, presque toujours opaque. La *williamsite*, fortement translucide, est une serpentine de couleur vert pomme.

La structure de la serpentine est schisteuse, feuilletée, fibreuse ou amorphe. Sa cassure est conchoïdale et esquilleuse. Son éclat est faible, résineux et gras. A la flamme du chalumeau, elle blanchit mais fond difficilement. Sa dureté est voisine de 3 et sa densité comprise entre 2,47 et 2,60. L'acide chlorhydrique l'attaque mais sans former de gelée. Elle contient fréquemment des concrétions siliceuses et spécialement d'opale, ainsi que de grandes lames chatoyantes de diallage qui augmentent son effet. Elle est fréquemment veinée, parfois striée ou globuliforme, ce qui permet de la distinguer à première vue de la néphrite.

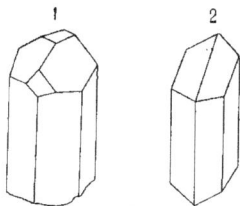

FIG. 170. — Épidote.
1, combinaison $mh'a'pb$ 1/2 ;
2, combinaison $ph'a'b$ 1/2.

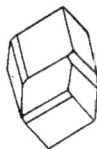

FIG. 171. — Cristal de dioptase.

C'est surtout comme pierre de décoration et d'ornementation que la serpentine est appréciée, car ce n'est pas une pierre précieuse à proprement parler ; mais elle se prête très bien au travail de l'outil, se tourne et se polit facilement. La serpentine sombre de Tœplitz (Saxe), imprégnée de petits grenats, est très appréciée. On en trouve aussi de belles assises dans les Alpes, à Servières près de Briançon, au Mont Cervin (Suisse) et en Toscane. La Norvège et la Nouvelle-Calédonie en fournissent également de petites quantités.

Pagodite. — La *pagodite*, ou *agalmatolite*, est un hydrosilicate d'alumine et de magnésie de teinte vert olive translucide rappelant le jade. On l'exploite surtout au Turkestan, à 65 kilomètres N.-E. de Tachkent, près du village de Saïlik, où on la rencontre dans des porphyres feldspathiques décomposés. Les Chinois s'en servent pour sculpter des statuettes et des figurines.

CHAPITRE VIII

GRENATS, TOURMALINES ET BÉRYLS

En raison de leur importance, les groupes minéralogiques des *grenats*, *tourmalines* et *béryls* méritent une place à part. Non seulement, en effet, ces minéraux constituent chacun des familles extrêmement importantes par le nombre et la succession des gemmes qu'elles renferment, mais les liens de parenté sont aussi parfois si étroits qu'il est difficile de les étudier simultanément avec les autres silicates.

I. — GRENATS

Propriétés. Classification. — Les *grenats*[1], qui constituent une importante famille minéralogique, comprennent un grand nombre de variétés ou sousgenres qui cristallisent tous dans le système cubique. La forme prédominante est

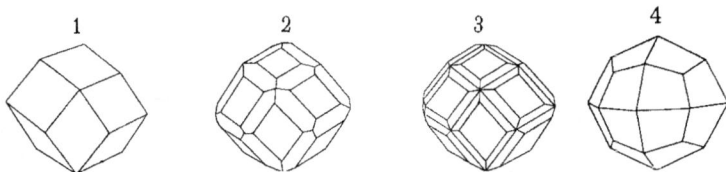

Fig. 172. — Principales formes cristallines des grenats.
1, 2, 3, rhombododécaèdres (forme simple et combinaisons b^1 a^2); 4, trapézoèdre.

le rhombododécaèdre seul (fig. 172, *1* et pl. X, fig. 4) ou combiné avec l'hexoctaèdre (fig. 172, *2* et *3*). On rencontre aussi des trapézoèdres (fig. 172, *4* et fig. 175). Ce sont des silicates doubles dans lesquels l'un des métaux peut être consti-

---

1. On ne sait pas exactement l'origine du mot *grenat*. Certains prétendent qu'il vient de *grenade*, fruit dont les graines rappellent par leur coloration celle du grenat. D'autres supposent qu'il vient de *granus* (grain), à cause de la structure grossièrement arrondie, ou *granuleuse*, que possède cette gemme dans la plupart de ses gisements.

tué par du calcium, du magnésium, du fer, du manganèse ou du chrome, et l'autre par de l'aluminium, du fer ou du chrome.

À ces diverses compositions correspondent des noms différents. Comme ils ne possèdent pas une couleur propre, bien que celle-ci soit le plus généralement rouge violacé ou rouge brun, on ne peut les classer qu'en faisant intervenir la composition. Voici la désignation des principales variétés ayant quelque intérêt au point de vue pratique :

Composition.	Désignation minéralogique.
Grenat alumino-calcareux...	*Grossulaire, Grenat hyacinthe, Essonite, Succinite.*
» alumino-magnésien..	*Pyrope, Rubis du Cap, Grenat de Bohême.*
» alumino-ferreux.....	*Almandin, Escarboucle, Grenat syrien ou oriental.*
» alumino-manganésien.	*Spessartine.*
» ferro-calcareux......	*Mélanite, Topazolite, Diamantoïde.*
» chromo-calcareux ...	*Ouwarowite.*

Les grenats peuvent donc être considérés comme résultant du mélange iso-morphe de plusieurs silicates. Ils présentent souvent des anomalies optiques, bien que possédant tous la réfraction simple, par suite de l'existence d'inclusions : celles-ci apparaissent presque toujours en groupements compacts ou à l'état de larges bandes (pl. 1, fig. 5), ce qui permet aisément de les reconnaître. Leur éclat est vitreux, leur transparence variable. On n'emploie naturellement en joaillerie que les pierres transparentes et de belle coloration, mais, pour diminuer l'intensité de cette dernière et en relever le ton, on les excave souvent en dessous, on les *chève*, après la taille, et dans l'excavation ainsi produite on applique une feuille d'argent.

Le grenat n'est du reste pas une gemme de grande valeur. Aussi l'emploie-t-on frauduleusement pour le doublage des rubis et autres pierres rouges (CHAP. XV). On le taille généralement en roses à facettes ou en cabochons (fig. 173).

Grossulaire. — Le grenat *grossulaire* (ÉTYM. : de *Grossularia*, groseille) possède des teintes très variables suivant son origine. A ces colorations correspondent des dénominations différentes :

Blanc verdâtre...............	*Wiluite*
Jaune de miel...............	*Succinite.*
Jaune orangé...............	*Essonite ou pierre de cannelle.*
Rouge orangé	*Grenat hyacinthe.*
Brunâtre...................	*Romanzowite.*

Le *grenat hyacinthe*, qu'il ne faut pas confondre avec l'hyacinthe proprement dite, qui est du zircon, est celui qui possède la plus belle teinte et, par
conséquent, que l'on utilise le plus en joaillerie ; on le trouve surtout à Ceylan et
à Ala (Piémont). De même que les autres variétés de grossulaire, il est facilement
fusible en un verre foncé non magnétique. L'acide chlorhydrique l'attaque,
surtout après calcination, et sépare une gelée de silice.

La densité du grossulaire est de 3,5
environ, mais elle tombe à 2,95 après
fusion. Sa dureté varie entre 6,5 et 7. Son
indice de réfraction est de 1,746. Il
possède un éclat vitreux ; sa cassure est
conchoïdale ou inégale. On le trouve principalement dans les calcaires et les schistes
chloriteux.

A Maharitra (Madagascar), on rencontre de très beaux échantillons de grossulaire (fig. 174) associés à la tourmaline
noire dans les pegmatites. Les cristaux,
de teinte jaune rosé (légèrement manga-
nésiens), parfois tout à fait transparents,
constituent une fort belle gemme. Malheureusement, beaucoup de cristaux sont
opaques ou translucides et d'une vilaine
teinte. Certains échantillons sont jaune
d'ambre et rappellent l'essonite.

Aux Indes, il existe plusieurs mines
importantes de grenat, notamment dans
le Rajputana ; elles produisent annuellement 35.000 kilog. de cette gemme valant
3 francs le kilog. à l'état brut. Les principaux gisements sont ceux de Kishengarh
exploités par l'État d'avril à octobre et
par les particuliers pendant le reste de
l'année.

(Extr. de *La Bijouterie au XIXe siècle*,
par H. Vever.)

Fig. 173. — Grenats cabochons montés.
(Bijou second empire.)

Pyrope. — Le grenat *pyrope* (ÉTYM. : de *pyros*, feu), qui doit son nom à
son éclat analogue à celui du feu, porte encore les noms de *grenat de Bohême* et
de *rubis du Cap*. On le trouve en effet dans ces contrées, mélangé à d'autres
gemmes. Sa couleur est d'un beau rouge de sang tirant parfois un peu sur l'orangé.

Sa dureté est 7,5. Sa densité varie entre 3,7 et 3,8. Son éclat est vitreux. C'est le moins fusible de tous les grenats. La calcination au chalumeau le rend noir et opaque, mais, en se refroidissant, il reprend sa couleur initiale en passant par le vert sombre, coloration attribuée au chrome. Il est inattaquable par les acides et donne avec le borax la réaction du chrome.

On le trouve principalement en Bohême, au Colorado, à Montana (Arizona), en Saxe, en Autriche. On l'utilise en joaillerie et aussi dans l'industrie des abrasifs (chap. XIV), concurremment à l'émeri, lorsqu'il est trop impur pour être taillé. Il se présente généralement sous forme de grains distribués irrégulièrement dans les roches serpentineuses.

Almandin. — Le grenat *almandin* (ÉTYM. : de *Alabanda*, ancienne ville d'Asie-Mineure) est celui qui présente le plus d'intérêt au point de vue de la joaillerie (pl. X, fig. 4). On le désigne encore sous les noms d'*almandine, escarboucle, grenat noble ou oriental, grenat syrien* (ÉTYM. : de *Syrian*, ville des Indes, où l'on polissait autrefois le grenat oriental). C'est aussi la *pierre de Perpignan*; les Pyrénées orientales en fournissent en effet de grandes quantités disséminées dans les gneiss, micaschistes et chlo-

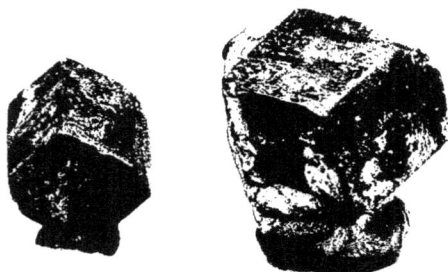

Coll. Boubée.
Fig. 174. — Grenats grossulaires (gr. nat.).

ritoschistes. La variété rouge légèrement orangée porte le nom de *vermeil*.

Le grenat almandin se trouve principalement en Autriche, dans le Tyrol, où les cristaux atteignent jusqu'à six centimètres de diamètre, en Suisse (Saint-Gothard), en Espagne (Almeria), à Ceylan, à Madagascar (Ankaratra, Fianarantsoa, Mahafaly), au Pégu (Indes), dans l'Amérique du Nord (Connecticut, Pensylvanie), au Groënland, au Brésil (Arassuahy). Dans cette dernière contrée, de même qu'au Cap de Bonne-Espérance, il abonde dans les gisements diamantifères, accompagné d'un grand nombre d'autres gemmes (tourmalines, corindons, béryls, etc.). A Madagascar, il est abondamment répandu dans les terrains cristallins. On a même constaté une relation assez constante entre les gîtes aurifères et les micaschistes et gneiss encaissants chargés de grenat (M. Leval). On en voit un bel exemple à la mine d'Antsolabato.

Lorsque la coloration de l'almandin est d'un beau rouge violacé, on cherche souvent à le faire passer pour du rubis, mais il est facile de l'en différencier, même après la taille, par sa dureté, sa densité et l'examen de ses propriétes optiques. Sa dureté varie entre 7 et 7,5, sa densité entre 3,5 et 4,3. C'est la seule variété de grenat qui n'exerce aucune action sur la lumière polarisée. Il est magnétique et agit manifestement sur l'aiguille aimantée. Au chalumeau, il fond en une boule noirâtre généralement translucide et magnétique. Il donne la réaction du fer. A la lumière artificielle, sa coloration est moins belle qu'à la lumière du jour, car elle devient rouge orangé. On le taille en roses ou en cabochons.

Spessartite. — Le grenat *spessartine*, ou *spessartite* (ÉTYM. : de *Spessart*, en Bavière), ne possède pas encore une grande importance en joaillerie, bien qu'il ne soit pas rare de trouver des cristaux pesant plus de 50 carats et directement utilisables. Certains échantillons, d'une belle couleur orangée (Madagascar), sont néanmoins très estimés. Il contient jusqu'à 35 °/₀ d'oxyde de manganèse ; sa couleur varie du jaune au rouge brun en passant par le rouge hyacinthe. Il est facilement fusible à la flamme du chalumeau. Sa densité est 4,18. On le trouve surtout dans les pegmatites, notamment à Tsimananananarana, au sud de Tsilaisma (Madagascar).

Coll. Kunz.

FIG. 175. — Grenat almandin (État de New-York).

Mélanite. — Le grenat *mélanite* (ÉTYM. : de μέλανος, à cause de la couleur noire qu'il possède souvent) comprend plusieurs variétés utilisées en joaillerie et qui portent des noms différents suivant leur coloration :

Jaune pâle ou vert émeraude. *Topazolite, Diamantoïde, Émeraude de l'Oural.*

Brune...................... *Aplome.*

Brun foncé ou noir (fig. 176). *Colophanite.*

Il existe également des grenats mélanite de teinte vert pomme (mélanite granulaire de Zermatt) et vert noirâtre. La *topazolite* fond vers 1150° ; elle représente, avec l'*aplome*, le grenat mélanite dans son plus grand état de pureté.

Toutes les variétés de mélanite sont facilement fusibles au chalumeau et attaquables, quand elles sont pures, par l'acide chlorhydrique ; lorsqu'elles contiennent des impuretés, elles nécessitent une fusion préalable. Leur dureté varie entre 6,5 et 7, et leur densité entre 3,6 et 4,3 ; celle du diamantoïde est de 3,84. On peut distinguer ces différents grenats, *topazolite* et *émeraude de l'Oural* en particulier, des gemmes orientales et des véritables topazes et émeraudes, par leurs différents caractères physiques.

On rencontre le plus habituellement la mélanite et ses variétés dans les roches métamorphiques, les roches volcaniques, les produits de sublimation des volcans (mélanite noire à Frascati, près de Rome). Le diamantoïde a surtout été rencontré jusqu'ici en Russie (territoire de Bissertsk) ; taillé, il possède un vif éclat, une belle coloration verte et des jeux de lumière particuliers lorsqu'il est parfaitement limpide.

Ouwarowite. — L'*ouwarowite* (ÉTYM. : dédiée au ministre russe Ouwarow) est le grenat chromifère par excellence. Elle contient en effet jusqu'à 23°/₀ d'oxyde de chrome. Sa couleur est d'un beau vert émeraude. Sa dureté varie entre 7,5 et 8 et sa densité entre 3,42 et 3,51.

Coll. du Muséum.

Fig. 176. — Grenats mélanite de Pitkäranda (Finlande).

Les cristaux sont infusibles au chalumeau. On la connaît peu en joaillerie à cause de sa faible diffusion naturelle. Les belles variétés sont taillées en brillant ou en degrés et montées à jour. On la rencontre surtout dans l'Oural, notamment à Bissertsk et à Kyschtimsk, où elle est associée à la chromite.

Idocrase. — Cette gemme[1] peut être regardée comme un grenat par sa composition ; elle cristallise néanmoins dans le système quadratique (fig. 177), ce qui la différencie des véritables grenats. Elle a souvent été taillée bien qu'elle ne

---

1. ÉTYM. : Εἶδος, *forme*, et κρᾶσις, *mélange*, par allusion à son grand nombre de facettes qui rappelle d'autres minéraux (zircon, cassitérite, etc.).

soit pas très estimée. Elle se rencontre surtout dans les roches volcaniques et principalement au Vésuve ; d'où les noms de *Vésuvienne* ou de *Gemme du Vésuve* qu'elle possède également.

L'idocrase est généralement d'un beau vert pistache, vert olive ou vert émeraude (vésuvienne). Mais elle peut être jaune brune et porte alors le nom de *xantite* ; cette variété se rencontre surtout dans l'Amérique du Nord (États d'Orange et de New-York). L'idocrase bleu de ciel porte le nom de *cyprine* : on la trouve surtout en Suisse (Zermatt).

Toutes ces variétés ont à peu près la même composition (silicate hydraté d'aluminium, de calcium, de fer et de magnésium). Leur dureté est voisine de 6,5 et leur densité comprise entre 3,35 et 3,45. Les cristaux sont tantôt prismatiques, tantôt tabulaires ou octaédriques. Généralement, les prismes sont striés dans le sens de la longueur. Les clivages sont peu nets, l'éclat est vitro-résineux. Au chalu-

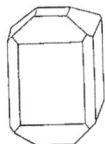

Fig. 177. — Cristal
d'idocrase.

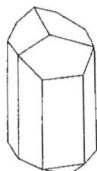

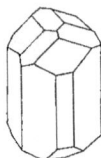

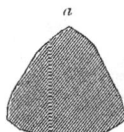

Fig. 178. — Principales formes cristallines de la tourmaline ; a, section
d'un cristal d'apparence triangulaire.

meau, l'idocrase fond assez facilement (1000° environ) avec bouillonnement. Les acides l'attaquent difficilement. La *cyprine* donne la réaction du cuivre.

Il est facile de distinguer l'idocrase des autres gemmes de même coloration par ses propriétés optiques, sa faible dureté, sa forme cristalline, sa densité et son point de fusion peu élevé.

Californite. — La *californite* (ÉTYM. : *Californie*, lieu d'origine) est une variété d'idocrase compacte, de teinte vert olive ou vert d'herbe et ressemblant assez, extérieurement, au jade et à la chrysoprase avec lesquels on la confond souvent. Sa densité est de 3,286. Elle est employée dans l'ornementation, mais non comme gemme proprement dite. On la rencontre surtout à Fresno (Comté de Selma-Fresno) et dans le Comté de Siskiyou, en Californie.

II. — TOURMALINES

Propriétés. Classification. — La *tourmaline* (ÉTYM. : de *Turamali*, ville de Ceylan) est une gemme encore peu employée dans la joaillerie. Pour qu'elle ait quelque valeur, il est nécessaire en effet qu'elle possède des qualités de transparence, de pureté et de coloration toutes spéciales ; elle peut alors atteindre un prix très élevé, comme c'est le cas de certaines variétés roses, vertes et bleues de Madagascar et de l'Oural qui valent jusqu'à 40 francs le carat.

Coll. du Muséum.

FIG. 179. — Section transversale d'un cristal de tourmaline bicolore d'Anjanaboana (Madagascar) : grandeur naturelle. — Les parties blanches sont roses, les parties noires sont vertes.

Le nom de tourmaline désigne du reste un certain nombre de minéraux présentant toute la gamme des couleurs et des variations de composition assez importantes. On est ainsi dans l'impossibilité de les représenter par une formule d'ensemble ; on peut dire néanmoins que ce sont toutes des *borosilicates fluorés d'alumine* et de quelques métaux accessoires. Leur densité varie entre 2,9 et 3,3, leur dureté entre 7 et 7,5. Elles cristallisent toutes dans le système rhomboédrique quoique d'apparence prismatique (fig. 178). Leur section a souvent l'aspect triangulaire par la coexistence de formes dérivées qui semblent la rapprocher d'un triangle sphérique (fig. 178, *a*).

Les cristaux peuvent avoir des dimensions très variables ; ils se présentent parfois en fines baguettes, mais souvent aussi en échantillons ayant jusqu'à 30 centimètres de longueur et de 8 à 10 centimètres de diamètre ; on en a rencontré pesant jusqu'à 5 kilogrammes. Par suite d'hémimorphisme, les cristaux ont rarement des bases symétriques.

La cassure de la tourmaline est conchoïdale ou inégale ; elle ne possède que des clivages imparfaits. Les facettes portent fréquemment des stries cannelées dans la longueur (fig. 180). Les inclusions sont fréquentes (pl. I, fig. 7) Elle est nettement pyroélectrique (p. 92), c'est-à-dire que les deux extrémités du cristal se chargent d'électricités contraires quand on le chauffe et qu'on le laisse ensuite se refroidir, la distribution de l'électricité se renversant pendant le refroidissement. Le sommet qui acquiert l'électricité positive est dit « antilogue » et l'autre « analogue ». Ces phénomènes sont en rapport avec l'hémimorphisme du minéral.

Fondues avec de la fluorine et du bisulfate de potassium, toutes les variétés de tourmaline colorent la flamme en vert. Calcinées à la température du rouge vif, elles dégagent du fluorure de silicium et se laissent attaquer par l'acide fluorhydrique.

Suivant leur coloration, les diverses variétés ont reçu des noms différents. Les principales sont les suivantes :

Rouge ou rose.....................	*Rubellite.*
Bleue...........................	*Indicolite.*
Verte...........................	*Émeraude du Brésil.*
Jaune-verdâtre....................	*Péridot de Ceylan.*
Brune..........................	*Dravite.*
Noire..........................	*Schörl ou Schorl.*
Incolore........................	*Achroïte.*

Il n'est pas rare de rencontrer dans un même échantillon d'extrêmes variations de couleur. Le plus souvent un même cristal présente plusieurs teintes (fig. 179 et pl. XI, fig. 5). Ces variations de coloration, fort intéressantes au point de vue chimique et minéralogique, rendent souvent de belles pierres impropres à la taille. Les combinaisons de couleurs les plus fréquentes sont les suivantes :

1º *Zones concentriques de couleurs différentes.* — Le centre du cristal est, par exemple, rouge foncé, tandis que l'enveloppe extérieure est jaune ou vert angélique (États-Unis, Oural, Madagascar). Les zones peuvent du reste être plus nombreuses ; ainsi, parfois le centre, rose, est séparé de la périphérie, verte, par une mince zone incolore et jaune à l'extérieur. Parfois aussi, le centre est nettement jaune et l'enveloppe rose violacé.

2º *Extrémités de couleurs différentes.* — Par suite des phénomènes pyroélectriques dont il a été question plus haut, l'une des extrémités du cristal est souvent verte (pôle antilogue) et l'autre, celle par laquelle il est fixé sur sa gangue, rose (pôle analogue). Entre ces deux extrémités, il peut exister une certaine longueur de cristal complètement incolore.

3° *Division du cristal en secteurs diversement colorés.* — Le cristal est divisé en secteurs triangulaires en rapport avec des rhomboèdres extérieurs actuels ou transitoires. Chaque secteur est lui-même formé par l'alternance de bandes colorées différemment (roses et vertes par exemple) et correspondant aux bandes similaires des secteurs voisins.

Ces différentes colorations, souvent très vives, sont naturellement en rapport avec la nature des oxydes qui font partie de la composition élémentaire des tourmalines.

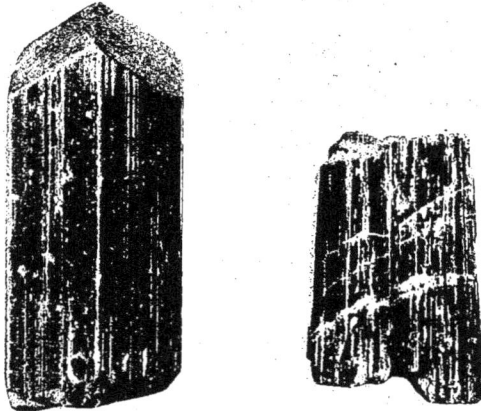

Coll. de l'auteur.

Fig. 180. — Tourmalines noires (gr. nat.).

Les variétés *magnésiennes* (densité : 3 à 3,07) sont brunes ou jaunes ; elles gonflent beaucoup au chalumeau et fondent en une scorie grise ou jaunâtre. Les variétés *ferro-magnésiennes* (densité : 3,05 à 3,12) sont brun foncé ou noires ; elles gonflent aussi au chalumeau et fondent en une scorie de couleur variable. Les variétés nettement *ferrifères* (densité : 3,15 à 3,25) sont noires et fondent au chalumeau en une scorie brune ou noire. Ces différentes tourmalines ne contiennent pas de lithine.

Les variétés *manganésifères* (densité : 3 à 3,1) sont généralement incolores ou rouges ; elles s'exfolient au chalumeau et deviennent blanches mais sans entrer sensiblement en fusion. Enfin, les variétés *ferro-manganésifères* (densité : 2,94 à 3,11) sont bleues ou vertes ; elles fondent difficilement sous forme d'émail ou de scorie, mais sans se gonfler d'une façon sensible.

Rubellite. — La *rubellite*, encore appelée *apyrite*, *sibérite* ou *rubis de Sibérie*, est certainement la plus belle variété de tourmaline (pl. XI, fig. 4). Elle doit sa coloration rose ou rouge à un excès de manganèse. Sa teinte peut être plus ou moins foncée, mais lorsqu'elle se rapproche de celle du rubis et qu'elle est homogène, elle peut valoir 60 fr. le carat. Taillée, elle peut être confondue avec certaines variétés de rubis oriental, de spinelle (rubis balais), de topaze (topaze rose), de grenat, de béryl (morganite). Comme sa densité ne dépasse pas 3,1, elle flotte dans l'iodure de méthylène tandis que les autres pierres (le béryl excepté) tombent rapidement au fond. Ses propriétés optiques permettent de la différencier de la morganite. En outre, elle devient d'un blanc de lait au chalumeau tandis que le rubis devient vert et reprend sa teinte rouge après refroidissement.

Certains cristaux de rubellite peuvent atteindre exceptionnellement de grandes dimensions [1], mais les échantillons de teinte et de structure homogènes sont généralement petits ; les cristaux bipyramidés sont également rares.

Voici la composition de deux échantillons de rubellite de l'Oural.

Silice	38,26 %	42,13 %
Alumine	43,97	36,43
Acide borique	9,29	5,74
Oxyde de manganèse	1,53	6,32
Magnésie	1,62	»
Soude	1,53	»
Chaux	0,62	1,20
Potasse	0,21	2,45
Fluor	0,70	0,70
Lithine	0,48	2,04
Eau	2,49	2,39

Les plus beaux échantillons de rubellite se trouvent dans l'Amérique du Nord (Californie, Massachusetts), la Sibérie (Mursinka, près de Katharinembourg), à

---

1. M. A. Lacroix a mentionné comme originaire d'Antandrokomby (Madagascar) un cristal de rubellite transparente pesant 5 kg., 840 ; il mesurait 38 centimètres de longueur et 9 centimètres de diamètre.

Madagascar[1], au Pérou, au Brésil, à Ceylan et à l'île d'Elbe. La description de ces gisements sera donnée plus loin.

Indicolite. — L'*indicolite*, ou *tourmaline bleue*, est encore appelée *saphir du Brésil* parce qu'on l'a rencontrée d'abord dans cette contrée, dans des alluvions de rivière, et qu'elle est souvent confondue avec le saphir oriental qui n'existe cependant au Brésil qu'à l'état d'extrême rareté. On la trouve surtout dans l'Oural, en Suède, à Madagascar, en Californie, aux États-Unis et au Brésil. Sa composition montre surtout la présence du fer, ainsi qu'on peut s'en rendre compte par l'analyse suivante :

Silice	36,22 %	Oxyde de manganèse	1,25 %
Alumine	33,35	Fluor	0,82
Acide borique	10,65	Magnésie	0,63
Oxyde de fer	11,95	Lithine	0,84
Soude et potasse	2,15	Eau	2,21

Quelques variétés très pâles se rapprochent assez de l'aigue-marine ; d'autres, un peu foncées, ont à peu près la teinte de la cordiérite ou saphir d'eau (p. 200). Les variétés d'un beau bleu foncé, analogue à celui du saphir oriental, sont les plus recherchées ; on les vend du reste souvent comme saphirs, mais il est facile de les reconnaître d'après leur densité ($d = 3,20$) bien inférieure à celle du véritable saphir.

Tourmaline verte. — La tourmaline verte, ou *émeraude du Brésil*, provient principalement de l'État de Minas Geraès (Brésil) où on la rencontre sous forme de cristaux de petite dimension et dont la couleur varie entre celle de l'émeraude proprement dite (v. § III) et le vert angélique. Elle est moins riche en fer que l'indicolite :

Silice	38,06 %	Lithine	1,30 %
Alumine	37,81	Fluor	0,70
Acide borique	10,09	Oxyde de manganèse	1,13
Oxyde de fer	5,83	Magnésie	0,92
Soude et potasse	2,63	Eau	2,20

On la rencontre aussi dans l'Oural, sous forme de cristaux aciculaires groupés dans des pegmatites, et parfois dans la dolomie, dans l'Amérique du Nord, à Madagascar, à l'île d'Elbe, à Ceylan, et, en France, à Saint-Béat (Haute-Garonne).

---

1. Principaux gisements : Antandrokomby (Sud du Mont Bity), Ambohyponana (cristaux engagés dans la muscowite), Topombohitra, vallée de la Sahatane (gisements exploités de Maharitra, Ampaskiatra, Ambalaroy, Anosivolo).

1. Émeraude.

2. Aigue-marine.

3. Émeraude.

4. Grenats (var. almandin) dans micaschiste.

5. Béryl rose.

6. B. jaune.

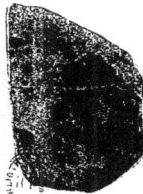

7. B. bleu.

8. B. commun.

Dans cette dernière localité, elle existe sous forme de petits cristaux d'un beau vert émeraude à l'intérieur du marbre blanc que l'on exploite dans cette région.

Tourmalines jaune verdâtre et jaunes. — La tourmaline jaune verdâtre (vert olive, vert pistache), encore appelée *péridot de Ceylan*, a moins de valeur que les précédentes. Elle est riche en fer et sa densité se rapproche de 3,10.

A Madagascar, on rencontre beaucoup de variétés jaunes ; celles qui sont d'un beau jaune d'or rappelant la cymophane (chrysobéryl) sont spéciales aux gisements de cette contrée ; les cristaux ont parfois d'assez grandes dimensions et, lorsqu'ils sont bien transparents, donnent à la taille de fort belles pierres.

Tourmalines brunes et noires. — La tourmaline brune, ou *dravite*, se trouve surtout en Carinthie, dans le bassin de la Drave, d'où son nom ; elle est généralement en cristaux prismatiques bien formés. La tourmaline noire, ou *schorl* (ÉTYM. : de *Schorlow*, village de Saxe où on la trouvait autrefois en abondance), a peu de valeur [1]. Par suite de sa très forte teneur en fer, elle est complètement opaque, d'un beau noir de jais, et peut atteindre de grandes dimensions : certains cristaux mesurent 0 m, 30 de longueur sur 0 m, 10 de diamètre. Nous donnons ci-dessous la composition d'une tourmaline noire du Saint-Gothard :

Silice................	36,29 %	Magnésie..................	6,32 %
Alumine.............	30,41	Chaux....................	1,02
Acide borique........	9,04	Soude, potasse et lithine.....	1,94
Oxyde de fer..........	13,23	Eau......................	1,72

Sa densité varie entre 3,15 et 3,30. On la rencontre en abondance dans les pegmatites et les granulites dont elle constitue souvent un des éléments caractéristiques [2]. Les beaux échantillons (fig. 180) viennent de Ceylan, de l'Oural, du Saint-Gothard, des Pyrénées, de l'Amérique du Nord (New-Hampshire), de l'île d'Elbe. Lorsqu'elle est d'un beau *noir de velours*, on l'utilise pour imiter le jais ; elle est alors employée comme pierre de deuil.

Achroïte. — L'achroïte, ou tourmaline incolore, est rare à l'état de parfaite transparence. Les plus beaux échantillons viennent de la Sibérie, de l'île d'Elbe et de l'Amérique du Nord. C'est la moins dense de toutes les variétés de tourma-

---

1. Jusqu'au commencement du XIXᵉ siècle, le nom de *Schorl* ou *Schörl* a été presque seul usité pour désigner toutes les variétés de *tourmaline*. Ce dernier nom ne date que de 1703.

2. Les cristaux de tourmaline noire, souvent implantés à l'état de prismes ou de fines aiguilles dans de grosses masses de quartz hyalin, sont parfois si abondants qu'ils forment alors une roche spéciale ; on a donné à cette dernière le nom de *hyalotourmalite*.

line ($d = 3,02$), ce qui s'explique par l'absence totale du fer et le faible pourcentage d'oxyde de manganèse (0,80 à 0,92 °/₀) ; elle contient environ 1,25 °/₀ de lithine. Taillée, elle peut ainsi se distinguer des autres gemmes incolores (béryl, corindon, diamant, spinelle et topaze incolores) qui ont toutes un poids spécifique plus élevé. Ses propriétés optiques permettent également de la différencier de ces divers minéraux.

Principaux gisements de tourmaline. — En outre des gisements de tourmaline précédemment cités, il en existe un certain nombre qui sont l'objet d'une exploitation plus ou moins importante.

France. — En France, la tourmaline noire est très répandue et les gisements où on la rencontre sont si nombreux qu'il semble inutile d'en donner la liste. Les plus beaux cristaux se trouvent dans les roches granitiques des Alpes et des Pyrénées, en Auvergne (Roure, dans le Puy-de-Dôme ; Castailhac, dans l'Aveyron). La tourmaline de Castailhac (densité : 3,19) est noire en grande masse, mais brune en éclats minces ; sa cassure est vitreuse et très homogène ; elle peut ainsi fournir des échantillons propres aux travaux d'optique. M. F. Gonnard a signalé des cristaux verts et rouges atteignant 15 millimètres de longueur près de Saint-Ilpize (Haute-Loire). Le gisement de La Vilate, dans le Limousin, a fourni des tourmalines diversement colorées.

Madagascar. — Ainsi que nous l'avons vu plus haut, notre colonie de Madagascar est très riche en variétés de tourmalines de toutes couleurs, et d'après les résultats auxquels ont abouti les diverses missions géologiques et minéralogiques effectuées dans cette île (Lacroix, Levat, Vuillerme), un avenir tout particulier semble être réservé à ces pierres. Dans la région du Mont Bity, où M. Lacroix a signalé pour la première fois, en 1889, la présence de la tourmaline, on exploite activement plusieurs gisements filoniens de cette gemme ; elle y apparaît au sein de quartz et de pegmatites sous forme de cristaux pouvant atteindre de grandes dimensions. On en trouve aussi en abondance dans la vallée de la Manandona et dans la partie de la vallée de la Mania située à l'est du confluent de ces deux rivières : régions d'Antandrokomby, d'Ambavatapia et de la Sahatorendrika (rubellite). Plus au sud, il existe des gisements à Maseza, à l'ouest d'Ikalamavony, et aux environs d'Ambahimanga-Atsimo (tourmalines jaune d'or). La production annuelle se chiffre par plusieurs centaines de kilogrammes (tourmalines noires non comprises) dont les deux cinquièmes environ pour les rubellites et le reste pour les tourmalines jaunes et vertes.

Voici, d'après M. Levat, la répartition exacte des principaux gisements de tourmaline actuellement exploités à Madagascar :

A. *Région d'Antsirabé.* — A l'Ouest d'Antsirabé : massif de la Vohitra au nord-est de Betafo (rubellite et indicolite) ; Betafo et ses environs (rubellites et tourmalines de colorations diverses) ; mont Trafo et mont Angodongodana (rubellite et tourmaline verte). — Au Sud d'Antsirabé : monts Bity, et particulièrement monts Andrianampy et Manitra (rubellite), rivière Sahatany (rubellite et tourmaline verte), mont Maroandro (rubellite rose pâle), monts Tsaratanana et Fiorenana (rubellite et tourmaline verte), mont Tsilazaina, gorges de la Manandona (rubellite et tourmalines diversement colorées) ; Antandrokomby, Antaniménabé (rubellite), Ambavatapia (tourmalines vertes et diversement colorées) ; versants est et ouest de la rivière Manandona, Ambohiponana, pic de Vohimarina, Ambohimanarino, pic de Vorondolo, source de la Sahatorandrika (tourmaline noire). La vallée de la Manandona est la région la plus importante par le nombre et la beauté des pierres qu'on y trouve. — Au sud-est d'Antsirabé : région de Fisahanana jusqu'au mont Ambatondrangy.

B. *Région d'Ambositra.* — Environs d'Ilaka (rubellite) ; Ambatonjirika (rubellite) ; mont Andalona (tourmalines diversement colorées).

Fig. 181. — Coupe sud-nord en trois points différents, des cipolins de la vallée de la rivière Sahatany (Madagascar). Q, quartzites ; C, cipolins.

C. *Région de Fianarantsoa.* — Zamandava ; monts Tsitondroïna et Tsiazo (rubellite) ; mont Fehibarika (rubellite) ; monts Hiaranana, Marovato et Vohidolo (tourmaline verte).

Dans ces différents gisements, la tourmaline paraît nettement provenir des filons de granulite et de pegmatite qui traversent les schistes cristallins et les cipolins (fig. 181). On les rencontre, soit dans les alluvions des rivières, soit dans les désagrégats sableux de ces roches, soit enfin dans ces mêmes roches en place (fig. 182). D'après M. Levat, l'exploitation de ces gemmes est des plus simples et s'effectue généralement de la manière suivante :

Au moyen de pics et de barres à mine, on désagrège l'affleurement des filons de pegmatite plus ou moins kaolinisés qui se trouvent presque en contact avec les cipolins. Les ouvriers s'aident presque toujours d'un courant d'eau pour délayer les terres argileuses qui enrobent les parties plus ou moins décomposées de ces affleurements. Ensuite, on traite les « concentrés » provenant de cette première opération par des batées (fig. 183) analogues à celles employées pour le lavage des sables aurifères ; ces batées sont percées de trous n'ayant que 2 à 3 millimètres de diamètre ; elles permettent de débarrasser complètement les gemmes et les sables qui les accompagnent de toutes les matières glaiseuses entraînables par l'eau. Les gemmes sont ensuite retirées à la main et classées par catégories, suivant leur couleur, leurs dimensions, leur limpidité. Ce sont généralement des femmes qui effectuent ce travail.

Les gisements actuellement connus se signalent surtout par leur irrégularité. De plus, les parties jusqu'ici exploitées sont superficielles ; on n'a pas encore cherché à atteindre les filons dans leur portion dure à cause des frais que cela entraînerait par l'emploi de la dynamite. L'exploitation en profondeur à l'aide d'explosifs présente du reste le grand inconvénient de morceler la roche et risque d'émietter et même de pulvériser les cristaux qu'elle peut renfermer. De nouvelles études sont donc nécessaires pour que ces exploitations s'effectuent à l'avenir avec un bon rendement.

Phot. de M. Levat.

Fig. 182. — Micaschistes gemmifères du flanc est du mont Bity (Madagascar).

Ile d'Elbe. — Les gisements de l'île d'Elbe sont situés sur le flanc du mont Capanne, autour des villages de San Piero in Campo et San Ilario in Campo. Ils sont à peu près horizontaux et exploités par veines, d'une façon très irrégulière du reste par suite de leur inconstance. D'après M. de Launay, les tourmalines se trouvent dans des sortes de filons granulitiques ; elles ont cristallisé dans d'étroites veines lenticulaires de pegmatite qui, individuellement, n'ont guère plus de 0 ^{m}, 20 de largeur et quelques mètres de longueur ; parfois cependant, en certains points de richesse maxima, elles s'accumulent en réseaux multiples.

Les mêmes filons contiennent aussi du béryl, de la topaze et du zircon. Les tourmalines noires abondent, mais l'objet principal de l'exploitation est la tourmaline teintée : les variétés incolores, rouges, bleues et vertes sont fréquentes en cristaux limpides. Elles sont très estimées et ont un débouché immédiat.

Brésil. — Au Brésil, l'exploitation des tourmalines est également très importante, car elle occupe près de 3000 travailleurs. Toute la région située autour de Calhao en fournit des quantités considérables; elles sont exploitées dans de véritables carrières, au milieu de pegmatites décomposées, mais elles y sont disséminées très irrégulièrement.

Le bassin moyen du Jequitinhonha fournit des variétés claires et bien transparentes, souvent en énormes cristaux au milieu des filons de quartz ; on les exploite autour des villes d'Arrassuahy et Santo-Antonio-de-Salinas. On en trouve aussi dans les graviers de certaines rivières où elles sont accompagnées de béryls et de grenats. Le gisement d'Ilha-Grande (district de Saô Pedro de Jequitinhonha) occupe à lui seul plus de 1.000 ouvriers. Il convient de citer également celui de Larangeiras, qui fournit des variétés roses en grande quantité. Le centre du commerce de ces pierres est la ville de Bahia ; la plupart sont exportées à l'état brut, mais une partie est taillée et utilisée dans le pays.

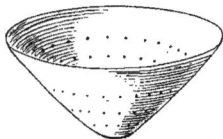

Fig. 183. — Batée à gemmes.

Autres régions. — Les gisements de *Californie* (Meadow-Lake), exploités par la « San Diego Tourmaline mining C⁰ », fournissent annuellement pour plus de 100.000 francs de tourmalines brutes ; elles sont taillées et polies dans une usine établie à San Diego. En *Sibérie*, on exploite également des carrières de tourmaline à Sarapulki, et dans l'*Oural* à Berezousa. Il faut enfin signaler le gisement de Telemarken en *Norvège*.

III. — BÉRYLS

Émeraude et Aigue-marine. — L'*émeraude*, qui est une des pierres précieuses les plus estimées, est un silicate double d'alumine et de glucine. Elle peut renfermer de 65 à 68 °/₀ de silice, 16 à 19 °/₀ d'alumine et 12 à 15 °/₀ de glucine, avec de petites quantités de magnésie, chaux, oxyde ferrique, parfois aussi des traces de fluor (ou de fluorures), de titane et de chrome[1]. Ces différents élé-

----

1. C'est sans doute à ce métal, indosable à l'analyse, que l'émeraude doit sa coloration verte.

ments permettent d'expliquer les nombreuses teintes que peut présenter ce minéral suivant la prédominance des uns ou des autres.

Nous donnons ci-dessous, d'après M. Lebeau, la composition de l'émeraude commune de Chanteloube (Haute-Vienne) :

Silice	66,06 %
Alumine	16,10
Glucine	14,33
Sesquioxyde de fer	1,20
Oxyde salin de manganèse	0,13
Magnésie	0,55
Chaux	0,17
Acide phosphorique	0,11
Perte au rouge	1,46

Cet échantillon contenait en outre des traces d'acide titanique et de fluor, ou d'un perfluorure instable qui devient libre pendant la pulvérisation.

Suivant sa coloration, l'émeraude porte des noms différents. Celui d'*émeraude* proprement dite (ÉTYM. : du grec *smarassein*, resplendissante) est réservé aux variétés vertes [1]. Le nom de *béryl* (ÉTYM. : du grec, *berullos*) désigne les variétés incolores, jaunes, roses, bleu ciel, ainsi que les variétés pierreuses non utilisables en joaillerie. Enfin, sous la dénomination d'*aigues-marines* (ÉTYM. : du latin, *aqua marina*, eau de mer), on désigne les émeraudes de couleur vert bleuâtre très clair et dont la teinte rappelle précisément celle de l'eau de mer [2].

Au point de vue de leurs propriétés physiques et chimiques (le béryl rose à part), ces différentes variétés présentent à peu près les mêmes caractères. Leur densité varie entre 2,67 et 2,75, leur dureté entre 7,5 et 8. L'émeraude cristallise dans le système hexagonal (fig. 184) avec, souvent, de nombreuses facettes sur les sommets du prisme. Les faces principales, unies dans l'émeraude proprement dite, sont striées dans le béryl parallèlement aux arêtes (fig. 184, 2) et donnent ainsi naissance à des cristaux plus ou moins cannelés et souvent arrondis (fig. 184, 5) par suite de la coexistence de plusieurs formes prismatiques.

L'émeraude se clive nettement dans un sens perpendiculaire aux arêtes du prisme. Elle renferme parfois des inclusions (pl. I, fig. 4). Sa cassure est conchoïdale ou irrégulière. Elle présente la double réfraction négative et un polychroïsme souvent très marqué. Il ne faut pas la confondre avec le corindon plus ou moins

1. Les Anciens désignaient sous le nom de *smaragdus* toutes les pierres vertes (fluorine, chrysoprase, tourmaline, etc.) provenant de l'Éthiopie, de l'Arménie, de Chypre et dont la plupart étaient très estimées. Étymologiquement, *smaragdus* a formé dans notre langue *smaragdite* (p. 200), variété d'amphibole de couleur vert d'herbe.
2. L'identité chimique de l'*aigue-marine* et de l'*émeraude* a été démontrée, en 1798, par Haüy et Vauquelin.

teinté de bleu ou de vert (émeraude ou aigue-marine orientales) qui sont du reste très rares : on ne les rencontre guère, en effet, qu'à Ceylan. La tourmaline verte (émeraude du Brésil ou fausse émeraude) est parfois taillée et vendue comme de la véritable émeraude. L'examen des propriétés optiques et physiques permet facilement de différencier ces deux pierres.

L'émeraude fond vers 1450° en une scorie bulleuse. Avec le borax elle donne une perle de teinte vert pâle ; le béryl donne une perle incolore. Au rouge sombre, l'émeraude verte blanchit et devient opaque ; aussi, sa couleur a-t-elle été attribuée par certains auteurs à un hydrocarbure dont l'analyse révèle du reste l'existence ; néanmoins, on la rapporte de préférence, comme nous l'avons vu, à la présence de certains oxydes et notamment à l'oxyde de chrome.

On taille généralement l'émeraude en brillants rectangulaires ou carrés à degrés, parfois en cabochons. Les variétés non homogènes ont été gravées de tout

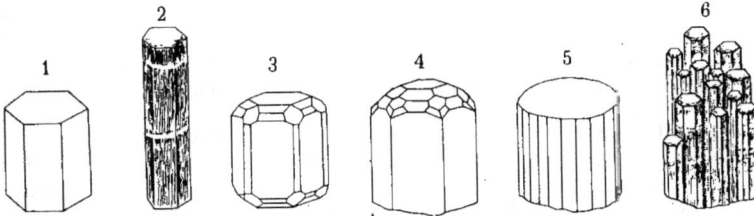

FIG. 184. — Principales formes cristallines des béryls.
1, prisme hexagonal ; 2, prisme strié ; 3, 4, 5, formes dérivées ; 6, cristaux groupés.

temps avec succès. Les variétés non utilisables en joaillerie, ou béryls pierreux (pl. X, fig. 8), servent à la préparation de la glucine et du glucinium.

Gisements de béryls. — Nouvelle-Grenade. — Les gisements les plus célèbres d'émeraude sont ceux de Muso, dans la Nouvelle-Grenade (Colombie). C'est là en effet que se rencontrent les cristaux les plus estimés en joaillerie. On les trouve dans un calcaire bitumineux néocomien, riche en fossiles. Des veines apparaissent çà et là, constituées par des éléments entièrement cristallisés ; tantôt ceux-ci sont à grains fins et forment une véritable roche (calcaire à émeraude), tantôt ils sont au contraire en gros cristaux et tapissent seulement les parois de la fissure. Parfois, au milieu d'une veine, on rencontre des cavités entièrement remplies de cristaux d'émeraude entièrement isolés de la gangue. On les désigne sous le nom de *minhos* (nids) à cause de leur richesse. La découverte d'un seul de ces

minhos suffit parfois à compenser des semaines entières de recherches infructueuses.

Dans les gisements de Muso, l'émeraude se trouve le plus souvent associée à un grand nombre de minéraux : calcite, quartz, pyrite, dolomite, allophane, fluorine, gypse, albite, pyrophyllite. Ces minéraux sont parfois en gros éléments et tapissent l'intérieur de belles géodes.

L'émeraude de Muso est remarquable par sa belle couleur verte (pl. X, fig. 1 et 3) et sa transparence qui restent homogènes même dans les plus gros cristaux ; ceux-ci atteignent parfois jusqu'à 10 centimètres de longueur. C'est uniquement la présence de fissures naturelles qui oblige à les diviser avant de les livrer à la taille. L'exploitation des filons est très ancienne, car, d'après M. Hubert, elle serait antérieure à l'époque de la conquête espagnole. Elle se fait aujourd'hui par abatage à ciel ouvert comme au temps où les Indiens la dirigeaient. Les Espagnols ont cependant creusé des galeries profondes, mais celles-ci ont été abandonnées depuis leur départ du pays. Le gisement de Muso est du reste très riche ; il contient beaucoup de filons non encore exploités et, malgré les détournements de pierres qui, paraît-il, sont énormes, le rendement annuel n'est pas inférieur, en moyenne, à 800.000 carats, soit environ 150 grammes par jour.

Brésil. — Au Brésil, l'émeraude n'existe qu'à l'état d'exception mais, par contre, on y trouve en abondance des aigues-marines (pl. X, fig. 2) et des béryls de nuances variées. Ils se rencontrent dans des filons de pegmatite d'où on les extrait facilement par des lavages lorsque la roche est en partie décomposée ; on en trouve aussi dans les graviers provenant de sa désagrégation et entraînés par les eaux. C'est dans le nord de l'État de Minas Geraès que ces pierres sont le plus abondantes, notamment dans le bassin de l'Arrassuahy, affluent du Jequitinhonha. On en trouve aussi dans le lit des petits cours d'eau tributaires du Mucury qui prennent leur source dans la chaîne de montagne qui porte le nom de *Serra das Esmeraldas* (montagne des émeraudes).

La couleur de ces pierres varie du vert d'eau clair (pl. X, fig. 7) au jaune pâle (pl. X, fig. 6). On rencontre parfois des cristaux atteignant plus de 20 centimètres de longueur et 30 centimètres de diamètre. Les échantillons pesant plusieurs kilogrammes ne sont pas rares, mais ils ne sont transparents que par endroits.

C'est à Bahia et à Rio-de-Janeiro que s'effectue surtout le marché de ces pierres. Leur exportation est frappée d'une taxe de 6 francs environ par kilogramme ce qui correspond à 4 °/₀, le prix du kilogramme étant de 150 francs environ pour le mélange des aigues-marines et béryls à l'état brut.

1. Saphirs.

2. Spinelles.

3. Rubis.

4. Rubollite de San Diego (Californie).

5. Tourmaline.

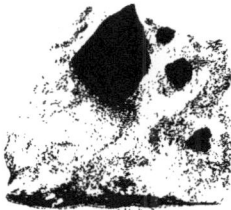

6. Cymophane.

7. Alexandrite.

Madagascar. — A Madagascar, les béryls abondent dans les pegmatites, où ils sont associés à la tourmaline, et dans de nombreux filons de quartz (pegmatites du mont Bity, source de la Sahatorendrika, affluent de droite de la Mania). Leur coloration est variable (bleue verte, incolore) et ils se présentent le plus souvent en gros prismes pierreux qui 'possèdent néanmoins des parties transparentes pouvant être taillées.

Voici, d'après M. Levat, la répartition géographique des principaux gisements de béryl actuellement exploités à Madagascar :

A. *Région d'Antsirabé.* — A l'ouest d'Antsirabé : régions d'Antanamalaza, de Masofenoarivo (béryls bleus et verts dans quartz rose), d'Ialamalaza, d'Ambohimanana, mont Tongafeno (béryl bleu et vert olive), pic de Maropapango, monts Vohitromby et Mariana (béryl pierreux vert). — Au sud d'Antsirabé : source de la Sahatorandrika (béryl associé à de la tourmaline noire), Ambatoharana, Amboaray (béryl bleu verdâtre) ; mont Vorondolo (béryl pierreux vert). — A l'est d'Antsirabé : région de Vontovorana, de Jankinana, mont Vohibé (béryl rose). — Au sud de Betafo : environs de Mahaïza (exploitations florissantes de béryl bleu dans des filons de pegmatite).

B. *Région de Fianarantsoa.* — Environs d'Ikalamavony, région d'Andabomaro, rives de la Marambovona (béryl bleu) ; Maseza (béryls bleus et verts), mont Ambatomanga (étymologie : *ambago*, pierre ; *manga*, bleu) au sud de Fianarantsoa.

Le gisement de béryls bleus d'Ampangabé, situé au sud-est de Miandrarivo, comprend plusieurs chantiers d'exploitation. C'est dans des filons de pegmatite ayant environ 2 mètres de puissance que se trouvent ces pierres. Ampangabé est un village placé à une certaine hauteur au-dessus de la rivière Sasarotra. On y rencontre un dyke épais de granite pénétré par des filons de pegmatite. Les béryls que l'on peut y trouver sont dégrossis et débités de manière à permettre d'isoler les parties transparentes et de belle coloration qui subissent ensuite, en France, le travail de la taille.

En plusieurs points des exploitations, les gemmes sont nombreuses en surface mais semblent disparaître en profondeur. M. Levat explique ces faits par la latéritisation ou, plus exactement, par la kaolinisation du gîte primitif : les gemmes restées intactes ont pu se concentrer en certains points par entraînement dans des dépressions ou par des éboulements, tandis que les feldspaths ont été décomposés et entraînés beaucoup plus loin par les agents naturels.

Les gisements de Vatomanga (région de Betafo) renferment également des béryls bleus (pl. X, fig. 7). On les exploite depuis peu de temps, mais on les

recherche activement à cause de leur belle qualité. L'exploitation se fait par
grandes tranchées à ciel ouvert (fig. 185). Les gemmes sont confinées sur la rive
gauche de la rivière dont l'eau est utilisée pour le lavage des sables ; on n'a encore
trouvé aucune pierre sur la rive droite malgré les fouilles qui y ont été pratiquées.
Les béryls se rencontrent uniquement dans les pegmatites. Comme les nombreux
épanchements de basaltes qui les traversent, ces pegmatites sont dans un état
avancé de décomposition, de sorte que l'extraction des gemmes est relativement
facile. Jusqu'ici les travaux ont pu se poursuivre sans l'emploi d'explosifs.

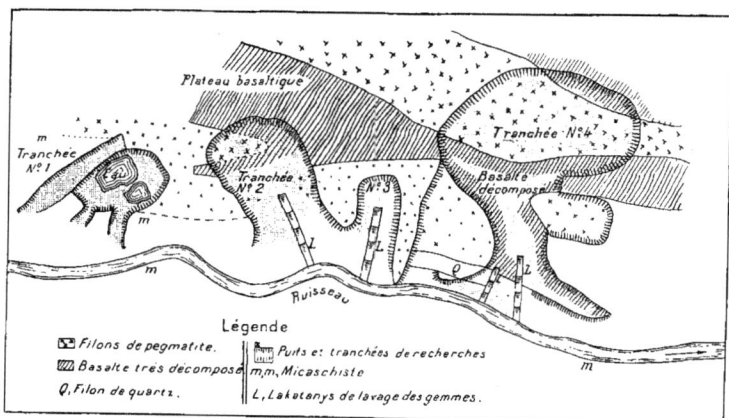

Fig. 185. — Carte des gisements de béryls bleus de Vatomanga, au sud de Betafo (Madagascar).

Australie. — En Australie, on exploite plusieurs gisements d'émeraude verte
et d'aigue-marine dans la Nouvelle-Galles du Sud, région également très riche en
d'autres gemmes (topazes, corindons, spinelles). Pendant longtemps leur extraction
a cependant été assez limitée, car la gangue, beaucoup trop dure pour se prêter à
un broyage facile, occasionnait une grande perte : les gemmes se brisaient et on
n'arrivait pas à les isoler. Les méthodes actuelles, qui agissent par désagrégation
lente, donnent de meilleurs résultats.

Sibérie. — Les montagnes de l'Oural et de l'Altaï (Sibérie) ont aussi fourni,
dans ces vingt dernières années, de belles émeraudes et des cristaux de béryl bleu
atteignant parfois des dimensions gigantesques, soit 1 mètre de longueur sur 15

centimètres de diamètre. Leur découverte date de 1830 : elle est attribuée à un charbonnier qui trouva la première pierre accidentellement au pied d'un arbre. Dès la première année, les résultats des exploitations ont dépassé toutes les espérances ; ils semblent être satisfaisants actuellement.

Les gisements d'émeraude proprement dites vertes se trouvent dans la région de l'Oural, à 60 kilomètres environ au nord de la station de Bajenovo, sur la ligne de Perm à Tioumen. Les schistes micacés dans lesquels on rencontre le précieux minéral courent du sud au nord sur une largeur de 50 kilomètres environ avec une largeur moyenne de 15 kilomètres (fig. 186). Les travaux d'exploitation s'y effectuent par tranchées et par puits. Les principaux centres d'extraction sont ceux de Srétinski, Lioublinski, Makaroff, Troïtsky, Marinski et Cristovic.

Troïtsky est le principal centre d'exploitation de l'émeraude cristalline. Ses puits fournissent actuellement la presque totalité du minerai traité ; ils ont 30 mètres de profondeur ; les travaux s'y développent en galeries sur une assez grande étendue et dans six étages répartis assez régulièrement sur la hauteur. Les filons exploités ont une légère inclinaison et affectent la forme lenticulaire ou en chapelet ; les extrémités des lentilles n'ont souvent que $0^m,20$ d'épaisseur.

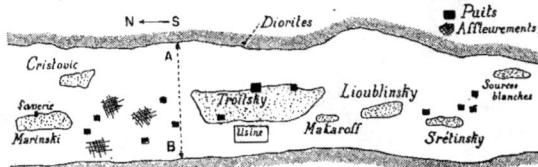

Fig. 186. — Gisements d'émeraude de Bajenovo (Sibérie).
AB, bande de schistes à émeraudes. Échelle : 1 cm. = 20 km. environ (d'après A. Vuillerme).

D'après M. A. Vuillerme, à qui nous devons ces renseignements, les plus belles émeraudes se trouvent généralement dans les micaschistes noirs ; là elles possèdent une transparence parfaite et une belle couleur verte. Au contraire, lorsqu'elles ont pour gangue des roches feldspathiques ou calcaires, elles sont simplement translucides, souvent même opaques, fendillées et de teinte irrégulière.

Le minerai esmeraldifère est traité directement au sortir des puits. Après concassage au pic, il passe entre deux tambours roulants qui désagrègent les schistes et isolent les cristaux d'émeraude. Malheureusement, ceux-ci sont partiellement brisés pendant cette opération ; d'autre part il arrive que de beaux échantillons sortent de l'appareil avec les décharges de rebut, de sorte que le rendement est faible. Et cependant, la matière première est excellente. Si l'on ajoute à cela que plus de la moitié des belles pierres disparaît par vol ou contrebande, on voit dans quelles conditions déplorables l'exploitation est faite dans ces mines.

Il est certain qu'étant donnés la richesse des gisements ouraliens et le grand nombre de mines encore inexploitées dans le voisinage même des centres où l'on travaille, l'extraction de cette gemme pourrait, sous une direction sage et compétente, être une des plus productives du règne minéral.

Afrique orientale. — En Afrique orientale, il existe quelques gisements importants d'émeraude. La mine la plus célèbre est celle du Djebel Sabara (fig. 187), dans le voisinage de la mer Rouge, désignée sous le nom de « Mine de Cléopâtre ». Elle a joui d'une grande réputation dans l'antiquité et possède encore actuellement une certaine valeur industrielle. En 1900, elle a même fait l'objet d'une mission. Elle est située à 120 kilomètres au sud d'Um Rus et à 35 kilomètres du port de Shenu-Sheik.

D'après L. de Launay, les émeraudes s'y rencontrent dans les mêmes conditions géologiques qu'en Sibérie, c'est-à-dire en noyaux empâtés dans des mica-schistes. Elles

Fig. 187. — Aspect des monts Djebel Sabara (Afrique orientale) où ont été exploitées dans l'antiquité les carrières d'émeraude dites « mine de Cléopâtre ».

semblent donc en relation avec les actions granulitisantes qui ont exercé un métamorphisme sur le grès nubien, très abondant dans la région.

On trouve aussi de belles émeraudes à Rovuma, à l'ouest du Kilimandjaro, où les conditions géologiques et minéralogiques paraissent identiques à celles des gisements précédents.

Autres régions. — Parmi les autres gisements plus ou moins importants, il faut citer ceux du New-Hampshire (États-Unis), du comté d'Aberdeen (Angleterre), d'Old Kilpatrick (Écosse), de Mourne (Irlande), d'Obersalzbachthal (Tyrol), de Faberstein (Bavière), de Pontevedra (Espagne), de Tamela (Finlande), de l'île d'Elbe.

Les émeraudes et béryls trouvés jusqu'ici dans ces régions sont malheureusement pierreux pour la plupart, par conséquent impropres à la taille ou n'ayant qu'une faible valeur par suite de leur faible dimension. Il en est de même des échantillons recueillis aux environs de Nantes, à la Villeder (Morbihan) et à Chanteloube (Haute-Vienne), qui sont presque toujours opaques.

A Biauchaud, près de Saint-Pierre-la-Bourlhogne (Puy-de-Dôme), on a découvert en 1894 des cristaux d'émeraude verts et hyalins, mais malheureusement fendillés et fragiles. Un cristal mesurait 32 centimètres de longueur et 25 millimètres de diamètre ; il était comme moulé dans du quartz et du feldspath.

Béryl rose (morganite). — Cette superbe gemme, à qui G. Kunz a aussi donné le nom de *morganite* en l'honneur de Pierpont Morgan, se présente généralement en cristaux plus ou moins aplatis suivant l'axe vertical (fig. 188). Leur diamètre atteint parfois, en effet, 15 centimètres alors que leur épaisseur ne dépasse pas 5 centimètres. Les faces sont très brillantes et peuvent exister en plus ou moins grand nombre avec modifications sur les arêtes ou sur les angles.

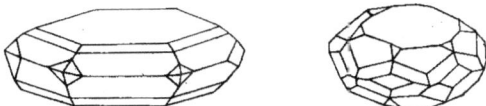

FIG. 188. — Cristaux de béryl rose de Madagascar.

Les principaux gisements actuellement connus de cette gemme sont ceux de Pala (Californie), où on la trouve fréquemment associée à la kunzite (p. 198), et de Maharitra (Madagascar). Les cristaux sont généralement d'un rose saumon ou rose fleur de pêcher attribuable sans doute au manganèse (pl. X, fig. 5).

Dans cette dernière localité, ce qui frappe surtout, ce sont les grandes différences de propriétés optiques (réfringence) et de densité que l'on observe dans les divers échantillons. Cependant, l'analyse permet de les expliquer facilement, car il existe une série continue de types de béryls roses de plus en plus riches en métaux alcalins et notamment en lithium et en césium :

	N° 1	N° 2	N° 3	N° 4	
Silice, SiO^2	64,76 %	62,70 %	62,79 %	60,39 %	
Alumine, $Al^2 O^3$	18,14	30,30	17,73	29,05	
Glucine, GlO	13,76		11,43		
Oxyde de fer, FeO	»	1,04	»		0,26
Oxyde de manganèse, MnO	0,03	traces	»		traces
Chaux, CaO	»	»	»		0,34
Oxyde de césium, Cs^2O	»	1,43	1,70		4,56
Potasse, K^2O	0,04	»	»		»

Soude, Na^2O	0,73	1,03	1,60	0,24
Litine, Li^2O	0,15	0,87	1,68	2,00
Perte au feu	2,24	2,63	2,65	2,23

Ainsi, tandis que les pourcentages de silice, de glucine, d'alumine restent à peu près constants, les oxydes de césium et de lithium augmentent parallèlement. Si l'on compare les densités et la teneur en métaux alcalins, on trouve :

		Alcalins %	Densité
Échantillon	n° 1	0,92	2,72
»	n° 2	3,29	2,75
»	n° 3	4,98	2,79
»	n° 4	6,80	2,81

Il existe même des échantillons dont la densité atteint 2,88 à 2,90. La réfringence croît à peu près dans la même proportion.

Euclase et Phénacite. — Ces deux gemmes, qui se rencontrent souvent associées à l'émeraude et à la topaze, sont constituées par des silicates de glucine.

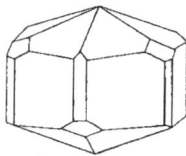

Fig. 189. — Cristal de phénacite.

Coll. du Muséum.
Fig. 190. — Cristaux groupés de phénacite de San Miguel de Piracicaba (Brésil).

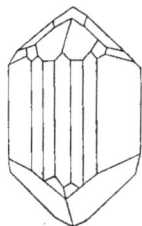

Fig. 191. — Cristal d'euclase.

La phénacite est rhomboédrique (fig. 189 et 190) et l'euclase monoclinique (fig. 191). Leur dureté est comprise entre 7 et 8. On les trouve toutes deux au Brésil (Boa-Vista, Ouro-Preto, San Miguel de Piracicaba) et dans l'Oural. Leur couleur est très variable : incolore, jaune clair, verte. Au chalumeau, l'euclase perd sa transparence et fond en un émail de couleur blanchâtre.

CHAPITRE IX

GEMMES DE COMPOSITIONS DIVERSES NON SILICATÉES

I. — GEMMES ALUMINEUSES OU ORIENTALES

Famille des corindons. — Le corindon (ÉTYM. : de l'indien, *korund*) forme la base de plusieurs gemmes très estimées dont la composition est la même (alumine pure, $Al^2 O^3$) et que, seule, la coloration différencie. Ces gemmes à base d'alumine ont été qualifiées d'*orientales* pour les distinguer des autres pierres de même coloration mais de composition et de valeur différentes, auxquelles on a donné le nom d'*occidentales*.

Les principales gemmes orientales, classées d'après leur coloration, sont les suivantes :

Rubis...............................	Rouge.
Saphir.............................	Bleu.
Topaze orientale....................	Jaune.
Saphir rose........................	Rose.
Émeraude orientale.................	Vert.
Améthyste orientale................	Violet.
Saphir blanc.......................	Incolore.
Astérie (gemme étoilée).............	Reflets miroitants.

La forme cristalline de toutes ces variétés de corindon est la même, le rhomboèdre plus ou moins modifié, bien que les cristaux soient d'apparence hexagonale (fig. 192, *a* et *b*). Les formes prismatiques ou bipyramidales sont généralement striées horizontalement (fig. 172, *d*) et donnent naissance, en se superposant, à des zones qui conduisent à des variétés fusiformes très fréquentes (fig. 172, *c*).

Le corindon commun, dont nous reparlerons plus loin (CHAP. XIV), se rencontre dans les granites, les basaltes, les chloritoschistes, les granulites, les sables diamantifères. Il possède une teinte plus ou moins bronzée, variable parfois dans un même échantillon. Il porte fréquemment des stries triangulaires et se clive assez facilement. C'est, après le diamant, le plus dur de tous les minéraux connus (dureté : 9). Son poids spécifique varie entre 3,93 et 4,28 suivant les échantillons. Il ne fond qu'à la flamme du chalumeau oxhydrique et est insoluble dans les acides. L'émeri est une variété de corindon impur et généralement granuleux.

Rubis. — Le rubis (ÉTYM. : du latin, *rubeus*, rouge) est, après le diamant, la pierre la plus estimée. Cependant, il existe plusieurs variétés de rubis comme il existe plusieurs variétés de diamants. La plus recherchée est le *rubis d'Orient*,

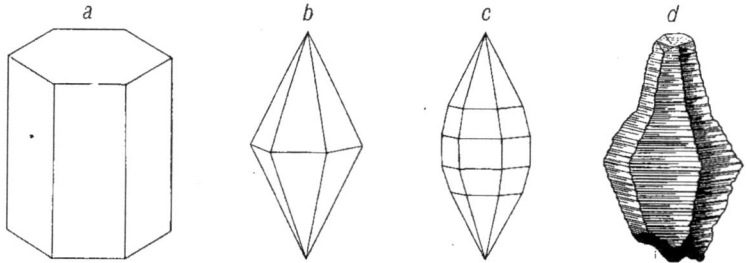

FIG. 192. — Principales formes cristallines des corindons.
a, prisme ; b, prisme bipyramidal ; c, variété fusiforme ; d, prisme strié.

ou rubis de Ceylan et de Birmanie (fig. 193), dont la coloration est rouge « sang de pigeon », quelquefois rose (pl. XI, fig. 3). Le *rubis de Siam* est plus sombre et sa coloration se rapproche de celle du grenat ; sa valeur est beaucoup moindre que celle du rubis d'Orient.

Les pierres désignées sous les noms de « rubis balais » et de « rubis spinelle » ne sont pas de véritables rubis ; elles n'ont de ces derniers que la coloration et leur composition est toute différente (spinelles). Il en sera question plus loin (p. 253). Beaucoup de personnes donnent du reste indifféremment le nom de rubis à toutes les pierres rouges.

Le vrai rubis, dont la coloration est due à l'oxyde de chrome, se distingue aisément des autres gemmes rouges par ses propriétés physiques (densité, dureté, forme cristalline, point de fusion), la présence de macles et d'inclusions cristallines (pl. XII, fig. 3 à 5), et par ses propriétés optiques (biréfringence). Les vrais rubis deviennent verts à chaud (flamme d'un brûleur Bunsen) et reprennent leur teinte initiale par le refroidissement (p. 74). Leur densité varie parfois, pour une même pierre, suivant qu'elle est à l'état brut ou taillée ; cette différence tient sans doute aux matières qui sont incrustées ou décomposées à la surface du minéral et qui disparaissent par le polissage.

Procédés de différenciation des diverses variétés de rubis. — L'intérêt qu'il y a de pouvoir différencier nettement les *rubis d'Orient* et les *rubis de Siam* tient à leur inégale valeur commerciale. Les rubis de Siam, toujours plus sombres, présentent cependant une assez grande variété de tons, de sorte

FIG. 193. — Rubis bruts de Birmanie
(grandeur naturelle).

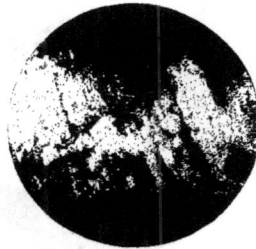

FIG. 194. — Rubis de Siam.
(Grossiss. : 150 diam.)

qu'il est difficile de dire exactement où finit le rubis d'Orient et où commence le rubis de Siam.

Jusqu'à ces dernières années, on n'arrivait que difficilement à établir cette distinction et, généralement, c'était l'œil exercé du praticien qui, seul, pouvait trancher la question. Nombre de procès ont cependant montré la nécessité de méthodes scientifiques permettant d'établir une démarcation précise entre ces deux sortes de pierres [1]. Leurs caractères différents au point de vue de la texture, de la densité et de la fluorescence permettent d'éviter toute confusion possible.

1. Le fait suivant fera mieux ressortir l'importance de cette distinction : un rubis vendu il y a quelque temps comme rubis d'Orient au prix de 35.000 francs fut l'objet d'un procès, l'acheteur émettant des doutes sur son origine. Après un examen minutieux et malgré les affirmations du vendeur, la pierre fut déclarée rubis de Siam par une Commission d'expertise nommée par le tribunal de commerce. Le vendeur non satisfait fit appel et de nouvelles expériences eurent lieu ; convaincu enfin des conclusions de la nouvelle Commission, il accepta sa décision et annula le marché.

J. ESCARD.

Texture. — Au point de vue de la texture, le rubis d'Orient est toujours beaucoup plus homogène que le rubis de Siam ; sa structure est régulière quelle que soit la zone examinée. Les croisillons que l'on y constate (pl. XII, fig. 1 et 2) seraient, d'après M. Haardt, les signes indubitables qui permettent de certifier son origine. Le rubis de Siam, au contraire, ne présente jamais de croisillons ; entre les mailles de la cristallisation apparaît comme une sorte de tissu nuageux (fig. 194 à 196) ou givreux, simulant parfois assez bien les veines du marbre.

Densité. — La densité des rubis d'Orient varie entre 4 et 4,08, celle des rubis de Siam varie entre 4,20 et 4,28. On n'a encore jamais rencontré de ces derniers rubis ayant une densité inférieure à 4,20 ; elle est donc nettement supérieure, dans tous les cas, à celle des rubis d'Orient.

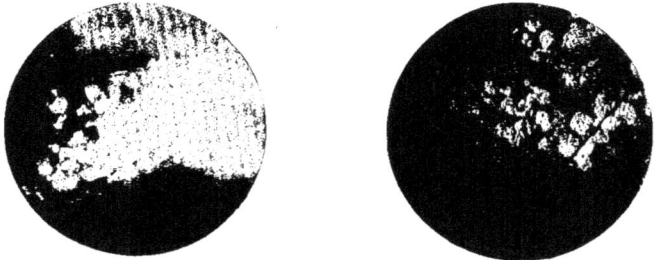

Fig. 195 et 196. — Rubis de Siam. (Grossiss. 150 diam.) — D'après M. Haardt.

Fluorescence et phosphorescence. — Les phénomènes de fluorescence et de phosphorescence se mettent en évidence par les expériences suivantes :

On introduit dans un tube à essai en quartz quelques rubis et on les expose à l'action d'une lumière riche en rayons violets ou ultra-violets. Les rubis d'Orient prennent la couleur du charbon porté au rouge tandis que les rubis de Siam paraissent presque noirs. Si l'on établit une échelle de fluorescence de 1 à 10, on constate que le chiffre représentant la fluorescence des rubis de Siam ne dépasse jamais 5, alors que celui des rubis d'Orient atteint souvent 10. La différenciation des deux pierres est donc parfaitement possible.

En outre, si l'on place à côté l'un de l'autre dans le phosphoroscope un rubis d'Orient et un rubis de Siam, le premier paraît très lumineux alors que le second reste presque invisible.

En soumettant un rubis quelconque à ces différentes épreuves, on a en mains un ensemble d'observations précises, suffisantes pour la détermina.ion de ses qualités et son identification.

Principaux gisements de rubis. — **Ceylan.** — Les plus beaux rubis viennent de Ceylan où on les rencontre souvent mélangés au saphir, dans les alluvions de plusieurs rivières. Les gisements les plus importants sont ceux de Ratnapura et de Rawkana, au sud-ouest de l'île. Les ouvriers qui y travaillent sont presque tous des mahométans, les Cinghalais méprisant le travail des mines.

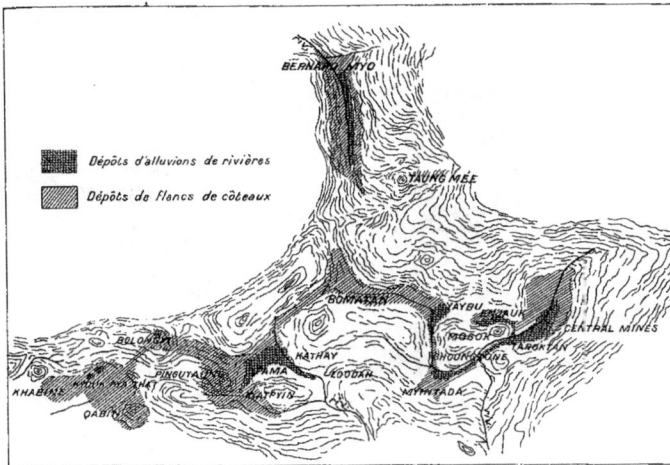

Fig. 197. — Carte des principales mines de rubis de la « Burmah Ruby Mines L.d » (Birmanie).

Les recherches, qui s'effectuent presque toujours dans des régions accidentées, consistent en fouilles superficielles pour lesquelles un simple permis d'autorisation suffit. L'exploitation est fort simple : à un ou deux mètres de profondeur, on atteint une couche friable désignée sous le nom d' « illam » ; on en extrait le gravier qu'on lave au cours d'eau le plus proche.

Ces mines, qui tendent à s'épuiser, ont fourni de fort belles pierres dont plusieurs sont demeurées célèbres. Les rubis sont taillées sur place à Ratnapura et à Kalutara, petit port situé à 60 kilomètres au sud de Colombo. Les lapidaires indi-

gènes cherchent surtout à conserver aux pierres leur poids maximum plutôt que
de leur donner une jolie forme par une taille appropriée ; aussi les rubis taillés
à Ceylan pénètrent-ils difficilement sur le marché européen ; ils se trouvent du
reste de plus en plus concurrencés par le rubis artificiel (CHAP. XI) qui, là comme
ailleurs, leur cause un grand préjudice.

Pégu, Siam, Birmanie, Afghanistan. — Les gisements du Pégu (monts
Capelan, près de Siriam), de Siam et de Birmanie (Burmah) sont également
célèbres et encore très activement exploités.

En Birmanie, les principaux points d'extraction se trouvent à Mogok (fig. 198
et pl. XIII, fig. 1), où la
« Ruby Mines Cy », après
des phases difficiles, a obtenu dans ces dernières années
des résultats encourageants.
En 1898, il a été extrait
de ses gisements (fig. 197)
pour 1.450.000 francs de
rubis, en 1899 pour
2.271.000 francs, en 1903
pour 2.460.000 francs, en
1905 pour 2.208.000 francs.
En 1904 et 1905, la quan-
tité de pierres extraites
équivaut à 280.000 carats.
Depuis 1908, ces mines
fournissent annuellement
environ 1.450 tonnes de

FIG. 198. — Mine de rubis de Mogok (Birmanie) : travaux
d'exploitation.

terre à rubis. Les exploitations occupent près d'un millier d'ouvriers.

Parmi les pierres exceptionnelles provenant de ces gisements, il faut citer
un rubis de 90 carats trouvé en 1899 et valant 665.000 francs. La valeur des
rubis exportés atteint actuellement 3 millions de francs par an.

Dans l'Afghanistan, notamment près de Pamir, à l'est de Faisabad, la vallée
du Pandch possède à Sousst une mine de rubis célèbre.

Madagascar. — A Madagascar, les alluvions aurifères du Vakinankaratra,
à Ambositra et Fianarantsoa, et de la rivière Ambahatra, affluent de droite du
Haut-Onive, contiennent des rubis de toutes nuances ; ils sont généralement en
menus fragments ou en cristaux roulés accompagnés d'autres gemmes (zircon,

grenat, spinelle, cymophane, tourmaline). Certains de ces rubis peuvent donner après à la taille des pierres pesant près d'un carat. A Bedinta, on a trouvé des rubis rosés qui semblent provenir des gneiss, très abondants dans cette région.

Valeur et poids des rubis. — Il est impossible de donner, même approximativement, le prix du rubis. Il subit en effet des fluctuations énormes suivant son origine, sa rareté et la mode. Il est assez apprécié actuellement et, lorsqu'il atteint un certain poids (4 à 5 carats), sa valeur peut dépasser celle du diamant. Ce sont les Européens qui l'estiment le plus, sans doute à cause de sa faible diffusion sur le continent. Naturellement, nous ne parlons ici que du rubis naturel et non des pierres synthétiques ou reconstituées (CHAP. XI) qui, ainsi que nous l'avons dit, tendent à se substituer actuellement de plus en plus aux gemmes alumineuses naturelles.

La taille la plus ordinairement adoptée pour le rubis est celle du *brillant à degrés*. Quelquefois aussi on le taille en *cabochon*, mais l'aspect est moins beau.

Rubis célèbres. — Le rubis demeuré le plus célèbre par sa grosseur est celui qui a été mentionné par Chardin et sur lequel était gravé le nom de « Sheik

FIG. 199. — Atelier de lavage des terres à rubis : premier traitement.

Sephy ». Le shah de Perse en possède également un pesant 175 carats et déjà décrit au XVIIe siècle par Tavernier. Le roi de Burmah aurait eu aussi en sa possession un rubis de la grosseur d'un œuf de pigeon et auquel il aurait donné le nom de « seigneur des rubis ». Cela n'a rien de surprenant étant donné que pendant longtemps les gisements de la capitale du Pégu lui ont appartenu personnellement et qu'aucun Européen ne pouvait y pénétrer.

Le plus gros rubis connu en Europe est celui qui fut offert en 1777 à l'impératrice de Russie par Gustave-Adolphe, roi de Suède. Il appartient encore actuellement à la Couronne de Russie et possède les dimensions d'un petit œuf de poule, avec une limpidité parfaite. Le rubis du roi de Visapour, taillé en cabochon, date de 1653 et valait à cette époque 74.000 francs. Citons enfin un autre rubis indien décrit par Tavernier et possédant la forme d'une poire.

En 1791, la Couronne de France possédait 81 rubis d'Orient. L'un d'eux, d'un poids assez élevé, resta pendant longtemps à l'état brut parce qu'il présentait plusieurs défauts impossibles à faire disparaître sans amoindrir sensiblement la valeur de la pierre. Un artiste diamantaire eut l'habileté d'utiliser ces défauts pour transformer ce rubis en un dragon aux ailes étendues; il est actuellement au Louvre.

Saphir. — Le saphir (ÉTYM. : du lat. *sapphirum*, ou du grec *sapphikos*) se place, par sa belle coloration bleue et sa rareté, à côté du rubis dont il a du reste la composition et dont il ne diffère que par le principe colorant [1]. Les hébreux le désignaient sous le nom de *sappir*, qui signifie dans leur langue « la plus belle chose ».

La coloration du saphir peut être plus ou moins foncée suivant les échantillons (pl. XI, fig. 1) et, dans un même cristal, il n'est pas rare de rencontrer plusieurs teintes. Sous le nom de *saphir mâle* les joailliers désignent celui qui est indigo foncé, et sous le nom de *saphir femelle* celui qui est bleu pâle. Le plus estimé est celui qui possède la teinte dite bleu de roi. Naturellement, ces colorations doivent être uniformes et ne nuire en rien à la transparence de la pierre pour contribuer à augmenter sa valeur. Les saphirs bleus verdâtres d'Australie sont peu appréciés en joaillerie, mais en raison de leur grande dureté on les utilise en horlogerie pour la fabrication des crapaudines (CHAP. XIV).

Origine de la coloration. — L'origine de la coloration bleue du saphir a donné lieu à de nombreuses recherches. Se basant sur ce fait que les rubis de synthèse sont très souvent teintés de bleu dans un même creuset, certains auteurs ont supposé qu'on pouvait l'attribuer à l'oxyde de chrome qui est le principe colorant du rubis. On l'a également attribuée à l'oxyde de fer. M. Verneuil a récemment montré qu'elle est due à la fois à ce dernier composé et à de l'oxyde

---

1. Le saphir des Anciens était sans doute notre lapis-lazuli actuel (p. 195). Pline donne en effet du saphir la définition suivante : « Le saphir brille de points dorés. Il est bleu, rarement avec une teinte pourprée. Les plus beaux viennent de la Médie. Aucune espèce n'est transparente. Au reste, cette pierre ne vaut rien pour la gravure, à raison de durillons cristallins qui s'y rencontrent.... ». Cette définition convient mal au saphir tel que nous le connaissons aujourd'hui par ses propriétés ; elle semble correspondre au contraire parfaitement au lapis dont les « points dorés » et les « durillons cristallins » sont les petits cristaux de pyrite qui pénètrent la pierre. Le lapis-lazuli est, de plus, toujours opaque, ce qui confirme l'erreur de Pline comme dénomination.

Notre saphir actuel est plus certainement le *cyanos* (ÉTYM. : pierre bleue) de Pline qu'il décrit comme « facile à imiter avec du verre coloré de bleu » et dont plusieurs gisements (Chypre, Egypte) ont produit effectivement cette gemme.

de titane. L'analyse de trois échantillons de saphirs d'origines différentes a en effet donné les résultats suivants :

Saphir d'Australie.

Oxyde de fer.................................... 0,920 °/₀

Acide titanique................................ 0,031

Silice... Traces

Saphir de Birmanie.

Oxyde de fer.................................... 0,72 °/₀

Acide titanique................................ 0,04

Saphir de Montana (États-Unis).

Oxyde de fer.................................... 0,560 °/₀

Acide titanique................................ 0,058

Silice... 0,010

Ainsi, dans les trois échantillons, l'analyse met nettement en évidence la présence de l'oxyde de fer et de l'oxyde de titane. L'oxyde de chrome, que la méthode de Carnot permettrait aisément de reconnaître, n'y existe pas. Il en est de même de l'acide phosphorique que Forschammer avait supposé exister dans cette gemme à l'état de phosphate de fer. Il serait intéressant de pouvoir déterminer également si la coloration du saphir a son origine principale dans l'oxyde bleu de titane dont la puissance colorante expliquerait l'action de ce corps qui n'entre dans le saphir que pour un demi-millième environ, ou bien si elle est due à un titanate de protoxyde de fer. De nouvelles analyses et de nouvelles expériences synthétiques permettront sans doute de résoudre la question.

Le saphir subit, comme les autres gemmes alumineuses, l'action de la chaleur, du radium et des rayons cathodiques qui modifient sa coloration d'une façon plus ou moins intense et plus ou moins persistante (p. 74-76). Il se laisse facilement attaquer par le bisulfate de soude et par le borax qui le dissolvent complètement, au rouge vif, en un verre limpide.

Principaux gisements de saphir. — Le saphir se rencontre en un assez grand nombre de gisements et souvent en cristaux beaucoup plus volumineux que le rubis. Fréquemment il est recouvert d'une croûte terne alors qu'il est parfaitement limpide à l'intérieur. Les contrées où on le trouve en plus grande abondance sont l'île de Ceylan, les Indes, la Sibérie, les États-Unis, l'Australie, Madagascar et la Birmanie. En France, on en a trouvé de beaux échantillons dans la Haute-Loire, particulièrement près de Rougeac (Le Coupet) et à Espaly (Riou-Pezzouliou et orgues d'Espaly).

États-Unis. — Aux États-Unis, les saphirs sont l'objet d'une véritable exploitation industrielle dans l'État de Montana, où la production annuelle se chiffre par plusieurs millions de francs. Les beaux saphirs utilisés en joaillerie se rencontrent dans des roches à pyroxène et à mica qui traversent les bancs calcaires de la région. Ils sont exploités au moyen de puits et de galeries par deux compagnies.

La première compagnie, « New Mine Sapphire Syndicate », abandonne la roche extraite, pendant plusieurs mois, à la gelée et à la pluie; sa surface se trouve ainsi progressivement désagrégée et, à l'aide d'un jet d'eau, on achève de la réduire en fines particules qui vont ensuite au *lavage* et au *criblage*. Cette série de manipulations, qui permet d'éliminer chaque fois de la roche un certain nombre de cristaux, se renouvelle tant que le noyau n'est pas complètement désagrégé.

L' « American Sapphire C° » traite directement le minerai au sortir de la mine en le faisant arriver dans des cribles tournants; les boues sont évacuées et les gros fragments envoyés aux terris de désagrégation à l'air; les fragments moyens vont aux

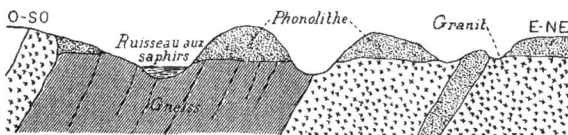

Fig. 200. — Gisement de saphir d'Ambohikely (Madagascar).
Échelle : 10 millim. par 500 m. environ.

tamis et aux concentrateurs qui peuvent traiter 225 tonnes par vingt-quatre heures. Au sortir de ces appareils, le minerai titre de 10 à 30 °/₀ de saphir. Traité ensuite par un enrichisseur électrostatique, il atteint finalement une teneur de 60 à 90 °/₀. Les saphirs peuvent alors être isolés à la main.

Australie. — En Australie, les gisements de saphir les plus importants se trouvent dans la Nouvelle-Galles du Sud où on les rencontre dans des dépôts alluvionnaires contenant également de l'or et de l'étain. Dans l'est d'Inverell, il existe même une localité à laquelle on a donné le nom de « Sapphire » par suite de sa richesse en cette gemme. Malheureusement, beaucoup de cristaux sont verdâtres, ainsi que nous l'avons dit plus haut, ou d'un bleu si foncé qu'ils paraissent presque noirs même après la taille. Pour cette raison ils sont peu appréciés en joaillerie.

Madagascar. — A Madagascar, on trouve de beaux saphirs au pied sud-est du massif de l'Ankaratra, au mont Maroparasy et dans la région de Sambaina.

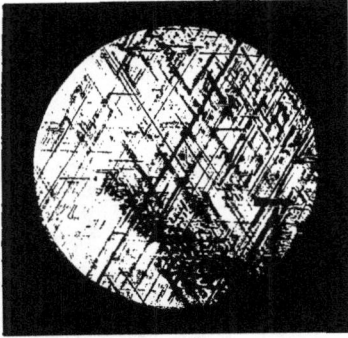

1. Rubis naturel : croisillons.

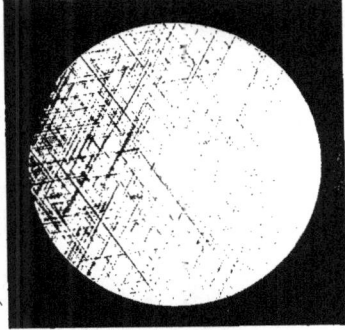

2. Rubis naturel : croisillons.

3. Rubis naturel : inclusions cristallines.

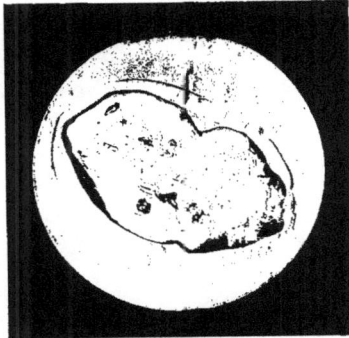

4. Rubis naturel : inclusions cristallines.

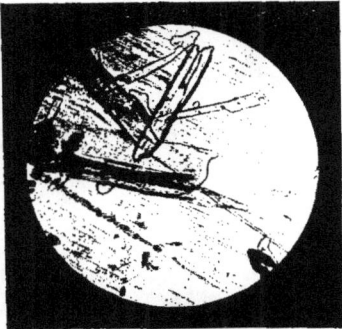

5. Rubis naturel : inclusions cristallines.

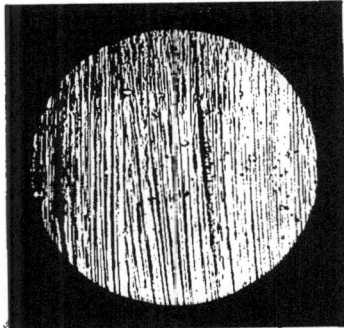

6. Rubis de fusion : structure fluidale.

Les fragments sont souvent roulés, parfois d'un beau bleu, mais le plus souvent teintés irrégulièrement. Les résidus des lavages aurifères en fournissent aussi, principalement au sud-ouest de Tsinjoarivo, dans la forêt de Betsasika.

A Ambohikely, le ruisseau dans lequel se fait la récolte des gemmes est creusé dans des gneiss, mais contourne deux mamelons isolés (fig. 200) coiffés de phono-lithes en place. On y trouve à la fois des saphirs et des rubis de belle eau, mais de petites dimensions et sombres comme couleur. Les deux mamelons au pied desquels les indigènes trouvent ces pierres ont chacun environ 85 mètres de dia-mètre. Ils sont presque circulaires et font certainement partie d'un grand épanche-ment de phonolithe qui couvre tous les sommets environnants. De même qu'aux environs du Puy, en France, ces gemmes paraissent donc provenir de phéno-mènes de digestion des roches sous-jacentes par les laves épanchées en surface. En brisant des morceaux de phonolite en place mais ayant déjà subi un com-mencement de décomposition latéritique, il est facile de se convaincre qu'il en est bien ainsi : des points noirs, qui ne sont autres que des rubis et saphirs sertis dans leur gangue naturelle, apparaissent çà et là au sein de la roche. M. Levat a même pu trouver dans un fragment de phonolithe un saphir mesurant environ 8 millimètres de longueur et 4 millimètres de largeur.

France. — En France, la présence du saphir a été reconnue en plusieurs points, mais il n'a jamais fait l'objet d'une industrie en règle bien que les échantil-lons soient parfois de très belle qualité. Dès le XIIIᵉ siècle, des ordonnances en avaient fixé le droit d'exploitation, ainsi que nous avons pu le constater en consul-tant certaines archives de la Haute-Loire. Une sentence arbitrale de 1280[1] porte en effet que « les dits nobles ne pourront point crûser ny faire crûser les preds dudit N... étant aux lieux susdits (Malvilla, près Saint-Cristophe, canton de Saugues) pour y chercher des *saphirs* ou pierres d'aneaux, pierreries ny autre-ment sans sa volonté ».

Aux orgues de la Croix-de-Paille, près du Puy, on a trouvé de très beaux saphirs pesant de 1 à 4 carats. Le Riou-Pezzouliou, qui coule à Espaly et est à sec en été, en charrie aussi, associés à des zircons (p. 185) et à de la ferropicotite.

Le gisement le plus célèbre de cette région est celui du Coupet, cône de pro-jections et de scories situé près de Rougeac et depuis longtemps célèbre par les gemmes et les ossements fossiles qu'on y rencontre. Sur son flanc sud, se trouve un dépôt d'atterrissement résultant de la dégradation du cône volcanique. Les saphirs s'y rencontrent en échantillons parfois bien cristallisés, mais le plus sou-vent brisés et accompagnés d'autres gemmes (grenat, zircon, olivine) ainsi que de

1. Inventaire des titres du Sʳ Du Chayla, en 1312 (*Archives de M. le Baron de Vinols*, Le Puy).

débris osseux de mastodontes et d'hyènes. Les gens du pays ramassent les pierres qu'ils peuvent rencontrer et les vendent aux bijoutiers de la région. Ils les désignent sous le nom de *pierres Bertrand*, en mémoire de Bertrand de Lom qui les fit connaître vers 1850 et pour qui ils les recherchaient.

Ces saphirs ne sont évidemment pas là dans leur gisement originel ; c'est sans doute par la destruction et la désagrégation des éléments granitiques que les roches volcaniques se sont approprié cette gemme. Quelques rares cristaux se trouvent du reste encore engagés dans un noyau granitique empâté dans des scories basaltiques.

M. Lacroix a également signalé la présence du saphir dans les enclaves des roches granitiques anciennes de l'Auvergne, en particulier dans la néphélinite doléritique du puy de Saint-Sandoux (Puy-de-Dôme).

Saphirs célèbres. — Les saphirs de grande dimension ont toujours été considérés comme très rares. Le plus gros qui soit connu actuellement fait partie de la collection minéralogique du Muséum de Paris. Il pèse 136 carats et est taillé en forme de prisme clinorhombique poli sur toutes ses faces. Il est originaire du Bengale et a appartenu aux Rospoli au xviie siècle. Il a ensuite fait partie des joyaux de la Couronne de France. Inventorié en 1791, il a été estimé 100.000 francs.

Nous verrons plus loin (chap. XIII) qu'en raison de sa grande dureté, le saphir a été utilisé de tout temps pour graver les autres gemmes. Il a lui-même été gravé et a fourni à l'art de la glyptique de beaux camées et de fines intailles.

Gemmes orientales de diverses couleurs. — Outre le rubis et le saphir, on utilise en joaillerie plusieurs autres gemmes orientales qui ne diffèrent des précédentes que par la coloration. En premier lieu, il convient de citer l'*émeraude orientale*, ou *corindon vert*, qui est très rare : elle se distingue de l'émeraude ordinaire (p. 229) par sa densité et sa dureté qui sont plus élevées que celles de cette dernière ; elle possède aussi un plus bel éclat. Les expériences de Bordas ont montré la possibilité de transformer en émeraude orientale le corindon bleu par l'action successive de la chaleur et du radium (p. 76).

L'*améthyste orientale*, ou *corindon violet*, est également assez rare. On la confond facilement avec le quartz améthyste dont elle n'a cependant ni la dureté ni la densité.

La *topaze orientale*, ou *corindon jaune*, a une valeur moindre que celle du rubis et du saphir. Sa couleur est généralement assez pâle, mais certains échantillons sont néanmoins d'un beau jaune d'or. Elle se distingue de la topaze ordinaire (p. 203) par son clivage moins facile et par sa dureté et sa densité qui sont plus grandes.

Le *saphir rose*, ou corindon légèrement teinté de rose, existe à Madagascar (M. Lacroix).

Sous le nom d'*astéric* on désigne certaines variétés de corindon plus ou moins teintées et qui, taillées perpendiculairement à l'axe du cristal, donnent l'impression d'une étoile à six branches. D'où le nom de *gemme étoilée* qui a été également donné à cette pierre. Ce phénomène (astérisme) provient, comme nous l'avons vu (p. 87), des stries qui existent dans la masse du cristal et qui s'entrecoupent régulièrement sous des angles de 60°. L'étoile se forme sous la moindre réflexion ; elle donne son maximum de feux à la lumière directe du soleil et semble varier suivant l'incidence des rayons ; de là ses curieux reflets.

L'astéric est toujours taillée en cabochon et, naturellement, l'étoile ne se manifeste nettement que si la pierre a été découpée perpendiculairement aux faces de l'hexagone. Sa transparence n'est pas aussi parfaite que celle des gemmes précédentes ; sa coloration varie du blanc au bleu intense ; il y en a également de roses, de rouges-pourpres et d'argentées. On la rencontre surtout à Ceylan et aux Indes où elle a toujours été considérée comme un talisman. Les indigènes disent que l'étoile est due à la « soie » de la pierre. Sa dureté est la même que celle du corindon, c'est-à-dire qu'elle n'est rayée que par le diamant. Sa densité est voisine de 4.

Le corindon complètement incolore et transparent (corindon hyalin), que l'on appelle à tort *saphir blanc*, est assez rare en beaux échantillons. Son éclat permet de l'employer pour imiter le diamant, dont il se distingue du reste aisément, même taillé, par sa dureté et sa densité.

Des gisements alluvionnaires de corindon hyalin tout à fait limpide ont été récemment signalés à Madagascar par M. Lacroix. Les alluvions aurifères d'Ifempina renferment en effet des cristaux de cette substance dont le poids peut atteindre 500 grammes. Ils sont tellement roulés qu'on ne peut y distinguer aucune forme géométrique. On les trouve associés à des cristaux de tourmaline et de cymophane, ce qui laisse à supposer qu'ils proviennent de la décomposition de quelque roche pegmatite : on ne les a pas encore rencontrés en place. Leur transparence est si parfaite qu'ils constituent par la taille une fort belle gemme. Ces pierres, dont la valeur, à l'état incolore, n'est pas très grande en raison de leur placement difficile, vaudraient chacune une fortune si elles possédaient la couleur des minuscules corindons colorés (rubis et saphirs) qui les accompagnent dans les alluvions où on les rencontre à Madagascar.

Sous le nom de *saphir girasol* on désigne une variété de corindon bleu intermédiaire entre le saphir proprement dit et l'astéric, c'est-à-dire peu transparente et à reflets particuliers. Son éclat est assez faible. Le *saphir opalescent*, dont la valeur n'est pas très grande, est d'un blanc plus ou moins laiteux avec des reflets rappelant ceux de l'opale quoique moins beaux et moins riches.

II. — ALUMINATES

Spinelles. — Le *spinelle proprement dit* est un aluminate de magnésie. Cependant sa composition est assez variable, la magnésie pouvant être partiellement remplacée par du protoxyde de fer ou de la chaux, et l'alumine par de l'oxyde ferrique. En outre, des impuretés en plus ou moins grande proportion peuvent donner lieu à des colorations variées. A ces dernières correspondent des désignations différentes et dont les principales sont les suivantes :

Rouge foncé.............	*Rubis spinelle* ou *Rubis occidental*.
Rose..................	*Rubis balais, Rubis almandin*.
Jaune d'or ou rouge orangé.	*Rubicelle*.
Brun..................	*Ceylonite*.
Bleu..................	*Candite*.
Vert de pré.............	*Chlorospinelle*.
Vert foncé.............	*Picotite*.
Noir..................	*Pléonaste*.

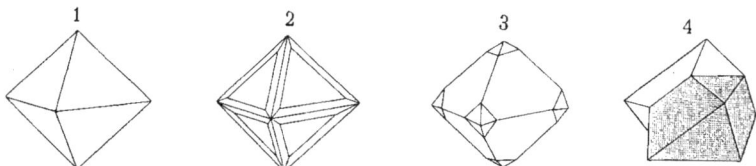

Fig. 201. — Principales formes cristallines du spinelle.
1, octaèdre; 2 et 3, octaèdres modifiés; 4, macle.

Le spinelle proprement dit, ou rubis spinelle, $Al^2 O^4 Mg$, sert ainsi de type à toute une série d'aluminates que l'on a désignés pour cette raison sous le nom de *spinellides* et dans lesquels le fer, le chrome, le zinc, la magnésie, l'alumine peuvent se remplacer mutuellement. La *hercynite* est un aluminate double de fer et de magnésie ; la *gahnite*, ou spinelle zincifère, est un ferro-aluminate de fer, de zinc, et de magnésie.

Malgré leur divergence de composition, les spinelles ont certaines propriétés communes. Ainsi, ils cristallisent tous dans le système cubique (fig. 201) : les principales formes sont l'octaèdre et le rhombododécaèdre. Les cristaux sont fréquemment maclés (fig. 201, 4) ; cette macle est même si fréquente qu'elle est connue sous le nom de « macle des spinelles ». La réfraction est simple ($n = 1,714$ à $1,812$). Les inclusions liquides sont fréquentes et parfois nombreuses (pl. 1, fig. 6). Le point de fusion est voisin de 1900°. La dureté est égale à 8, c'est-à-dire que le spinelle n'est rayé que par le diamant et le rubis. La densité varie entre 3,5 et 4,1. Les spinelles sont difficilement solubles dans le borax, plus facilement dans le sel de phosphore en donnant les réactions de leurs éléments, notamment du fer et du chrome.

Variétés diverses de spinelle. — Les spinelles rouges sont les plus estimés et, lorsqu'ils ont une belle teinte, ils peuvent atteindre une grande valeur. Le plus apprécié en joaillerie est le *rubis spinelle* (pl. XI, fig. 2) ; il est moins riche en couleur que le véritable rubis, tirant plutôt sur le rouge ponceau, mais il possède néanmoins une fort belle coloration.

Le *rubis balais*, de teinte rosée, a beaucoup moins de valeur. On lui donne encore le nom de *rubis almandin*, lorsque sa teinte, légèrement violacée, le rapproche de celle du grenat.

Coll. du Muséum.

Fig. 202. — Cristaux de pléonaste (gr. nat.) d'Ambatomanity, près Bettoka (Madagascar).

Ces deux variétés, rubis spinelle et rubis balais, sont fréquemment associées dans les mêmes gisements, notamment aux Indes, à Ceylan, aux États-Unis (Amity, Balton), en Birmanie. De même que pour le rubis oriental, la chaleur change momentanément leur coloration, qui devient verte, mais reprend sa teinte initiale par le refroidissement[1]. Cette propriété commune ne permet donc pas de caractériser ces deux gemmes dont la valeur est très éloignée. La dureté, la forme cristalline et les propriétés optiques permettent heureusement de les différencier.

La *ceylonite*, ainsi nommée parce qu'elle est originaire de Ceylan où on la trouve associée au saphir, possède une teinte brune plus ou moins nette. Parfois elle est d'un brun rouge vineux qui la rapproche assez de la topaze brûlée.

[1]. Le spinelle rose magnésien ne s'altère pas jusque vers 1850° : il conserve sa teinte et demeure transparent. Ce n'est qu'au point le plus chaud de la flamme du chalumeau, soit vers 1950°, qu'il se décolore en donnant naissance à une scorie bulleuse.

La *candite*, ou spinelle bleu, doit sa teinte à la présence de 3 à 4 % d'oxyde de fer. On la trouve en cristaux ou en grains cristallins à Ceylan et au Vésuve.

Le *chlorospinelle* (pl. XI, fig. 2) est vert d'herbe ou vert pistache.

La *picotite* est un spinelle chromifère ; dans les lames minces, elle est tantôt opaque, tantôt brun jaunâtre. On la trouve surtout dans l'Oural.

Le *pléonaste*, ou spinelle noir (fig. 202), est très riche en fer. On le trouve à Ceylan, à la Somma (Vésuve), au Tyrol, dans la Haute-Loire (Le Puy). Aux États-Unis (Warwick, Amity), certains échantillons atteignent la grosseur du poing. Ce spinelle contient environ 17,5 % de magnésie et 14 % d'oxyde de fer. En lames minces, il est opaque ou vert foncé. Son nom, qui lui a été donné par Haüy, lui vient de ce qu'il est généralement surchargé de facettes. Les sables volcaniques de l'Auvergne en renferment parfois de nombreux cristaux, malheureusement inutilisables en joaillerie par suite de leur petitesse et de leur opacité.

Principaux gisements de spinelle. — On rencontre surtout le spinelle dans les roches en place ou les désagrégations des granites, gneiss ou schistes, ainsi que dans les cipolins et les dolomies qui leur sont subordonnés. Les roches volcaniques (lherzolithe, scories basaltiques, basaltes) en contiennent aussi de fort beaux spécimens. Les lits de rivières (Ceylan, Siam) renferment parfois des spinelles roulés.

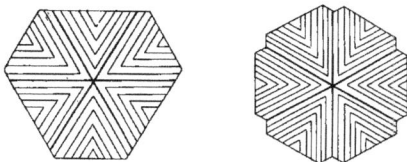

Fig. 203 et 204. — Cristaux maclés de chrysobéryl.

A Madagascar, le spinelle d'alluvions sans formes géométriques précises abonde dans un grand nombre de gisements, accompagné de cristaux de corindon, cymophane, topaze, grenat, tourmaline et zircon (Lacroix). Sa couleur est le plus souvent rosée ou vert pâle, mais on rencontre aussi des échantillons incolores. La variété vert pâle est intéressante parce qu'elle se trouve généralement associée à du corindon ayant exactement la même teinte et dépourvu aussi de forme cristalline. Ce spinelle provient sans doute de la désagrégation des cipolins.

Cymophane. — La *cymophane* (ÉTYM. : κῦμα, *vague*, et φαίνω, *je parais*, à cause de l'opalescence de certains échantillons) est une gemme très appréciée en joaillerie et qui possède toujours un prix élevé. C'est un aluminate de glucinium dont la dureté, voisine de 8,5, est ainsi intermédiaire entre celle de la topaze et du rubis. Elle possède un polychroïsme marqué, un éclat vitreux, une teinte jaune verdâtre, vert d'asperge (pl. XI, fig. 6), vert émeraude, parfois jaune brun. Sa cassure est conchoïdale et inégale. Elle est infusible à la flamme du chalumeau et insoluble dans les acides. Elle cristallise dans le système rhombique. Sa densité varie entre 3,5 et 3,84. Elle présente intérieurement des reflets laiteux et bleuâtres particuliers.

La grande valeur des cymophanes tient à leur dureté, leur belle couleur, leur transparence, leur réfringence (indice de réfraction moyen : 1,731) et leurs beaux reflets. Malheureusement les gros cristaux sont toujours rares. On les taille, soit en cabochons, soit en brillants à nombreuses facettes. Leurs différentes propriétés (densité, dureté, réfringence) permettent de les distinguer, même après la taille, des autres gemmes d'aspect similaire.

Chrysobéryl. — Les variétés de cymophane douées d'une belle coloration portent encore les noms de *chrysobéryl*, *béryl doré*, *béryl d'or*, *chrysolite orientale*. Elles ne doivent cependant pas être confondues avec la chrysolite proprement dite qui est une variété de péridot (p. 201). On connaît également le *chrysobéryl œil-de-chat*, qu'il ne faut pas confondre avec le quartz œil-de-chat (p. 169) et qui se signale par des reflets particuliers. Le chrysobéryl est souvent maclé (fig. 203 et 204).

Fig. 205. — Cristal de rhodizite de Manjaka (Madagascar) dans sa gangue.

Alexandrite. — L'*alexandrite* est une variété de cymophane de couleur verte (pl. XI, fig. 7). A la lumière naturelle, elle est nettement verte, tandis qu'à la lumière artificielle, celle d'une bougie par exemple, elle paraît presque rouge. On la trouve surtout à Ceylan, au Brésil, à Madagascar et dans l'Oural.

Autres variétés. — Les autres variétés de cymophane se trouvent, soit à l'état de cailloux roulés dans les dépôts d'alluvions, soit dans les roches granitiques, soit aussi à l'état de cristaux isolés. Au Brésil, nombre de cours d'eau et en particulier les affluents du Jequitinhonha, contiennent des cymophanes accompagnées de rubellites, de grenats et d'émeraudes. Il en est de même à Madagascar. On a trouvé aussi de beaux échantillons de cette substance à Haddam (Connecticut) et à Katharinembourg (Oural).

Rhodizite. — La *rhodizite* (fig. 205) a été souvent confondue avec le diamant par suite de sa forme cristalline et de sa densité élevée. On la rencontre parfois, en effet, en cristaux isolés, incolores et limpides, de densité égale à 3,305 et cristallisés en tétraèdres. Elle est de plus insoluble dans tous les acides. Mais l'analyse chimique permet d'établir aisément la distinction. Elle est en effet constituée par un boro-aluminate de glucinium et d'autres métaux alcalins, ce qui lui assigne la formule suivante : $B^{14} Al^6 Gl^7 (Li, K, Cs, Rb, Na, H)^4 O^{39}$.

D'après M. Lacroix, les cristaux de rhodizite se laissent cliver parallèlement aux faces du dodécaèdre rhomboïdal. Ils ont généralement un éclat vitreux, sont translucides, incolores ou jaune légèrement verdâtre. On les trouve à Madagascar en cristaux atteignant 2 centimètres, notamment à Ampakita, dans la vallée de la Sahatane. Leur dureté est égale à 8. Leur densité varie entre 3,305 (Madagascar) et 3,38 (Oural).

III. — GEMMES DIVERSES

Turquoise orientale. — La véritable turquoise, ainsi nommée parce qu'elle a été introduite en Europe par les Turcs, est constituée par du phosphate d'alumine hydraté, auquel viennent s'ajouter d'autres phosphates (cuivre et fer) qui lui donnent sa belle coloration bleu verdâtre. On lui donne encore les noms de *callaïte* (*callaïs* de Pline), de *turquoise orientale*, de *turquoise de vieille roche*, de *turquoise pierreuse*, pour la distinguer d'autres composés naturels qui servent à l'imiter et dont nous parlerons plus loin.

La turquoise se rencontre toujours en masses amorphes, sous forme de rognons, d'incrustations ou de nodules plus ou moins compacts enclavés dans des veines de schistes argileux, ferrugineux ou siliceux. Sa coloration peut être d'un beau bleu uniforme, bleu verdâtre (pl. XIV, fig. 1 et 2) ou vert pomme, mais il existe aussi des variétés plus ou moins nuancées, c'est-à-dire résultant d'alternances bleues et blanches. Sa dureté est égale à 6. Sa densité est comprise entre 2,6 et 2,85.

Nous donnons ci-dessous, d'après M. A. Carnot, la composition d'une turquoise originaire de Perse :

Acide phosphorique	29,43 %
Alumine	42,17
Oxyde ferreux	4,50
Oxyde cuivrique	5,10
Argile	0,21
Eau (par différence)	18,59

Il est difficile de représenter par une formule unique la composition des différentes turquoises orientales ; bien qu'elles renferment toujours les mêmes éléments, les écarts sont en effet assez grands entre les proportions observées d'alumine et d'eau. Certains échantillons du Nevada (États-Unis) contiennent, en outre, une faible proportion d'oxyde de manganèse.

1. Intérieur d'une mine de rubis en exploitation à Mogok (Birmanie)

2. Triage des rubis au sortir des appareils de lavage et de concentration.

La turquoise est susceptible de prendre un beau poli. En raison de sa structure amorphe, on la taille toujours en gouttes de suif, en cœurs ou en cabochons. Elle est généralement opaque, quoique très légèrement translucide en minces écailles. Elle possède un éclat vitreux faible. Elle décrépite par l'action de la chaleur en donnant beaucoup d'eau et en devenant brune ou noire. Elle est infusible au chalumeau et se dissout dans l'acide chlorhydrique en donnant à la solution une coloration verte. La *callaïnite* est une turquoise ne contenant pas de cuivre ; sa teinte est vert émeraude.

On imite la turquoise orientale de différentes façons (CHAP. XV). C'est du reste une des pierres précieuses les plus faciles à imiter par suite de sa teinte, en somme assez commune, et de son aspect extérieur qui rappelle celui de la porcelaine comme éclat et reflets.

Principaux gisements de turquoise orientale. — Perse. — Les gisements de turquoise orientale sont assez rares. Les plus belles et les plus estimées viennent de Perse, où on les rencontre principalement dans le Khorassan, à 50 km. environ de Nishapour. On les exploite par fouilles à la surface du sol ou par puits et galeries percés dans la roche qui les renferme. Les puits ne dépassent guère 40 m. de profondeur. La nature de la roche encaissante varie suivant les gisements ; parfois elle est constituée par une sorte de brèche trachytique cimentée par de l'oxyde de fer et recoupant le terrain tertiaire, parfois par du porphyre que l'on détache au moyen de poudre ou de dynamite pour mettre au jour la turquoise. Tous ces gisements occupent des régions montagneuses et sont, en moyenne, à 1.800 mètres d'altitude. Ils occupent environ 200 travailleurs et produisent annuellement pour 200.000 fr. environ de turquoises ; ils comprennent principalement les mines d'Abd-Our-Rezagi, Kerbelai, Kerim et Der-i-Kouh.

Les pierres les plus belles, ou *engouchteris* (pierres pour bagues) se vendent à la pièce. Viennent ensuite les *barkhanehs* dont il existe quatre catégories ; elles se vendent à raison de 3.000 à 5.000 fr. le kilogramme et sont directement exportées en Europe, en Russie principalement (Moscou) ou parfois vendues à de grands seigneurs persans. Les *arabis* sont moins estimées que les précédentes ; elles sont utilisées par les joailliers indigènes qui les achètent à Téhéran où les apportent les pèlerins et voyageurs venant de Meshed.

D'après M. de Launay, dans la formation de la turquoise telle qu'on l'observe en Perse, il y aurait deux points à considérer : 1° la production de la substance chimique formant le minéral, ou phosphate d'alumine ; 2° sa coloration en bleu par le cuivre. Ces phénomènes paraissent presque toujours complètement indépendants l'un de l'autre.

J. ESCARD.   33

En ce qui concerne la production du minéral, on peut supposer qu'il y a eu, dans les fissures où on le rencontre, introduction plus ou moins superficielle de solutions phosphatées ayant emprunté leur minéralisation aux terrains tertiaires ou encore aux trachytes mêmes dans la composition desquels il a pu entrer du phosphate de chaux ou du phosphate d'alumine. L'apatite a eu parfois une semblable origine.

Quant à la coloration par le cuivre, elle paraît d'autant plus probable que la turquoise est un minéral d'affleurement lié aux filons cuprifères tels que ceux de malachite, azurite, etc. La chaîne de l'Elbourz, où se trouvent des turquoises, contient précisément des gisements de cuivre. L'oxyde de fer qui accompagne ces pierres est manifestement le résultat d'une oxydation de surface exercée sur elles.

Arabie. — Après la Perse, une des régions les plus riches en turquoises est l'Arabie. On en trouve surtout dans la vallée du Mezara, au Sinaï. Les écrits les plus anciens nous ont laissé des traces de l'exploitation de ces gisements qui paraissent avoir été découverts, dès l'aube des temps historiques, par les Monitou qui vivaient au Sinaï. Les principales exploitations se trouvaient dans la région située au nord-ouest, entre le Djebel-el-Tih et le golfe de Suez, dans le Mefkait, au pays dit « des turquoises ». Attirés par ces richesses, les Égyptiens accoururent dès qu'ils en eurent connaissance et creusèrent la roche de nombreuses galeries. Les outils qui y ont été trouvés montrent qu'elles datent d'une époque fort primitive, car ils sont en pierre. Ces galeries, établies dans le grès nubien friable, sont droites et larges, mais basses, avec de nombreux piliers et des salles.

L'Histoire nous dit que les Pharaons ont envoyé aussi des expéditions dans ces mines pour les exploiter. Le travail, confié à 2.000 ou 3.000 hommes, ne durait que pendant deux ou trois mois chaque année ; le triage et le travail des pierres s'effectuaient pendant les autres mois.

Dans le sud de l'Arabie, il convient de citer les gisements du Djebel Serbâl. En 1900, la Cⁱᵉ « Egypt. Develop. Synd. » a fait effectuer aussi quelques recherches près d'Eribia.

Ces différents gisements sont analogues, au point de vue géologique, à ceux de Perse : ce sont comme des affleurements situés au voisinage immédiat de filons de cuivre.

Turkestan. — Le Turkestan russe possède aussi des gisements de turquoise dont plusieurs ont joui autrefois d'une grande célébrité, notamment dans la région de Samarkand. Actuellement, il existe à 40 kilomètres environ au nord-est de Khodjent, dans le mont Karamazar, une mine exploitée et assez riche. Les veines de turquoise sont situées dans des diaclases d'un porphyre feldspathique. Comme toujours, elles paraissent avoir tiré leur couleur de quelque ancienne veine de cuivre, car on en trouve encore non loin de là. Ces veines ont de 2 à 3 mètres d'épaisseur.

Autres régions. — L'Australie fournit annuellement une certaine quantité de turquoises, mais leur teinte laisse à désirer : les principales mines se trouvent au sud de Sydney.

Il convient également de citer les gisements des États-Unis, notamment ceux du Nevada, de Los Cerillos et de Silver-City (Nouveau-Mexique). L' « Azure C° » et la « Calaïte Mine C° » exploitent ces derniers gisements, non par l'emploi de la dynamite, qui divise trop les blocs extraits, mais au moyen de scies spéciales mues par l'électricité.

Signalons enfin les gisements d'Œlsnitz, en Saxe, et ceux de Jardansmüble, en Sibérie, qui ne sont pas exploités régulièrement, les pierres extraites étant beaucoup moins belles que celles originaires de Perse.

Turquoise occidentale (odontolithe). — La *turquoise occidentale*, encore appelée *turquoise de nouvelle roche* ou *odontolithe*, provient, comme ce dernier nom l'indique, d'ossements fossiles plus ou moins bien colorés de vert ou de bleu. Elle doit sa teinte à la présence du fer. Nous donnons ci-dessous la composition d'un échantillon de cette pierre provenant de Munster (Irlande) :

Fluor	3 02 °/₀
Acide phosphorique	43,46
Alumine	22,59
Oxyde ferrique	6,45
Chaux	20,10
Acide carbonique	5,07
Magnésie	traces
Argile	0,37

Cette composition est tout à fait différente de celle des turquoises orientales. On s'explique donc très bien le nom de *fausses turquoises* sous lequel les minéralogistes désignent aussi l'odontolithe. Cette pierre n'a du reste pas une composition constante, sa production étant le résultat d'altérations formées dans des circonstances variées. D'après M. A. Carnot, sous l'action plus ou moins prolongée des eaux d'infiltration, le phosphate de chaux des dents et ossements fossiles aurait fait place à du phosphate d'alumine et à du phosphate de fer. En même temps, il y aurait eu fixation d'une certaine quantité de fluor, qu'on trouve généralement dans les fossiles.

L'odontolithe se distingue de la véritable turquoise par quelques propriétés faciles à caractériser. Sa densité ($d = 3$ à $3,5$) est plus élevée que celle de la turquoise orientale. En outre elle fait effervescence avec les acides et dégage au feu une odeur animale qui trahit nettement son origine organique. Examinée au microscope, elle montre une structure quadrillée, plus ou moins rapprochée de celle de l'ivoire, alors que celle de la turquoise orientale est plus confuse et plus serrée. En outre, elle pâlit en présence des lumières artificielles et perd peu à peu sa couleur avec le temps : on lui a donné aussi, pour cette raison, le nom de *pierre qui meurt*, à cause de la vilaine teinte qu'elle prend ainsi en se transformant peu à peu en d'autres composés plus stables. On lui redonne sa couleur bleue en la plongeant dans une dissolution d'azotate de cuivre ; mais cette coloration, très belle au début, ne persiste que quelques jours.

L'odontolithe se rencontre dans le sud-ouest de la France, dans le Gers (Simorre, Gimont) où on a reconnu qu'elle avait pour origine des dents de *Mastodon angustidens*. On en a trouvé aussi à Montebras (Creuse) et en Suisse (canton d'Argovie).

Variétés diverses. — Sous le nom de *crapaudine*, de *batrachite* ou d'*œil-de-serpent*, on désigne certaines pierres, autrefois très en vogue et portées surtout en amulettes ; elles ont à peu près la même origine que l'odontolithe, mais sont d'âges géologiques plus récents. Leur teinte peut être verte, vert bleuâtre, grise, rousse ou brune avec des marques tigrées ou des zones de diverses colorations. Elles n'ont qu'une faible valeur, n'étant jamais d'une belle teinte.

Lazulite. — La *lazulite*, ainsi nommée à cause de sa teinte bleue (pl. XIV, fig. 4), est un phosphate complexe renfermant principalement de l'alumine, du fer, de la magnésie et de la chaux. Voici la composition de deux échantillons d'origines différentes :

	Fressnitzgraben (Styrie).	Mont Bity (Madagascar).
Acide phosphorique, P^2O^5	47,36 %	45,30 %
Alumine, Al^2O^3	30,05	35,22
Magnésie, MgO	12,20	9,19
Protoxyde de fer, FeO	1,89	3.95
Chaux, CaO	1,65	»
Eau, H^2O	6,85	5,80

Il ne faut pas confondre la lazulite avec le lapis-lazuli (p. 195) auquel elle ressemble et qui lui a fait donner aussi pour cette raison le nom de *faux-lapis*. Minéralogiquement, elle porte le nom de *klaprothine* (ÉTYM. : dédiée à Klaproth). Elle cristallise dans le système monoclinique (fig. 206).

La lazulite possède une densité comprise entre 3,05 et 3,12 ; sa dureté varie de 5 à 6. Son éclat est vitreux et sa couleur, bleu foncé dans certaines directions, est bleu verdâtre dans d'autres. Elle est infusible au chalumeau, mais se décolore par l'action de la chaleur. A Madagascar (Mont Bity) on rencontre de beaux échantillons de lazulite de teinte bleu foncé, adhérents généralement à un peu de quartz et de muscovite. Au microscope, elle laisse voir de nombreuses inclusions liquides. Elle paraît provenir de la désagrégation des pegmatites.

Dans le commerce, on vend quelquefois la lazulite comme turquoise, mais sa densité plus élevée permet de la reconnaître. Ajoutons qu'elle ne doit pas être confondue non plus avec l'*azurite* (p. 262) malgré la ressemblance de noms et la coloration à peu près semblable de ces deux pierres.

Malachite. — La *malachite* est un hydrocarbonate de cuivre. Elle cristallise dans le système monoclinique, mais les beaux cristaux sont rares, toujours petits et seulement translucides. Généralement elle se présente à l'état de masses amorphes et opaques à éclat soyeux. Souvent ces dernières sont en fibres radiées ou mamelonnées ; parfois, elles sont rubannées avec lignes de contour plus ou moins géométriques (pl. XIV, fig. 3).

Ces curieux effets font de la malachite un minéral très propre à l'ornementation. Sa couleur est vert émeraude ou vert d'herbe tirant un peu sur le vert-de-gris. Sa densité varie entre 3,7 et 4,1. Sa faible dureté (3,5 à 4) et son opacité font qu'elle est peu employée comme gemme proprement dite. Néanmoins, les belles variétés sont recherchées pour la fabrication de camées et de breloques diverses ; on la taille alors en plaques ovales ou en gouttes de suif.

Fig. 206. — Lazulite.

On peut caractériser facilement la malachite par sa solubilité dans les acides, avec effervescence marquée. Elle se dissout également dans l'ammoniaque qu'elle colore en bleu. Sur le charbon, elle décrépite et noircit, puis fond en un globule de cuivre par l'action d'une température plus élevée.

Principaux gisements. — Les principaux gisements de malachite se trouvent dans la chaîne de l'Oural, notamment à Mednoroudiansk près de Nijni-Tjagilsk, centre minier et métallurgique très important non loin de l'arête de l'Oural qui établit la limite des continents européen et asiatique.

On a trouvé dans ces gisements des blocs de malachite ayant jusqu'à 3 mètres dans tous les sens, c'est-à-dire pesant près de 4 tonnes. Malheureusement, cette substance, en raison des nombreuses cavités qu'elle renferme, se prête mal au débitage en plaques épaisses et de grande surface. Néanmoins, on peut combler les vides, lorsqu'ils ne sont pas trop importants, par des fragments de la même sub-

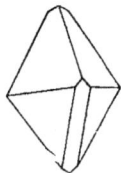

stance et en utilisant, pour les dissimuler, les contours et joints naturels de la pierre. C'est ainsi qu'ont été taillées et agencées les colonnes de malachite de la cathédrale Saint-Isaac, à Saint-Pétersbourg ; elles ont 9 mètres de hauteur sur 0 ^{m}, 75 de diamètre et on les prendrait au premier abord pour de gigantesques monolithes.

On trouve également de la malachite en Thuringe, en Australie, en Norvège, dans le Tyrol et en Sibérie. Il existe en Russie, à Péterhof et à Iékatérimbourg, deux tailleries importantes réservées au travail de cette substance : la malachite y est débitée, taillée et polie sur place. Les petits fragments se prêtent particulièrement bien à la fabrication des mosaïques.

Azurite. — L'*azurite*, qui diffère très peu de la malachite par sa composition et qui doit son nom à sa belle couleur bleu d'azur, apparaît aussi, le plus souvent, en dépôts plus ou moins concrétionnés. Comme elle aussi, elle semble avoir pour origine la décomposition de sels de cuivre par certains carbonates. La pré-

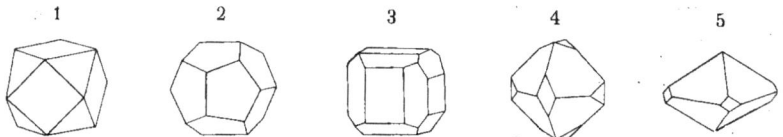

Fig. 207. — Principales formes cristallines de la pyrite et de la marcassite.
1, cubo-octaèdre ; 2 et 3, dodécaèdre pentagonal ; 4, isocaèdre ; 5, marcassite.

sence de ces deux substances dans les gîtes de cuivre explique cette formation qui pourrait également avoir pour point de départ l'action lente et combinée de l'air et de l'acide carbonique sur les chalcopyrites.

L'azurite possède à peu près toutes les propriétés physiques et chimiques de la malachite et on la trouve dans les mêmes gisements, mais les cristaux isolés sont moins rares ; les plus beaux viennent de Chessy (Rhône). Ils possèdent une belle couleur bleu d'azur ou bleu de Prusse : d'où le nom de *chessylite* sous lequel on désigne aussi l'azurite.

Fluorine. — On ne saurait considérer la *fluorine* (ÉTYM. : de *fluere*, couler, à cause de sa fusibilité) comme une pierre précieuse. Sa dureté, égale à 4, est en effet insuffisante pour qu'elle puisse se prêter à la taille ; d'autre part, elle est assez fragile et surtout extrêmement clivable. Cependant, la beauté de sa couleur la fait utiliser pour l'ornementation. Quelques variétés, parfaitement transparentes, ont été cependant parfois taillées.

Encore appelée *spath fluor*, la fluorine est un fluorure de calcium. Sa densité varie entre 3,18 et 3,20. Elle est remarquable par sa cristallisation en beaux cubes dont il n'est pas rare de rencontrer des échantillons ayant plusieurs centimètres d'arête. Sa couleur est très variable : elle peut être incolore, vert clair (pl. XIV, fig. 5), vert émeraude, bleue, violette (pl. XIV, fig. 6). Chauffée légèrement (variété *chlorophane*), elle devient phosphorescente. Elle fond vers 1270° en colorant la flamme en rouge et en donnant un émail à réaction alcaline. Elle est soluble

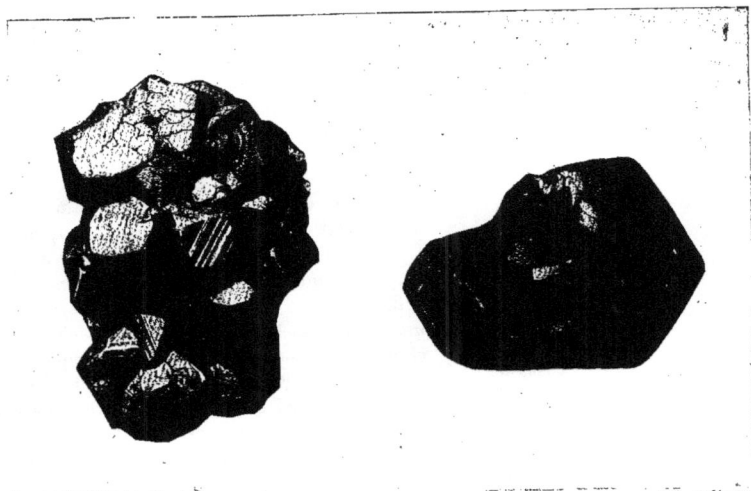

Coll. du Muséum.

Fig. 208. — Cristaux groupés de pyrite   Fig. 209. — Oligiste
de Cornwall (Angleterre).   (île d'Elbe).

dans la plupart des réactifs acides avec dégagement d'acide fluorhydrique. Son éclat est vitreux et un peu gras ; sa cassure est très nette. Les macles sont fréquentes.

On la rencontre en de nombreux points du globe, notamment aux États-Unis, en Saxe et en France. Le Morvan et l'Auvergne (Puy-de-Dôme, Haute-Loire) sont particulièrement riches en filons de fluorine. On les exploite par galeries. Les jolis échantillons, bariolés de violet, de vert et de blanc, à cristallisation confuse, servent à la confection de nombreux objets d'art. Le débitage des blocs se fait à l'aide de la scie diamantée (CHAP. XII) et le polissage au moyen de la meule.

Pyrite et Marcassite. — La *pyrite* commune est un bisulfure de fer ; elle cristallise dans le système cubique avec des formes souvent très régulières et très nettes (fig. 207 et 208). La *marcassite* est également un bisulfure de fer : elle cristallise dans le système rhombique (fig. 207, *5*). Sa dureté varie entre 6 et 6,5 et sa densité entre 4,6 et 4,8. Sa cassure est inégale, sa poussière gris-verdâtre foncé.

Ces deux minéraux, d'une belle couleur jaune de laiton avec reflets métalliques verdâtres ou bleuâtres, constituent pour la joaillerie des pierres secondaires ; elles sont en effet très fréquentes dans la plupart des gisements pyriteux et ne peuvent ainsi être utilisées que dans la bijouterie commune. On les taille à facettes ou en cabochons, mais on ne les monte jamais à jour en raison de leur opacité complète.

Oligiste. — L'*oligiste*, encore appelé *fer oligiste* ou *fer spéculaire* à cause de son éclat, est du sesquioxyde de fer anhydre. C'est un minéral que la joaillerie tend à employer de plus en plus malgré sa faible valeur commerciale à l'état brut. De même que la marcassite, on le taille à facettes ou en cabochons. Il possède un éclat gris métallique très prononcé, intermédiaire entre celui de l'acier poli et du mercure. Sa densité est très élevée : 4,9 à 5,5. Sa dureté varie entre 5,5 et 6,5. Il

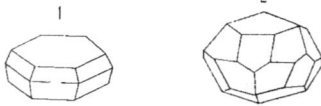

FIG. 210. — Cristaux d'oligiste.
1, combinaison a¹p (table hexagonale) ; 2, combinaison a²p e₃.

cristallise dans le système rhomboédrique (fig. 209 et 210). La variété fibreuse (*hématite rouge*) est aussi susceptible d'un brillant poli ; elle possède des reflets gris violacés assez agréables et qu'on ne rencontre que dans très peu de minéraux.

Les belles variétés d'oligiste et d'hématite utilisables en joaillerie se rencontrent dans les filons métallifères, en masses compactes ou en imprégnations disséminées dans certaines roches quartzeuses, comme au Brésil et à l'île d'Elbe.

Jais ou Jayet. — Le *jais* ou *jayet* (ÉTYM. : du grec *Gagates*, ville de Lydie où on l'exploitait déjà au temps de Pline) est une variété de lignite (houille imparfaite) dans laquelle toute trace végétale a disparu pour faire place à un tissu très serré et très dur dont les espaces intercellullaires sont remplis par une substance amorphe. Sa structure est donc fibro-compacte. Sa teinte, d'un beau noir de velours, l'a fait pendant longtemps utiliser pour les parures de deuil. Il pré-

1. Turquoise.

2. Turquoise.

3. Malachite de Sibérie.

4. Lazulite.

5. Fluorine.

6. Fluorine.

sente du reste l'intéressante propriété d'acquérir par le polissage un très beau brillant, de se tourner et de se travailler facilement.

Pendant longtemps, on s'est servi du jais pour la fabrication de croix, chapelets, pendants d'oreilles, boucles, parures de deuil, mais ses gisements, d'ailleurs peu nombreux, ont fini par s'épuiser, surtout en France. D'autre part, certains minéraux noirs ont pu la concurrencer, en particulier la tourmaline, le grenat mélanite et l'obsidienne. Enfin on vend aussi aujourd'hui frauduleusement sous le nom de « jais artificiel » des verres noirâtres que l'on taille à facettes ou que l'on souffle en boules ou en baguettes.

Le vrai jais se reconnaît par sa facile combustibilité au contact de la flamme du chalumeau (étant composé de carbone) et l'odeur fétide qu'il dégage en brûlant ; d'où le nom d'*ambre noir* sous lequel on le désigne parfois, en termes impropres d'ailleurs. Sa densité est voisine de 1,3, bien inférieure par conséquent à celle du verre. Il se laisse facilement débiter en lames plus ou moins épaisses. Sa cassure est conchoïdale et d'un brillant mat. Il contient de 75 à 80 °/₀ de carbone, de 4,6 à 5,5 °/₀ d'hydrogène, de 13 à 20 °/₀ d'oxygène, environ 0,50 °/₀ d'azote et de 1 à 2 °/₀ de soufre.

Les gisements de jais les plus connus sont les suivants : 1° En *Angleterre*, ceux de Whitby, dans le Yorkshire, qui produisaient encore, il y a peu de temps, de 3.000 à 4.000 kilog. par an, et ceux de Cleveland ; 2° En *Espagne*, ceux des Asturies, de Galicie et d'Aragon (Montalba) ; 3° En *France*, les anciens gisements de Sainte-Colombe-sur-l'Hers, Peyre et La Bastide dans le département de l'Aude, et de Peynier dans les Bouches-du-Rhône ; 4° En *Saxe*, ceux de Wittemberg. On a exploité aussi des gisements de moyenne importance en Russie et en France (départements de l'Ariège et des Ardennes). Ceux de Sainte-Colombe ont occupé, au xviiie siècle, jusqu'à 1.200 ouvriers ; il n'y en avait plus que 150 vers 1810. Cette industrie paraît complètement délaissée aujourd'hui.

CHAPITRE X

PERLES, CORAIL, AMBRE

I. — LES PERLES

Origine des perles. Mollusques producteurs de perles. — L'étude de la perle [1] est intimement liée à celle de la nacre, l'histoire naturelle de ces deux substances ayant beaucoup de points communs quant à leur origine et à leurs propriétés. Ce sont du reste les « huîtres perlières » qui fournissent à la fois les plus belles nacres et les perles les plus estimées.

Ces substances sont produites par un certain nombre de mollusques (fig. 211 à 214 et fig. 225) appartenant aux classes des gastéropodes (haliotidés, trochidés), des lamellibranches (nucolidés, trigoniidés, aviculidés, anomiidés) et des céphalopodes (nautilus). L'espèce productrice de perles par excellence est celle des *méléagrines* (meleagrina), encore désignées sous les noms de *pintadines* ou, plus simplement, d'*huîtres perlières*. Il en existe plusieurs variétés ; la *meleagrina margaritifera*, ou méléagrine margaritifère, est la plus connue. Elles appartiennent toutes à la famille des aviculidés, de même que les *pinna* représentées par plusieurs espèces assez répandues dans la Méditerranée, la Manche et l'océan Atlantique.

Les *moules communes*, qui appartiennent à la famille des mytilidés, fournissent parfois aussi de belles perles. Il en est de même des *huîtres comestibles* et du *strombe géant* (strombus gigas).

La coquille des pintadines (fig. 212 et 213) est constituée par deux valves unies par une charnière rectiligne ne présentant pas de dents ; ces deux valves peuvent se rapprocher l'une de l'autre au gré de l'animal, grâce à deux muscles : le muscle postérieur, très développé et dont le point d'insertion occupe à peu près

---

1. Beaucoup d'étymologistes font dériver le mot *perle* du latin *perula* ou *pirula* signifiant « petite poire », ou de *pilula* signifiant « petite bille ». D'autres regardent *perula* comme une corruption de *perna* (coquille).

le centre de chacune des valves, et le muscle antérieur dont le point d'insertion est situé un peu en avant du précédent. Le *byssus*, touffe de filaments serrés au moyen de laquelle l'animal se fixe à son support extérieur, traverse la valve droite qui possède pour cela une profonde encoche près de la charnière. La coquille des adultes est lisse.

Certaines pintadines (méléagrines margaritifères) atteignent une très grande taille ; on en a recueilli dont le diamètre dépasse trente centimètres ; mais la

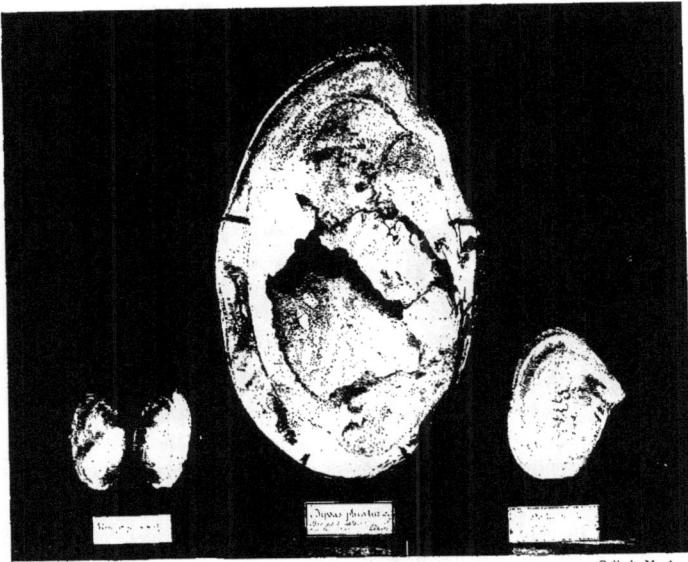

Coll. du Muséum.

F1G. 211. — Types huîtres productrices de perles : *Unio*, *Dipsas plicatus* e. *Anodonta*.

taille moyenne est de vingt centimètres environ. L'huître perlière de Ceylan (*meleagrina fucata*) est plus petite (fig. 214), car elle ne mesure jamais plus de dix centimètres de diamètre. C'est elle cependant qui fournit les perles les plus estimées. La coquille, marquée de couleurs assez vives avec bandes alternativement blanches, rouges et noires, possède extérieurement un grand nombre de saillies, même lorsque l'animal a atteint son complet développement.

La structure de la coquille de l'huître perlière, dont l'étude présente un très grand intérêt puisqu'elle nous achemine vers la connaissance de l'origine des perles, est assez uniforme. De dehors en dedans, on rencontre généralement quatre assises superposées : 1° la *couche externe* (périostracum ou épiderme cochléaire) dont l'épaisseur diminue à mesure qu'on s'approche du bord et parfois très colorée ; 2° la *couche pigmentaire*, fortement teintée ; 3° la *couche des prismes*, ainsi nommée parce qu'elle est formée de prismes calcaires à section polygonale et disposés normalement à la surface ; 4° la *couche nacrée*, constituée par de nombreuses lamelles superposées, alternativement calcaires et organiques (conchyoline) [1].

Il n'y a pas de démarcation précise entre la couche des prismes et celle de la nacre. Les prismes de la couche moyenne et les fibres de la nacre se continuent

Valve gauche.　　　　　　　　　　　　Valve droite.

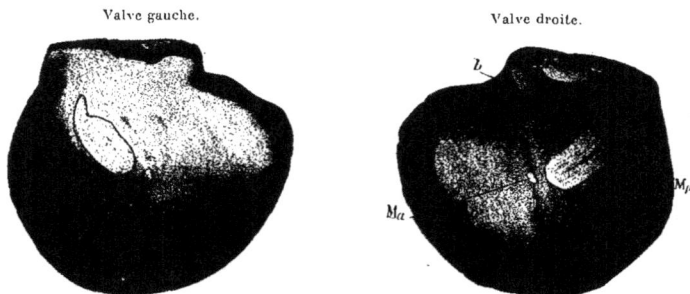

Fig. 212 et 213. — Méléagrine de la Nouvelle-Calédonie.
Ma, insertion du muscle antérieur; Mp, insertion du muscle postérieur; b, encoche pour le passage du byssus.

sans transition ; ils sont formés par une substance organo-minérale intermédiaire entre la conchyoline et celle des prismes.

Structure et composition des perles. — Il est assez facile d'étudier la structure des perles au moyen de coupes minces pratiquées comme pour les minéraux des roches (pl. XV et XVI). L'emploi de réactifs colorés et de la lumière polarisée facilite également les recherches.

1. La matière organique de la nacre et des perles a reçu le nom de *conchyoline*. C'est une substance riche en azote, ferme, coriace, insoluble dans l'eau, l'alcool et l'éther. Elle est isomérique de l'osséine dont elle ne diffère que parce qu'elle ne donne pas de gélatine par l'action de l'eau bouillante.

Si l'on coupe transversalement une perle, on trouve, de la périphérie au centre, les mêmes assises que dans la nacre (fig. 215), mais elles sont disposées concentriquement et dans un ordre inverse. Le revêtement externe, ou *assise nacrée* (fig. 216) à laquelle la perle doit son orient, est formé de couches très fines, comparables à des pelures d'oignon tant par leur indépendance réciproque que par leur minceur (pl. XV, fig. 1 et 2). Immédiatement au-dessous se trouve la *couche des prismes* (fig. 217 et 218) englobant elle-même une *masse jaune brunâtre*, rarement stratifiée, assez homogène et ayant à peu près tous les caractères de la couche externe de la coquille. Au centre se trouve le noyau ou *nucléus* dont le diamètre est très variable suivant l'origine des perles (pl. XV, fig. 3 à 6 ; pl. XVI, fig. 1 et 4). Ces différentes couches (nacre, prismes, masse jaune organique) peuvent alterner dans une même perle et faire parfois défaut ne laissant, par exemple, que l'assise des prismes et le noyau.

L'emploi des dissolvants permet de constater que, chimiquement, la perle est principalement formée d'une matière organique, la conchyoline, qui en constitue comme le squelette, et d'une matière minérale, le carbonate de chaux, qui forme le remplissage de ce squelette. C'est la présence simultanée de ces deux substances qui a fait dire à certains auteurs que la construction de la perle exige deux ouvriers de métier différents : un charpentier et un maçon. L'eau existe également dans la perle, plus ou moins combinée à la conchyoline mais non à la matière calcaire.

Fig. 214. — Huître perlière de Ceylan (*Meleagrina* ou *Avicula fucata* Gould) : demi-grandeur naturelle.

Nous donnons ci-dessous, d'après R. Dubois, deux analyses de perles provenant, l'une d'une pinna (*Pinna nobilis*) et l'autre d'une pintadine :

	Perle de Pinna.	Perle de Pintadine.
Carbonate de calcium	72,72 %	91,59 %
Matière organique	4,21	3,83
Eau	23,06	3,97
Divers et perte	1	0,81

Ces analyses montrent qu'il n'y a dans la perle aucune trace de phosphate ni de magnésie, de fer ou de manganèse, comme on l'a supposé à différentes reprises.

L'eau paraît y être retenue avec une grande force, car une dessiccation à 150° ne la fait pas disparaître. On peut néanmoins fixer un peu d'eau aux perles par adhésion, ainsi que cela est pratiqué par certains marchands qui veulent augmenter le poids de ces dernières pour élever leur prix. On reconnaît la fraude en lavant les perles à l'essence de térébenthine et en les desséchant à l'étuve : elles reprennent leur poids initial.

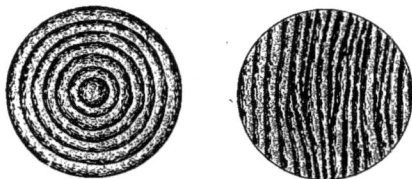

Fig. 215. — Structures comparées de la perle et de la nacre.

Propriétés chimiques. — Une perle entière ne fait pas effervescence avec les acides, contrairement à ce que croient certaines personnes. C'est donc à tort qu'on a prétendu que Cléopâtre aurait fait avaler à Antoine une grosse perle *préalablement dissoute* dans du vinaigre. Si cette légende a quelque apparence de vérité, il est probable que la perle a été avalée entière, entraînée par le liquide. Il faut plusieurs jours pour qu'une perle soit attaquée par du vinaigre concentré ; cette attaque très lente est due à la couche superficielle organique qui protège la partie calcaire. Mais une fois le squelette de conchyoline détruit, l'attaque est très rapide. Elle se produit même avec effervescence et immédiatement si l'on a soin de pulvériser préalablement la perle.

Complètement décalcifiée, la perle ne laisse plus voir que le squelette de conchyoline. Elle devient alors entièrement molle et il est facile d'en isoler les différentes couches en pelures d'oignon superposées. Le noyau central, parfois presque invisible (pl. XV, fig. 3), est formé d'une substance organique différente de la conchyoline.

A la longue, la matière organique de la perle finit néanmoins par se décomposer, mais cette décomposition dépend

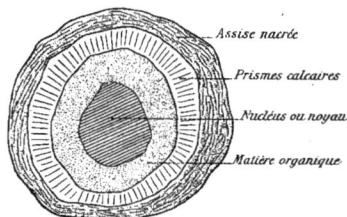

Fig. 216. — Coupe schématique d'une perle.

de nombreuses circonstances, entre autres de l'humidité et de l'état d'acidité du milieu dans lequel elle se trouve. Des perles trouvées dans des tombeaux onze cent dix-huit ans après leur enfouissement étaient devenues si tendres qu'elles s'écrasaient sous le doigt. D'autre part, plusieurs grosses perles faisant partie de l'**A** de Charlemagne et de la couronne du roi des Goths sont arrivées intactes jusqu'à nous.

Le chlore en vapeur, l'alcool méthylique, l'ammoniaque, les agents physiques
(lumière électrique, radiations ultra-violettes, rayons X, radium) n'amènent aucune
modification sensible dans les perles intactes.

Propriétés physiques. — Les perles fines possèdent un ensemble de
propriétés physiques qui en font la valeur et permettent de les distinguer facilement des imitations ; il faut signaler principalement la *coloration* et les particularités qui s'y rattachent (lustre, orient, éclat), la *forme*, les *propriétés mécaniques*
(dureté, résistance au choc et à l'écrasement) et la *densité*.

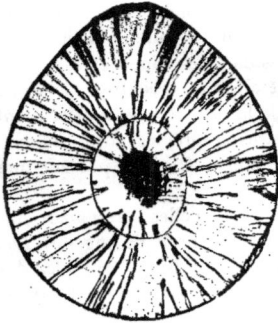

Fig. 217. — Perle diaphane ovoïde de
Pinna nobilis avec noyau volumineux
jaunâtre. Autour du noyau : zone claire
limitée par une couche amorphe (d'a-
près R. Dubois). — Gross. : 50 diamètres environ.

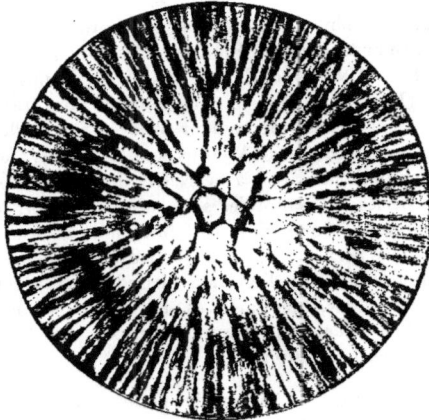

Fig. 218. — Coupe d'une perle rouge de *Pinna* montrant en
section les alvéoles prismatiques (d'après R. Dubois). —
Gross. : 100 diamètres environ.

Couleur. — La plupart des perles sont colorées, bien que leur nuance soit
parfois très pâle. Il y en a de blanches, de noires, de mauves, de rouges, de grises,
de jaunes, de vertes et même de bleues.

Il résulte des nombreuses expériences du professeur Raphaël Dubois que la
coloration des perles est généralement due au squelette, c'est-à-dire à la conchyoline, et non à la matière calcaire qui aurait pu être mélangée à des sels métalliques,
ce qui n'a jamais lieu.

La conchyoline contient en effet des pigments dont la teinte varie selon l'espèce et, dans une même espèce, suivant la nature de l'épithélium sécréteur et le contenu du squelette organique. Fait assez curieux, le pigment paraît être ce qu'il y a de plus résistant dans la perle : quelle que soit sa coloration, les réactifs les plus oxydants et les plus destructeurs (eau oxygénée, ozone, chlore, alcool méthylique additionné d'ammoniaque, etc.) n'amènent aucune modification notable, de même que les différentes radiations.

Il existe des perles transparentes ; elles doivent cette propriété au petit nombre de zones concentriques de conchyoline. Les perles blanches, les plus fréquentes, proviennent surtout des Pintadines et des Unios. Les perles noires, assez rares et par suite très estimées, viennent de Taïti ; on les trouve dans la région correspondant au liséré noir qui borde la nacre des grandes pintadines. On en trouve aussi dans les Pinna nobilis dont la nacre est très blanche et dans d'autres espèces (Mytilus edulis de l'Atlantique, Venus verrucosa de la rade de Toulon).

Les perles grises ou gris jaunâtre sont fréquentes dans les Pinna et les Unios. Il en existe aussi de couleur bronzée avec reflets métalliques verdâtres. Celles de certaines variétés de Mytilus sont ardoisées. Celles de la mer Rouge sont souvent légèrement jaunâtres avec reflets dorés ; elles sont très appréciées des Indiens. Les perles des Haliotides sont souvent vertes ; le Muséum de Paris en possède une d'une magnifique teinte vert émeraude.

Les perles rouge carotte caractérisent généralement celles provenant des Pinna. Celles de l'Avicula hirundo sont à reflets rouge gorge de pigeon. Les variétés roses, lilas, mauves se trouvent surtout dans les grands gastéropodes des Antilles (Steroceras, Strombus gigas). Les Unios donnent aussi des perles ayant ces belles colorations.

Orient. — L'orient des perles, qui constitue une de leurs plus importantes qualités, est le brillant spécial qu'elles possèdent et qui résulte de la courbure des différentes lamelles concentriques superposées unie à leur éclat particulier. Il dépend donc du nombre de lamelles et de leur épaisseur. C'est pour cette raison qu'un morceau de nacre ordinaire arrondi en forme de perle et poli ne peut jamais acquérir l'orient des perles fines véritables.

L'orient provient ainsi uniquement de la substance organique (conchyoline) de la perle. Cela est si vrai que par déshydratation des couches superficielles de conchyoline, les perles peuvent perdre en plus ou moins grande partie cette qualité. Elles sont dites alors *perles mortes*, car elles n'ont presque plus d'éclat. Les marchands de perles connaissent du reste fort bien cette particularité et, pour rendre à la perle son orient primitif, ils en enlèvent délicatement les assises externes, soit par usure lente, soit à l'aide d'un réactif chimique. Dans ce dernier

1. Perle blanche de *Mytulis edulis*
(Gross. : 15 diam.).

2. Portion agrandie de la perle
fig. 1 (Gross. : 50 diam.).

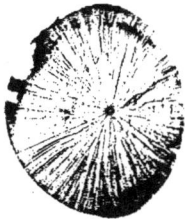

3. Perle diaphane de *Pinna nobilis*
Gross. : 6 diam.).

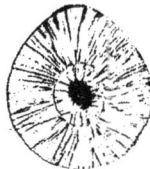

4. Perle diaphane de *Pinna nobilis*
(Gross. : 15 diam.).

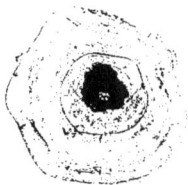

5. Perle blanche de *Mytilus edulis*
Gross. : 10 diam..

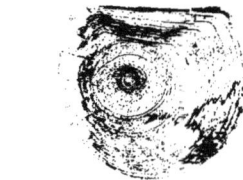

6. Perle plan-convexe blanche de
Pinna (Gross. : 10 diam.).

(Coll. Raphaël Dubois.)

cas, il importe que l'action ne soit pas trop prolongée, car en vingt-quatre heures une perle peut perdre près d'un quart de son poids et diminuer ainsi beaucoup de valeur.

Lustre ou Satiné. — Le lustre, ou satiné, proviendrait, d'après M. Seurat, des phénomènes optiques dus à la superposition des assises de nacre en fines lamelles et qui se laissent traverser par la lumière. Elles dispersent et réfléchissent celle-ci qui, après réflexion, interfère avec la lumière directe. Plus les assises qui forment la perle sont minces et transparentes, plus le lustre est beau. C'est ce dernier qui donne leur valeur aux perles blanches extraites des Pintadines.

Eau. — L' « eau », qui joue aussi un certain rôle dans l'appréciation commerciale des perles, est la diaphanéité spéciale des belles perles qu'on qualifie précisément d' « eau pure », de « belle eau », de « moyenne eau », etc. Elle paraît

(Extr. de La Bijout. a t xixᵉ siècle, par Vever).

Fig. 219. — Perle rose sphérique de 40 carats montée en broche (Massin, 1880).

être en rapport avec la blancheur de la conchyoline, c'est-à-dire qu'elle est due à l'absence de pigments colorés, et aussi à la non-transparence de cette substance, qui empêche le noyau de faire ombre sur les couches périphériques.

Irisation. — L'irisation de la plupart des perles provient, non de phénomènes de lames minces comme cela paraît logique, mais de phénomènes de réseaux dus aux stries réticulées des perles. La surface de ces dernières est loin, en effet, d'être lisse lorsqu'on l'examine au microscope ; elle est couverte de saillies très fines et distribuées à peu près régulièrement. Cette structure est due au mode de développement de la perle par lequel les assises minces de nacre se superposent graduellement les unes aux autres. Il en résulte des jeux de lumière particuliers qui sont principalement l'origine des irisations.

J. Escard.   35

Brewster a du reste montré qu'il était facile de produire ces irisations sur des substances plastiques (cire noire) et même certains alliages mous : il suffit d'imprimer les stries réticulées de la surface des perles fines sur ces matières pour voir apparaître ce curieux phénomène, dont l'intensité varie du reste suivant la finesse des sillons, leur profondeur, leur courbure et leur mode de superposition et de croisement.

Il existe plusieurs instruments qui permettent d'apprécier pratiquement les différentes qualités des perles. Le plus employé est la *jumelle stéréoscopique* de Richard dont l'emploi est très simple et les résultats très satisfaisants.

Forme et grosseur. — La plupart des perles sont grossièrement sphériques (fig. 219 et 220). Celles qui ont la forme de *poires* sont désignées sous ce nom ; les *gouttelettes* sont de taille moyenne et régulièrement rondes ; les *perlettes* sont plus petites ; les *semences* et *graines de perle* sont encore plus petites et ont généralement peu de valeur. On appelle *baroques* celles qui ont une forme irrégulière et quelcon-

Fig. 220. — Formes diverses de perles (gr. nat.).

que ; elles n'acquièrent de la valeur que lorsqu'elles caractérisent un objet connu ; c'est le cas de celle de Dresde. de la grosseur d'un œuf de poule, qui simule assez bien un fou de cour du temps de Charles II ; on en a cité également qui ressemblent à des têtes d'animaux. On connaît aussi les perles en forme de *larmes*, d'*ellipsoïdes*, les perles dites *jumelles*, accolées l'une à l'autre, les *perles de charnières*, ainsi nommées parce qu'elles prennent naissance près de la charnière unissant les deux valves de l'huître ; leur forme est généralement celle d'une griffe très allongée. Les perles dites en *bouton de chemise*, fréquentes dans les Unios, rappellent cet objet et sont plus ou moins convexes. Il existe enfin des perles ayant tout à fait l'aspect et la couleur de petites truffes irrégulières ; elles paraissent constituées comme par un amoncellement de perles de différentes grosseurs.

Le volume des perles varie depuis celui d'une tête d'épingle et même d'un grain de sable jusqu'à celui d'un œuf de pigeon. Cette dernière dimension, extrêmement rare et qui n'a jusqu'ici été signalée que dans les Pintadines, correspond aux perles dites *parangons*. On donne le nom de *cerises* à celles qui ont à peu près la forme et le volume de ce fruit.

Le prix des perles varie non seulement avec leur forme et leur grosseur, mais aussi suivant leur orient, leur éclat, leur coloration et la mode. Leur poids, évalué jusqu'à ces dernières années en grains, se mesure aujourd'hui en carats métriques comme celui des pierres précieuses ordinaires (CHAP. II, p. 54).

Qualités mécaniques : résistance, dureté. — Les perles présentent une grande *résistance au choc et à l'écrasement*. Il faut en effet employer un marteau ou un fort pilon pour les pulvériser, ce qui n'a pas lieu pour les perles d'imitation ; de même, on peut marcher sur une perle fine sans l'écraser. Leur *élasticité* est comparable à celle de l'ivoire et semble due à la nature du squelette de conchyoline qui les consolide en tous leurs points : une perle tombant librement à terre rebondit plusieurs fois sans jamais se briser.

Sans être très dures, les perles peuvent supporter l'épreuve du temps sans s'altérer au contact des poussières de l'air et des objets contre lesquels elles frottent. Leur orient est ainsi d'une très longue durée, de même que leur éclat.

Densité. — La densité des perles est assez faible. D'après Harley, elle varierait entre 2,650 et 2,686. Elle est proportionnellement plus faible pour les petites perles que pour les grosses ; le noyau organique est en effet proportionnellement moins gros dans ces dernières et sa densité moins élevée que celle du reste de la perle.

Mode de formation. — L'huître perlière se rapproche assez, comme anatomie, de l'huître ordinaire. Comme cette dernière, elle n'a pas une tête distincte du corps, mais confondue, au contraire, avec la masse de l'animal. Deux orifices mettent celui-ci en rapport avec l'extérieur : l'orifice buccal et l'orifice anal. L'appareil digestif comprend un estomac et un intestin. Le cœur est à un seul ventricule ; la respiration s'effectue à l'aide de deux branchies situées des deux côtés et sur tout le pourtour de l'animal. La peau s'allonge des deux côtés du corps et le protège un peu comme la couverture d'un livre protège l'intérieur de celui-ci. On lui a donné le nom de *manteau* et elle paraît jouer un rôle important dans la formation de la nacre et des perles. Ces dernières, au moins les plus belles, se trouvent en effet presque toujours dans la partie musculaire du manteau, près de la charnière.

Les zoologistes ne sont pas encore bien d'accord sur la véritable origine et le mode de formation exact des perles. En réalité, il y a certainement plusieurs procédés de formation des perles suivant l'espèce productrice ou, plus exactement, il y a plusieurs causes différentes excitatrices de leur formation.

Les perles paraissent se former par le même mécanisme que la nacre, mais tandis que cette dernière est la conséquence d'une action normale, les perles semblent être le résultat d'une opération physiologique spéciale ayant pour but d'éliminer de l'organisme un parasite ou une cause d'irritation. L'examen des

Fig. 221. — Début de l'enkystement d'un distome entouré de cellules migratrices calcarifères et de cristaux (d'après R. Dubois).

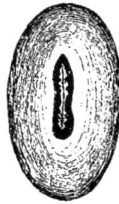

Fig. 222. — Perle elliptique et perles soudées avec distomes emprisonnés et noyaux isolés.

perles de certaines moules marines (*Mytilus edulis*) permet de se rendre exactement compte du mécanisme qui préside à leur formation.

Si l'on examine soigneusement le manteau de l'animal à certaines époques de l'année (août principalement), on remarque de nombreux petits points jaune rougeâtre précisément dans les régions où se forment les perles. Ces points sont formés par de petits *distomes* n'ayant que quelques dixièmes de millimètre de longueur. C'est leur enkystement qui donne naissance à la perle (fig. 221 et 222). D'après R. Dubois, cet enkystement s'effectuerait de la manière suivante :

Au début, la surface du distome se parsème de petits grains de carbonate de calcium (fig. 221). Ces granulations grossissent rapidement et ne tardent pas à se grouper, sous forme de petits cristaux, autour du distome qu'ils finissent par entourer complètement. Cette première couche calcaire prend peu à peu l'orient des perles fines et aussi leur structure en minces couches concentriques. Le noyau de la perle disparaît peu à peu et devient finalement invisible. C'est ce qui a fait dire à ce savant que « la plus belle perle n'est en définitive que le brillant sarcophage d'un ver ». Cependant, les perles de certaines pintadines ne contiennent pas de distomes. L'épithélium externe du manteau sécrète le squelette organique de conchyoline ; les interstices de ce dernier sont comblés par des éléments migrateurs calcarifères qui traversent l'épithélium sécréteur par un phénomène de diapédèse.

Pendant son évolution, qui peut durer de quelques mois à plusieurs années suivant les espèces, la perle reste contenue dans l'ampoule qui lui a servi de matrice. Pendant la calcification, celle-ci s'use, puis se détruit de façon à être réduite à l'état d'une très fine membrane qui permet à la perle d'être expulsée par le moindre effort de la part du mollusque.

Il est du reste possible de recueillir des spécimens des différentes phases par lesquelles passe la perle depuis son origine jusqu'à sa formation complète, c'est-à-dire depuis l'état de phlyctène molle jusqu'à celui de perle fine, et d'étudier ainsi le mécanisme de son évolution.

La théorie des *calcosphérites* a été

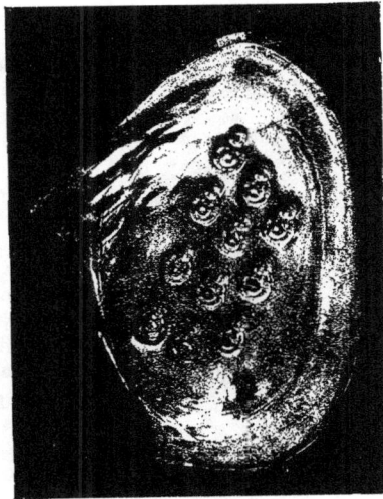

Fig. 223. — Figurines introduites sous le manteau d'une huître perlière et recouvertes de nacre.

aussi invoquée pour expliquer le mode de formation des perles. Elle consiste à considérer ces dernières comme des concrétions calcaires analogues à celles qui prennent parfois naissance dans le corps de l'homme et des animaux. Plus l'assise nacrée de la coquille est épaisse, plus l'animal serait capable de transformer en perles ces masses coagulées qui existent dans la plupart des individus. Cette théorie n'a que peu de partisans actuellement.

Production forcée de la perle. Perles artificielles ou perles de nacre. — D'après ce qui précède, on voit que la sécrétion produite par l'huître perlière peut, dans certaines conditions, se déposer sur un corps étranger introduit près du manteau et donner lieu à une formation de nacre. C'est ainsi que certains ennemis de l'huître perlière, en particulier les *Fierasfer dubius* qui vivent entre les feuillets branchiaux des méléagrines, causent à celles-ci une irritation telle qu'ils provoquent une sécrétion de nacre. L'ennemi se trouve ainsi emprisonné dans un kyste nacré tout en restant visible comme à travers une vitre.

Il est donc logique de supposer que des corps étrangers quelconques (grains de sable, petits sphérules de nacre, fragments d'os) introduits entre la face interne de la coquille et le manteau des huîtres perlières puissent se recouvrir pareillement d'une assise nacrée leur donnant extérieurement l'aspect des perles fines naturelles.

C'est ce qui a lieu en effet, mais les résultats diffèrent suivant le mode opératoire, et plusieurs précautions sont nécessaires pour arriver à un bon rendement. Les perles ainsi obtenues sont désignées sous le nom de *perles de nacre* ou de *perles artificielles* pour éviter d'être confondues avec les perles fines produites directement par l'animal.

L'industrie des perles de nacre est très ancienne. Elle a été pratiquée par les Chinois dès le xiiiᵉ siècle et occupe encore actuellement de nombreux travailleurs. Dans le voisinage de Hou-Tchéou-Fou, en Chine, et à Miyé-Kéu, au Japon, près de 8.000 familles y trouvent leurs moyens d'existence.

Vers le mois de mai, les mulettes (*Dipsas plicatus*) qui vivent dans de nombreux lacs et étangs de ces régions sont recueillies et ouvertes à l'aide d'un petit rameau de bambou. Entre la face interne de la coquille et le manteau, on introduit des corps étrangers épousant une forme quelconque (fig. 223) ou encore de petits chapelets composés de cinq à six sphérules de nacre enfilés sur un cordon (fig. 224).

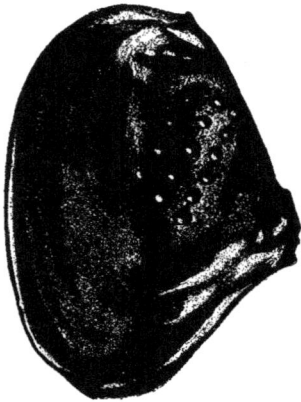

Fig. 224. — Valve droite de la grande Anodonte de Chine (*Dipsas plicatus* Leach) avec trois rangées de sphérules de nacre destinées à donner des perles artificielles.

Dix mois plus tard on pêche les Dipsas préalablement parqués, on les ouvre et on trouve dans leur corps les matières introduites, mais recouvertes d'une assise nacrée plus ou moins épaisse suivant l'âge des individus. Il faut laisser les mulettes immergées trois ans pour obtenir des perles suffisamment épaisses.

La nacre paraît être la substance qui donne les meilleurs résultats pour recueillir les produits de la membrane nacrière. On lui donne généralement la forme d'une lentille plan-convexe ; la partie plane est tournée vers la coquille au moment de son introduction dans l'animal et au besoin collée à la face interne de la coquille pour l'empêcher de glisser et d'être éliminée par les mouvements du manteau. Parfois cependant, on accole deux lentilles semblables (pl. XVI, fig. 5) qu'on laisse libres dans le corps du mollusque à la façon d'une perle ordinaire.

Les huîtres perlières de Ceylan se prêtent aussi bien que les mulettes d'eau douce à ce genre de traitement et donnent de fort belles perles. Le même procédé a du reste été appliqué avec succès à la fabrication des camées au moyen de morceaux de nacre soigneusement travaillés et introduits entre la coquille et le manteau.

Les Haliotis, mollusques gastéropodes très abondants dans les fonds rocheux de la Manche et dont la coquille est revêtue intérieurement d'une nacre très brillante, se prêtent aussi très bien à la production des perles de nacre. Elles s'acclimatent facilement dans de grands bacs, pourvu qu'on leur fournisse de l'eau de mer bien aérée, et résistent à des opérations très sévères, ainsi que l'a montré L. Boutan au laboratoire de Roscoff.

On commence par trépaner les Haliotis au niveau du tortillon de manière à enlever un fragment de coquille de 6 à 7 millimètres de diamètre, et, par cet orifice, au fait pénétrer des perles de nacre de manière à les interposer entre le manteau et la coquille. L'orifice est ensuite obstrué à l'aide d'un ciment faisant immédiatement prise avec l'eau. Au bout de plusieurs mois, la surface des perles de nacre est recouverte de nouvelles assises transformant ainsi ces dernières en véritables perles fines.

Propriétés des perles artificielles. — Les perles artificielles, que l'on ne saurait qualifier de « perles fausses » puisqu'elles ont la composition et la même origine que les perles fines naturelles, se différencient néanmoins de ces dernières par quelques caractères faciles à mettre en évidence.

Tout d'abord elles ne sont disposées en couches circulaires qu'au voisinage immédiat de la périphérie, de sorte qu'elles ne possèdent que faiblement les reflets irisés et l'orient des véritables perles fines. De plus, elles renferment un gros noyau de nacre dont les couches ont une orientation nécessairement différente de celles de la surface. Enfin, elles ont peu de lustre et sont moins résistantes (dureté et solidité) que les perles naturelles. Sans les qualifier d'imitations, on ne peut mieux les définir qu'en disant qu'elles résultent d'une production naturelle quoique accidentelle élaborée à la surface des tissus. Le nom de « production forcée de la perle » donné à l'industrie qui les concerne est donc parfaitement exact.

Ces perles n'ont eu à leur début que peu de succès auprès des joailliers. Peu à peu cependant, leur bon marché relatif et la facilité avec laquelle beaucoup de commerçants peu scrupuleux les ont fait passer pour des perles fines naturelles, leur ont permis de soutenir la concurrence de ces dernières. Assez appréciées actuellement, leur prix est près de vingt fois supérieur à ce qu'il était il y a quinze ans. Il n'est donc pas douteux qu'elles doivent procurer d'importants revenus à leurs producteurs japonais et chinois qui sont encore actuellement les représentants les plus actifs de cette industrie.

Pêcheries de perles. — Il existe de nombreux bancs d'huîtres perlières, principalement sur les côtes de l'Afrique orientale, de l'Asie et de l'Océanie, mais depuis quelques années ils semblent avoir diminué d'importance, sans doute à cause du manque de méthode apportée dans la plupart des exploitations.

Ceylan. — Les pêcheries de Ceylan sont connues depuis des siècles et même depuis la plus haute antiquité, car Pline en fait mention dans son « Histoire naturelle ». Les bancs perliers sont surtout situés sur la côte occidentale de l'île, au sud de l'île de Manaar ; ils sont formés par un lit de sable reposant sur du grès tendre et disposés par groupes à dix ou douze mille de la côte. La profondeur des bancs est

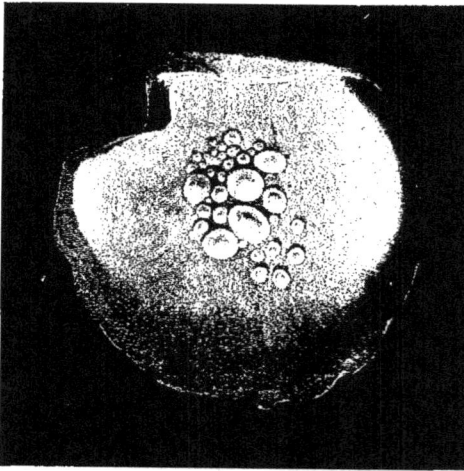

Fig. 225. — Huître perlière d'Australie avec son contenu de perles.

de 5 à 8 brasses, les points où les pêcheurs ont le plus de succès étant constitués par des bancs de madrépores. Le gisement le plus important est situé au large d'Aripo.

L'huître perlière de Ceylan est la *Meleagrina fucata* (fig. 214), qui fournit les plus belles perles. On ne la recherche pas pour sa nacre à cause de sa minceur et elle est rejetée à l'eau dès qu'on a procédé à la récolte des perles. La *Placuna Placenta*, mollusque de la famille des Ostréidés que l'on trouve sur la côte nord-est de l'île, dans le lac de Tamblegam non loin de la mer, fournit également de belles

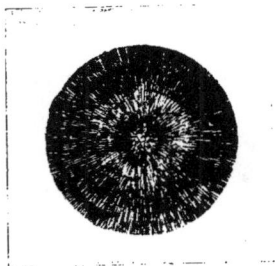

1. Perle rouge de *Pinna*.
(Gross. : 12 diam.

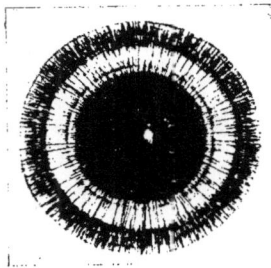

2. Perle noire de *Pinna*.
(Gross. : 15 diam.)

3. Portion agrandie de la perle fig. 2.
(Gross. : 50 diam.

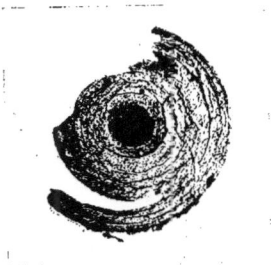

4. Perle blanche de *Pinna*.
(Gross. : 20 diam.

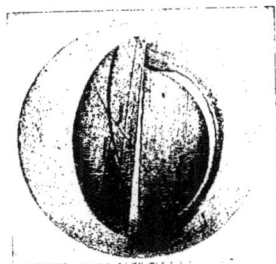

5. Perle de nacre artificielle japo-
naise (Gross. : 7 diam.

6. Perle de *Pintadine*.
(Gross. : 5 diam.

(Coll. Raphaël Dubois.)

perles. Elles sont très abondantes mais petites et leur couleur est gris de plomb ; elles sont achetées surtout par les Chinois.

Golfe Persique. — Les pêcheries du Golfe Persique, déjà connues au temps d'Alexandre et citées également par Pline, renferment deux espèces de *Méléagrines* : une espèce de grande taille et une de petite taille ; cette dernière, dont le diamètre atteint environ 8 centimètres, fournit les plus belles perles.

Bien que considérées comme les plus riches du monde, ces pêcheries ont beaucoup diminué d'importance depuis une quinzaine d'années. Pendant la saison des pêches, du 1er juin au 1er octobre, elles occupent cependant de 8.000 à 10.000 bâtiments et de 25.000 à 30.000 hommes. Les principaux bancs exploités se trouvent sur le littoral persan, notamment à Thor près de Bouchir, à Ras Nabaud, à Murghu, à Bostanch, et le long de l'Arabie, entre Koheit et El Katar, enfin autour des îlots de Cheik-Chaïb, Huiderábasi, Keis et Farour.

Les perles recueillies sont presque toutes vendues à des courtiers spéciaux, pour la plupart des Arabes ou des Hindous qui les envoient à Bombay. Les perles ainsi achetées représentent annuellement une valeur de 30 millions.

Mer Rouge. — Les pêcheries de la Mer Rouge se trouvent principalement aux environs de Port-Soudan, Massawah, Hodeïdah, Djibouti et Aden. On y rencontre deux variétés d'huîtres perlières : la *Meleagrina margaritifera*, que les Arabes désignent sous le nom de « sadof », et la *Meleagrina muricata* ou « bulbul ». Les perles recueillies ne sont pas nombreuses mais

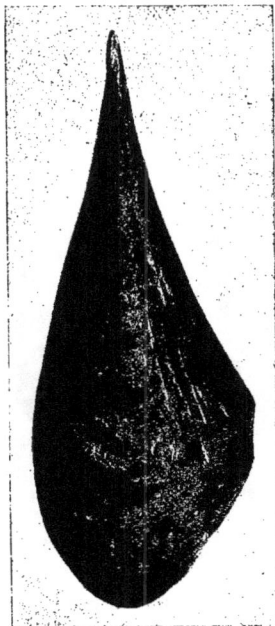

Fig. 226. — Coquille de *Pinna nobilis* de Tamaris-sur-Mer (Var).

généralement de belle eau quoique ne possédant presque jamais une forme régulièrement sphérique. Elles sont achetées par des trafiquants locaux qui expédient les perles de valeur sur le marché de Paris. Les nacres, de très belle qualité, sont dirigées sur Trieste et Londres où elles sont vendues aux enchères à des manufacturiers.

Madagascar. — Dans notre colonie de Madagascar, il existe de nombreux bancs perliers de moyenne importance aux environs de Diego-Suarez, Analalava (îles de Nossi-Lava et Alana), Marosakoa et Morira (à 20 km. au nord de Majunga), sur la côte de Morondava, dans le cercle de Tuléar. Les perles recueillies sont assez jolies et d'une belle grosseur ; elles ont la forme sphérique et une teinte blanchâtre à peu près uniforme. Elles sont généralement vendues à des marchands indiens. On en rencontre aussi d'assez irrégulières et colorées en bleu ardoise.

Régions diverses. — Parmi les autres localités perlières de plus ou moins grande importance, il convient de citer les bancs des côtes tunisiennes où l'on trouve des Pintadines jusque dans le golfe de Gabès. Les huîtres perlières sont également abondantes au Japon (baie d'Ango) et en Chine (Pakhoï, dans le golfe du Tonkin), dans les îles Célèbes, les Indes néerlandaises (Ternate et Bima), au large de la côte méridionale de la Nouvelle-Guinée (île de Mangrove et Wappa), au Queensland (détroit de Torrès et golfe de Carpentaria).

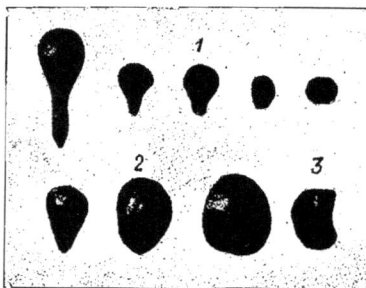

Coll. R. Dubois.

Fig. 227. — Perles de *Pinna* (Tamaris-sur-Mer), grand. nat.

1, poires ; 2, perles noires ovales ; 3, baroque.

Il faut signaler enfin les pêcheries de l'Australie occidentale, de la Nouvelle-Calédonie, de Tahiti, des îles Tuamotu, du golfe de Californie, de la côte occidentale de l'Amérique tropicale (Mexique et Costa-Rica), de Panama, de la mer des Antilles et de l'île de Margarita dans la mer des Caraïbes.

Moules perlières. — Nous ne dirons que quelques mots de la pêche des mulettes perlières d'eau douce. Elles sont connues depuis longtemps en Europe, dans un grand nombre de rivières de Russie, de Bohême, d'Allemagne, de Saxe, d'Angleterre et même de France. En Amérique, on les trouve surtout dans les rivières du Canada et des régions les plus septentrionales de l'Amérique du Nord.

C'est en 1894 que M. d'Hammonville signala, pour la première fois, la présence des moules marines (*Mytilus*) perlières sur les côtes de France. Il put les observer en grande abondance à Billiers, contre l'embouchure de la Vilaine. D'après cet auteur, les moules perlières se rencontrent exclusivement dans l'étier de Billiers. La pêche se fait au filet ordinaire. On ne trouve pas de perles dans toutes les coquilles, mais seulement dans les plus grosses et notamment dans les plus irrégulières de forme. Ces perles, dont on a trouvé jusqu'à 25 spécimens dans un même individu, varient beaucoup de taille, de contour et de nuance ; elles sont généralement peu brillantes et leur orient est loin d'égaler celui des méléagrines margaritifères.

Les mulettes, en France, se trouvent principalement dans la Vologne, petite rivière qui traverse le département des Vosges et qui a été autrefois très activement exploitée [1]. On en trouve aussi dans diverses régions de la Bretagne, de l'Oise, de la Haute-Loire (perles de Saugues), de l'Allier, de l'Aveyron et de la Creuse.

Récolte des huîtres perlières. —

La pêche des huîtres perlières s'effectue généralement au moyen de grandes barques à voiles approvisionnées pour plusieurs semaines et montées par 10, 15 et même 50 hommes d'équipage. Elle commence vers le 15 mai ou le 1er juin et finit vers septembre-octobre avec escales de temps à autre dans un port pour la vente des perles recueillies.

Le bateau étant amarré à l'endroit propice, les plongeurs se mettent rapidement à la besogne. Chaque plongeur (en général des esclaves sur les côtes du golfe Persique, de la Mer Rouge et de l'Océanie), presque nu, se recouvre les mains de gaines en cuir durcies au bout des doigts afin de les préserver des écorchures, se bouche les narines au moyen d'une pince en corne et les oreilles avec un tampon de cire, puis se frotte le corps avec de l'huile pour éviter l'action corrosive de l'eau de mer. Il s'attache ensuite au corps un panier destiné à contenir les mollusques recueillis et dans cet équipement bizarre (fig. 228), se laisse descendre au fond, entraîné par une lourde pierre sur laquelle il se tient debout, le pied engagé dans une

FIG. 228. — Plongeur arabe des pêcheries de perles du Golfe Persique.

boucle formant étrier (fig. 229). Dans ces conditions, il ne reste en communication avec le bateau qu'au moyen d'un câble fixé autour du torse. Aussi de nombreux accidents arrivent-ils chaque année, les malheureux travailleurs ayant à subir les attaques des requins, ou étant souvent terrassés par des congestions ou

1. A proximité de la Vologne, entre Docelles et Chéniménil (Vosges), un manoir féodal situé sur une petite montagne porte le nom de *Château-sur-Perle*. Le Musée de Nancy possède une perle de mulette de la Vologne qui pèse 0 gr. 341 et qui mesure 6 millimètres et demi de diamètre. De nombreuses usines installées sur les bords de cette rivière y ont rendu les mulettes de plus en plus rares.

noyés[1]. Beaucoup ne reviennent ainsi à la surface de l'eau qu'affreusement mutilés ou estropiés. Aussi la pêche n'est-elle pas toujours fructueuse, l'outillage indigène ne permettant jamais de travailler à plus de 12 mètres de profondeur. Une grande partie des bancs perliers doit donc rester intacte et il n'est pas certain que l'emploi de bateaux de pêche à vapeur et de scaphandriers donnerait un meilleur rendement.

Quoi qu'il en soit, une fois amenées à bord, les huîtres perlières sont étalées sur des nattes où on les abandonne à l'action du soleil (fig. 230). Elles ne tardent pas à entrer en décomposition, condition, paraît-il, indispensable pour y déceler la présence des perles mais qui n'en est pas moins dangereuse pour la santé des préposés à ce travail. On cherche alors dans les coquilles ouvertes les perles qu'elles renferment, puis on fait bouillir la matière animale et on la passe au tamis pour recueillir les perles qui peuvent encore s'y trouver.

Actuellement, on cherche de plus en plus à rendre ce travail moins insalubre en ouvrant les huîtres dès leur arrivée sur le bateau : on recueille immédiatement les perles et on jette les animaux et leurs coquilles à la mer. Si la nacre est de bonne qualité on conserve ces dernières. Le classement des perles par qualité et grosseur a lieu ensuite ; il est toujours fait par le patron du bateau de même que leur évaluation en valeur marchande.

Fig. 229. — Pêcheurs de perles au travail.

Ostréiculture perlière. — D'après ce qui vient d'être dit, la pêche des huîtres perlières telle qu'elle est pratiquée actuellement présente deux défauts importants :

1° Elle est très dangereuse pour les ouvriers plongeurs et insalubre pour ceux qui sont chargés d'extraire les perles des mollusques perliers ;

1. La plupart des plongeurs ne peuvent rester dans l'eau que 1 ou 2 minutes. Exceptionnellement on en a vu pouvant poursuivre leur récolte pendant près de 3 minutes.

2° Elle s'effectue dans de très mauvaises conditions de rendement et d'économie, toutes les huîtres pêchées étant sacrifiées qu'elles soient ou non perlières. Cet inconvénient entraîne l'appauvrissement progressif et continu des fonds producteurs, même des plus riches.

Ces deux graves défauts ne sont pas sans remède. Tout d'abord l'emploi des rayons X permet de ne sacrifier que les mollusques contenant des perles, ceux qui n'en possèdent pas étant immédiatement rejetés à la mer. Ensuite, l'ostréiculture

Fig. 230. — Station perlière de Sharks Bay (Australie): débarquement et décomposition des huîtres au soleil.

perlière, qui après de nombreux essais infructueux est complètement entrée actuellement dans la période des succès, permet d'atteindre un maximum de rendement en perles qu'on n'avait pas encore obtenu jusqu'ici.

C'est au Professeur Raphaël Dubois que l'on doit les premières recherches radiographiques sur les huîtres perlières. Il démontra en 1901 que malgré l'épaisseur relative des valves de la coquille, il était possible de voir nettement avec les rayons X l'emplacement des perles et leurs contours à l'intérieur des huîtres perlières.

En 1906, M. Salomon, de New-York, put fonder une nouvelle industrie par l'application de ce procédé. Il créa à Ceylan (île d'Ipantivu) une importante usine pour radiographier les huîtres perlières ; elle fonctionne actuellement avec un plein succès. Des casiers (fig. 231) dans lesquels on range cent huîtres perlières sont placés sur une sorte de trottoir roulant qui les amène successivement sous les rayons X et au-dessus d'un papier spécial pour radiographies directes. Les huîtres qui renferment de grosses perles sont ouvertes et celles-ci recueillies directement puisqu'on connaît d'avance leur emplacement et leur nombre (fig. 232). Celles qui ne contiennent que de petites perles sont mises dans des appareils que l'on immerge jus-

FIG. 231. — Radiographie des huîtres perlières à Ipantivu (Ceylan) :
transport des casiers à la salle de radiographie.

qu'à ce que les perles aient acquis un volume suffisant. Enfin, celles qui ne renferment aucune perle sont rendues à la mer.

Ce procédé présente plusieurs avantages : il permet de ne tirer parti que des huîtres utilisables à point, d'éviter le développement des épidémies déjà fréquentes dans les régions tropicales où se trouvent la plupart des bancs perliers, et de supprimer les pertes de temps et les manœuvres inutiles.

La *culture de l'huître perlière* tend aussi à se pratiquer de plus en plus, notamment au Japon (baie d'Ago, sur la côte pacifique du Japon central) où elle a donné jusqu'ici les résultats les plus satisfaisants, notamment pendant ces dix dernières années.

Pour être susceptible d'un bon rendement, l'ostréiculture perlière doit satisfaire à certaines conditions de température, d'installation et de soins.

En premier lieu, l'huître perlière étant sensible au froid, il faut choisir comme emplacement un lieu très abrité et où la température soit de 15° au moins. On doit éviter les points des côtes où des rivières se jettent à la mer ; par la quantité d'eau douce qu'elles fournissent à celle-ci, elles peuvent être nuisibles au mollusque. Il faut en outre que le fond soit formé de rochers à une profondeur variant entre 6 et 13 mètres pour éviter l'influence du froid et des eaux pluviales. L'huître perlière vivant surtout de végétaux marins, le fond doit en être abondamment pourvu.

L'emplacement est divisé en un certain nombre de sections, 4, 6 ou 8, dans la proportion de 400 mètres carrés environ pour 10.000 huîtres perlières. La semence des coquilles-mères se fait du 1er mai au 15 juin : celles-ci doivent être âgées de trois à quatre ans. La vie du coquillage étant de dix ans environ, il est certain que ceux de trois à quatre ans se développeront et donneront pour la plupart d'excellents œufs.

Enfin, il convient de protéger les huîtres contre ses plus redoutables ennemis : poulpes, étoiles de mer, raies, balistes [1], murex, dorades noires, etc. Le plus dangereux est certainement le poulpe

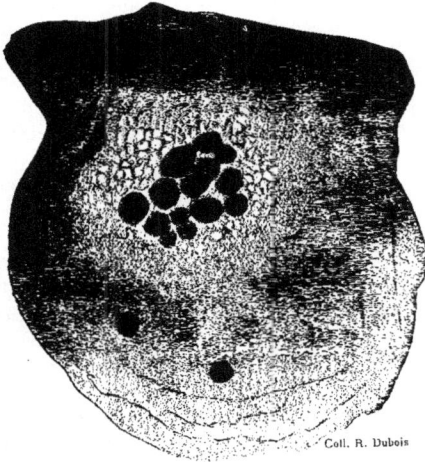

Coll. R. Dubois

Fig. 232. — Radiographie d'une huître perlière, à Ipantivu (Ceylan).

qui emporte tous les coquillages qu'il trouve sur son passage et les vide ; pour le détruire on peut, soit l'attirer dans des pièges spéciaux, soit le capturer dans des seaux dont le fond est formé d'une glace et que l'on plonge dans l'eau à une faible distance de la surface (pêche au miroir).

Ainsi comprise, l'ostréiculture perlière ne peut donner que de bons résultats. Au Japon en particulier, la perle d'Ago surpasse par ses qualités et son orient toutes celles des autres régions de cette contrée. Le nombre des acheteurs de perles

1. Les balistes, qui mesurent environ 24 centimètres de longueur et 12 centimètres de largeur, sont très friands de pintadines : on trouve parfois jusqu'à 20 perles dans leur estomac, après capture.

a du reste augmenté et la valeur de celles-ci également. La reproduction des huîtres perlières et leur culture méthodique sont donc une des entreprises les plus rémunératrices que l'on puisse tenter actuellement dans le voisinage immédiat des centres perliers.

Perles d'imitation ou perles fausses. — L'industrie des perles d'imitation est assez ancienne, car elle date de 1680 ; elle est attribuée à un fabricant de rosaires nommé Jacquin. Il avait remarqué que des écailles d'ablette (petit poisson très répandu dans presque toutes les rivières d'Europe) lavées soigneusement, possédaient des reflets irisés analogues à ceux de la perle. Il eut alors l'idée de les mélanger, après les avoir pilées, avec un liquide agglutinant et d'en revêtir intérieurement de petites boules de verre mince jouant le rôle des vraies perles.

Actuellement, le mélange d'écailles et de liquide agglutinant constitue l'*essence d'orient*. Pour l'obtenir, on soumet les écailles d'ablettes et autres poissons analogues à plusieurs lavages d'eau additionnée d'ammoniaque pour éviter la putréfaction. Les écailles sont ensuite broyées sous l'eau et décantées : il faut environ sept livres d'écailles pour obtenir une livre d'essence d'orient après addition du liquide gélatineux.

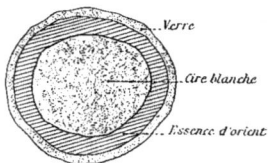

Fig. 233. — Coupe d'une perle fausse.

Cette essence d'orient, contenue dans un récipient ouvert d'où on peut la puiser facilement, est prise par petites quantités au moyen d'une pipette et introduite dans les boules de verre. Elle adhère rapidement à la surface intérieure de ces dernières et lorsqu'elle est sèche, on remplit de cire blanche fondue la partie restée creuse des boules de verre (fig. 233). Les perles de petite dimension sont préparées plus rapidement : on les trempe par groupes dans des cuves remplies de cire fondue dès que la couche d'essence d'orient est suffisamment adhérente.

Dans plusieurs ateliers, les perles sont fabriquées à l'aide de tubes de verre soufflés à la lampe d'émailleur. On leur donne toutes les formes possibles de manière à leur communiquer l'aspect des véritables perles. Le mélange introduit à l'intérieur est composé de gomme arabique fondue, d'arsenic et de cristal en poudre impalpable. Ce mélange donne, par la gomme la translucidité, par l'arsenic la limpidité, par le cristal la densité de la perle vraie. Pour obtenir le lustre extérieur, on les trempe ensuite dans un bain d'acide fluorhydrique faible où elles ne séjournent que quelques instants. Le léger dépolissage qui en résulte leur communique l'aspect désiré.

Les perles obtenus en taillant de petites sphères dans de la nacre de belle qualité qu'on polit ensuite ont eu un certain temps de succès, de même que les perles dites *de Rome* et *de Venise*. Leur prix de revient est cependant plus élevé que celles obtenus au moyen de l'essence d'Orient.

Ajoutons, pour terminer, que quelques *noix de coco* des îles Philippines (Luçon, Mindanao) fournissent des perles de très belle qualité et dont la dimension varie entre celle d'une tête d'épingle et celle d'un pois. Leur origine résulte évidemment d'une sécrétion naturelle en rapport avec la théorie des calcosphérites (p. 277). Elles sont encore très rares, mais on s'occupe actuellement de favoriser leur développement.

II. — LE CORAIL

Origine et constitution. — Le corail est le résultat de l'accumulation de polypes constructeurs qui vivent par colonies et laissent après leur mort un squelette de carbonate de calcium (calcaire corallien) plus ou moins pur. Les polypes, isolés, sont formés d'un tube membraneux et d'une sorte de disque supérieur entouré de tentacules. Leurs larves nagent d'abord dans l'eau de mer puis ne tardent

Fig. 234. — Rameau de corail vivant.

pas à se fixer et à se transformer en un petit polype ; celui-ci bourgeonne de nouveaux êtres semblables à sa surface et l'ensemble se transforme peu à peu en un arbuste de corail (fig. 234 à 236). En section, les branches de corail ont nécessairement une structure radiée (fig. 237) liée à leur mode de formation et d'accroissement.

Pour vivre, les polypes coralliaires nécessitent une température ne s'abaissant jamais au-dessous de 20° centigrades. La nature des côtes, la profondeur des eaux, l'action des courants, etc. interviennent aussi pour favoriser ou rendre impossible

J. ESCARD.   37

l'édification des récifs coralliens. On en rencontre dans beaucoup de mers, mais on exploite surtout le corail sur les côtes de la Méditerranée, notamment en Sicile, en Sardaigne et dans la région de Tunis.

Le corail croît à une profondeur variant entre 70 et 180 mètres. On en trouve parfois à 30 ou 50 mètres, tout près des côtes, mais il est alors de moins belle qualité. Il est formé en majeure partie de carbonate de calcium auquel viennent s'ajouter en petite proportion de la magnésie, de l'oxyde de fer, du sulfate de calcium, de l'eau, du sel marin et des débris d'animaux.

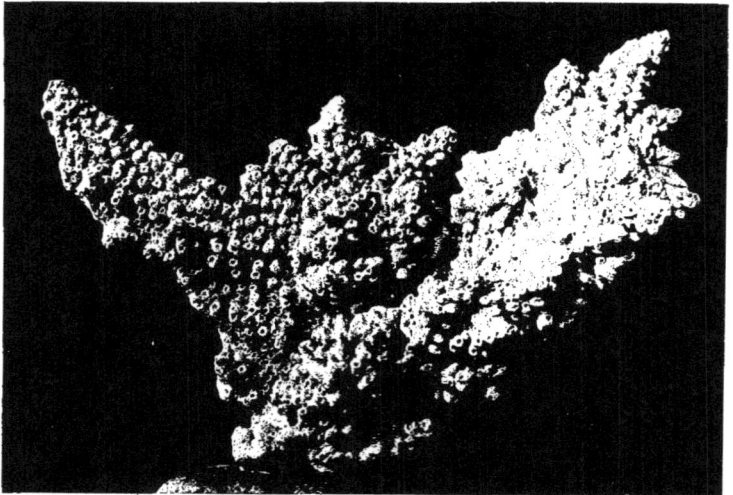

Coll. de l'auteur.

Fig. 235. — Corail blanc alvéolaire de la Nouvelle-Calédonie.

Pêche du corail. — En quelques endroits où le corail se développe près des côtes, ce sont des plongeurs et des scaphandriers qui vont directement sous l'eau faire sa récolte. Mais, dans les parages de La Calle et de Bizerte on emploie des filets spéciaux, ou *fauberts*, sortes de dragues que traîne un petit bâtiment. Ces fauberts (fig. 238) sont constitués par des assemblages de ficelles solides réunies en paquets à mailles lâchement nouées. L'*engin* désigne l'ensemble des fauberts et des pièces de bois ou de fer employés pour la pêche. La prise du corail s'effectue par l'entortillement et l'enchevêtrement des fibres des filets autour de ses rameaux. Une croix de bois formée de deux barres solidement fixées l'une à l'autre supporte un nombre variable de paquets de fauberts ; dans l'axe de l'engin se trouve une masse pesante, généralement une grosse pierre. Actuellement, cette dernière tend à être remplacée par une pièce de fer épousant la forme de la croix de bois et placée au-dessus.

La commande de l'engin (descente et montée) s'effectue à l'aide d'un treuil. Les fauberts, en rencontrant les inégalités du fond de l'eau, avancent par saccades. D'après les impressions ressenties à bord, les manœuvres diffèrent et c'est seulement par une pratique consommée du métier qu'on arrive à sonder et à connaître avec l'engin les profondeurs et la nature des fonds atteints. Et cependant toute la pêche ne consiste qu'en ces deux actions : accrocher et décrocher les filets pour saisir et amener le corail à bord.

Différentes variétés de corail.

— Une fois recueilli, le corail est trié et classé d'après ses qualités, c'est-à-dire ses dimensions, sa coloration, son aspect extérieur, sa densité et son homogénéité. Sous le nom de *corail mort ou pourri*, on désigne les parties séparées des rochers encore adhérentes aux pieds du corail ; de même que les *terrailles*, ou corail perforé par les vers ou les éponges, il a très peu de valeur bien qu'on en trouve parfois de beaux fragments. Le *corail noir* ne mérite une distinction que lorsque sa coloration le pénètre profondément ; on

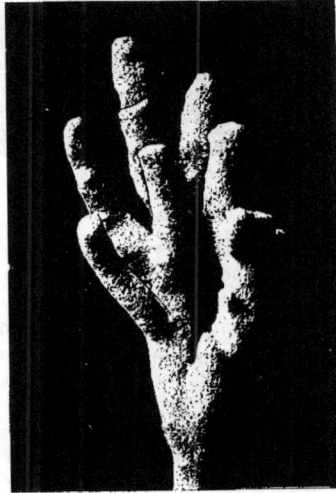

Coll. de l'auteur.

Fig. 236. — Corail semi-compact (Méditerranée).

l'emploie alors pour la fabrication des objets de deuil ; on le trouve généralement dans la vase ou il a été transformé par des émanations sulfureuses. Le *corail de choix*, qui correspond aux morceaux de belle venue, rectilignes, plus ou moins gros et de belle coloration, se vend à la pièce ou au poids.

On apprécie la teinte d'après les désignations suivantes : écume de sang, fleur de sang, premier, deuxième, troisième sang. L'écume de sang est la plus belle qualité. Le *corail rose*, qui a le plus de valeur à cause de sa belle teinte carminée, est désigné aussi sous le nom de « peau d'ange » ; on le trouve surtout au Japon. Les autres belles qualités viennent de La Calle et du canal de Bonifacio dans les eaux de la Sardaigne. On en trouve aussi abondamment aux environs de Barcelone, près d'Oran, et sur les côtes de la Dalmatie, mais il est de moins belle qualité.

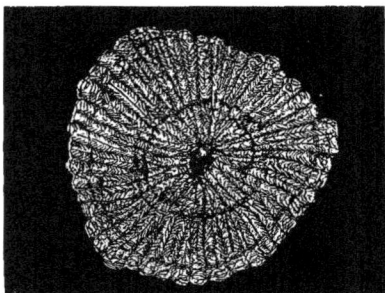

FIG. 237. — Section transversale, fortement grossie, d'un rameau de corail.

Lieux de production et commerce. — La côte de Tunis produit à elle seule, dans les bonnes saisons, près de 25.000 kilos de corail représentant environ 2 millions de francs. En Europe, c'est surtout à Naples, Gênes et Livourne qu'on travaille ce corail. Nous donnons plus loin (CH. XII) les différentes phases de ce travail. La plus grande partie (80 p. 100) est ensuite expédiée en Afrique et aux Indes pour les parures à bon marché. On fait aussi de petits envois vers les États-Unis.

Les principales formes obtenues par la taille et le polissage sont : les *perles*, généralement sphériques, parfois oblongues, les *olives* ou *larmes*, les *sculptures* ou fragments plus ou moins guillochés, les *puntarelles* ou morceaux ayant des formes diverses, rameaux, breloques, etc.

On imite le corail rose ou rouge en mélangeant de la poudre très fine de marbre avec de la colle de poisson et du vermillon. Ce *corail artificiel ou d'imitation* se travaille et se polit comme le corail véritable. Il le simule d'autant mieux qu'il a sa dureté et sa densité.

III. — L'AMBRE

Origine, constitution, propriétés. — L'ambre (ÉTYM. : de l'arabe, *anber*), ou *succin*, est une résine fossile provenant de pins de l'époque tertiaire

FIG. 238. — Faubert pour la récolte du corail.

(pinites succinifer). D'après certains auteurs, plusieurs arbres différents ont dû concourir à la formation de l'ambre qui ne serait ainsi que le mélange de leurs résines.

L'ambre est généralement d'une belle couleur jaune caractéristique (jaune d'ambre), mais on trouve aussi des morceaux complètement incolores et d'autres de teinte laiteuse, noire, rouge, rouge brun, violette, verte, vert émeraude : cette dernière coloration est très rare [1]. Il fond vers 290°, température au-dessus de laquelle il dégage de l'eau, puis donne une huile empyreumatique et enfin de l'acide succinique. Sa densité n'est que de 1 à 1,1 et sa dureté comprise entre 2 et 2,5. Il brûle en donnant une odeur spéciale et en produisant beaucoup de fumée.

Gisements et exploitation. — Les beaux gisements d'ambre se trouvent sur les côtes de la Baltique (environs de Dantzig) où les vagues l'arrachent aux terrains qui le renferment. Au fond de la mer, mélangés à la vase, au sable et aux dépôts de toutes sortes, se trouvent des fragments plus ou moins arrondis de cette substance, produits de nombreuses générations d'arbres qui ont dû se succéder avant d'être recouverts par les eaux.

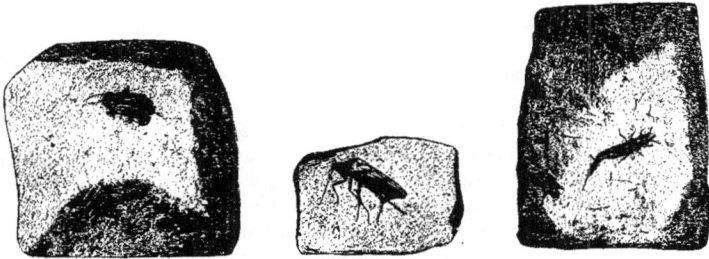

Fig. 239 à 241. — Insectes fossiles emprisonnés dans des morceaux d'ambre.

Au début, les premières exploitations consistaient simplement à recueillir les morceaux que la mer, par les gros temps, rejette sur le rivage. Plus tard on apprit à profiter de certains vents favorables qui, remuant plus ou moins les fonds, enlèvent les morceaux d'ambre ; ceux-ci, soulevés avec les algues, viennent flotter à la surface, retenus par ces dernières.

A la fin du xviii° siècle, on eut l'idée de faire des fouilles dans la terre ferme, non loin de la mer, et plusieurs mines furent ainsi découvertes. L'une d'elles a

1. Il ne faut pas confondre l'ambre jaune avec l'*ambre gris* qui n'a aucun rapport avec le premier, ni comme origine, ni comme composition. L'ambre gris provient de concrétions intestinales de cachalots : il est formé en majeure partie d'une matière grasse appelée *ambréine* et qu'on emploie en parfumerie. Il a pour origine la matière noire que sécrètent les mollusques céphalopodes dont les cachalots se nourrissent : ces derniers conservent du reste cette odeur caractéristique même après leur mort.

fonctionné pendant vingt-quatre ans sans interruption et avec un plein succès. A partir du xix° siècle, les recherches se sont multipliées, de nombreux établissements se sont créés et la plupart ont pris un grand développement.

L'État prussien a ainsi depuis longtemps le monopole de l'ambre. L'exploitation a pour siège les provinces de la Prusse orientale et principalement les côtes du Samlaud, de Pillau à Cranz. Actuellement, la récolte se fait toute l'année, mais elle est surtout fructueuse, comme nous l'avons dit, au moment des grandes tempêtes.

Industrie de l'ambre. — Une fois recueillis, les morceaux d'ambre sont classés d'après leur grosseur, leur forme et leur couleur. Leur prix varie de 0 fr. 65 à 3 fr. 75, mais il peut atteindre plusieurs centaines de francs. Une livre rapporte en moyenne 6 fr. 25 et peut aller jusqu'à 37 fr. 50. Les grosses pièces pèsent parfois 500 grammes. Actuellement la valeur totale annuelle de la récolte varie entre 7 et 9 millions de francs.

Les fragments d'ambre les plus curieux et par conséquent les plus recherchés sont ceux qui renferment, enveloppés et admirablement conservés dans la matière résineuse, des insectes fossiles : coléoptères, diptères, hyménoptères, orthoptères, névroptères, etc. (fig. 239 à 241). Certains de ces animaux, dont on distingue jusqu'aux nervures des ailes et souvent une patte cassée gisant à côté d'eux, ont dû lutter désespérément pour retrouver leur liberté avant de se laisser enfermer dans ce tombeau de résine transparente.

Ces milliers d'insectes, aujourd'hui disparus, ont permis de constituer une des plus belles collections entomologiques : la plupart des représentants de tous les ordres de la classe des insectes s'y retrouvent en effet, soit à l'état de larves, soit à l'état d'insectes parfaits.

Imitations. — On imite l'ambre de nombreuses façons et, le plus généralement, par des mélanges fondus de résine, de cires diverses et de camphre. Le copal est fréquemment employé pour cet usage. La corne fondue, le celluloïd, le galalithe (sorte de celluloïd ininflammable dérivé de la caséine) remplacent aussi, plus ou moins frauduleusement, l'ambre véritable. Enfin, on substitue aussi aux morceaux d'ambre compacts des déchets de cette substance qu'on réduit en poudre et qu'on fait fondre avec du camphre. Il est facile de reconnaître toutes ces imitations, l'ambre vraie dégageant par le frottement une odeur aromatique spéciale.

CHAPITRE XI

PRODUCTION ARTIFICIELLE DES PIERRES PRÉCIEUSES

L'idée de « fabriquer » des pierres précieuses est intimement liée à la rareté des gemmes naturelles. Aussi on comprend facilement qu'elle ait tenté les savants et les industriels de toutes les époques. Cependant, la véritable production artificielle ou « synthèse » des minéraux étant un problème presque toujours difficile à résoudre, on a cherché par d'autres moyens à obtenir, avec la ressemblance la plus parfaite pour l'œil, ce que la nature ne nous offre qu'avec tant de parcimonie. De là sont nées les « imitations » qui suffisent aux humbles mais que les connaisseurs savent vite caractériser.

La production artificielle des pierres précieuses, comme leur imitation du reste, constitue actuellement une véritable industrie. Aussi convient-il de l'étudier avec quelques détails.

Reproduire un corps, c'est le préparer artificiellement de telle façon que *toutes* ses propriétés, physiques, chimiques, optiques, cristallographiques, etc., soient incapables de le différencier du minéral naturel. C'est ce qu'on appelle faire la *synthèse* de ce corps. Ce n'est donc pas une imitation. Moissan a reproduit ainsi le diamant, Ebelmen le spinelle, Fremy et Verneuil le rubis et le saphir. Ajoutons que les conditions de préparation du produit de synthèse doivent se rapprocher autant que possible de celles qui ont présidé à la formation du minéral au sein de la terre.

Comme ces dernières sont souvent inconnues, la multiplicité des méthodes de synthèse ne peut que contribuer à nous faire connaître l'origine des pierres précieuses.

Toute différente de la synthèse est la *reconstitution* des pierres précieuses. Elle consiste à pulvériser des pierres naturelles inutilisables directement à cause de leurs défauts et à les agglomérer ensuite par fusion à haute température. On obtient ainsi des masses solides et transparentes, semblables extérieurement, après la taille, aux pierres naturelles. Elles s'en distinguent cependant par deux particularités principales : l'absence totale de texture cristalline et la forme spéciale des bulles gazeuses qu'elles contiennent intérieurement. Ces pierres sont néanmoins assez appréciées en joaillerie, car elles ont la composition, la transparence et la dureté des pierres naturelles.

Ces deux méthodes (synthèse et reconstitution) diffèrent totalement de celles concernant l'*imitation* des pierres précieuses ; cette dernière consiste à utiliser les propriétés colorantes de certains oxydes (cobalt et fer pour le saphir, cuivre et chrome pour l'émeraude, etc.) et à les mélanger dans des proportions déterminées à des verres spéciaux pendant leur fusion. Comme nous le verrons plus loin, c'est le *stras*, du nom de son inventeur, qui sert le plus communément à cet usage en raison de sa haute réfringence. Les pierres fausses s'appellent dans le métier des « masses ». C'est par leur peu de dureté et aussi par leur densité irrégulière qu'on les distingue le plus facilement des gemmes naturelles.

Quoi qu'il en soit, l'art d'imiter les pierres précieuses a atteint au cours de ces dernières années un tel degré de fini et de perfection que beaucoup de joailliers s'y trompent eux-mêmes et que l'intervention du minéralogiste est souvent nécessaire pour établir leur véritable origine.

I. — PROCÉDÉS GÉNÉRAUX DE SYNTHÈSE

Exposé technique de la question. — Il y a deux siècles, on aurait certainement qualifié d'audacieux quiconque aurait pensé, par un moyen quelconque, pouvoir fabriquer dans le laboratoire quelques-uns des produits fournis par la nature. Et cependant, dès les premiers âges de l'Alchimie, on a pu assister à des tentatives de ce genre : nous ne citerons que celles de Duclos et Kentmann qui prétendirent *avoir fait des pierres*. Duclos « prenait du sable d'Étampes, l'arrosait avec un peu d'esprit-de-vin chargé de sel de tartre et de sel volatil de vinaigre ». Kentmann faisait « bouillir un mélange de bois et de houblon contenu dans une bassine en cuivre, et l'ensevelissait dans une cave sous du sable en l'y maintenant ainsi pendant trois ans » !

En fait, nous n'avons pas à remonter au delà du commencement du xixᵉ siècle pour trouver les premiers essais sérieux et concluants sur la production artificielle des minéraux et en particulier des pierres précieuses. C'est seulement à cette époque en effet que la Chimie, devenue réellement une Science par l'élan définitif que lui avait donné Lavoisier, put venir en aide à l'observation des lois naturelles d'abord par l'analyse, qui confirme cette dernière, et ensuite par la synthèse, qui la met sur la voie de nouvelles découvertes en élargissant son champ.

C'est par l'examen des laitiers des hauts-fourneaux qu'on se rendit d'abord compte de la possibilité d'obtenir artificiellement un grand nombre de minéraux. Le haut-fourneau est en effet comparable jusqu'à un certain point au globe terrestre à ses débuts, le métal en fusion correspondant à la masse compacte de la terre et le laitier au magma constituant l'écorce terrestre actuelle. La distribution des éléments est du reste analogue dans les deux cas, de même que les composés auxquels ils peuvent donner naissance pendant leurs phases de solidification.

Dans les scories cristallisées des hauts-fourneaux, on a reconnu la présence du pyroxène, de l'orthose, du péridot, etc. très bien caractérisés. De là à obtenir dans un creuset de laboratoire ce que le grand creuset de la forge produit avec tant de facilité, il n'y a qu'un pas. Ce pas a été rapidement franchi, vers le milieu du siècle dernier, par une pléiade de chimistes qui, par des méthodes différentes, arrivèrent, en peu de temps, à reproduire la plupart des gemmes. Nous citerons en particulier Ebelmen, dont les premiers essais datent de 1847 (spinelle, quartz, corindon, cymophane), de Sénarmont (corindon, oligiste), Friedel et Sarrazin (quartz, orthose, topaze), Daubrée, Gorgeu (grenat), H. Sainte-Claire Deville (rubis), Gaudin (rubis et saphir), Hautefeuille (orthose, quartz, émeraude), Fouqué et Michel-Lévy, Moissan (carbonado et diamant transparent), Fremy, Feil et Verneuil (rubis et saphir), Von Bolton et De Boismenu (diamant).

Avec ces derniers savants, nous arrivons à l'époque actuelle qui se signale par des recherches fécondes en résultats pratiques, non seulement de la part des chimistes et physiciens, mais aussi des industriels qui voient dans l'utilisation de foyers puissants une des principales conditions de succès. La facilité de production et d'utilisation de l'énergie électrique et le développement sans cesse croissant de l'électrothermie ne peuvent que contribuer à la solution de ce grand problème.

Méthodes employées. — Les méthodes jusqu'ici utilisées pour réaliser la synthèse des minéraux peuvent se réduire à quatre principales :

1º **Fusion simple et cristallisation par refroidissement**. — C'est le procédé le plus simple. Il consiste à fondre la substance ou le mélange de substances correspondant au produit donné de manière à obtenir par refroidissement des cristaux ayant la composition et les propriétés du minéral à reproduire. C'est ainsi que Gaudin a obtenu, le premier, l'alumine cristallisée ou corindon, en fondant cet oxyde au chalumeau oxhydrique. Berthier a obtenu le pyroxène en fondant un mélange de silice, de chaux et de magnésie dans des proportions déterminées.

La fusion peut être accompagnée ou non de la *pression*. De même, lorsque les substances (en particulier les silicates), en se solidifiant après fusion, restent amorphes, c'est-à-dire ont une tendance à former des verres, on utilise ce qu'on appelle la *sous-fusion*. Le procédé consiste à maintenir pendant un temps plus ou moins long le mélange fondu à une température inférieure mais aussi rapprochée que possible de son point de fusion. Ce fait a, du reste, été maintes fois constaté dans les pots des verriers dans lesquels un refroidissement très lent amène l'apparition de microlithes de pyroxène ou de wollastonite. Il semble que les différents éléments du mélange ont ainsi acquis une certaine mobilité capable de les faire cristalliser par refroidissement.

C'est par le procédé de la sous-fusion que Fouqué et Michel-Lévy ont obtenu, à l'aide de mélanges silicatés, le spinelle, le grenat, le labrador, l'oligoclase, etc., en très petits cristaux il est vrai, mais qui suffisent à rendre compte des résultats de la méthode.

2° Fusion en présence d'un dissolvant volatilisable ou non à la température de l'opération.

— On a recours à ce procédé lorsque la substance à obtenir par cristallisation est peu fusible ou décomposable à une température inférieure à celle de sa fusion. On utilise alors des *fondants*, c'est-à-dire des corps capables de dissoudre à chaud la substance qui cristallise ensuite par refroidissement.

Parfois, il n'y a pas simplement dissolution : il se produit en même temps une réaction chimique dont les phases successives conduisent à la substance désirée. Gaudin a obtenu ainsi le *corindon* (alun et sulfate de potasse) et Hautefeuille le *quartz* (tungstate ou phosphate de soude et silice). Gorgeu a également préparé le *grenat spessartine* en fondant un mélange de silice et d'alumine en présence du chlorure de manganèse.

Dans certains cas, les dissolvants salins peuvent être remplacés par des dissolvants aqueux qui, le plus souvent, agissent en vase clos et sous pression. C'est à de Sénarmont qu'on doit le principe de cette méthode si féconde en heureux résultats. Il a obtenu ainsi le *quartz* hexagonal par l'action de l'acide chlorhydrique étendu sur la silice gélatineuse, le *corindon*, etc. Wöhler, H. Sainte-Claire Deville, de Schulten, Debray, Friedel et Sarrasin, Beurgeois et Verneuil, Daubrée ont adopté aussi cette méthode et réalisé par son application des synthèses du plus haut intérêt.

Les tubes employés par Friedel et Sarrasin étaient en acier et garnis intérieurement de cuivre ou de platine pour permettre d'opérer à 500° environ et en présence de dissolutions alcalines. C'est à l'aide de cet appareil qu'ils ont obtenu en très jolis cristaux le *quartz*, l'*orthose*, la *topaze*, l'*oligiste*, etc. Les tubes étaient construits de façon à pouvoir être déboulonnés à chaque extrémité après l'opération.

Les dissolvants volatils à haute température (acide borique, borax) ont été employés pour la première fois par Ebelmen. Le procédé consiste à utiliser ces produits comme fondant de la substance à obtenir qui cristallise tandis que le fondant disparaît par volatilisation. Ebelmen a ainsi reproduit le *corindon*, le *spinelle* coloré en rose par une trace de chrome, la *cymophane*, le *péridot*. C'est également par l'application de cette méthode que Fremy et Feil ont obtenu le *rubis* et le *saphir* en grandes masses cristallisées.

3° Réactions chimiques en présence de vapeurs. — Dans ce procédé, on fait réagir l'un sur l'autre, soit deux gaz à haute température, soit un gaz sur un mélange fondu et porté au rouge. Gay-Lussac a ainsi obtenu le fer *oligiste* en superbes cristaux spéculaires en faisant agir la vapeur d'eau à haute température sur le chlorure ferrique.

Le *corindon* a été également reproduit par l'application de cette méthode et de façons différentes par Debray, Deville et Caron, Stanislas Meunier, Fremy et Verneuil. L'*émeraude* s'obtient en jolis cristaux par l'action du fluorure d'aluminium sur la glucine, la *gahnite* par l'action de ce même fluorure sur l'oxyde de zinc.

4° Action des minéralisateurs. — On donne le nom de minéralisateurs aux produits (acide chlorhydrique, fluorure de silicium, fluorine, hydrogène) qui interviennent uniquement pour faire cristalliser les substances amorphes avec lesquelles on les met en contact. Il se produit généralement une double réaction dont le résultat final est la réapparition de la substance soumise à l'effet du minéralisateur sous la forme cristallisée. Ainsi, en faisant passer lentement un courant de gaz chlorhydrique dans un tube chauffé contenant du sesquioxyde de fer anhydre, il y a d'abord production de chlorure ferrique, d'après la formule :

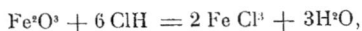

$$Fe^2O^3 + 6\,ClH = 2\,Fe\,Cl^3 + 3H^2O,$$

puis décomposition de ce chlorure par l'eau qui a pris naissance en même temps que lui. On a alors la réaction :

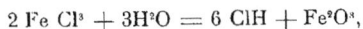

$$2\,Fe\,Cl^3 + 3H^2O = 6\,ClH + Fe^2O^3,$$

qui est précisément inverse de la précédente. Mais cette fois l'oxyde apparaît sous la forme cristallisée, c'est-à-dire à l'état d'*oligiste* ou *fer spéculaire*.

Hautefeuille a obtenu l'*alumine* cristallisée en utilisant l'acide fluorhydrique comme minéralisateur. Deville, Sidot, Friedel et Sarrasin ont reproduit également un grand nombre de minéraux en appliquant cette méthode sous des formes diverses.

II. — DIAMANT

Historique. — La production artificielle du diamant est certainement celle qui a tenté le plus de chercheurs, et cependant c'est aussi celle dont les résultats ont été pendant longtemps les moins décisifs. Aujourd'hui encore, les diamants artificiels sont si petits que le problème de sa synthèse ne peut être considéré comme résolu que théoriquement. On sait en effet que le prix de revient des diamants artificiels, dont la dimension maximum ne dépasse pas deux millimètres, est aussi élevé que celui des diamants naturels taillés.

A quelles causes faut-il attribuer cet insuccès ? — D'abord à notre ignorance à peu près complète du mode de formation du diamant dans la nature, ensuite aux données encore très imparfaites que nous possédons sur les propriétés du carbone dont le diamant n'est que le représentant cristallisé et transparent.

Fig. 242.
Cylindre à charbon de sucre.

Les premiers essais de reproduction du diamant avaient simplement pour but d'obtenir des cristaux de grande dimension par la fusion de petits éléments de cette substance. On sait que ce procédé donne de très bons résultats (p. 318) qu'on est arrivé ainsi à reconstituer ; mais il ne saurait s'appliquer au diamant qu'on considère généralement comme une matière infusible.

En 1737, François-Étienne, duc de Lorraine, qui succéda aux Médicis, céda aux affirmations d'un inconnu qui prétendait avoir trouvé le dissolvant du diamant. Le procédé fut expérimenté à Florence devant le duc de Lorraine à l'aide d'un creuset dans lequel on avait réuni pour 6.000 florins de petits diamants. On chauffa fortement, et naturellement les diamants disparurent ne laissant subsister qu'un faible résidu.

Dans le cours du xixᵉ siècle, les recherches se succèdent pour ainsi dire sans interruption [1]. Mentionnons en particulier celles des savants dont les noms suivent : Silliman (1823), Cagnard de Latour et Gannal (1828), Despretz (1850), Lionnet (1866), Saix et Beghin (1868), Brachet (1880), James Maclear (1880), Hannay (1880), Marsden (1885), Friedel et Berthelot (1886), Moissan (1893), Majorana (1894), Rossel (1896), Friedländer (1898), Rousseau (1901), Burton (1905), La Rosa (1909), De Boismenu (1910), Von Bolton (1912).

Parmi tous ces noms, il suffit de retenir ceux de Marsden, Moissan, Majorana, Rousseau, Von Bolton et De Boismenu dont les résultats semblent indiscutables au point de vue des propriétés des cristaux obtenus ; ces derniers prouvent qu'on

---

1. On trouvera tous les détails relatifs aux différents essais de fabrication artificielle du diamant dans notre ouvrage *Le Carbone*, p. 375 à 420. — Dunod et Pinat, éditeurs, Paris, 1906.

est bien en présence de diamant et non d'une substance quelconque transparente et dure telle que le siliciure de carbone par exemple.

Parmi les expériences synthétiques relatives au diamant, il en est qui font jouer à la pression un rôle essentiel alors que d'autres regardent cette dernière comme accessoire et même comme inutile.

Emploi de l'argent comme dissolvant du carbone. — Le procédé de Marsden, le premier qui ait donné véritablement du diamant, consiste à chauffer

FIG. 243. — Four électrique pour expériences à hautes températures.

pendant dix heures environ à une température élevée un mélange de *charbon de sucre* et d'*argent*. On laisse ensuite la masse se refroidir d'elle-même. En traitant par différents produits le lingot ainsi obtenu, on peut isoler de la masse trois variétés de carbone qui ont pris naissance simultanément : carbone amorphe, graphite et diamant.

Parmi les cristaux de diamant ainsi préparés, il y en a de noirs et d'incolores ; ils rayent tous le quartz et le rubis et peuvent se consumer par combustion dans un courant d'oxygène. Les cristaux noirs ont parfois des arêtes courbes comme les diamants naturels.

L'expérience de Marsden est en tout vraisemblable. On sait en effet qu'à une température élevée l'argent peut dissoudre une certaine quantité de carbone. C'est du reste ce procédé, perfectionné et rendu plus pratique, qui a permis à Moissan de réaliser la préparation du diamant transparent avec cette différence cependant que Marsden, dans son expérience, ne fait jouer aucun rôle à la pression.

Emploi de la fonte de fer. — Le procédé Moissan, qui est devenu presque classique, repose sur les faits suivants :

Lorsqu'on sature le *fer* de *carbone* à une température comprise entre 1100° et 3000° environ, on obtient, par le refroidissement de la masse, des résultats qui diffèrent suivant la température à laquelle le métal a été porté. Ainsi, vers 1150° on n'obtient que du graphite et du carbone amorphe ; vers 3000°, il se produit

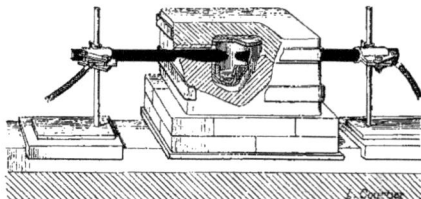

seulement du graphite parfaitement cristallisé. Entre ces deux
extrêmes de température la fonte
liquide se comporte donc comme
une solution capable de dissoudre de plus en plus de carbone à mesure que la température s'élève.

Mais, si on fait intervenir
la pression, les conditions de
la cristallisation changent totalement. Pour obtenir cette pres-

Fig. 244. — Four électrique à arc et à creuset employé pour la préparation du diamant.

sion, on utilise l'augmentation de volume que subit la fonte lorsqu'on la refroidit brusquement. On sait en effet que, de même que l'eau, la fonte liquide est plus dense que la fonte solide, c'est-à-dire qu'elle se dilate en se solidifiant.

Marche de l'expérience. — Pour appliquer ces données à la préparation du diamant, on opère ainsi qu'il suit :

On comprime fortement du charbon de sucre très pur dans un petit cylindre de fer doux (fig. 242) ayant environ 3 cm. de hauteur et 1 cm. de diamètre, puis on ferme ce dernier au moyen d'un bouchon à vis de même métal. On fait ensuite fondre au four électrique (fig. 243 et 244) environ 200 grammes de fer doux, et dans ce bain métallique liquide on introduit rapidement le cylindre à charbon de sucre. Le creuset est aussitôt sorti du four et trempé brusquement dans un seau d'eau froide (fig. 245). Il y a évidemment production d'une grande quantité de vapeur, mais l'expérience n'offre aucun danger.

De cette façon, il se forme par refroidissement une couche de fer solide englobant une masse liquide qu'elle protège du contact de l'air extérieur. Quand cette croûte n'est plus qu'à la température du rouge sombre, on retire le tout de l'eau et on laisse la masse se refroidir d'elle-même à l'air. Pendant la durée de ce refroidissement, le mélange de charbon et de fer a le temps de presser contre lui-même et de donner ainsi naissance au carbone cristallisé et transparent, ou diamant.

Pour isoler celui-ci, on attaque le culot métallique au moyen d'acide chlorhydrique bouillant jusqu'à ce que tout le fer ait disparu. On est alors en présence seulement de carbone, mais sous trois états différents : graphite, charbon de couleur marron et carbone dense. On élimine le graphite et le charbon marron à l'aide d'eau régale et de traitements alternés à l'acide sulfurique bouillant et à l'acide fluorhydrique. Après une dernière attaque par le chlorate de potassium, l'acide nitrique fumant, l'acide fluorhydrique bouillant et l'acide sulfurique, ou lave, puis finalement on sèche.

En introduisant le résidu dans du bromoforme, on isole quelques fragments microscopiques plus denses que ce liquide, qui en outre rayent le rubis et brûlent dans l'oxygène à 1000°. Ces propriétés appartiennent seulement au diamant.

FIG. 245. — Préparation artificielle du diamant : immersion du culot de fonte dans une masse d'eau froide.

Propriétés des diamants de synthèse. — Examinés sous un fort grossissement, les diamants obtenus par Moissan ont des teintes variées ; ils représentent assez bien les deux principales variétés de diamants : le diamant noir et le diamant transparent.

Les diamants noirs (fig. 246) ont un aspect grenu et se présentent sous forme de plaques pointillées comme cela s'observe dans certains cristaux naturels. Parfois ils sont en masses à cassure conchoïdale et ont un aspect gras.

Les diamants transparents (fig. 247 et 248) ont aussi des aspects très variés. Ils possèdent souvent des stries parallèles et des impressions triangulaires. Leur densité moyenne est 3,5. Leur masse est parfois tapissée de petits points noirs analogues aux « crapauds » des diamants naturels. Comme ces derniers, amenés au jour des grandes profondeurs, ils éclatent quelquefois peu de temps après leur préparation. On en observe de toutes formes : d'ovales (gouttes), d'octaédriques, de fragmentés. Quelques-uns ont des arêtes courbes très nettes. Leur surface est généralement lisse et brillante ; elle est parfois chagrinée et creusée de petites cupules. Les extrémités de certains cristaux se prolongent comme par un chapelet de petits cubes. Les plus gros diamants obtenus n'ont que $0^{mm},75$ de longueur.

Fig. 246. — Diamants noirs obtenus par Moissan. (Gross. : 100 diam. environ.)

En résumé, les diamants synthétiques des Moissan se signalent par les propriétés caractéristiques suivantes : ils ont une apparence cristalline très nette, rayent facilement le rubis, ont une densité comprise entre 3 et 3,5, résistent à douze attaques par un mélange de chlorate de potassium et d'acide nitrique fumant, enfin brûlent dans l'oxygène à une température voisine de 1000° en donnant environ quatre fois leur poids d'acide carbonique. *Ce sont là des propriétés que possède seul le diamant naturel.*

Expériences diverses. — Majorana a modifié le procédé de Moissan d'une façon assez pittoresque (fig. 249). Deux charbons *b* et *d* de fort diamètre communiquent avec les pôles d'une source d'énergie électrique. On place entre leurs

Fig. 247. — Diamants transparents obtenus par Moissan. (Gross. : 100 diam. environ.)

deux pointes un fragment de charbon très pur *c* destiné à donner naissance au diamant après l'expérience. Une masse métallique *n* renferme une certaine quantité de poudre *m* placée en arrière d'un projectile en acier *a*. On réalise ainsi un véritable canon. L'enclume *f* est évidée en *e* de manière à recevoir le projectile et aussi le morceau de charbon *c* ; elle est naturellement en acier très résistant.

L'expérience est instantanée. Dès que le courant traversant les électrodes *b* et *d* a porté au rouge blanc le bloc *c*, on fait partir le projectile *a* qui vient aplatir *c* contre l'enclume *f*. On a ainsi réalisé les deux conditions de l'expérience de Moissan ; la température et la pression. Cela est si vrai qu'en traînant la masse reçue en *e* par les réactifs indiqués plus haut, on parvient à isoler de nombreux cristaux de diamants en tout semblables aux précédents.

Les diamants de l'acier. — La production artificielle du diamant au moyen de la fonte de fer permet de se demander si les aciers industriels ne seraient pas capables, eux aussi, d'engendrer ce même produit. Les aciers durs sont généralement obtenus, en effet, par le refroidissement sous pression du métal fondu. Cette hypothèse a été vérifiée par M. Rossel, professeur à l'Université de Berne, qui a effectivement isolé de certains aciers des cristaux ou des fragments de cristaux de diamant parfaitement transparents quoique toujours microscopiques. D'une façon générale, on constate que la quantité de diamants obtenue est d'autant plus grande que la température de fabrication de l'acier est plus élevée.

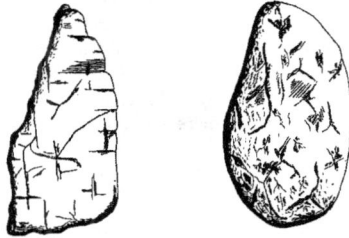

Fig. 248. — Diamants transparents obtenus par Moissan. (Gross. 100 diam. environ.)

Examinés au microscope, ces diamants sont parfois nettement cristallisés en octaèdres, mais le plus souvent ils affectent la forme de lamelles (fig. 250) : ce dernier aspect est en rapport avec les traitements (laminage) qu'ont subis les aciers au cours de la fabrication et qui ont réduit les diamants à l'état de débris plus ou moins irréguliers. Ils sont du reste presque toujours cassants lorsqu'ils proviennent d'aciers travaillés. Les octaèdres se rencontrent seulement dans les aciers bruts, c'est-à-dire ni forgés ni laminés.

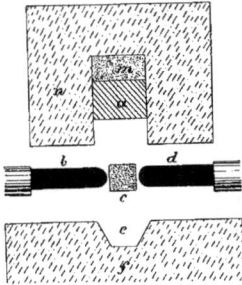

Fig. 249.
Expérience de Majorana.

Emploi de l'arc électrique dit musical. — Le procédé de La Rosa est basé sur la grande quantité de chaleur dégagée par certains arcs électriques (arcs musicaux) utilisés dans des conditions spéciales. Pour cette expérience, l'arc affecte la forme d'un éclateur à électrodes de charbon verticales. Au charbon inférieur est fixé un creuset réfractaire percé d'un trou et rempli de poudre fine de charbon de sucre jusqu'à 3 ou 4 mm. au-dessus de l'électrode.

Le charbon supérieur passe à travers une autre ouverture ménagée dans le couvercle du creuset.

Dès que l'arc passe entre la poudre du creuset et le charbon supérieur, un petit tourbillon de carbone incandescent se forme entre les deux électrodes ; mais il se transformerait en graphite si l'on ne prenait pas la précaution de le ramener brusquement à une température suffisamment basse. On arrive à ce résultat en substituant à l'arc musical une étincelle condensée très puissante.

M. La Rosa a pu ainsi isoler de la masse de charbon soumise à l'expérience des particules cristallisées ayant un poids spécifique égal à celui du diamant, qui rayent le rubis et résistent à l'action continue des acides concentrés et bouillants les

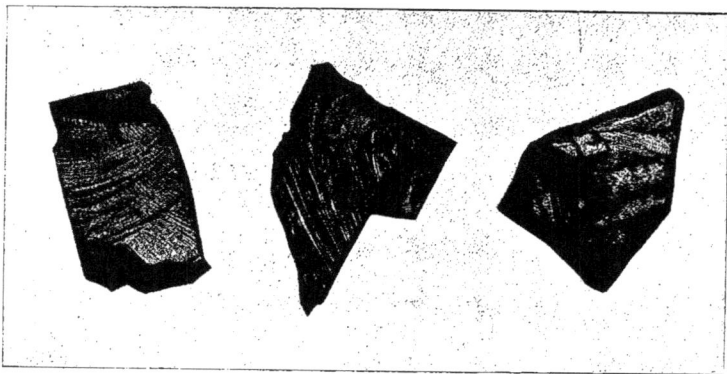

Fig. 250. — Diamants extraits de l'acier par Rossel. (Gross. : 75 diam. environ.)

plus énergiques ; à l'analyse elles ne donnent aucune trace de silice. L'un des cristaux obtenus (fig. 251) paraît être une macle tétraédrique à faces courbes ; d'autres se composent d'un enchevêtrement de cristaux plus ou moins tronqués mais où l'on distingue parfaitement aussi des tétraèdres et des pyramides à base carrée. Ces cristaux sont très transparents et possèdent une grande réfringence.

Emploi des hydrocarbures gazeux. — Les expériences de Rousseau ont été effectuées à la pression ordinaire et à l'aide de l'acétylène. Ce composé est, parmi les hydrocarbures, celui qui semble le plus apte à réaliser cette synthèse par suite de sa polymérisation facile qui engendre toute une série de carbures de plus en plus condensés.

En faisant agir directement l'arc électrique à travers certains autres hydro-carbures (gaz d'éclairage saturé de vapeurs de benzine), on obtient également de bons résultats. M. Rousseau est parvenu ainsi à préparer des petits grains de dia-mant noir qui tombent facilement au fond de l'iodure de méthylène.

Ces recherches permettent de supposer que le diamant peut très bien se former à la pression atmosphérique, la condition indispensable à sa production au moyen des hydrocarbures étant une très haute température, voisine sans doute de 3000°.

Les recherches de Von Bolton semblent également démontrer que dans la production du diamant la pression ne joue pas un rôle aussi important qu'on l'a supposé jusqu'ici. Son procédé, qui date de 1911, repose sur la propriété que possède la vapeur de mercure de décomposer les hydrocarbures tels que le gaz d'éclairage, en donnant du carbone amorphe et du diamant. Les amalgames décomposent également les hydrocarbures.

L'expérience est réalisée de la façon suivante :

Une éprouvette de 40 centimètres envi-ron de hauteur et de 2 centimètres de dia-mètre contient 50 grammes d'amalgame de sodium à 14 %. Après avoir enduit la partie supérieure de l'éprouvette au moyen de silicate de sodium, on la saupoudre de pous-sière de diamant. On maintient l'éprouvette au bain-marie à 100° et on y fait circuler lentement un courant de gaz d'éclairage rendu humide par un barbotage dans l'eau.

Une fois l'expérience terminée, l'examen de la partie supérieure de l'éprouvette montre

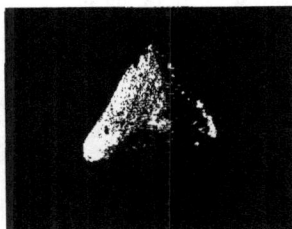

Fig. 251. — Diamant tétraédrique obtenu par La Rosa. (Gross : 50 diam. environ.)

la formation de petites quantités de carbone noir. D'autre part, l'observation de la poussière initiale de diamant indique l'apparition de particules d'un grand éclat. La couche de diamant, enlevée du tube, puis lavée successivement à l'eau bouillante, à l'acide fluorhydrique et à l'acide sulfurique, laisse voir au microscope des cristaux très nets de diamant qui se détachent parfaitement de la poussière sous-jacente. Ces cristaux disparaissent lorsqu'on les chauffe dans un courant d'oxygène.

D'après ces expériences, qui semblent être l'aurore de données nouvelles sur le problème de la « fabrication » du diamant, celui-ci pourrait se produire par la décomposition des hydrocarbures, à condition toutefois que des germes cristallins servent de substance mère et de support aux futurs diamants formés aux dépens du carbone isolé.

Électrolyse du carbure de calcium. — M. de Boismenu, qu'une longue

pratique industrielle avait familiarisé avec le four électrique, a réalisé la synthèse du diamant par un procédé en apparence assez simple et reposant sur l'électrolyse ignée du carbure de calcium.

La présence de cristaux microscopiques de diamant que Maumené avait décelée dans certains échantillons de carbure de calcium provenant de son usine de Savoie, suggéra à M. de Boismenu l'idée que la formation de ces cristaux pouvait être attribuée à des effets d'électrolyse. C'est dans ce sens qu'il orienta ses recherches.

Pensant que le carbone, qui n'a pas de palier de fusion apparent, doit cependant passer par la forme liquide pour pouvoir cristalliser sous la forme diamant, il admit que dans les carbures métalliques fondus le carbone à l'état de molécule isolée existe sous la forme liquide. En soumettant à l'électrolyse des bains de fusion fortement carburés, on doit donc pouvoir déterminer sa cristallisation, En 1908, il entreprit une série d'expériences dont il a communiqué les résultats à l'Académie des sciences dans deux mémoires en date du 24 avril et du 30 décembre 1908.

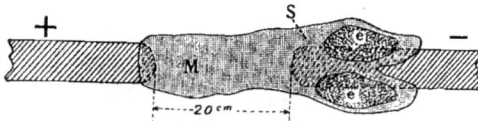

FIG. 252. — Préparation du diamant par le procédé De Boismenu : aspect du culot refroidi après l'opération.
M, carbure de calcium ; S, carbure décomposé ; e, mélange de diamant, graphite et carbone amorphe.

L'opération est effectuée à l'aide d'un four électrique à courant continu contenant un bain de carbure de calcium de 6 à 8 kilog. maintenu liquide pendant plusieurs heures à l'aide d'un courant de 800 ampères sous 20 à 25 volts. Par l'action de ce courant, il y a électrolyse du carbure : le calcium, appelé à la cathode, y brûle en produisant une flamme rose vif caractéristique, tandis que le carbone libéré, ne pouvant s'oxyder au sein de l'atmosphère de calcium qui l'entoure, va cristalliser dans des sortes de géodes formées dans la scorie de décomposition du carbure, à une certaine distance en arrière de la cathode.

Après l'opération, la masse de carbure refroidie et solidifiée apparaît sous un aspect indiquant nettement cet effet de décomposition électrolytique. Dans toute la région négative S (fig. 252), il se présente sous la forme d'une scorie légère, noire, friable, ne décomposant l'eau que d'une façon insensible. En s'éloignant du foyer, cette scorie, qui se prolonge tout le long du charbon négatif, prend une couleur plus claire et se transforme peu à peu en une masse vitreuse, d'un gris bleuté, déchiquetée et dans laquelle on aperçoit distinctement des cristaux de diamant adhérents aux parois (fig. 253). Dans cette partie, la cristallisation est tellement abondante qu'en grattant légèrement avec la pointe d'un canif, on peut recueillir par centaines de très petits cristaux de diamant.

On constate qu'il existe un rapport très net entre la grosseur des cristaux obtenus et la durée de l'opération. Dans les conditions où l'opérateur s'est placé, l'accroissement des cristaux semble se faire à la vitesse linéaire de deux dixièmes de millimètre à l'heure. Il est probable qu'en opérant avec plus de continuité pendant plusieurs jours, on obtiendrait des diamants de plusieurs carats. La figure 255 montre d'une façon assez frappante cette loi d'accroissement.

Dans toutes les expériences réalisées par l'emploi de cette méthode, il n'y a jamais eu ni pression excessive ni refroidissement brusque. Le four a toujours fonctionné à l'air libre et s'est refroidi lentement une fois le courant supprimé.

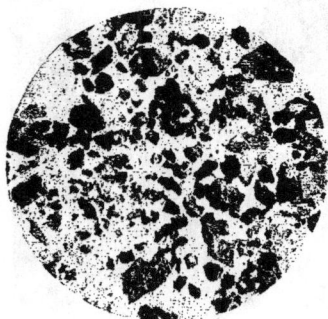

Fig. 253. — Scorie à diamants : procédé De Boismenu.
Un petit cristal de diamant est nettement visible au centre de la figure. (Gross. : 10 diam.)

Fig. 254. — Diamant obtenu par De Boismenu : électrolyse ignée du carbure de calcium. (Grossissement : 15 diamètres environ.)

Bien qu'obtenus au moyen de matières premières assez impures (chaux, charbon et carbure de calcium du commerce), les diamants préparés dans ces conditions sont en général très transparents ; ils se taillent et se clivent comme les diamants naturels ; l'un d'eux (fig. 254) a pu même être taillé en rose à 32 facettes par un diamantaire de Londres. Leur constitution, de même que leur analyse chimique et l'étude de leurs propriétés optiques, effectuées par MM. Maquenne et Lacroix, professeurs au Muséum, montrent qu'ils possèdent tous les caractères du carbone cristallisé pur et naturel, c'est-à-dire du diamant.

Recherches diverses. — MM. Moreux et Chesne ont de leur côté effectué un certain nombre d'essais qui les ont amenés à la production du diamant noir. Pour arriver à ce résultat, ils ont adopté le processus d'expérience suivant : 1° porter le charbon à une température suivante pour qu'il se vaporise ; 2° placer la vapeur ainsi obtenue dans un milieu sans action chimique sur elle ; 3° donner à cette vapeur de carbone une pression suffisante pour l'amener à la liquéfaction ; 4° produire une *détente* ou refroidissement brusque pour que le carbone liquide passe directement à l'état solide sans revenir à l'état gazeux.

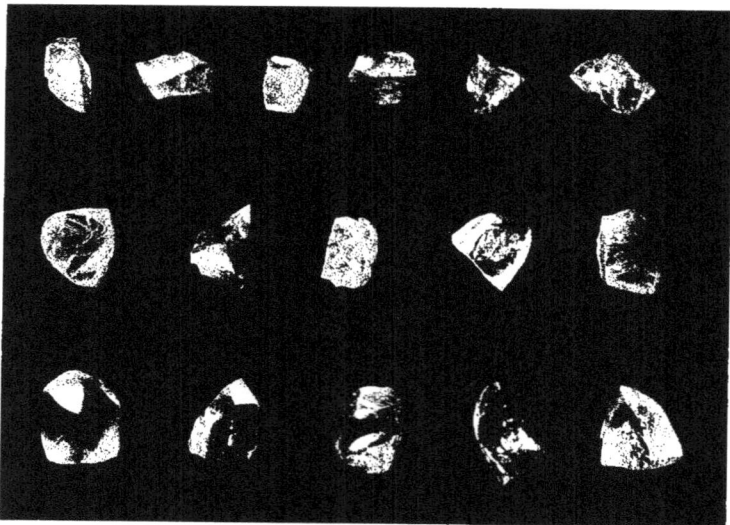

Fig. 255. — Diamants obtenus par De Boismenu. (Gross. : 10 diamètres.)
Première rangée : diamants obtenus après 7 heures de fonctionnement du four. Deuxième rangée : 10 heures de fonctionnement. Troisième rangée : 12 heures de fonctionnement.

Le four électrique employé était composé d'une substance réfractaire spéciale et sans affinité chimique pour le carbone même à une très haute température. Il était enfermé dans une enveloppe pouvant supporter une pression de 200 kilog. par centimètre carré. Un système de soupape permettait, à un moment donné, de produire une brusque détente pour amener la solidification du carbone liquide.

Après l'expérience, les résidus du creuset laissent voir des morceaux ayant une structure vitreuse et de densité supérieure au graphite : c'est une sorte de diamant noir contenant une forte proportion de graphite dissous en excès.

Les expériences de Friedländer ont été effectuées avec de l'olivine. En fondant cette substance de façon à l'amener à l'état bien fluide et en agitant le bain fondu avec une baguette de charbon, la partie liquide ainsi mise en contact avec le charbon devient noire. Au microscope, on y remarque des cristaux de magnétite et de très petits octaèdres et tétraèdres (0^{mm}, 001) d'une substance brune très réfringente qui raye la topaze et le rubis. Inattaquables même à chaud par l'acide sulfurique et l'acide fluorhydrique, ils ont une densité un peu supérieure à 3,3, brûlent dans l'oxygène et supportent sans changement la calcination dans l'acide carbonique.

Cette production du diamant a été suggérée à son auteur par la fréquence de l'association du diamant naturel, dans les cheminées du Cap, à de nombreux fragments de roches à olivine.

Avenir du diamant artificiel. — Et maintenant que penser et que dire de l'avenir réservé au diamant artificiel? — La solution pratique et grandiose de ce problème restera-t-elle encore pendant des siècles éloignée des médiocres résultats jusqu'ici obtenus dans le laboratoire ou bien devons-nous bientôt assister à la naissance de l'industrie du diamant de synthèse ?

La réponse est évidemment embarrassante, mais nous pensons cependant que rien ne s'oppose à la préparation en grand du diamant. Nous ajouterons même que souvent, sans doute, dans nos multiples manipulations de produits carbonés, aussi bien au cours d'analyses que de préparations industrielles, nous devons passer bien près de la solution cherchée. Malheureusement nous manquons encore de certaines données importantes. La question du point critique (température, variable pour chaque corps, au-dessus de laquelle ce dernier reste gazeux quelle que soit la pression) joue certainement un rôle dans la préparation du diamant. Or personne jusqu'ici n'a pu déterminer le point critique de la vapeur de carbone ; il est peut-être très rapproché de la température correspondant au passage de l'état solide à l'état gazeux, c'est-à-dire voisin de 3000° ; on conçoit donc qu'un écart de quelques centaines de degrés puisse avoir une grande influence sur les résultats obtenus au moment où l'on cherche à faire passer la vapeur de carbone à l'état solide.

Nous nous sommes demandé si l'on n'obtiendrait pas des résultats intéressants en faisant jaillir un arc très puissant entre une électrode de fer et une électrode de charbon, de manière à obtenir non pas une fonte mais un véritable carbure dissociable ensuite à une température très élevée, comme le sont par exemple ceux de calcium et de manganèse. Les deux vapeurs mélangées, maintenues dans une atmosphère neutre, ne donneraient-elles pas par refroidissement *brusque* des cristaux de diamant? En effet, il est à supposer que le fer et le carbone, incapables de se combiner à nouveau dans ces conditions, laisseraient ce dernier corps se déposer sous forme de diamant. Mais il est bien évident que les cristaux ainsi obtenus seront toujours de très petites dimensions. Nous considérons en effet le refroidissement lent comme essentiel pour l'obtention de gros cristaux.

Quels que soient les résultats acquis, nous demeurons convaincu, après ce rapide examen et les observations qu'il nous a été donné de faire sur un grand nombre de diamants bruts, que dans un avenir indéterminé, il est vrai, mais peut-être très prochain, nous verrons dans l'industrie et dans les vitrines des joailliers des diamants artificiels de plusieurs carats. Théoriquement, il n'y a aucune impossibilité à la solution de ce problème. Elle réaliserait, du reste, certainement de grands progrès dans les industries qui utilisent le diamant pour ses qualités de dureté et sans grand préjudice pour l'art de la joaillerie. Les diamants artificiels de grande dimension et de parfaite transparence seront, pensons-nous, toujours très rares et conserveront par suite une valeur sensiblement égale à celle des diamants naturels.

III. — GEMMES ORIENTALES

1° **Rubis et saphir synthétiques**.

Premières recherches. — C'est Gaudin qui, le premier, en 1837, a obtenu artificiellement le corindon et ses deux principales variétés colorées (rubis et saphir) à l'aide du chalumeau oxhydrique. L'appareil employé était celui de Deville et Debray (fig. 256) consistant en un four à parois épaisses et réfractaires renfermant un creuset. La flamme du chalumeau arrive par le haut et sort par deux ouvertures pratiquées à la base du four. On obtient ainsi une température pouvant atteindre 1800° à 2000°.

Pour reproduire le corindon, Gaudin plaçait à l'intérieur du creuset brasqué un mélange de charbon, d'alun et de sulfate de potasse. On chauffe pendant un quart d'heure et on laisse ensuite refroidir lentement. La masse retirée du creuset est lavée puis attaquée par l'eau régale étendue. Il reste alors au fond du récipient une sorte de sable qui est précisément formé par des cristaux de corindon.

Ces cristaux, que l'on peut obtenir colorés en rouge (rubis) par l'addition d'une petite quantité de bichromate de potassium, se présentent sous forme de

RUBIS DE SYNTHÈSE
(Procédé Fremy et Feil).

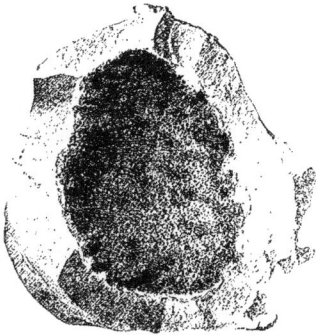

1. Creuset brisé : parois tapissées
de cristaux de rubis.

2. Rubis obtenu avec l'alumine
potassée (gross. : 25 diam.).

3. Rubis dans leur
gangue au sortir du creuset.

4. Rubis obtenus avec l'alumine
potassée (gross.: 10 diam.).

lamelles hexagonales ayant leurs bases striées parallèlement aux côtés. On y remarque, comme inclusions, de très fins microlithes. Analysés ils donnent :

Alumine	97 %
Oxyde de chrome	1
Silice et chaux (impuretés)	2

En 1850, de Sénarmont a obtenu des cristaux très nets de corindon en chauffant à 350° dans un tube scellé une solution de chlorure ou de nitrate d'aluminium. Les cristaux préparés par cette méthode ont la forme de petits rhomboèdres tronqués sur les arêtes.

En 1851, Ebelmen a imaginé un procédé des plus simples et des plus ingénieux qui permet d'obtenir indifféremment du corindon incolore ou coloré. Il consiste à chauffer dans un four à porcelaine, au creuset de platine, un mélange d'alumine et de borax dans les proportions suivantes :

Alumine amorphe	1 partie
Borax	3 à 4

Après une chauffe de plusieurs jours, tout le borax est volatilisé et, au fond du creuset, on trouve des cristaux de corindon. Sur les bords, il se forme de longues aiguilles de borate d'aluminium qu'il est facile de séparer par l'acide chlorhydrique. Le corindon obtenu dans ces conditions diffère très peu de celui de Gaudin. Sa densité est de 3,98 ; il raye facilement la topaze.

On obtient des cristaux plus volumineux en additionnant le mélange précédent de carbonate de baryte ; ils atteignent alors plusieurs millimètres. On peut aussi ajouter à la masse du carbonate de chaux ou même remplacer totalement le borax par le carbonate de soude.

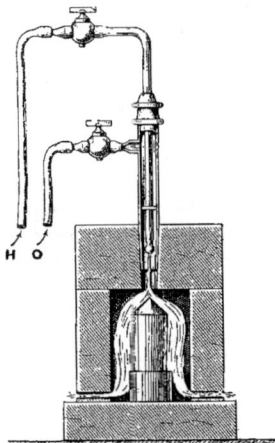

FIG. 256. — Four Deville et Debray utilisé par Gaudin pour la reproduction du corindon.

L'addition d'une très faible quantité d'oxyde de manganèse au mélange contenu dans le creuset permet de réaliser facilement la synthèse de l'*améthyste orientale* ou corindon violet que l'on rencontre rarement à l'état naturel. Le rubis et le saphir s'obtiennent par l'addition, en proportions différentes, de petites quantités de sesquioxyde de chrome.

Les expériences célèbres de H. Sainte-Claire Deville et Caron datent de 1858. Ces savants ont obtenu des cristaux de corindon diversement colorés par l'action du fluorure d'aluminium anhydre sur l'acide borique. Pour réaliser cette expérience, on place le fluorure au fond d'un creuset de charbon de cornue et, au centre ou légèrement au-dessus, une coupelle de la même substance remplie d'acide borique. L'ensemble est chauffé au rouge blanc pendant une heure environ. Les deux vapeurs se rencontrent dans l'espace libre et, en réagissant l'une sur l'autre, donnent naissance à de l'oxyde d'aluminium (corindon) et à du fluorure de bore. En ouvrant le creuset, on le trouve tapissé de grandes et belles lamelles hexagonales de corindon. Ces cristaux, examinés au microscope, laissent voir des inclusions vitreuses d'acide borique ainsi que des bulles gazeuses fréquemment disposées en couronne. Les bases ne sont pas striées mais contiennent parfois des rosettes hexagonales ou des arborescences qui proviennent sans doute des principes colorants ajoutés au fluorure.

Pour obtenir les pierres colorées, il faut opérer dans un creuset d'alumine. Le rubis et le saphir se produisent par simple addition de fluorure de chrome. Il arrive souvent que, dans un même creuset, on obtient à la fois des cristaux de rubis et de saphir. L'*émeraude orientale* (corindon vert) se produit lorsqu'il y a excès de fluorure de chrome.

En 1865, Debray a signalé plusieurs méthodes permettant d'obtenir l'alumine cristallisée. La première consiste à faire passer, au rouge, un courant assez lent d'acide chlorhydrique sur de l'aluminate de soude. Dans la seconde méthode, on remplace cet aluminate par un mélange de chaux et de phosphate d'alumine ; il se forme aussi, dans ce dernier cas, du chlorophosphate de chaux (wagnérite calcique).

La fusion d'un mélange contenant une partie de phosphate d'alumine pour trois ou quatre de sulfate de potasse ou de soude donne également de bons résultats. Il se forme en outre un phosphate alcalin.

Le procédé indiqué en 1865 par Hautefeuille repose sur l'action minéralisatrice de l'acide fluorhydrique, cette action étant celle qui se rapproche le plus des conditions de formation naturelle du corindon. Le procédé consiste à faire traverser par des vapeurs de ce gaz un tube de platine porté au rouge et contenant de l'alumine amorphe. Plus l'opération est longue et plus les cristaux obtenus sont développés, les plus grands croissant rapidement aux dépens des petits.

Le procédé imaginé en 1880 par Stanislas Meunier consiste à faire agir la vapeur d'eau sur du chlorure d'aluminium contenu dans un tube de porcelaine chauffé au rouge. On obtient des lamelles hexagonales ayant la composition et les propriétés du corindon et qu'il est facile de colorer en rouge par addition d'une petite quantité de bichromate de potasse.

Fouqué et Michel-Lévy ont signalé la formation de cristaux de corindon dans la fusion d'un mélange de fluorine et de feldspath microcline. D'après Parmentier, la fusion de l'alumine amorphe en présence du bimolybdate de potassium fournit également du corindon en lamelles ; il convient d'opérer à haute température pour éviter la réaction inverse.

Procédé Fremy et Feil. — Le procédé de Fremy et Feil, qui date de 1877, est certainement celui qui a eu le plus de retentissement. Il permet en effet d'obtenir le rubis et le saphir en grande quantité et parfaitement cristallisés. Il repose sur le processus suivant :

On calcine pendant quelques heures un mélange en parties égales d'*alumine* et de *minium* additionné de 3 % de *bichromate de potasse*. Le minium, agissant au rouge sur l'alumine, forme d'abord de l'aluminate de plomb qui est ensuite décomposé par la silice du creuset. Il se produit en même temps du silicate de plomb très fusible. L'alumine se précipite en cristallisant.

En réalité, après l'opération il y a dans le creuset deux couches superposées : la couche inférieure est vitreuse et formée surtout de silicate de plomb ; la couche supérieure est cristallisée et remplie de rubis enchâssés dans le silicate de plomb.

Ce procédé réalisé au laboratoire ne donne évidemment que de petits cristaux. Pour obtenir des rubis de grandes dimensions, il faut avoir recours à des fours industriels qui permettent de préparer en une seule opération et dans un même creuset plusieurs kilogrammes de rubis. Les cristaux obtenus ont la dureté, la densité et la forme cristalline des rubis naturels. Ils ont une réfraction et une biréfringence un peu plus élevées que ceux de Birmanie et de Ceylan. D'après Des Cloizeaux, chaque lamelle serait constituée par un cristal unique ; d'après Melczer, elle doit plutôt être considérée comme une macle, à en juger du moins par les stries différemment orientées qu'on voit sur la base. La dimension de ces rubis varie entre un millimètre et un demi-centimètre carré de surface.

Dans le but d'obtenir des cristaux plus épais que les précédents, c'est-à-dire pouvant être utilisés dans la joaillerie et l'horlogerie comme les rubis naturels, MM. Fremy et Verneuil ont porté à une température très élevée, dans un creuset de terre réfractaire, un *mélange d'alumine plus ou moins potassée, de fluorure de baryum et de bichromate de potassium.*

Dans cette opération, la circulation de l'air dans le creuset est essentielle pour obtenir de beaux rubis. La formation de ces cristaux sous forme de rubis épais et rhomboédriques peut s'expliquer de la manière suivante :

L'alumine se combine d'abord soit à la potasse, soit à la baryte. L'air humide pénétrant ensuite dans le creuset, opère le grillage du fluorure à très haute température, en donnant naissance à un dégagement d'acide fluorhydrique. C'est ce dernier qui isole ensuite l'alumine à l'état cristallisé, tandis que le fluorure alcalin formé se volatilise.

On a aussi émis l'hypothèse qu'il y avait d'abord formation de fluorure d'aluminium (vers 1500°). En se grillant au contact de l'air humide, ce dernier donne naissance à de l'acide fluorhydrique qui se dégage et à du rubis qui cristallise par refroidissement.

Il est très facile de détacher du creuset les cristaux ainsi formés (pl. XVII, fig. 1 et 3). Pour cela, le produit de la calcination est jeté dans un vase rempli d'eau. En agitant le liquide, la gangue blanche dans laquelle se sont formés les rubis reste en suspension dans l'eau, tandis que les rubis tombent rapidement au fond du vase.

Les caractères distinctifs de ces pierres synthétiques sont les suivants : ils sont peu épais et rhomboédriques, et présentent la composition et la densité du rubis naturel ; leur forme cristalline est régulière (pl. XVII, fig. 2 et 4) et leur transparence parfaite. Leur éclat est adamantin et ils offrent la belle couleur rouge du rubis d'orient. Ils rayent facilement le quartz et la topaze, et, de même que les pierres naturelles, deviennent verts sous l'action d'une forte chaleur et reprennent leur teinte initiale par refroidissement.

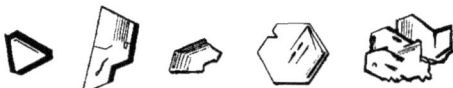

Coll. de l'auteur.

Fig. 257. — Cristaux de saphirs artificiels obtenus par le procédé Fremy et Verneuil (grandeur naturelle).

Dans cette préparation il importe de retenir que l'alumine se charge difficilement d'une portion de chrome dépassant 3 °/₀ ; elle devient alors d'une couleur violette qui n'est pas celle du rubis. De même, l'obtention de cette substance est intimement liée à la pénétration de l'air dans le creuset [1]. Quant à la meilleure disposition à donner au mélange dans le creuset, elle est la suivante :

Les deux corps qui donnent naissance au rubis forment deux couches : l'une, qui agit en quelque sorte comme une brasque, est constituée par un mélange d'alumine potassée et d'alumine chromée ; l'autre, disposée au centre du creuset, comprend un mélange de fluorure de baryum et d'alumine : c'est là que s'engendre l'acide fluorhydrique. Les plus beaux cristaux se forment généralement dans la couche qui sépare l'alumine potassée des parois du creuset.

Saphir. — L'obtention du saphir s'effectue dans les mêmes conditions, mais on ajoute au bichromate de potasse une petite quantité d'oxyde de cobalt. Les

1. En renfermant le mélange d'alumine potassée, de fluorure et de bichromate de potasse dans un creuset hermétiquement clos, il ne se produit *pas une trace* de rubis, même si l'expérience est prolongée pendant 15 heures. En ménageant dans le couvercle de petites ouvertures, on trouve au contraire dans le creuset des quantités considérables de rubis rhomboédriques produits en face des ouvertures par où entre l'air dans le creuset.

cristaux obtenus sont très nets (fig. 257). La présence de ce dernier n'est du reste pas toujours indispensable, car un même creuset où le seul principe colorant est le bichromate de potasse contient parfois des cristaux bleus dispersés çà et là au milieu des rubis. MM. Fremy et Verneuil ont même obtenu de belles plaques cristallisées dont une face était rouge et l'autre bleue. Il est donc très possible que ce soit le chrome qui, à divers degrés d'oxydation, donne naissance soit au rubis, soit au saphir [1].

Emploi du four électrique. — Au four électrique, il est facile de préparer du rubis et l'expérience ne demande que quelques instants. Une certaine quantité d'alumine additionnée d'une faible proportion de sesquioxyde de chrome entre en fusion rapidement et fournit par refroidissement des cristaux rouges se détachant de la masse. Il convient de surveiller de près l'expérience, car si on la prolonge l'alumine se volatilise entièrement et il ne reste rien dans le creuset après l'opération.

On peut du reste mettre à profit cette volatilisation rapide de l'alumine à la température de l'arc électrique pour obtenir de gros cristaux rhomboédriques. Dans ce but, le four est muni d'une ouverture dans laquelle s'engage un tube en matière réfractaire qui arrive dans une chambre de condensation en forme de moufle, chauffée extérieurement à la température de 1500° environ.

On fait arriver dans l'axe du tube un courant d'air humide en même temps que dans le creuset du four on projette à intervalles rapprochés de petites quantités de fluorure d'aluminium ou de cryolithe qui sont immédiatement volatilisées. Sous l'influence de la vapeur d'eau, le fluorure gazeux est décomposé : il se produit de l'acide fluorhydrique tandis que l'alumine libérée vient se déposer sur les parois du tube sous forme de cristaux rhomboédriques qui s'accroissent continuellement si l'opération est bien conduite. L'emploi du courant alternatif est nécessaire pour éviter les phénomènes de décomposition électrolytique qui diminueraient beaucoup le rendement de l'appareil en rubis.

Procédé aluminothermique. — Les méthodes aluminothermiques conviennent également à cette préparation, ainsi que le montre l'expérience suivante, facile à réaliser :

On mélange 100 grammes de borax fondu et pulvérisé avec 100 gr. d'aluminium en poudre et 125 gr. de fleur de soufre. On introduit le tout dans un creuset et on enflamme le mélange par du magnésium additionné de bioxyde de baryum. Quelques secondes suffisent pour produire la réaction. La masse, une fois refroidie, est traitée par l'ammoniaque étendue. L'hydrate d'alumine provenant de

1. D'après M. Verneuil, la coloration bleue obtenue à l'aide du cobalt diffère de celle du saphir naturel dans lequel cette substance n'a jamais été décelée par l'analyse. L'emploi de l'oxyde de cobalt comme colorant de l'alumine ne constituerait donc qu'une imitation et non une reproduction du saphir.

la décomposition du sulfure d'aluminium formé est éliminé par l'acide chlorhydrique. On obtient ainsi un résidu contenant des globules d'aluminium métallique, des flocons bruns de bore et une poudre cristalline formée de corindon. Le bore est facilement éliminé par l'acide nitrique qui laisse l'alumine cristallisée et pure constituant le corindon.

2° Gemmes orientales dites reconstituées.

Gaudin a indiqué en 1869 une méthode différente de celle indiquée précédemment (p. 312) pour préparer le corindon. Elle consiste à chauffer simplement de l'alumine amorphe à la flamme du chalumeau oxhydrique. Cet oxyde fond en une sorte de verre et, par refroidissement, donne un globule à facettes cristallines ayant la composition et les propriétés du corindon naturel. C'est ce procédé qui, perfectionné par Verneuil, a servi de base à la fabrication artificielle du rubis et du saphir telle qu'elle se pratique couramment aujourd'hui dans l'industrie [1].

Elsner a obtenu également du rubis en fondant au chalumeau oxhydrique de l'alumine anhydre additionnée d'une petite quantité de bichromate de potassium. Les grains cristallins ainsi préparés avaient la dureté du rubis naturel.

Les minéraux artificiels préparés dans ces conditions constituent ce qu'on a appelé depuis les pierres *reconstituées* parce qu'au début leur préparation était réalisée par la fusion de petits rubis ou de déchets de rubis naturels. On les désigne aussi couramment, en joaillerie, sous le nom de pierres *scientifiques* pour les distinguer, non seulement des gemmes naturelles, mais aussi des pierres *synthétiques* telles que celles obtenues par les procédés décrits précédemment.

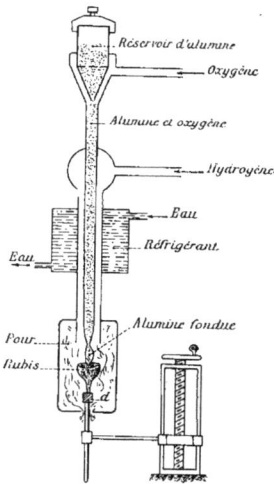

Fig. 258. — Four Verneuil pour la préparation du rubis.

C'est par les « rubis de Genève » que, vers 1880, les pierres précieuses reconstituées ont fait leur apparition dans le commerce de la joaillerie. A cette époque on ignorait complètement leur fabrication et pendant longtemps elles ont été présentées frauduleusement comme des pierres naturelles. Grâce aux recherches de M.

1. L'industrie des rubis de fusion, qui s'est considérablement développée depuis 8 ans, produit annuellement pour plus de 5 millions de carats de cette gemme.

Verneuil, actuellement professeur au Conservatoire des arts et métiers, et à son élève Paquier, on a pu réussir, non seulement à établir le mode de préparation de ces pierres, mais aussi à perfectionner leur fabrication au point de les rendre, après la taille, aussi parfaites que les pierres naturelles.

Principe de la fabrication. — D'après Verneuil, le succès de la méthode, qui consiste simplement dans la fusion de l'alumine, est intimement lié à la connaissance des lois de solidification de l'alumine fondue. De même, di -il, que la glace peut être opacifiée par les nombreuses bulles de gaz primitivement dissous qu'elle emprisonne ou par l'enchevêtrement en tous sens des cristaux qui la constituent, de même le corindon peut perdre sa transparence s'il a été solidifié après un affinage trop imparfait ou si sa prise en masse rapide a gêné l'orientation régulière des cristaux qui le constituent.

L'alumine fondue et surchauffée dans une région de la flamme très oxygénée donne toujours un produit opaque dont le défaut de transparence tient aux nombreuses bulles qu'il renferme ou à l'orientation en tous sens des cristaux dont il est formé.

En outre, au moment de sa solidification, l'alumine présente une extrême fragilité qui se manifeste par la formation d'une multitude de craquelures [1]. Le nombre de ces craquelures ne paraît pas diminuer lorsqu'on opère sur de grandes quantités; cela est si vrai qu'il est impossible de trouver

Fig. 259. — Batterie de fours à rubis.

dans une masse solidifiée de 100 kilogrammes un morceau non fissuré pouvant donner après la taille un rubis pesant plus d'un carat (200 mmgr.). On constate cependant que les cassures sont d'autant plus nombreuses que la surface de contact avec le support est plus grande ; en effet, la solidification de l'alumine sous forme de petits cônes reposant sur la pointe s'effectue généralement sans aucune craquelure.

Ces considérations entraînent donc la réalisation pratique des trois conditions suivantes pour l'obtention de masses transparentes et homogènes :

1. Elles sont dues à la fois à la tendance au clivage et au contact, sur une surface notable, de la partie fondue avec l'alumine sous-jacente qui est simplement frittée.

1° Opérer la fusion en utilisant toujours la partie de la flamme la plus riche en hydrogène et en carbone capable de produire la fusion, afin d'éviter le bouillonnement et de réaliser l'affinage complet ;

2° Produire l'accroissement de la masse par couches superposées de bas en haut, afin de réaliser l'affinage par une série de couches minces et la solidification graduelle qui permet au produit de rester transparent ;

3° Utiliser un dispositif tel que le contact du produit fondu avec le support soit limité à une surface extrêmement petite afin de réduire au minimum le nombre des cassures.

Four de fusion. — Ces conditions sont réalisées pratiquement à l'aide de l'appareil représenté par les figures 258 et 259 qui a servi de type à tous ceux qui ont été construits ensuite dans l'industrie pour la fabrication en grand du rubis et du saphir dits reconstitués.

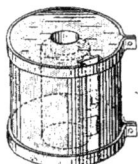

Fig. 260. — Creuset de fusion pour la poudre d'alumine.

La poudre d'alumine est placée dans un petit réservoir disposé à la partie supérieure de l'appareil. Comme elle doit tomber très régulièrement sur son support et que d'autre part il est nécessaire qu'on puisse en faire varier le débit suivant les besoins du travail de fusion, on a recours à un petit dispositif (non représenté sur la figure) qui produit régulièrement de légers chocs sur le réservoir à alumine ; ces chocs, qui se succèdent plusieurs fois par seconde, sont suffisants pour déterminer le tamisage régulier de la poudre.

Le creuset au milieu duquel s'exécute la fusion (fig. 260) a pour but, non seulement de préserver la vue de l'opérateur, mais aussi de faciliter le réglage de la flamme et de régulariser son rayonnement. Il se compose d'un cylindre en argile de 7 centimètres de diamètre, 10 centimètres de hauteur et 2 centimètres environ d'épaisseur. L'espace vide central a donc 35 millimètres de diamètre. Sa paroi est percée d'une fenêtre L garnie d'une feuille de mica.

Le support d (fig. 258) destiné à recevoir la masse fondue est constitué par un petit cylindre d'alumine de 3 à 4 mm. de diamètre reposant sur une tige de platine. A l'aide de dispositifs spéciaux, on peut faire varier la position du four et du support selon les nécessités de l'opération.

Pour éviter l'échauffement du tube central, il est essentiel d'utiliser un réfrigérant à eau de 8 cm. environ de hauteur.

Marche de l'opération. — La préparation de l'alumine chromée destinée à la fabrication du rubis par ce procédé s'effectue de la manière suivante :

On dissout 530 gr. d'alun d'ammoniaque pur dans 4 litres d'eau distillée en l'additionnant de 150 cm³ d'une solution contenant 65 gr. par litre d'alun de chrome et de potassium pur. Cette liqueur est versée bouillante dans 7 litres d'eau distillée additionnée de 400 cm³ d'ammoniaque pure à 22°. Au bout d'une heure et demie environ, on jette le précipité gélatineux sur une toile et, lorsqu'il est bien égoutté, on le lave en le mettant en suspension dans 8 litres d'eau distillée. On le filtre à nouveau et on termine par un second lavage analogue. Après quelques jours de repos sur la toile, l'alumine ne laisse plus suinter d'eau. On la dessèche alors et on la calcine au rouge cerise.

Dans ces conditions on obtient environ 60 gr. d'alumine renfermant 2,5 °/₀ d'oxyde de chrome. Il ne reste plus qu'à broyer et à tamiser ce produit pour qu'il soit immédiatement utilisable à la préparation du rubis.

La durée totale d'une fusion est de deux heures et demie environ. On peut considérer que l'opération a été bien menée lorsque le produit obtenu, bien limpide, pèse de 12 à 15 carats, soit de 2,4 à 3 grammes environ. Une telle masse a un diamètre de 6 à 8 millimètres (fig. 261).

Fig. 261.
Rubis au sortir de fabrication
(Grandeur naturelle.)

Dans ces conditions, le produit se sépare exactement en deux parties (fig. 262, a) par une fissure verticale, sans fentes secondaires. Cette séparation se manifeste spontanément sans cause immédiate ou lorsqu'on use la pointe sur une meule. Chacun des deux morceaux est prêt à être taillé suivant les méthodes habituelles.

Il est cependant difficile d'arriver à de si bons résultats et, le plus souvent, la masse obtenue possède une moitié intacte tandis que l'autre est sillonnée par plusieurs fissures qui la rendent souvent inutilisable (fig. 262, b). D'après Verneuil, la cause de ses cassures secondaires provient du défaut d'homogénéité de la masse qui, en réalité, est formée d'une série de couches engendrées dans des régions différentes de la flamme malgré tout le soin pris pour réaliser la fusion dans une région unique. C'est pour cette raison que l'alumine chromée (rubis) donne presque toujours de moins bons résultats que l'alumine pure (corindon incolore).

Propriétés des rubis reconstitués. — Différences avec les rubis naturels.

— Par quels caractères les rubis reconstitués diffèrent-ils des rubis naturels ? — Au point de vue chimique, on peut dire qu'il n'y a aucune différence entre les deux pierres ; elles présentent du reste la même résistance aux réactifs. Comme les rubis naturels, les rubis reconstitués manifestent une très belle fluorescence rouge lorsqu'on les place dans le phosphoroscope ou quand on les soumet à l'action de l'effluve. Leur densité est voisine de 4. Leur dureté est identique à celle des rubis naturels ; il en est de même de leur couleur qui passe au vert foncé à chaud pour redevenir rouge par le refroidissement ; elle peut égaler celle des plus beaux rubis d'Orient lorsque le mélange d'alumine et d'oxyde de chrome est convenablement réparti. En faisant varier la proportion de cette dernière substance, il est du reste facile de constituer toute la gamme de tons présentés par les rubis naturels.

Au point de vue physique et cristallographique, il est curieux de remarquer que les boules semi-coniques ainsi obtenues ne sont pas constituées par une masse amorphe et vitreuse comme le serait par exemple une goutte de verre fondu : chaque boule ne renferme qu'un seul cristal. Cela paraît évidemment surprenant à première vue puisque la boule finale ne résulte que des additions successives de matière fondue. Il semble cependant que ces superpositions de matière ne s'effectuent pas sans qu'il y ait en même temps fusion de la masse sous-jacente, laquelle fusion permet à l'alumine d'orienter ses molécules conformément aux principes de la symétrie cristalline.

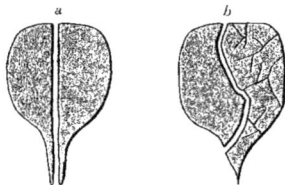

Fig. 262. — Coupes de rubis de bonne (a) et de mauvaise (b) fabrication.

« Il résulte de ces considérations, dit M. Verneuil, qu'au point de vue chimique, physique et cristallographique, il y a identité de propriétés et de structure moléculaire entre le rubis de fusion et le rubis de naturel et que ce procédé de fusion réalise, au point de vue scientifique, une véritable synthèse du rubis. La masse primitive ovoïde et sans facettes distinctes résultant de la fusion est tout à fait comparable aux rubis roulés si abondants dans certains gisements et sur lesquels il n'existe pas, non plus, trace de facettes. »

La seule différence que présentent les pierres reconstituées avec les pierres naturelles consiste dans la présence de petites *bulles sphériques ou elliptiques*, visibles simplement au microscope (fig. 263) et de *zones* d'accroissement généralement faciles à distinguer sous un grossissement moyen (fig. 264). Ces particularités n'enlèvent heureusement rien à l'éclat et à la beauté des pierres lorsqu'elles sont le résultat d'une fabrication bien conduite ; la limpidité des rubis artificiels dépasse même souvent de beaucoup la transparence de la plupart des rubis naturels qui, eux aussi, ne se rencontrent que très rarement à l'état parfait, c'est-à-dire exempts d'inclusions ou de stries.

Les rubis reconstitués existent dans le commerce sous différentes dénominations. Le type « horlogerie » est le moins transparent, mais il est nettement cristallisé et il se clive avec la même facilité que le rubis naturel. Le type « joaillerie » est naturellement plus pur et présente une plus belle teinte.

Autres gemmes : saphir, topaze, émeraude orientales. — Le
saphir se prépare dans les mêmes conditions que le rubis par la méthode de fusion, mais on obtient des « bleus » différents suivant la nature de l'oxyde utilisé comme colorant. M. Verneuil a montré en effet que si on emploie dans ce but un oxyde de fer inférieur, on obtient des pierres d'un bleu sombre, analogues aux saphirs

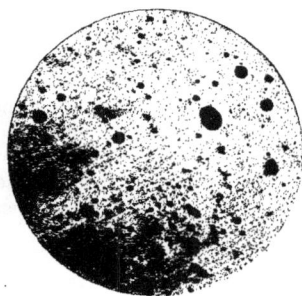

FIG. 263. — Rubis reconstitué : inclusions
sphériques gazeuses. (Gr. : 100 diam.)

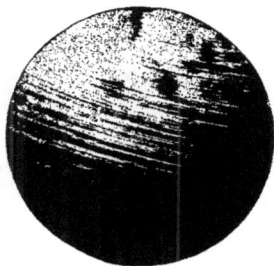

FIG. 264. — Rubis reconstitué : structure
fluidale. (Gr. : 80 diamètres.)

d'Australie et dont la valeur commerciale est peu élevée. Au contraire, si on introduit dans l'alumine une quantité presque infinitésimale d'oxyde de titane et en même temps un peu d'oxyde de fer magnétique, on obtient des saphirs d'un très beau bleu et qui peuvent concurrencer facilement les plus beaux saphirs naturels. Les meilleurs résultats sont obtenus en additionnant l'alumine de 1,5 % d'oxyde de fer magnétique et de 0,5 % d'acide titanique.

Ces saphirs contiennent 98 % d'alumine. Au point de vue cristallographique, ils ont les mêmes propriétés que les rubis de fusion obtenus par un procédé analogue : ils sont constitués par un cristal unique uniaxe, négatif, peu biréfringent. Leur composition et leur constitution cristalline entraînent l'identité de leurs propriétés avec celles du saphir naturel.

Outre le rubis et le saphir, plusieurs gemmes à base de corindon ont pu être également obtenues. Ainsi la *topaze orientale* ou *corindon jaune* (p. 250) peut être obtenue en colorant l'alumine par des oxydes appropriés (oxyde de nickel). M. Bordas a également montré que le corindon incolore se transforme en corindon jaune sous l'action des rayons cathodiques ; les échantillons ainsi colorés reprennent cependant leur teinte initiale par l'action prolongée d'une température voisine de 300°.

L'*émeraude orientale* ou *corindon vert*, qui est très rare, peut également être obtenue en soumettant des saphirs à l'action du radium. On sait que sa teinte devient ainsi peu à peu verdâtre. Cependant, on n'arrive que difficilement à obtenir de la sorte un beau vert. Mais comme les corindons ont la propriété de retrouver leur couleur initiale sous l'influence d'une élévation de température après avoir été modifiés par le radium, on peut, avec un peu de pratique, réaliser les deux actions dans des proportions telles que la teinte finale soit nettement verdâtre, c'est-à-dire semblable à celle de l'émeraude naturelle.

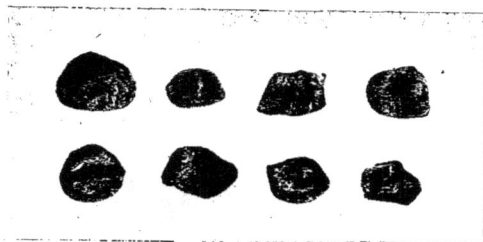

Coll. de l'auteur.

Fig. 265. — Déchets de rubis artificiels usés par le frottement, et destinés à être transformés en « rubis naturels d'alluvions ».

Falsifications. —

Depuis quelques années, certains fabricants peu scrupuleux ont utilisé les déchets de rubis reconstitués de petite dimension pour les faire passer, même à l'état brut, c'est-à-dire non taillés, pour des rubis naturels. Dans ce but, les fragments de rubis, groupés approximativement par dimensions, sont introduits dans des récipients animés d'un mouvement de rotation rapide. Par leur frottement réciproque, les pierres s'usent peu à peu, les angles et les arêtes disparaissent et, finalement, on obtient des fragments ayant tout à fait l'aspect des rubis roulés dans les alluvions (fig. 265).

Plusieurs industriels nous ont même affirmé qu'on poussait parfois la fraude au point d'envoyer ces pierres à Ceylan, aux Indes, en Birmanie, où on les mélange, sur place, aux rubis naturels avant leur expédition en Europe ou en Amérique.

IV. — GEMMES DIVERSES

Quartz. — Jusqu'à ce jour, le quartz ou cristal de roche n'a pu être obtenu artificiellement qu'en très petits cristaux. Du reste, la reproduction de ce minéral même à l'état de gros fragments ne serait intéressante au point de vue pratique qu'autant qu'on arriverait à la réaliser sous ses formes colorées : améthyste, quartz enfumé (diamant d'Alençon, citrine, fausse topaze), etc. Les expériences de Berthelot sur la teinture artificielle du cristal de roche sous les influences radioactives (p. 77) sont un premier pas vers la solution pratique de cette intéressante question.

De Sénarmont a obtenu de très petits cristaux de quartz en chauffant pendant plusieurs jours à 350° dans un tube de verre une petite quantité de silice gélatineuse délayée dans de l'acide chlorhydrique très étendu. Le tube de verre, fermé à la lampe, était placé à l'intérieur d'un canon de fusil hermétiquement clos.

Friedel et Sarrasin ont utilisé une dissolution de silice gélatineuse dans une liqueur légèrement calcaire. Les cristaux obtenus étaient d'une netteté parfaite (fig. 266).

Hautefeuille a le premier réussi à obtenir du quartz par voie sèche en fondant de la silice amorphe avec du

Fig. 266. — Quartz artificiel (Friedel et Sarrasin).

tungstate de soude pendant plusieurs semaines et à une température voisine de 900°. On obtient des cristaux ayant la dureté, la densité et les propriétés optiques du quartz. En chauffant de la silice à 200° dans un tube de platine clos avec une solution d'acide hydrofluosilicique, le même savant a également réussi à préparer artificiellement le quartz.

Parmi les essais effectués dans ces dernières années, il faut signaler les expériences de Spezia qui a utilisé la solubilité de la silice dans une solution aqueuse de silicate de sodium. A l'aide d'un dispositif très ingénieux, pouvant fonctionner sous pression et à des températures variées, il a réussi à dissoudre le quartz dans la partie la plus chaude du bain et à le faire cristalliser ensuite dans la plus froide. Michel-Lévy a du reste montré qu'à la température de

330° une solution à 2 °/₀ de silicate de soude dissout aisément le quartz ; il se sursature, au contraire, vers 230° et cristallise à nouveau.

Mentionnons également le procédé Brun qui consiste à faire agir sur une masse de silice fondue un mélange de vapeurs de chlorures de potassium et de sodium à l'abri de l'air et à la pression ordinaire. Le quartz ainsi obtenu est très biréfringent. La température nécessaire à cette cristallisation est voisine de 700-750° ; la durée de l'opération est de 40 heures environ.

Opales. — L'opale a été obtenue sous des formes diverses et c'est à Ebelmen que l'on doit les premiers échantillons artificiels de cette gemme. Son procédé consiste à décomposer l'éther silicique par la chaleur ou par l'eau. Dans le premier cas, on obtient une masse opaline qui, comme l'hydrophane, devient transparente lorsqu'on la plonge dans l'eau. Dans le second cas, surtout si l'éther silicique est additionné d'un peu de chlorure de silicium, l'action de l'air humide donne une masse transparente qui durcit peu à peu et finit par présenter tout à fait l'aspect de l'opale. Sa densité est de 1,77.

La présence d'une très petite quantité de matières étrangères dans le mélange fait varier la teinte et la transparence du produit obtenu. Ainsi en mélangeant à l'éther silicique des solutions alcooliques de substances colorées, on peut obtenir diverses variétés d'opale. L'une des plus belles est réalisée en additionnant le mélange de chlorure d'or : elle a la couleur de la topaze. Au bout de quelque temps, une réaction se produit sous l'influence de la lumière : la substance se remplit de lamelles d'or et prend l'aspect de l'aventurine.

Ajoutons qu'Ebelmen, en utilisant, pour produire de l'opale, un flacon fermé par un bouchon qui avait précédemment servi à un récipient à créosote, a obtenu une opale jaunâtre ayant tout à fait l'aspect et la teinte de l'ambre.

Monier a préparé une opale laiteuse de densité égale à 0,97 en décomposant le silicate de soude par une solution étendue d'acide oxalique, les deux liquides étant superposés d'après leurs densités. A la surface de séparation, il se forme une couche résistante qui raye le verre et contient 25 °/₀ d'eau.

Signalons enfin les expériences de Fouqué et Michel-Lévy qui ont obtenu des globules d'opale en faisant passer un courant très lent d'acide fluorhydrique mélangé de vapeur d'eau sur de la silice chauffée au rouge.

La variété connue en joaillerie sous le nom de *rosopale* ou *opale rose* n'a pas été obtenue artificiellement, mais on colore fortement en rose carmin les pierres naturelles par immersion dans des liquides appropriés et chauds, pour uniformiser leur teinte qui est souvent irrégulière ou trop claire.

La *calcédoine* a été obtenue artificiellement sous forme de sphérolithes par Brun par le recuit d'une variété d'obsidienne de Lipari qui contenait 75,4°/₀ de silice.

L'opération, qui s'effectue entre 510° et 550° environ, exige une quinzaine de jours.

L'*hyalite* a été égalemement obtenue par St. Meunier en immergeant dans du silicate de soude sirupeux un vase poreux de pile électrique rempli d'acide sulfurique fumant de Nordhausen. En moins de quarante-huit heures, tout le silicate alcalin est remplacé par une masse hyaline et incolore. Après une ébullition prolongée dans l'acide sulfurique ordinaire renouvelé plusieurs fois, il ne reste plus trace de sulfate de soude, mais uniquement de la silice pure avec une petite quantité d'eau. Les propriétés physiques et optiques de cette substance la rapprochent de l'opale de Pont-du-Château.

Topaze. — On n'est pas encore arrivé à produire artificiellement la topaze. En 1851, Daubrée a bien obtenu un produit contenant 54 °/₀ d'alumine, 38 °/₀ de silice et 6,3 °/₀ de fluor, mais ses propriétés cristallographiques n'étaient pas celles de la topaze. Son procédé consistait à soumettre l'alumine chauffée au rouge à l'action d'un courant de fluorure de silicium. La densité de ce produit était de 3,47.

D'après Fouqué et Michel-Lévy, la production artificielle de la topaze à l'aide des chlorures ou des fluorures volatils ne paraît pas impossible étant donnée la nature des roches dans lesquelles on rencontre le plus généralement ce minéral dans ses gisements (p. 205).

Émeraude. — C'est Ebelmen qui, en 1848, a le premier obtenu artificiellement l'émeraude. Son procédé consiste à soumettre à l'action d'une température élevée un mélange d'acide borique et d'émeraude naturelle pulvérisée. On obtient ainsi un culot dont les cavités sont remplies de petits prismes hexagonaux d'émeraude. En ajoutant un peu d'oxyde de chrome au mélange, on donne aux cristaux la teinte verte qu'ils possèdent à l'état naturel.

Ce procédé, à la fois simple et ingénieux, puisqu'il permet de transformer en une gemme très précieuse des résidus impropres à la joaillerie, présente un grand intérêt pratique. Il est certain que son application industrielle ne manquerait pas d'intéresser le commerce des pierres de synthèse.

En 1888, Hautefeuille et Perrey ont indiqué une méthode différente de celle d'Ebelmen et dans laquelle on utilise comme minéralisateur le molybdate acide de lithine.

On commence par faire un mélange intime de silice (12 gr. 5), d'alumine (3 gr. 6) et de glucine (2 gr. 6) que l'on place au fond d'un creuset de platine, puis on le recouvre de molybdate acide de lithine (92 gr.). On chauffe le tout au rouge sombre dans un four à moufle, juste pour arriver à la fusion du molybdate. Au bout de 24 heures, on élève progressivement la température jusque vers 800° et on la maintient constante pendant 15 jours.

Après refroidissement et par simple lavage, la masse se désagrège et l'émeraude apparaît en cristaux presque toujours isolés. Le poids d'émeraude obtenu est de 80 °/₀ de celui des éléments introduits dans le creuset (moins le molybdate), soit 15 grammes environ dans l'opération qui vient d'être décrite.

Les cristaux obtenus contiennent 67,7 °/₀ de silice, 19,6 °/₀ d'alumine et 13,4 °/₀ de glucine, ce qui correspond, aux erreurs d'analyse près, à la composition de l'émeraude naturelle. Leur densité est de 2,67. Comme ils sont incolores lorsqu'on les prépare d'après le procédé que nous venons d'indiquer, on peut les teinter en jaune verdâtre à l'aide d'oxyde de fer ajouté au mélange ou en vert à l'aide d'oxyde de chrome.

Phénacite. — La *phénacite*, qui comme l'émeraude constitue une gemme très estimée et s'en rapproche par son origine et sa composition (silicate de glucine), a également été obtenue artificiellement par Hautefeuille et Perrey. On fait un mélange intime de silice (4 gr. 8), de glucine (1 gr. 5), de vanadate neutre de lithium (20 gr.) et de carbonate de lithine (1 gr. 5). On le chauffe dans un creuset de platine entre 600° et 700° pendant 15 jours. Après refroidissement, un traitement par l'eau et par l'acide fluorhydrique étendu et froid isole complètement la phénacite.

Une trace d'oxyde de vanadium communique aux cristaux ainsi obtenus une coloration verdâtre, d'intensité variable. Ils sont infusibles au chalumeau et inattaquables par les acides ; ils ne résistent cependant pas, à chaud, à l'action prolongée d'un mélange d'acides sulfurique et fluorhydrique concentrés. Ils contiennent 54,5 °/₀ de silice et 45,6 °/₀ de glucine.

Péridot. — Le *péridot* a été obtenu artificiellement par un grand nombre de savants sous ses différentes formes et dans des conditions très variées.

Sa présence dans les laitiers des hauts-fourneaux a été constatée dès 1823 par Mitscherlich. Il se présente en cristaux noirs, brunâtres ou vert olive et possède un éclat vitreux ou gras très net. Sa dureté est égale à 6 et sa densité à 3,8.

Berthier l'a obtenu par la fusion purement ignée et Ebelmen par la fusion de ses éléments ; le mélange comprenait les substances suivantes :

Silice (Sable d'Aumont).............................. 4 gr. 50
Magnésie.. 6 gr. 15
Acide borique....................................... 6 gr. 00

En chauffant ce mélange à haute température, on obtient après refroidissement un culot dont les cavités sont tapissées de cristaux transparents, de teinte jaune-verdâtre. Un traitement par l'eau chaude ou par l'acide chlorhydrique étendu et froid isole facilement ces cristaux de leur gangue.

Ebelmen a également obtenu des cristaux de péridot en fondant à haute température les éléments de ce minéral en présence de la potasse caustique.

Un mélange de silice, de magnésie et de chlorure de magnésium porté à la température de fusion a permis également à Hautefeuille de reproduire ce minéral.

M. Lechartier a obtenu artificiellement deux variétés de péridot, l'une uniquement magnésienne et de densité égale à 3,19, l'autre ferro-magnésienne et de densité égale à 3,22. On fond pour cela les éléments de ces minéraux avec un excès de chlorure de calcium dans un creuset de charbon de cornue enveloppé d'un creuset de terre. En chauffant au rouge vif pendant deux heures environ, on obtient de belles lamelles transparentes ayant tous les caractères du péridot naturel.

Nous signalerons enfin pour mémoire les expériences de Daubrée (1866), St. Meunier (1881), Fouqué et Michel-Lévy (1881), Hautefeuille et Margottet (1881).

Zircon. — Ce minéral a été reproduit en 1858 et en 1861 par H. Sainte-Claire Deville et Caron en faisant agir au rouge du fluorure de silicium sur la zircone ou, inversement, du fluorure de zirconium sur la silice. Dans les deux cas on recueille des cristaux très nets (octaèdres quadratiques) de zircon analogues à ceux qu'on rencontre dans la nature.

En disposant dans un tube de porcelaine chauffé au rouge des couches alternées de zircone et de silice et en les faisant traverser par un courant de vapeurs de fluorure de silicium, on constate qu'une très petite quantité de cette substance suffit pour minéraliser une grande masse de silice et de zircone amorphes qui se transforment ainsi en zircon.

Daubrée, puis Troost et Hautefeuille, ont aussi obtenu ce minéral en faisant agir, au rouge, le chlorure de silicium sur la zircone.

Grenats. — Les principales variétés de grenat ont toutes été obtenues artificiellement. Klaproth, en 1801, et Von Kobell, en 1825, ont reproduit le *grenat mélanite*, le premier par fusion de l'idocrase naturelle, le second par fusion du grenat mélanite et refroidissement lent du culot. Dans les deux cas il se forme une masse scoriacée dans les cavités de laquelle on aperçoit de petits octaèdres réguliers qui ne sont autres que des grenats. Ils présentent la composition de la mélanite naturelle ; leur couleur est brune, leur cassure inégale ; ils possèdent un éclat vitreux ou gras et sont fusibles en un verre brun facilement attaquable par l'acide chlorhydrique avec production d'une gelée.

J. Escard.   42

En 1878, Fouqué et Michel-Lévy ont aussi obtenu la mélanite par fusion ignée suivie d'un recuit de deux jours. Les cristaux étaient brun jaunâtre et dérivaient du dodécaèdre rhomboïdal (fig. 268).

En 1892, M. Michel a préparé ce minéral en chauffant dans un creuset de graphite, pendant cinq heures et vers 1200°, le mélange suivant :

Silice.. 8 parties
Charbon... 2
Sulfure de calcium..................................... 10
Fer titané... 10

On abandonne ensuite le tout à un refroidissement très lent. On trouve alors un culot parsemé de géodes que tapissent des cristaux de grenat mélanite et de différents autres produits. Les grenats sont analogues à ceux qu'on rencontre dans la nature ; comme ces derniers, ils ont une teinte brun foncé, un éclat vitreux, une dureté égale à 7 ; leur densité est de 3,8. Ils affectent une grande netteté malgré leur petite taille qui ne dépasse pas en moyenne $0^{mm},5$ de diamètre. Ils sont fusibles en un vert noir magnétique et cristallisent en dodécaèdres rhomboïdaux.

Le grenat *spessartine* a été obtenu par L. Bourgeois dans un culot provenant de la fusion et du recuit de ses éléments. Ils se présentaient en lamelles polygonales presque circulaires, jaune foncé et accompagnées de nombreux cristallites d'hausmannite. Gorgeu l'a obtenu sous forme d'octaèdres très nets par fusion des éléments dans le chlorure de manganèse (fig. 267).

Le grenat *grossulaire* prend aisément naissance toutes les fois qu'un silicate alumineux est fondu dans du chlorure de calcium. Gorgeu l'a ainsi obtenu par fusion du kaolin dans ce chlorure en présence d'un courant d'air humide (fig. 267).

Spinelles. — C'est Ebelmen qui, en 1848, a reproduit pour la première fois le spinelle. Non seulement il a pu obtenir cette substance avec toutes les propriétés qui la caractérisent à l'état naturel, mais il a réussi également à lui communiquer toutes les teintes propres au minéral.

Ainsi le spinelle rouge, ou *rubis spinelle*, s'obtient en mélangeant 30 parties de magnésie, 25 d'alumine, 1 de chlorate de potassium et 35 d'acide borique. La fusion de ce mélange s'effectue dans un creuset de porcelaine placé lui-même dans un creuset d'argile [1]. Un mélange de 500 gr. des matières précédentes, chauffé pendant huit jours, donne des cristaux de rubis spinelle qui peuvent atteindre 5 millimètres de côté.

1. Dans l'expérience d'Ebelmen, la chauffe s'effectuait dans un des fours à porcelaine de la manufacture de Sèvres.

Les spinelles bleu (*ceylonite*) et rose (*rubis balais*) se préparent à l'aide des mélanges suivants :

	Spinelle bleu.	Spinelle rose.
Alumine	5 gr.	6 gr.
Magnésie	2,5	3
Acide borique	5	6
Sesquioxyde de chrome	»	0,15
Oxyde de cobalt	0,2	»

La densité du spinelle rose ainsi obtenu est de 3,45 et celle du spinelle bleu de 3,54. Les cristaux de spinelle rose deviennent temporairement verts par la calcination.

En faisant passer un courant de vapeurs de chlorure d'aluminium sur de la magnésie chauffée au rouge, Daubrée a également obtenu des cristaux de spinelle. Le procédé de St. Meunier est à peu près semblable : il consiste à faire réagir simultanément le chlorure d'aluminium et la vapeur d'eau sur un fil de magnésium chauffé au rouge. On obtient des cristaux très durs analogues au minéral naturel ; ils sont incolores et résistent parfaitement aux acides.

La *gahnite*, ou spinelle zincifère, a été depuis longtemps remarquée sous forme de cristaux bleus tapissant les parois des moufles employés dans la métallurgie du zinc (méthode silésienne). Ebelmen l'a préparée en cristaux bien définis et rayant le quartz à l'aide du mélange suivant :

Alumine	25 gr.
Oxyde de zinc	30
Acide borique fondu	35
Bichromate de potassium	1

L'addition de bichromate de potassium a pour but d'obtenir des cristaux ayant la teinte du rubis. L'oxyde de zinc en excès favorise la cristallisation. Au bout de 5 jours de chauffe au four à moufle, on obtient des cristaux de 3 millimètres de côté que l'on débarrasse facilement de toutes leurs impuretés par un lavage à l'acide chlorhydrique. Leur densité est de 5,58. Ebelmen a obtenu ses plus beaux échantillons de gahnite dans les moufles de la fabrique de boutons de porcelaine Bapterosse, à Paris.

La gahnite a été également reproduite, en 1853, par Daubrée par l'action des chlorures d'aluminium et de zinc sur la magnésie chauffée au rouge.

H. Sainte-Claire Deville et Caron (1858), opérant comme pour la reproduction du corindon, volatilisaient à très haute température un mélange d'oxyde de zinc et de fluorure d'aluminium, en présence d'acide borique. Les deux premières substances sont renfermées dans un creuset de fer et l'acide borique dans une coupelle de platine suspendue au centre du creuset. Les cristaux obtenus sont noirs et très brillants.

Un grand nombre de spinelles non encore rencontrés dans la nature ont été aussi obtenus dans le laboratoire. L'un des plus beaux est le *spinelle de manganèse* qu'Ebelmen a préparé sous forme de lamelles brunes, en chauffant dans un four à porcelaine un mélange d'alumine, d'acide borique et d'oxyde salin de manganèse. Au four électrique, cette préparation s'effectue avec une grande facilité. Il suffit de faire un mélange d'alumine (100 parties) et d'oxyde salin de manganèse (230 parties) et de provoquer la fusion à l'aide d'un arc puissant (1000 ampères sous 60 volts). On obtient une masse dont les cristaux isolés, très brillants et très durs, ont une teinte jaune clair. Ils sont très stables à la température ordinaire et possèdent une parfaite transparence.

FIG. 267. — Grenats grossulaire et spessartine artificiels (Gorgeu).

FIG. 268. — Grenat mélanite et spinelle avec néphéline (Fouqué et Michel-Lévy).

FIG. 269. — Labrador artificiel (Fouqué et Michel-Lévy).

Cymophane. — La *cymophane* ou *chrysobéryl* a été obtenue en très beaux cristaux, par Ebelmen en 1847, par H. Sainte-Claire et Caron en 1857, et par Hautefeuille et Perrey en 1888.

Ebelmen utilisait le mélange suivant :

Alumine.. 12 gr.
Glucine.. 3,5
Carbonate de chaux..................................... 10
Acide borique fondu.................................... 14

L'addition de chaux a pour but de former un borate fusible (fondant), qui constitue une sorte d'eau-mère favorable au développement des cristaux.

On obtient ainsi des cristaux transparents, verdâtres et rayant la topaze. Ils atteignent souvent 6 millimètres de longueur. Leur densité est de 3,76. Ils renferment parfois des inclusions vitreuses et, par addition au mélange d'un peu de chrome, peuvent acquérir une coloration verte très nette.

H. Sainte-Claire Deville et Caron ont obtenu la cymophane en faisant agir un mélange de fluorures d'aluminium et de glucinium sur l'acide borique. Le dispositif employé est le même que celui utilisé pour la reproduction du corindon (p. 313) et de la gahnite (p. 331). Les cristaux obtenus dans ces conditions ont toutes les propriétés de la cymophane naturelle.

Le procédé de Hautefeuille et Perrey utilise l'action minéralisatrice des sulfures alcalins. On chauffe pendant quatre heures, à la température de fusion du cuivre, le mélange suivant :

Alumine	100 gr.
Glucine	40
Sulfate de potasse	650
Charbon	150

Par refroidissement, on trouve dans le creuset un culot qui se désagrège facilement dans l'eau acidulée. La masse est d'abord lavée, débarrassée de la glucine par digestion à chaud dans l'acide sulfurique, et du charbon par calcination. On obtient ainsi 80 grammes de cymophane en cristaux incolores, doués d'un vif éclat adamantin ou possédant de beaux reflets nacrés.

Azurite et malachite. — L'*azurite* et la *malachite* ont été obtenues par E. Becquerel sous forme de masses mamelonnées en chauffant dans un tube scellé, vers 125°, un mélange de sulfate de cuivre et de carbonate de soude. Debray a également préparé des sphérolithes de ces substances en chauffant, sous 2 ou 3 atmosphères de pression, un mélange d'azotate de cuivre et de craie. Le bicarbonate de soude agissant à froid sur un mélange de craie et d'azotate basique de cuivre fournit des cristaux très verts d'azurite.

De Schulten a montré plus récemment que l'on obtient de la malachite bien cristallisée en chauffant au bain-marie une solution de carbonate de cuivre dans du carbonate d'ammonium. On arrive à de meilleurs résultats en chauffant modérément une solution de carbonate de cuivre dans de l'eau saturée d'acide carbonique. La solution est contenue dans un flacon à tubulure latérale inférieure. Dans celle-ci on fixe hermétiquement un tube à essai légèrement incliné. On chauffe le tube pendant dix jours, en un seul point et à l'aide d'une très petite flamme de gaz. Au bout de ce temps, il s'est formé un précipité cristallisé de malachite dans la partie chauffée du tube ; une faible portion de ce composé s'est également déposée au fond du vase.

Oligiste. — L'*oligiste* ou *fer spéculaire* a été reproduit par Gay-Lussac dans une expérience demeurée célèbre par ses conséquences au point de vue du mode de formation d'un grand nombre de minéraux. Il faisait simplement agir au rouge de la vapeur d'eau sur du perchlorure de fer.

Un grand nombre de savants ont également obtenu l'oligiste par d'autres procédés. Citons en particulier de Haldat, Durocher, Daubrée, G. Rose, Rammelsberg, Kuhlmann, H. Sainte-Claire Deville, Debray, Parmentier, Fouqué et Michel-Lévy. Ces derniers l'ont obtenu à l'état de lamelles hexagonales au cours de leurs expériences de synthèse des roches.

La préparation en grande quantité de cette substance serait évidemment d'un certain intérêt dans la joaillerie. Nous avons vu en effet que par ses reflets, l'oligiste imite parfaitement l'acier poli qu'on emploie couramment aujourd'hui dans nombre de parures et sur lequel il a l'avantage d'un plus bel éclat et d'une plus grande résistance aux poussières et à l'humidité de l'air.

Labrador. — Le *labrador* a été reproduit par voie de fusion ignée par Fouqué et Michel-Lévy. En recuisant au rouge vif pendant 48 heures des verres formés des éléments de ce minéral, ils ont obtenu un culot entièrement formé de microlithes de labrador (fig. 269).

Dioptase. — La *dioptase* a été obtenue artificiellement, en 1868, par E. Becquerel au moyen de la réaction lente d'une solution de silicate de potasse sur une solution d'azotate de cuivre et à travers une paroi mince de papier-parchemin. A la longue, on voit se former du côté de la solution cuivreuse des prismes bleus ayant toutes les propriétés et la composition de la dioptase naturelle.

Cordiérite (saphir d'eau). — La *cordiérite* ou *saphir d'eau* a été obtenue artificiellement par L. Bourgeois en soumettant à la fusion suivie de recuit un mélange possédant la composition de ce minéral. On obtient par refroidissement un culot entièrement cristallin et à éléments tantôt disposés en grandes plages à contours irréguliers, tantôt groupés en sphérolithes. Le produit est inattaquable par les acides.

M. Paris a également obtenu de beaux échantillons de cette gemme (densité = 2,65) en fondant ses éléments et en taillant les parties transparentes résultant de la masse vitreuse obtenue par refroidissement.

CHAPITRE XII

TRAVAIL DES PIERRES PRÉCIEUSES

Par *travail* des pierres précieuses il faut entendre les multiples transformations que subissent ces dernières en vue de posséder le maximum d'éclat. On comprend aussi sous ce terme les différentes opérations relatives aux pierres de valeur moyenne (agate, cristal de roche, améthyste opaque, lapis-lazuli, etc.) en vue de la gravure et de la sculpture (camées, intailles). Nous ne considérerons pour l'instant que les gemmes proprement dites (diamant, rubis, saphir, émeraude, etc.) que la joaillerie emploie presque uniquement à l'état transparent et taillées à facettes.

Étant toujours composées de cristaux ou de groupements moléculaires d'individus cristallisés, les pierres précieuses ne sauraient être considérées, au point de vue de la taille, comme des masses homogènes telles qu'un morceau de verre par exemple. Par suite, leurs différentes facettes n'exigent pas la même somme de travail de la part du lapidaire pour pouvoir être usées et polies. Telle facette demandera mille tours de meule pour acquérir un éclat maximum alors qu'une autre du même échantillon en nécessitera dix mille. Il est facile d'expliquer ce fait :

Considérons en effet (fig. 270) un cristal cubique devant donner, après la disparition par usure de la partie A*mop*CBA, deux surfaces à angle droit, AB et BC. Ces surfaces étant parallèles aux axes du cube, le travail d'usure sera le même pour la face AB et pour la face BC. Les flèches *a* et *b* montrent en effet que l'effort à produire est, dans les deux cas, perpendiculaire à ces flèches.

Considérons maintenant un autre cristal cubique (fig. 271) devant être amené par usure et polissage au profil EMPN. Les faces à produire ne sont plus, cette fois, orientées dans le même sens par rapport aux axes du cristal. Les différentes flèches *a*, *b*, *c*, *d*, *e* montrent que les efforts à vaincre pour produire l'usure seront inégaux suivant l'inclinaison des faces EM, MP, PN sur ces flèches, c'est-à-dire sur les axes du cristal. Toutes les particules d'un individu cristallisé ont en effet un sens, une direction ; l'usure d'une face du cristal dans un sens parallèle à un de ses axes peut être en quelque sorte comparée au faible effort dépensé pour raser un tissu dans le sens des poils et l'usure d'une face inclinée sur l'axe à l'effort, beaucoup plus considérable, nécessaire pour raser le même tissu à contre-sens. Pour cette raison, le polissage sera beaucoup plus facile, sur une même face MP, dans le sens de la flèche i que dans celui de la flèche i'.

La difficulté de polissage des différentes faces d'une pierre s'accroît encore si l'on a affaire, non à un cristal simple comme le cube, mais à des formes plus ou moins complexes, à des fragments brisés de cristaux dérivés des systèmes monocliniques ou tricliniques. A chaque face naturelle du cristal correspond une dureté différente et accrue encore par ce fait que les facettes à produire sur la pierre taillée seront sans doute peu en rapport avec sa forme cristalline initiale, c'est-à-dire qu'elles auront une inclinaison quelconque.

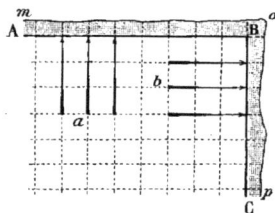

Fig. 270. — Schéma de l'effort à vaincre pour le polissage d'un cristal à faces orientées dans le sens du réseau cristallin.

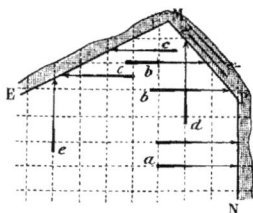

Fig. 271. — Schéma de l'effort à vaincre pour le polissage d'un cristal à faces ayant une inclinaison quelconque.

Mais, quelles que soient la nature et la dureté de la pierre, l'opération destinée à lui donner son éclat définitif comprend deux phases successives : 1° L'usure, au moyen d'un corps dur (diamant, carborundum, corindon) qui sillonne la surface du minéral de stries variant à chaque instant de position et l'attaque ainsi de plus en plus profondément ; 2° Le polissage, qui provoque l'ablation des stries par le frottement de la surface usée contre une matière ayant sensiblement la même dureté. L'expérience démontre qu'un corps préalablement usé peut être poli par un corps moins dur ou aussi dur que lui. La durée du polissage est naturellement d'autant plus longue que le corps polissant est moins dur, mais, en revanche, le poli et l'éclat obtenus sont plus parfaits.

En outre du temps nécessaire à l'opération du polissage, il faut considérer la puissance dépensée par la pression entre l'objet usé et le corps usant. Ce dernier, qui consiste généralement en une poudre impalpable incrustée dans une matière de dureté moindre (acier, fonte, cuivre rouge), doit être dans un état de division et de cohésion tel qu'il n'y ait pas choc de matière entre l'abrasif et la matière à polir : une pierre s'enfonce, sans s'user, dans une meule de trop faible dureté ou mal agglomérée et, réciproquement, s'use trop rapidement et irrégulièrement si la substance usante est trop dure ou manque de cohésion.

C'est surtout la pratique du métier qui permet au lapidaire d'apprécier le meilleur parti à tirer d'une gemme. C'est ainsi qu'aux Indes, à Ceylan et dans nombre d'autres régions, l'outillage et les méthodes utilisées pour le travail des pierres sont des plus primitifs (fig. 272) et cependant les résultats obtenus permettent au lapidaire indigène de rivaliser avec nos lapidaires les plus adroits et les mieux outillés.

Une simple meule mise en mouvement par la corde d'un archet qui s'enroule sur son axe et un vase contenant une bouillie de matière dure, voilà à quoi se réduit le plus souvent son outillage. De la main gauche, il promène l'archet dans un mouvement de va-et-vient continuel, alors que de l'autre il présente la pierre à la meule en jugeant lui-même de l'effet nécessaire à l'obtention d'un poli déterminé. Comme abrasif, une bouillie d'émeri préparée à la main et répandue de temps en temps sur la surface de la meule lui suffit généralement pour user et polir la plupart des gemmes qu'on lui confie ; pour faciliter le travail, celles-ci sont maintenues à l'extrémité d'une tige de bois à l'aide de plomb fondu.

FIG. 272. — Lapidaire indien au travail.

M. Lacroix a récemment signalé l'emploi de dalles quartzeuses par les habitants du Haut-Oubanghi (Afrique occidentale) pour le travail du cristal de roche[1]. Ces dalles offrent la plus grande ressemblance avec les polissoirs néo-

---

1. L'une de ces dalles, qui fait partie de la collection du Muséum d'Histoire naturelle de Paris, a été creusée, par suite d'un long usage, d'une cavité ovale irrégulière au fond de laquelle se trouvent deux profondes rainures parallèles, à section en forme d'U et mesurant $0^m,40$ de longueur : ces rainures servent à l'usure de la pierre, tandis que le polissage s'effectue sur deux surfaces planes placées sur l'un des côtés de la dalle.

J. ESCARD.   43

lithiques de nos pays ; ils fournissent ainsi une indication sur ce qu'ont pu être les procédés de travail des pierres dures dans les temps préhistoriques et en particulier sur la suppression de toute espèce d'abrasif (sable) et de liquide (eau) pour faciliter le travail d'usure. La découverte, dans plusieurs localités de la Dordogne, de polissoirs à surface verticale avait déjà fait supposer que la taille des objets en pierre polie n'avait pas toujours comporté l'emploi du sable comme abrasif. L'exemple cité par M. Lacroix et qui s'applique au corps le plus dur employé pour fabriquer des objets préhistoriques, confirme cette interprétation.

I. — DIAMANT

Histoire de la taille. — Les Anciens connaissaient l'art de travailler le diamant ou au moins de l'user pour l'amener à une forme à peu près régulière. Cependant, ils se souciaient plus de conserver le mieux possible son volume initial que d'augmenter son éclat et ses feux par une taille soigneusement conduite. Tout était donc sacrifié au poids. Il en est encore de même aujourd'hui chez certains peuples de l'Orient qui considèrent que c'est diminuer la valeur d'une gemme et profaner un objet de la nature que de l'user démesurément même au profit de son aspect définitif.

Les praticiens savent, au contraire, qu'une taille parfaite augmente le prix d'une pierre et, en fait, pendant le travail à la meule, les diamants perdent de 40 à 60 % de leur poids à l'état brut. Cette perte est énorme si l'on songe que le diamant est le produit le plus rare de la nature ; mais, comme elle contribue à augmenter ses propriétés optiques, à multiplier ses feux, à le rendre plus scintillant à la lumière, enfin à lui donner une forme et un aspect plus agréables, elle est sans influence nuisible sur le prix de la pierre taillée. C'est au lapidaire qu'il incombe de tirer le meilleur parti du « brut » en vue de lui faire acquérir, par la taille, un prix maximum. Le travail des gemmes est donc un art véritable qui nécessite un ensemble de connaissances techniques et pratiques, et un goût qui ne s'acquièrent que par un long et patient apprentissage.

La taille du diamant étant différente de celle de la plupart des pierres colorées, tant au point de vue de l'outillage qu'elle nécessite que des méthodes utilisées, il importe de l'étudier à part.

Il est fort probable que de temps immémorial on a cherché à augmenter l'éclat du diamant par un polissage superficiel. Les Grecs cependant le qualifiaient d'*indomptable* (adamas) parce qu'ils ne savaient pas le tailler. D'autre part, Pline dans son *Histoire naturelle* (Livre XXXVII), nous fait nettement comprendre que, par la faculté qu'il a de s'user lui-même et de graver les autres gemmes, le diamant peut être travaillé au point d'acquérir une forme différente de celle de l'état brut. Aux Indes, il est de même probable que dès la plus haute antiquité on a connu des procédés permettant de polir les faces des cristaux naturels, l'octaèdre en particulier. Le proverbe sanscrit « le vajra n'est coupé que par le vajra » montre que le clivage était peut-être lui aussi déjà connu à ces époques lointaines.

Néanmoins, la véritable taille du diamant, celle qui consiste à le faire apprécier en joaillerie, a été connue et pratiquée assez tardivement, aussi bien en Orient qu'en Europe et il a fallu des siècles pour l'amener à l'état de perfection qu'elle a atteint aujourd'hui. Les diamants dits *naïfs* ou *pointes naïves*, c'est-à-dire bruts, n'étaient pas sans succès auprès des anciens monarques, témoin l'agrafe du manteau de Charlemagne qui comptait quatre gros octaèdres non taillés. Le célèbre collier que Charles VII offrit à Agnès Sorel portait également des pointes naïves.

L'inventaire des joyaux de Louis, duc d'Anjou, dressé de 1360 à 1368, mentionne des diamants taillés en *écusson* et en *cœur*. Vers 1400, un carrefour de Paris nommé la Courarie réunit tous les tailleurs de diamants et, en 1407, un habile ouvrier, Herman, fit faire au travail du diamant de notables progrès.

Les tailles informes et peu étudiées ne favorisaient nullement les jeux de lumière du diamant ; elles ont existé cependant et c'est une erreur historique et scientifique de considérer « la taille » comme datant seulement de 1745. C'est à cette époque en effet qu'un lapidaire de Bruges, Louis de Berquem, installa dans cette ville plusieurs tailleries qui donnèrent une impulsion considérable à l'art de travailler le diamant. Les premiers essais eurent lieu sur trois diamants bruts de grande dimension que lui avait confiés Charles le Téméraire. Le premier était une pierre épaisse qui devint, croit-on, le *Sancy* que l'infortuné duc portait encore lors de la bataille de Granson. Le second, pierre en longueur, fut taillé en brillant et donné au pape Sixte IV. Le troisième, assez difforme, fut taillé en triangle et donné au roi Louis XI. De Berquem reçut de Charles le Téméraire trois mille ducats pour ces travaux.

Les diamants en *table*, taillés généralement en forme de rectangle et à quatre biseaux, et la *taille des Indes*, qui donnait des pierres à culasse épaisse, eurent un certain temps de succès en Europe. De nombreux objets de parure des xive et xve siècles, et notamment des croix conservées dans nos musées nationaux, sont recouvertes de tables qui permettaient de « produire de l'effet » en compensant en surface ce qui manquait en épaisseur.

En France, les progrès de l'art diamantaire restèrent stationnaires jusque vers 1640, époque à laquelle Mazarin, épris tout à coup de cet art, résolut de lui donner une nouvelle impulsion. Grâce à lui, des tailleries furent installées à Paris où les diamantaires travaillèrent peu à peu pour toutes les Cours d'Europe. Fier de la régénération de cet art, il leur confia les douze plus gros diamants de la couronne de France qui furent retaillés : ce sont les *Douze Mazarins* dont il a été question précédemment (CHAP. IV).

A la mort du cardinal, cette industrie déclina peu à peu ; on ne fit plus d'élèves et, en 1775, il ne restait que quelques maîtres gagnant à peine de quoi vivre ; la révocation de l'édit de Nantes faillit la faire succomber complètement. Mais, en 1786, un étranger nommé Schrabacq offrit au Gouvernement français de remonter cette industrie. Il installa à Paris vingt-sept moulins, fit de nou-

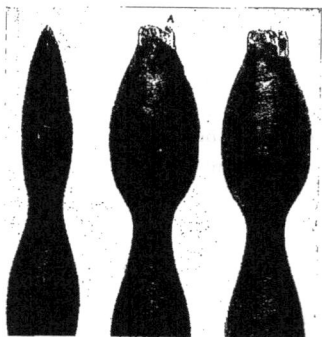

FIG. 273. — Fixation des diamants *cliveurs* et à *cliver* (A) avant l'opération du clivage.

FIG. 274. — Clivage du diamant : séparation de la pierre à l'aide d'une lame d'acier.

veaux élèves et l'art diamantaire eut un nouvel essor ; cependant, sans motif plausible, Schrabacq disparut tout à coup et on ne le revit plus. Peut-être alla-t-il s'établir à l'étranger où les approvisionnements en diamants bruts étaient plus faciles.

Ce fut fini cette fois de la taille du diamant à Paris. Malgré les efforts successifs de Lelong Burnet en 1848, de Philippe aîné en 1852, de Roulina en 1860 et en 1872, cet art ne fut plus exercé que par quelques ouvriers échappés des ateliers étrangers. Actuellement, c'est la Hollande qui possède les plus nombreuses et les plus belles tailleries de diamants, bien que dans ces dernières années, plusieurs importantes tailleries aient regagner le sol français (tailleries Eknayan, à Neuilly-sur-Seine, etc.).

Différentes opérations de la taille.

En possession d'un diamant brut, le premier soin du lapidaire est de l'examiner, d'abord à l'œil nu, puis à la loupe en vue de se rendre compte des différents défauts (gerçures, inclusions, taches, givres) qu'il peut présenter intérieurement. Cet examen permet aussi de juger de l'uniformité ou de l'irrégularité de sa teinte et de ses contours extérieurs.

Peu de diamants, à part les petits cristaux, subissent directement la taille. La plupart doivent d'abord être clivés ou sciés afin de donner des fragments pouvant conduire à des brillants tout à fait limpides. On est alors conduit à la série des trois opérations suivantes qui sont la caractéristique de l'art diamantaire : 1° Le *clivage* ou le *sciage* ; 2° L'*ébrutage* ; 3° Le *polissage* ou taille proprement dite.

Fig. 275. — Le Cullinan (grandeur naturelle) après le clivage.

Clivage. — On peut définir le clivage : la division mécanique des lamelles cristallines superposées qui forment le diamant. Dans ce dernier, il y a trois principaux sens de clivage, désignés en minéralogie sous le nom de « plans » ou « facettes de clivage » et dans le langage diamantaire sous celui de *fils de la pierre*. L'ouvrier cliveur doit donc joindre à une grande pratique une connaissance parfaite des lois de la cristallisation.

Par cette opération on donne une bonne forme au diamant en le rapprochant de celle qu'il doit avoir définitivement. On supprime en même temps les gerçures, les crapauds, etc., puisque c'est par des plans traversant ces défauts, quoique dans le sens de la cristallisation, que l'on pratique le clivage.

Quelles que soient les dimensions de la pierre, il s'opère toujours de la même façon. A l'extrémité d'un manche de bois (fig. 273), l'ouvrier cliveur place un diamant très pointu qu'il assujettit solidement au moyen d'un ciment fusible à base de colophane, de sable fin et de mastic. Le diamant à cliver A est assujetti de la même façon à l'extrémité d'un autre manche. Avec le premier il pratique une entaille dans la partie qu'il veut détacher et y place un fort couteau d'acier qu'il frappe d'un coup sec (fig. 274) : la pierre se sépare alors en deux. Cette opération est répétée autant de fois que cela est nécessaire.

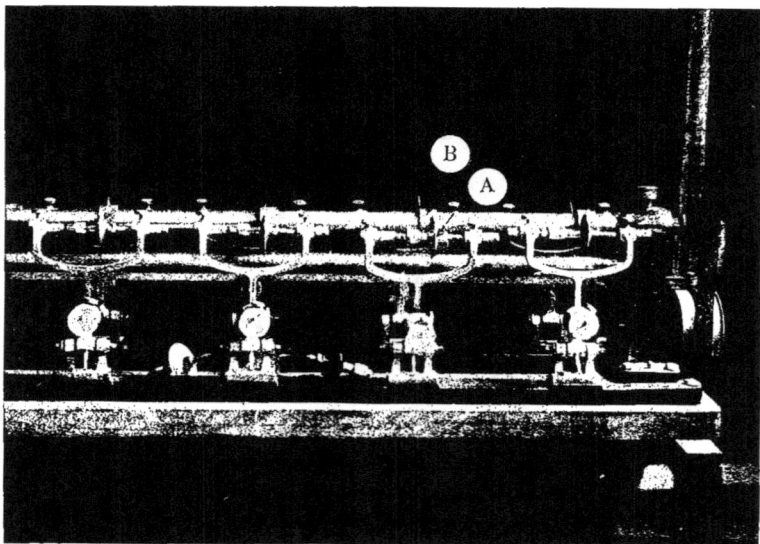

FIG. 276. — Machine à égriser les disques utilisés par le sciage des diamants. (Ateliers Eknayan.)

La figure 275 représente les trois gros fragments auxquels a conduit le clivage du Cullinan (p. 118). L'opération fut d'une grande difficulté en raison des dimensions exceptionnelles de ce diamant : la lame d'acier trempé, préparée spécialement pour ce travail, se brisa en deux parties au moment où le cliveur appliquait le coup décisif et ce ne fut qu'à la seconde tentative que la séparation se produisit.

Sciage. — Dans ces dernières années, en est parvenu à couper le diamant dans tous les sens, de la même façon qu'on scie le marbre, à l'aide de disques circulaires métalliques garnis de poudre de diamant.

Le sciage des diamants remplace le clivage dans les pierres renfermant des impuretés que le clivage n'éliminerait pas sans risques d'entraîner beaucoup de perte. Il se pratique de la façon suivante :

Des disques circulaires de cuivre rouge ayant de 6 à 8 centimètres de diamètre et quelques dixièmes de millimètre d'épaisseur sont imprégnés d'égrisée ou poussière de diamant (p. 95) à leur périphérie. Dans ce but, ils sont placés en A (fig. 276), par séries de cinq ou de dix, sur un axe commun qui les anime d'un mouvement de rotation rapide en même temps qu'il les met en contact avec de petits cylindres d'acier B fortement imprégnés d'égrisée.

Par le frottement, les disques de cuivre rouge (ce métal est très tendre) se laissent pénétrer jusqu'à une petite distance de leur surface périphérique par l'égrisée. Ils sont alors placés sur des machines spéciales (fig. 277 et 278) qui main-

FIG. 277. — Machine à scier les diamants, vue de face.

tiennent le diamant à couper D dans une position fixe. Le sciage s'effectue très régulièrement. Les disques tournent à une vitesse de 1800 à 2500 tours à la minute. Il faut environ une journée pour produire une double surface de sciage d'un demi-centimètre carré environ ; un grand nombre d'appareils semblables peuvent fonctionner simultanément sous la conduite d'un seul ouvrier.

Ebrutage. — L'ébrutage, ou *brutage*, s'effectue uniquement par le frottement réciproque de deux diamants précédemment clivés ou sciés. Il a pour but de préparer le polissage en donnant une approximation plus grande à la forme définitive de la pierre.

Pour cela, les deux diamants, enchâssés chacun solidement dans deux manches semblables à l'aide d'un ciment analogue à celui utilisé dans l'opération du clivage, sont frottés par l'ouvrier ébruteur au-dessus d'une petite boîte (fig. 279 et 280) : celle-ci est destinée à recueillir la poussière de diamant produite par l'usure des deux diamants. Les ouvriers ébruteurs portent aussi, pour cette raison, le nom d'*égriseurs*.

Ce travail est assez pénible, car il nécessite l'emploi de toutes les forces de l'ébruteur. Pour se protéger les mains, celui-ci utilise généralement des gants de cuir épais ; il prend appui sur les supports *e* (fig. 279). Dans certains ateliers, on a cherché à rendre cette opération plus rapide et moins pénible en faisant mouvoir l'un des deux diamants mécaniquement (fig. 282). Beaucoup de lapidaires préfèrent cependant le travail à la main qui est plus régulier et donne de meilleurs résultats.

L'opération de l'ébrutage est terminée lorsque le diamant a acquis une forme régulière, un brillant mat et des dimensions voisines de celles qu'il aura après son passage sur les disques polisseurs. En vue de devancer le travail de ces derniers, les ébruteurs préparent grossièrement les facettes, de sorte que le polissage ne consiste plus qu'à régulariser ces dernières, à en créer au besoin de nouvelles et à leur donner le lustre et l'éclat définitifs.

FIG. 278. — Machine à scier les diamants, vue de profil.

Polissage. — Le polissage, ou taille proprement dite, prend la pierre ébauchée et au moyen d'un outillage varié (dopps, disques d'acier, égrisée), la termine en rectifiant s'il y a lieu ses imperfections de manière à la rendre directement utilisable en joaillerie.

Les *dopps* (fig. 281) sont de petits supports ayant pour but de maintenir les diamants dans une position fixe en vue du polissage. Ils se composent d'une sorte de coquille métallique hémisphérique, en cuivre généralement, soutenue par une tige de même métal. Dans cette coquille on fait fondre, à la flamme d'un bec Bunsen (fig. 283), un alliage de plomb et d'étain. Alors que ce bain est encore pâteux, et soit manuellement, soit à l'aide de pinces, on y enfonce le diamant à polir, de façon à laisser seulement dépasser la face à user. Comme cet alliage se ramollit à une température peu élevée (100° environ), les *sertisseurs* arrivent facilement à placer convenablement le diamant. On a essayé à différentes reprises de remplacer les dopps à alliage fondu par des supports assujettissant mécaniquement les diamants, mais les résultats n'ont pas été favorables et ont dû être abandonnés.

Un bon sertisseur suffit à alimenter en dopps quatre ou cinq polisseurs pendant toute une journée, c'est-à-dire qu'il peut répéter la même opération plus de 200 fois pour chacun d'eux par jour. Aussi leur métier n'est-il pas sans inconvénients : leurs doigts sont constamment souillés de poussières de plomb qui s'attachent facilement à la peau ; ils sont également exposés aux vapeurs saturnines qui se dégagent de l'alliage pendant le chauffage et sont malsaines à respirer [1]. Il paraît donc désirable que de nouveaux progrès permettent, sans diminuer la qualité du travail des sertisseurs, de le rendre plus hygiénique.

Le diamant est ainsi prêt à être poli. Pour réaliser ce travail, l'ouvrier *polisseur* fixe la tige de cuivre qui

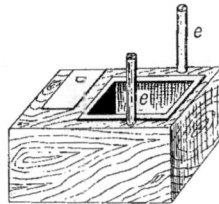

Fig. 279. — Boîte d'ébruteur.

supporte le dopp A (fig. 284) dans une pince à vis spéciale et, assis devant un établi nommé « moulin », presse fortement la face du diamant a polir *a* contre une meule horizontale en acier recouverte d'un mélange d'huile d'olive et d'égrisée (fig. 285). Ce mélange pénètre de plus en plus dans la meule et, avec la poussière microscopique de diamant provenant de la face usée, finit par constituer une véritable lime, un polisseur en diamant.

Les meules tournent à une vitesse de 2.000 tours par minute. Elles ont de 30 à 35 centimètres de diamètre et de 4 à 5 centimètres d'épaisseur. Elles sont solidaires d'un axe vertical terminé par une poulie reliée par une courroie à un

1. Il y a une quinzaine d'années, on a constaté que sur 90 sertisseurs travaillant dans une taillerie de diamants hollandaise, 30 environ manifestaient les symptômes de l'intoxication saturnine. En face des dangers auxquels ces ouvriers sont ainsi exposés, le Gouvernement des Pays-Bas a mis au concours une récompense de 10.000 fr., attribuée à l'auteur d'une méthode ou d'un procédé pratique pouvant remplacer avantageusement, c'est-à-dire sans grandes charges pécuniaires, le système actuel. Nous ne pensons pas que la récompense ait été décernée.

J. ESCARD.   44

moteur. Comme, à la longue, elles finissent par ne plus être rigoureusement planes, on les fait passer de temps en temps à l'atelier de tournage pour la remise à neuf. Ce travail s'effectue d'abord à l'aide de meules en grès qui font disparaître les rugosités de la surface, puis à l'aide de tours qui achèvent cette préparation en les rendant parfaitement planes.

L'égrisée, qui sert pour le polissage, est obtenue par la pulvérisation, dans des mortiers spéciaux, des diamants impurs, impropres à la taille, et des boorts. Ces derniers surtout conviennent particulièrement à cet usage, car ils sont plus durs que les diamants transparents et, étant opaques, coûtent beaucoup moins chers [1]. L'opération s'effectue à l'aide d'un appareil semblable à celui représenté

FIG. 280. — Ébrutage à la main et chauffage des dopps.   FIG. 281. — Dopp.

par la figure 286 et comprenant deux mortiers jumelés dont les pilons sont animés de mouvements verticaux alternatifs. Ces mortiers, de même que les pilons, sont en acier dur ; mais malgré cela, l'égrisée contient de 10 à 15 % de poussière d'acier entraînée par l'usure du métal. L'opération s'effectue toujours mécaniquement dans les grands ateliers diamantaires.

L'égrisée ainsi préparée est, comme il a été dit, additionnée d'une petite quantité d'huile d'olive, aussi pure que possible pour éviter l'encrassement des

1. Les lapidaires n'achètent jamais l'égrisée toute préparée à cause des falsifications ou mélanges dont elle pourrait être l'objet.

meules et répandue à la main sur la surface en travail de celles-ci. L'ouvrier polisseur juge des résultats obtenus sur son diamant à l'aide d'une loupe qui lui permet de voir les stries produites et de les faire disparaître au moment voulu. Lorsqu'une face est terminée, on enlève le dopp de sa pince, on le porte au bec Bunsen pour ramollir l'alliage qui assujettit le diamant et on met au jour une nouvelle facette. Celle-ci subit le même travail, et ainsi de suite jusqu'à ce que la forme et le poli idéals définitifs soient obtenus pour toutes les faces.

Ainsi que nous l'avons vu au début de ce chapitre, la connaissance du *fil de la pierre*, c'est-à-dire du sens dans lequel il faut présenter le diamant à la meule pour que l'usure soit régulière et maximum, joue un rôle important dans la pratique du

FIG. 282. — Ébrutage mécanique des diamants bruts. (Atelier Eknayan.)

FIG. 283. — Sertissage et dessertissage des diamants en vue du polissage.

polissage. Les ouvriers polisseurs savent très bien que, pour une même face et suivant la forme cristalline de l'échantillon brut (octaèdre, rhombododécaèdre, etc.), ils doivent diriger alternativement ou successivement les raies du polissage dans tel ou tel sens.

La figure 287 montre comment s'effectue le polissage pour la taille d'un brillant *quatre pointes* (octaèdres et formes dérivées) de 64 faces. La figure 288 concerne un brillant *trois pointes* (diamants hémiédriques et formes dérivées) de 50 faces.

Les différentes phases de l'opération du polissage, *ébauche, mise en huit* (ou en six), *finissage* ou *brillantage* (fig. 289 et 290), sont généralement confiées au même ouvrier. La plupart des ouvriers polisseurs préfèrent du reste qu'il en soit ainsi, aussi bien pour la bonne conduite du travail que pour leur satisfaction personnelle. Ils aiment leur métier, leur art, et ont pour un brillant qui sort de leurs mains la même admiration qu'un sculpteur ou un peintre pour son œuvre.

Formes diverses de tailles.

La forme de taille à adopter pour un diamant est parfois fort difficile à établir avec la pierre brute. Elle est presque toujours en rapport avec l'aspect du cristal, mais il n'est pas certain que les formes actuelles soient les plus satisfaisantes au point de vue de la mise en évidence des qualités et particulièrement de l'éclat de la pierre.

Le problème de la taille est du reste fort complexe. Il faut tenir compte de plusieurs considérations et en particulier de la disposition habituelle des sources de lumière, de la première réflexion à la surface du cristal (dont l'intensité dépend de l'inclinaison des faces par rapport aux rayons lumineux), de la réfraction de la portion du rayonnement qui pénètre dans l'intérieur (variable également), de la réflexion totale qu'y subit ce dernier et qui peut se répéter un assez grand nombre de fois avant l'émergence définitive des rayons, enfin de l'orientation des rayons émergents dont la sortie doit se faire dans la direction de la personne qui regarde la pierre et non par la partie inférieure du cristal.

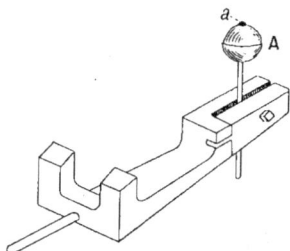

Fig. 284. — Pince à vis pour la mise en place des dopps.

Si l'on cherche à étudier l'effet résultant de tous ces phénomènes dans des cristaux taillés de façons variées, on arrive à une complication telle que beaucoup de chercheurs ont abandonné le problème et cherché à le résoudre par l'empirisme. Ce que l'on peut affirmer sans crainte d'erreur, c'est que les formes de taille actuelles ne sont pas les plus avantageuses, au moins pour les gros diamants, qui rendent, proportionnellement, beaucoup moins de feux et ont moins d'éclat que ceux de taille moyenne ou les petits brillants taillés de la même façon. La cause en est sans doute dans ce fait que la grandeur des faces superpose les pinceaux lumineux des diverses couleurs élémentaires du spectre au sortir du cristal et reconstitue la lumière blanche. La dispersion est pour ainsi dire annulée et les feux disparaissent ; or c'est précisément l'objet inverse que vise la taille dont le but est surtout de séparer les couleurs composantes du spectre.

En présence de cette incertitude entre le but cherché et les résultats obtenus, beaucoup de tailles variées ont vu successivement le jour ; les unes ont été rapidement abandonnées comme subissant les caprices de la mode, d'autres se sont conservées à peu près sans modification depuis leur origine jusqu'à notre époque.

Brillants. — Actuellement, le brillant est considéré comme la forme la plus parfaite par son aspect bien régulier et surtout par les feux auxquels il donne naissance dans la pierre. On l'applique principalement aux cristaux octaédriques ou à ceux qui peuvent être ramenés à l'octaèdre par le clivage sans perdre trop de leur poids.

La figure 291, I, montre, sans qu'il soit besoin d'explications, le passage de l'octaèdre primitif au brillant terminé. La partie supérieure porte le nom de *couronne* ; on cherche à l'entamer le moins possible pour ne pas trop diminuer le poids de la pierre. La *table* est la surface mise à jour par ce travail. Le *pavillon* est la partie inférieure de l'octaèdre, symétrique de la couronne ; entamé comme cette dernière, il devient la *culasse*. Le *feuilletis* ou *ceinture* est la limite de séparation des deux troncs de pyramide résultant de cette double opération.

La figure 292 montre les

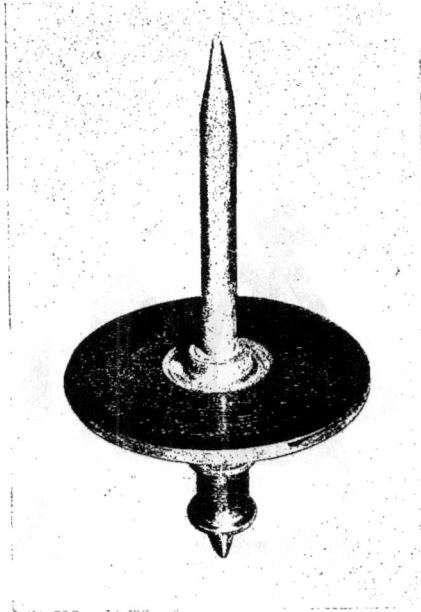

Fig. 285. — Meule d'acier pour la taille et le polissage des diamants. (Environ 1/5 de grandeur naturelle.)

différentes phases du travail à partir de l'octaèdre jusqu'au brillant complètement terminé et prêt à être monté.

Le nombre des facettes a beaucoup varié depuis l'origine de la taille jusqu'à l'époque actuelle. Les demi-facettes, très pratiquées il y a un demi-siècle, ont été peu à peu remplacées par des facettes toutes égales de façon à donner plus de régularité à la forme. Actuellement, le brillant classique a 64 facettes, soit 32 à la couronne et 32 à la culasse ; mais chaque lapidaire dirige ce travail à son gré à ce point de vue. Il en est de même du contour de la pierre qui peut se rapprocher beaucoup d'un carré (*brillant carré*) ou d'un carré arrondi sur les angles (*brillant arrondi*). Il existe également des brillants triangulaires, des brillants ovales, des brillants poires. La figure 293 représente les formes de tailles les plus employées actuellement.

Roses. — La taille en rose est celle qui est la plus employée après le brillant. Elle ne donne que très peu de feux, mais produit de très vifs effets de réflexion et laisse par conséquent au diamant tout son éclat. On la réserve généralement aux pierres de peu d'épaisseur, aux diamants irréguliers (macles triangulaires), aux fragments obtenus par sciage ou clivage de diamants tachés intérieurement.

FIG. 286. — Mortiers pour la préparation mécanique de l'égrisée. (Atelier Eknayan.)

Comme le représentent la figure 291, II, cette forme de taille donne à la pierre l'aspect extérieur d'un petit dôme surbaissé reposant sur une large base. Cette dernière porte le nom de *colette*. La partie supérieure, ou *couronne*, n'a généralement pas plus de six faces ; elle est limitée par le *feuilletis* ou *ceinture* qui la réunit à la *dentelle* qui a dix-huit faces. Au total, la rose n'a donc que vingt-quatre facettes.

On désigne sous le nom de *roses demi-Hollande* celles dont le nombre total de faces est réduit à dix-huit. Les *roses de Brabant ou d'Anvers* ont une couronne plate et peuvent ne posséder également que dix-huit faces ; parfois elles n'en ont que douze et même six lorsqu'elles sont de très petite dimension. Les *roses doubles* (fig. 293, *4*) résultent de la réunion de deux roses considérées comme accolées par leurs bases ; elles ont une grande épaisseur et produisent de jolis jeux de lumière.

Autres formes : briolettes, pendeloques, tables. — Outre les tailles qui viennent d'être indiquées, il en existe un grand nombre d'autres qui, bien que moins répandues, ont eu autrefois et ont encore aujourd'hui dans certains pays leur succès. La *taille à étoile* de Caire, peu employée aujourd'hui, était très en vogue il y a un demi-siècle ; elle permettait d'utiliser des diamants qui auraient entraîné une trop grande perte de poids si on leur avait appliqué la taille en brillant ; elle se rapprochait néanmoins beaucoup de cette dernière.

Les *briolettes*, diamants taillés en forme de poire et brillantés sur toute leur surface (fig. 293, *6*), permettent d'utiliser les diamants ayant à peu près cette forme à l'état brut ; elles servent surtout pour les diadèmes et comme pendentifs, et donnent généralement beaucoup de feux. Les *pendeloques* (fig. 293, *7*) ont

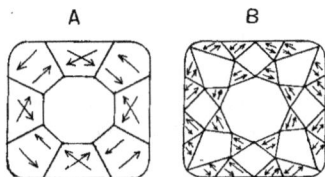

Fig. 287. — Direction des raies du polissage dans un diamant quatre pointes (octaèdre). — A, ébauche ; B, brillant terminé.

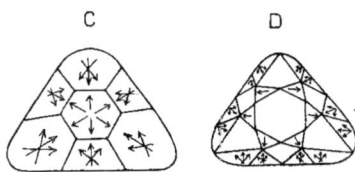

Fig. 288. — Direction des raies du polissage dans un diamant trois pointes (diamant hémiédrique). — C, ébauche ; D, brillant terminé.

également la forme d'une poire, mais elles sont plus allongées que les briolettes.

Les *tables*, dont l'usage se perd de plus en plus, sont constituées par des lamelles de diamant, celles surtout provenant du clivage des gros cristaux. On se contente de les tailler en forme de rectangle ; les arêtes sont simplement remplacées par des biseaux ayant une inclinaison quelconque (fig. 293, *8*).

Il faut enfin citer la *taille américaine* (fig. 293, *5*) qui rappelle assez bien la *rose double*. La table du brillant ordinaire y est remplacée par huit facettes dans la forme d'une rose ; puis viennent huit étoiles et enfin les autres facettes régulières du brillant. Le diamant a en tout 80 facettes ; il produit un grand éclat et donne des feux éblouissants, surtout à la lumière artificielle. Cette taille nécessite des ouvriers très adroits, non seulement à cause du nombre de facettes, mais par suite de la disposition réciproque de ces dernières et des illusions d'optique qu'engendrent les facettes taillées sur les surfaces à brillanter.

Tailleries de diamant. — Nous avons vu précédemment que le travail du diamant occupe quatre catégories d'ouvriers : le *cliveur*, qui fend la pierre ;

Diamant brut.　　　　　Ébauche.　　　　　Mise en huit.　　　　　Terminé.

Fig. 289. — Principales phases de la taille en brillant d'un diamant forme poire.
(Grandeur naturelle.)

l'*égriseur*, qui reçoit le diamant clivé et y taille à la meule d'acier des facettes brutes ; le *polisseur*, qui rend claires et scintillantes ces facettes ; enfin, le *ser-*

Diamant　　Diamant　　　　　　　　　　　　　　Mise
brut.　　　clivé.　　　Ébrutage.　　Ébauche.　　en huit.　　Terminé.

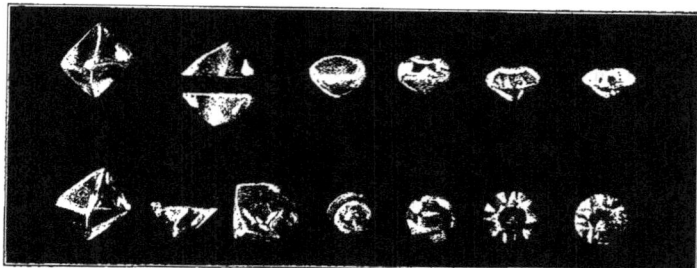

Fig. 290. — Phases successives de la taille en brillant d'un diamant octaédrique
(grandeur naturelle) : vues de profil et en dessus.

tisseur, qui assujettit dans l'alliage fusible les pierres que l'égriseur et le polisseur doivent présenter à la meule.

Chacune de ces catégories d'ouvriers se hiérarchise suivant que les diamants sont taillés en brillant ou en rose. Le travail s'effectue presque toujours aux pièces, mais les salaires varient suivant les catégories ; les polisseurs sont les mieux rétribués, puis viennent les cliveurs, les égriseurs et les sertisseurs.

Jusque vers 1880, époque à laquelle se produisit une crise sérieuse dans l'industrie de la taille du diamant, les ouvriers qu'elle occupait avaient une situation tout à fait exceptionnelle et plus d'un bourgeois a payé cher pour faire apprendre à son fils un métier aussi lucratif ; les cliveurs touchaient jusqu'à 20.000 francs par an et les polisseurs près de 25.000 fr. Souvent toute une famille, père, mère et enfants, travaillait dans un même atelier.

Les conditions ont bien changé depuis et les salaires bien

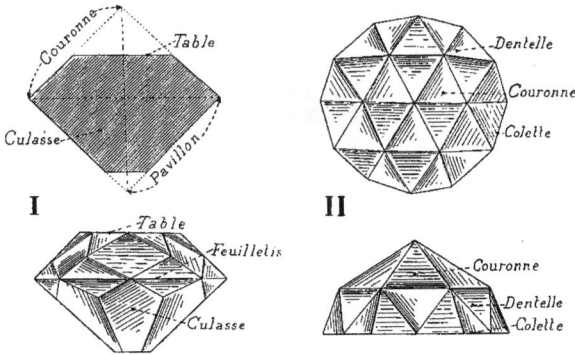

FIG. 291. — Brillant (I) et rose (II).

diminué. Voici, en effet, les chiffres des salaires hebdomadaires extrêmes pour les années 1873 à 1880 et 1912 :

	1873 à 1880	Année 1912
Cliveurs	210 à 525 fr.	60 à 90
Polisseurs	210 à 630	50 à 60
Egriseurs	125 à 210	38 à 70
Sertisseurs	105 à 125	35 à 75

Les écarts assez considérables qui existent entre les salaires minima et maxima s'expliquent, non seulement par l'habileté inégale des individus, mais aussi par les valeurs très différentes des pierres et les difficultés de travail qu'elles présentent.

Ce sont les villes d'Amsterdam et d'Anvers qui possèdent le plus grand no mbre de tailleries ; elles occupent environ 8.000 ouvriers diamantaires, parmi lesquels il faut compter 950 femmes et 900 apprentis. Il en existe aussi quelques-unes en France (Paris, départements du Jura et de l'Ain), en Allemagne et aux États-Unis.

A Amsterdam on ne compte pas moins de 70 tailleries dont 50 environ sont suffisamment bien outillées pour faire subir au diamant toutes les transformations depuis l'état brut jusqu'au polissage. Il passe chaque année dans les tailleries de cette ville près de 500.000 carats, soit environ 100 kilogrammes de diamants bruts. La création de cette industrie à Amsterdam remonte au xvᵉ siècle ; on peut citer comme diamants célèbres y ayant été taillés : le Victoria, le Grand-Mogol, le Régent, l'Excelsior et le Cullinan.

Dans ces dix dernières années, le trafic de cet article de luxe n'a pas cessé de suivre une marche ascendante. La plus grande partie des diamants taillés se dirige actuellement vers les États-Unis : l'exportation, qui était de 16.985.000 fr. en 1900, s'est élevée à 62.176.000 fr. en 1912. Le reste s'exporte surtout par Paris et Londres où se font les achats des joailliers et bijoutiers des grandes capitales européennes.

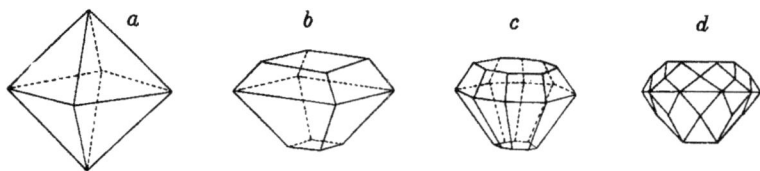

Fig. 292. — Passage de l'octaèdre à la forme brillant d'un diamant brut.
a, octaèdre primitif ; b, formation de la table et de la culasse ; c, ébauche ; d, brillant terminé.

II. — PIERRES DE COULEUR, PERLES, CORAIL

Travail. — Les procédés employés pour le travail des pierres colorées, de même que les matières utilisées pour le polissage et la forme qu'on leur donne par la taille, diffèrent notablement de ceux concernant le diamant. Cela tient surtout à leur moindre dureté et, en outre, à leur grande variété d'aspects à l'état brut. Les gemmes colorées se différencient du reste aussi entre elles par la transparence, l'éclat, la texture, la forme cristalline, de sorte qu'il est impossible d'indiquer une méthode générale pour les travailler.

Un grand nombre de pierres (topaze, émeraude, saphir, rubis) existent en cristaux suffisamment nets et isolés pour qu'on puisse presque toujours les user et les polir directement à la meule. D'autres (améthyste, opale) se rencontrent surtout en masses plus ou moins hétérogènes, en blocs diversement teintés qui nécessitent un *dégrossissage*.

Celui-ci permet d'isoler les parties transparentes, seules susceptibles de recevoir la taille. Il s'effectue à l'aide d'instruments semblables à celui décrit plus loin pour le cisaillement des diamants noirs (CH. XIV) et consistant en une plate-forme supportant la pierre à diviser ; au-dessus est une lame d'acier dur soigneusement biseautée qui, à l'aide d'un volant mû à la main, pénètre lentement dans la pierre. On arrive ainsi à séparer celle-ci en fragments de grosseurs variables et contenant des parties transparentes et uniformément teintées.

Pour l'usure et le polissage, on fait usage de meules métalliques (acier, fonte, cuivre) garnies de matières rodantes variées mais ayant toujours la disposition de celles qui servent au travail du diamant (fig. 293).

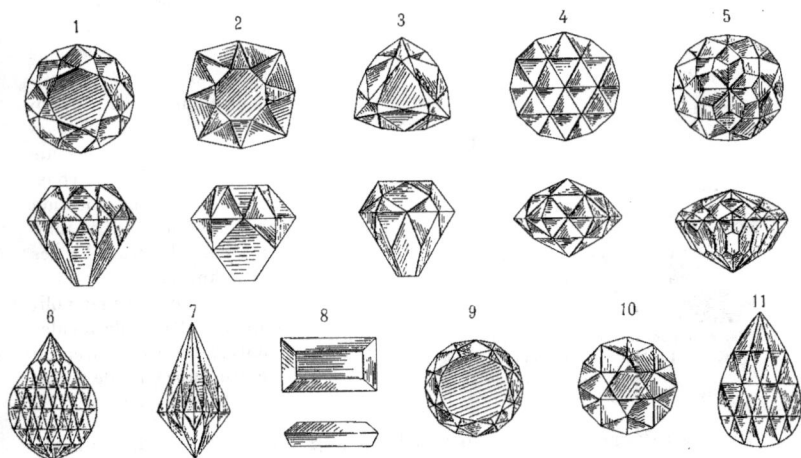

Fig. 293. — Principales formes de tailles du diamant.

1, brillant rond; 2, brillant arrondi; 3, brillant triangulaire; 4, rose double; 5, taille américaine; 6, briolette ; 7, pendeloque ; 8, table; 9 et 10, roses ; 11, brillant poire.

Les pierres très dures (saphir, rubis) sont usées et taillées avec l'égrisée, comme le diamant lui-même. Le polissage s'effectue aussi avec l'égrisée, mais on utilise parfois la poudre de saphir qui leur communique un très beau brillant.

Les meules de plomb garnies de tripoli, celles d'étain et de zinc incrustées de différents mélanges, servent pour les pierres moins dures que le corindon.

Pendant longtemps le jais a été travaillé à l'aide de meules d'étain unies au centre et raboteuses à la circonférence : grâce à cette disposition, la taille et le polissage s'effectuaient presque simultanément. L'ambre, taillé à facettes en vue de la confection de certains objets (colliers, bracelets, etc.), est poli sur des meules de plomb imprégnées de poudre de pierre ponce mélangée d'eau.

Les pierres fausses (stras) sont généralement taillées à l'aide de roues de plomb garnies de tripoli, de ponce ou de rouge d'Angleterre. On emploie aussi la potée d'étain obtenue par l'oxydation, dans des fours spéciaux, d'un mélange de plomb (3 parties) et d'étain (1 partie). Malheureusement, au contact incessant des mains et par la respiration des poussières, elle occasionne l'intoxication saturnine ; aussi depuis quelques années a-t-on cherché à la remplacer par l'acide métastannique, qui résulte de l'action de l'acide nitrique sur la grenaille d'étain. Comme cet acide s'attache au stras, on arrive à de meilleurs résultats en faisant un mélange comprenant une partie de potée pour deux d'acide métastannique. On n'a constaté aucun cas d'intoxication depuis l'emploi de ce mélange dans le travail des pierres d'imitation.

Le *vif*, ou dernier poli, s'obtient à l'aide de meules en bois revêtues de drap ou de feutre imprégné de rouge d'Angleterre.

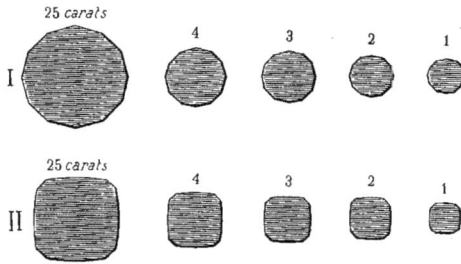

FIG. 294. — Rapport entre les dimensions des diamants taillés et leur poids (grandeur naturelle).
I, roses ; II, brillants.

Formes diverses de taille : taille à degrés, cabochons, gouttes.

— Les formes données par la taille aux pierres colorées sont très nombreuses. La forme en brillant convient de préférence aux pierres transparentes ou faiblement teintées qui, seules, mettent nettement en évidence les qualités optiques du minéral. La *taille à degrés* (fig. 296, *1 et 2*) est la plus fréquente : la plupart des améthystes, émeraudes, topazes, sont taillées ainsi. Vient ensuite la taille en *cabochon* (fig. 296, *5 et 6*) consistant en une base limitant une demi-sphère ou un cône plus ou moins arrondi. Le cabochon peut être plan, concave ou convexe à la partie inférieure ; le cabochon double consiste en une lentille d'épaisseur en rapport avec celle de la pierre brute. Les saphirs et les rubis sont fréquemment taillés en cabochon. La forme dite *goutte de suif* (fig. 296, *3*) est utilisée pour les pierres très colorées ou non transparentes comme le grenat, l'améthyste foncé, l'opale.

Les tables avec culasse peu épaisses s'emploient de plus en plus, notamment les tables carrées : le rubis, l'émeraude, le péridot sont très en faveur actuellement sous cette forme. Les cœurs (fig. 296, *4*) s'emploient comme pendentifs (opale, quartz, améthyste, corail).

Les pierres d'imitation se taillent de la même façon que les gemmes naturelles, mais il y a deux formes principales que ces dernières ne possèdent pas : le *chaton*, taille du petit grenat rond qui se fait toujours à faces multiples, et la *dentelle*, taille de la vermeille qui se fait à roses. Le chaton s'applique surtout aux pierres de petite dimension : il se compose de neuf facettes à la partie inférieure, huit sur le pourtour et neuf à la partie supérieure, ce qui fait en tout vingt-six facettes. La dentelle a dix-sept facettes à la

Fig. 295. — Atelier de taille et de polissage des pierres de couleur : lapidaires au travail.

partie supérieure et neuf à la partie inférieure. Ces deux genres de pierres se font depuis la grosseur d'une tête d'épingle jusqu'à celle d'un gros pois. On en fait aussi de plusieurs couleurs. La taille en brillant du stras incolore est généralement réservée aux pierres de grande dimension.

Les dispositifs utilisés pour la taille des pierres colorées varient suivant leur dureté et aussi suivant les professionnels. Généralement, ils sont beaucoup plus simples que ceux concernant le diamant. La pierre à tailler est placée à l'extrémité d'une tige de bois où on la fixe à l'aide d'un ciment spécial qui la laisse presque complètement à découvert : elle peut donc être presque entièrement travaillée et polie sans qu'on soit obligé, comme pour le diamant, de la dégager et de lui donner une nouvelle position pour chaque face à produire.

Pour obtenir aisément des facettes régulières, on emploie généralement un dispositif semblable à celui représenté par la figure 297. A la tige de bois B à l'extrémité de laquelle est cimentée la pierre à tailler A se trouve un disque *m* qui possède autant de côtés que la pierre doit avoir de facettes ; pour une pierre à huit facettes, le disque aura donc la forme d'un octogone.

S'il s'agit par exemple d'un saphir, voici comment on procède :

La pierre étant fixée en A à l'aide du ciment *i*, l'ouvrier prend la tige de bois en B et met la pierre A en contact avec le lapidaire en mouvement (disque de cuivre garni d'égrisée). Pour produire les facettes, il lui suffit de placer successivement chaque côté de l'octogone parallèlement au disque de cuivre ; à chacun de ces côtés correspond alors, pour la pierre à tailler, une facette ayant par rapport à son plan de base une inclinaison déterminée par la distance *Am*.

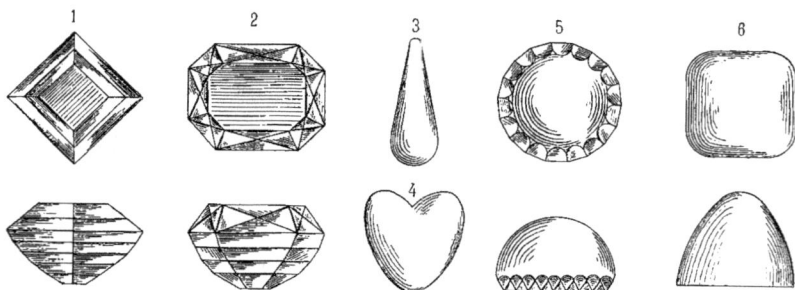

FIG. 296. — Principales formes de taille des gemmes colorées.
1 et 2, tailles à degrés ; 3, goutte de suif ; 4, cœur ; 5 et 6, cabochons.

On comprend qu'il soit facile de produire sur une pierre quelconque un nombre déterminé de facettes ayant une inclinaison déterminée les unes par rapport aux autres.

Opérations spéciales. — Sciage. — Nous avons vu plus haut que les pierres contenant intérieurement des défauts demandent à être sciées de façon à donner au lapidaire des fragments complètement homogènes. Autrefois cette opération s'effectuait à l'aide d'une sorte d'archet dont la corde était composée de deux fils d'acier très fin contournés l'un sur l'autre ; les vides laissés entre les différents torons servaient de logement à la matière rodante constituée par de la boue de saphir ou de corindon impurs. Pendant que d'une main l'ouvrier promenaît cette sorte de scie contre la pierre, de l'autre il versait la boue usante dans la rainure et parvenait ainsi à séparer la pierre en deux fragments.

Actuellement, on se sert de disques métalliques tournant verticalement ou horizontalement. La pierre à scier, maintenue dans une pince rigide, est pressée contre la périphérie du disque garnie d'égrisée. Le sciage des pierres dures (saphir, rubis) s'opère rapidement et régulièrement par ce procédé, qui permet en outre d'effectuer le travail dans tous les sens et d'utiliser toutes les parties transparentes d'une même pierre.

Les pierres destinées, non à la joaillerie, mais à l'ornementation, comme la plupart des variétés non transparentes que l'on rencontre en masses continues (quartz rose, quartz améthyste, malachite, néphrite, jaspe) sont divisées en lames parallèles à l'aide de dispositifs semblables à celui représenté par la figure 298.

La pierre à scier A, constituée par exemple par un bloc d'améthyste, est d'abord immobilisée à l'aide d'un support de ciment *m*. Au-dessus d'elle est un récipient M contenant de la boue d'émeri, de corindon ou de carborandum. Cette boue se déverse continuellement le long des lames de scies S et suit ainsi le trajet de ces dernières dans le bloc à scier A. Naturellement, les différentes lames S, dont le nombre et la distance peuvent varier à volonté, sont animées d'un même mouvement pendant le travail de sciage; elles sont pour cela fixées par leurs extrémités à un châssis commun qui descend au fur et à mesure de l'usure.

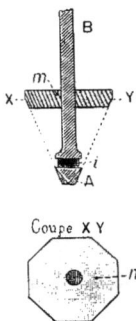

Fig. 297. — Taille des pierres de couleurs : fixation de la pierre.

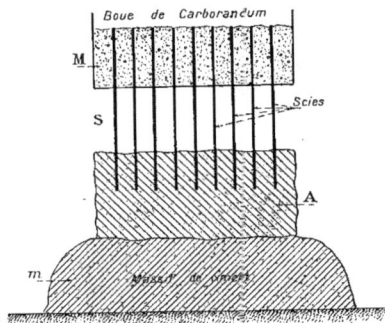

Fig. 298. — Appareil pour le sciage des pierres massives (améthyste, quartz rose) destinées à l'ornementation.

Dans le dispositif représenté par la figure 299, la pierre à scier est placée sur un chariot. La commande du châssis porte-lames s'effectue à l'aide d'un arbre à bielle en rapport avec la roue V d'un moteur quelconque (machine à vapeur, moteur à gaz, moteur électrique). Le réglage de la descente du châssis porte-lames s'effectue sans secousse et régulièrement au moyen d'un contrepoids calculé de façon que sa masse soit un peu inférieure à celle du châssis et de ses accessoires ; la double chaînette M conduisant P passe d'abord sur une poulie folle, ensuite sur deux galets fixés à la partie supérieure des montants de l'appareil, puis sur deux autres galets faisant corps avec les supports verticaux du châssis. La descente de ce dernier peut ainsi s'effectuer très régulièrement.

Quant à l'alimentation des traits de sciage en matière usante, elle s'effectue à l'aide d'un réservoir R placé sur le bâti de l'appareil. Ce réservoir, qui contient la boue abrasive, se prolonge à sa partie inférieure par un tube ti servant à déverser cette dernière sur la pierre à scier. Une chaîne à godets A permet de recueillir les boues écoulées en B et de les utiliser à nouveau en les faisant remonter dans le réservoir B. Le fonctionnement de la chaîne à godets est rendu continu à l'aide de transmissions mettant en communication le cylindre de départ P et la roue M reliée elle-même mécaniquement au volant V.

Quel que soit le procédé employé, on obtient ainsi des tables a d'épaisseur variable et dont les contours demandent à être régularisés. On utilise dans ce but des disques de fer tournant horizontalement et recouverts d'égrisée délayée dans du pétrole [1].

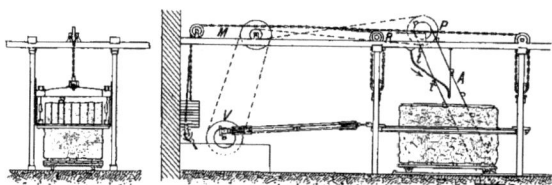

Fig. 299. — Machine employée pour le sciage des pierres dures destinées à l'ornementation : vues de profil et de face.

Polissage à la meule de grès.

— Suivant leur emploi (presse-papier, supports d'objets d'art, etc.), les blocs ainsi préparés sont conservés sans motifs apparents ou travaillés à nouveau pour acquérir plus de relief. Ces différents travaux s'effectuent à la meule de grès (fig. 300). Sous ce nom on désigne des meules constituées aussi bien par du grès dur des Vosges (Palatinat) que par des quartzites, porphyres ou autres roches très dures ; elles mesurent de 1 mètre à 2^m,50 de diamètre, environ 0^m,30 d'épaisseur, et peuvent assurer une durée de travail de 4 mois à 8 mois ; elles sont ensuite considérées comme hors d'usage et par conséquent remplacées.

1. On cherche actuellement un procédé permettant de récupérer l'égrisée des boues qu'elle forme avec le pétrole au sortir des lapidaires. Étant donné le prix élevé de l'égrisée, il y aurait là une grande économie à réaliser.

La plupart de ces meules sont préparées en Allemagne, notamment à Oberstein où on les utilise en grand pour le travail de l'agate. Elles tournent toujours verticalement et ne s'élèvent généralement au-dessus du plancher des ateliers que des deux tiers environ de leur diamètre ; le reste pénètre dans le sous-sol à la façon des volants des grosses machines à vapeur. Elles sont constamment arrosées par un mince filet d'eau qui tombe de la partie supérieure.

Les ouvriers polisseurs, presque complètement couchés sur le sol, appuient fortement la surface des pierres à polir contre la meule. Très exercés à ce travail,

Fig. 300. — Grandes meules de grès employées pour l'usure et le polissage des pierres dures : agates, améthyste, lapis, etc. (Taillerie Stächling, à Royat).

ils savent tirer parti d'une façon merveilleuse de tous les reliefs de celle-ci (angles, parties planes ou rentrantes, irrégularités dues à un long usage) pour exécuter tous les ouvrages possibles. Les différences de dureté des pierres travaillées, le grain de la meule, la pression plus ou moins grande qu'ils exercent contre elle sont également mises à profit pour obtenir un résultat déterminé d'avance.

J. ESCARD.   46

Les pierres peu épaisses sont cimentées sur des supports en bois avant d'être présentées à la meule, afin d'éviter leur rupture possible en cours de travail.

Les boules d'agate, d'améthyste, de jaspe, etc. sont obtenues d'une façon très simple à l'aide de meules creusées, tout le long de leur surface périphérique, d'une rainure semi-circulaire. Un fragment de bois dur est également entamé sur un côté par une cavité semi-circulaire. Le bloc à transformer en sphère, d'abord grossièrement préparé, est placé dans le logement laissé par les deux vides dont il vient d'être question. Pendant que la meule tourne, l'ouvrier fait manœuvrer constamment de gauche à droite et de droite à gauche le morceau de bois qui soutient la pierre. Ces différents mouvements combinés régularisent l'usure du bloc, si bien qu'il acquiert rapidement la forme d'une boule parfaitement sphérique.

Ces indications suffisent pour montrer quel parti on sait tirer aujourd'hui des ressources du travail mécanique pour transformer en objets appropriés aux différents besoins de l'art des blocs de pierre dont l'aspect à l'état brut ne laisse certainement pas soupçonner les multiples emplois.

Fig. 301. — Vrilleurs de perles à Ceylan.

Perçage. — Le perçage des gemmes est une opération qui se pratique seulement pour les pierres destinées à être montées en pendentifs ou en colliers (briolettes, poires, gouttes, etc.). Pour le diamant, on se sert d'une aiguille d'acier très fine animée d'un mouvement de percussion rapide (2.000 chocs à la minute). La première ouverture est réalisée à l'aide d'une pointe de diamant, puis on y introduit l'aiguille d'acier enduite d'égrisée. Le trou ainsi obtenu peut être assez fin pour ne livrer passage qu'à un cheveu.

Les perles sont *vrillées* à l'aide de dispositifs très simples. Dans un bloc de bois creusé de nombreuses petites cellules semi-sphériques et de dimensions différentes, on place les perles à vriller (fig. 301). Une fois en place, on les immobilise à l'aide de cire ou de colle forte. L'instrument perforateur consiste en une simple foret d'acier mû par la corde d'un arc ; cette corde, enroulée sur le manche en spirale du foret, imprime à celui-ci un mouvement de rotation rapide qui lui permet d'user la perle. Un ouvrier peut perforer environ vingt-cinq perles de taille moyenne à l'heure.

Les boules de corail destinées à former des colliers sont percées par un procédé à peu près analogue. Le perforateur est une sorte d'aiguille plate soigneusement aiguisée et mise en mouvement à l'aide d'un petit arc en corde de fil enroulée autour d'un manche de bois. Un récipient placé à un niveau un peu supérieur contient de la bouillie d'émeri ou de ponce qui arrive lentement entre l'aiguille et la pierre et facilite aussi l'usure. Pendant ce travail, les boules de corail sont assujetties dans la fente d'un morceau de bois.

Travail du corail. — En dehors du travail de perçage, le corail mérite une mention spéciale, car il ne constitue pas à proprement parler une pierre précieuse ; d'autre part son mode de production nécessite des manipulations qu'on ne rencontre pas dans le travail des véritables gemmes.

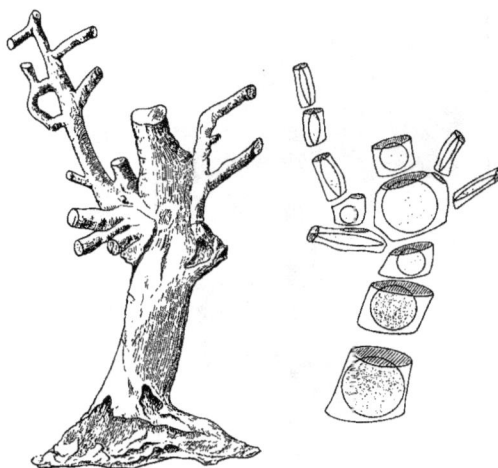

Fig. 302 et 303. — Travail du corail.

La première opération concerne le triage des morceaux. Ceux qui sont jugés bons à subir le travail du découpage sont divisés à la scie en fragments correspondant à la forme de leurs différentes branches. Cela permet de se rendre compte du nombre et de la grosseur des pièces (perles rondes ou longues, breloques, etc.) que l'on pourra obtenir (fig. 302 et 303).

On fait ensuite une sélection des branches suivant leur grosseur et leur régularité. S'il s'agit de tailler des perles à facettes (fig. 304), les morceaux bruts subissent d'abord un dégrossissage qui s'opère le plus souvent a sec, à la lime ou à la meule d'émeri. Le polissage s'effectue au moyen de disques horizontaux garnis de boue de corindon, puis de pierre ponce. Le dernier poli s'obtient à l'aide de potée d'étain déposée en pâte sur des disques de bois recouverts de drap ou de feutre.

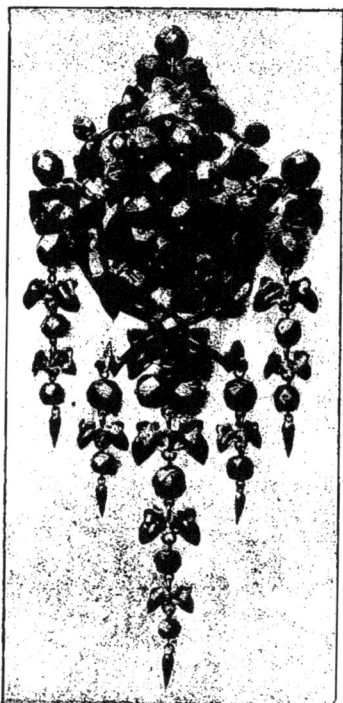

(Extr. de *La Bijouterie au XIX⁰ siècle,* par H. Vever.)

FIG. 304. — Corail facetté.

Les perles ou boules s'obtiennent d'une façon beaucoup plus simple et plus rapide. Les morceaux de corail, plus ou moins réguliers au sortir de l'atelier de découpage du corail brut, sont introduits dans des barils contenant un mélange d'eau [1] et de pierre ponce. On imprime à ces barils un mouvement de rotation rapide, soit de 50 tours à la minute ; après onze ou douze heures, on fait couler avec de l'eau propre nouvellement introduite dans les barils toute la pierre ponce qui forme alors une sorte de bouillie légère qui surnage. On la remplace par de la poudre de corne de cerf ou de craie fine et on continue l'opération pendant quelques heures. Les barils sont finalement débarrassés de tout leur contenu ; les perles sont alors bien rondes et polies uniformément sur toute leur surface. Le triage s'effectue à la main pour la coloration (rouges, rosées, roses blanches) et à l'aide d'un crible pour la dimension.

Montage des pierres précieuses. — On monte les pierres précieuses de différentes façons suivant qu'elles sont transparentes ou opaques, colorées ou incolores, naturelles ou imitées, taillées en brillant ou en rose, etc. La qualité essentielle du montage est de conserver à la pierre toute

1. L'huile n'est jamais employée par suite de sa tendance à modifier sans retour la belle coloration rose naturelle du corail.

sa valeur et même, si possible, de l'augmenter par une heureuse combinaison de reflets et de teintes.

Le *montage à jour* se pratique pour les plus belles pierres et notamment pour le diamant. Il consiste à entourer seulement le feuilletis de la pierre et à assurer son immobilité par des griffes légères mordant à peine sur les facettes de la couronne. Ce support, ou *sertissure*, devrait toujours être constitué par un métal blanc (platine) pour le diamant et par de l'or pour les pierres de couleur.

Le *montage à fond* s'applique aux pierres de teinte sombre ou peu agréable. Leur base est pour cela en contact direct avec une mince feuille de métal (argent, clinquant, etc.) épousant la forme de la culasse. Cette feuille porte le nom de *paillon*; elle a pour but, soit de modifier la coloration de la pierre vue par transmission, soit d'augmenter son éclat. Malheureusement le paillon s oxyde avec le temps et les qualités de la pierre disparaissent peu à peu. D'une façon générale, on peut dire que les pierres serties à fond sont de qualité médiocre.

Nous n'insisterons pas sur les autres procédés de montage : *serti perlé, serti clos ou rabattu, serti filet, serti dressé ou descendu,* etc. Leur description est plus du domaine de la bijouterie que de celui de la joaillerie.

Quant aux perles, on les monte le plus souvent, lorsqu'elles ne sont pas destinées à former des colliers, dans une sorte de chaton, par un simple collage. Le chaton peut avoir des formes variées et plus ou moins ornées : feuille, petit gland, etc. Généralement on les maintient dans une sertissure à jour, à arêtes rabattues sur une partie de leur surface et constituant de petites griffes les emprisonnant.

La difficulté, dans ce travail, est d'effectuer le rabattement des griffes sans briser la perle ; celle-ci conserve alors ses qualités, presque toute sa surface étant visible. Ce procédé permet d'éviter le vrillage qui déprécie toujours les perles au point de vue de leur valeur commerciale.

CHAPITRE XIII

GRAVURE ET SCULPTURE SUR GEMMES
CAMÉES ET INTAILLES

La science de la gravure sur gemmes est généralement désignée sous le nom de *glyptique* [1]. Suivant le but poursuivi et les résultats obtenus, elle donne naissance aux *intailles* ou aux *camées*. D'après E. Babelon [2], les Grecs appelaient « diaglyptique » la gravure en creux et « anaglyptique » celle en relief. Chez les Romains, les graveurs d'intailles étaient désignés sous le nom de « cavatores » ou « signarii » ; les graveurs de camées étaient des « cœlatores » ou « scalptores ».

Aujourd'hui on réserve le nom de *camées* aux gemmes gravées en relief ; ils concernent particulièrement l'agate-onyx, mais il existe aussi des camées-coquilles qui résultent, comme leur nom l'indique, de la gravure sur coquilles nacrées. Les camées, d'abord gravés sur pierres d'une seule couleur, le furent ensuite sur des gemmes à plusieurs couches diversement teintées. Dans ces dernières, la figure est généralement taillée dans la partie claire de la pierre, tandis que les parties sombres servent à donner de la valeur au relief et à former le fond du sujet.

Les *intailles*, qui ont presque toujours servi de cachets, sont les gemmes gravées en creux. Pendant longtemps, elle ont servi de sceaux pour attester la personnalité des individus dans les lois, les contrats, etc. Elles étaient fréquemment enchâssées dans le chaton des bagues. De même que les camées, on les a utilisées aussi pour l'ornementation des bijoux et des pièces d'orfèvrerie, et comme amulettes auxquelles on attachait des vertus préservatrices spéciales.

1. Du grec γλύπτω, *je grave.*
2. E. Babelon, *Histoire de la gravure sur gemmes.* Paris, Société de propagation des livres d'art, 1902.

La *sculpture* sur pierres fines, très pratiquée autrefois et revenue à la mode aujourd'hui après plusieurs siècles d'oubli, tient à la fois des camées et des intailles ; elle comporte en effet en même temps des reliefs et des creux (bustes, statuettes). Elle est néanmoins plus rare, car elle nécessite des gemmes de dimensions assez grandes et un travail de longue patience. La difficulté de trouver des pierres dont les colorations diverses ou les défauts correspondent exactement aux traits du sujet à établir rend cet art encore plus spécial et en fait le privilège de quelques artistes seulement. Comme les méthodes employées ne sont généralement pas divulguées dans leurs détails, on conçoit que les résultats obtenus soient très différents suivant les auteurs dont les chefs-d'œuvre atteignent parfois ainsi une très grande valeur malgré leur petite taille.

I. — RÉSUMÉ HISTORIQUE DE LA GRAVURE SUR GEMMES

Égypte. — Les Égyptiens connaissaient la gravure sur gemmes. Aucun peuple ne paraît même l'avoir pratiquée avec plus de finesse et d'ampleur, et cela explique pourquoi nos musées nationaux sont si riches en produits de la glyptique égyptienne. Les pierres les plus dures (diamant, rubis, saphir) ne paraissent pas cependant avoir été travaillées par ces premiers peuples ; par contre, l'amé-thyste, le cristal de roche limpide, l'agate, la cornaline (fig. 305), l'émeraude, la turquoise sont très employés et taillés sous forme de perles rondes, cylindriques ou ovales ; gravées de

Fig. 305. — Cornaline égyptienne gravée.

façons fort différentes, ces pierres servent à la confection des colliers et bracelets dont s'ornent religieusement presque tous les habitants, hommes et femmes, de la vallée du Nil.

« L'emblème talismanique de beaucoup le plus répandu, dit E. Babelon [1], est le scarabée. Chaque Égyptien voulait porter sur lui son scarabée, symbole des devenirs successifs dans l'autre vie et par conséquent de l'immortalité, une garantie contre la mort. »

Les scarabées égyptiens, faits de pierres variées (agate, obsidienne, améthyste, émeraude), sont d'un travail admirable : tous les détails du corps de l'animal, les reliefs et les creux y sont rendus avec un goût et un fini que nos artistes modernes n'atteignent pas toujours.

1. E. BABELON, *La gravure des pierres fines; camées et intailles*. Paris, Quantin, édit., 1894.

La glyptique égyptienne a produit aussi, dès l'époque la plus reculée, des figures sculptées de toute nature, telles que des statuettes, des croix de formes variées, utilisées comme symboles ou comme simple ornement (oiseaux, serpents, cœurs). Les bagues portent des pierres (cornaline, jaspe, agate saphirine) gravées parfois sur les deux faces et utilisées le plus souvent comme cachets plats.

Vers la même époque et à l'imitation des Chaldéo-Assyriens, les Égyptiens

Fig. 306. — Cylindre oriental en agate gravée (ancienne Égypte).

taillèrent aussi dans les gemmes des cylindres (fig. 306) dont le pourtour est gravé en creux et représente le sujet destiné à produire les empreintes. Ces cylindres sont cependant assez rares, témoin le petit nombre d'échantillons que nous en possédons dans nos musées et collections privées.

Cependant, quelles que soient les qualités de style et de souplesse atteintes par les Égyptiens dans la glyptique en relief ou en creux, il ne semble pas qu'ils aient su utiliser les pierres à couches multicolores (agates, onyx) pour en produire de véritables camées. C'est au génie hellénique qu'il était réservé de savoir tirer parti des zones superposées d'une même pierre pour obtenir les variétés de nuance et de coloration que nécessite un sujet polychrome.

Chaldée, Assyrie, Perse et Phénicie. — Les Chaldéens ont surtout travaillé les pierres tendres et la plupart des sujets traités sont fort vagues : lignes qui s'entrecroisent, profils d'hommes ou d'animaux, croissants lunaires. Les cylindres gravés en agate sont assez nombreux, mais ils représentent presque tous le même sujet, le plus souvent des personnages divins, des génies ailés à bec d'aigle entourés d'êtres ou d'objets

Fig. 307. — Cylindre chaldéen en agate gravée (développement de la surface latérale).

symboliques (fig. 307). De même que les scarabées égyptiens, ces cylindres sont percés de part en part ; leur longueur ne dépasse pas quatre centimètres ; quelques-uns portent le nom de leur possesseur et paraissent même datés : un cylindre de la collection de Clercq porte le nom de Sargani, roi d'Agadé (Basse-Chaldée), et semble remonter à 3.500 ans environ avant notre ère.

1. Louis XIV.
Camée sardoine.

2. Marie de Médicis.
Sardonyx à deux couches.

3. Henri IV.
Camée sardoine.

4. Jeune femme.
Intaille sur
cornaline.

5. Louis XIII
enfant. Intaille
jaspe sanguin.

6. Louis XV.
Camée grenat
hémisphérique.

7. Tête de
Méduse.
Améthyste.

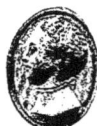

8. Mᵐᵉ de Pompa-
dour. Intaille
cornaline.

9. Louis XV. Camée
sardonyx
à trois couches.

10. Louis, dauphin,
et Mar.-Jos. de Saxe.
Sardonyx.

11. Marie-Antoi-
nette. Intaille
sur cornaline.

12. La reine Elisabeth.
Camée
sardonyx.

(*D'après E. Babelon.*)

La glyptique chaldéenne a produit aussi des cachets plats, des objets de formes diverses représentant des héros, des monstres, des dieux barbus, des animaux fantastiques. Un type courant de cachet est le sceau à tige prismatique ou conoïdale ; le sujet qu'on y trouve le plus généralement gravé est un pontife en adoration devant un autel.

Les Assyriens exécutèrent, comme les Chaldéens, des cylindres gravés en guise de sceaux et de cachets, mais leur travail est plus sec, moins fini, plus industriel ; des taureaux ailés à tête humaine, des divinités armées d'arcs et de flèches sont les sujets les plus fréquemment traités. La plupart de ces intailles pèchent par l'exagération du modelé et des formes, la précision trop mécanique des détails, la répétition constante des mêmes scènes, l'absence de liberté dans les mouvements des personnages représentés. On est très loin de la finesse des cylindres chaldéens, bien que la plupart des légendes interprétées par les graveurs soient à peu près les mêmes.

Les Arméniens, les Élamites, les Mèdes et les Perses se montrèrent, comme les peuples précédents, fidèles admirateurs de la parure et des bijoux. Les Perses notamment héritèrent des traditions artistiques et industrielles des Chaldéo-Assyriens en même temps qu'ils se substituèrent à eux dans la domination de l'Asie. « Les pierres gravées perses, dit Babelon, se caractérisent par une facture sèche et nerveuse, un choix particulier de sujets, certains détails de costumes et d'attributs, un système d'écriture enfin, qui ne laissent place à aucune chance de confusion. » Les sujets traités sont ceux qui s'adaptent le plus facilement à la religion, aux mœurs, à la puissance guerrière de ce peuple : le génie du graveur perse se manifeste ainsi, non dans la représentation de colosses ou d'êtres monstrueux qui s'entre-dévorent, mais dans celle de divinités, de pontifes, d'arbres de vie, d'animaux, symboles de puissance ou de force.

Mais, par suite de l'extension de leur domination, les Perses, influencés par les populations venues en contact avec eux, se laissèrent pénétrer du contingent de nouveauté et d'originalité de ces dernières. On rencontre en effet dans l'art perse des cylindres gravés où le costume des personnages est égyptien, et d'autres qui montrent visiblement l'action de l'art grec. Les pierres (cornaline, calcédoine, agate, opale) sont d'abord taillées en forme conique ou hémisphérique puis aplaties sur une face, de manière à faciliter le travail de la gravure.

Les Phéniciens ne paraissent rien avoir trouvé de nouveau dans l'art de la glyptique. Ils se sont surtout contentés d'imiter les œuvres des Égyptiens, Assyriens et Perses, associant même parfois des éléments opposés sur un même travail ; aussi leur art est-il d'une banalité désespérante. Un grand nombre de gemmes phéniciennes sont vraisemblablement des cylindres ou des scarabées égyptiens sur lesquels les graveurs, après se les être appropriés, se sont contentés d'y inscrire leur nom. L'inscription porte parfois, non seulement le nom du possesseur, mais aussi sa filiation et sa parenté. Les sujets traités représentent, comme les modèles, des figures de divinités, des lions, des sphinx, c'est-à-dire des sujets d'inspiration chaldéo-assyrienne, perse ou égyptienne.

Palestine. — En Palestine, la gravure sur pierres fines se manifeste par les monuments et les textes qui nous montrent l'usage des gemmes gravées, classées suivant leurs vertus et leurs mérites. Les Juifs, en particulier, ont eu leurs graveurs en pierres fines comme les Phéniciens bien qu'il n'y ait pas grande distinction entre les produits de la glyptique de ces deux peuples. La forme de certaines lettres et l'étude des noms gravés permettent seules d'en apprécier l'origine.

On ne saurait du reste considérer ces intailles comme des œuvres d'art mais simplement comme des monuments épigraphiques. Les cônes en calcédoine gravés sur une face plane formant base, avec noms et objets significatifs, sont les principales pierres gravées que nous ont laissées les populations sémitiques de la Palestine et des contrées voisines.

Cypre et Carthage. — Cypre a eu des graveurs en pierres fines ; leurs œuvres sont aussi intéressantes que ses monuments de sculpture et de céramique. Carthage, ville de négoce, ne fut jamais, au contraire, un centre d'art, et la « glyptique carthaginoise » résulte uniquement de l'approbation des chefs-d'œuvre par ses trafiquants dans les colonies grecques de la Sicile, dans l'Égypte, l'Assyrie et la Perse.

De même que les Phéniciens, les Cypriotes ont travaillé à la fois les pierres cylindriques et les cachets plats bien que ceux-ci soient les plus en faveur. Les cylindres gravés sont dépourvus de tout sens artistique ; on sent un travail rapide et superficiel, une négligence de gens pressés qui se sont contentés, le plus souvent, d'égratigner la pierre, mais non de produire un travail fini. L'analyse y découvre la réunion des influences asiatique, égyptienne et hellénique.

Nombre de gemmes gravées recueillies à Cypre ont pour type le pontife chaldéen sacrifiant sur un autel ; les scarabées, imités de ceux de l'Égypte, sont également très nombreux. Les principales pierres utilisées sont la calcédoine, l'agate, la serpentine et le jade.

Intailles mycéniennes. — Les intailles mycéniennes, ou de l'art dit *mycénien*, sont presque toutes des gemmes ayant une forme lenticulaire, ronde ou aplatie ; parfois elles sont allongées et légèrement convexes, ressemblant ainsi à des noyaux. L'agate, le cristal de roche, la calcédoine, le jaspe, l'améthyste sont les pierres les plus employées. Les sujets représentés sont des fleurs, des animaux, des scènes de chasse, des combats de guerriers.

Après des débuts fort simples, les artistes furent assez hardis pour oser graver des figures sur deux plans différents ; c'est le cas d'une gemme d'origine crétoise qui représente deux taureaux presque superposés. La forme des chatons de bagues est quadrilatère ; le trou qui les perfore montre qu'ils étaient destinés à pivoter sur un axe de manière à présenter, soit la face gravée (cachet), soit la face lisse. Les sujets tracés sont ceux qu'affectionnaient les artistes de l'Orient : homme combattant un lion, lutteurs, etc. La glyptique proprement dite est riche en pierres de toutes sortes, avec motifs dont l'origine orientale ne fait pas de doute.

D'une façon générale, les graveurs de la période mycénienne ont donné à leurs gemmes une forme qui rappelle celle de cailloux roulés par les flots [1] ; ils n'adoptent ni le cylindre, ni le scarabée, et paraissent avoir atteint un haut degré de perfection dans cet art, notamment en ce qui concerne la reproduction des figures d'animaux.

Glyptiques grecque et étrusque. — Les œuvres de la glyptique grecque archaïque sont surtout inspirées des cachets orientaux ; les types les plus fréquents sont des scarabées ou des scarabéoïdes, mais leurs auteurs ne sont pas des imitateurs, des copieurs serviles : on sent une liberté de goût et une inspiration qui montrent que l'artiste a cherché à s'affranchir de son modèle. Les Grecs ont été du reste des novateurs dans l'art de la glyptique ; le style de leurs camées et intailles montre le génie hellénique se manifestant dans toute sa force de conception et d'exécution artistique et technique.

Vers le VIIᵉ siècle avant notre ère, les types monétaires deviennent comme solidaires de ceux de la glyptique. Les premières monnaies de l'Asie-Mineure ont même eu pour modèles les sujets gravés des plus belles gemmes, en particulier des animaux : taureaux, lions et sangliers ailés. Peu à peu, les artistes en pierres fines signent leurs œuvres à côté du nom du possesseur [2] ; à leur talent de graveur,

1. Cette forme a sans doute des rapports avec les contours généraux des pierres brutes, c'est-à-dire telles qu'on les rencontre dans la nature. Un grand nombre de pierres (agates, quartz, cornaline, etc.) se trouvent en effet fréquemment sous forme de cailloux roulés, c'est-à-dire plus ou moins sphériques ; il est donc logique de supposer que les premiers artistes graveurs aient cherché à simplifier le travail d'usure en conservant aux gemmes leur forme originelle.

2. La présence simultanée de deux noms (auteur et possesseur) sur les gemmes de cette époque entraîne, pour les critiques modernes, une grande difficulté quant à la détermination exacte du nom de l'artiste. En général cependant, les signatures d'artistes sont en harmonie avec le sujet comme délicatesse, inclinaison et profondeur des incisions. Les noms des possesseurs sont presque toujours de grandes dimensions.

ils joignent presque tous celui de médailleur, de sculpteur, de ciseleur et même d'architecte.

Les gemmes gravées de cette époque sont nombreuses ; les principaux auteurs ont pour nom Mnesarchos, père de Pythagore, qualifié de « graveur en cachets », Rhœcos et Theodoros, qui nous ont laissé des travaux d'une grande perfection et d'une finesse exquise. Le goût des pierres fines gravées était du reste très répandu dans le monde élégant des villes grecques, comme le prouvent de nombreuses anecdotes et légendes rapportées par Pline.

Jusque vers l'an 500 avant J.-C., c'est-à-dire jusqu'à la ruine d'Athènes par les Perses en 480, les artistes grecs ont surtout visé à atteindre l'habileté technique et le fini du détail. Les scènes historiques sont nombreuses, de même que les sujets divins et mythologiques. Les camées à deux couches (Mélampos guérissant les vierges folles) font leur apparition, des pierres rares (émeraude) sont livrées au goût des artistes qui les transforment en intailles de grande valeur et que se disputent les princes.

A la glyptique archaïque grecque peut se rattacher la glyptique étrusque qui n'en diffère pas sensiblement : la matière, le sujet, la forme et le style ont une ressemblance telle que les gemmes de ces deux contrées sont difficiles à distinguer et à caractériser. Les inscriptions étrusques sur gemmes, imitées de celles sur vases peints, permettent néanmoins d'établir l'origine de la plupart d'entre elles. Cependant « en dépit de la justesse des observations, de cette minutieuse analyse des types et de la technique qui prouvent que l'Étrurie avait ses ateliers nationaux de graveurs, dit E. Babelon, l'identité des gemmes étrusques et des gemmes grecques est souvent si complète qu'on est forcément amené à conclure que la plupart des ateliers de lithoglyphes travaillaient à la fois pour les Grecs et pour les Étrusques ». Les pierres gravées étrusques sont généralement en calcédoine, agate, sardoine, cornaline ; ces gemmes, rares en Étrurie, supposent nécessairement qu'elles résultent d'un commerce d'importation.

Quant à leur valeur artistique, les intailles étrusques présentent de grands écarts, aussi bien au point de vue de l'idéal réalisé que de la technique même du travail. Les sujets sont presque toujours encadrés dans une bordure dentelée. Les scarabées, utilisés comme cachets, sont parfois aussi enfilés en colliers, mais le plus souvent montés en bagues.

Période hellénistique. — Aux ve et ive siècles avant notre ère, les pratiques surannées disparaissent peu à peu et la gravure en pierres fines participe à la transformation presque soudaine d'un peuple désormais libre et plein d'espoir dans son génie. La forme donnée aux pierres gravées, le choix des sujets, le fini du travail, la souplesse dans les mouvements des personnages caractérisent une évolution réelle dans l'art de la glyptique. Aussi les chefs-d'œuvre de cette époque sont-ils nombreux et méritent-ils une place à part.

Entre l'an 400 et la fin du Ier siècle après J.-C., un grand nombre d'artistes signent leurs œuvres ; parmi eux, il faut citer Athenadès, Phrygillos, Dexamenos, Pergamos, Olympios, Onatas.

Le plus célèbre des graveurs de la période hellénistique est certainement Pyrgotèle, tenu en estime par Pline qui le place en tête des artistes de tous les temps [1]. Les camées et intailles de nos musées qui représentent la tête d'Alexandre sont presque certainement dus à la main de cet artiste, bien que de nombreuses copies de ses œuvres aient pu voir le jour aux siècles suivants ; cela est même probable étant donnée l'idée talismanique attachée pendant longtemps aux portraits d'Alexandre.

La sculpture sur pièces massives (agate, sardonyx, sardoine) apparaît à l'époque *ptolémaïque*, du nom de Pompée qui les fit connaître le premier aux Romains. Les beaux vases translucides taillés dans ces pierres aux nuances drapées (vases murrhins) font encore la richesse de nos musées et l'orgueil des amateurs qui ont pu s'en procurer de rares spécimens. La « Coupe des Ptolomées », celle du musée de Naples ou « Tasse Farnèse » sont des chefs-d'œuvre de patience et de goût, et à un tel point que, comme le dit Babelon, l'artiste semble s'être joué à plaisir des difficultés et avoir en quelque sorte provoqué la nature en fouillant la gemme avec rage jusqu'à la contraindre à se sacrifier elle-même en face des conceptions de son génie artistique.

Rome et le Haut-Empire. — Sous la République et le Haut-Empire, les pierres gravées, et notamment les cachets, furent connus de bonne heure. Les Romains utilisaient constamment les intailles en pierres dures. Auguste eut successivement trois cachets : sur le premier était gravé un sphynx, sur le second la tête d'Alexandre et sur le troisième son propre portrait. Le cachet de Néron représentait Apollon et Marsyas. Les riches personnages romains collectionnaient et conservaient jalousement les plus belles intailles et les camées sertis dans de riches montures.

L'agate, le cristal de roche, la cornaline ont été très employés à cette époque pour graver les portraits des empereurs et impératrices. Ces portraits, que l'on peut admirer au Cabinet des Médailles, forment une série presque complète jusqu'à Caracalla ; les plus célèbres sont les bustes de Tibère, de Claude, de Messaline, d'Agrippine et l'apothéose de Germanicus.

1. Sa renommée était si grande qu'Alexandre avait accordé à lui seul le droit de reproduire ses traits sur les pierres précieuses. On sait que ce privilège appartenait aussi à Lysippe et à Apelle dans leurs arts respectifs.

Le « Grand camée de France » est une sardonyx à cinq couches graduées depuis le brun foncé jusqu'au blanc laiteux. C'est le plus grand des camées actuels : il mesure 26 cm. de largeur et 30 cm. de hauteur. On le désigne encore sous le nom d' « Apothéose d'Auguste » bien que ce terme soit impropre, les principaux personnages du sujet étant Tibère (en Jupiter) et Livie (en Cérès) ; devant eux s'avance Germanicus portant la main à son casque. Ce chef-d'œuvre remonte sans doute à l'an 20, peut-être à l'an 37. Après avoir circulé dans de nombreux musées, il devint, après des siècles, un des plus riches joyaux du trésor de la Sainte-Chapelle [1]. Il est actuellement au Cabinet des Médailles de la Bibliothèque nationale.

Fig. 308. — Tête de l'empereur Auguste en sardoine gravée avec monture (diamants *pointes naïves*) de l'époque carolingienne. (Cabinet des Médailles.)

Le « Grand camée de Vienne », bien que de dimensions un peu moindres que le précédent, lui est supérieur par sa bonne conservation et l'idéale perfection de la technique. On le désigne encore sous le nom de « La gloire d'Auguste ».

Nous n'insisterons pas plus longuement sur tous les chefs-d'œuvre de la glyptique romaine ; nous ajouterons simplement que les intailles du Ier siècle peuvent se diviser en trois groupes principaux : la série iconographique, la série mythologique et les sujets de genre. Les scènes caractérisant ces différents groupes sont du reste extrêmement nombreuses et nos musées en possèdent de très beaux spécimens.

Cependant, pendant la période romaine, peu de pierres ont été signées, et il est curieux de remarquer que les graveurs les plus en vue par leur talent sont ceux dont nous n'avons pour ainsi dire pas trace de leurs œuvres [2].

Nous connaissons néanmoins le nom de Dioscoride qui caractérise le siècle d'Auguste comme Pyrgotèle personnifie celui d'Alexandre ; son chef-d'œuvre semble être le portrait d'Auguste (fig. 308). Solon fut le contemporain de Dioscoride. Aspa-

1. L'histoire complète de cette gemme a été donnée par E. Babelon dans *La gravure en pierres fines*, p. 150-152, et dans *Le Cabinet des Antiques*, p. 1-6.
2. Un grand nombre de gemmes antiques non signées de leurs auteurs figurent actuellement dans les musées avec des signatures gravées à une date plus ou moins récente et reproduisant le nom des artistes de l'antiquité. Ces signatures de pierres gravées ne sauraient donc être considérées, pour la plupart, comme authentiques.

sios, Glycon, Rufus, Sosos, Evodus, Eutychès, Hérophile et Hyllus, ces trois derniers fils de Dioscoride, ont également produit de belles intailles. Evodus nous a laissé une magnifique aigue-marine gravée représentant Julie, fille de Titus (fig. 327) ; elle est actuellement au Cabinet des Médailles.

La glyptique romaine cependant, au lieu de progresser, tomba dès le milieu du IIᵉ siècle dans une décadence profonde ; le nombre des artistes diminue, leur talent ne se manifeste plus que par des sujets vulgaires et cependant les gemmes gravées n'ont jamais été plus nombreuses qu'à cette époque. Par contre, on attache de plus en plus aux pierres gravées, et suivant leur couleur, des vertus symboliques. Les images les plus fréquentes sont les signes du zodiaque, les planètes, certains animaux (ibis, coq, scorpion). Les premiers chrétiens ne restèrent pas indifférents à cet engouement universel pour les pierres gravées, si bien que dans les catacombes romaines on a trouvé en quantité ces gemmes sur lesquelles sont gravés les emblèmes de la religion : colombes, agneau, le bon Pasteur, arche de Noë, etc.

Le siècle de Constantin fit renaître un instant l'art de la glyptique à peu près disparu depuis trois cents ans environ. Les camées de cette époque, auxquels il faut ajouter un buste impérial soigneusement sculpté (fig. 308), sont de style agréable et de très bon goût. Mais ce relèvement n'est que passager, car la glyptique retombe bientôt plus bas qu'elle n'est jamais descendue ; les éléments de sujets sont nombreux, seul l'élément artistique fait défaut.

Glyptique byzantine. — La glyptique byzantine marque heureusement une nouvelle période de goût et d'activité dans l'art de travailler les gemmes. Merveilleusement doués pour les arts mineurs, les Byzantins avaient toute chance de réussir dans la glyptique : aussi le succès couronna-t-il leurs premières tentatives. Ils semblent former le trait d'union entre le Moyen-Age et l'Antiquité. Ils nous ont laissé de nombreux spécimens de leur talent, en particulier des motifs religieux en camées et intailles : christ, archanges, ange Gabriel, vierge Marie. Leur goût pour les beaux vases murrhins marche de pair avec la glyptique proprement dite et les quelques spécimens qu'ils nous ont laissés peuvent être regardés comme de véritables reliques ; c'est du reste ainsi que sont considérés leurs travaux dans les musées ou sanctuaires (trésor de l'église Saint-Marc, à Venise) qui en possèdent quelques spécimens.

Au Vᵉ siècle, les Barbares tombèrent dans une admiration plus naïve qu'artistique à la vue de tous les objets merveilleux, fruits du génie des Romains qu'ils avaient subjugués. Ils les recueillirent scrupuleusement, et toutes ces gemmes gravées, ces coupes irisées, ces vases murrhins décorés de reliefs chatoyants devinrent les trésors des rois et, plus tard, des plus belles cathédrales. Vers l'an 600, la reine des Lombards, Théodelinde, fit présent à l'église de Monza d'une superbe coupe en calcédoine. L'église Saint-Étienne d'Auxerre avait hérité, quelques années auparavant, d'un calice en agate sur lequel était gravée l'histoire d'Énée avec une légende explicative en lettres grecques.

Les sceaux de l'époque carolingienne et des premiers temps de la féodalité sont presque tous formés de gemmes travaillées et gravées par des artistes de ces époques ; témoin celui du roi Lothaire, orné d'un buste de face. Mais le chef-d'œuvre de la glyptique carolingienne est une intaille circulaire en cristal de roche qui mesure 113 millimètres de diamètre ; elle appartient au Musée britannique et représente l'histoire de la chaste Susanne. De nombreuses inscriptions, gravées également, figurent sur cette gemme comme légendes explicatives et l'intaille ne comprend pas moins de quarante figures formant dans leur ensemble les huit épisodes de la légende de Susanne.

Le Musée de Rome possède également une œuvre remarquable du ixᵉ siècle (fig. 310). C'est une plaque en cristal de roche sur laquelle est gravé en creux le baptême du Christ. Elle mesure 85 mm. de hauteur sur 7 mm. de largeur[1].

Du Xᵉ au XVᵉ siècle. — Le xᵉ siècle nous a laissé également de belles intailles et de beaux vases sculptés, notamment deux coupes en cristal de roche dont l'un est actuellement au Musée du Louvre et l'autre à l'église Saint-Marc, à Venise. Ces travaux sont dus à des artistes occidentaux, ainsi que l'attestent les inscriptions, le style et le choix des sujets, et non, comme on l'a parfois supposé, à des artistes de Constantinople à qui les aurait achetés des ambassadeurs orientaux pour en faire présent aux rois et princes carolingiens.

Fig. 309. — Buste de l'empereur Constantin en agate onyx (demi-grandeur) de l'époque constantine. (Cabinet des Médailles.)

Vers la fin du xiiᵉ siècle, Théophile, moine allemand, signala plusieurs artistes italiens comme ayant acquis une grande réputation dans l'art de sculpter les pierres fines. Au xiiiᵉ siècle, il s'organisa à Paris une corporation de lapidaires

1. Nous adressons tous nos remerciements à M. Sandoz, secrétaire de la Société de propagation des livres d'art, qui a bien voulu nous autoriser à reproduire dans ce chapitre un grand nombre de figures de *l'Histoire de la gravure sur gemmes* par E. Babelon, éditée par ses soins.

ou « cristalliers », ainsi nommés parce que leurs premiers travaux consistaient à tailler le cristal de roche ; ils travaillèrent ensuite toutes sortes de gemmes et les transformèrent en bijoux, coupes et flacons gravés à la fois en relief et en creux.

Nous possédons de fort belles gemmes taillées (améthyste, agates, sardoine, béryls) qui sont les produits de la glyptique de cette époque. Dans l'inventaire du trésor de Charles V, on trouve énumérés, en outre de six sceaux ou signets en pierres antiques, des signets d'origine française gravés par des artistes contemporains, notamment un saphir sur lequel figure un roi à cheval.

Les inventaires du duc de Berry, frère de Charles V (1416), et du duc de Bourgogne, Philippe le Bon (1420), montrent également que le Moyen-Age occidental a eu incontestablement ses graveurs en pierres fines.

Le XVᵉ et le XVIᵉ siècles.

— Au xvᵉ siècle, Benedetto Peruzzi fut le premier en Italie qui, après avoir formé toute une pléiade d'artistes, sut porter la glyptique à un degré de perfection digne de l'antique. Laurent de Médicis (1448-1492), qui dirigea l'évolution de la Renaissance florentine, fut le protecteur de cet art. Sa collection de gemmes gravées, parmi lesquelles il faut citer la « Tasse Farnèze », se trouve aujourd'hui dispersée dans les musées de Naples, de Florence et au

Fig. 310. — Intaille sur cristal de roche de l'époque carolingienne. (Musée de Rome.)

Cabinet des Médailles de la Bibliothèque nationale. Ce dernier possède aussi une riche série de camées italiens du xvᵉ siècle dont la plupart des sujets sont empruntés à la religion ; cependant, les amateurs de cette époque préféraient les sujets païens et les gemmes imitées de l'antique aussi bien par le choix des scènes que par la perfection du travail.

Parmi les noms célèbres qui se dégagent de cette époque, il faut signaler Donatello, Antonio de Pise, Giovanni delle Corniole et surtout Domenico Compagni surnommé « de' Cammei » ; son chef-d'œuvre est un portrait de Ludovic Sforza gravé sur rubis balais.

J. ESCARD.   48

Les grandes collections des musées nationaux renferment de nombreuses œuvres des artistes italiens des xvᵉ et xvıᵉ siècles. Les bustes des douze Césars, qui figurent dans la galerie d'Apollon, au Louvre, sont faits de pierres différentes : Jules César en calcédoine verte, Auguste en plasma antique, Tibère en améthyste, Caligula en chrysoprase, Claude en agate, Néron en sardoine, Galba en jaspe blanc, Othon en quartz hyalin, Vitellius en jaspe vert, Vespasien en calcédoine blanche, Titus en corniole, Domitien en agate veinée. Ces bustes, qui mesurent environ huit centimètres de hauteur, sont des chefs-d'œuvre de finesse et de goût artistique ; ils ont du reste été maintes fois reproduits par des artistes contemporains sur les mêmes gemmes et il ne se passe pas une année où quelque exposition les signale à l'attention des amateurs.

La glyptique en France jusqu'à la fin du XVIIIᵉ siècle. — En France, la glyptique continua à être en honneur aux xvᵉ et au xvıᵉ siècles comme au temps de Charles V et du duc de Berry. Cependant, la rareté de la matière première, l'insuffisance de l'outillage et des difficultés techniques la firent considérer comme un art peu accessible, privilège exclusif de quelques artistes.

Sous Charles VIII et Louis XII, les rapports de la France et de l'Italie exercèrent une heureuse influence sur l'art du médailleur, voisin de celui de la glyptique ; elle se manifesta surtout sous François Iᵉʳ.

« Nul n'ignore, dit Babelon, les faveurs et les largesses que ce prince prodigua à l'un des plus habiles graveurs en pierres fines de l'Italie, Matteo dal Nassaro, de Vérone. Matteo, dont l'une des premières œuvres fut une *Descente de croix*, vit ses débuts encouragés par Isabelle d'Este ; puis il vint en France et présenta quelques-unes de ces œuvres à François Iᵉʳ qui, transporté d'enthousiasme, le retint à la cour et lui fit une pension. »

Matteo travailla pour ce dernier à partir de 1515 et émerveilla la cour par un camée en agate représentant la tête de Déjanire. Il avait su, dans cette gemme, tirer un tel parti de ses différentes couches colorées qu'une veine rougeâtre traversant accidentellement la pierre avait été si bien adaptée sur le revers de la peau de lion que celle-ci semblait fraîchement écorchée. Il en fut ainsi de la plupart de ses œuvres. En 1531, il installa un bateau-moulin [1] sur le bras droit de la Seine, sorte d'atelier flottant ou taillerie de pierres dures qui fut la première créée en France.

Matteo fit quelques élèves. Aussi les ouvrages en pierre gravée de cette époque abondent-ils dans les collections publiques (Musée du Louvre, Cabinet des Médailleurs, Salle des gemmes du Musée de Chantilly).

1. Ce nom provient de ce que la machinerie (roues, lapidaires) était mise en mouvement par des roues hydrauliques semblables à celles des moulins ordinaires.

Sous Charles IX et Henri IV, trois graveurs en pierres fines méritent surtout d'être cités ; ce sont O. Codoret, Julien de Fontenay et Guillaume Dupré. En 1602, Henri IV s'attacha le sieur Rascas de Bagarris, du parlement d'Aix, riche collectionneur qui entreprit de classer et de reconstituer la collection royale ; il fut nommé « ciméliarque ». Les pierres de Bagarris étaient au nombre de 937 dont 200 camées. La mort du roi en 1610 vint réduire à néant les beaux projets élaborés, et la glyptique cessa, pendant près d'un demi-siècle, non seulement de progresser, mais même d'être encouragée en France. Et cependant, sous Louis XIII, les amateurs de pierres gravées ne faisaient pas défaut dans notre pays, à citer seulement le frère du roi, Gaston d'Orléans, qui avait réuni toute une collection de gemmes, la plupart originaires d'Italie.

Louis XIV, héritier du duc d'Orléans en 1660, augmenta cette collection par de nouvelles acquisitions et de nombreux achats ; en 1684, la collection royale fut transférée à Versailles et splendidement installée.

Il est curieux de remarquer que peu d'artistes se sont signalés à cette époque, autour du roi, par des chefs-d'œuvre. Et c'est plutôt à la cour d'Autriche que les maîtres graveurs en pierres fines se sont assuré un refuge. Les plus célèbres sont des Italiens, Misseroni, Masnago, Carrioni, Gasparini. Un Français, Suson Rey, alla même s'établir à Rome : il est demeuré célèbre par son portrait de Carlo Albani, frère du pape Clément XI. Une œuvre remarquable de Calabresi, « Mars et Vénus pris au piège par Vulcain », valut à son auteur la remise de la peine d'emprisonnement perpétuel à laquelle il avait été condamné pour meurtre. Les Sirletti, dont le plus illustre fut Flavio Sirletti, acquirent aussi une très grande réputation à Ferrare. « Aucun graveur moderne, dit Mariette, ne l'a égalé pour la finesse de la touche ; on n'en connaît point aussi dont le travail se rapproche davantage de celui des Grecs ». Ses principaux chefs-d'œuvre sont des reproductions sur gemmes des plus belles statues antiques de Rome.

Au xviiie siècle, les graveurs deviennent très nombreux, notamment en Italie où ils jouissent de la faveur du public. A Naples, Jean Pichler mérita d'avoir un biographe : il n'avait que 17 ans lorsqu'il exécuta une de ses plus belles œuvres, « Hercule étouffant le lion ». Ph.-Ch. de Becker (1675-1743) est regardé comme le meilleur graveur en pierres fines de l'Allemagne.

En France, la reine Marie-Thérèse prodigua ses faveurs à Louis Siriès, orfèvre français qui alla s'établir graveur sur gemmes à Florence vers 1750. Le Musée de Vienne possède ses travaux les plus remarquables. Son chef-d'œuvre est un grand camée représentant François Ier avec Marie-Thérèse entourés de toute la famille impériale d'Autriche ; il fut payé à son auteur 2.684 florins. Jean Natter, né à Biberach (Souabe) en 1705 et mort à Saint-Pétersbourg en 1763, fut aussi un des meilleurs graveurs en pierres fines du xviiie siècle. On lui est redevable d'un

Traité de la méthode antique de graver en pierres fines comparée avec la méthode moderne (Londres, 1754) qui contient d'intéressantes et judicieuses remarques.

En Angleterre, il convient de citer surtout Ch.-Christian Reisen qui fit quelques élèves, entre autres Claus et Smart. Thomas Simon a laissé quelques œuvres remarquables, en particulier le portrait d'Olivier Cromwell. Wray, les deux frères Brown, L. Marchant, Seaton ont acquis aussi une grande réputation comme graveurs en pierres fines ; plusieurs d'entre eux étaient aussi médailleurs,

Si nous rentrons en France à l'époque de Mme de Pompadour, nous ne manquons pas d'être émerveillés du haut degré de perfection de l'art de la glyptique. Au dire de Babelon, cette époque pourrait à juste titre s'appeler « la période de splendeur de la glyptique moderne » ; et en effet jamais réputation ne fut plus méritée. Julien Barier (1680-1746), célèbre par ses portraits et ses sujets microscópiques, obtint le titre de « graveur ordinaire du roi en pierres fines ».

Mais le nom devant lequel s'effacent tous les autres, tant en France qu'à l'étranger, est celui de Jacques Guay (1711-1793). Il prit

Fig. 311. — Le graveur Jacques Guay (1711-1793) au travail. — Dessin de Bouchardon.

goût pour la glyptique en examinant la collection de P. Crozat qui ne possédait pas moins de 1.400 gemmes gravées. Mme de Pompadour, non seulement l'encouragea et l'aida, mais voulut même être son élève. Installé à Versailles en 1744 comme graveur du roi, il produisit en peu de temps de nombreux chefs-d'œuvre ; les principaux sont : le « Triomphe de Fontenay », gravé sur cornaline ; la « Naissance du duc de Bourgogne », sur sardoine ; « Minerve (Mme de Pompadour) protégeant la gravure en pierres précieuses », intaille sur calcédoine. Comme portraits, Jacques Guay nous a laissé le portrait de Louis XV gravé sur une belle sardonyx à trois couches (pl. XVIII, fig. 9), celui de Marie-Antoinette (pl.

XVIII, fig. 11), plusieurs portraits de Louis XIV et de personnages célèbres de son époque (pl. XVIII, fig. 4, 6,8).

Jacques Guay a surtout travaillé seul et a ainsi formé peu d'élèves. On cite cependant comme tels Mayer Simon, artiste de talent qui s'est signalé au commencement du XIXᵉ siècle par quelques œuvres de talent, et Mᵐᵉ de Pompadour elle-même ; on connaît quelques pierres gravées signées de cette dernière et notamment le « Génie ailé de la Musique », qui date de 1572, le « Buste de Louis XV », la « Fidèle Amitié », signée *Pompadour fecit* et donnée au Prince de Soubise. Travaillant dans l'atelier même et sous les yeux de Jacques Guay, il est difficile de juger si elle peut être considérée comme l'auteur unique de ces travaux dont le goût et la délicatesse sont des mieux compris.

Le XIXᵉ siècle. — L'époque actuelle. — Le XIXᵉ siècle n'a produit que de médiocres travaux de glyptique comparativement à ce que nous avons vu se manifester pour cet art dans l'antiquité, à l'époque de la Renaissance et sous Louis XV. Aussi, la glyptique est-elle tombée peu à peu dans l'oubli. Cependant quelques artistes, entre autres Louis Pichler, graveur de la cour de Vienne en 1808, Pistrucci en Angleterre, les frères Simon en France, ont su résister au déplorable entraînement de la vulgarisation de la glyptique et perpétuer les traditions des siècles passés.

Fig. 312. — Camée cornaline : Louis-Philippe, la reine Marie-Amélie, le duc et la duchesse d'Orléans (1846).

Sous la Restauration et le règne de Louis-Philippe, Jean Simon travailla beaucoup pour la Cour et reçut de nombreuses commandes officielles. On lui doit notamment les portraits sur cornaline de Charles X, du duc d'Aumale, du duc de Berry, de Louis-Philippe et de nombreux personnages de la famille royale (fig. 312).

Jeuffroy (1749-1826) paraît avoir été le meilleur des graveurs en pierres fines du commencement du XIXᵉ siècle. Copiste de l'antiquité, il a su tirer un parti merveilleux des multiples couleurs des gemmes qu'il employait. Ses œuvres sont néanmoins d'une facture un peu sèche et froide, mais ont une remarquable précision. Son « portrait de jeune femme » est demeuré célèbre.

A l'étranger, la glyptique, depuis un demi-siècle, n'a guère été plus florissante qu'en France. Parmi les artistes à qui l'on doit quelques œuvres de mérite, il faut citer les Italiens Calandrelli et Pietro Giromenti.

Les camées, intailles, sculptures, vases et coupes de toute forme produits dans ces trente dernières années semblent être comme l'aurore d'une nouvelle Renaissance dans l'art de la glyptique. En France, notamment, les bijoux avec pierres gravées de Froment-Meurice, les camées et les fines intailles de Gallbrunner, Hildebrand, Tonnelier, François, Le Chevrel sont de véritables chefs-d'œuvre, d'un goût et d'un soin remarquables.

Actuellement, nous connaissons surtout, outre les noms qui précèdent, ceux de Georges Lemaire, à la fois médailleur et graveur; de Gustave Lambert, Gaulard, Soldi, Vaudet, Dumas et Bozzacchi, qui excellent dans l'art des groupes en pierres multicolores. La glyptique semble donc prendre un nouvel essor. Par la hauteur d'inspiration de ses artistes et l'exécution technique des sujets, elle relèvera ainsi un art dont les siècles passés nous ont fait connaître à juste titre l'intérêt et la beauté.

II. — TECHNIQUE DE LA GRAVURE SUR GEMMES

Le but de l'artiste, dans la gravure sur gemmes, est de réaliser avec les teintes naturelles de celle-ci des effets donnant le mieux possible le modelé et la coloration des objets à reproduire. Pour les *camées* on utilise des pierres multicolores, l'effet désiré étant obtenu grâce à la multiplicité des diverses couches colorées de la pierre que l'on entaille plus ou moins suivant la teinte qu'on veut découvrir.

L'art de la glyptique concerne donc, non seulement le choix judicieux des pierres en vue d'un travail déterminé, mais aussi les procédés utilisés pour atteindre ce but. Aussi, comme l'a exprimé très justement E. Babelon, « ce que nous admirons dans les plus beaux camées, ce n'est pas seulement, comme en sculpture, le mérite artistique, ce sont aussi ces couches multicolores, ici fermes et éclatantes, là atténuées et mourantes, qui donnent à la composition l'élégance d'une miniature due au pinceau du plus habile coloriste. La plus achevée des gravures sur la plus belle des gemmes : tel est l'idéal du genre ».

Quant aux *intailles*, on les exécute le plus souvent sur des pierres transparentes ou translucides. Les sujets traités sont plus limités que dans la gravure en camées et comme ils sont surtout réservés aux cachets, armoiries ou devises, on les grave à l'envers de manière que l'empreinte se produise dans son véritable sens.

Instruments. — Contrairement à ce qu'on pourrait supposer, l'outillage du graveur en pierres fines est des plus rudimentaires : un établi, un ou deux tours, quelques outils, cinq ou six flacons et godets, voilà tout ce qu'il lui faut pour produire ses plus beaux chefs-d'œuvre. Aussi, les graveurs de l'antiquité seraient-ils quelque peu surpris, s'ils revenaient sur terre, de voir dans les ateliers de nos graveurs modernes les mêmes procédés et presque les mêmes instruments qu'ils utilisaient. Seules, les substances employées pour produire l'usure sont plus variées, et surtout mieux appropriées à la dureté des gemmes et à la nature du travail à effectuer : dégourdissage, sciage, forage, aplanissage, finissage, polissage.

Comme *instruments*, le graveur en pierres fines utilise d'abord le *touret* (fig. 313), qui n'est autre chose qu'un tour simplifié et réduit à la poupée qui porte l'axe mobile *m*. Cet axe est percé au centre d'un trou muni d'un pas de vis : c'est dans ce dernier qu'on fixe les petites tiges d'acier *a* destinées à attaquer la pierre. La mise en marche du touret s'effectue à la main ou à la pédale, mais dans les ateliers modernes c'est le plus souvent un moteur électrique qui le commande.

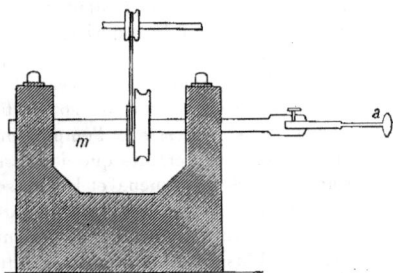

FIG. 313. — Touret employé pour la gravure sur gemmes.

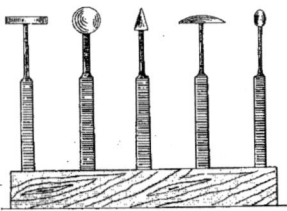

FIG. 314. — Bouterolles pour la gravure sur gemmes.

Les petites tiges d'acier dont il vient d'être question, ou *bouterolles*, ont des formes variées (fig. 314) et sont très nombreuses ; la série commence par les pointes aiguës et arrive progressivement à des formes de plus en plus mousses, afin de pouvoir creuser plus ou moins profondément la pierre et réaliser certaines dispositions sans nuire au relief déjà terminé. La *charnière* est un petit instrument creux qui sert principalement à user les échantillons en cercle ou à perforer les pierres très dures. La *roulette* est un disque émoussé sur la périphérie. La *scie* est un disque tranchant servant à couper la pierre ou à produire des incisions profondes.

Matières employées. — Les matières utilisées pour l'usure et le polissage sont peu nombreuses. La plus employée est l'*égrisée*, ou poussière impalpable et microscopique de diamant. Les graveurs en pierres fines la préparent toujours eux-mêmes en pilonnant des boorts dans des creusets d'acier (fig. 315 et 316) contenant une petite quantité d'huile d'olive pure.

Pour utiliser l'égrisée, il suffit de plonger dans le mélange l'extrémité d'une tige d'acier, puis de mettre celle-ci en contact avec l'instrument (bouterolles, roulette, scies) déjà en mouvement. L'égrisée s'incruste immédiatement dans le métal (fer-blanc, cuivre ou acier doux) dont sont composés ces instruments et les pénètre jusqu'à une certaine profondeur. Toutes les demi-heures ou toutes les heures, parfois toutes les deux heures seulement, on renouvelle la même opération, lorsque l'instrument commence à ne mordre que difficilement la pierre.

Les graveurs utilisent aussi, quoique plus rarement, des éclats de diamants sertis à l'extrémité de pointes de fer ou de cuivre. Ces instruments servent à produire des intailles profondes et très fines. Les Égyptiens et les Chaldéens se sont beaucoup servis du diamant pour graver les autres gemmes et le diamant lui-même. Pline a même écrit que les ouvriers de son temps montaient des fragments de diamant sur une sorte de manche en fer et qu'ils s'en servaient à peu près comme le graveur se sert de son outil pour graver l'acier. C'est du reste à l'emploi du diamant dans la gravure sur gemmes que doit être attribuée la grande liberté de touche et la finesse qui caractérise les intailles anciennes ; l'artiste travaillait avec un instrument devant lequel fléchissaient toutes les résistances. L'usage général de la pointe de diamant appliqué à la gravure sur gemmes peut même être considéré comme le critérium distinctif du travail antique et du travail moderne.

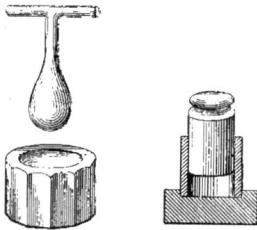

Fig. 315 et 316. — Creusets pour la préparation de l'égrisée.

Comme autres substances dures, les graveurs sur gemmes utilisent le *carborandum*, le *corindon* et l'*émeri* qui, réduits à l'état de boue, servent à effectuer les travaux les plus grossiers : dégrossissage, sciage des pierres brutes, etc. Le *saphir* et le *rubis* sont parfois utilisés aussi, concurremment au diamant, pour produire des incisions dans les pierres tendres : jaspe, cornaline, néphrite, agate. La *pierre ponce*, le *tripoli*, la *potée d'étain* servent uniquement à donner le brillant, le poli, à la pierre une fois la gravure terminée ; la faible dureté de ces substances, soit seules, soit à l'état de mélange, ne permet pas de les utiliser à une autre fin. Pour le polissage, elles présentent l'avantage de se réduire très facilement à l'état de poussière extrêmement fine par le pilonnage et, en présence de l'eau, de former des pâtes très homogènes. Leur emploi est donc précieux pour donner à la pierre terminée un brillant exempt de défauts.

Pl. XIX.

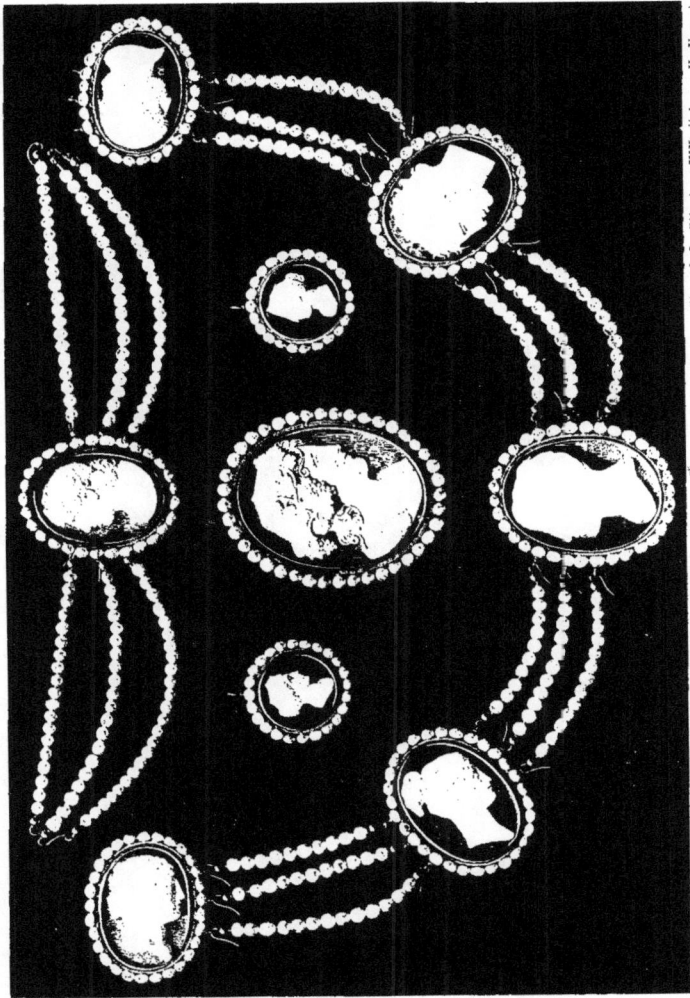

Parure camées envoyée de Rome par Napoléon Ier à l'impératrice Joséphine.

(Extr. de *La Bijout. au XIXe siècle*, par H. Vever.)

Travail. — Une fois en possession de la pierre à travailler [1], le graveur examine d'abord sa forme générale, la nature et la régularité de sa coloration, les défauts qu'elle peut présenter en vue de l'objet à réaliser. Il procède ensuite, suivant le cas, au *sciage* ou au *dégrossissage* de la pierre. Cette opération a pour but de rapprocher grossièrement celle-ci de la forme qu'elle doit avoir une fois le travail terminé ; elle s'effectue à l'aide de scies et de meules d'acier, d'émeri ou de carborandum [2].

Pour faciliter le travail et rendre l'attaque plus sûre, la gemme est ensuite cimentée à l'extrémité d'une tige de bois ou d'acier et même parfois fixée à l'aide d'un mastic spécial sur un bloc de pierre. S'il s'agit d'un camée à deux teintes, par exemple, la pierre est choisie de préférence parmi celles n'ayant qu'un petit nombre de zones, de manière à ne pas sacrifier inutilement une trop grande quantité de matière ; on la taille, on l'aplanit pour qu'elle ne possède plus que deux couches superposées, blanche et brune par exemple, puis on grave légèrement à l'aide d'une pointe émoussée chargée d'un abrasif convenable le dessin à mettre en relief ou à creuser dans la gemme. Au moyen des différents outils indiqués précédemment, l'artiste effectue son travail et arrive peu à peu au résultat désiré.

Une fois la gravure achevée, la pierre est frottée longuement avec une brosse enduite de pâte d'émeri ou de tripoli. A l'aide de petits outils en étain ou en buis ayant la même forme que les bouterolles qui ont creusé la pierre et que l'on monte successivement sur le touret, l'artiste donne à son œuvre le relief et le brillant qui achèvent de la parfaire.

Il est difficile d'indiquer le temps matériel nécessaire à l'exécution de tous ces travaux. On cite des œuvres de glyptique qui ont demandé plusieurs années d'un labeur incessant à leurs auteurs. Le camée de « l'Apothéose de Napoléon Ier », de David, commencé en 1861, n'a été achevé qu'en 1874. De leur côté, les Chinois, pour donner à un bloc de quartz ou de jade tout son relief et son poli, ne reculent pas devant cinq ou six cents journées de travail en perspective. Naturellement, le prix de ces œuvres est en rapport avec ce facteur important d'estimation qu'est le temps, en dehors même du nom et du talent de leur auteur. Cela explique pourquoi la plupart des chefs-d'œuvre de la glyptique font partie des

1. Les principaux marchés des pierres destinées à la gravure sont à Hambourg, Oberstein et Idar (Allemagne) où s'approvisionnent la plupart des contrées européennes : France, Angleterre, Russie et Italie.

2. Autrefois, le sciage des pierres dures (cristal de roche, agate) s'effectuait à l'aide d'un archet formé de deux fils d'acier de forme hélicoïdale et se mouvant dans une rainure pratiquée dans la pierre au moyen de boue d'émeri. Celle-ci, promenée dans la rainure alternativement dans les deux sens par l'archet, finissait par séparer la pierre en deux fragments. Ce procédé est encore utilisé dans quelques ateliers pour le travail du quartz.

trésors nationaux ; un petit nombre seulement ont pu devenir la propriété de quelques particuliers, à la fois fins et riches connaisseurs.

Imitations. — Par imitation des camées et intailles il faut entendre, non la reproduction sur gemmes des pierres antiques ou modernes gravées, mais la fabrication entièrement ou partiellement artificielle de produits imitant les véritables gemmes.

De tout temps, on a su imiter à l'aide de pâtes vitreuses les camées et intailles, et tromper ainsi l'ignorance du public. Les Anciens pratiquaient aussi bien que les industriels modernes le commerce des imitations. Dans son *Histoire naturelle*, Pline parle assez longuement des « gemmæ vitreæ » et ne cache pas au lecteur la difficulté de différencier les vrais des faux camées.

Au Moyen-Age, Albert-le-Grand, puis saint Thomas d'Aquin mentionnent également les procédés de fabrication des pâtes vitreuses destinées à imiter les chefs-d'œuvre de la glyptique. Le célèbre vase de la cathédrale de Gênes connu sous le nom de « Sacro Catino », dont la matière première n'est autre chose que du verre magnifiquement travaillé, a passé jusqu'au commencement du xixe siècle pour être taillé dans un bloc d'émeraude. Le vase « Portland », du Musée britannique, et celui de « La Vendange », du Musée de Naples, tous deux en verre bleu foncé avec reliefs blanchâtres, se confondraient aisément avec des sculptures sur gemmes si l'on ne connaissait exactement leur origine : ce sont néanmoins de véritables œuvres d'art.

Le trésor de l'abbaye de Saint-Maurice-en-Valais possède une châsse mérovingienne ornée d'un camée en verre filé et glacé au feu (fig. 317). Le verrier qui l'a fabriqué a été assez habile pour imiter les trois couches superposées d'une agate.

La difficulté de différencier une pierre naturelle gravée d'une imitation s'accroît encore par la variété des procédés d'imitation. Les procédés chimiques et mécaniques de falsification, qui se développent de jour en jour, font que les experts eux-mêmes s'y trompent par un examen superficiel de l'objet qu'on leur soumet : une gemme et une imitation en verre dur, un original et un surmoulage en pâte siliceuse fondue sont difficiles à différencier par un simple examen.

On fabrique aujourd'hui quantité de faux camées et de fausses intailles en coulant séparément dans des moules appropriés deux masses vitreuses ayant les teintes voulues : l'une donne l'image en relief et l'autre le fond plat, généralement foncé, de cette dernière. Appliqués l'un contre l'autre et chauffés suffisamment, ces deux blocs finissent par se souder et par former une seule masse que l'on confondrait aisément avec une gemme véritable si sa faible dureté ne trahissait son origine.

Parfois le relief seul est en imitation, le fond étant naturel. Une colle spéciale permet alors de dissimuler la jointure. D'autres fois, tout le camée est fondu d'une seule masse avec son relief définitif, mais on l'achève à la main pour augmenter la finesse des détails.

Enfin, il existe des pierres gravées naturelles que l'on colore après coup par l'action combinée de la chaleur et de substances chimiques qui pénètrent lentement dans les interstices de la pierre, en se transformant en produits ayant la teinte voulue après cuisson. La chaleur seule permet aussi, dans certains cas, d'obtenir des reliefs blancs sur les fonds colorés des véritables gemmes.

En Toscane, on a fabriqué pendant longtemps des camées dits « artificiels » par la juxtaposition d'empreintes en relief obtenues par dépôt, dans des moules, de calcaires pétrifiants et de plaques d'agate véritable. Très finement rendues, ces imitations peuvent néanmoins être décelées au moyen d'un acide : les véritables camées (formés de silice : agate, cornaline) restent inattaqués tandis que les reliefs en calcaire dur font immédiatement effervescence en présence d'une goutte d'acide.

L'art des imitations en pierres gravées possède le grave défaut, non seulement de tromper le public, ce qui est généralement son but, mais aussi de ne pas faire apprécier à leur valeur les chefs-d'œuvre de la glyptique. La fausse gemme, la pâte de verre, le surmoulage, habilement et artistement teintés, valent et remplacent pour le vulgaire la véritable gemme. Il se jette avec d'autant plus de joie sur les premiers que l'appât du meilleur marché l'attire davantage : originaux et imitations sont pour lui également estimés.

Fig. 317. — Camée en verre filé et glacé (trésor de l'abbaye de Saint-Maurice-en-Valais).

« La gravure en pierres fines, dit Babelon, ne saurait cependant à aucun titre être confondue avec une industrie : elle veut être appréciée, mise à sa place, — une des plus nobles —, dans l'échelle des arts et elle ne peut l'être que par une élite d'amateurs riches et éclairés. Elle ne saurait être un art populaire. »

En se vulgarisant, en effet, la gravure en pierres fines perd sa distinction et sa valeur aristocratiques. La somme de travail, d'études et de goût qu'elle nécessite en font un art à la portée seulement de quelques maîtres d'élite ; c'est l'entraîner dans la voie de l'insuccès et du déclin que de la dénaturer par l'abus de l'inexpérience ou la tromperie.

III. — GEMMES GRAVÉES

Diamant. — Les Anciens, qui savaient à peine user le diamant en vue de lui donner une forme convenable, n'ont pas connu non plus l'art de le graver. La gravure sur diamants (intailles) ne remonte pas, en effet, au delà de 1500. C'est à cette époque qu'Ambrogio Caradossi grava un diamant qu'il offrit au pape Jules II. Vers le milieu du xive siècle, Clemente Birago, qui vivait à la cour de Philippe II, roi d'Espagne, grava sur un diamant le portrait de l'infant don Carlos ; cette intaille fut donnée en présent de fiançailles à Anne, fille de l'empereur Maximilien II. Birago grava également un diamant destiné à former un sceau aux armes d'Espagne, pour Charles-Quint. Giovanni Costanzi et son fils Carlo Costanzi, qui travaillaient à Rome au xviiie siècle, gravèrent sur diamant quelques figures ; on cite notamment la tête de Posidonius le philosophe qui fait partie de la collection de l'État portugais. Natter, à la même époque, fit quelques essais, mais dut les abandonner, peu satisfait des premiers résultats.

La collection Hope contenait deux diamants gravés : l'un constitué par une large table portant le buste de l'empereur Léopold Ier, bien exécuté et avec le creux de l'intaille parfaitement poli ; l'autre représentant la tête d'un philosophe. La collection royale d'Angleterre renferme une intaille qui n'est autre que le sceau de Charles II lorsqu'il était prince de Galles.

Aux expositions de 1867 et 1878, on a vu également quelques diamants gravés, notamment dans la section italienne. Deux diamants célèbres, le Jehan-Gbir-Shah et l'Akbar-Shah, ont aussi été gravés ; ce dernier, qui tire son nom de l'empereur mogol Akbar, son premier possesseur, fut gravé en caractères arabes sur les deux côtés. En 1866, il a été retaillé en goutte d'eau, ce qui, naturellement, a fait disparaître les inscriptions. M. Boucheron a enfin cité un magnifique diamant indien de 30 carats dont sept faces avaient été polies et la huitième gravée en creux : la gravure représentait, en caractères orientaux, une sentence religieuse ; cette pierre a malheureusement était retaillée depuis.

Les diamants gravés constituent plutôt des joyaux étranges et curieux d'effet que réellement beaux ; et il ne faut voir dans cet art que le mérite de la difficulté vaincue ; au point de vue esthétique, le moindre brillant qui renvoie dans toutes les directions les mille feux du prisme a infiniment plus de valeur. Cependant la gravure permet d'utiliser des pierres transparentes, trop minces pour être taillées à facettes ou possédant des défauts apparents. L'artiste s'arrange alors pour utiliser précisément ces défauts à l'objet qu'il se propose ; de là le caprice qui semble résider dans le choix des modèles adoptés pour les diamants gravés. Dans ces dernières années, on a ainsi fabriqué des épingles de cravate, des broches avec dia-

mants gravés d'une façon bizarre : lame en diamant, table sur laquelle est gravée
une pensée, mouche dont les ailes en diamant étaient des nervures finement gravées
et repercées, etc. Les résultats obtenus sont de véritables tours de force et les
pierres ainsi transformées des curiosités. Ainsi que nous l'avons vu, en effet,
par ses qualités optiques, le diamant est fait, non pour être gravé ou percé, mais
pour être taillé de manière à acquérir le maximum d'éclat.

A la gravure sur diamant se rattache l'art de tailler dans cette gemme des
objets aux contours irréguliers, telle qu'une bague. Cet art n'a été vraisemblablement pratiqué jusqu'ici qu'exceptionnellement, tant il entraîne de difficultés. Le
plus beau spécimen de bague *entièrement* en diamant est dû à un lapidaire d'Anvers, H. Antoine, qui a pu en obtenir une d'un diamètre extérieur de 17 millimètres dans un cristal de diamant ; son diamètre intérieur est de 11 millimètres.
Elle est polie à la perfection aussi bien intérieurement qu'extérieurement[1].

Corindon, rubis, saphir. — Le corindon, incolore ou teinté, a surtout
été employé par les Anciens pour polir et graver les autres pierres en raison de
sa grande dureté. Cette dureté est la principale raison de l'absence presque totale
de corindons gravés à toutes les époques ; même dans les temps modernes, les
corindons, rubis et saphirs gravés sont presque aussi exceptionnels que les
diamants gravés. Il existe néanmoins quelques chefs-d'œuvre de la glyptique
parmi ces pierres.

Un des saphirs gravés les plus célèbres est le sceau d'Alaric, roi des Wisi-
goths, mort en 410. Il représente un buste royal (fig. 318) vu de face et dans le
costume que donnent les monnaies aux successeurs de Théodose. Autour du
buste est gravée cette inscription : ALARICVS REX GOTHORVM. Cette curieuse
intaille appartient au Cabinet impérial de Vienne.

La collection Leduc possédait un beau *saphir* sur les faces duquel étaient
gravées les têtes de Henri IV et de Marie de Médicis. La couronne de Russie
possède un saphir représentant une femme enveloppée d'une draperie ; l'artiste a
su tirer un parti très adroit de cette pierre à deux teintes : l'une des teintes
correspond à la tête de la femme et l'autre à la draperie. On cite également,
comme saphirs anciens gravés, ceux représentant la tête de Caracalla, une intaille
remarquable figurant l'empereur Pertinax et le sceau de Constantin II, qui pèse
50 carats.

Dans l'inventaire du trésor de Charles V, en 1380, on trouve énumérés six
sceaux ou signets, parmi lesquels une intaille en saphir représentant un roi à cheval.

1. En dehors de ce travail, il n'existe actuellement, comme autre bague taillée dans une pierre
précieuse, que celle de la collection Malborough, en Angleterre ; elle est taillée dans un cristal de
saphir d'une parfaite transparence.

La bague du duc de Berry, frère de Charles V, a aussi pour chaton un saphir gravé représentant un personnage assis sur un trône. L'inventaire du duc de Bourgogne Philippe le Bon (1420) mentionne un gros saphir sur lequel est entaillée l'histoire de Notre-Seigneur avec cette inscription *JHS·XPS*.

Le Musée du Louvre possède une remarquable intaille, souvent citée et connue sous le nom de « bague de Saint-Louis ». C'est un saphir taillé en table (fig. 319) et sur lequel est gravé un roi en pied. Auprès de la tête du roi, on lit ces lettres *SL*. Cette pierre constitue le chaton d'une bague en or à l'intérieur de laquelle se trouve l'inscription suivante :

$$\text{CE\textit{S}T·LE·\textit{S}INET·ðVROI} \qquad \text{\textit{S}AN\bar{T}·LOVI\textit{S}}$$

Cette bague appartenait autrefois au trésor de l'abbaye de Saint-Denis et ne paraît pas remonter au delà de la fin du xvᵉ siècle malgré son inscription.

On doit à Guillaume Dupré une intaille sur saphir représentant le buste de Maurice de Nassau, mort en 1625. En 1703, Carlo Costanzi grava sur un très grand saphir oriental le portrait de l'impératrice Marie-Thérèse. Il faut citer également l'intaille sur saphir de Jacques Guay, les « Vœux de la France » pour le rétablissement de la santé du Dauphin, qui date de 1752.

Comme *corindon jaune* (topaze orientale) gravé, on connaît surtout une belle pierre travaillée par Jacopo da Trezzo et représentant les effigies de Philippe II et de son fils don Carles (Charles-Quint). Cette topaze fait partie de la collection des médailles de la Bibliothèque nationale.

FIG. 318. — Sceau du roi Alaric. Intaille sur saphir.

FIG. 319. — Intaille sur saphir : bague dite de saint Louis (Musée du Louvre).

Cristal de roche. — Presque toutes les variétés transparentes ou opaques de quartz ont été gravées. Parmi les variétés transparentes, il faut d'abord signaler le *cristal de roche* incolore et transparent (quartz hyalin), qui, à toutes les époques, a fait l'objet de travaux remarquables : intailles, sculptures, vases, etc.

Les Anciens ont gravé sur cristal de roche dès la plus haute antiquité. On a, en effet, quelques cylindres chaldéo-assyriens faits de cette matière. Une intaille mycénienne trouvée à Phigalie représente un géant domptant deux monstres dressés contre lui.

Les Grecs et les Romains ont fabriqué avec cette substance des statuettes et des vases de diverses formes. A Athènes on estimait les beaux ouvrages en cristal de roche à l'égal des vases en métaux précieux.

L'époque carolingienne nous a laissé aussi de belles intailles sur cristal de roche. Le trésor d'Aix-la-Chapelle possède une intaille célèbre (fig. 320) sur laquelle est gravée un buste royal entouré de cette inscription : + XPE ADIVVA HLOTHARIVM REG. Elle mesure 47 × 36 millimètres et a probablement servi de sceau à Lothaire II, roi de Lotharingie de 855 à 869.

La collection Wasset (École nationale des Beaux-Arts) renferme une intaille sur cristal de roche représentant saint Paul debout avec cette légende : $\overline{SCS}$ PAVLUS $\overline{APSL}$; elle paraît, comme la précédente, remonter à l'époque carolingienne.

Au Moyen-Age, les Occidentaux, aussi bien que les Persans et les Arabes, surent graver le cristal de roche naturel et Paris avait une corporation de « cristalliers ». La Renaissance a multiplié les aiguières, girandoles, coupes, etc., faites de cette matière, notamment à Venise et à Milan. C'est du reste dans cette dernière ville que se trouve la châsse de saint Charles Borromée, entièrement constituée par du cristal de roche taillé et sculpté.

La galerie d'Apollon, au Louvre, renferme une buire en cristal de roche qui a été gravée par un artiste arabe du Xe siècle ; des oiseaux et des enroulements en relief en décorent la panse. D'après l'histoire, Roger II, roi de Sicile, l'aurait donnée à Thibaut, comte de Blois, qui l'aurait lui-même offerte à l'abbaye de Saint-Denis. Dans la même galerie, on peut voir un beau calice en cristal de roche, œuvre du XIIe siècle, dont les rinceaux et les enroulements sont gravés en creux : on croit qu'il a dû être exécuté sur la commande de l'abbé de Saint-Denis.

Fig. 320. — Intaille sur cristal de roche : buste royal (Trésor d'Aix-la-Chapelle).

Une intaille en cristal de roche du Cabinet des médailles représente un personnage armé d'une lance et accompagné d'une légende en écriture estranghelo du haut Moyen-Age. Il faut enfin signaler une cassette en cristal de roche exécutée par Valerio Vicentini sur la demande du pape Clément VII et qui fut payée à son auteur deux mille écus d'or.

Aujourd'hui, la gravure sur cristal de roche se pratique peu, bien qu'elle ait produit des œuvres remarquables (fig. 321) : on l'a remplacée par le travail sur cristal artificiel, beaucoup plus facile et plus rapide. Comme cela arrive souvent, cet art a été tué par l'amour du gain : peu à peu, les fabricants sont arrivés à payer au poids les cristaux naturels sculptés ou gravés. C'est là évidemment un

bien maigre encouragement à travailler pour l'art, surtout si l'on songe que dans
l'antiquité la gravure sur cristal de roche était assimilée à celle des plus belles
gemmes et utilisait les mêmes procédés techniques.

Dans ces dernières années, la sculpture, non la gravure, sur quartz transparent, semble être revenue à la mode, témoins les statuettes et les animaux taillés
dans cette matière qui semblent jouir d'un grand succès dans les salons et les
expositions : ces sculptures atteignent du reste des prix très élevés.

Améthyste. — Les Anciens comme les Modernes ont souvent gravé
l'améthyste dont la belle couleur et la limpidité flattent si agréablement la vue.

On attribue au graveur Teucros une belle améthyste du Musée de Florence signée de ce nom et
représentant un Hercule assis attirant à lui une
nymphe. C'est aux cristalliers graveurs du Moyen-
Age que revient d'avoir gravé sur une belle améthyste claire un buste royal vu de face ; son style auto-
rise à la placer à l'époque de saint Louis ou de Philippe le Bel.

Le Cabinet des Médailles possède une améthyste antique (fig. 322) représentant le buste
d'Antonia, femme de Dru-

Fig. 321. — Coupe en cristal de roche gravé. Œuvre de
G. Bissinger (1878).

sus l'Ancien, avec les attributs de Cérès ; elle est représentée de trois quarts,
voilée et tenant une corne d'abondance. Elle a appartenu pendant longtemps au
pape Paul II († 1471), grand ami des arts ; après la mort de ce pontife, elle alla
enrichir avec d'autres gemmes le musée des Médicis.

Parmi les bustes des douze Césars de la galerie d'Apollon, au Louvre, celui
de Tibère est entièrement en améthyste claire ; il date de l'époque de la Renaissance italienne.

1. *Le Passage du Styx,* camée sardonyx de G. Tonnelier.

2. *Le Génie de la peinture inspirant la Vérité,* camée sardonyx de H. François.

On doit à F. Guay une belle intaille sur améthyste représentant Louis XV, et à Jeuffroy un camée améthyste (pl. XVIII, fig. 7) représentant une tête de Méduse (1777).

Quartz impurs : cornaline, agates, sardonyx. — L'agate et ses différentes variétés sont les pierres qui ont fourni le plus grand nombre de chefs-d'œuvre de glyptique. La cornaline en particulier a été très employée à toutes les époques, soit brute, soit à l'état de cornaline brûlée [1].

Les Égyptiens ont gravé sur agate et sur cornaline des scarabées, des symboles tels que la croix ansée, la boucle de ceinture qui représente le sang d'Isis effaçant les péchés de celui qui le porte, des ânes à visage humain, etc. Une sardoine gravée sur les deux faces et formant le chaton d'une bague conservée au Louvre, remonte à Amenemhat III, prince de la XIIe dynastie.

Les Chaldéens ont excellé dans l'art de graver les cylindres d'agate, utilisés alors comme talismans ou comme sceaux dans les actes.

L'une des plus remarquables gravures sur agate et en même temps l'une des plus grandes est le portrait d'Alexandre le Grand attribué à Pyrgotèle, le plus célèbre des graveurs du siècle d'Alexandre. La célèbre « Coupe des Ptolémées » [2], qui date de la même époque et constitue le plus remarquable des vases murrhins que nous possédions (Cabinet des Médailles), est tout en agate. On a évalué à trente ans le temps nécessaire à l'exécution de ce superbe travail.

FIG. 322. — Camée améthyste : buste d'Antonia (Cabinet des Médailles).

Sous la République et le Haut-Empire, l'onyx devint fort à la mode par la beauté de ses couches orbiculaires et irisées. On le taillait souvent de façon à lui donner la forme d'yeux que l'on enchâssait ensuite dans les statues de marbre.

On attribue à Dioscoride, le plus célèbre des graveurs cités par Pline, la tête laurée de l'empereur Auguste gravée sur sardonyx. Le « Grand camée de France », qui date de la même époque, est également une sardonyx. Le Musée de Vienne possède aussi une belle gemme gravée faite de cette même pierre et représentant Thésée devant la porte du labyrinthe où il vient de tuer le Minotaure. C'est une des meilleures œuvres de la glyptique du Ier siècle. Elle est à trois couches.

---

1. On sait que la *cornaline brûlée* s'obtient en calcinant légèrement la cornaline brute préalablement taillée et polie ; il se forme une croûte blanchâtre qu'on laisse refroidir et sur laquelle on grave l'objet que l'on désire.

2. Encore désignée sous les noms de « Coupe de Mithridate » et de « Canthare dionysiaque ».

J. ESCARD.   50

De nombreuses sardonyx gravées par les Anciens ont du reste été retouchée à l'époque de la Renaissance dans le but de donner au sujet plus de ressemblanc avec les scènes qu'on voulait y voir. Des épisodes mythologiques ont ainsi é transformés en scènes religieuses en dépit du costume et des attributs primiti des personnages.

On doit à Matteo del Nassaro, de Vérone († 1548), de nombreux camées s agate, sardoine et sardonyx, célèbres surtout par le parti très habile que c artiste a su tirer d différentes couches c la gemme, notammer le portrait de Franço 1er (fig. 323) sur sa donyx à deux couche De cette époque date également le portra de Marie de Médic sur sardonyx à deu couches (pl. XVII fig. 2), celui de Hen IV sur sardoine (p XVIII, fig. 3), enfi celui de la reine Él sabeth sur sardony (pl. XVIII, fig. 12 attribué à Julien d Fontenay, graveur e pierres fines de la Ma son du roi Henri IV Au xviii° siècle

Fig. 323. — François Ier. Camée sardonyx à deux couches (Renaissance française).

Jacques Abraham, d Berlin, grava sur co naline une remarqu ble tête de Marie-Thérèse, actuellement conservée dans la collection impérial de Vienne. De la même époque date aussi la copie de la cornaline dite « cachet d Michel-Ange », par J.-B. Certain, et un beau camée sardoine (auteur inconnu représentant Louis XIV (pl. XVIII, fig. 1).

Avec Jacques Guay on arrive aux plus beaux chefs-d'œuvre de l'art de l glyptique. Parmi ses nombreux travaux, il convient de citer le portrait de Louis dauphin de France (père de Louis XVI) et de Marie-Joséphine de Saxe, sa femm (pl. XVIII, fig. 10) ; c'est un camée sardonyx à trois couches ; il date de 1758 et est actuellement au Cabinet des Médailles. Le portrait de la marquise de Pompadour (pl. XVIII, fig. 8), gravé en 1761, et celui de la reine Marie-Antoinette (pl. XVIII, fig. 11), gravé en 1787, sont des intailles sur cornaline, de même qu'un beau portrait de femme inconnue (pl. XVIII, fig. 4).

Mais le chef-d'œuvre incontestable de Jacques Guay est un beau camée sardonyx à trois couches, actuellement conservée au Cabinet des Médailles et représentant Louis XV (pl. XVIII, fig. 9) ; il date de 1753. Jacques Guay, dans ses *Suites d'estampes*, le décrit lui-même en ces termes : « Cette pierre est du Cabinet du Roy. Le Graveur a Eu la Vantage de travailer dapre le Roy Et de Graver la Pierre embarelief par son Ordre. » Fréron, qui remarqua ce travail à l'exposition de 1755, s'exprime ainsi à son sujet : « Le portrait du roi, gravé en bas-relief sur une sardoine-onyx de trois couleurs par M. Guay est quelque chose d'unique dans son genre et par le prix de la pierre et par la vérité de la ressemblance et par le travail admirable de l'artiste[1] ». M. Babelon considère également ce camée comme le chef-d'œuvre de la glyptique moderne.

Au commencement du XIXe siècle, les frères Simon ont produit de jolis camées et de fines intailles sur cornaline. L' « Apothéose de Napoléon Ier », gravée sur sardonyx par Adolphe David, est considérée comme le plus grand camée actuel. Parmi les œuvres contemporaines et plus ou moins récentes, nous mentionnerons le « Passage du Styx », de G. Tonnellier (pl. XX, fig. 1) ; « Le Génie de la peinture inspirant la Vérité », de H. François (pl. XX, fig. 2) ; « Le Messager des Dieux », de G. Lemaire.

Jaspe. — Le jaspe a été gravé, environ 2000 ans avant notre ère, par les Égyptiens qui savaient approprier ses différentes teintes au but qu'ils poursuivaient. La glyptique grecque archaïque a également fourni de beaux spécimens de gravure sur jaspe noir, notamment un camée représentant une femme agenouillée ; il est au musée de Berlin.

Le jaspe sanguin a servi de tout temps pour figurer des scènes tragiques. Le Musée du Louvre possède une statuette représentant le « Christ en croix » ; les taches rouges qui ressortent sur le fond vert de la gemme ont été utilisées pour figurer le sang et les plaies du Sauveur. Sous François Ier, Matteo del Nassaro grava sur jaspe sanguin une « Descente de Croix » demeurée célèbre. On doit à Julien de Fontenay deux belles intailles sur jaspe sanguin : l'une représente Louis XIII enfant (pl. XVIII, fig. 5) et l'autre Marie de Médicis ; elles datent de 1612.

1. J. LETURCQ, *Notice sur Jacques Guay*, p. 44.

Les variétés jaunes et brunes de jaspe (mongolite) sont surtout utilisées actuellement pour figurer des vêtements, des arbres ou des rochers. M. Georges Lemaire, artiste contemporain, excelle dans l'art d'adapter cette gemme à la représentation de groupes ou de personnages symboliques.

Opale. — On a peu gravé sur opale en raison des propriétés optiques spéciales de cette gemme qui ne lui permettent de manifester nettement ses effets que si elle est parfaitement plane et polie. Néanmoins, l'antiquité nous a laissé quelques spécimens d'opale gravée, notamment un cachet représentant deux sphinx coiffés de la couronne de la haute Égypte et en adoration devant le disque ailé d'Ormuzd. Cette pierre est remarquable par le style élégant des sphinx et la délicatesse des traits qu'il faut examiner à la loupe pour en saisir tous les détails. La Bibliothèque Nationale possède aussi une gravure moderne sur opale représentant Louis XII.

Calcédoine. — Cette pierre a été souvent gravée. Le cylindre du roi Darius (époque perse), qui est au Musée britannique, est en calcédoine et porte en écriture cunéiforme du système perse le nom et les titres du roi. La collection de Vogué renferme aussi un cône fait de cette substance et originaire des bords de l'Euphrate. Citons également une calcédoine remarquable de la collection Danicourt (Musée de Péronne), dont le sujet, un de ceux que l'art phénicien et cypriote de l'époque perse a le plus aimé à traiter, représente un lion ou griffon dévorant un cerf.

Au cours de ces derniers siècles, on a beaucoup gravé sur cette gemme. Vers 1535 Matteo del Nassaro reproduisit sur une magnifique calcédoine le buste de François Ier qui formait déjà l'effigie de la médaille commémorative de la bataille de Marignan, exécutée par le même auteur.

Mentionnons enfin, parmi les œuvres historiques, un buste d'Auguste gravé en 1716 par Domenico Landi, à Rome. Ce buste avait été exécuté sur la commande du marquis de Fuentes, ambassadeur du Portugal auprès du Saint-Siège.

Obsidienne. — L'obsidienne a fourni plusieurs scarabées, concurremment à ceux de cristal de roche et d'améthyste de l'époque égyptienne. Certains de ces scarabées remontent à la VIe dynastie. A partir de la XVIIIe dynastie, ils sont d'un travail plus fini et beaucoup plus nombreux.

Les peuples à demi-sauvages du haut Mexique emploient actuellement cette pierre pour en fabriquer des manches sculptés, des cachets ou autres objets utilisés comme ornements ou fétiches (fig. 324 à 326).

Émeraude et aigue-marine. — Ces deux gemmes ont fourni quelques beaux spécimens de gravure et de sculpture, bien que leur structure, généralement sèche et fendillée, ne permette pas d'utiliser les grosses pierres. La glyptique grecque archaïque nous a cependant laissé un camée en émeraude représentant la nymphe Amymone.

Carlo Costanzi a gravé, vers 1730, le portrait du pape Benoît XIV sur une belle émeraude qui, paraît-il, lui demanda deux ans et demi d'un travail presque continuel et assidu. Le « catalogue des empreintes de Tassie », publié par Raspe vers 1790, contient la description d'une prime d'émeraude signée Michel, élève de Jacques Guay, et représentant le triomphe de Silène.

L'Antiquité nous a dotés de plusieurs belles aigues-marines gravées, notamment d'une intaille conservée au Musée de Florence et représentant le portrait d'un jeune romain. Cette pierre date de la période romaine, de même qu'une autre aigue-marine de la collection Devonshire qui représente Hercule jeune portant sur son épaule le taureau crétois.

Au Cabinet des Médailles on peut voir une belle aigue-marine (fig. 327) représentant le portrait de Julie, fille de Titus, et signée Evodus. Cette pierre formait le couronnement du grand reliquaire désigné sous le

Fig. 324 à 326. — Statuettes et figurines en obsidienne (Mexique). D'après G. Kunz.

nom d' « Escran de Charlemagne » ; elle est connue depuis les temps carolingiens et a été conservée dans le trésor de l'abbaye de Saint-Denis jusqu'en 1791. Son entrée au Cabinet des Médailles date de cette époque. Parmi les cabochons disposés en rayon autour d'elle, se trouve un saphir (au sommet) sur lequel est gravé en creux un monogramme grec, ce qui porte à lui attribuer une origine byzantine. La monture est d'origine carolingienne. Il est donc probable que les occidentaux ont fabriqué cette dernière et y ont introduit une gemme grecque.

La tête de Caracalla, gravée sans doute aussi à l'époque romaine sur une belle aigue-marine, fut transformée vers le VIIe siècle en un Saint-Pierre, puis enchâssée dans la couverture d'un évangéliaire du XIe siècle que le roi Charles V offrit plus tard à la Sainte-Chapelle. Cette gemme est aujourd'hui à la Bibliothèque nationale.

Vers 1860, J. Lagrange eut à graver pour l'ancien Hôtel de Ville de Paris un buste de Napoléon III taillé dans un magnifique morceau d'aigue-marine supporté par un piédouche en jaspe sanguin. Des topazes et des améthystes en formaient le fond, tandis que deux figurines en cristal de roche, la Paix et la Guerre, s'appuyaient chacune sur un enfant. Ce chef-d'œuvre a disparu dans l'incendie de l'Hôtel de Ville, en 1871.

Topaze. — On a cru pendant longtemps que les Anciens n'avaient pas gravé sur topaze. Cependant, un grand nombre de diamants dits gravés ne sont autres que des topazes incolores ou des corindons blancs. Les Orientaux et les Arabes ont également produit quelques intailles sur topaze. Actuellement, cette pierre est peu appréciée et ne paraît guère avoir plus de succès dans la glyptique que dans la joaillerie proprement dite. Aussi les camées-topaze (fig. 328) sont-ils très rares.

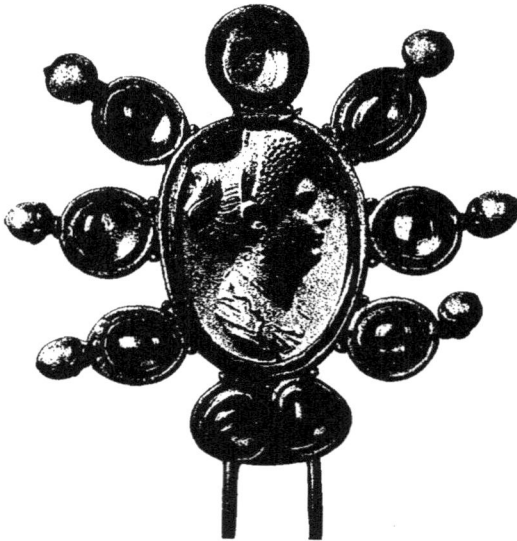

FIG. 327. — Camée aigue-marine représentant Julie, fille de Titus, avec saphir gravé au sommet (époque romaine). — Coll. du Cabinet des Médailles de la Bibliothèque Nationale.

Grenat. — Les Égyptiens ont gravé et sculpté sur grenat plusieurs scarabées. Sous la République et le Haut-Empire, quelques cachets et cylindres sont en grenat ; le graveur Caïus nous a ainsi laissé la tête du chien Sirius environnée de rayons et gravée sur un grenat syrien (collection Marlborough) ; la signature de l'auteur se trouve sur le collier de l'animal.

Un anneau trouvé en 1880 près de Compiègne enchâsse un grenat décoré d'une colombe. Cette gravure remonte sans doute à l'époque grecque archaïque, bien que la monture ne soit pas antérieure aux temps carolingiens.

Parmi les camées sur grenat des derniers siècles, il convient de citer le buste du roi Louis XIII, en costume d'empereur romain (fig. 329). Il a été exécuté du vivant de ce monarque. On doit aussi à J. Guay un camée sur grenat hémisphérique représentant Louis XV (pl. XVIII, fig. 6).

Spinelle ou rubis balais. — Le Musée d'Odescalque renferme un rubis spinelle gravé représentant Cérès debout tenant un épis à la main. Un autre rubis spinelle, qui a appartenu à la collection du duc d'Orléans, porte gravée une tête d'homme barbue et que l'on croit être celle d'un philosophe grec ; cette pierre était taillée en cœur. Enfin, le chef-d'œuvre de Domenico Compagni est un portrait gravé en cœur sur rubis balais vers 1490 et représentant Ludovic Sforza.

Turquoise. — On connaît très peu de gravures anciennes sur turquoise, à cause, sans doute, de la faible dureté de cette pierre, qui devait rebuter beaucoup d'artistes, et de son altérabilité en présence de l'air. Les collections particulières et les musées en possèdent néanmoins quelques spécimens. On a cité notamment une turquoise de la collection Genevosio montrant sur l'une de ses faces Diane avec un voile sur la tête et tenant des rameaux entre ses mains ; l'autre face représente une espèce de sistre, une étoile et une abeille avec quelques mots grecs.

Le Musée de Florence possède une turquoise de la grosseur d'une petite boule de billard et sur laquelle est sculptée la tête de l'empereur Tibère.

Fig. 328. — Camée topaze (second Empire).

Le cabinet du duc d'Orléans possédait aussi deux turquoises gravées et représentant, l'une Diane avec son carquois sur l'épaule, l'autre Faustine.

Dans ces dernières années, la gravure sur turquoise est revenue à la mode et semble prendre actuellement une assez grande extension, notamment en Angleterre. Les « turquoisiers » (c'est ainsi qu'on nomme les graveurs actuels sur turquoise) sont en général d'anciens sculpteurs sur bois qui, voyant leur industrie péricliter et n'offrant ainsi que peu de ressource, ont tenté de compenser cet abandon de leur art par la restauration d'un autre; ils semblent avoir réussi, à en juger par les pierres artistiques qu'ils ont fait figurer dans les dernières expositions et salons.

Lapis-lazuli. — Cette pierre a été et est encore fréquemment gravée. D'une dureté moyenne, d'une belle coloration, elle permet, avec des fragments suffisamments grands, de produire de véritables œuvres d'art, comme des coupes, des vases, des cassettes.

Le Cabinet des Médailles possède plusieurs camées en lapis-lazuli, notamment une pierre ovale qui date sans doute du IIe ou du IIIe siècle et qui représente un animal avec têtes de crabe, d'âne, de lion, et avec des pattes et une queue de lion.

En France, aux XVIIIe et XIXe siècles on a beaucoup gravé sur lapis. Louis Siriès, l'artiste qui a le plus joui de la protection de Marie-Thérèse, a exécuté de nombreux objets sculptés en lapis-lazuli et en particulier des tabatières très recherchées par les amateurs contemporains.

Un sabre offert à Louis XVI par Tippoo-Saïb avait un manche en lapis-lazuli sculpté. Le trésor de la Couronne de France possédait une coupe de très grande dimension faite de cette matière et estimée 200.000 francs. Le Muséum d'histoire naturelle, le Musée du Louvre et plusieurs autres Musées nationaux possèdent également des objets d'art de formes diverses sculptés dans cette pierre.

Malachite. — La malachite permet de faire de jolis camées ; sa structure zonée donne à ces derniers un certain cachet artistique qui plaît généralement.

Sous le premier Empire, on a fabriqué plusieurs coupes et vases entièrement en malachite ; l'Empereur de Russie en a offert lui-même plusieurs à la France.

Fig. 329. — Camée grenat : buste de Louis XIII en empereur romain.

Corail. — La gravure sur corail est un art très délicat, en raison des nombreux défauts que présente généralement cette substance. Le dégrossissage se fait à la lime et à sec. La sculpture proprement dite et le polissage ne s'effectuent pas sur des disques horizontaux tournants, comme cela se pratique avec les autres pierres, car la forme contournée du corail ne s'y prêterait pas. On a recours à des instruments de formes variées qui pénètrent facilement dans les anfractuosités et les angles rentrants, et donnent à la matière l'aspect voulu. Le finissage s'effectue à l'aide de fils constamment imprégnés de pierre ponce ou d'émeri fin et qui suivent les sillons préalablement creusés par le travail de sculpture.

Les ouvriers des environs de Naples, Gênes et Livourne excellent dans l'art de tirer parti des fragments de corail les plus bizarres, comme formes et contours. Ils savent approprier à leur objet toutes les inégalités, défauts et piqûres que possède la pierre. Aussi leur travail est-il très supérieur à celui des graveurs des autres régions et donne-t-il à leurs œuvres une certaine valeur.

Camées-coquilles. — On a donné le nom de « camées-coquilles » aux gravures et intailles produites, comme ce nom l'indique, sur des coquilles de certains mollusques marins (casques, strombes, etc.) qui possèdent une très belle nacre.

Les camées-coquilles n'ont pas la valeur des véritables camées sur pierre dure, mais n'en sont pas moins très agréables d'aspect, par la multiplicité de tons et de reflets auxquels donnent lieu les différentes couches de nacre pénétrées par l'instrument de l'artiste.

Les Anciens ne paraissent pas avoir gravé ni sculpté sur coquilles. Les premiers camées-coquilles datent de la Renaissance, et c'est à Matteo del Nassaro qu'on doit les plus beaux de cette époque. Les différentes couches de nacre étaient usées comme cela se pratique actuellement pour les pierres fines à zones multicolores (agates), de manière à laisser apparaître les couleurs les mieux en harmonie avec le sujet en vue. La couche externe était généralement réservée au dessin de la composition et disparaissait avec le premier coup de ciseau.

Un grand nombre de bijoux royaux, entre autres les boutons du pourpoint de Henri IV (qui représentaient les douze Césars) et le bracelet de Diane de Poitiers, étaient des camées-coquilles. Plusieurs de ces

Fig. 330. — Diadème de l'impératrice Eugénie formé d'un camée-coquille d'un seul morceau, avec applications d'ornements en or mat et pierreries. (Appartient à M. Le Bargy.)

(Extr. de *La Bijouterie au XIXe siècle*, par H. Vever).

objets ont été soigneusement conservés. Le diadème de l'Impératrice Joséphine (fig. 330), formé par un camée-coquille d'un seul morceau, constitue une œuvre d'art unique au point de vue de la finesse des détails et de la difficulté du travail. La collection du Muséum d'Histoire naturelle de Paris possède les portraits de Daubenton, De Jussieu, Lacépède, Cuvier, en camées-coquilles (casque de Madagascar et casque rouge), très finement travaillés.

Dans ces dernières années on a cherché à reproduire en camées-coquilles les sujets d'un grand nombre de camées sur pierres fines. Les résultats obtenus sont assez satisfaisants, mais les reliefs sont toujours moins vigoureux et moins nets avec la nacre qu'avec les gemmes proprement dites en raison de sa faible dureté.

CHAPITRE XIV

UTILISATION DES PIERRES PRÉCIEUSES DANS LES ARTS INDUSTRIELS

I. — DIAMANT

Ainsi que nous l'avons vu au début de cet ouvrage (CHAP. I), le diamant semble avoir été utilisé dès les temps les plus reculés pour travailler les pierres dures. Actuellement, on l'emploie, non seulement pour couper le verre et d'autres matières dures, mais aussi, concurremment au corindon, à l'acier, au carborandum et à l'émeri, pour scier et débiter le granite, le porphyre et le marbre. Il est utilisé également pour la perforation des roches en place et en particulier pour pratiquer des trous de mine.

Diamants noirs ou Carbons.

Les diamants que l'on emploie pour ces différentes applications ne sont pas les mêmes que ceux réservés à la joaillerie. On préfère à ces derniers les *diamants noirs*, autrefois désignés sous le nom de « carbonates » et que l'on qualifie aujourd'hui indifféremment de *carbonados* ou, plus simplement, de *carbons*. Ils sont beaucoup plus durs que les diamants transparents.

Origine et propriétés. — Il n'y a guère qu'au Brésil qu'on trouve des carbons en quantité exploitable, et c'est la province de Bahia qui les fournit presque entièrement [1]. Pendant longtemps leur existence est restée ignorée des prospecteurs et des exploitants de gisements diamantifères, car c'est en remuant

---

1. C'est de 1843 que date la découverte du carbonado au Brésil. Les premiers échantillons ont été trouvés dans des herbes bordant la rivière San José (province de Bahia).

de la terre déjà triée par l'extraction des diamants transparents, qu'on a ramassé les premiers échantillons. Leur aspect irrégulier et leur teinte noirâtre contrastent fortement avec la cristallisation nette et la transparence des diamants blancs. Aussi les a-t-on considérés pendant longtemps comme une substance quelconque et de valeur insignifiante. C'est seulement depuis 1865 qu'on les exploite régulièrement.

La densité du carbonado varie entre 3 et 3,5. L'analyse chimique, qui permet d'y déceler la présence de matières siliceuses, de la chaux, du fer et de l'or, explique cette variation de densité suivant les échantillons. On admet, en pratique, que la densité est l'indication la plus certaine pour fixer la qualité des carbonados, les plus denses étant les meilleurs. Malheureusement elle est généralement en raison inverse de la résistance au choc, les diamants les plus durs étant aussi les plus fragiles : on a constaté que les carbonados dont la densité est supérieure à 3,3 sont peu résistants au choc et, pour cette raison, ne peuvent être utilisés pour la fabrication des couronnes de sondage des perforateurs.

Au point de vue de la structure, on ne peut mieux caractériser le carbon qu'en le rapprochant de la quartzite par rapport au quartz et du calcaire saccharoïde (marbre blanc) par rapport à la calcite, c'est-à-dire qu'il formerait en quelque sorte une roche constituée par de petits éléments juxtaposés de sa propre substance. En examinant soigneusement un grand nombre de carbons, on reconnaît en effet un assemblage confus de très petits octaèdres de diamants nettement cristallisés.

Les carbons peuvent avoir tous les contours extérieurs possibles (pl. XXI). Il en est de même de leur état d'agrégation ; leur structure peut être cristalline, grenue ou légèrement celluleuse ; elle est parfois tellement poreuse qu'elle rappelle celle de certaines ponces dures et à grain serré ; le plus souvent elle est nettement compacte. Généralement, la surface est luisante et possède un éclat résineux alors même que la cassure est terne. Leur couleur varie du brun noirâtre au gris verdâtre et au gris cendré. Ils paraissent presque tous avoir été l'objet de frottements importants. Fréquemment, on y trouve de petits grains d'or enchâssés, soit dans les cavités extérieures, soit dans la cassure même d'échantillons légèrement grenus. Des Cloizeaux a émis l'hypothèse que la structure essentiellement poreuse de certains échantillons aurait permis aux substances gazeuses de les traverser et l'or serait ainsi venu s'y fixer à l'état de vapeur métallique condensée. Il en est de même du fer, du manganèse, de l'acide tantalique que l'on rencontre aussi dans certains échantillons.

Comme grosseur, les carbonados ont des dimensions qui varient entre celle de tous petits grains de blé à celle d'une noisette et même d'une noix. En 1895 on a découvert dans le territoire de Bahia un carbonado pesant 3.078 carats (pl.

XXI) ; il fut vendu à Paris 150.000 francs et divisé aussitôt en petits fragments : les gros échantillons ne présentent pas, en effet, plus d'intérêt que les petits, car ils ne sont jamais directement utilisables et, comme ils ne possèdent pas des clivages suffisamment nets, ils occasionnent une certaine perte au moment où on les brise.

La dureté des carbons est, comme nous l'avons dit, très supérieure à celle des diamants transparents. On a cité un diamant noir dont la dureté était telle que soumis pendant un temps très long à l'action d'un lapidaire revêtu d'égrisée, il ne perdit rien de son poids. Cette grande dureté constitue la principale qualité des carbons au point de vue de leurs applications industrielles.

Exploitation. — L'exploitation des carbons s'effectue comme celle des diamants transparents, mais au Brésil les procédés d'extraction étant beaucoup plus primitifs qu'au Transvaal, les rendements sont très variables. Du reste, c'est en général dans le lit des rivières qu'on les trouve et rarement dans les roches. On choisit comme fond un endroit n'ayant pas plus de 6 mètres de profondeur et où le courant ne soit pas trop rapide. On plonge ensuite dans l'eau

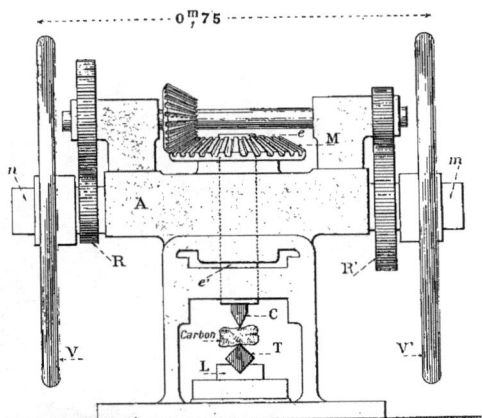

Fig. 331. — Machine Frombolt à cisailler les carbons (coupe schématique).

une longue perche le long de laquelle les indigènes, complètement nus, descendent après s'être munis d'un sac. Ils raclent le sable et remplissent leur sac avec le gravier sous-jacent, puis remontent et recommencent cette opération autant de fois que le gisement paraît fournir des carbons. Le triage s'effectue ensuite par le lavage des graviers et l'examen à l'œil nu des résidus.

La production annuelle des exploitations de diamants noirs est assez faible [1]. Elle est en outre très variable. D'autre part, comme les demandes ne font

1. De 1894 à 1913, les gisements du territoire de Bahia ont fourni environ 650.000 carats de carbons représentant une valeur de 30 millions de francs.

qu'augmenter, il est à supposer que si on ne découvre pas prochainement de nouveaux gisements, les cours subiront une hausse très importante.

En 1842, époque de la découverte du diamant noir au Brésil, les carbons se vendaient à l'once. Quelques années plus tard, leur prix fut de 50 centimes le carat. En 1880, il monta à 30 francs. Actuellement, le cours moyen du carat est de 280 francs.

Fig. 332. — Machine Fromholt à cisailler les carbons.

Utilisation. — Pendant longtemps la division des gros carbons s'est effectuée simplement sur une galette en plomb à l'aide d'un burin et d'un gros marteau. Cela entraînait parfois jusqu'à un tiers de déchet, c'est-à-dire de poussière de diamant utilisable seulement à l'état d'égrisée. Le coup de marteau étonnait la pierre qui se brisait au moment du sertissage ou par le moindre choc. M. Fromholt, à qui l'on doit plusieurs types de machines à cisailler les carbons, a permis de réduire cette perte à 5 °/₀ seulement. Les figures 331 et 332 représentent en coupe verticale schématique et en vue extérieure un des modèles les plus récents. Il se compose simplement d'un bâti de fonte A traversé par un axe mn sur lequel sont fixés les volants de mise en marche V et V', ainsi que les roues à engrenage R et R'. Lorsqu'on fait tourner les volants V et V', le mouvement de R et R' est transmis à la roue M munie intérieurement d'un pas de vis dans lequel pénètre la vis sans fin ee'. Celle-ci se termine à sa partie inférieure par une lame d'acier ayant en section la forme représentée en C. Un cube d'acier T, disposé au-dessous, est solidement fixé dans une pièce de fonte L.

Les carbons à cisailler sont placés sur le cube T. Par la manœuvre des volants de commande V et V', on abaisse progressivement et très lentement la lame C jusqu'au contact de l'échantillon à diviser. La pression continuant et l'emplacement de l'entaille à produire étant nettement repérée d'après la structure du carbon, la lame pénètre dans celui-ci en suivant le chemin qui lui est assigné d'avance et sans pulvériser les points de moindre résistance. Après une première opération, on replace les fragments sur le cube T et on recommence de même jusqu'à ce qu'on ait obtenu des morceaux ayant les dimensions et le poids voulus, c'est-à-dire 2 à 3 carats.

On falsifie parfois les diamants noirs de mauvaise qualité, notamment ceux composés de très petits individus, en bouchant les interstices de séparation et en les teignant pour leur donner une patine brillante. On a même apporté sur le marché, dans ces dernières années, de mauvais diamants du Cap noircis au feu qu'on vend sous le nom de diamants noirs. C'est pour cette raison que dans certaines contrées, notamment aux États-Unis, les industriels préfèrent acheter les pierres une fois cassées pour mieux juger de leur qualité. Les constructeurs allemands préfèrent les pierres entières.

Scies diamantées.

Quels que soient les soins apportés à leur fabrication, les scies ordinaires présentent des inconvénients sérieux. Le plus important est certainement celui dû à la présence de la matière rodante (sable, émeri, fonte granulée, carborandum, corindon) introduite dans le trait de scie pour produire l'usure. Ces corps sont parfois entraînés en grande partie par l'eau du service sans produire de travail utile. De plus, ils attaquent, en même temps que la pierre, la scie elle-même dont la durée d'utilisation est ainsi considérablement réduite.

Il est donc préférable, lorsque cela est possible et surtout quand les blocs à découper ont une grande dureté, de remplacer les dents en acier et la matière rodante elle-même par une substance unique. Certains corps naturels, en particulier le saphir et le rubis, remplissent très bien ce but malgré leur prix élevé ; leur usure est du reste presque nulle, de sorte qu'on retrouve en effet utile ce qu'on a dépensé en matière première. Mais c'est encore le diamant qui donne les meilleurs résultats.

C'est en 1854 que fut utilisé pour la première fois, industriellement, le diamant comme abrasif dans le travail de la pierre dure. Les premiers essais concernaient surtout les opérations de tournage et de rabotage ; on les étendit ensuite au sciage et au débitage des blocs de roche. On a également imaginé des appareils destinés spécialement au perçage des meules de granit employées pour le broyage des couleurs.

Scies rectilignes. — En ce qui concerne les scies alternatives, il faut arriver en 1878 pour voir quelques industriels s'intéresser au procédé de débitage par les lames diamantées. En France, les premières recherches effectuées dans ce but sont dues à Taverdon ; les diamants étaient montés dans des pièces de fer rapportées ; on les recouvrait d'abord d'une couche galvanique de cuivre puis on les brasait

Fig. 333. — Scie rectiligne diamantée.

dans la pièce de fer. Ces essais durèrent six ans, mais n'eurent pas un grand succès, bien qu'à l'Exposition de Philadelphie de 1876 M. Hugh Young, de New-York, ait exposé une scie de ce genre à châssis horizontal. Celui-ci était soulevé dans son mouvement de gauche à droite par un excentrique, de sorte que la lame ne travaillait que pendant le trajet en sens inverse.

C'est aux mauvaises conditions de sertissage des diamants dans les lames qu'il faut surtout attribuer le peu de succès des scies diamantées, bien plus qu'à leur prix de revient. Aussi ont-elles commencé à se répandre le jour où M. Fromholt imagina un mode de sertissage qui ne laissait rien à désirer tant au point de

DIAMANTS NOIRS
originaires de Bahia (Brésil). Grandeur naturelle.

150 carats.　　　　　50 carats.　　　　15 carats.　　　　160 carats.

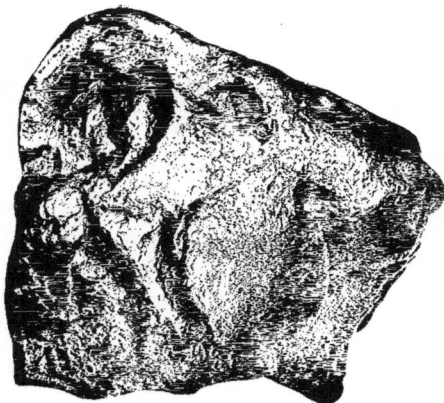 

3078 carats : le plus gros carbon trouvé à ce jour.　　　　　290 carats.

185 carats.　　　　210 carats.　　　280 carats.　　　　140 carats.

vue de la fixation du diamant dans le métal qu'à celui de la régularité du travail. Ces procédés de sertissage seront décrits plus loin.

Les lames diamantées ont généralement la même longueur que les scies ordinaires alternatives, soit de 3 à 6 mètres, et permettent ainsi de débiter des blocs de pierre dure ayant jusqu'à 5 mètres de longueur et de 2 mètres à 2 m, 50 de hauteur. Leur mécanisme de fonctionnement est très simple (fig. 333). Le châssis porte-lame A roule sur deux galets qui coulissent dans le bâti à l'aide de deux vis de serrage.

La descente est réalisée par deux cônes, et un seul levier permet de régler la vitesse, l'arrêt et les différents mouvements de la lame. Le bloc de pierre à scier peut être placé sur un massif de maçonnerie ou, de préférence, sur un chariot mobile sur rails.

Au moyen d'une scie diamantée ayant les dimensions précédentes, on peut scier facilement de 20 à 25 cm. à l'heure dans le marbre blanc de Carrare et certains calcaires durs comme celui de Comblanchien et la pierre de Cassis. Dans la pierre d'Euville, ou pierre de Lorraine, la descente est en moyenne de 50 cm. à l'heure.

Le poids de la machine, sans le wagonnet, pour une lame de 4 mètres permettant de scier 3 mètres de longueur et 1 m,40 de hauteur, est de 5.500 kg. environ. La force nécessaire au fonctionnement d'une débiteuse de cette dimension est de 3,5 chevaux.

Comme le montre la figure 333, la machine est munie de tous les accessoires nécessaires à la marche docile et régulière du châssis porte-lames : mécanisme de descente et de mise en marche ou d'arrêt M, tuyau d'arrivée de l'eau i, etc. La commande se fait au moyen d'une bielle t accouplée à la roue motrice R de la machine.

Scies à ruban. — La scie à ruban peut, comme la scie rectiligne, être munie de diamants et rendre ainsi de grands services pour le débitage rapide des pierres. Ici encore, il est indispensable que la lame soit d'une grande flexibilité pour pouvoir passer facilement sur les poulies et se tendre ensuite ; elle doit donc être mince et en acier trempé comme les lames à bois du même genre. D'autre part, pour être solidement maintenus, les diamants nécessitent une certaine épaisseur d'acier. Il en résulte obligatoirement que le porte-ruban doit faire saillie sur le diamant.

Ces scies peuvent être, soit à deux poulies seulement, soit à quatre poulies. Dans le premier cas, on constate que le brin de lame conducteur est toujours plus tendu que le brin conduit. Dans la scie à quatre poulies, les deux brins qui travaillent sont toujours également tendus, car ils se retendent entre les deux poulies les plus rapprochées qui se trouvent à chaque extrémité de l'appareil.

Les quatre poulies sont supportées par un cadre horizontal qui peut monter ou descendre entre les quatre colonnes, ces mouvements lui étant communiqués par un système de chaînes fixées au piston d'une presse hydraulique. Au moyen d'une vis spéciale on peut régler l'écoulement de l'eau, ce qui assure la descente lente et régulière de la lame.

Les blocs à débiter sont amenés directement du chantier ou de la carrière, sur des wagonnets qui se placent sous la lame. Ces scies présentent l'avantage de pouvoir travailler deux blocs à la fois, et cela sur une grande longueur.

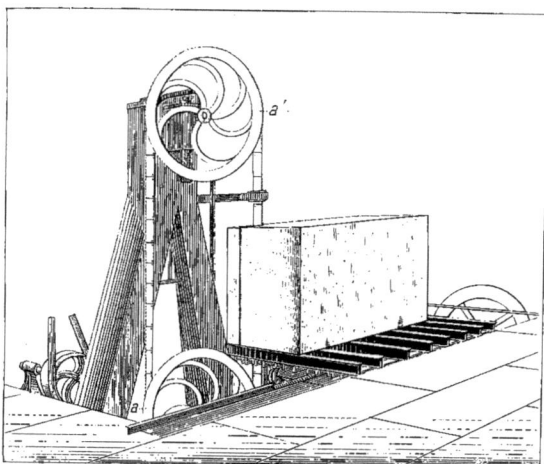

FIG. 334. — Scie à ruban diamantée fonctionnant verticalement.

Au lieu de fonctionner horizontalement, les scies de ce genre peuvent être disposées de façon à effectuer le travail dans un plan vertical, ainsi que le montre la figure 334. La machine représentée ici était spécialement destinée au sciage de la lave de Volvic. On sait que cette roche présente l'avantage de posséder une très grande dureté, une parfaite résistance aux acides et une grande homogénéité. Aussi ces qualités mettent-elles dans la nécessité d'utiliser, pour son débitage en plaques (c'est surtout sous cette forme qu'elle est utilisée), des appareils spéciaux soigneusement construits.

La scie employée à cet effet est une sorte de lame articulée (fig. 334 et 335) qui se meut, non comme une courroie sur une poulie, mais dans un sens perpendiculaire au plan de cette courroie, c'est-à-dire dans la gorge, profonde de 4 centimètres, des poulies de commande a et a' (fig. 334). Ces poulies ont 1 m,10 de diamètre et leur vitesse est de 300 tours à la minute. La pierre à débiter, placée sur un chariot, avance progressivement au fur et à mesure de l'usure, celle-ci étant de 20 à 25 centimètres de profondeur par heure environ.

La lame complète développe 9 mètres ; elle est armée de 300 diamants A, sertis dans des blocs de métal m (fig. 335). Elle est constituée par une série de maillons S ayant 15 centimètres de longueur et 7 centimètres de largeur. Cette faible largeur lui permet d'être constamment guidée dans son mouvement circulaire par la gorge des poulies de commande, puisqu'elle fait à peine saillie sur ces dernières.

L'intérêt du système est dans le mode d'agencement des différents maillons et leur mobilité relative au moment du passage de la lame sur les poulies. Dans ce but, chaque maillon S est composé de trois épaisseurs de tôles d'acier ayant la même épaisseur (2 mm.) et solidarisées par des rivets p. La plaque médiane S' est évidée à ses deux extrémités de manière à pouvoir loger entre deux maillons successifs une couronne circulaire b en acier qui emprisonne

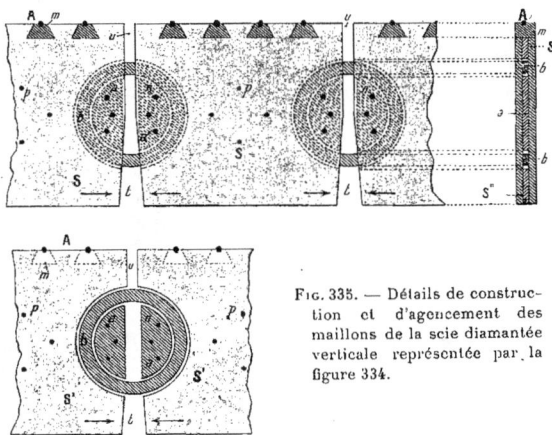

Fig. 335. — Détails de construction et d'agencement des maillons de la scie diamantée verticale représentée par la figure 334.

deux demi-disques a et a' de même matière. La couronne b est mobile, tandis que les pièces a et a' sont fixées par des rivets n aux plaques S seulement. Ces deux demi-disques ont la même épaisseur que la plaque médiane S' qu'ils ne font pour ainsi dire que prolonger en surface ; mais la couronne b est un peu plus mince, de manière à supprimer les frottements et à circuler librement lorsque la lame contourne les poulies.

Extérieurement, la lame ne laisse pas voir les demi-disques a et a' que nous avons représentés en pointillé sur la figure 335 ; la couronne ne se voit qu'entre les vides existant entre les maillons. Ceux-ci n'ont pas exactement la forme rectangulaire : la moitié inférieure de leur surface est légèrement trapézoïdale de manière à présenter en *t* un espace plus grand qu'en *u*. Lorsque la lame fonctionne, en effet, et qu'elle contourne les poulies de commande *a* et *a'* (fig. 334), les différents maillons se rapprochent par leur base dans le sens des flèches (fig. 335) en pivotant autour de la couronne *b* par l'intermédiaire des demi-disques *a* et *a'* solidaires des plaques S. C'est l'espace libre *t* qui permet ce jeu réciproque des maillons composant la lame au moment où celle-ci se courbe en demi-cercle dans un sens perpendiculaire à sa surface.

Comme on le voit, le fonctionnement de cette scie est très simple. De plus, elle peut assurer une très longue durée de service lorsque le sertissage des diamants a été soigneusement effectué. Les effets de dilatation de la lame sont pour ainsi dire nuls étant donnés le sens de son mouvement et sa position par rapport aux poulies de commande.

Fil à perles diamantées. — Pour augmenter la force d'usure du fil hélicoïdal (fil d'acier formant un circuit fermé sur lui-même et qu'on utilise à la façon des scies à ruban), on a aussi eu l'idée de la constituer par un câble recouvert de perles juxtaposées sur toute sa longueur (fig. 336). Ces perles sont en acier doux et armées extérieurement de fragments de diamants noirs : elles sont ainsi d'une très longue durée. On les utilise surtout pour le profilage et le découpage des pierres dures (fig. 337).

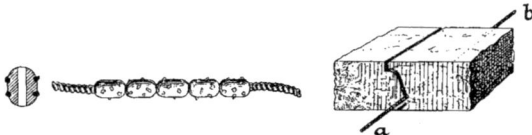

Fig. 336 et 337. — Fil d'acier à perles diamantées (*ab*, utilisation).

Scies circulaires. — Les scies circulaires sont d'un emploi encore plus pratique que les précédentes, car elles présentent une plus grande sécurité et ont une plus longue durée.

Cependant, il a fallu de nombreux essais avant d'arriver à assurer la fixité complète des diamants sur le pourtour des lames, et pendant longtemps les résultats ont été médiocres. La construction trop primitive des scies, les manutentions trop saccadées des blocs au-dessous des lames, les ébranlements des diamants dans leurs alvéoles par suite de mouvements irréguliers, enfin leur arrachement complet, ont été à l'encontre du développement de ces appareils dont la première condition de succès était d'obtenir un travail régulier, rapide et, par suite, économique.

Les premiers essais sont dus à James Gilmer, de Painesville (Ohio) qui, en 1863, imagina une scie circulaire dans laquelle les diamants étaient sertis directement dans la lame par un mattage à froid. En 1876, la société Brank Cookes et Cie, de Saint-Louis, fabriqua des scies de 1^m,70 de diamètre, dont la périphérie était armée de 50 diamants noirs. Dans plusieurs de ces scies, les diamants, au lieu d'être introduits dans des entailles faites dans le fer doux puis mattés, étaient saisis dans une fente formant mâchoire. Ces scies ont dû être abandonnées à cause du prix élevé des diamants et de la difficulté du sertissage.

Après de longues recherches on est cependant parvenu à vaincre ces difficultés et aujourd'hui les scies diamantées sont couramment utilisées dans les chantiers et les ateliers pour le sciage du marbre, du granite et des autres pierres dures.

Pour pouvoir concurrencer avec succès les scies ordinaires, ces appareils doivent remplir les conditions suivantes :

1° Pouvoir débiter des blocs de grandes dimensions en évitant les manutentions longues et coûteuses de la pierre sous la scie ;

2° Produire des surfaces de sciage nettes et polies afin d'éviter l'emploi ultérieur du tailleur de pierre ;

3° Avoir une très longue durée ; dans ce but les diamants formant la denture doivent être placés symétriquement par rapport à l'axe de la scie. Étant toujours pressés dans le même sens, ils n'ont ainsi à souffrir d'aucun ébranlement dans leur support.

Les scies diamantées actuelles portent presque toujours leurs diamants sur la périphérie du cercle, rarement sur sa surface. Ils sont fixés sur la lame en acier, soit directement, soit par l'intermédiaire de petites rondelles métalliques les enchâssant solidement ; ces rondelles sont assujetties à leur tour, par soudure ou autrement, dans des fraisures ménagées à cet effet sur le pourtour de la lame.

Sertissage des diamants. — Au début, le sertissage des diamants consistait à enrober ceux-ci galvaniquement dans une garniture en cuivre rouge et à utiliser ensuite cette sorte de chemise métallique pour obtenir un soudage plus facile dans une pièce d'acier fixée sur la lame circulaire.

Ce procédé n'a malheureusement pas donné de bons résultats et il a dû être rapidement abandonné. En effet, au bout d'un temps de travail très court la matière tendre enchâssant les diamants se trouve détériorée et sa cavité agrandie ; ceux-ci s'ébranlent et se détachent finalement de leur support[1].

1. Les procédés actuels de volatilisation des métaux (Schoop), qui permettent de produire des dépôts métalliques d'épaisseur variable sur des supports quelconques, faciliteraient sans doute la solution de ce problème. Le diamant, enrobé dans un métal convenablement choisi et d'épaisseur déterminée, résisterait dès lors à toutes les trépidations et même aux chocs qu'il pourrait avoir à subir pendant le travail.

Le meilleur procédé consiste à sertir directement à chaud[1] chaque diamant entre deux lamelles d'acier doux ; celles-ci sont ensuite soudées ensemble et enveloppent ainsi complètement la pierre sans interposition d'aucune brasure ni d'autre matière. Pratiquement, on opère de la façon suivante :

On prend une petite barrette en acier doux et, après l'avoir recourbée en forme d'U très resserré, on insère le diamant entre ses deux branches. Celles-ci sont ensuite soudées à chaud et épanouies de façon à constituer une *rondelle diamantée* (fig. 338), le diamant étant fixé en d. Dans la fabrication de ces rondelles, on prend ses dispositions pour que l'emplacement du diamant varie d'une rondelle à l'autre.

Fig. 338.
Rondelle diamantée.

Fig. 339. — Lame de scie préparée pour recevoir ses rondelles diamantées (vue de profil).

On pratique ensuite l'enchâssage des rondelles dans la lame de scie. Celle-ci est d'abord préparée en fraisant sur le bord de sa circonférence (fig. 339) une série de cavités a, a', a, ayant très exactement les dimensions des rondelles diamantées. Ces cavités sont fraisées à une profondeur égale à la moitié environ de l'épaisseur de la lame et alternativement d'un côté et de l'autre de celle-ci (fig. 339 et 340). Un trou t ménagé derrière chaque cavité permet d'en dégager rapidement la rondelle lorsque son remplacement est devenu nécessaire.

L'écartement et le nombre des cavités, et par conséquent celui des rondelles diamantées m, m' (fig. 340), varient avec le grain de la pierre à travailler et sa dureté. La fixation des rondelles s'effectue simplement au moyen d'une soudure à l'étain.

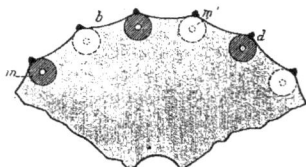

Fig. 340. — Scie circulaire diamantée.

Utilisation. — Lorsque la lame circulaire est entièrement armée de ses rondelles, on pratique à la lime des évidements b (fig. 340) entre les diamants d, ce qui donne à la circonférence de cette lame l'aspect d'un cercle légèrement ondulé sur ses bords. Ces évidements servent à loger l'eau et les boues résultant du travail de sciage.

1. D'après M. Fromholt, dans l'opération du sertissage il est nécessaire de ne pas faire monter la température au-dessus de 800°. Au rouge, les carbonados perdent en effet partiellement leur dureté, et leur résistance à l'usure diminue d'autant plus qu'ils ont été chauffés plus longtemps.

Suivant son diamètre et la nature des blocs à débiter, l'épaisseur de la lame varie entre 5 et 10 millimètres; elle est naturellement d'autant plus faible que l'acier est de meilleure qualité comme dureté et rigidité mécanique.

Une fois préparée ainsi qu'il vient d'être dit, la scie diamantée est serrée entre deux manchons boulonnés ensemble et montés sur un arbre fileté reposant sur un ou deux paliers. Le filetage de l'arbre permet de pouvoir déplacer la scie latéralement et de la fixer ensuite au moyen d'écrous serrés fortement contre chaque manchon. L'arbre est commandé par une courroie en relation avec la machine motrice (pl. XXII, fig. 1).

La traverse de l'arbre peut coulisser verticalement sur le bâti de façon à permettre de faire varier à volonté la profondeur de pénétration de la scie. Cela facilite le travail de cette dernière et lui permet aussi bien de pratiquer économiquement des entailles et des feuillures que de débiter des gros blocs de pierre.

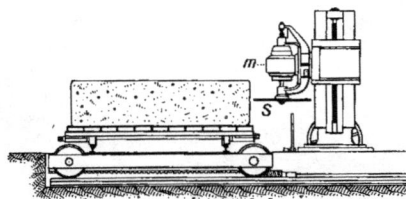

FIG. 341. — Scie circulaire diamantée à commande électrique directe : position horizontale de la scie.

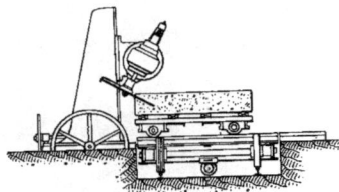

FIG. 342. — Scie circulaire diamantée à lame mobile et à commande électrique directe : position inclinée de la scie.

La pierre à scier est généralement placée sur un wagonnet relié par une voie ferrée au chantier de la scierie (pl. XXII, fig. 2). Le wagonnet est amené sur un chariot à avancement mécanique. Des griffes et des vis permettent de saisir la pierre aussi près que possible du trait de scie, de façon à pouvoir obtenir des tranches très minces si cela est nécessaire.

La mise en marche du chariot s'obtient à l'aide de vis sans fin commandant une crémaillère. La lame diamantée, qui tourne à grande vitesse, rencontre la pierre dans laquelle les diamants creusent un sillon. Lorsque l'opération est terminée, c'est-à-dire quand la pierre est entièrement traversée par le trait de scie, on la ramène à son point de départ au moyen d'un changement de marche. En déplaçant la lame le long de l'arbre fileté, on peut produire dans le bloc de pierre autant de traits de scie qu'on le désire.

Il est du reste possible d'effectuer simultanément plusieurs traits de scie parallèles dans un même bloc, c'est-à-dire de débiter celui-ci en un nombre quelconque de plaques en une seule opération. Il suffit pour cela de monter plusieurs lames circulaires sur le même arbre et, à l'aide de leurs manchons respectifs et d'écrous, de les séparer de la distance correspondant à l'épaisseur des différentes tranches.

L'emploi de l'électricité permet d'accoupler directement le moteur et la scie, ainsi que le montrent les figures 341 et 342. Cette disposition présente l'avantage d'un très faible encombrement et aussi celui de permettre à la scie S de travailler dans toutes les directions. Par la simple manœuvre d'un levier à main, elle peut en effet prendre une inclinaison quelconque (fig. 342) et découper la pierre suivant tous les contours possibles ; le moteur m fonctionne dans tous les sens et est relié à une canalisation existante.

Fig. 343. — Scie circulaire diamantée de 3 mètres de diamètre et armée de 140 diamants sur la périphérie.

On a imaginé dans ces dernières années différentes scies circulaires diamantées dont les diamants sont répartis un peu sur tous les points de leur surface.

Dans la scie que l'on voit quelquefois sur les grands chantiers (pl. XXII, fig. 2), la lame, qui a 2ᵐ, 20 de diamètre, porte 200 diamants dont 40 sont placés de champ, 80 sur les arêtes et 80 sur les faces. Cette lame tourne avec une vitesse de 300 tours à la minute; son avancement est de 30 centimètres par minute dans la pierre dure de Comblanchien et de 10 centimètres dans le calcaire cristallisé ou marbre blanc (marbre de Saint-Béat).

Cette scie a été utilisée à Juvisy pour la taille des pierres destinées à la superstructure de la gare d'Orléans du quai d'Orsay, à Paris; elle a permis d'exécuter ce travail en cent quinze jours et de réaliser une économie de 80 % environ sur les procédés ordinaires de sciage et d'appareillage à la main. On l'a également utilisée sur les chantiers du nouvel Hôtel de Ville de Belfast, en Irlande.

La figure 343 représente une machine analogue dont la lame peut avoir jusqu'à 3 mètres de diamètre. La machine représentée par la figure 344 est plus petite, car le diamètre de la scie ne dépasse pas 1ᵐ, 50 à 2 mètres.

Les scies d'atelier peuvent effectuer des travaux multiples. Elles doivent être d'une construction robuste, de même que leur support, et sont

Fɪɢ. 344. — Scie diamantée en travail : sciage d'un bloc de marbre.

généralement interchangeables: le simple dévissage d'un écrou permet en effet de les isoler de l'appareil. Le disque travaille aussi bien horizontalement que verticalement; leur diamètre ne dépasse généralement pas 50 centimètres.

En pratique, il y a un rapport entre le diamètre de la lame et les dimensions des blocs à scier. Pour les petits modèles de scies, on admet généralement les chiffres suivants:

Diamètre de la lame	0ᵐ 75	à	1ᵐ 50
Hauteur maximum du bloc	0,30	à	0,65
Longueur maximum du bloc	1,50	à	2,50

J. Escard. 53

Avec les scies de plus grand diamètre, on peut admettre les dimensions suivantes :

Diamètre de la lame.	Dimensions des blocs.
2ᵐ 20	0,90 × 2,20 × 2 m.
2, 50	1 × 2,50 × 2 m.
2, 70	1,10 × 2,70 × 2,80
3	1,25 × 3 × 2,80

Quant à l'avancement, c'est-à-dire la vitesse de pénétration de la lame dans la pierre, elle est assez variable non seulement d'une pierre à une autre, mais même dans des pierres de même nature ayant des origines différentes. On peut cependant considérer les chiffres ci-dessous comme suffisamment exacts :

	Vitesse de pénétration par minute.
Granite vert des Alpes	2 cm.
Marbres d'Arvel et de Villeneuve	
Pierres dures d'Hauteville et de Comblanchien	5 à 8 cm.
Pierre de Château-Landon	8 cm.
Pierres dures de Villebois	
Marbres de moyenne dureté	10 cm.
Marbre blanc de Carrare	15 cm.
Pierre de l'Ain	
Molasse de Berne et de Fribourg	20 cm.
Albâtre calcaire	

Ces vitesses de pénétration concernent des blocs dont la hauteur est de 1 mètre environ. Il est évident qu'elles seraient plus faibles dans des blocs de plus grande hauteur et inversement.

Autres appareils diamantés.

Perceuses et perforatrices diamantées. — En raison de sa dureté, le diamant peut rendre les mêmes services pour le perforage de la pierre que pour son débitage. On l'emploie aussi couramment dans les travaux de sondage en roches dures.

Les premières perforatrices diamantées sont dues à G. Leschot qui, en 1862, chercha à les appliquer à une machine horizontale placée sur un wagonnet et destinée à percer des trous de mine en galerie. Son fils R. Leschot perfectionna cet appareil : la perforatrice, d'abord actionnée à la main, fut disposée de façon à pouvoir être mue mécaniquement. Elle n'eut cependant pas un grand succès en

France, mais fut accueillie très chaleureusement en Angleterre et aux États-Unis où les nombreux industriels qui avaient à effectuer des sondages ou à percer des tunnels se rendirent compte de suite de l'intérêt pratique de cette découverte.

La perforatrice Leschot avait une couronne diamantée de 5 cm. de diamètre et son avancement, sous une pression de 250 à 300 kg., variait entre 1/3 et 1/4 de millimètre par tour environ.

En 1878, M. Taverdon exposa des couronnes diamantées destinées à des perforatrices actionnées par des moteurs du genre Brotherood. L'appareil de Brand fut appliqué, la même année, au percement du Saint-Gothard et, en 1881, au tunnel de l'Arlberg. Les puits de Pottsville, en Pensylvanie, ont été également percés au moyen d'outils terminés par des couronnes diamantées.

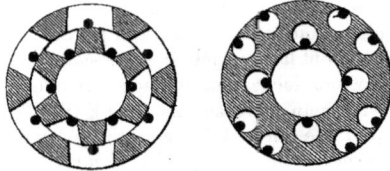

Fig. 345. — Emplacement des diamants dans les perforateurs diamantés.

Depuis cette époque, la perforatrice à diamants a reçu un peu partout, notamment en France, en Angleterre et en Allemagne, de nombreux perfectionnements et ses applications se sont considérablement étendues. Dans une mine de Silésie, elle a permis, il y a quelques années, d'atteindre une profondeur de 2.000 mètres.

Fig. 346. — Perforateur diamanté.

Les diamants qui servent à la construction des perceuses et perforatrices (fig. 345 et 346) sont généralement disposés sur la base et quelques-uns sur la circonférence d'une pièce métallique à laquelle ils sont fortement adaptés, soit par sertissage, soit par pression ; une petite fente les reçoit et les maintient ensuite dans une position fixe. Taverdon, au début, avait imaginé un procédé consistant à déposer galvaniquement sur chaque diamant une couche assez épaisse de cuivre : celui-ci entourait ainsi complètement le cristal. Mais, dès la première opération, le métal, en s'usant, laissait à découvert la pointe des diamants qui agissaient ensuite directement sur la pierre à entamer.

Dans le procédé Frombolt on peut opérer de deux façons différentes :

a) La première méthode consiste à préparer d'abord un petit bloc d'acier cylindrique dans lequel on produit une encoche destinée à recevoir le cristal de diamant ; puis on le porte au rouge de manière à le dilater légèrement et à le rendre plus malléable pendant quelques instants. On met le diamant en place, puis on introduit le cylindre ainsi constitué dans un petit laminoir ou sous le piston d'une presse hydraulique : le diamant est ainsi parfaitement enchâssé tout en faisant légèrement saillie au-dessus de la surface du bloc métallique. Celui-ci, ainsi préparé, sert à garnir les outils utilisés pour percer la pierre et dans lesquels on le fixe par les procédés que nous avons décrits plus haut (p. 414).

b) Dans la seconde méthode, au lieu d'employer un seul cristal par cylindre porte-diamant, ou utilise un grand nombre de fragments dont la grosseur correspond en poids, pour chacun, à un cinquantième de carat environ. Pour cela, on met à profit la propriété que possèdent certains métaux, tels que le cuivre, de se comprimer facilement et d'acquérir ainsi une grande cohésion.

Dans un morceau de cuivre E (fig. 347) rendu très malléable par la trempe, on pratique un certain nombre de trous *d* à l'aide d'un poinçon. Ces trous ont une profondeur moyenne de 1,5 mm. et sont placés de façon à couvrir partiellement les champs et les deux côtés de la pièce E. Dans chacun des trous *d*, on place un fragment de diamant, puis on rabat dessus quelques bavures pour le maintenir.

Cette pièce E est ensuite placée dans une matrice en acier (fig. 348) composée de deux demi-cylindres A évidés de manière à épouser exactement, vers le centre, le contour de E. Ces demi-cylindres sont eux-mêmes maintenus en place dans un anneau circulaire B d'épaisseur suffisante. Le porte-diamant en cuivre E est alors placé dans sa cavité et, au-dessus de lui, on dispose un mandrin M ayant exactement la même forme.

A l'aide d'une presse hydraulique puissante, on fait agir sur le mandrin M une grande pression, de manière à comprimer la pièce E et à la durcir en même temps. Les diamants se trouvent par conséquent intimement logés dans le cuivre, et le porte-diamant ainsi constitué, une fois retiré de la matrice A, peut être directement posé dans une encoche de même forme d'une couronne perforatrice.

La vitesse des perforatrices diamantées est telle que, dans le calcaire dur, elles avancent à raison de 80 mm. par minute. En tenant compte du temps nécessaire au remplacement des tubes porte-couronne, il faut environ une demi-heure pour percer un trou de 1m, 50 de profondeur.

On peut, à l'aide de ces mêmes instruments, retirer du sol, à une grande profondeur, des échantillons massifs de roches que l'on désire connaître quant à leur composition et à la nature des terrains traversés. On ramène ainsi à la surface du sol ce qu'en termes de mines on désigne sous le nom de « carotte ».

Outils d'ateliers diamantés. — En outre des appareils précédents, on utilise dans les ateliers de nombreux outils diamantés : les pierres employées dans ce but sont, soit des éclats de diamant bruts, soit des diamants taillés à facettes.

En raison de leur but spécial, ils ne peuvent en général être confiés qu'à des ouvriers expérimentés ; utilisés dans de bonnes conditions, ils peuvent fournir un travail de 10 à 12 mois par arête, c'est-à-dire que celle-ci ne doit pas être usée avant cette durée de service.

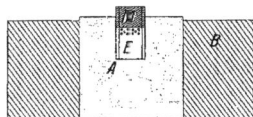

Fig. 347. — Bloc de cuivre pour le sertissage des diamants.

On emploie de préférence les outils diamantés (fig. 349) pour le rabotage, le tournage et le fraisage des matières dures ou très tenaces comme le caoutchouc vulcanisé, la fibre, l'ébonite. Ils sont également utilisés pour le rhabillage et le dressage des meules d'émeri, le défonçage des lames de scies, la rectification des pièces trempées, le dressage des métaux, l'affûtage des outils.

La figure 350 concerne le mode d'emploi d'un instrument de ce genre destiné à tourner des rouleaux de fonte ou de pierre dure. Il comprend une tige filetée dans laquelle est serti un diamant m et maintenue au moyen des écrous e et e', dans un pas de vis pratiqué dans le support M. Le boulon à vis a permet d'immobiliser la tige filetée. Le réglage de l'instrument s'effectue simplement par le dévissage des écrous e et e' et du boulon a. La disposition de la tige filetée est telle qu'il est facile de remplacer le diamant dès qu'il est usé.

Le sertissage des diamants dans ces instruments s'effectue de façons très différentes suivant les fabricants. Souvent ils sont fixés dans des tiges de fer doux [1] que l'on adapte ensuite aux supports qui doivent les soutenir, le sertissage étant effectué à chaud. Ce procédé a l'inconvénient d'occasionner parfois le déchaussement du diamant lorsque, par inattention ou défaut de marche, le métal entourant celui-ci est usé par frottement contre les matières à travailler.

Pour cette raison, on se contente souvent de serrer fortement le diamant entre deux mâchoires de fonte présentant une cavité cylindrique. On assure la fixité de l'ensemble pendant le travail au moyen d'une forte vis à écrou.

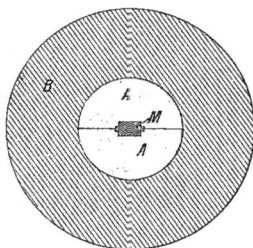

Fig. 348. — Détail du sertissage des diamants dans le procédé Fromholt : coupes verticale et horizontale.

1. On se contente parfois, pour sertir les carbons, de préparer dans l'outil destiné à les recevoir un logement ayant les dimensions de la pierre et de ramener le métal autour par matage. Cette opération, même lorsqu'elle est effectuée par un ouvrier habile qui a pris soin de remplir les vides avec un métal plastique (cuivre, plomb) est toujours défectueuse ; le déchaussement de la pierre se produit souvent, en effet, après quelques heures seulement de travail.

Le dispositif représenté par la figure 351, que nous avons imaginé en vue d'utiliser jusqu'à usure complète toutes les arêtes d'un même diamant, évite l'inconvénient du déchaussement. Celui-ci peut en effet se produire, dans les outils et burins diamantés ordinaires, non seulement par des chocs accidentels, mais aussi par les échauffements et refroidissements successifs que supporte l'instrument

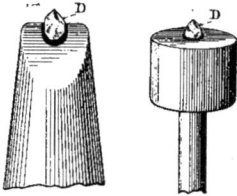

Fig. 349. — Outils d'atelier diamantés (D, diamant).

pendant le travail : il peut en résulter une mise hors d'usage rapide. La partie essentielle de l'instrument est une sorte de tronc de cône en acier A, évidé à sa partie supérieure i et divisé sur une longueur de 2 cm. à partir du haut en un certain nombre de secteurs a. L'évidement i est revêtu d'une plaque de plomb P destinée à augmenter le contact du diamant et du support A. Celui-ci est muni extérieurement d'un pas de vis sur lequel se fixe un écrou E.

Pour immobiliser le diamant, on commence par l'introduire dans l'évidement i et, au moyen de la tige filetée m, on le place de façon qu'une de ses arêtes dépasse l'instrument de la quantité voulue. Le double écrou e sert à immobiliser m une fois cette position atteinte. Au moyen de l'écrou E on serre de plus en plus le diamant contre les parois de l'évidement i. Comme d'une part le diamant peut résister à des pressions considérables sans se briser et que d'autre part les différents secteurs a de la pièce A peuvent se rapprocher facilement par le simple vissage de l'écrou E, on arrive ainsi à immobiliser le diamant d'une façon parfaite. Il ne reste plus alors qu'à fixer l'instrument sur son support S placé sur le tour. Quand une première pointe est usée, on dégage le diamant, on le retourne pour laisser apparaître une autre pointe et on le fixe de la même manière dans sa nouvelle position.

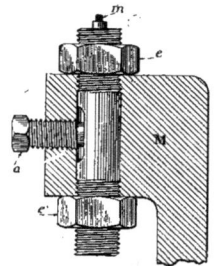

Fig. 350. — Outil d'atelier diamanté : tournage des rouleaux de fonte.

Avec les différents instruments dont il vient d'être question, la vitesse de coupe peut atteindre 0^m, 50 à la seconde en coupes très légères. Ils demandent à être vérifiés de temps en temps, mais ils peuvent assurer une très longue durée de service si on les manipule avec soin, principalement en évitant les chocs violents ou répétés.

Le rhabillage des meules de moulin s'effectue à l'aide de dispositifs semblables à celui représenté par la figure 352. On y voit l'outil monté sur un chariot qui permet d'amener successivement sur toute la surface de la meule le porte-diamant. Celui-ci, constitué par une tige verticale, tourne à raison de 12.000 tours à la minute. Au moyen de vis de réglage, on peut fixer la largeur des rainures, leur écartement, leur profondeur, etc. L'opération s'effectue rapidement, car elle ne demande pas plus d'une heure pour les meules de dimensions moyennes.

Filières en diamant. — La dureté du diamant est encore mise à profit dans les tréfileries par l'emploi des filières à diamant. Dans cette application, on utilise de préférence au carbon le diamant transparent dont les lamelles de clivage ont une épaisseur suffisante. Celle-ci varie du reste suivant les emplois : assez mince pour la tréfilerie d'or et d'argent, elle peut atteindre deux à trois millimètres pour la fabrication des fils de plus gros diamètre, ceux en bronze siliceux, par exemple.

Les filières en diamant présentent sur les filières ordinaires en acier deux avantages importants : elles permettent d'obtenir des fils excessivement fins et d'un diamètre constant pendant une très longue suite d'opérations, l'usure du diamant étant pour ainsi dire nulle ; elles facilitent l'étirage des fils composés d'alliages durs comme ceux en acier au silicium, en cuivre silicié, en nickelosilicium dont les applications se répandent de plus en plus.

Pour cet usage, le diamant *d* (fig. 353) est monté dans une rondelle de fer doux *e* fixée elle-même au centre d'un disque de cuivre *m*. Le passage à la filière s'effectue comme avec les dispositifs habituels et avec la même rapidité, quelle que soit la nature du métal subissant l'étirage.

Emploi du diamant comme instrument tranchant. — L'application la plus courante et certainement la plus ancienne du diamant est celle qui concerne son emploi pour couper le verre. Les « diamants de vitriers » sont généralement des boorts très durs (Bornéo, Brésil) utilisés à l'état brut ou préparés de façon à posséder un tranchant arrondi (fig. 354, A). L'expérience démontre

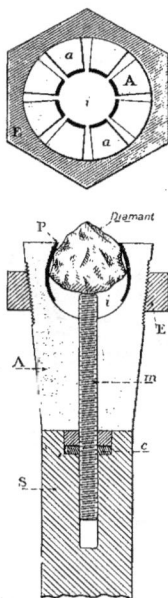

Fig. 351. — Sertissage mécanique des diamants (dispositif de l'auteur).

en effet que les diamants pointus (fig. 354, B) rayent seulement le verre mais ne le coupent pas. Pour obtenir une entaille parfaite, il est du reste nécessaire que les deux facettes du cristal limitant l'arête coupante soient également inclinées sur la surface à diviser.

Les diamants employés dans ce but sont montés de façon qu'on n'ait pas à chercher cette position ; l'outil prend sans tâtonnements la position nécessaire lorsqu'on le promène le long d'une règle plate coïncidant avec la ligne de rupture. Le sertissage s'effectue au moyen d'un petit bloc de fer doux fixé dans une monture d'acier. Les verres soufflés se laissent couper très difficilement au diamant par suite de leur structure zonaire.

Egrisée. — L'égrisée ou poussière de diamant est utilisée, non seulement pour le polissage du diamant et des autres pierres précieuses (p. 350), mais aussi pour l'usure rapide de certaines matières dures telles que le granite et le porphyre. Pour ces derniers usages, on lui préfère cependant de plus en plus le carborandum dont la dureté dépasse celle du rubis et qui est devenu aujourd'hui d'une fabrication courante.

Ainsi que nous l'avons vu précédemment (p. 95), les diamants servant à la préparation de l'égrisée sont les boorts et carbons inutilisables en joaillerie.

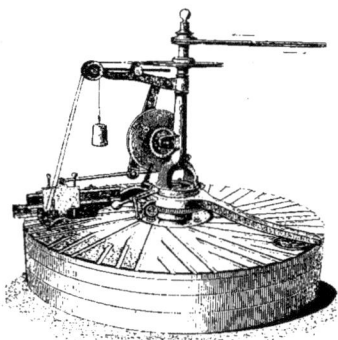

II. —CORINDON, RUBIS, SAPHIR

Corindon. — En outre de son emploi comme gemme (rubis, saphir, etc.), le corindon est utilisé dans l'industrie des abrasifs. On réserve naturellement à cette application les variétés opaques et plus ou moins pierreuses qu'on trouve particulièrement en abondance au Canada.

Comme abrasif, le corindon présente des qualités importantes : il possède une grande dureté (9 de l'échelle de Mohs), contient très peu d'impuretés et résiste à des températures très élevées ; en outre,

Fig. 352. — Outillage diamanté pour le rhabillage des meules de moulin.

il présente l'intéressante particularité de conserver, même après broyage, des arêtes coupantes et des angles très vifs, ce qui le rend spécialement apte à la fabrication des meules à haut rendement.

Le corindon est, comme nous l'avons vu (p. 240), un des minéraux accessoires des pegmatites, des granulites et des schistes métamorphiques. L'action minéralisatrice de certains acides (fluorhydrique, chlorhydrique) permet d'expliquer jusqu'à un certain point son origine naturelle par isolement de l'alumine des silicates d'alumine entrant dans ces différentes roches.

A Madagascar, où M. A. Lacroix a étudié plusieurs gisements importants de corindon, ces derniers résultent du métamorphisme de sédiments très alumineux

1. Scie circulaire diamantée employée pour le sciage du granite (d = 1 m. à 1 m. 50).

2. Scie circulaire diamantée employée pour le sciage du calcaire dur ($d = 2$ m.).

sous l'influence du granite. Tantôt il y a eu simplement transformation de la roche sédimentaire avec formation de mica, sillimanite et corindon, tantôt il y a eu en outre injection du magma granitique et imbibition par ses émanations. Par suite de diverses réactions, il s'est produit un excès d'alumine qui a cristallisé sous forme de corindon. Les exploitations ont fourni 95.000 kg. en 1911 et 150.000 kg. en 1912.

Les cristaux que l'on rencontre, soit au Canada, soit à Madagascar, sont constitués par des individus de dimensions variées (fig. 355 et 356) ; leur volume atteint parfois un décimètre cube et leur poids plusieurs kilogrammes. Ils sont généralement allongés suivant l'axe vertical ou légèrement aplatis parallèlement à la base ; leur teinte est grisâtre ou mordorée. Par le choc du marteau, ils se brisent suivant des plans perpendiculaires à l'axe vertical, c'est-à-dire dans le sens de leur accroissement (fig. 357). Ils sont opaques ; les quelques variétés incolores et transparentes que l'on rencontre dans les alluvions sont réservées à la joaillerie (p. 251).

Comme impuretés, les corindons industriels ne renferment guère qu'un peu de silice, de l'oxyde de fer et de l'eau. Leur traitement au sortir des carrières a précisément pour but d'éliminer ces impuretés avant de les livrer au commerce.

Coupe XY

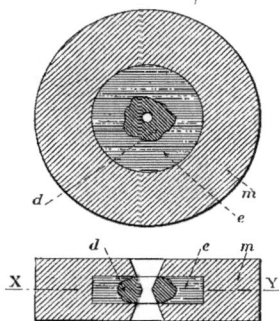

Fig. 353. — Filière diamantée.

Utilisation du corindon comme abrasif. — Le corindon est utilisé dans l'industrie sous trois formes principales : sous forme de meules, c'est-à-dire à l'état aggloméré, sous forme de grains isolés ou de poussière, et sous forme de papiers et de toiles à corindon concurremment à l'émeri.

Fig. 354.— Diamants de vitriers. (A, pouvant couper le verre ; B, défectueux).

Pour la fabrication des meules, le corindon est d'abord réduit en poudre, puis additionné d'un aggloméránt, qui peut être du caoutchouc, de la gomme laque, un ciment magnésien ou un silicate. Les meules actuelles sont agglomérées à l'aide de kaolin : on les désigne sous le nom de « meules céramiques ou vitrifiées ». Le corindon, mélangé à l'état de grains à la pâte, est moulé ensuite à la forme voulue et séché dans des fours. On solidifie la masse par une cuisson à haute température dans des appareils spéciaux. On obtient ainsi des meules qui peuvent assurer une très longue durée de service par suite de la faible quantité d'agglomérant employé et du point de fusion très élevé de celui-ci, ce qui permet à la meule de supporter de forts échauffements sans se désagréger.

Les meules dites « poreuses » servent à user les matières capables d'encrasser rapidement leur surface. Les grains de corindon n'y sont pas aussi serrés que dans les meules compactes, mais sont au contraire isolés pour ainsi dire les uns des autres de manière à agir comme les dents d'une fraise. Quelle que soit l'usure

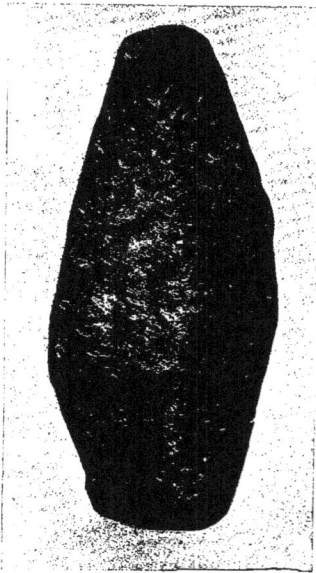

Coll. du Muséum.

Fig. 355. — Corindon de Madagascar. (Gr. nat.).

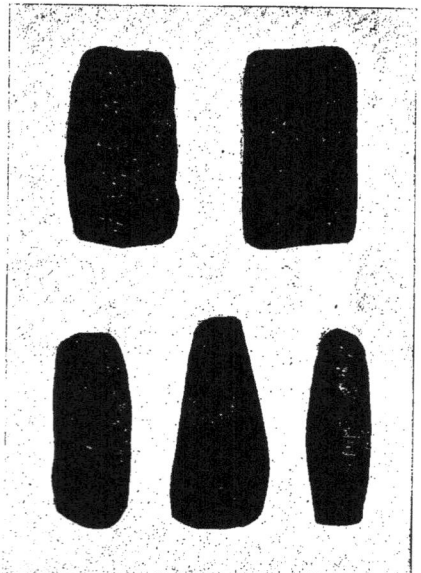

Coll. de l'auteur.

Fig. 356. — Corindons du Canada. (Gr. nat.).

de la meule, les grains de corindon présentent toujours des angles vifs et malgré une durée de service moins longue, celle-ci produit proportionnellement plus de travail utile.

Les meules en corindon présentent en outre l'avantage d'être inattaquables à tous les acides; elles permettent de travailler à l'eau, à l'huile, au pétrole, à l'essence. On leur donne des formes très diverses suivant leur utilisation immé-

diate. On fait également des « pierres spéciales en corindon » destinées à l'affûtage et à l'aiguisage des outils en acier dur. Les fraises destinées à percer des
trous dans des plaques (ardoise, marbre, etc.) ont la forme de tiges cylindro-
coniques (fig. 358). Les papiers et toiles au corindon ne diffèrent pas sensiblement, comme fabrication, des papiers et toiles à l'émeri, mais de même que les
meules en corindon, ils produisent plus de travail utile, leur richesse en alumine
étant maximum alors que dans l'émeri elle ne dépasse jamais 60 p. 100 du poids
total de la matière utilisée.

Principaux gisements de corindon.

— Actuellement, ce sont les gise-
ments canadiens qui fournissent la plus grande partie du corindon utilisé dans
l'industrie. On l'exploite surtout dans l'est de l'État d'Ontario, au nord du lac
du même nom. Les roches
qui le fournissent sont des
syénites qui affleurent la
plupart du temps sous forme
de dykes ou de petits massifs
de roches éruptives traversant les gneiss. On a aussi
constaté la présence du corindon dans des anorthosites,
mais jusqu'ici elles n'ont
point encore été exploitées.

La « Canada Corundum
Cº » exploite des gisements
d'une étendue considérable
dans le comté d'Hastings.
D'après M. de Romeu, la roche syénitique contient, en
moyenne, 15 p. 100 de corin-

Coll. de l'auteur.

Fig. 357. — Section d'un gros cristal de corindon (gr. nat.)
montrant sa structure grenue.

don. Les filons se poursuivent sur de grandes distances, parfois sur plus
de 20 kilomètres, avec une épaisseur moyenne de 100 mètres environ. Le
gisement actuellement exploité occupe le flanc d'une colline dont il suit à peu
près la pente. Les exploitations se font en carrières à ciel ouvert (fig. 359). La
roche, abattue à la mine par grandes masses, est ensuite éclatée à la dynamite
en morceaux maniables de manière à pouvoir être chargée sur des wagonnets
qui la conduisent à l'usine de traitement mécanique et magnétique.

Après le broyage et la pulvérisation, qui s'effectuent à l'aide de machines
spéciales, de rouleaux et de tamiseurs, le minerai est séché dans une pièce à

tuyaux de vapeur. Des séparateurs magnétiques le débarrassent de son oxyde de fer. Il est ensuite divisé en vingt numéros correspondant à la grosseur des grains. Le produit est finalement examiné au point de vue de la qualité : on le considère comme pur commercialement lorsqu'il ne renferme pas plus de 2 p. 100 de matières étrangères. C'est dans cet état qu'arrive en Europe le corindon destiné à la fabrication des meules, toiles et papiers à user et à polir.

A Madagascar, les gisements de corindon ont été étudiés surtout par M. Lacroix et M. Vuillerme. Rencontrés d'abord dans des alluvions aurifères (Ambatovary, Sakaleona, Sahanofa, Ampasary), les cristaux ont été trouvés ensuite dans des roches provenant de la désagrégation des micaschistes. On en a dernièrement rencontré aussi en place dans ces dernières roches, notamment au sud-est d'Antsirabé, dans le voisinage du mont Vatondrangy, et plus à l'ouest, à Vohitrambo et Anjomakely. Certains affleurements de micaschistes renferment aussi du corindon dont l'origine paraît liée, comme nous l'avons vu, au métamorphisme de sédiments très alumineux sous l'influence du granite qui est souvent à une très faible distance des micaschistes.

Au point de vue de l'exploitation, les gisements malgaches sont pour la plupart discontinus. Ils forment des zones lenticulaires où est localisée l'alumine cristallisée. Les cristaux de corindon y abondent sur quelques centaines de mètres, puis disparaissent brusquement pour reparaître plus loin dans des formations analogues. Leurs propriétés physiques et cristallographiques, de même que leur richesse en alumine, sont à peu près les mêmes que celles des corindons du Canada.

Fig. 358. — Fraises en corindon.

Dans l'Australie du Sud (district de Farina), on a récemment découvert des gisements de corindon qui paraissent d'une grande richesse. On trouve celui-ci dans un schiste métamorphique et sa proportion dans la roche atteint parfois 20 à 25 p. 100.

Rubis et saphir. — Les gemmes alumineuses (saphir principalement) sont utilisées pour la fabrication des crapaudines des appareils de précision, tels que : compteurs électriques, appareils de mesures, pendules et horloges, etc. Dans ces appareils le coefficient de frottement doit être très faible par rapport au poids de l'organe mobile.

Le saphir d'Australie, que l'on considère comme le produit naturel le plus dur après le diamant et que sa teinte bleu verdâtre rend difficilement utilisable en joaillerie, convient parfaitement pour cet usage. On le polit à l'aide d'égrisée après en avoir découpé de petits cylindres ayant la forme représentée par la fig. 360. La hauteur de ces derniers ne dépasse généralement pas 4 à 5 millimètres et leur diamètre 2 à 3 millimètres. Leur surface supérieure, destinée à recevoir le pivot de l'organe moteur, est légèrement concave. Plus le polissage est poussé loin, moins grand est le coefficient de friction et meilleur aussi est le fonctionnement de l'instrument.

On a actuellement une tendance assez générale à utiliser, concurremment au saphir naturel, le saphir et le rubis artificiels ou reconstitués (p. 318). Cette tendance est motivée par la régularité de dureté du rubis et aussi par le prix toujours croissant de la pierre naturelle. Le rubis donne d'excellents résultats, à condition que les pivots offrent une surface de contact suffisante.

Mais, qu'il s'agisse de saphir ou de rubis naturels ou artificiels, le travail de ces pierres est le même. Les gemmes brutes sont fixées sur un tasseau de bois au moyen de cire à cacheter, puis placés sous une fraise pour être sciées en plaques à l'épaisseur voulue. Ces plaques sont appelées « préparages ».

La scie n'est autre qu'un disque en cuivre de 0 mm, 3 d'épaisseur

Fig. 359. — Exploitation des gisements de corindon de la « Canada Corundum Cᵒ », à Hastings (Canada) : la falaise.

et de 10 centimètres de diamètre, chargé de diamant sur sa tranche (fig. 361). La vitesse angulaire de ce disque est de 4.000 tours environ par minute. Le sciage, comme d'ailleurs les différentes opérations qui suivent, exige beaucoup d'eau.

Les préparages sont collés avec un ciment spécial sur de petits carrés de verre, puis découpés en cylindres de 2ᵐᵐ, 6 de diamètre à l'aide d'une machine à percer dont le foret est remplacé par un tube de cuivre muni d'égrisée à son extrémité, à la façon des scies diamantées. A l'aide de ciment analogue, les cylindres sont fixés axialement à l'extrémité d'un tasseau de tour faisant de 8.000 à 10.000 révolutions par minute ; ils sont ensuite creusés à leur partie supérieure en forme demi-sphérique à l'aide d'une pointe de diamant.

Le premier polissage du godet ainsi ébauché s'opère soit mécaniquement, soit à la main. Dans les deux cas, on se sert d'une broche en cuivre et d'égrisée. Le second polissage s'effectue dans les mêmes conditions, mais avec cette légère différence que le cuivre est remplacé par un autre corps qui varie suivant les fabricants (acier, fonte, etc.). L'égrisée (potée de diamant) est elle-même plus fine.

Les pierres trop petites pour être sciées sont lapidées. A cet effet, elles sont gommées sur une plaque cylindrique dont la surface est bien plane. La plaque, dont le centre est percé, se visse sur l'arbre creux de la machine. Dans une position opposée à celle de la plaque, s'en trouve une autre en cuivre, chargée d'égrisée et montée sur un arbre tournant en sens inverse de la première et mobile dans le sens longitudinal. Toute la pièce portant cet arbre oscille autour de l'arbre inférieur fixe ; l'arrivée de l'eau se fait par le centre du premier arbre.

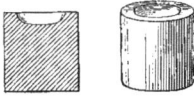

FIG. 360. — Crapaudine en saphir (coupe et vue extérieure).

Une fois les pierres aplanies d'un côté, on les tourne de l'autre, et la même opération se répète jusqu'à ce que l'épaisseur désirée du préparage soit obtenue.

Corindon artificiel. — Dans ces dernières années, on a tenté de divers côtés de produire artificiellement du corindon en partant de silicates d'aluminium (bauxites) ou de variétés d'alumine impures, telles que celles résultant des opérations aluminothermiques. Les produits désignés sous le nom de *corubis, adamite, alundum* n'ont pas une autre origine : on les prépare au four électrique. Ils possèdent les propriétés abrasives du corindon naturel.

FIG. 361. — Machine Rittener pour le sciage des rubis et saphirs destinés à l'horlogerie et à l'appareillage mécanique.

Émeri. — Nous ne dirons que peu de mots de cette substance qui n'est qu'une variété de corindon très impure. On l'exploite principalement à l'île de Naxos (Archipel grec) et près de Smyrne (Asie Mineure). Il en existe également des gisements importants en Saxe, à Ceylan, au Canada et aux États-Unis. Sa principale impureté est l'oxyde de fer qui peut atteindre jusqu'à 35 p. 100 de la composition totale. Il renferme aussi de 2 à 6 p. 100 de silice, divers oxydes, des aluminates ; lorsque ces derniers sont constitués par du spinelle, la valeur de l'émeri est augmentée, ce minéral ayant une grande dureté.

III. — QUARTZ

Le quartz possède un ensemble de propriétés spéciales qui permettent de lui réserver dans les laboratoires et dans l'industrie des applications importantes. Sa grande résistance chimique, son point de fusion élevé, son insensibilité à l'égard des variations brusques de température, son pouvoir isolant, sa grande transparence pour les rayons de faible longueur d'onde, constituent autant de qualités qu'on ne trouve réunies dans aucune autre substance.

Cependant, comme pour la plupart de ses applications le quartz doit être transformé en objets moulés, il est évident que c'est seulement sous la forme fondue qu'il peut être pratiquement utilisé ; il serait en effet impossible de tailler économiquement des creusets et des tubes dans des cristaux naturels de quartz. Aussi est-ce seulement depuis que la fusion de cette substance est devenue une opération courante par l'emploi du four électrique et du chalumeau oxhydrique que les emplois du quartz ont pu se multiplier rapidement.

Emplois dans l'industrie chimique. — Les premiers objets de laboratoire en quartz fondu ont été regardés longtemps comme de simples curiosités d'un prix beaucoup trop élevé pour ambitionner des applications pratiques[1]. Aujourd'hui, on utilise des creusets, ballons, tubes, etc., en silice ou quartz fondu (fig. 364 et 365) dont les avantages sur ceux de verre se signalent surtout par les importantes propriétés suivantes :

1° *Insensibilité à l'égard des variations brusques de température.* — Cette propriété résulte du très faible coefficient de dilatation du quartz. D'après Holborn et Henning, entre 0 et 1000° C., ce coefficient n'est que de 0,000 000 54 par degré,

---

1. C'est H. Gaudin qui est parvenu le premier, en 1839, à étirer le quartz en fils fins. En 1869, A. Gautier a obtenu des tubes de faible section et de légers serpentins en quartz fondu : on savait déjà à cette époque que le quartz se ramollit à la flamme du chalumeau et se soudant à lui-même. Beaucoup plus tard, en 1892, l'invention du four électrique a permis à Moissan de fondre de grandes quantités de quartz dans des creusets de charbon et même de le volatiliser. Cette expérience est devenue aujourd'hui classique. Heraeus en Allemagne et Billon-Daguerre en France ont récemment montré la possibilité de fabriquer des quantités quelconques de quartz transparent par l'emploi simultané du chalumeau oxhydrique et du four électrique.

c'est-à-dire qu'une baguette de 1 mètre de longueur ne s'allonge que de 0 ^{mm},54 pour une élévation de température de 1000° C.

On peut ainsi verser de l'eau froide dans un ballon en quartz fondu chauffé au rouge dans la flamme du chalumeau sans qu'il se produise ni rupture ni craquelure. On sait qu'il n'en est pas de même du verre qui se brise lorsqu'on le chauffe ou qu'on le refroidit trop brusquement. Cette précieuse qualité du quartz est d'une grande importance dans les essais d'analyse chimique.

2° *Résistance vis-à-vis des réactifs chimiques.* — L'eau n'attaque le quartz ni à la température ordinaire, ni à 100°; il n'y a pas trace de dissolution d'acide silicique. Les acides étendus, à l'exception de l'acide fluorhydrique, ne l'attaquent pas non plus ni à 0° ni à 100°. Il en est de même de l'acide sulfurique concentré. L'acide phosphorique n'agit pas à la température ordinaire, mais si on le concentre dans un creuset de quartz, une réaction se produit vers 400° et détermine une corrosion énergique avec formation d'un silico-phosphate blanc. Les lessives alcalines entraînent naturellement la dissolution de l'acide silicique; la réaction, déjà sensible à la température ordinaire, s'accentue au fur et à mesure que celle-ci augmente.

FIG. 362. — Volatilisation et condensation du quartz à l'aide du four électrique.

D'après ce qui précède, on voit que la principale application du quartz fondu dans l'industrie chimique doit concerner le traitement des acides minéraux. On en fait des tuyaux, des distributeurs, des capsules, des cornues, des serpentins (fig. 364 et 365). Certaines opérations électrolytiques emploient également des vases en silice fondue.

3° *Point de fusion élevé.* — La silice pure fond entre 1750° et 1800° ; elle est déjà pâteuse vers 1500°. Sa tension de volatilisation croît très rapidement avec la température[1] à partir de 1800°.

Ce point de fusion élevé permet d'employer le quartz pour la fabrication des creusets et des tubes destinés à fondre des produits réfractaires, notamment les métaux. Cependant les vases en silice ne peuvent être employés d'une façon continue au-dessus de 1000°, car à cette température la silice se dévitrifie lentement et passe à l'état cristallin.

Étalons de longueur en quartz. — Grâce à son très faible coefficient de dilatation, le quartz se prête d'une façon parfaite à la construction d'étalons de longueur permanents. Jusqu'à ces dernières années, on a surtout utilisé dans ce but le platine iridié, d'un prix beaucoup plus élevé, et dont le coefficient de dilatation, égal à 9×10^6 par degré, est environ vingt fois supérieur à celui du quartz. Le métal *invar* de M. E. Guillaume (acier au nickel à 30 % de nickel) a bien un coefficient de dilatation plus faible que le quartz, mais il ne peut convenir pour l'établissement des étalons primaires par suite de sa forte hystérésis magnétique. Le quartz fondu ne possède pas ce défaut.

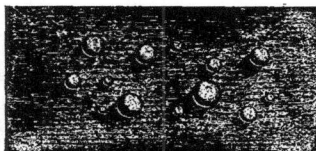

Fig. 363. — Globules de quartz volatilisés et condensés.

Thermomètres. — Les premiers thermomètres en quartz sont dus à Dufour et A. Gautier (1874). Ils sont devenus aujourd'hui d'un emploi courant dans les laboratoires où ils tendent à se substituer de plus en plus aux thermomètres de verre. Ils présentent en effet sur ces derniers trois avantages importants : 1° ils peuvent mesurer tous les degrés jusqu'à 750° C, c'est-à-dire jusqu'à une température de 200° supérieure à celle que peuvent atteindre pratiquement les thermomètres en verre ; 2° ils sont à l'abri du déplacement du point zéro, même par l'action prolongée d'une température élevée, grâce au faible coefficient de dilatation du quartz ; 3° ils ne présentent pas l'inconvénient d'une rupture possible due à la présence, entre le tube et la monture, d'eau de condensation ou d'autres dépôts.

La grande durée des thermomètres en quartz et l'immobilité du point zéro peuvent se démontrer par l'essai suivant :

---

1. Cela explique pourquoi il est difficile de réduire la silice *pure* sans subir des pertes considérables, dues aussi bien à la volatilisation de la silice elle-même qu'à celle du silicium mis en liberté et presque aussi volatil que son oxyde. L'emploi de fondants abaisse le point de fusion du bain et diminue en même temps sa tension de vapeur.

On étudie comparativement, à ce double point de vue, des instruments en verres courants et en verre de quartz en les portant graduellement et sans recuit préalable à une température élevée. On note l'élévation du point zéro d'heure en heure ou de trois heures en trois heures et on arrête l'expérience, soit lorsqu'il y a danger de rupture, soit lorsque la température atteinte est la température maximum que peut mesurer pratiquement l'instrument. Un essai ainsi effectué a conduit aux résultats suivants :

Élévation du point 0 après :	Verre de Thuringe.	Verre d'Iéna normal.	Verre d'Iéna borosilicaté.	Verre d'Iéna à combustions.	Verre de quartz.
	+ 360°C	+ 420°C	+ 410°C	+ 75u°C	+ 850°C
19 heures de chauffe	2,7	1,5	0,7	0,5	0
39 »	7,1	5,4	0,7	11	0
50 »	9,7	7,9	3	14	0
67 »	14	11,5	5,2	16	0
79 »	14,5	11,9	5,2	17	0
93 »	15,2	14	6	19	0

Ainsi, jusqu'à 750°C., les thermomètres en verre de quartz ne souffrent pas d'une surchauffe, alors que l'élévation du point zéro de tous les thermomètres en verre n'est pas encore arrêtée après un échauffement de 93 heures. Pour cette durée de chauffe et aux températures des essais, les thermomètres en verre s'élèvent de 20°C. environ. Si on les chauffait pendant un temps deux fois plus long, l'élévation du point zéro atteindrait certainement 40°. Au bout de 20 à 40 heures de chauffage à la température maximum, ils ne présentent donc plus les garanties d'exactitude nécessitées dans la plupart des industries. Au contraire, les thermomètres en quartz, non seulement assurent une très longue durée de service, mais peuvent aussi mesurer directement et avec une grande exactitude des températures voisines de 800°, le point de ramollissement du quartz se trouvant encore à 500°C. environ au-dessus de cette température.

Instruments d'optique. — Au point de vue de ses applications à l'optique, le quartz présente sur les plus beaux verres (flint-glass, crown-glass) l'avantage de n'absorber que très faiblement l'humidité de l'air et ainsi de ne pas se recouvrir de buée ; il est en effet très peu hygroscopique.

Pendant longtemps, on a exploité au Brésil (province de Goyaz) dans la Sierra-dos-Cristaes (Montagne des cristaux) d'importants gisements de quartz hyalin spécialement destiné à cet usage ; exportés en Europe, ils étaient travaillés dans plusieurs manufactures pour la fabrication des lentilles des instruments d'optique et des verres de lunettes.

Le quartz présente cependant, pour cette application, un inconvénient sérieux : il est biréfringent. Aussi, malgré toutes les précautions prises pour diminuer cette propriété, en réduisant par exemple l'ouverture des objectifs, les avantages que laisse le quartz quant à sa perméabilité pour les rayons chimiques sont en partie annulés par la diminution de lumière.

On-a cependant réalisé des objectifs symétriques à quatre et six lentilles dans lesquels entre le quartz. Ils ne peuvent avoir que de très faibles ouvertures utiles, mais donnent l'instantané à l'ombre par les temps clairs. La rapidité de ces anastigmats provient de la perméabilité du quartz pour les rayons chimiques et aussi de la faible épaisseur des lentilles employées, ce qui évite les pertes de lumière par absorption. En outre,

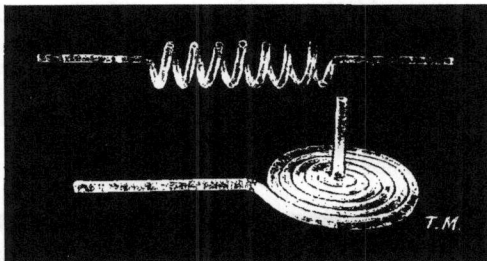

Fig. 364. — Serpentins en quartz fondu transparent.

par suite de sa dureté, très supérieure à celle des meilleurs verres, il ne manifeste jamais la présence de rayures, même après de nombreux frottements en vue de nettoyer sa surface. Enfin, les beaux échantillons de quartz sont d'une pureté et d'une transparence parfaites, de sorte que les objectifs fabriqués avec cette matière n'ont ni bulles, ni stries, ni autres défauts dans l'intérieur des lentilles.

On a constaté pratiquement que les clichés obtenus avec les objectifs photographiques en quartz ne présentent aucune trace de double

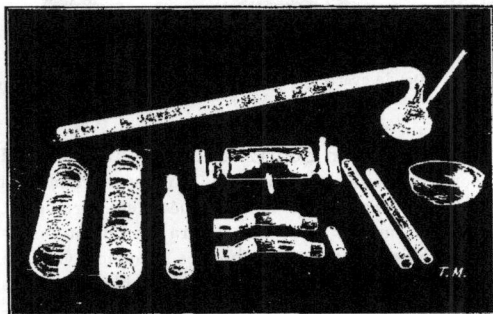

Fig. 365. — Appareils de laboratoire en quartz fondu.

réfraction. Le prix encore assez élevé de ces objectifs, dû à la difficulté et aux soins particuliers de leur fabrication, est le principal inconvénient dans la généralisation de leur emploi. On les obtient en débitant les cristaux de quartz en plaques parallèles à l'aide d'un fil d'acier et de boue d'émeri ou de carborandum (fig. 366). On leur donne ensuite la forme convenable et on les polit au diamant (boue d'égrisée).

Il n'est peut-être pas sans intérêt de rappeler à ce sujet qu'en 1824 Pritchard avait tenté d'utiliser le diamant pour la fabrication des lentilles de microscopes. Malgré son prix élevé, ce corps présente en effet sur le verre les trois avantages suivants : une parfaite transparence, une grande réfringence, qui réduit au minimum l'aberration de sphéricité, et une grande dureté. Pritchard réussit, après de nombreux insuccès, à obtenir des lentilles biconvexes très régulières. Mais ces dernières offrent l'inconvénient d'une biréfringence dissymétrique qui multiplie les images. La difficulté du travail et le prix élevé de la matière première ont été cause, en outre, que ces essais n'ont pas eu de suite et que cette fabrication a dû être abandonnée.

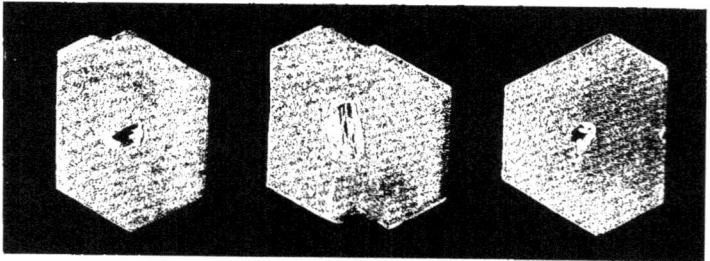

FIG. 366. — Sections opérées dans un cristal de quartz en vue de la fabrication des lentilles d'instruments d'optique.

Industrie électrique. — **Lampes en quartz fondu**. — La propriété que possède le quartz de se laisser très facilement traverser par les rayons chimiques du spectre le rend apte à la fabrication de lampes spéciales permettant d'utiliser pratiquement ces rayons. On sait en effet que les rayons ultra-violets possèdent des propriétés actiniques, chimiques et microbicides spéciales. Comme d'autre part le point de fusion du quartz est très élevé, il est possible, dans ces lampes, d'atteindre des températures voisines de 400°, ce qui augmente leur rendement dans une grande proportion. On les utilise actuellement sous forme de tubes plus ou moins recourbés contenant de la vapeur de mercure. Comme les rayons ultra-violets sont nuisibles pour la vue, on doit avoir soin, pendant leur emploi, de se garantir les yeux au moyen de lunettes à verres épais, cette substance ne se laissant pas traverser par les rayons ultra-violets.

Les lampes en quartz à vapeur de mercure ont actuellement d'importantes applications ; on les utilise pour la photographie industrielle, les travaux microchimiques, le traitement des maladies de la peau, la stérilisation de l'eau et du lait. Les plus connues actuellement sont celles de la Compagnie Westinghouse, de la Société « l'Ultra-Violet », de Billon-Daguerre, etc.

Isolants. — Le quartz est un diélectrique parfait. Non seulement il possède une résistivité supérieure à celle du verre, mais, en vertu de ses propriétés antihygroscopiques, il s'oppose également aux passages de courants de surface et à la formation d'arcs entre deux pôles différents situés sur une même face (résistance superficielle). Sa résistance à la perforation (résistance diélectrique) est également très grande, car elle dépasse 25.000 volts par millimètre d'épaisseur, c'est-à-dire qu'il faut une tension atteignant ce chiffre pour perforer une plaque de quartz de 1 millimètre d'épaisseur.

D'une façon générale, on constate que la résistance du quartz cristallisé est beaucoup plus faible dans le sens de l'axe vertical que perpendiculairement à cette direction. Cette particularité est en rapport avec la symétrie cristalline et les autres phénomènes (piézo-électricité, thermo-électricité) auxquels donne lieu ce minéral lorsqu'on le comprime ou qu'on le chauffe.

Les principaux emplois du quartz comme isolant concernent surtout la fabrication des baguettes servant de tiges ou de supports aux appareils de mesure. On l'utilise également sous forme de plaques et de tubes destinés à isoler les fils de polarités différentes plongeant dans un même liquide (opérations électrolytiques). On en fait aussi des fils très fins (1/1000ᵉ de millimètre de diamètre) employés dans les galvanomètres et des tubes destinés à isoler et à protéger les fils métalliques des pyromètres électrothermiques.

La grande difficulté de pouvoir souder un corps conducteur (cuivre, argent, platine) au quartz a été pendant longtemps le principal obstacle à l'emploi des tubes, tiges et fils faits de cette substance ; il en a été de même de la fabrication des lampes à vapeur de mercure où les électrodes doivent traverser la paroi de part en part tout en évitant l'accès de l'air dans ces lampes. Cette difficulté tient à ce que tous les métaux ont un coefficient de dilatation très supérieur à celui du quartz bien que fondant à une température moins élevée.

M. Berlemont est cependant arrivé à des résultats satisfaisants par l'emploi d'un alliage de platine et d'iridium fondu sous deux états différents dans le quartz. Par un tour de main spécial, on obtient ainsi des soudures étanches, qui résistent à des variations de température assez brusques et permettent de construire en quartz tous les tubes nécessitant des électrodes soudées.

Dans le procédé Billon-Daguerre, la surface du quartz à souder est enduite à froid d'une solution de chlorure de platine dans de l'essence de lavande, puis chauffée. A la température de fusion du quartz, le chlorure de platine est réduit, et le platine libéré constitue une pellicule métallique très adhérente au quartz, susceptible d'être épaissie par dépôt galvanique et à laquelle il est facile de faire adhérer d'autres corps par soudure ordinaire.

Les rubans isolants en quartz sont argentés à leurs deux extrémités par la méthode galvanique. La couche d'argent peut elle-même être recouverte de cuivre, ce qui permet de souder celui-ci à un autre métal par les procédés habituels. On enlève ensuite l'excès d'argent et de cuivre au moyen d'acide nitrique si cela est nécessaire.

Les fils de quartz utilisés dans les électromètres demandent aussi à être rendus conducteurs, afin d'éviter la charge par contact de l'aiguille qu'ils supportent. M. Bestelmeyer emploie dans ce but des fils de quartz platinés au moyen de la désintégration cathodique. Le fil de quartz nu est placé dans un tube à vide parallèlement à un fil de platine servant de cathode. L'anode est constituée par un fil d'aluminium qui supporte celui de quartz. Avec un courant de 1 à 3 milliampères sous 1300 volts et un vide de 0 ^{mm},1 de mercure, le quartz se recouvre de platine et devient nettement conducteur au bout de 10 minutes. Cette conductibilité semble permanente ; l'élasticité du fil n'est nullement diminuée par ce dépôt métallique dont l'épaisseur peut du reste être très faible.

Autres applications. — Aux applications qui viennent d'être décrites et qui représentent la véritable industrie actuelle du quartz fondu, il faut ajouter la fabrication d'une foule d'objets d'ornementation où la transparence n'est pas nécessaire, et que l'on obtient par la fusion des variétés plus ou moins colorées de quartz et d'agates. La nature colloïdale de la masse ainsi obtenue permet sa coloration artificielle par des oxydes.

Ces pierres artificielles sont évidemment susceptibles d'applications artistiques nombreuses. Étant faciles à obtenir par moulage, elles ne nécessitent qu'un travail à la meule très sommaire, simplement pour donner à leur surface le poli et le brillant des pierres naturelles taillées.

Production du quartz fondu. — Il existe actuellement deux variétés principales de quartz fondu : l'une *transparente* et homogène, d'un prix assez élevé, l'autre seulement *translucide*, beaucoup plus commune et de fabrication plus facile.

La difficulté de préparation des objets en quartz fondu tient, non seulement à la haute température de fusion de la silice, mais aussi à l'affinité de ce corps pour la matière constituant les récipients destinés à le contenir à l'état liquide.

Au début, on utilisait des vases en iridium, métal inattaquable par la silice liquide ; la fusion était réalisée à l'aide du chalumeau oxhydrique. Dans ces dernières années, on a substitué à ce dernier le four électrique ; à l'iridium, beaucoup trop coûteux, on a substitué le charbon. Récemment, on a même remplacé ce dernier par de la terre de zircone grillée, dont le point de fusion est de 100° environ plus élevé que celui du quartz et sans action sur lui. Le revêtement intérieur du four est lui-même composé de silice ; comme celle-ci ne nécessite pas une fluidité complète, mais seulement l'état pâteux, pour pouvoir être travaillée par soufflage ou étirage, la durée des récipients de fusion peut être très longue et le produit obtenu exempt d'impuretés.

Pour les objets courants de laboratoire, qui ne nécessitent pas une matière transparente, on n'emploie pas le quartz hyalin (cristal de roche), mais du sable siliceux aussi pur que possible. Aux fours électriques à arc qui ne se prêtent pas suffisamment au réglage de la température [1], on a substitué les fours à résistance en charbon avec revêtement intérieur siliceux.

Fig. 367. — Four électrique Billon-Daguerre pour la production industrielle du quartz fondu transparent.

Dans ces conditions, on obtient après refroidissement une masse translucide, à reflets soyeux semblables à ceux de la nacre et dus à de nombreuses bulles d'air

1. La difficulté du réglage de la température entraîne souvent la volatilisation d'une partie de la silice, d'où un mauvais rendement et, en outre, formation de siliciure de carbone aux dépens du charbon des électrodes et des vapeurs de silice.

étirées en canaux. L'air ainsi emprisonné provient lui-même des multiples espaces situés entre les grains de sable au moment de la fusion. Ces bulles d'air n'ont du reste aucun inconvénient dans la pratique.

Récemment, on a imaginé un procédé de fusion et de moulage qui permet d'obtenir en quartz des récipients ayant des formes et des dimensions quelconques. A cet effet, l'intérieur du four a le profil de l'objet à fabriquer. Une lame de charbon qui le traverse suivant l'axe peut être chauffée au rouge blanc par le passage du courant ; elle est percée de trous par lesquels on peut souffler de l'air.

L'appareil étant rempli de sable siliceux, on chauffe au blanc la plaque, de façon que sa surface se recouvre d'une certaine épaisseur de silice fondue. L'excès de sable non fondu est évacué par une ouverture ménagée à la base du four. On donne alors un coup de feu pour échauffer davantage la matière fondue, et, en même temps et brusquement, on envoie un fort courant d'air dans la plaque creuse de charbon : la couche de silice extérieure s'en détache et, distendue, vient se coller contre la paroi intérieure du four en se moulant sur ses contours. Certaines usines possèdent des appareils de ce genre qui, en une seule opération, peuvent fondre et mouler des récipients en quartz pesant jusqu'à 30 kilogrammes.

La fabrication des objets en quartz transparent est beaucoup plus délicate, car elle nécessite l'emploi de cristal de roche parfaitement limpide, exempt d'inclusions gazeuses ou solides. De plus, les dimensions des fragments de cristal de roche même une fois étonnés sont toujours supérieures à celles des grains de sable siliceux en vue d'éviter les occlusions de bulles d'air pendant la fusion ; par suite, il est nécessaire d'augmenter la température du four et de prolonger la durée de l'opération.

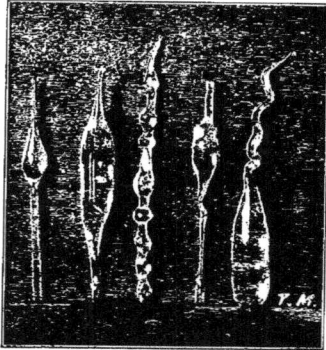

Fig. 368. — Cristaux de quartz déformés par la fusion en vue de la fabrication d'objets de formes variées (procédé Billon-Daguerre).

M. Billon-Daguerre a pu cependant supprimer ces difficultés par l'emploi d'un four électrique à trois électrodes triphasées qui permet d'atteindre facilement 1.800° (fig. 367). La fusion définitive du quartz et son étirage sont ensuite réalisés au chalumeau oxhydrique, de sorte que l'opération s'effectue en réalité en deux temps : une fusion préparatoire électrothermique et une fusion définitive à la flamme oxhydrique. Aucun fondant n'intervient dans l'opération, de sorte que les propriétés du produit fondu sont les mêmes que celles du quartz hyalin naturel (densité : 2,2).

Pour cela, on prend du quartz bien pur (quartz hyalin de Madagascar), on le concasse et on le place dans un creuset de charbon. Celui-ci est introduit ensuite dans un four électrique utilisant un courant de 1.000 ampères sous 60 ou 70 volts. Les trois arcs sont équilibrés par des grains de charbon de cornue disposés entre les pôles. La température doit être portée lentement jusqu'au delà de 1.800° C. A ce moment, un ouvrier saisit avec des pinces le quartz suffisamment ramolli et l'étire en baguettes de longueur et de grosseur variables (fig. 368). Avec les baguettes, on confectionne des tubes, des creusets, des capsules, tous objets pouvant, comme nous l'avons dit, remplacer le platine d'un prix si élevé aujourd'hui. On en fabrique également des lampes à stérilisation, des becs de chalumeaux et des brûleurs à gaz.

Dans d'autres procédés on ajoute au quartz des fondants en vue de diminuer le point de fusion du bain et de pouvoir ensuite le travailler plus facilement. Dans le procédé Wolf-Burckhard et Borchers, on additionne le quartz de 1 à 5 % d'acide titanique ou de zircone. Le point d'ébullition de la silice se trouve ainsi élevé et les pertes par volatilisation très diminuées. Le bain obtenu est très clair et peut être facilement travaillé ; il permet d'obtenir des verres de quartz doués d'une grande résistance chimique et thermique.

IV. — AUTRES GEMMES

Zircon. — En raison de sa dureté, le zircon est utilisé comme pivot en horlogerie en remplacement du rubis dont le prix est beaucoup plus élevé. Mais sa principale application, dans l'industrie, est l'extraction de la zircone, ou oxyde de zirconium, très employée actuellement dans l'éclairage par incandescence (filaments, bâtonnets, manchons). Les zircons contiennent en effet une forte proportion de ce composé et, ainsi que nous l'avons vu précédemment (p. 188), constituent en certaines régions de véritables mines. Nous donnons ci-dessous la composition moyenne de différents zircons de provenances diverses :

	Ceylan.	Norvège.	Colorado.	N^{lle}-Zélande.
Silice	33,85 %	33,61 %	29,70 %	33,50 %
Oxyde de zirconium	64,25	64,40	60,98	65,80
Protoxyde de fer	1,08	0,90	9,20	2.07
Magnésie	»	»	0,30	0.12

La proportion de zircone varie donc entre 61 et 64,5 % suivant les échantillons. Pour l'extraire des zircons, ceux-ci sont d'abord pulvérisés et purifiés par différents réactifs, puis additionnés de fluorhydrate de potassium et chauffés à une douce chaleur. Le produit obtenu est coulé, grossièrement pulvérisé, puis additionné d'eau fluorhydrique. On fait bouillir le mélange, ce qui provoque la dissolution du fluozirconate de potassium, très soluble dans l'eau bouillante. La silice du zircon passe à l'état de fluosilicate de potassium que l'on retient sur un filtre grâce à sa texture cristalline. Le fluozirconate cristallise par refroidissement de la liqueur filtrée.

Pour extraire la zircone de ce sel, on le décompose généralement par l'acide sulfurique, on calcine ensuite fortement le produit et on le lave à l'eau bouillante. Elle est alors suffisamment pure pour pouvoir être utilisée telle quelle dans l'industrie des terres rares.

Les zircons qui servent à cette préparation varient de prix suivant leur pureté et leur origine : ceux de la Caroline du Nord valent de 4 à 5 francs le kilogramme, et ceux de Norvège de 12 à 14 francs.

Émeraude. — L'émeraude commune sert pour la préparation de la glucine, ou oxyde de glucinium, dont elle est un silicate naturel. On utilise pour cela les variétés non transparentes et notamment l'émeraude dite de Limoges, originaire de Chanteloube (Haute-Vienne) ; elle est de nature pierreuse, opaque, de teinte vert foncé avec traînées blanchâtres et se rencontre parfois en cristaux atteignant $0^m,50$ de hauteur et de 15 à 25 centimètres de diamètre. Ces cristaux étaient autrefois si abondants qu'ils ont servi momentanément à empierrer les routes avant que leur composition fût nettement connue.

Si on chauffe l'émeraude dans un tube de charbon à la température de l'arc électrique, elle fond, puis abandonne peu à peu sa silice, de sorte qu'elle n'en renferme plus que 30 °/₀, soit la moitié de la quantité initiale, au moment où l'on arrête la chauffe lors de la disparition des vapeurs siliceuses. Le silicate qui reste dans le creuset peut être traité par l'acide fluorhydrique et l'acide chlorhydrique et donne ainsi un mélange de sulfates d'alumine, de glucine et de fer. Après différents traitements par le carbonate de potasse, l'acide nitrique, le ferro-cyanure de potassium, l'azotate de cuivre, l'acide sulfhydrique, on obtient finalement de la glucine en solution nitrique. Précipitée par l'ammoniaque, puis redissoute par le carbonate d'ammoniaque, filtrée, évaporée, traitée par l'acide nitrique et enfin calcinée, elle donne un produit absolument pur, exempt de silice, d'alumine et de fer. A l'état fondu, il se présente sous forme d'une masse blanche à texture cristalline, qui raye facilement le quartz, mais difficilement le rubis.

Grenat. — En raison de sa dureté, le grenat constitue un excellent abrasif. Pour cet usage on utilise les cristaux opaques ou de vilaine teinte, impropres à la taille. Grâce à sa cassure conchoïdale, il permet la régénération des pointes actives qui disparaissent par le frottement.

Les sables de certaines contrées (Espagne, Indes, Caroline du Nord, Bretagne) renferment une assez forte proportion de grenat mélangé de magnétite, de spinelle et parfois d'un peu de corindon. On les emploie pour la fabrication de meules à polir et aussi du *papier de grenat* utilisé dans la cordonnerie.

Le grenat des Indes, qu'on trouve en assez grande abondance aux environs de Mazulipatam, non loin des exploitations de mica, pourrait servir aux mêmes usages et avec un meilleur rendement, car il est presque pur.

Agate. — Les agates impropres à la taille ou aux travaux d'art (camées), principalement celles dont la nuance est sensiblement uniforme, servent pour la confection des *mortiers*. En raison de leur dureté, elles se prêtent très bien au broyage des matières dures, comme cela se pratique couramment dans les laboratoires d'analyse. Certaines substances ne peuvent du reste être pulvérisées dans des mortiers en métal (fonte, bronze), qui les attaquent, ni dans ceux en porcelaine ou en verre, qui seraient rapidement dépolies par elles.

Grâce à son extrême élasticité, l'agate sert aussi à la fabrication des billes à jouer. On l'emploie également pour fabriquer les *brunissoirs*, utilisés, comme leur nom l'indique, pour brunir l'or ; ces instruments (fig. 369) sont surtout employés dans la reliure (dorure sur tranches) et les divers métiers où l'on a à déposer de minces couches d'or (quelques millièmes de millimètre d'épaisseur) sur des surfaces non métalliques.

Enfin, l'agate est utilisée pour la confection des poids étalons. Grâce à sa dureté, elle résiste bien plus longtemps à l'usure que les étalons métalliques et conserve ainsi un poids invariable. Ces étalons ont la forme de cylindres à bases biseautées pour éviter la production d'éclats pendant les manipulations.

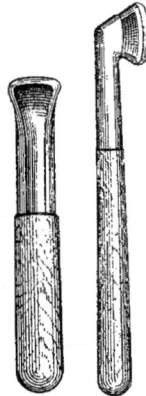

Fig. 369. — Brunissoirs en agate.

Fluorine. — En outre de son emploi dans l'ornementation, la fluorine sert comme fondant en métallurgie et dans diverses industries chimiques.

Il y a une vingtaine d'années, A. Gautier avait tenté de l'utiliser, concurremment au quartz fondu, pour la confection de thermomètres et autres appareils pouvant supporter des températures supérieures à celle du ramollissement du verre ; ces essais n'ont pas été poursuivis.

M. Billon-Daguerre a proposé récemment d'utiliser les déchets de fluorine pour obtenir, par leur fusion pâteuse, des masses que l'on peut ensuite tailler, après refroidissement, comme de la fluorine naturelle.

On a aussi essayé de fabriquer en fluorine des lentilles pour les instruments d'optique. Bien mieux que le quartz, en effet, la fluorine laisse passer les rayons violets et ultra-violets du spectre. La difficulté de l'obtenir par fusion avec une transparence suffisante a été la principale raison de l'abandon momentané de cette intéressante application.

Actuellement, la grande application de la fluorine dans l'industrie est la préparation de l'acide fluorhydrique, très employé pour la gravure sur verre. En 1850, Fremy, en chauffant de la fluorine dans un vase de platine porté à une température suffisante pour la maintenir fondue et en y faisant pénétrer deux électrodes, remarqua qu'il se dégageait un gaz, le fluor, impossible à recueillir dans les conditions de l'expérience, mais que Moissan isola plus tard. Aujourd'hui on obtient facilement de l'acide fluorhydrique par la simple action de l'acide sulfurique sur la fluorine pulvérisée, le mélange étant légèrement chauffé dans une cornue en plomb. Le gaz se condense dans un tube de plomb en U refroidi.

Lapis-lazuli. — L'outremer se préparait autrefois par la calcination du lapis-lazuli. Le minéral, d'abord calciné, était plongé dans du vinaigre ou de l'alcool qui l'étonnait, puis on le pulvérisait. La poudre était ensuite pétrie à chaud, sous un filet d'eau tiède, avec un mastic composé de poix, de cire et d'huile de lin. L'eau ne tardait pas à prendre une belle coloration bleue. On la décantait et, par le repos, on obtenait de l'outremer d'excellente qualité.

La substance ainsi préparée porte encore aujourd'hui le nom d'*outremer naturel*; elle était autrefois très employée en peinture, mais coûtait fort cher. On l'a remplacée actuellement par l'*outremer artificiel* dont la découverte est due à Vauquelin. En examinant les produits bleuâtres qui prenaient naissance dans les fours à soude de Saint-Gobain, il constata la même composition que l'outremer naturel. De cette époque date la fabrication et l'emploi de l'outremer artificiel dont il existe aujourd'hui plusieurs procédés de préparation.

Jais. — On a eu récemment l'idée d'utiliser en électricité et sous forme d'agglomérés les nombreux déchets que laisse le jais après la taille. Sous le nom d' « ébonite-jais », on prépare une matière composée d'un mélange de jais et de caoutchouc ; sa densité est de 1,3, il est d'une belle teinte noire et se laisse polir.

Obsidienne. — L'*obsidienne* a été fréquemment utilisée pour la confection de couteaux, haches, miroirs, etc., notamment au Mexique où on la rencontre en abondance. On a également tenté de l'utiliser pour la fabrication du verre.

CHAPITRE XV

IMITATION DES PIERRES PRÉCIEUSES

Dans l'étude historique des gemmes (CHAP. I), nous avons vu que dès la plus haute antiquité les verres colorés ont servi à imiter et à remplacer les pierres naturelles. Cette pratique a existé même chez les peuples de l'Inde et de l'Égypte où cependant les plus belles gemmes étaient distribuées à profusion dans le sol.

Aujourd'hui, la fabrication des imitations, ou *simili-pierres*, constitue une véritable industrie, en partie justifiée par le prix élevé de la plupart des pierres naturelles et le désir, même pour les plus humbles, de se parer pour simuler la richesse.

Lorsque ces verres plus ou moins bien colorés et taillés sont vendus comme imitations, ils ne constituent pas une fraude. Il n'en est pas de même lorsque, sertis dans un bijou à côté de pierres naturelles, ils sont vendus à l'acheteur comme « pierres fines ». Là, la fraude existe réellement. Nous verrons plus loin par quels moyens, souvent très simples, on peut la dévoiler.

I. — PROCÉDÉS GÉNÉRAUX D'IMITATION

1° **Pierres naturelles remplacées par des verres de fabrication spéciale ou d'autres composés artificiels.** — C'est le procédé le plus connu et le plus employé. On utilise pour cela le *stras* (p. 22) qui présente sur le verre ordinaire l'avantage de posséder un indice de réfraction plus élevé et une plus forte densité. Sa composition varie suivant les fabricants, mais en moyenne il est formé des éléments suivants :

Silice	38,2 %
Oxyde de plomb..	53,0
Potasse	7,8
Alumine, borax, acide arsénieux........................	1,0

C'est donc un cristal très riche en plomb.

Suivant la coloration qu'on veut lui communiquer, c'est-à-dire suivant la pierre qu'il est destiné à imiter, on l'additionne de produits chimiques différents. Ce sont en général des oxydes : oxyde de cobalt pour le bleu indigo, oxyde de cuivre pour le bleu céleste, mélange d'oxyde de cuivre et d'oxyde de fer additionné de bichromate de potasse pour le vert, protoxyde de cuivre pour le rouge, oxyde de manganèse pour le violet.

Pour augmenter l'éclat de ces pierres on enveloppe leur culasse d'une mince feuille de cuivre coloré ou de clinquant. Cette feuille, ou *paillon*, constitue une sorte de fond miroitant qui conserve pendant longtemps son éclat initial. A la longue cependant, sous la double influence des poussières atmosphériques et de l'action oxydante de l'air, la pierre perd ses reflets par usure superficielle en même temps que le paillon devient terne.

Les silicates artificiels à base d'alumine servent également à contrefaire certaines gemmes, mais leurs propriétés se modifient aussi avec le temps.

Pour ces différentes raisons, les imitations, tant qu'elles n'auront pas la dureté des pierres naturelles, rivaliseront sans succès avec ces dernières.

2º **Pierres naturelles de grande valeur remplacées par des pierres naturelles de valeur moindre.** — Ce procédé, lorsqu'il est ignoré de l'acheteur, constitue une fraude au même titre que celui concernant les imitations en verre. C'est pourtant celui que pratiquent le plus généralement les commerçants peu scrupuleux. Le corindon blanc, le zircon incolore, certaines variétés de topaze et de quartz, sont souvent employés pour imiter le diamant. En effet, ces pierres présentent certains caractères (dureté, éclat, réfringence) qui peuvent jusqu'à un certain point les faire confondre avec le diamant lorsqu'elles sont parfaitement incolores et transparentes.

De même, le quartz jaune (citrine, fausse topaze, diamant d'Alençon) imite très bien la topaze véritable (topaze occidentale) et même la topaze orientale (corindon jaune). On vend souvent aussi comme rubis certaines variétés de spinelle et de grenat dont la valeur est beaucoup moindre.

Pendant longtemps, certaines topazes incolores se sont vendues comme des diamants véritables par les négociants en pierres précieuses. Cette pratique a été cause de l'augmentation de prix de ces pierres sur les lieux de production, les joailliers ayant toujours le secret espoir d'en vendre au moins quelques-unes comme diamants. On sait du reste que les topazes légèrement teintées peuvent être complètement décolorées par l'action du feu.

Cette propriété du feu de décolorer ainsi certaines gemmes avait laissé dans l'esprit des Anciens l'idée de la transmutation de toutes les pierres colorées en diamant. Le saphir « de petite couleur », le rubis, la topaze pouvaient, d'après eux, se transformer en diamant sous l'action d'une forte chaleur telle que celle produite par exemple par un bain d'or fondu. Les alchimistes du Moyen-Age ont également partagé ce sentiment sur le pouvoir du feu.

3° **Pierres dites « doublées »**. — On donne le nom de *pierres doublées* à celles qui sont constituées par plusieurs fragments dont un au moins est du stras, coloré ou non.

En principe, le doublage consiste à accoler, par un procédé spécial, les différents morceaux constituant la pierre, puis à tailler l'ensemble. On enchâsse ensuite celle-ci de façon que la ligne de jonction soit complètement dissimulée dans la monture. Quel que soit le procédé de doublage, la partie inférieure, c'est-à-dire celle formant la culasse de la pierre, est toujours de valeur moindre que la partie visible.

C'est à un nommé Zocolino qu'on doit ce genre de fabrication, qui date du xvᵉ siècle. Il prenait une plaque de pierre véritable (émeraude, saphir, etc.) et, à

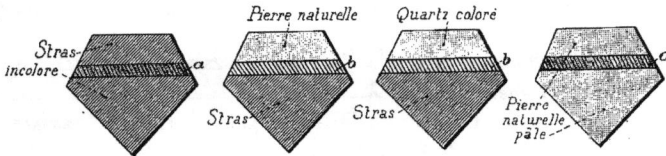

FIG. 370. — Pierres doublées (a, gomme incolore ; b, gomme colorée).

l'aide d'une glu transparente additionnée de colorants appropriés, il l'unissait à une autre plaque de cristal suffisamment épaisse. Pour éviter toute crainte de suspicion, il sertissait ces pierres fausses dans de l'or, ce qui n'était alors autorisé que pour les pierres véritables.

Aujourd'hui on opère de différences façons (fig. 370). Le procédé le plus simple consiste à interposer entre deux plaques de stras incolores une gomme transparente a possédant la teinte de la pierre que l'on veut imiter. On reconnaît facilement cette fraude en dessertissant la pierre ou, quand cela est impossible, en la regardant par transparence sous différents angles : l'intensité de la coloration varie suivant l'inclinaison.

Une autre méthode consiste à utiliser une plaque de pierre véritable pour former la partie supérieure de l'imitation, la culasse seule étant en stras ou en quartz coloré. Le saphir, l'émeraude et le rubis sont souvent imités de cette façon. Parfois, la partie supérieure elle-même est une imitation (quartz) et la culasse du stras coloré.

Enfin, il convient de signaler le procédé utilisé pour faire passer comme foncée, et par suite d'une plus grande valeur commerciale, une pierre presque incolore. On unit deux plaques de pierre véritable pâle à l'aide d'une couche de gomme fortement colorée. Par transparence, l'ensemble présente une teinte uniforme ; en examinant la pierre par côté, on reconnaît cependant les trois constituants de la pierre qui ont des teintes différentes. L'émeraude est souvent ainsi contrefaite.

F. GIRARD
238, rue de la Paix.
PARIS

Téléph. : Central 14–12·
Adresse télégraphique :
DIAGIRARD–PARIS

CERTIFICAT

d'authenticité et d'identité d'un Rubis naturel *de* Birmanie
vendu à Mr Jullien, 4, avenue St Remy, Lyon
et monté le 4 Mars 1913 *sur* une bague, entourage diamant,

CARACTÈRES. — *Fluorescence :* Nettement caractérisée
                Densité : 4, 02
                Stries : Courant toute la pierre et très marquées
                Poids : 3 C. 1/16
                Forme : Ovale un peu allongé
                Couleur : Sang de pigeon foncé

Paris, le 21 Mars 1913.

F Girard

Quant aux *pierres émaillées*, elles produisent un très bel effet lorsque l'émaillage est artistement effectué. On émaille difficilement les pierres naturelles, qui éclatent ou se fendillent par la chauffe. Certains verres conviennent au contraire très bien pour cet usage. Après une taille grossière, on les vernit à l'aide d'un émail spécial réparti de façon à respecter certaines parties de la pierre qui restent avec leur véritable teinte. La *proserpinite*, qui sert à imiter le diamant noir, est un des meilleurs exemples de cette catégorie d'imitations.

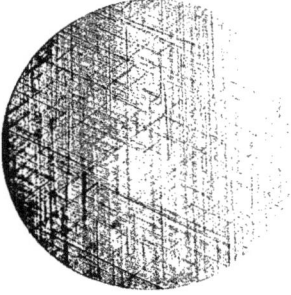

1. Rubis naturel : croisillons.

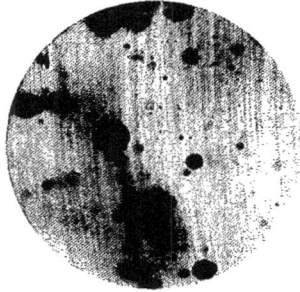

2. Rubis reconstitué : inclusions.

3. Rubis reconstitué : inclusions.

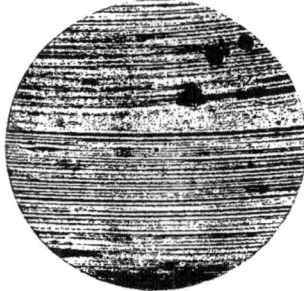

4. Rubis reconstitué : struct. fluidale.

5. Rubis reconstitué : struct. fluidale.

6. Rubis reconstitué : inclusions.

Règlements et lois. — Bien que les experts disposent, comme nous le verrons plus loin, de méthodes sûres permettant de déterminer les différentes gemmes et de les distinguer des imitations, il est nécessaire que les acheteurs de pierres précieuses puissent eux-mêmes avoir des recours contre ceux qui leur vendent comme pierres véritables, et sur simple parole, des imitations. Cette considération n'est pas sans importance, les pierres précieuses représentant souvent, même sous un très petit volume, des valeurs considérables.

Tout acheteur de pierres montées ou non montées a le droit d'exiger une facture et un *certificat* précisant la *nature* et la *qualité* des pierres dont il devient l'acquéreur contre une somme d'argent donnée. Ce certificat peut être rédigé dans la forme indiquée à la p. 448.

L'*article 423 du Code pénal*, qui concerne les pierres précieuses, est ainsi conçu :

« Quiconque aura trompé l'acheteur sur.... la qualité d'une *pierre fausse vendue pour fine*,..... sera puni d'un emprisonnement de trois mois au moins, un an au plus, et d'une amende qui ne pourra excéder le quart des restitutions et dommages-intérêts, ni être au-dessous de 50 francs. Les objets du délit ou leur valeur, s'ils appartiennent encore au vendeur, seront confisqués. »

II. — COMPOSITION DE DIVERSES IMITATIONS

Diamant. — Le diamant s'imite le plus généralement avec le stras. On obtient ainsi ce qu'on appelle dans le commerce les « simili-diamants » ou « diamants d'imitation ». La dénomination de « diamant chimique » donnée à ces verres est inexacte et trompe les acheteurs ; nous avons vu en effet précédemment que le diamant est du carbone pur, tandis que le stras n'est qu'un silicate double de plomb et de potasse. La dénomination de « faux diamant » attribuée à ces imitations serait donc plus exacte et plus honnête. Il est vrai qu'elle tenterait moins les acheteurs.

Le stras le plus habituellement employé pour imiter le diamant est obtenu à l'aide du mélange suivant :

Quartz (cristal de roche pur)	45	parties
Carbonate de soude	22,50	»
Borax	7,50	»
Oxyde de plomb (litharge)	11,25	»
Nitrate de potasse (salpêtre pur)	3,75	»

Le stras de Bastenaire comprend les éléments suivants :

Sable blanc pur	100	parties
Minium	40	»
Potasse calcinée	24	»
Borax	20	»
Nitrate de potasse	12	»
Peroxyde de manganèse	0,4	»

Celui de Douhant est composé ainsi qu'il suit :

Quartz	300	parties
Minium	470	»
Potasse	163	»
Borax	22	»
Acide arsénieux	1	»

Ces verres acquièrent un éclat très vif par le poli, possèdent une densité assez élevée et un grand pouvoir de dispersion. Mais comme leur dureté est assez faible, on a cherché à leur subsister des verres de composition différente. Gaudin et Feil ont ainsi imaginé des verres dépourvus de plomb et riches en alumine, cette substance étant beaucoup plus dure que le stras. On leur communique une réfringence suffisante en ajoutant au mélange une certaine quantité de thallium, métal rare dont les sels donnent au silicate d'alumine un pouvoir dispersif voisin de celui du diamant.

Saphir et rubis. — Le *saphir factice*, qu'il ne faut pas confondre avec le saphir artificiel et avec le saphir reconstitué (p. 312), est fabriqué à l'aide du mélange suivant :

Stras	100	parties
Oxyde de cobalt	1,5	»

Par la fusion on obtient un beau cristal bleu qui imite très bien le saphir naturel. L'oxyde de cobalt peut être remplacé par 1,25 partie de carbonate de cobalt.

Le silicate d'alumine et de magnésie de Gaudin et Feil, coloré également par le cobalt, imite encore mieux le saphir : sa densité est de 3,25 et il raye le quartz.

Le *rubis factice* se prépare avec les éléments suivants :

Stras	480	parties
Pourpre de Cassius	10	»
Oxyde de fer	10	»
Sulfure d'or	10	»
Permanganate de potasse	10	»
Cristal de roche	60	»

On l'obtient aussi, comme le saphir, à l'aide du silicate de Gaudin et Feil, mais le colorant employé est l'oxyde de chrome.

Topaze. — On emploie le mélange suivant :

Stras	1000	parties
Pourpre de Cassius	40	»
Verre d'antimoine	1	»

Il faut éviter de chauffer trop longtemps, car la teinte obtenue serait alors rouge, analogue à celle du rubis. Lorsque cela se produit, le cristal, qui est opaque, est fondu à nouveau et peut servir à la fabrication du rubis si on l'additionne de 80 parties de stras incolore.

On peut également utiliser l'un des deux mélanges ci-dessous :

a) Stras	1000	parties
Oxyde de fer	10	»
b) Stras	1000	»
Oxyde d'urane	18,7	»

Emeraude et aigue-marine. — La fabrication de la *fausse émeraude* est très ancienne, car à l'époque de la Renaissance on connaissait déjà des recettes pratiques permettant de l'obtenir. L'une des plus connues consistait à mélanger du cristal de roche pur et finement pulvérisé avec de la « matricuite », ou verre formé de potasse, de silice, d'alumine et d'oxyde de plomb. On additionnait le mélange de vert-de-gris ou de « vermiculaire », substance analogue à l'acétate de cuivre ammoniacal actuel. Le tout était placé dans une petite cavité pratiquée dans une brique réfractaire non cuite formant creuset et introduite dans un four. Après cuisson, on obtenait une sorte de verre ayant la couleur de l'émeraude. Cette fabrication eut un grand succès et permit à ses inventeurs de réaliser de grosses fortunes.

Aujourd'hui, on opère d'une façon plus simple. Le mélange Bastenaire-Daudenart comprend les éléments suivants :

Sable blanc purifié	100	parties
Minium	150	»
Potasse calcinée	30	»
Borax calciné	20	»
Oxyde jaune d'antimoine	5	»
Oxyde de cobalt	1	»

On fait fondre ce mélange : la couleur verte provient de l'association des deux dernières substances que l'on peut du reste remplacer par de l'oxyde vert de chrome. On peut aussi faire varier la proportion de ces oxydes colorants en

vue d'obtenir des teintes plus ou moins foncées. Une simple addition d'oxyde de
cuivre au stras peut du reste suffire si l'oxyde est convenablement purifié. On
utilise également les mélanges d'oxyde de cuivre et d'oxyde de chrome ou d'oxyde
de cuivre et d'oxyde de fer, en proportion ne dépassant pas 1 à 1,5 °/₀ du poids
de stras employé.

Feil a obtenu de très belles imitations d'émeraude en fondant un mélange
de feldspath, d'émeraude de Limoges et de fluorure de baryum. Signalons également le procédé de fusion qui sert à imiter l'émeraude orientale (corindon vert)
et qui consiste à colorer en vert l'alumine fondue au chalumeau oxhydrique, comme
cela se pratique pour les pierres dites reconstituées (p. 322).

Ajoutons enfin que les *doublés d'émeraude* sont très fréquents, les pierres
d'un beau vert foncé et complètement limpides ayant une grande valeur commerciale par suite de leur rareté.

L'*aigue-marine factice* s'obtient en ajoutant au stras fondu un très faible
pourcentage d'oxyde de fer, soit 0,625 de ce dernier pour 100 de stras. Un
mélange de stras, de verre d'antimoine et d'oxyde de cobalt donne également de
bons résultats.

Zircon et grenat. — Le *zircon* ou *hyacinthe* s'obtient par un mélange
de stras et de sesquioxyde de fer (4 °/₀). On peut augmenter ou diminuer la proportion de ce dernier en vue d'obtenir des pierres plus ou moins colorées.

Le *grenat* s'obtient par l'addition au stras d'une petite quantité de pourpre de
Cassius. On fait également usage du mélange suivant :

Stras..	100 parties
Verre d'antimoine.................................	50 »
Pourpre de Cassius................................	0,4 »
Oxyde de manganèse...............................	0,4 »

Améthyste. — Il existe de nombreuses formules permettant d'imiter l'améthyste, mais c'est toujours l'oxyde de manganèse qui joue le principal rôle colorant. Une simple addition (0,35 °/₀) de cet oxyde au stras suffit pour donner un
très beau violet. Nous avons vu du reste précédemment (p. 164) que c'est ce
composé qui donne à l'améthyste naturelle sa belle coloration violette.

On utilise fréquemment le mélange suivant :

Sable blanc ou quartz en poudre.......................	100 parties
Minium..	150 »
Potasse calcinée....................................	30 »
Borax calciné.....................................	20 »
Peroxyde de manganèse.............................	10 »
Pourpre de Cassius.................................	0,2 »

On emploie également un mélange de stras, de pourpre de Cassius, d'oxyde de cobalt et d'oxyde de manganèse. Suivant la proportion de ces colorants, on obtient des violets tirant plus ou moins sur le rouge ou sur le bleu et plus ou moins foncés. On sait du reste que les améthystes naturelles ont des teintes extrêmement variées.

Opale, Calcédoine, Agates. — On imite les reflets irisés et chatoyants de l'*opale* en additionnant le stras d'une certaine quantité de chlorure d'argent ou, mieux, de cendres d'os.

La *calcédoine* est plus difficile à imiter que l'opale. Le procédé suivant donne de bons résultats :

Dans de l'eau régale (4 parties d'acide chlorhydrique pour 1 d'acide nitrique) on dissout d'abord le mélange suivant :

Or en feuilles...	1 partie
Argent...	28 »
Limaille de cuivre....................................	9 »
Fer...	5 »

Quand la dissolution est complète, on la fait évaporer dans un creuset de porcelaine et le résidu est réduit en poudre fine. On prépare, d'un autre côté, un mélange comprenant les substances suivantes :

Sable très blanc......................................	500 parties
Minium..	300 »
Carbonate de potasse.................................	200 »

On fait fondre ce mélange, ce qui donne une sorte de stras que l'on additionne, à l'état liquide, du résidu de la première opération dans la proportion de 2 parties de celui-ci pour 1 partie de stras. En agitant pendant quelque temps le mélange fondu, on obtient après refroidissement une masse solide colorée en rose, vert, jaune et bleu clair, et qui imite ainsi parfaitement la calcédoine.

L'*agate* s'imite de différentes façons. Une des méthodes les plus simples, pour les agates zonées et diversement colorées, consiste à utiliser l'action de l'huile et de l'acide sulfurique qui permet de transformer (p. 177) des agates ordinaires en agates de très belle qualité.

On fabrique également des agates en juxtaposant des fragments de cette pierre diversement teintés et reliés par un ciment lui-même coloré.

On obtient des imitations d'agate à deux teintes en utilisant le mélange suivant :

Basalte..	100 parties
Sable...	80 »

Soude	50 parties
Carbonate de calcium	20 »
Borax	10 »
Chlorure d'argent	1 »

Ce mélange est d'abord fondu puis agité doucement. Par refroidissement, il donne une masse solide qui après polissage présente des zones légèrement teintées de gris ou de jaune avec fond noir.

Aventurine. — Ce verre, dont nous avons expliqué précédemment l'origine (p. 169), imite d'une façon parfaite l'aventurine naturelle. Sa fabrication a été pendant longtemps concentrée à Venise, mais aujourd'hui elle s'est étendue un peu partout bien que nécessitant des tours de mains et un soin particuliers.

Le procédé indiqué par Hautefeuille repose sur la fusion d'un mélange composé des éléments suivants :

Glace de Saint-Gobain	2.000 parties
Salpêtre	200 »
Battitures de cuivre	125 »
Hématite	60 »
Limaille de fer	38 »

La limaille de fer est ajoutée seulement lorsque les autres matières sont bien en fusion et enveloppée dans du papier. Après avoir bien agité le tout, on lute soigneusement les ouvertures du four et on laisse refroidir pendant deux ou trois jours la masse vitreuse ainsi obtenue.

On retire alors le creuset, on le brise et on met de côté les morceaux les plus beaux. Plus la masse sur laquelle l'opération a été effectuée est considérable, plus le refroidissement est lent et plus l'aventurine présente un bel aspect. Il est en tout cas essentiel que le verre incandescent conserve assez longtemps la consistance pâteuse pour qu'une fois solidifié il présente l'aspect d'une masse rougeâtre opaque.

En effet, par suite de réactions chimiques entre la silice, le fer et le cuivre contenus dans le mélange des matières premières, il y a production de petites particules cristallines de cuivre métallique qui ne sont visibles qu'autant qu'elles ont été formées par un refroidissement lent. Il y a en même temps formation d'un silicate de cuivre.

L'aventurine artificielle peut être ainsi considérée comme un verre coloré en rouge par de l'oxyde de fer et une forte quantité de silicate cuivrique ; elle contient en outre de nombreuses paillettes cristallines isolées (tétraèdres) de cuivre métallique qui lui communiquent ses reflets et son éclat particuliers.

Pelouze a indiqué une formule un peu différente de la précédente pour la préparation de l'aventurine. Il opérait avec le mélange suivant :

Sable pur	250	parties
Carbonate de soude	100	»
Carbonate de calcium	50	»
Bichromate de potasse	40	»

Ce mélange est fondu comme précédemment. Par refroidissement on obtient une masse vitreuse et rougeâtre contenant de nombreuses paillettes de chrome. Par le polissage, elle acquiert un grand éclat et devient très miroitante. La présence du chrome lui communique une dureté supérieure à celle de l'aventurine de Hautefeuille.

Lapis-lazuli. — Le lapis-lazuli naturel est rarement livré à la joaillerie sans être l'objet d'un traitement par immersion (cyanures) qui a pour but d'augmenter la beauté et l'intensité de sa coloration, souvent irrégulière et trop pâle.

Les imitations sont fréquentes. On les obtient à l'aide de certains stucs colorés par du bleu d'aniline ou de l'outremer et qui deviennent très durs en se solidifiant. Ils peuvent ainsi acquérir par le polissage un beau brillant.

Turquoise. — La turquoise s'imite couramment à l'aide de verres surchauffés et additionnés de phosphate de cuivre avant la cuisson. On l'imite également en soumettant à une forte pression un mélange de phosphate d'alumine précipité et de phosphate de cuivre, en petite quantité. Ce dernier procédé est celui qui donne les meilleurs résultats.

Il convient également d'ajouter que très souvent la turquoise naturelle, ou « de vieille roche », est remplacée frauduleusement par celle dite « de nouvelle roche », ou *fausse turquoise*, dont la composition est différente. Cette dernière variété, ou *odontolithe*, provient, comme son nom l'indique, de débris d'ossements fossiles colorés naturellement en vert par du phosphate de fer. Sa valeur est bien inférieure à celle de la turquoise véritable et s'en distingue par les propriétés suivantes : elle perd peu à peu sa teinte avec le temps en présence de l'air et noircit par l'action des dissolutions acides. On la revivifie, c'est-à-dire qu'on lui rend sa couleur bleue initiale, en la plongeant dans une dissolution d'azotate de cuivre. Cependant, cette seconde coloration, qui constitue plutôt une sorte de vernissage superficiel, n'est pas de longue durée, car au bout de peu de temps la pierre devient verdâtre. L'odontolithe se rencontre principalement en Algérie et dans le sud-ouest de la France, notamment dans le Gers (Gimont).

III. — MÉTHODES PERMETTANT DE DÉCELER LES IMITATIONS

Dans les chapitres qui précèdent, nous avons indiqué pour chaque pierre ses propriétés essentielles (densité, dureté, propriétés optiques, cristallisation, fluorescence, etc.) qui permettent de la caractériser. Il importe maintenant de compléter ces données en examinant de quelle façon ces propriétés diffèrent suivant que, pour une même espèce, il s'agit d'une pierre *naturelle*, d'une pierre *synthétique* ou *reconstituée*, ou d'une *imitation*.

Caractères physiques. — Nous savons déjà quelle est l'importance de la *densité* (p. 30) et de la *dureté* (p. 43) dans la détermination des pierres précieuses. La densité permet souvent, à elle seule, de trancher la question, les imitations étant presque toujours plus légères que les pierres naturelles ; il en est de même des pierres synthétiques et reconstituées. Ainsi, tandis que les rubis de Siam ont une densité moyenne de 4,25 et ceux de Birmanie de 4,05, on ne trouve guère plus de 3,75 à 3,80 pour les rubis reconstitués.

La dureté des pierres naturelles est à peu près la même que celle des pierres reconstituées. Les imitations sont beaucoup moins dures : elles se laissent rayer facilement par une pointe d'acier et s'entament à la lime.

Il ne faudrait cependant pas attacher une trop grande importance à cette épreuve, car dans ces dernières années on a pu obtenir des aciers extra-durs (aciers au tungstène, au chrome) qui rayent le quartz. D'autre part, la préparation facile de certains siliciures et borures métalliques dont la dureté dépasse celle du rubis (ils ne sont donc usés que par le diamant) laisse supposer que d'ici peu les imitations de pierres précieuses seront réalisées en grande partie à l'aide de ces composés. On sait du reste qu'un premier essai a été tenté il y a quelques années, avec le carborandum [1].

La façon dont est effectué le *montage* peut souvent donner d'utiles indications sur la valeur de la pierre. Les pierres naturelles sont presque toujours montées à jour, les imitations jamais ; en outre, ces dernières sont protégées à leur partie inférieure (culasse) par le paillon (p. 446) destiné à leur donner l'éclat qui leur fait défaut naturellement.

Le caractère de la fluorescence (p. 84) et de la phosphorescence (p. 82), qui se manifeste nettement avec les pierres naturelles et synthétiques, n'existe pas chez les imitations.

---

1. Le carborandum, de même que les rubis et saphirs de synthèse, se présente en cristaux enchevêtrés et de très faible épaisseur. Malgré la beauté de ses reflets et sa dureté, il ne peut donner ainsi, après la taille, que de très petits éléments.

Transparence des gemmes pour les rayons x.

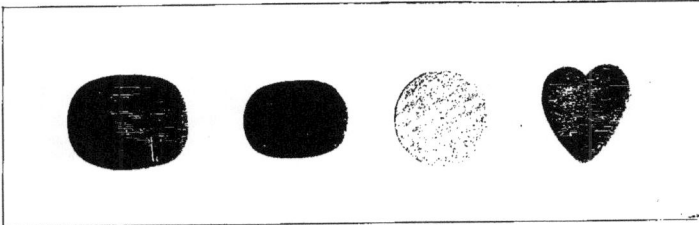

Grenat.　　　　Saphir.　　　　Diamant.　　　　Opale.

Péridots et petits brillants.　　　　Diamants.　　　　Améthystes.

Diamants et emeraude.　　　Diamants.　　　Diamant et saphir.

Quant au caractère de « froid » ou de « chaud », qu'on a souvent invoqué pour distinguer les pierres véritables et les pierres fausses, il est plus fantaisiste que scientifique. Certaines personnes admettent que les pierres naturelles sont toujours plus froides au toucher que les imitations, qu'en outre les premières ne conservent pas la buée produite par l'haleine alors que les imitations la gardent pendant un certain temps. Il est possible que dans certains cas ces caractères aient une apparence d'exactitude, mais on ne saurait les mettre en cause pour juger d'une façon décisive de la véritable nature et de l'origine d'une pierre.

Nous ne parlerons pas de l'analyse chimique, bien qu'elle suffise pour déterminer la nature d'une pierre. En général, on a affaire, en effet, non à des échantillons bruts, mais à des pierres taillées et, le plus souvent, montées. Il ne viendra donc jamais à personne l'idée de sacrifier tout ou partie d'une pierre dans un creuset pour savoir si elle est naturelle, artificielle ou imitée.

Etude microscopique. — Par le grossissement, on connaît la nature intime d'une pierre. Il est donc facile de déceler par ce moyen les imitations. Mais c'est surtout pour différencier les pierres naturelles des pierres reconstituées qu'on a le plus souvent recours à ce procédé. Les grossissements les plus employés sont compris entre 300 et 800 diamètres.

Outre la loupe ordinaire (fig. 55) et le microscope classique (fig. 371), on utilise en joaillerie des microscopes spéciaux, de construction très simple et permettant d'opérer rapidement. Celui de Steward (fig. 372) consiste en une lentille composite placée à l'extrémité d'un tube oculaire muni d'un anneau mobile avec support pour la pierre. On peut ainsi

Fig. 371. — Microscope à fort grossissement pour recherches minéralogiques.

maintenir celle-ci au foyer de la lentille et la faire pivoter à volonté de façon à la faire traverser en tous sens par la lumière. Pour l'examen des pierres montées à jour, il est préférable de tourner la facette inférieure vers la lumière et de l'humecter avec une goutte d'iodure de méthylène. Ce liquide facilite l'examen en empêchant la confusion que cause la lumière réfléchie par les facettes.

Les rubis naturels et les rubis artificiels se reconnaissent avec la plus grande facilité. Les rubis naturels manifestent toujours la présence de croisillons qu'on reconnaît par les lignes qui s'entrecroisent sur une surface polie en dessinant des figures géométriques (pl. XXIII, fig. 1). Les rubis artificiels n'en ont jamais.

Dans les rubis naturels les inclusions ont des formes particulières et très nettes : elles sont presque toujours cristallines (pl. XII, fig. 3 et 4). Dans les pierres fabriquées, elles ont toujours la forme sphérique ou elliptique et sont parfois nombreuses quoique irrégulièremeut distribuées (pl. XXIII, fig. 2 et 3). En outre, dans les pierres fabriquées, on aperçoit très souvent des lignes circulaires, plus ou moins prononcées et comparables à des ondes : elles correspondent aux zones d'accroissement de la substance (pl. XXIII, fig. 4 à 6). Ces lignes n'existent pas dans les pierres naturelles.

Emploi des rayons X. — Lorsque les pierres sont serties dans des parures, les méthodes de contrôle qui précèdent deviennent impossibles. L'intervention des rayons X permet de caractériser la pierre toute montée et cela d'une façon très rapide. Leur emploi est basé sur le contraste des tons photographiques que l'on obtient avec les différentes gemmes lorsqu'on les interpose sur le trajet des rayons émanant d'une ampoule de Crookes et se dirigeant sur une plaque sensible. Le principe de la méthode repose donc sur la transparence inégale des pierres précieuses pour ce genre de rayons [1].

Fig. 372. — Microscope Steward pour l'examen des pierres précieuses.

D'après M. Haardt, qui a établi tout un diagnostic pour l'utilisation pratique de cette méthode, il importe, pour lire un cliché avec exactitude, de pouvoir se rendre nettement compte des nuances que présentent les empreintes photographiques. La meilleure façon de les juger est de les opposer à la coloration du fond de l'épreuve (*blanc*) et de celle des montures métalliques (*noir*). On arrive ainsi à constituer une échelle de tonalités très pratique pour ces déterminations.

D'après leur transparence pour les rayons X, les principales gemmes peuvent ainsi être classées en trois catégories :

Pierres transparentes. — Diamants (diamant transparent, carbonado), jais.

---

1. Il est inutile d'insister sur toutes les précautions qu'exige l'emploi des rayons X. Le manipulateur doit toujours chercher à se protéger de l'action de ces rayons, à l'aide de tabliers ou d'écrans en plomb, de localisateurs, etc. Les règlements officiels interdisent du reste l'emploi de ces rayons à toute personne non munie du diplôme de docteur en médecine. Les expériences restent permises en vue de recherches scientifiques, mais aux risques et périls de l'expérimentateur.

Pierres translucides ou semi-transparentes. — Émeraude, améthyste, rubis, saphir.

Pierres opaques. — Tourmaline, grenat, péridot (olivine), zircon. A cette catégorie se rattachent toutes les imitations en verre (stras, etc.).

Tous les diamants sont ainsi parfaitement reconnaissables par la faiblesse des tons qui les indiquent (pl. XXIV) : ils n'arrêtent donc pas les rayons X, ils sont transparents. On peut donc les différencier immédiatement, non seulement des imitations en stras, mais aussi des pierres naturelles (zircon, corindon et topaze incolores) qui les remplacent parfois frauduleusement dans le commerce.

Il convient cependant de faire remarquer que par l'action prolongée des rayons X le diamant peut donner une image assez vigoureuse sur la plaque photographique. Cette impression n'est pas due à la matière même de la pierre, mais à la phosphorescence qui l'accompagne après une exposition prolongée aux rayons X. On arrive facilement par la pratique à triompher de cette petite difficulté.

Les pierres autres que le diamant donnent sur la plaque sensible des teintes plus ou moins foncées, mais avec des variations d'intensité qu'un examen minutieux permet de contrôler. On constate que la *tourmaline*, le *grenat* et le *péridot*, qui contiennent tous du fer, arrêtent complètement les rayons X. En outre, certaines variétés d'une même pierre, le péridot par exemple, sont moins opaques que d'autres. Il n'y a pas lieu de s'en étonner, car le péridot proprement dit ou *olivine* diffère de la *chrysolite* par une plus forte proportion d'oxyde de fer.

L'emploi des rayons X permet donc, non seulement de caractériser les différentes gemmes, mais aussi d'établir jusqu'à un certain point une distinction entre les diverses variétés d'une même espèce.

Les écrans au platino-cyanure de baryum permettent d'opérer avec une plus grande rapidité qu'avec la plaque sensible. On sait en effet que ce composé devient fluorescent lorsqu'il est frappé par les rayons X. Il est donc facile de différencier les pierres naturelles entre elles et des imitations d'après cette propriété.

L'appareil généralement employé se compose d'un tube métallique dont une des extrémités est fermée par un papier translucide recouvert de platinocyanure de baryum. On interpose les pierres à examiner, montées ou non, entre l'ampoule à rayons X et le tube ; en regardant le champ fluorescent par l'autre extrémité, on voit très nettement les ombres portées par les diamants faux et leur monture, tandis que les vrais diamants laissent une trace à peine perceptible.

BIBLIOGRAPHIE

Cette bibliographie comprend la plupart des ouvrages, mémoires et travaux parus tant en France qu'à l'étranger sur les pierres précieuses. Pour les recherches concernant tel sujet ou telle variété de pierre, le lecteur devra d'abord consulter l'*Index alphabétique* (p. 511 et suiv.) qui le renverra aux mémoires originaux de la *Bibliographie* ci-dessous. Dans cette dernière, les articles non signés ont été placés à la rubrique ANONYMES.

Abdharhaman. De proprietatibus et virtutibus animalium... et gemmarum (Traduit par ABRAHAM ECCHELLENSIS), 1647.

Abich (H.). 1. Recherches sur le spinelle et les minéraux de composition analogue (*Annales des Mines*, 3ᵉ série, année 1834, t. VI, p. 244).

— 2. Analyse de différents minéraux qui cristallisent en octaèdres (*Annales des Mines*, 3ᵉ série, année 1835, t. VII, p. 520).

— 3. Analyse de la pierre d'amazone de l'Oural (*Annales des Mines*, 4ᵉ série, t. V, année 1844, p. 605).

Abrez-Carme (L.). La reproduction artificielle du rubis (*Le Diamant*, 25 janvier 1905).

Achiardi (G. d'). Le tormaline del granito Elbano. — Un vol. in-8° avec planches, Pise, 1893-1896.

Adac (Jules). Le Jubilee (*La Nature*, n° 1416, 14 juillet 1900, p. 112).

Adam. Les mines de diamant du Bundelkhand (*Journal Ass. scient. Bengal*, vol. XI).

Adelphe (Fr.). — V. GONNARD et FR. ADELPHE, p. 484.

Adler. Diamanten in Süd-Africa (*Neues Jahrbuch*, 1870).

Agricola. De lapidibus. De natura Fos., liber VI.

Akbarnamah. Les Mines du Chutia Nagpur (Indes) en 1676 (*Journal Ass. scient. Bengal*, vol. XL).

Allemand-Martin. — V. PRIVAT-DESCHANEL et ALLEMAND-MARTIN, p. 503).

Alis-Harry. Les diamants de la Couronne (*Journal des Débats*, 13 février 1886).

Alling. La topaze de Thomas Range, dans l'État d'Utah (*Bulletin de la Soc. franç. de Minéralogie*, année 1889, t. XII, p. 481).

Anderson. Les mines de Golconde (*Edimb. Philos. journal*, vol. III, 1820).

Andrada. An account of the diamonds of Brasil (*Nich. journal*, t. I).

Anonymes (par ordre de dates) :

— 1. Traité exposant les procédés pour colorer les pierres précieuses artificielles, les émeraudes, les escarboucles, les hyacinthes, d'après le livre tiré du sanctuaire du temple (Collection des alchimistes grecs transcrite dans des manuscrits du XIIIe et du XVe siècle, n°s 2325 et 2327 de la *Bibliothèque nationale*).

Anonymes. 2. Les cristalliers ou graveurs sur cristal de roche (in le *Livre de la taille*, Paris, 1292).

— 3. Dénombrement, facultés et origine des pierres précieuses. — Un vol., Paris, 1667.

— 4. Le Trésor des Gemmes antiques du Muséum Odescalchi, à Rome. — Un vol., Rome, 1752.

— 5. Têtes antiques gravées d'après les pierres et cornalines du Cabinet du Roy. — Un vol. in-8°, 20 planches, Paris, 1754.

— 6. Les mines de Bundelkand en 1833 (*Indian Review*, vol. III).

— 7. Gisements de diamants en Sibérie (*Annales des Mines*, 3° série, année 1834, t. VI, p. 265).

— 8. Histoire de la Lune des Montagnes (*Magasin pittoresque*, année 1838, p. 20).

— 9. Le Kohi-Noor (*Magasin pittoresque*, année 1851, p. 303).

— 10. Les pierres gravées (*Magasin pittoresque*, année 1860, p. 70 et 123).

— 11. La gravure en pierres fines (*Magasin pittoresque*, année 1868, p. 347).

— 12. Mines de rubis et de lapis-lazuli en Asie (*Magasin pittoresque*, avril 1870, p. 130).

— 13. Les faux diamants (*Magasin pittoresque*, année 1876, p. 215).

— 14. De la pierre des Amazones (*Magasin pittoresque*, t. XLV, mars 1877, p. 102).

— 15. Les émeraudes : origine et exploitation (*Magasin pittoresque*, t. XLV, année 1877, p. 130).

— 16. L'aventurine (*Magasin pittoresque*, année 1877, p. 149).

— 17. Production artificielle du diamant, du corindon et des perles fines (*Magasin pittoresque*, t. XLVI, année 1878, p. 370).

— 18. Les gisements de l'ambre et sa récolte (*Revue scientifique*, 23 février 1884).

— 19. Phosphorescence du diamant (*Revue scientifique*, 23 février 1884).

— 20. Les mines de diamants du Cap (*La Nature*, n° 240, 5 janvier 1878, p. 81 ; n° 410, 9 avril 1881, p. 295 ; n° 515, 4 avril 1884, p. 311).

— 21. Les mines de diamant au Brésil (*La Nature*, 16 août 1884).

— 22. L'exploitation des mines diamantifères du Cap (*Revue scientifique*, 16 mai 1885, p. 637).

— 23. Procédés pour fabriquer des pierres fines imitées : agates, lapis, etc. (*Revue scientifique*, t. XXXV, année 1885, p. 790).

— 24. Les diamants de la Couronne (*La Nature*, 23 avril 1887).

— 25. Les faux rubis (*La Nature*, année 1887, 2° semestre, p. 35).

— 26. Mines de rubis en Birmanie (*La Nature*, année 1888, 2° semestre, p. 254).

— 27. Dureté étrange de certains diamants (*La Nature*, 22 décembre 1888).

— 28. Turquoises antiques (*La Nature*, année 1889, 2° semestre, p. 240).

— 29. La phosphorescence du diamant (*Revue scientifique*, année 1892, t. XLIX, p. 351).

— 30. La culture des huitres perlières en Italie (*La Nature*, 1er semestre 1899, p. 375).

— 31. La pêche des perles à Ceylan (Extrait du rapport de l'Exposition universelle de 1900, *Revue scientifique*, 19 octobre 1901, p. 508).

— 32. Les pierres précieuses en Australie (*Revue scientifique*, 22 février 1902, p. 255).

— 33. Les diamants brésiliens (*Revue scientifique*, 4 juillet 1903, p. 29).

— 34. Les opales d'Australie (*Journal of Franklin Institute*, t. LXXIX, année 1904, p. 120).

— 35. Objectifs photographiques quartz et apoquartz (*La Nature*, 16 septembre 1905).

— 36. L'intoxication saturnine dans l'industrie du diamant (*Le Cosmos*, 14 octobre 1905, p. 419).

— 37. La pierre des Amazones (*La Nature*, 9 décembre 1905, p. 10).

— 38. Les pierres précieuses du Mexique (*Annales diplomatiques et consulaires*, 5 juillet 1906).

— 39. Les péridots de la Mer Rouge (*La Nature*, 7 juillet 1906).

Anonymes. 40. Pierres précieuses à Siam ; Diamants du Vaal (*La Nature,* 1ᵉʳ décembre 1906, p. 2).
— 41. Les pierres précieuses d'Australie (*Revue minéralogique,* année 1907).
— 42. Photographie des insectes de l'ambre (*La Nature,* n° 1772, 11 mai 1907, p. 383).
— 43. Les plantes gemmifères (*La Revue,* 1ᵉʳ juin 1907, p. 407, et *L2 Cosmos,* 20 juin 1907, p. 700).
— 44. Projet d'impôt sur les pierres fines (*Journal officiel de la République française,* 15 décembre 1907).
— 45. La taille des diamants à Amsterdam (*La Nature,* 23 mai 1908, et *Revue scientifique,* 18 janvier 1908).
— 46. Corindon artificiel (*La Nature,* 9 mai 1908).
— 47. Une fabrique de rubis et de saphirs (*Le Cosmos,* 27 juin 1908, p. 704).
— 48. Les pêcheries de perles du Golfe Persique (*La Nature,* 14 novembre 1908).
— 49. L'industrie du corail à Naples (*Moniteur officiel du Commerce,* 11 février 1909, et *Revue scientifique,* 24 avril 1909).
— 50. La production des pierres précieuses aux États-Unis (*Revue scientifique,* 17 juillet 1909, p. 85).
— 51. La pêche des perles dans la Mer Rouge (*Moniteur officiel du Commerce,* 23 juin 1910, et *Revue scientifique,* 20 août 1910, p. 247).
— 52. La fabrication des objets en silice fondue (*Revue scientifique,* 18 mars 1911, et *Revue de Chimie industrielle,* juillet 1910, p. 208).
— 53. Peut-on obtenir des diamants dans les hauts-fourneaux? (*Revue scientifique,* 25 février 1911).

Arago. 1. Essais infructueux pour polir une substance (diamant) apportée de Bornéo (*Comptes rendus de l'Académie des Sciences,* t. XVI).
— 2. Sur de petits diamants du Brésil (*Comptes rendus de l'Académie des Sciences,* t. XVI, 16 janvier 1843, p. 97).
— V. aussi Biot et Arago, p. 466.

Arfvedsen (A.). Analyse du chrysobéryl du Brésil (*Annales des Mines,* année 1324, t. IX, p. 403).

Arrêté relatif à la prospection, à la recherche et à l'exploitation de l'or, des métaux précieux et des pierres précieuses à Madagascar (*Journal officiel de Madagascar,* 7 novembre 1908, et *Revue de Madagascar,* 10 janvier 1909, p. 34).

Arsandaux (H.). Sur un gisement de tourmaline ferrifère de Castaillac (Aveyron) (*Bulletin du Muséum d'Histoire naturelle,* année 1901, n° 5, p. 237, et *Bulletin de la Soc. franç. de Minéralogie,* année 1901, t. XXIV, p. 234).

Arzhénius. Analyse du grenat de Finbo (*Annales des Mines,* année 1820, t. V, p. 234).

Arzruni. — Voir Cossa et Arzruni, p. 471.

Atkinson. Les mines de diamant du Bunkelkhand (*N. West Prov. Gazeeter,* 1874).

Auerbach (F.). 1. Définition de la dureté des corps (*Wied. Annal.,* t. XLIII, année 1891, p. 61).
— 2. Sur la dureté du quartz cristallisé et hydraté (quartz hyalin et opale) (*Wied. Ann.,* 4ᵉ série, vol. III, année 1900, et *Bulletin de la Soc. franç. de Minéralogie,* t. XXIII, année 1900, p. 269).

Auger (V.). Sur le verre d'aventurine (*Revue scientifique,* 29 février 1908, p. 269).

Azéma. Sur une épidote de Camp-Ras (Ariège) (*Bulletin du Muséum d'Histoire naturelle,* année 1906, n° 3, p. 178).

* *

Babelon (Ernest). 1. Catalogue des camées antiques et modernes de la Bibliothèque nationale. — 2 vol. in-8°, 86 planches, E. Leroux, éditeur, Paris, 1897.
— 2. La gravure en pierres fines : camées et intailles. — Un vol. in-8°, 380 pages, 120 figures (*Bibliothèque de l'Enseignement des Beaux-Arts,* ancienne librairie Quantin, Paris, 1898).

Babelon (Ernest). 3. Collection Pauvert de la Chapelle : intailles et camées donnés au département des médailles de la Bibliothèque nationale. — Un vol. in-4° avec planches, Leroux, éditeur, Paris, 1899.

— 4. Article GEMMÆ du *Dictionnaire des Antiquités grecques et romaines*, de Daremberg et Saglio, 30 pages, 40 fig. Hachette, éditeur, Paris, 1900.

— 5. Histoire de la gravure sur gemmes en France depuis les origines jusqu'à l'époque contemporaine. — Un vol. in-8°, 57 fig. et un album de 22 planches en phototypie, Société de propagation des livres d'art, Paris, 1902.

— 6. Art. CAMÉE in *Grande Encyclopédie*, t. VIII, p. 1071.

Babinet. Du diamant et des pierres précieuses (*Revue des Deux-Mondes*, 15 février 1855).

Bacci (Andréa). De gemmis ac lapidibus pretiosis in S. Scriptura, Rome, 1577.

Baccius. Andreae Bacii Elpidiani philosophi medici et civis romani, de Gemmis et Lapidibus pretiosios, eorumque viribus et usa Tractatus, Italicalingua conscriptus. — Un vol. in-12°, Francfort, 1603.

Baer (Von). Bemerkungen über die Erzengung der Perlen (*Meckel's Archiv.*, année 1830, p. 352).

Ball. 1. Les mines de diamant de Sambalpur (*Rec. geol. survey India*, vol. X; *Scient. Proc. Roy. Dublin Society*, 1880 ; *Journal Ass. scient. of Bengal*, vol. 4, 1881).

— 2. Diamonds and Gold in India. — Un vol., Londres, 1881.

— 3. On the newly discovered Sapphire mines in the Himalayas (*Proc. Roy. Soc. Dublin*, t. IV, année 1885, p. 393).

Banet-Rivet (P.). Les pierres précieuses : leur extraction et leur synthèse (*Revue des Deux-Mondes*, 1er août 1911, p. 677).

Bapst (Germain). 1. Les joyaux de la Couronne (*Revue des Deux-Mondes*, 15 février 1886).

— 2. Histoire des joyaux de la Courcnne de France. — Un vol., Hachette, éditeur, Paris, 1889.

Barbet de Jouy (H.). Notice des gemmes et joyaux du Musée du Louvre. — Un vol. in-8°, librairie centrale d'art et d'architecture, Paris, 1895.

Barbier (Ph.). — V. GONNARD et BARBIER, p. 484.

Barbot (Ch.). Traité complet des pierres précieuses. — Un vol. in-12, 567 pages, 3 planches hors texte, Paris, 1858.

Bardet (G.). 1. Inclusions de cristaux de quartz, de rutile et de sidérose dans un quartz de l'Uruguay (*Bulletin de la Soc. franç. de Minéralogie*, année 1907, t. XXX, p. 101).

— 2. Tourmalines et kunzite (*La Vulgarisation scientifique*, 15 avril 1907, p. 91).

Baret. 1. Tourmalines bleues, vertes et roses extraites d'un filon de pegmatite d'Orvault, près Nantes (*Bulletin de la Soc. franç. de Minéralogie*, année 1878, t. I, p. 71).

— 2. Sur la présence du béryl à Miséri, près Nantes (*Bulletin de la Soc. franç. de Minéralogie*, année 1887, t. X, p. 131).

Barrière. Les diamants de la Couronne (*Journal des Débats*, 25 juillet 1855).

Baskerville (Ch.). Kunzite : a new gem (*From Science*, N. S., vol. XVIII, 4 septembre 1903, p. 303).

— V. aussi KUNZ et BASKERVILLE, p. 492.

Bauer (Max). Edelsteinkunde. — Un vol. in-8°, avec planches en couleurs, H. Tauchnitz, éditeur. Leipzig, 1900.

Baumer. Historia naturalis Lapidum pretiosarum, Francfort, 1771.

Baumhauer (Von). 1. Sur le diamant (*Archives néerlandaises des sciences exactes et naturelles*, t. VIII, année 1873).

— 2. Sur la cristallisation du diamant (*Archives néerlandaises des sciences exactes et naturelles*, t. XVI, année 1881, et *Bulletin de l'Assoc. franç. pour l'avancement des Sciences*, 10e session, Alger, année 1882, p. 361).

Baure. Note sur les procédés de perforation au diamant appliqués au sondage de Neuville (Allier) (*Annales des Mines*, 7ᵉ série, t. XVI, année 1879, p. 209).

Becquerel (Edmond). 1. Production artificielle de l'azurite et de la malachite (*Comptes rendus de l'Académie des Sciences*, t. XXXIV, p. 573 ; t. XLIV, p. 938 ; t. LXIII, p. 1).

— 2. Production artificielle de l'opale (*Comptes rendus de l'Académie des Sciences*, année 1853, t. XXXIV, p. 209 ; *L'Institut*, année 1853, p. 41 ; *Journal fur praktische Chemie*, t. LIX, p. 7 ; *Jahresberichte der Chemie*, année 1853, p. 6).

— 3. Recherches sur les effets lumineux qui résultent de l'action de la lumière sur les corps (*Annales de Physique et de Chimie*, 3ᵉ série, t. LV, année 1859, p. 5).

— 4. Production artificielle de la dioptase (*Comptes rendus de l'Académie des Sciences*, année 1868, t. LXVII, p. 1081).

Becquerel (Henri). 1. Recherches sur les phénomènes de phosphorescence provoqués par le rayonnement du radium (*Comptes rendus de l'Académie des Sciences*, t. CXXIX, 4 décembre 1899, p. 912).

— 2. Sur la phosphorescence scintillante que présentent certaines substances sous l'action des rayons du radium (*Comptes rendus de l'Académie des Sciences*, t. CXXXVII, 27 octobre 1903, p. 629).

Becquerel (Henri) et Moissan. Étude de la fluorine de Quincié (*Comptes rendus de l'Académie des Sciences*, t. CXI, p. 669).

Béglar. Les mines de diamant de Wairagarh (Indes) (*Archiv. survey of Indian report*, vol. VII).

Behrens. Sur la cristallisation du diamant (*Archives néerlandaises des sciences exactes et naturelles*, t. XVI, année 1881).

Beke. Histoire du diamant Abbas-Mirza (*Athenæum*, 5 juillet 1851).

Belleau. Les amours et nouveaux échanges des pierres précieuses, Paris, 1576.

Bellet (Daniel). Les tailleries de diamants d'Amsterdam (*La Nature*, 6 janvier 1900, p. 94).

Benza. Les mines de Golconde (*Madras Journal lit. scient.*, vol. VI).

Berlemont (G.). Sur un procédé de soudure du platine au quartz (*Comptes rendus de l'Académie des Sciences*, t. 154, nº 19, 6 mai 1912, p. 1217).

Berquem (Robert de). 1. Les merveilles des Indes orientales et occidentales, Paris, Lambin, 1659.

— 2. Traité des pierres précieuses. — Un vol, in-4º, 1669.

Berthelot (Marcellin). 1. Sur les différents états du carbone (*Annales de Physique et de Chimie*, 4ᵉ série, t. XIX, année 1870, p. 418).

— 2. Sur un procédé antique pour rendre les pierres précieuses phosphorescentes (*Comptes rendus de l'Académie des Sciences*, année 1888, t. CVI, p. 443).

— 3. Les perles et leur rôle dans l'histoire (*Moniteur de la Bijouterie*, 5 juin 1893).

— 4. Sur la transformation du diamant en charbon pendant son oxydation (*Comptes rendus de l'Académie des Sciences*, t. CXXXV, 1ᵉʳ décembre 1902, p. 922).

— 5. Recherches sur la teinture naturelle ou artificielle de quelques pierres précieuses sous les influences radioactives (*Comptes rendus de l'Académie des Sciences*, t. CXLIII, 8 octobre 1906, p. 477).

Berthelot (Daniel). 1. Art. DIAMANT in *Grande Encyclopédie*, t. XIV, p. 426.

— 2. Sur l'industrie des verres de quartz (*Bulletin de la Société d'encouragement pour l'Industrie nationale*, mars 1912, p. 401).

Berthier. 1. Essai sur la fusibilité des silicates (péridot) (*Annales de Physique et de Chimie*, année 1823, t. XXIV, p. 374).

— **2.** Analyse du péridot granuleux de Langeac (Haute-Loire) (*Annales des Mines*, année 1825, t. X, p. 269).

— **3.** Analyse de l'obsidienne del Pasco (Colombie) (*Annales des Mines*, 3e série, année 1834, t. V, p. 543).

Bertrand (Émile). 1. La topaze de Framont (*Zeitschrift für Krystallographie*, t. I, année 1877, p. 297).

— **2.** Sur les rubis de Siam (*Bulletin de la Soc. franç. de Minéralogie*, année 1878, t. I, p. 94).

— **3.** Opale artificielle (*Bulletin de la Soc. franç. de Minéralogie*, année 1880, t. III, p. 57).

Bertrand de Lom. Sur le gisement de gemmes (saphir, zircon, etc.) du Coupet (*Congrès scientifique de France*, 22e session, p. 335, année 1856).

Bertreau (J.). L'imposition des diamants et pierres fines (*Moniteur de la Bijouterie*, 20 janvier 1907).

Berzélius. 1. Sur la calaïte ou turquoise de Perse (*Annales des Mines*, année 1822, t. VII, p. 223).

— **2.** Sur les grenats (*Annales des Mines*, année 1822, t. VII, p. 229).

— **3.** Analyse du zircon d'Espaly (*Ann. der phys.*, *Poggendorf*, année 1825, et *Annales des Mines*, année 1826, t. XII, p. 297).

Bestelmayer. Fils de quartz conducteurs pour appareils électriques (*Zeitschrift für Instrumentenkunde*, novembre 1905).

Billon-Daguerre. Sur la fusion du quartz pur (*Comptes rendus de l'Académie des Sciences*, 19 février 1912, p. 506).

Bion, Christin et Delattre. Inventaire des diamants de la Couronne, Paris, imp. nationale, 1791.

Biot et Arago. Réfringence du diamant (in *Mémoire sur les affinités des corps pour la lumière*, 1806).

Bissinger (G.). Résumé scientifique de la gravure en pierres fines. — Un vol. in-32, 24 pages, Paris, 1878.

Blake (W.). Principaux gisements américains de turquoise (*Amer. Journal of Science*, vol. XXV, p. 227, mars 1858).

Blanchet (J.-A.). Les camées de la cathédrale de Bourges (*Mémoires de la Société des Antiquaires de France*, t. XXIV, p. 253).

Blanford. 1. On worked agates of the early stone age from Central India (*Proc. As. Soc. Beng.*, année 1866, p. 230-234).

— **2.** Les mines de Golconde (*Rev. geol. survey India*, vol. V).

Blasdale. — Voir Londerback et Blasdale, p. 496.

Bloche (A.). 1. La vente des diamants de la Couronne. — Vol. in-8° avec figures, imprim. Quantin, Paris, 1888.

— **2.** Notice historique sur les joyaux de la Couronne. — Un vol. in-8°, imprimerie nationale, Paris, 1889.

Blondel (S.). Le jade : étude historique, archéologique et littéraire. — Broch. in-8°, 30 p., E. Leroux, éditeur, Paris, 1875.

Bœcker. Observations cristallographiques sur l'idocrase (*Zeitschrift für Krystallographie und Mineralogie*, t. XX, p. 285, et *Bulletin de la Soc. franç. de Minéralogie*, année 1894, t. XVII, p. 126).

Boetius de Boot (Anselme). 1. Gemmarum et lapidum historia. — Un vol. in-12, 1636.

— **2.** Le parfait joaillier ou histoire des pierreries, Lyon, 1644.

Boismenu (E. de). 1. Procédé électrolytique de reconstitution du diamant (*Brevet français*, n° 45566, 24 août 1907).

— 2. Comptes rendus des expériences ayant amené la réalisation de la synthèse du diamant (Mémoires déposés sous pli cacheté à l'*Académie des Sciences*, 27 avril et 30 décembre 1908).

— 3. Fabrication synthétique du diamant. — Un vol. in-8°, 122 pages, 20 figures, Tignol, éditeur, Paris, 1913.

Bonnefond. Les corindons de Madagascar (*Bulletin de la Société des ingénieurs civils de France*, année 1913, et *Revue scientifique*, 21 juin 1913).

Bonnemère (Lionel). Les perles fines de l'Ouest de la France (*Revue des Sciences naturelles de l'Ouest*, année 1893, t. III, p. 97).

Bordas. 1. L'origine parasitaire des perles fines (*La Vulgarisation scientifique*, 15 juillet 1907).

— 2. Contribution à l'étude de la formation de certaines pierres précieuses de la famille des aluminides (corindons) (*Comptes rendus de l'Académie des Sciences*, t. CXLVI, 6 janvier 1908, p. 21).

Bordeaux (A.). Note sur l'exploitation des mines de diamants à Kimberley. — Broch. in-8°, 18 pages, 2 planches, Dunod et Pinat, éditeurs, Paris, 1898.

Bouasse. Pierres précieuses : caractères, valeur, travail, diamants célèbres. — Planche en couleur 55 cm. × 72 cm., Amat, éditeur, Paris, 1909.

Bouillet. Topographie minéralogique du département du Puy-de-Dôme. — Un vol., 1854.

Boule (Marcellin). 1. Description géologique du Velay (Thèse de doctorat). — Un vol. in-8°, Béranger, éditeur, Paris, 1892.

— 2. La Haute-Loire et le Haut-Vivarais. — Vol. 20/13 cm., 400 pages, Masson, éditeur, Paris, 1911.

Bourgeois (L.). 1. Production artificielle de la cordiérite (*Annales de Chimie et de Physique*, 5e série, t. XIX).

— 2. Production artificielle du grenat spessartine (*Annales de Chimie et de Physique*, année 1883, 5e série, t. XIX).

— 3. Reproduction par voie ignée d'un certain nombre d'espèces minérales. — Un vol. in-4°, Paris, 1883.

— 4. Reproduction artificielle des minéraux. — Un vol. in-8°, 240 pages et 8 pl. hors texte (*Encyclopédie chimique Fremy*), Dunod, éditeur, Paris, 1884.

Boussingault. Analyse de l'émeraude morallon des mines de Muso (Nouvelle-Grenade) (*Comptes rendus de l'Académie des Sciences*, t. LXIX, année 1869, p. 1249).

Boussingault et Damour. Tuméfaction de l'obsidienne à une température élevée (*Comptes rendus de l'Académie des Sciences*, t. LXXVI, p. 1158).

Boutan (E.). Le diamant. — Un vol. gr. in-8°, 320 pages, 147 fig. et 17 planches hors texte (*Encyclopédie chimique Fremy*, Dunod, éditeur, Paris, 1886).

Boutan (L.). 1. Production artificielle des perles chez les Haliotis (*Comptes rendus de l'Académie des Sciences*, t. CXXVII, 21 novembre 1898, p. 828).

— 2. L'origine réelle des perles fines (*Comptes rendus de l'Académie des Sciences*, t. CXXXVIII, année 1903, p. 1073).

Bovet (De). 1. Les diamants brésiliens (*Annales des Mines*, année 1883, t. I, p. 179).

— 2. Une exploitation de diamants près de Diamantina (Brésil) (*Annales des Mines*, année 1884, fasc. 3, p. 465).

Boyer (J.). 1. La synthèse des pierres précieuses. — Un vol. in-8° avec figures. — Gauthier-Villars, éditeur, Paris, 1909.

— 2. Les pierres précieuses artificielles (*Le Mois littéraire et pittoresque*, juin 1909, p. 733).

Boyle (Robert). An essay about the origin and virtues of gems. — Un vol. in-18, Londres, 1672.

Brachet. Sur un signe distinctif du diamant (*Comptes rendus de l'Académie des Sciences*, t. XLVI).

Braunius (J.). Vestitus Sacerdotum hebræorum. — In-8°, t. II, p. 627, Leyde, année 1680.

Brard (Prosper). Traité des pierres précieuses. — 2 vol. in-8°, 565 pages et 8 planches hors texte, Paris, 1808.

Bredberg (G.). Analyse du grenat vert de Saala (*Annales des Mines*, année 1825, t. 10, p. 289).

Bréon (R.). Séparation des minéraux dont la densité est plus grande que celle du quartz, à l'aide de mélanges fondus de chlorure de plomb et de chlorure de zinc (*Comptes rendus de l'Académie des Sciences*, t. XC, 15 mars 1880, p. 626, et *Bulletin de la Soc. franç. de Minéralogie*, t. III, année 1880, p. 46).

Breton. Les mines de diamant de Sambalpur et du Chutia Nagpur (Indes) (*Trans. Med. and Phys. Soc. Calcutta*, vol. II).

Brewster (David). 1. Sur les propriétés optiques du diamant (*Philosoph. Trans. of Edinburgh*, 1815-1817).

— 2. Observations relatives à la structure et à l'origine du diamant (*Geol. Soc. Trans.*, t. III, année 1835, et *Philos. Mag.*, t. VII, année 1835).

— 3. Note sur une nouvelle forme cristalline du diamant (*Brit. Assoc. rep.*, année 1837).

— 4. Note sur une structure non encore observée du diamant (*Annales des Mines*, 3ᵉ série, t. XIII, année 1838, p. 601).

— 5. Sur une remarquable propriété du diamant (*Edinb. Roy. Soc. Trans.*, t. XXIII, année 1861, et *Phil. Magazine*, t. XXV, année 1863).

— 6. Sur la présence de cavités dans la topaze, le béryl et le diamant (*Edinb. Roy. Soc. Trans.*, t. XXIII, année 1861, et *Phil. Magazine*, t. XXV, année 1863).

— 7. Les inclusions liquides du diamant (*Philos. Magazine*, t. XXVI, année 1864).

Brongniart (A.). Traité élémentaire de minéralogie appliquée aux arts. — 2 vol. in-8° avec planches, Paris, 1807.

Brown et Judd. Les rubis de Burmah (*Proceedings Roy. Society*, t. LVII, année 1895, p. 387, et *Bulletin de la Soc. franç. de Minéralogie*, t. XIX, année 1896, p. 77).

Brückmann (U.). 1. Abhandlung von Edelstein. — Un vol. in-8°, Braunschweig, 1773.

— 2. Abhandlung von dem Welt auge oder Lapide mutabili. — Un vol. in-4°, Braunschweig, 1777.

Brugnatelli (L.). Recherches sur l'épidote (*Bulletin de la Soc. franç. de Minéralogie*, année 1891, t. XIV, p. 161).

Brun (A.). 1. Le grenat mélanite de Zermatt (*La Nature*, 28 décembre 1895, p. 54).

— 2. Étude sur le point de fusion des minéraux et sur les conséquences synthétiques qui en résultent (*Archives des Sciences physiques et naturelles de Genève*, avril 1902 et décembre 1904).

— 3. Production artificielle de la calcédoine (*Archives des Sciences physiques et naturelles de Genève*, t. XXIV, juillet 1907, p. 97).

— 4. Cristallisation artificielle du quartz (*Archives des Sciences physiques et naturelles de Genève*, t. XXV, juin 1908).

— 5. Propriétés de l'obsidienne, in *Recherches sur le volcanisme* (*Archives des Sciences physiques et naturelles de Genève*, juillet 1909).

Brun (P.). Essai sur la minéralogie du département de la Haute-Loire. — Un vol. in-8°, imprimerie G. Mey, Le Puy, 1904.

Brunner (C.). Sur l'outremer naturel et artificiel (*Annales de Poggendorf*, t. LXVII, p. 541, et *Annales des Mines*, 4ᵉ série, année 1847, t. XI, p. 576).

Buffon. Histoire naturelle : minéraux et pierres précieuses, t. II et III, 1876.

Buguet et **Gascard**. Les rayons X et le diamant (*La Nature*, 11 avril 1896, p. 293).

Burmeister. Voyage au Brésil, 1853.

Burton. Les mines de l'Inde (*Quart. Journal of Science*, New ser., vol. VI).

Butler. V. Sorby et Butler, p. 506.

⁂

Cadet. Mémoire sur les jaspes et autres pierres précieuses de Corse. — Un vol. in-12, Bastia, 1785.

Cagniard de la Tour. Préparation artificielle du diamant (*Comptes rendus de l'Académie des Sciences*, 10 octobre 1828).

Caire (A.). La science des pierres précieuses appliquée aux arts. — Un vol. in-8°, 423 pages et 16 planches, Paris, 1833.

Caldaguès. La tourmaline (*L'Ouvrier lapidaire*, 15 avril 1890).

Calogeras (J.-P.). As minas do Brazil ; sua legislaçaô. — Trois volumes in-8°, impr. nationale, Rio-de-Janeiro, 1905.

Carnot (Adolphe). 1. Sur la composition des wavellites et des turquoises (*Comptes rendus de l'Académie des Sciences*, t. CXVIII, 30 avril 1894, p. 995, et *Bulletin de la Soc. franç. de minéralogie*, t. XVIII, année 1895, p. 119).

— 2. Phosphates d'alumine et turquoises (*Annales des Mines*, année 1895, t. VIII, p. 321).

Caron. V. Deville et Caron, p. 474.

Castellani. Delle Gemme. Un vol., Florence, 1870.

Catalogues. 1. Catalogue des camées et pierres gravées de la Bibliothèque impériale. V. Chabouillet, 1.

— 2. Catalogue des gemmes antiques du Musée britannique. — Un vol., Londres, 1900.

— 3. Catalogue des camées antiques et modernes de la Bibliothèque nationale. — V. Babelon, 1.

— 4. Catalogue de la collection Pauvert de la Chapelle (intailles et camées) offerte à la Bibliothèque nationale. — V. Babelon, 3.

— 5. Catalogue des gemmes du Musée de Berlin. — V. Furtwaengler, 1.

— 6. Catalogue de la collection de pierres précieuses du Muséum de New-York. — V. Kunz, 12.

— 7. Catalogue des minéraux et gemmes du Muséum d'histoire naturelle de Paris. — V. Lacroix, 14.

— 8. Catalogue des gemmes gravées du British Museum de Londres. — V. Murray et Smith.

— 9. Catalogue de la collection de gemmes offerts au Muséum d'Histoire naturelle de Paris, par Pierpont-Morgan. — V. Pierpont-Morgan.

Cattelle (W.-R.). 1. Precious Stones. — Un vol. in-8°, 223 pages et 19 planches hors texte, Lippincott et Cie, éditeurs, Philadelphie et Londres, 1903.

— 2. The Pearl : its Story, its Charm, and its value. — Un vol.. in-12, 376 pages et 16 planches hors texte, Lippincott et Cie, éditeurs, Philadelphie et Londres, 1907.

— 3. The Diamond. – Un vol. in-8°, 433 pages et 24 planches hors texte, John Lane et Cie, éditeurs, New-York, 1911.

Cesaro (G.). Note sur une topaze de Saxe (*Bulletin de la Soc. franç. de Minéralogie*, année 1889, t. XII, p. 419).

Chabouillet (A.). 1. Catalogue des camées et pierres gravées de la Bibliothèque impériale, Paris, 1858.

— 2. Guillaume Dupré, graveur en pierres fines. — Un vol. in-8°, avec supplément, Paris, 1875 et 1880.

Chaignon (De). Sur la présence de la tourmaline bleue (indicolite) aux Brosses-de-Coux (Saône-et-Loire) (*Bulletin de la Société d'histoire naturelle d'Autun*, année 1909, p. 102).

Chancourtois (De). Sur la production naturelle et artificielle du diamant (*Comptes rendus de l'Académie des Sciences*, t. LXIII, 2 juillet 1866, p. 22).

Chaper (M.). 1. Sur les mines de diamant de l'Afrique australe (*Bulletin de la Soc. franc. de Minéralogie*, année 1879, t. II, p. 195).

— 2. De la présence du diamant dans une pegmatite de l'Hindoustan (*Comptes rendus de l'Académie des Sciences*, t. XCVIII, 14 janvier 1884, p. 113).

— 3. Sur une pegmatite à diamant et à corindon de l'Hindoustan (*Bulletin de la Soc. franç. de Minéralogie*, année 1884, t. VII, p. 47).

— 4. Les mines de diamants de l'Afrique centrale (*Revue scientifique*, 5 mars 1892, p. 289).

Chardin. Voyage en Perse (rubis). — In-8°, t. IV, p. 70, Amsterdam.

Chatrian (N.). Sur le gisement de diamants de Sabbro, au Brésil (*Bulletin de la Soc. franç. de Minéralogie*, année 1886, t. IX, p. 302).

V. aussi Jacobs et Chatrian, p. 488.

Chaumet. 1. Action de la lumière violette sur les pierres précieuses (*Comptes rendus de l'Académie des Sciences*, t. CXXXIV, 20 mai 1902, p. 1139).

— 2. Le Rubis. — Une broch. in-4°, 30 pages avec figures. — Imprim. Georges Petit, Paris, 1904.

Chenevix. Composition du saphir (*Philos. Transact.*, t. XCII, p. 327, année 1802).

Cheyrouze (P.). La perle, l'or et les pierres précieuses. — Un vol. in-12, 250 pages, A. Challamel, éditeur, Paris, 1910.

Christin. — V. Bion, Christin et Delattre, p. 466.

Chriten (Ch.). L'art du lapidaire. — Un vol. in-8° avec planches, Paris, 1872.

Claraz. — V. Heusser et Claraz, p. 487.

Claremont (Léopold). 1. The Identification of Gems (*Mineral Industry*, New-York, vol. VII, année 1899).

— 2. The cutting and polishing of Precious stones (*Mineral Industry*, vol. VIII, année 1900).

— 3. The crown Jewels (*The Family Herald*, Londres, 24 mai 1902).

— 4. Tabular arrangements of the distinguishing characteristics and localities of Precious stones (*Mining Journal*, Londres, 5 mars 1904).

— 5. The Gem-Cutter's craft. — Un vol. in-8°, 300 pages et 120 figures, Georges Bele and Sons, éditeurs, Londres, 1907.

— 6. The new Chrysoberyl (*Jeweller and Metalworker*, Londres, 1er janvier 1911).

— 7. The revival of Onyx (*Jeweller and Metalworker*, 1er mars 1911).

— 8. Sculptured Gems (*Jeweller and Metalworker*, 1er juin 1911).

— 9. The Phenomena of Gems (*Jeweller and Metalworker*, 1er août 1911).

— 10. Ceylan, l'île des pierres précieuses (*Knowledge*, Londres, janvier 1912, et *Moniteur de la Bijouterie*, année 1913, p. 17).

— 11. Prehistoric Emerald mines (*Knowledge*, Londres, t. XXXVI, n° 537, avril 1913).

Clarke. 1. La combustion du diamant (*Gilberts Annalen der Physik*, t. IV).

— 2. Constitution de la tourmaline (*Amer. Journal of Science*, août 1899, p. 11, et *Bulletin de la Soc. franç. de Minéralogie*, année 1899, t. XXII, p. 196).

Clarke et Diller. Turquoise du Nouveau-Mexique (*Bulletin de la Soc. franc. de Minéralogie*, année 1886, t. IX, p. 314).

Clarke et Merrill. La néphrite et la jadéite (*Proceedings of the United States National Museum*, année 1888, vol. XI, p. 115).

Claude (G.). La fabrication du diamant (*La Nature*, 8 janvier 1888).

Claussen. Les gisements diamantifères du Brésil (*Bulletin de l'Académie de Bruxelles*, année 1841, et *Annales des Mines*, 4ᵉ série, année 1842, t. II, p. 411).

Claves (E. de). Paradoxes des traités philosophiques des pierres et pierreries, Paris, 1635.

Clerget (P.). — V. CORNAND et CLERGET.

Cohen. 1. Les diamants de l'Afrique du Sud (*Neues Jahrbuch für Mineralogie*, année 1873).
— 2. Ueber Einschlusse in Süd Africanischen Diamanten (*Neues Jahrbuch*, année 1876).
— 3. Titaneisen van der Diamant Feldern in Süd-Afrika (*Neues Jahrbuch*, année 1877).
— 4. Ueber eine Eclogit welcher als Einschusse in den diamant Gruben von Jagersfontein, Süd-Africa, vorkommt (*Neues Jahrbuch*, année 1879).
— 5. Ueber Capdiamanten (*Neues Jahrbuch*, année 1881).

Colbert. Papiers concernant les pierreries du trésor royal. — Un volume (1662-1681).

Colson (A.). La fabrication du diamant (*Revue hebdomadaire*, 8 février 1908).

Combes (P.). Les émeraudes du Sahara (*Le Cosmos*, 20 décembre 1902).

Combes (Ch.). Sur la production artificielle du diamant (*Moniteur scientifique de Quesneville*, juillet 1905).
V. aussi ESCHEWÈGE et COMBES, p. 478.

Copland. Sur la mine de cornaline de Barotch entre Bombay et Brouda (*Bulletin de la Société géologique de France*, année 1856, t. XIII, p. 669).

Cordier. La dichroïte (*Journal de Physique*, t. LXVIII, p. 298).

Cornand et P. CLERGET. Les pêcheries d'ambre de la Prusse orientale (*Mitteilungen des deutschen Seefischerei Vereins*, janvier 1912, p. 4-9, et *La Géographie*, 15 août 1912, p. 108).

Cossa et AIZBUXI. Tourmaline chromifère des gisements de fer chromé de l'Oural (*Bulletin de la Soc. franç. de Minéralogie*, année 1882, t. V, p. 332, et *Reale Academia dei Lincei*, Rome, 1882).

Costa-Sena (Da). Sur un gisement d'actinote près d'Ouro-Preto, à Minas Geraes (Brésil), (*Bulletin de la Soc. franç. de minéralogie*, année 1893, t. XVI, p. 206, et année 1894, t. XVII, p. 267).

Courtet (H.). Nacre et perles (*La France coloniale*, 15 février 1912, p. 39).

Coutance. — V. JANNETTAZ, VANDERHEYM, FONTENAY et COUTANCE, p. 488.

Couttolenc. Examen de la terre diamantifère de la mine d'Old de Beer's (Transvaal) (*Bulletin de la Société d'histoire naturelle d'Autun*, décembre 1892, p. 127).

Couyat (J.). Sur quelques minéraux d'Égypte : péridots, grenats, etc. (*Bulletin de la Soc. franç. de minéralogie*, année 1908, t. XXXI, p. 345).

Crookes (Sir William). 1. La matière radiante (phosphorescence des pierres précieuses dans les tubes à vide. — Conférence faite au Congrès de Sheffield devant l'Association britannique pour l'avancement des Sciences (*Revue scientifique*, 25 octobre 1879, p. 385).
2. Sur les spectres phosphorescents discontinus observés dans le vide presque parfait (*Comptes rendus de l'Académie des Sciences*, t. XCII, 30 mai 1881, p. 1281, et *Annales de Physique et de Chimie*, 5ᵉ série, t. XX, année 1881, p. 555).

Cugnin (L.). Gisements diamantifères du Brésil (*Bulletin de la Société de l'industrie minérale*, année 1903, p. 151).

Culloch (Mac). Sur les moyens de colorer les agates (*Annales de Chimie*, t. XIII, p. 110, et *Annales des Mines*, année 1821, t. VI, p. 246).

Curie (J. et P.). Lois du dégagement de l'électricité par pression dans la tourmaline (*Comptes rendus de l'Académie des Sciences*, 24 janvier 1881, t. XCII, p. 186).
V. aussi FRIEDEL et CURIE, p. 481.

Cusack (R.). Le point de fusion des minéraux (*Proc. Roy. British Academy*, t. XVIII, p. 309, année 1898, et *Bulletin de la Soc. franç. de minéralogie*, t. XXI, année 1898, p. 284).

⁂

Dalton. Les mines de diamants de Chutia Nagpur (Indes) (*Journal Ass. Scient. Bengal*, vol. XXXIV).

Damour (A.). 1. Sur quelques minéraux connus sous le nom de quartz résinite : hyalite, fiorite, opales (*Annales des Mines*, 3ᵉ série, année 1840, t. XVII, p. 202).

— 2. Analyse de la cymophane de Haddam (*Annales de Chimie et de Physique*, année 1843, t. VII, p. 173, et *Annales des Mines*, 4ᵉ série, année 1843, t. III, p 785).

— 3. Notice et analyses sur l'ouwarowite (*Annales des Mines*, année 1843, t. IV, p. 115).

— 4. Analyse du jade oriental (*Annales des Mines*, 4ᵉ série, année 1847, t. XI, p. 636).

— 5. Nouvelles analyses de la saphirine (*Bulletin de la Soc. géologique de France*, 2ᵉ série, t. VI, 5 mars 1849, p. 311 et 315).

— 6. Recherches sur la composition des sables diamantifères de La Chapada de Bahia (Brésil) (*Bulletin de la Société philomatique*, t. VI, année 1853, p. 14).

— 7. Examen d'un sable diamantifère de la province de Bahia (Brésil) (*Comptes rendus de l'Académie des Sciences*, t. XXI, année 1853).

— 8. Composition de l'euclase (*Comptes rendus de l'Académie des Sciences*, t. XL, année 1855, p. 942, et *Annales des Mines*, 5ᵉ série, année 1855, t. VIII, p. 79).

— 9. Sur un péridot titanifère (*Annales des Mines*, 5ᵉ série, année 1855, t. VIII, p. 90).

— 10. Nouvelles recherches sur la composition des sables diamantifères de Bahia et de diverses localités du Brésil (*Bulletin de la Soc. géologique de France*, 2ᵉ série, année 1856, t. XIII, p. 542).

— 11. Sur le grenat mélanite de Frascati et sur le grenat vert de Zermatt (*Bulletin de la Société philomatique*, année 1856, t. V, p. 60).

— 12. Analyse du jade vert ou jadéite (*Comptes rendus de l'Académie des Sciences*, t. LVI, année 1863, p. 861).

— 13. Note sur la densité des zircons (*Comptes rendus de l'Académie des Sciences*, t. LVIII, année 1864, p. 154).

— 14. Analyse de la parisite (*Comptes rendus l'Académie des Sciences*, t. LIX, année 1864, p. 270).

— 15. Sur une idocrase d'Arendal (Norvège) (*Comptes rendus de l'Académie des Sciences*, t. LXXIII, année 1871, p. 1040).

— 16. Analyse d'un grenat du Mexique (*Comptes rendus de l'Académie des Sciences*, t. LXXIII, année 1871, p. 1041).

— 17. Sur un spinelle zincifère du Brésil (*Bulletin de la Soc. franç. de Minéralogie*, année 1878, t. I, p. 93).

— 18. Péridot titanifère de Zermatt (*Bulletin de la Soc. franç. de Minéralogie*, année 1879, t. II, p. 15).

— 19. Sur un grenat chromifère du Posets (Haute-Garonne) (*Bulletin de la Soc. franç. de Minéralogie*, année 1879, t. II, p. 165).

— 20. Nouvelles recherches sur la jadéite (*Bulletin de la Soc. franç. de Minéralogie*, année 1881, t. IV, p. 157).

— 21. Sur les grenats syriens enchâssés dans les bijoux de l'époque mérovingienne (*Revue archéologique*, année 1882).

— 22. Sur un béryl de Madagascar (*Bulletin de la Soc. franç. de Minéralogie*, année 1886, t. IX, p. 154).

Damour (A.). 23. Sur les émeraudes de la Colombie (*Bulletin de la Soc. franç. de Minéralogie*, année 1897, t. XX, p. 183).

V. aussi Boussingault et Damour, p. 467.

Dana. Coral and Coral Islands, Londres, 1872.

Darcet. Mémoire sur le diamant et quelques autres pierres précieuses traitées au feu. — Paris, 1771.

Darwin (Ch.). The Structure and Distribution of Coral Reefs. — London, 1842.

Dastre (A.). Les perles fines (*Revue des Deux-Mondes*, t. CLI, 1er février 1899, p. 671).

Daubenton. Les agates mousseuses (*Mémoires de l'Académie des Sciences*, année 1782, p. 668).

Daubrée (A.). 1. Note sur la présence du zircon dans les granites et syénites des Vosges (*Bulletin de la Société géologique de France*, 2e série, t. VIII, 21 avril 1851, p. 346).

— 2. Expériences sur la production artificielle de la topaze et de quelques autres minéraux fluorifères (*Bulletin de la Société géologique de France*, 2e série, t. VIII, 21 avril 1857, p. 347).

— 3. Production artificielle du péridot (*Comptes rendus de l'Académie des Sciences*, t. LXII, année 1866, p. 200).

— 4. Sur les stries parallèles que présente fréquemment la surface de fragments de diamants de la variété carbonado et sur leur imitation au moyen d'un frottement artificiel (*Comptes rendus de l'Académie des Sciences*, t. XXIV, 4 juin 1877, p. 1277).

— 5. Rapport sur un mémoire de M. St. Meunier relatif à la roche diamantifère de Du Toit's Pan (Transvaal) (*Comptes rendus de l'Académie des Sciences*, t. LXXXIV, année 1877).

— 6. Rapport sur un mémoire de M. Hautefeuille relatif à la reproduction de l'albite et de l'orthose (*Comptes rendus de l'Académie des Sciences*, t. LXXXV, 3 décembre 1877, p. 1043).

— 7. Études synthétiques de géologie expérimentale. — Un vol. in-8° avec figures, Dunod, éditeur, Paris, 1879).

— 8. Sur les explosions de gaz expliquant la formation des cheminées diamantifères (*Comptes rendus de l'Académie des Sciences*, février et décembre 1890).

— 9. Recherches expérimentales sur le rôle des gaz à haute température dans divers phénomènes géologiques : ouverture des cheminées diamantifères de l'Afrique du Sud [*Bulletin de la Société géologique de France*, 3e série, t. XIX, août 1891, p. 325).

Davy (Humphry). 1. Expériences sur la combustion du diamant (*Philos. Transact.*, 1814).

— 2. Sur la combustibilité du diamant (*Annales de Physique et de Chimie*, t. I, année 1816, p. 16, et *Annales des Mines*, t. II, année 1817, p. 65).

Dawson (G.). Sur la présence du jade dans la Colombie (*Canadian Record of Science*, vol. II, n° 6, avril 1887).

Debray (H.). 1. Du glucinium et de ses composés : émeraude (*Annales de Chimie et de Physique*, 3e série, t. XIV, p. 5).

— 2. Production artificielle de l'azurite (*Comptes rendus de l'Académie des Sciences*, t. XLIX, année 1859, p. 218).

Delaborde. Notice sur les émaux, bijoux, pierreries exposés dans les galeries du Musée du Louvre, Paris, 1853.

Delafosse. Art. Diamant in *Dictionnaire universel d'histoire naturelle*, Paris, 1849.

Delattre. — V. Bion, Christin et Delattre, p. 466.

Deloncle. Nacroculture et ostréiculture perlières aux îles Pomotou (Océanie) (*Bulletin de la Société d'acclimatation*, 3e série, t. III, année 1876).

Demarty (J.). Les pierres d'Auvergne employées dans la joaillerie. — Vol. in-8°, 56 pages, Clermont-Ferrand, 1898.

Denis. 1. *Le Brésil.* — Firmin Didot, éditeur, Paris, 1837.

— 2. Gisements de diamants dans la province de Minas Geraes (Brésil) (*Annales des Mines*, 3ᵉ série, année 1841, t. XIX, p. 602).

Derby (0.). Gisements diamantifères du Brésil (*Amer. Journ. of Science*, janvier et juillet 1882).

Des Cloizeaux. 1. Phénomène de l'astérisme fixe produit par deux plaques de diamant (*Comptes rendus de l'Académie des Sciences*, t. XX, année 1845, p. 514, et *Annales de Chimie et de Physique*, année 1845, t. XIV, p. 301).

— 2. Les formes cristallines de la cymophane (*Annales de Chimie et de Physique*, année 1845, t. XIII, p. 334).

— 3. Note sur le diamant noir (*Annales des Mines*, 5ᵉ série, année 1855, t. VIII, p. 304).

— 4. Sur la cristallisation et les propriétés optiques du quartz (*L'Institut*, t. XXIII, année 1856, p. 161).

— 5. Sur la cristallisation et la structure intérieure du quartz (*Comptes rendus de l'Académie des Sciences*, t. XLVII, année 1858, p. 29, et *Recueil des savants étrangers*, t. XV, année 1858, p. 404).

— 6. Note sur l'émeraude de Muso (Nouvelle-Grenade) (*Annales de Chimie et de Physique*, année 1870, t. XIX, p. 333).

— 7. Note sur les dépôts de quartz résinite (*Bulletin de l'Association française pour l'avancement des Sciences*, t. VII, année 1878, p. 552).

— 8. Sur de petits diamants du Brési. (*Bulletin de la Soc. franç. de Minéralogie*, année 1881, t. IV, p. 257).

— 9. Béryls bleus de la mer de glace (*Bulletin de la Soc. franç. de Minéralogie*, année 1882, t. V, p. 142).

— 10. Sur l'euclase du Brésil (*Bulletin de la Soc. franç. de Minéralogie*, année 1882, t. V, p. 317).

— 11. Cristaux de topaze de Durando (Mexique) (*Bulletin de la Soc. franç. de Minéralogie*, année 1886, t. IX, p. 135).

— 12. Sur la phénacite du Colorado et de Framont (*Bulletin de la Soc. franç. de Minéralogie*, année 1886, t. IX, p. 171).

— 13. Sur la forme que présentent les cristaux de rubis obtenus par M. Fremy (*Comptes rendus de l'Académie des Sciences*, année 1888, t. CVI, p. 567).

Des Cloizeaux et Lacroix. La phénacite de Saint-Christophe-en-Oisans (Dauphiné) (*Bulletin de la Soc. franç. de Minéralogie*, année 1894, t. XVII, p. 33).

— et Pisani. Étude sur la pierre de soleil (*Bulletin de la Soc. franç. de Minéralogie*, année 1885, t. VIII, p. 6).

Desdemaine-Hugon. 1. Les champs diamantifères du Cap (*Comptes rendus de l'Académie des Sciences*, t. LXXVII, 27 octobre 1873, p. 943).

— 2. Les mines de diamant du Cap (*Revue des Deux-Mondes*, 1ᵉʳ juin 1874).

Despretz. 1. Fusion et volatilisation des corps réfractaires (*Comptes rendus de l'Académie des Sciences*, t. XXVIII, 18 juin 1849, p. 755; t. XXIX, 17 décembre 1849, p. 709; t. XXX, 1ᵉʳ avril 1850, p. 367).

— 2. Observations sur le charbon (*Comptes rendus de l'Académie des Sciences*, t. XXXVII, 5 et 12 septembre 1853, p. 369 et 443).

Deville (H. Sainte-Claire). Production artificielle de l'émeraude (*Comptes rendus de l'Académie des Sciences*, t. LII, année 1867, p. 780).

— et Caron. 1. Production artificielle du zircon (*Comptes rendus de l'Académie des Sciences*, t. XXXII, année 1831, p. 625; t. XLVI, année 1858, p. 764, et t. LII, année 1861, p. 780; *Annalen der Chemie und Pharmacie*, t. LXXX, p. 222, et t. CXX, p. 176; *Journal für praktische Chemie*, t. LIII, p. 123).

Deville (H. Sainte-Claire) et Caron. 2. Reproduction de la cymophane (*Comptes rendus de l'Académie des Sciences*, t. XLVI, année 1857, p. 746 ; *L'Institut*, année 1858, p. 133 ; *Annalen der Chemie und Pharmacie*, t. CVIII, p. 55 ; *Journal für praktische Chemie*, t. LXXIV, p. 157).

— — — 3. Reproduction des minéraux (*Annales de Physique et de Chimie*, 4ᵉ série, t. V, p. 104, et *Annales des Mines*, 7ᵉ série, t. I, année 1872, p. 239).

Diamant (Le). Revue mensuelle des pierres précieuses (O. Wallach, directeur), 15ᵉ année, Paris.

Dieseldorff (A.). La néphrite dans sa roche mère et nouveaux gisements de néphrite en Nouvelle-Zélande (*Bulletin de la Soc. franç. de Minéralogie*, t. XXIV, année 1901, p. 508).

Dieudonné (E.). Les diamants (*Le Messager de Paris*, 24 novembre 1905).

Dieulafait (Louis). Diamant et pierres précieuses. — Un vol. in-12, 325 pages et 130 figures, Hachette, éditeur, Paris, 1871.

Diguet (Léon). 1. La pêche de l'huître perlière dans le golfe de Californie (*Bulletin de la Soc. centrale d'aquiculture de France*, t. VII, année 1895, p. 1).

— 2. Sur la formation de la perle fine chez la Meleagrina margaritifera (*Comptes rendus de l'Académie des Sciences*, t. CXVIII, n° 26, 26 juin 1899, p. 1589).

— 3. L'exploitation de l'huître perlière dans le golfe de Californie (*Bulletin de la Soc. centrale d'aquiculture de France*, juillet 1899, p. 1)

— 4. La culture de l'huître perlière et la formation de la perle (*Revue scientifique*, 14 octobre 1899, p. 494).

Diller. — V. Clarke et Diller, p. 470.

Doman (A.). The Great Diamond mines of South Africa (*The African World Annual*, 1912, p. 325).

Dodron (C.-J.). Exploitation des mines : gîtes minéraux, pierres précieuses, minerais. —Vol. in-8°, avec figures, Béranger, éditeur, Paris, 1912.

Dœlter (C.). 1. Influence des rayons Rœntgen sur certains minéraux (*Bulletin de la Soc. franç. de Minéralogie*, année 1896, t. XIX, p. 88).

— 2. Sur la détermination du point de fusion des minéraux (*Bulletin de la Soc. franç. de Minéralogie*, t. XXIV, année 1901, p. 518).

Dorlhac (J.). Notice sur le Coupet, gisement de gemmes (saphir) et d'ossements fossiles (*Annales de la Société académique du Puy*, t. XIX, p. 397).

Douglas-Sterrett. Les mines de saphir de Montana (États-Unis) (*Mining World*, 26 septembre 1908).

Duboin (A.). Le principe colorant du saphir (*Revue générale des Sciences*, 15 août 1898, p. 598).

Dubois (Raphaël). 1. Sur le mode de formation des perles dans Mytilus edulis Linn. (Comptes rendus de l'*Association française pour l'avancement des Sciences*, Congrès d'Ajaccio, 1901, 1ʳᵉ partie, p. 149, et *Comptes rendus de l'Académie des Sciences*, 14 octobre 1901).

— 2. Sur la nature et la formation des perles fines naturelles (*Congrès intern. des pêches fluviales et maritimes de 1900*, p. 511. — A. Challamel, éditeur, Paris, 1901.

— 3. Sur la pintadine (huître perlière) de Tunisie (*Bulletin de la Société de Biologie*, année 1903, t. LV, p. 1638).

— 4. L'origine des perles fines chez Mytilus Galloprovincialis Lam. (*Comptes rendus de l'Académie des Sciences*, 17 janvier 1903).

— 5. Sur l'acclimatation et la culture des pintadines, ou huîtres perlières vraies, sur les côtes de France et sur la production des perles fines (*Comptes rendus de l'Académie des Sciences*, 19 octobre 1903).

— 6. Sur les perles de nacre (*Comptes rendus de l'Académie des Sciences*, 24 février 1904).

Dubois (Raphaël). 7. A propos de diverses communications sur les perles fines (*Bulletin de la Société de Biologie*, mars 1904).

— 8. Sur le mécanisme sécréteur producteur des perles (*Comptes rendus de l'Académie des Sciences*, 14 mars 1904).

— 9. Présentation de coupes de perles fines sans noyau parasitaire prouvant l'existence d'une margaritose non parasitaire (*Comptes rendus de l'Assoc. franç. pour l'avancement des Sciences*, Congrès de Lyon, 1906).

— 10. Sur un sporozoaire parasite de l'huître perlière ; son rôle dans la formation des perles fines (*Bulletin de la Soc. de Biologie*, t. LXII, année 1907, p. 310.

— 11. Sur les métamorphoses du distome parasite des Mytilus perliers (*Bulletin de la Soc. de Biologie*, t. LXIII, année 1907, p. 334).

— 12. Contribution à l'étude des perles fines et des animaux qui les produisent.— Un vol. grand in-8°, 128 pages, 10 figures et 4 planches hors texte, Baillière, éditeur, Paris, 1909.

— 13. La clasmatose coquillière et perlière : son rôle dans la formation de la coquille des mollusques et des perles fines (*Comptes rendus de l'Académie des Sciences*, t. CLIV, 4 mars 1912, p. 667).

— 14. Sur un microcoque des concrétions calcaires, à propos de l'origine parasitaire des perles (*Comptes rendus de l'Académie des Sciences*, t. CLVI, 21 avril 1913, p. 1274).

Dufour (A.). Sur un thermomètre en quartz pour hautes températures (*Comptes rendus de l'Académie des Sciences*, 19 mars 1900, p. 775).

Dufrénoy. Note sur un cristal de diamant provenant du district de Bagagem au Brésil (*Comptes rendus de l'Académie des Sciences*, t. XL, 3 janvier 1855, p. 3).

Dumas et **Stass.** 1. Analyse de cendres de diamant (*Comptes rendus de l'Académie des Sciences*, t. XI, 21 décembre 1840, p. 991).

— — 2. Sur le véritable poids atomique du carbone (*Comptes rendus de l'Académie des Sciences*, t. XI, 21 décembre 1840, p. 991, et *Annales de Physique et de Chimie*, 3e série, année 1841, p. 5).

Dumont (G.) et **Jourdan.** Les pierres précieuses. — Un vol. in-12, 77 pages et 56 figures, Larousse, éditeur, Paris, 1897.

Dünn. 1. On the mode of occurrence of diamonds in South Africa (*Quarterly Journal of the Geol. Soc. of London*, année 1874).

— 2. Further notes on the diamond fields of South Africa (*Quarterly Journal of the Geol. Soc. of London*, année 1877).

— 3. Notes of the diamonds fields, South Africa (*Quarterly Journal of the Geol. Soc. of London*, année 1881).

Duparc (L.). Sur une pyroxénite riche en spinelles (*Bulletin de la Soc. franç. de Minéralogie*, année 1913, t. XXXVI, p. 18).

Duparc, Wunder et **Sabot.** 1. Contribution à la connaissance des minéraux des pegmatites de Madagascar ; note sur le béryl de divers gisements situés dans les environs d'Antsirabé (*Bulletin de la Soc. franç. de Minéralogie*, année 1910, t. XXXIII, p. 53, et année 1911, t. XXXIV, p. 131).

— 2. Les pegmatites gemmifères d'Antsirabé, à Madagascar (*Mémoires de la Société de Physique et d'Histoire naturelle de Genève*, t. XXXVI, année 1910, p. 391).

— 3. Notice minéralogique sur le chrysobéryl et la tourmaline de l'Oural (*Bulletin de la Soc. franç. de Minéralogie*, année 1911, t. XXXIV, p. 139).

Dupont (E.). Notice sur le sondage au diamant (*Annales des Mines*, 7ᵉ série, t. VIII, année 1875, p. 156).

Dutens. Des pierres précieuses et des pierres fines : moyens de les reconnaître et de les évaluer. — Un vol. in-18, Paris, 1776.

Dutremblay du May. Décoloration momentanée et changements de couleur observés sur des agates soumises à l'influence des rayons solaires (*Bulletin de la Soc. franç. de Minéralogie*, année 1886, t. IX, p. 216).

***

Ebelmen. 1. Production artificielle de l'opale (*Comptes rendus de l'Académie des Sciences*, t. XXI, année 4845, p. 527, et t. XXVI, année 1847, p. 854; *L'Institut*, année 1845, p. 310, et année 1867, p. 398; *Annalen der Chimie und Pharmacie*, t. LXVI, p. 457; *Journal für praktische Chemie*, t. XXXVIII, p. 58; *Poggendorff's Annalen der Physik und Chemie*, t. LXVI, p. 457; *Jahrbuch fur Mineralogie*, année 1845, p. 832, et année 1847, p. 570).

— 2. Reproduction de la cymophane (*Comptes rendus de l'Académie des Sciences*, t. XXV, année 1847, p. 279, et *Annales de Chimie et de Physique*, t. XXII, p. 211).

— 3. Production artificielle de l'émeraude (*Annales de Physique et de Chimie*, t. XXII, année 1848, p. 211).

— 4. Recherches sur de nouvelles méthodes de cristallisation par la voie sèche et sur leur application à la reproduction des espèces minérales (*Comptes rendus de l'Académie des Sciences*, 12 mars, 3 mai et 17 novembre 1851, et *Annales des Mines*, 5ᵉ série, t. IV, année 1853, p. 173).

— 5. Production artificielle du péridot chrysolite (*Comptes rendus de l'Académie des Sciences*, année 1851, t. XXXII, p. 330 et 713 ; *Annales de Physique et de Chimie*, t. XXXIII, p. 51; *Journal fur praktische Chemie*, t. LIV, p. 143, et t. LV, p. 342; *Annalen der Chimie und Pharmacie*, t. LXXX, p. 205 et 211 ; *L'Institut*, année 1851, p. 73 et 180).

— 6. Minéralogie appliquée aux arts. — 3 vol. in-8º, Paris, 1853.

Egoroff. Sur le dichroïsme produit par le radium dans le quartz incolore (*Comptes rendus de l'Académie des Sciences*, 10 avril 1905, p. 1027).

Ehrenberg (C.-G.). Ueber die Natur und Bildung der Coralleninseln und Corallenbänke in Rothen Meere, Berlin, 1834.

Emanuel (H.). Diamonds and precious stones : their history, value, and distinguishing characteristics. — Un vol. in-4º avec 7 planches en couleurs, Londres, 1865.

Enault (L.). Les diamants de la Couronne. — Un vol. in-8º, avec 8 phototypies, Bernard, éditeur, Paris, 1884.

Epiphanius (Saint-Épiphane). De duodecim gemmis quæ erant in veste Aaronis. — Un vol. in-12, Tiguri, 1565.

Erckmann. — V. Weiss et Erckmann, p. 509.

Escard (Jean). 1. La production artificielle des gemmes alumineuses ou gemmes orientales (*Revue d'Électrochimie*, t. VII, nº 9, septembre 1913, p. 238).

— 2. L'industrie des pierres précieuses (*Le Technicien*, Bruxelles, t. II, nº 24, septembre 1913, p. 196).

— 3. Le Carbone (diamant, gisements diamantifères, essais de reproduction, utilisation industrielle). — Un vol. in-8º de 800 pages, avec 130 figures et une planche hors texte, Dunod et Pinat, éditeurs, Paris, 1906.

— 4. L'outillage diamanté et l'emploi des gemmes de grande dureté dans la mécanique de précision (*Revue de Mécanique*, t. XXXIII, nº 3, 30 septembre 1913, p. 276).

Escard (Jean). 5. La production artificielle du diamant; état actuel de la question (*La Houille blanche*, 12ᵉ année, n° 7, 25 juillet 1913, p. 216).

— 6. Le rubis (*Le Cosmos*, 62ᵉ année, 12 juin 1913, p. 655).

— 7. La taille du diamant (*La Science et la Vie*, n° 4, juillet 1913, p. 65).

— 8. Les gemmes phosphorescentes et fluorescentes (*La Nature*, 41ᵉ année, 2 août 1913, p. 163).

— 9. Le corindon : son utilisation dans l'industrie mécanique et métallurgique (*Revue de Mécanique*, t. XXXIII, n° 3, 30 septembre 1913, p. 288).

— 10. Propriétés et utilisation du quartz fondu (*La Technique moderne*, t. VII, n° 6, 15 septembre 1913, p. 184).

— 11. L'exploitation des tourmalines et des béryls à Madagascar (*Revue industrielle*, 44ᵉ année, 30 août 1913, p. 479).

— 12. Les perles (*Moniteur de la Bijouterie*, 30ᵉ année, n° 10, 25 mai 1913, p. 15).

— 13. Le Corail (*Moniteur de la Bijouterie*, 30ᵉ année, n° 12, 25 juin 1913, p. 11).

— 14. L'Ambre (*Moniteur de la Bijouterie*, 30ᵉ année, n° 11, 10 juin 1913, p. 29).

— 15. Action de diverses radiations sur les pierres précieuses : rayons X, rayons cathodiques, rayons ultra-violets, rayons radioactifs (*La Lumière électrique*, 35ᵉ année, 28 juin 1913, p. 401).

— 16. La couleur des pierres précieuses (*Revue scientifique*, 5 juillet 1913, p. 14).

— 17. L'exploitation des gisements diamantifères (*Le Génie civil*, t. LXIII, n° 7, 14 juin 1913, p. 121).

— 18. Les gemmes gravées (*L'Art décoratif*, 1ᵉʳ semestre 1914).

— 19. Les matières abrasives (diamant, corindon, etc.). — Un vol. in-8° de 165 pages avec 107 figures. Librairie polytechnique Béranger, Paris, 1909.

— 20. Les fours électriques (production artificielle du diamant). — Un vol. in-8° de 535 pages avec 220 figures. — Dunod et Pinat, éditeurs, Paris, 1905.

— 21. Sur la formation naturelle du diamant et les moyens les plus propres à sa préparation artificielle (*Revue scientifique*, 9 mars 1907, p. 302).

— 22. Emploi du corindon pour le travail des métaux et les recherches métallographiques (*La Nature*, n° 1833, 11 juillet 1908, p. 82).

— 23. La chimie des corps durs (*Revue scientifique*, 5 septembre 1908, p. 300).

— 24. Les gemmes à inclusions rares (*Moniteur de la Bijouterie*, 30ᵉ année, n° 22, 25 novembre 1913, p. 31).

— 25. Les pierres précieuses de Madagascar (*Bulletin de la Soc. d'Histoire naturelle d'Autun*, t. XXVI, année 1913, p. 202).

— 26. Sur les dispositifs pour la détermination de la densité des minéraux (*Comptes rendus de l'Académie des Sciences*, t. CLIV, 11 mars 1912, p. 693).

— 27. Sur un nouveau densivolumètre à niveau applicable à la mesure rapide de la densité des minéraux (*Comptes rendus de l'Académie des Sciences*, t. CLIV, 6 mai 1912, p. 1242, et *Annales de Chimie analytique*, t. XVII, n° 10, 15 octobre 1912, p. 368).

— 28. La science des gemmes (*Le Correspondant*, 10 août 1911).

— 29. Le rôle des gemmes dans l'Histoire : attributs et propriétés (*La Grande Revue*, 2ᵉ semestre 1914).

— 30. Les agates : exploitation et traitement (*Moniteur de la Bijouterie*, 30ᵉ année, n° 22, 25 novembre 1913, p. 26).

— 31. Contribution à l'étude et à la connaissance pratique des gemmes (*Moniteur de la Bijouterie*, 30ᵉ année, n° 23, 10 décembre 1913, p. 19).

Eschewège et **Combes**. Esquisse géognostique du Brésil suivie d'une dissertation sur la gangue originaire du diamant (*Annales des Mines*, t. VIII, année 1823, p. 402, et t. X, année 1825, p. 247).

.•.

Farrington (O.-C.). La composition chimique de l'iolite (*Amer. Journal of Science*, 3ᵉ série, t. XLIII, année 1894, p. 43, et *Bulletin de la Soc. franç. de Minéralogie*, année 1894, t. XVII, p. 101).

Faujas. Les moulins à agate d'Oberstein, in *Voyage géologique à Oberstein*. — Un vol. 1801.

Fauvel (A.). 1. Les diamants chinois (*La Nature*, 8 juillet 1899).
—   2. Perles curieuses (*La Nature*, 21 mars 1903).
—   3. La culture forcée des perles en Chine (*Le Cosmos*, 2 mai 1903).

Fazl (Abdul). Les mines de Wairagarh (Indes) en 1590. — Aïn-i-Akbari, *Gladwinn's Trans.*, vol. II).

Feil. — V. FREMY et FEIL, p. 480, et GAUDIN et FEIL, p. 482.

Fellenberg. Analyse d'un péridot ferrique (*Annales des Mines*, 3ᵉ série, année 1841, t. XIX, p. 693).

Persmann (Von) et V. GOLDSMITH. Der Diamant. — Un vol. in-8º et un atlas, Heidelberg, 1911.

Féry (Ch.). Sur un nouveau réfractomètre (*Comptes rendus de l'Académie des Sciences*, t. CXIII, 28 décembre 1891, p. 1028).

Feutchwanger. A Treatise of gems. — Un vol., New-York, 1838.

Fieux (J.). Gisements diamantifères en Colombie (*Bulletin de la Société française des ingénieurs coloniaux*, nº 58, 4ᵉ trimestre 1910, p. 523).

Filipi (Ph. de). Sull' origine delle Perle, Turin, 1852. — Traduit en allemand par Küchenmeister in *Müller's Archiv*, année 1856, pp. 251 et 490.

Fischer. 1. Essai sur les turquoises (*Annales des Mines*, année 1823, t. VIII, p. 326).
—   2. Nephrit und Jadeit. — Un vol., Stuttgart, 1875.
—   3. Sur la jadéite (*Revue archéologique*, juillet 1878).

Fizeau. Sur la dilatation du diamant sous l'influence de la chaleur (*Comptes rendus de l'Académie des Sciences*, t. LX, 5 juin 1865, p. 1161, et *Annales de Chimie et de Physique*, 4ᵉ série, t. VIII, p. 335).

Fladung. Edelsteinskunde. — Un vol., Vienne, 1828.

Flight. — V. MASKELYNE et FLIGHT, p. 497.

Flinders Petrie (W.-M.). Art. PRECIOUS STONES in *Dictionary of the Bible*, par Hastings, t. IV, p. 619, année 1902.

Flusin (G.). Le corindon artificiel (*Bull. de la Soc. intern. des électriciens*, juin 1913, p. 591).

Fontanieu (M.). L'art de faire les cristaux colorés imitant les pierres précieuses. — Un vol. in-8º, Paris, 1778.

Fontenay. — V. JANNETTAZ, VANDERHEYM, FONTENAY et COUTANCE, p. 488.

Fontenelle (J. de) et MALEPEYRE. 1. Les pierres précieuses (*Revue minière de Madagascar*, 1906).
—   2. Manuel complet du bijoutier-joaillier (*Manuels Roret*). — Un vol. in-18 avec planches, Roret, éditeurs, Paris, 1884.
—   3. Manuel complet du verrier, fabricant de cristaux, pierres précieuses factices, etc. (*Manuels Roret*). — Deux vol. in-18 avec planches, L. Mulo, éditeur, Paris, 1900.
   V. aussi ROMAN, DE FONTENELLE et MALEPEYRE, p. 504.

Foote. Les mines de diamants de Bijapur (Indes) (*Mem. Geol. Survey of India*, vol. XII).
—   V. aussi PENFIELD et FOOTE, p. 502.

Forbes. — V. PENFIELD et FORBES, p. 502.

Forbin (V.). Le Cullinan ou diamant des Boërs (*La Nature*, 31 août 1907 et 17 octobre 1908).

Forchhammer. 1. Composition de la topaze (*Annales des Mines*, 4ᵉ série, année 1844, t. V, p. 607).
—   2. Analyse du corindon bleu de Sibérie (*Poggend. Annalen*, t. XCI, p. 568, année 1854).

480 LES PIERRES PRÉCIEUSES

Fouqué et **Michel-Lévy**. 1. Minéraux reproduits artificiellement par voie ignée : oligoclase, labrador, grenat (*Bulletin de la Soc. franç. de Minéralogie*, année 1879, t. II, p. 105).

— 2. Note sur les roches accompagnant et contenant le diamant dans l'Afrique australe (*Bulletin de la Soc. franç. de Minéralogie*, année 1879, t. II, p. 216).

— 3. Sur la production artificielle de l'oligoclase, du labrador et de l'anorthite (*Comptes rendus de l'Académie des Sciences*, t. XC, 15 mars 1880, p. 620).

— 4. Synthèse des minéraux et des roches. — Un vol. in-8°, 425 pages et 1 planche en couleurs, Masson, éditeur, Paris, 1882.

Fourcroy. Combustion du diamant (*Gilberts Annalen der Physik*, t. IV).

Franchet (L.). De l'analogie de l'émeraude et du zircon au point de vue des propriétés colorantes en atmosphère réductrice (*Bulletin de la Société d'Histoire naturelle d'Autun*, année 1902, p. 165).

Frédéric (César). Les gisements de Golconde (1570).

Fremy (E.). 1. Production artificielle de l'opale (*Compte rendus de l'Académie des Sciences*, année 1868, t. LXVII, p. 1081).

— 2. Production artificielle du rubis (*Comptes rendus de l'Académie des Sciences*, t. 104, année 1887, p. 737),

— 3. La Synthèse du rubis. — Un vol. in-4°, 30 pages et 22 planches hors texte en couleurs, Dunod, éditeur, Paris, 1891.

Fremy et **Feil.** Sur la production artificielle du corindon, du rubis et de différents silicates cristallisés (*Comptes rendus de l'Académie des Sciences*, t. LXXXV, 3 décembre 1877, p. 1029).

Fremy et **Verneuil.** 1. Action des fluorures sur l'alumine (*Comptes rendus de l'Académie des Sciences*, t. CIV, année 1887, p. 738).

— 2. Production artificielle de cristaux rhomboédriques de rubis (*Comptes rendus de l'Académie des Sciences*, année 1888, t. CVI, p. 565).

— 3. Nouvelles recherches sur la synthèse du rubis (*Comptes rendus de l'Académie des Sciences*, t. CXI, année 1890, p. 667).

— V. aussi **Halphen** et **Fremy**, p. 485.

Friedel (Charles). 1. Sur un cristal de diamant hémitrope (in *Traité de minéralogie de Dufrénoy*, 2ᵉ édit., t. II, p. 92, année 1856).

— 2. Note sur deux cristaux de zircon basés de Serro-de-Frio (Brésil) (*Annales des Mines*, 5ᵉ série, année 1856, t. IX, p. 629).

— 3. Sur certaines altérations des agates (*Comptes rendus de l'Académie des Sciences*, t. LXXXI, année 1875, p. 979).

— 4. Sur les minéraux associés au diamant dans l'Afrique australe (*Bulletin de la Soc. franç. de Minéralogie*, année 1879, t. II, p. 197).

— 5. Pyroélectricité de la topaze et du quartz (*Bulletin de la Soc. franç. de Minéralogie*, année 1879, t. II, p. 31).

— 6. Sur la combustion du diamant (*Bulletin de la Soc. chimique de France*, t. XI, année 1883, p. 514).

— 7. Les faux rubis (*Le Génie civil*, 6 novembre 1886).

— 8. Sur un gisement de diamants et de saphirs d'Australie (*Bulletin de la Soc. franç. de Minéralogie*, année 1888, t. XI, p. 64).

— 9. Sur une pierre de fronde canaque en péridot (*Bulletin de la Soc. franç. de Minéralogie*, année 1892, t. XV, p. 256).

Friedel (Charles). 10. Sur l'existence du diamant dans le fer météorique de Canon-Diablo (*Comptes rendus de l'Académie des Sciences*, t. CXV, 12 décembre 1892, p. 1037, et *Bulletin de la Soc. franç. de Minéralogie*, année 1892, t. XV, p. 258).

— 11. Sur la reproduction du diamant (*Comptes rendus de l'Académie des Sciences*, t. CXVI, année 1893, p. 224).

— 12. Sur le fer météorique (diamantifère) de Canon-Diablo (*Comptes rendus de l'Académie des Sciences*, t. CXVI, année 1893, p. 290).

— 18. Cours de Minéralogie professé à la Faculté des Sciences de Paris. — Un vol. in-8°, 400 pages, Masson, éditeur, Paris, 1893.

Friedel (Ch. et Georges). Production artificielle de la sodalite (*Compte rendus de l'Académie des Sciences*, t. CX, année 1890, p. 1170, et *Bulletin de la Soc. franç. de Minéralogie*, t. XIII, année 1890, p. 183).

Friedel (Ch.) et J. Curie. 1. Sur la pyroélectricité du quartz (*Bulletin de la Soc. franç. de Minéralogie*, année 1882, t. V, p. 282).

— 2. Sur la pyro-électricité de la topaze (*Comptes rendus de l'Académie des Sciences*, t. C, année 1885, p. 213, et *Bulletin de la Soc. franç. de Minéralogie*, année 1885, t. VIII, p. 16-27).

Friedel (Ch.) et Sarrazin. Reproduction artificielle du quartz cristallisé (*Bulletin de la Soc. franç. de Minéralogie*, année 1879, t. II, p. 113).

Friedel (Georges). 1. Sur les figures de corrosion du quartz à haute température (*Bulletin de la Soc. franç. de Minéralogie*, année 1902, t. XXV, p. 112).

— 2. Production du corindon par voie humide en liqueur alcaline (*Bulletin de la Soc. franç. de Minéralogie*, année 1891, t. XIV, p. 7).

— 3. Sur un gisement de dumortiérite (*Bulletin de la Soc. franç. de Minéralogie*, année 1912, t. XXXV, p. 211).

Friedländer. 1. Production artificielle du diamant au moyen de l'olivine (*Verh. d. Ver. z. Belörd. d. Gewerbefleisses*), Berlin, 1898.

— 2. L'emploi des outils diamantés (*Werkstattstechnik*, novembre 1908, et *Le Génie civil*, 12 décembre 1908).

Fromholt (Félix). 1. Perforage au diamant (*Comptes rendus de l'Académie des Sciences*, 4 janvier 1892).

— 2. Mémoire sur les scies diamantées (*Bulletin de la Société d'encouragement pour l'industrie nationale*, août 1894 et juin 1898).

— 3. Perforatrices diamantées (*Bulletin de la Société d'encouragement pour l'industrie nationale*, avril 1901).

Frossard. Les gisements de corindon des Pyrénées françaises (*Bulletin de la Soc. franç. de Minéralogie*, t. 1891, t. XIV, p. 77).

Fuchs et De Launay. Traité des gîtes minéraux et métallifères. — Un vol. in-8° avec figures, Béranger, éditeur, Paris, 1895.

Fugger. Les diamants de Charles-le-Téméraire (in *Bibliotheca cœsarea*, 1555).

Furtwaengler. 1. Studien über die Gemmen mit Kunstlerinschriften (*Jahrbuch des Kais. deuts. archæol. Instituts*, année 1888, p. 197).

— 2. Catalogue des gemmes du Musée de Berlin. — Un vol., 1900.

— 3. Die antiken Gemmen. — 3 vol. in-4° avec planches, Leipzig, 1900.

Gallardo-Bastant (L.). Sur un diamant qui devient rose par l'action de la chaleur (*Comptes rendus de l'Académie des Sciences*, année 1866, t. LXII, p. 1193).

Gannal. Observations sur l'action du phosphore sur le carbure de soufre (à propos de la préparation artificielle du diamant (*Comptes rendus de l'Académie des Sciences*, 23 novembre 1828, et *Schweig. J. Chemie*, t. III, p. 468).

Gansius (J.-G.). Corallorum historia. — Un vol. in-12, 176 pages, Francfort, 1630.

Garnier. 1. Les Mines de diamant au Cap et au Transvaal (*La Nature*, 18 juillet 1896, p. 99).

— 2. L'or et le diamant au Transvaal et au Cap. — Un vol. in-8° avec fig. et planches, Béranger, éditeur, Paris, 1896.

Gascard. — V. Buguet et Gascard, p. 469.

Gasquel. Gisements diamantifères de la région sud-est de l'île de Bornéo (*Annales des Mines*, 9ᵉ série, t. XX, année 1901, p. 5, et *Bulletin de la Soc. franç. de Minéralogie*, t. XXIV, année 1901, p. 509).

Gassiot. Combustion du diamant (*Chemical Gazette*, année 1850).

Gaubert (Paul). 1. Les pierres précieuses. — Une broch. in-12, 28 pages, H. Gautier, éditeur, Paris, 1895.

— 2. Sur la coloration artificielle des cristaux (*Bulletin du Muséum d'histoire naturelle*, année 1895, n° 7, p. 282)

— 3. Sur les figures de corrosion des cristaux (*Bulletin du Muséum d'histoire naturelle*, année 1896, n° 1, p. 34).

— 4. Sur la dureté des minéraux (*Bulletin du Muséum d'histoire naturelle*, année 1906, n° 1, p. 67).

— 5. La californite, variété d'idocrase (*Bulletin de la Soc. franç. de Minéralogie*, année 1906, t. XXIX, p. 87).

— 6. La bénitoïde (*Bulletin de la Soc. franç. de Minéralogie*, année 1908, t. XXXI, p. 167).

Gaudin et Feil. Sur la production de quelques pierres précieuses artificielles (*Comptes rendus de l'Académie des Sciences*, t. LXIX, année 1869, p. 1342; t. LXX, année 1870, pp. 40, 102 et 238).

Gautier (Armand). 1. Sur les appareils en quartz fondu (*Comptes rendus de l'Académie des Sciences*, 26 mars 1900).

— 2. Action de l'acide fluorhydrique sur le quartz (*Comptes rendus de l'Académie des Sciences*, 21 juillet 1913).

Genth (F.-A.). Le corindon : principales variétés et associations minérales (*Travaux du Laboratoire de l'Université de Pensylvanie*, Philadelphie, 1873).

Gentil (L.). Sur un gisement de grenat mélanite en Algérie (*Bulletin de la Soc. franç. de Minéralogie*, année 1894, t. XVII, p. 269).

Gérard (Marcel). Méthode simple pour mesurer la densité des poudres minérales (*Revue industrielle*, 3 mai 1913, p. 241).

Gerbel-Strover. — V. Pettigrew et Gerbel-Strover, p. 502.

Giard (A.). 1. Sur un distome parasite de certains pélécypodes perliers (*Bulletin de la Soc. de Biologie*, série 10, t. IV, année 1897, p. 956).

— 2. L'épithélium sécréteur des perles (*Bulletin de la Société de Biologie*, t. LV, année 1903, p. 1618).

— 3. L'origine parasitaire des perles fines (*Le Naturaliste*, 1ᵉʳ décembre 1903).

Gibbs (W.). Analyse du zircon (*Annales de Poggendorf*, t. LXXI, p. 559, et *Annales des Mines*, 4ᵉ série, année 1869, t. XV, p. 82).

Gilfillen. On the diamonds Districts of the Cape of good Hope (*Quart. Journ. of the Geolog. Society*, année 1871).

Gill. Contribution à la connaissance du quartz (*Zeitschrift für Krystallogr.*, t. XXI, p. 97, et *Bulletin de la Soc. franç. de Minéralogie*, t. XVIII, année 1895, p. 63).

Gillet de Laumont. Note sur le triphane (*Annales des Mines*, année 1818, t. VII, p. 125).

Gimma. Della storia naturale delle Gemme. — Un vol., Naples, 1730.

Girard (Ch.). Art. Corindon in *Grande Encyclopédie*, t. XII, p. 967.

Girard (F.-G.). Le diamant et sa formation (*La Science illustrée*, 22 août 1903).

Glocker. Ueber brasilianische Diamanten (*Journal für praktische Chemie*, t. XXXV et XXXVIII).

Gmelin. 1. Analyse de l'essonite de Ceylan (*Annales des Mines*, année 1825, t. X, p. 269).

— 2. Analyse de la tourmaline (*Annales des Mines*, 1825, t. X, p. 276).

Godron. Les perles de la Vologne (*Mémoires de l'Académie de Stanislas*, année 1870, p 10, Nancy).

Goldsmith (V.). V. Fersmann, p. 479.

Gonnard (Ferdinand). 1. Sur les filons de quartz de Charbonnières-lès-Varennes (*Comptes rendus de l'Académie des Sciences*, 22 octobre 1880).

— 2. Sur la tourmaline de Roure (Puy-de-Dôme) (*Bulletin de la Société française de Minéralogie*, année 1882, t. V, p. 269).

— 3. Les gisements de fibrolite du Plateau Central (*Bulletin de la Soc. franç. de Minéralogie*, année 1883).

— 4. Minéralogie du département du Puy-de-Dôme. — Un vol. in-8°, 200 pages, Paris et Clermont-Ferrand, 1885.

— 5. Sur les roches à béryl du Velay et du Lyonnais (*Comptes rendus de l'Académie des Sciences*, année 1886).

— 6. De quelques roches grenatifères du Puy-de-Dôme (*Comptes rendus de l'Académie des Sciences*, t. CIII, année 1886, p. 654).

— 7. Sur un gisement d'épidote à Rhesmes en Piémont (*Bulletin de la Soc. franç. de Minéralogie*, année 1891, t. XIV, p. 225).

— 8. Le béryl de Droiturier, près La Palisse (Allier) (*Bulletin de la Soc. franç. de Minéralogie*, année 1892, t. XV, p. 32).

— 9. Sur une enclave feldspathique zirconifère (*Comptes rendus de l'Académie des Sciences*, 24 avril 1893).

— 10. Sur l'olivine de Maillargues, près d'Allanche (Cantal) (*Comptes rendus de l'Académie des Sciences*, 11 décembre 1893).

— 11. La cordiérite dans le granite du Velay (*Bulletin de la Soc. franç. de Minéralogie*, année 1894, t. XVII, p. 272).

— 12. Sur le corindon de Biella (Italie) (*Bull. de la Soc. franç. de Minéralogie*, année 1897, t. XX, p. 177).

— 13. Étude cristallographique du quartz des géodes de Meylan (Isère) (*Bulletin de la Soc. franç. de Minéralogie*, année 1889, t. XXII, p. 94).

— 14. Sur un cristal d'améthyste du Brésil (*Bulletin de la Soc. franç. de Minéralogie*, année 1902, t. XXV, p. 59).

— 15. Sur quelques cristaux de quartz (*Bulletin de la Soc. franç. de Minéralogie*, année 1902, t. XXV, pp. 56, 61, 90).

— 16. Sur le microcline de Vizéry, près Montbrison (*Bulletin de la Soc. franç. de Minéralogie*, année 1905, t. XXVIII, p. 17).

— 17. Le quartz du Dauphiné (*Bulletin de la Soc. franç. de Minéralogie*, année 1906, t. XXIX, p. 294).

— 18. Sur le groupe « cordiérite » dans le Puy-de-Dôme (*Bulletin de la Soc. franç. de Minéralogie*, année 1908, t. XXXI, p. 171).

— 19. Sur le péridot de Rentières (Puy-de-Dôme) (*Bulletin de la Soc. franç. de Minéralogie*, année 1909, t. XXXII, p. 78).

— 20. Sur les gisements gemmifères du Velay et de la Basse-Auvergne, leur distribution géographique dans ces deux régions et leurs rapports au point de vue des associations minérales qu'ils renferment (*Bulletin de la Soc. franç. de Minéralogie*, année 1910, t. XXXIII, p. 152).

Gonnard (Ferdinand). 21. Sur les corrosions profondes des cristaux de quartz par l'acide fluorhydrique (*Bulletin de la Soc. franç. de Minéralogie*, année 1910, t. XXXIII, p. 338).

— 22. Sur quelques cristaux de quartz de La Gardette (Isère) (*Bulletin de la Soc. franç. de Minéralogie*, année 1910, t. XXXIII, p. 344).

Gonnard (F.) et Fr. ADELPHE. Sur un gisement d'émeraudes à Biauchaud, près Saint-Pierre-la-Bourlhogne (Puy-de-Dôme) (*Bulletin de la Soc. franç. de Minéralogie*, année 1894, t. XVII, p. 614).

Gonnard (F.) et BARBIER. Sur le béryl des environs d'Olliergues (Puy-de-Dôme) (*Bulletin de la Soc. franç. de Minéralogie*, année 1910, t. XXXIII, p. 78).

Goodwin. Opacité relative de quelques minéraux pour les rayons Rœntgen (*Nature*, 30 avril 1896, et *Bulletin de la Soc. franç. de Minéralogie*, t. XIX, année 1896, p. 130).

Göppert. Ueber Einschlusse in Diamant. — Une broch., Dresde et Leipzig, 1854.

Gorceix. 1. Sur les gisements de diamants du Brésil (*Bulletin de la Soc. franç. de Minéralogie*, année 1880, t. III, p. 36).

— 2. Diamants et pierres précieuses du Brésil (*Revue scientifique*, 6 mai 1882, p. 553).

— 3. Les gisements diamantifères de Grao-Mogor, province de Minas Geraès (Brésil) (*Bulletin de la Société géologique de France*, 3ᵉ série, t. XII, 5 mai 1884, et *Comptes rendus de l'Académie des Sciences*, t. LXXXIII, 5 décembre 1881, p. 981).

— 4. Sur les gisements diamantifères de la province de Minas Geraès (*Bulletin de la Soc. franç. de Minéralogie*, année 1882, t. V, p. 9, et *Bulletin de la Soc. géologique de France*, 3ᵉ série, t. X, année 1882, n³ 3, p. 134).

— 5. Étude géologique des gisements de topazes de la province de Minas Geraès (*Annales scientifiques de l'École normale supérieure*, année 1882, et *Bulletin de la Soc. franç. de Minéralogie*, année 1882, t. V).

— 6. Note sur l'itacolumite (*Bulletin de la Société de géologie*, 3ᵉ série, t. XIII, année 1885, p. 272).

— 7. Sur le gisement de diamants de Cocaès, province de Minas-Geraès, au Brésil (*Comptes rendus de l'Académie des Sciences*, t. CV, 5 décembre 1887, p. 1139).

— 8. Minéralogie du Brésil, in *Le Brésil en 1889*, A. Delagrave, éditeur, Paris, 1889.

— 9. Les ressources minérales du Brésil ; leur utilisation (*Bulletin de la Société de géographie commerciale*, année 1908).

Gorgeu (A.). Production artificielle du grenat spessartine (*Bulletin de la Soc. franç. de Minéralogie*, année 1883, t. VI, p. 283, et *Comptes rendus de l'Académie des Sciences*, t. XCVII, année 1883, p. 1303).

Gradenwitz (A.). La production artificielle du diamant (*Revue générale des Sciences*, 30 août 1909, p. 701).

> Graffigny (De). Le diamant artificiel. — Un vol. in-12, 80 pages, 10 fig. Geissler, éditeur, Paris, 1906.

Grammont (De). Analyse spectrale de divers minéraux : labrador, triphane, rhodonite, béryl, grenat, spessartine, zircon (*Bulletin de la Soc. franç. de Minéralogie*, année 1898, t. XXI, p. 117).

Grand (S.). Méthode de culture de l'huître perlière dans les lagons de Tahiti (*Revue maritime et coloniale*, t. CXXV, mai 1895, p. 575).

Gravier (Ch.). Sur les formations coralliennes de l'île San-Thomé (Golfe de Guinée) (*Bulletin du Muséum d'histoire naturelle*, année 1906, n° 7, p. 543).

Gray. On the structure of Pearls and on the Chinese mode of producing them of a larger Size and regular Form (*Annals of Philosophy*, année 1825, t. IX, p. 27).

Grill. Bericht wie die chinesen ächte Perlen nachmachen (*Abhandl. d. Königl. Schwed. Akademie d. Wissensch.*, t. XXXIV, année 1772, p. 88).

Grosclaude. Les procédés d'extraction des diamants de l'Afrique australe (*Revue scientifique*, 17 octobre 1908, p. 498).

Groth (P.). Grundiss der Edelsteinkunde. — Vol. in-8°, Engelmann, édit., Leipzig, 1887.

Gruner. V. Lodin et Gruner, p. 496.

Grunling (Fr.). Sur les gisements des minéraux de Ceylan : spinelle, corindon, rubis, saphir, tourmaline, chrysobéryl (*Zeitschrift für Krystallogr.*, t. XXXIII, p. 209).

Guettard. Mémoire sur la minéralogie de l'Auvergne, Clermont-Ferrand, 1759.

Guignard. Les diamants du Sud de l'Afrique (*Revue de Métallurgie*, année 1910, t. VII, *Extraits*, p. 432).

Guillaume (Ch.-Ed.). Le carat métrique, in *Les récents progrès du système métrique* : rapports présentés au Comité international des poids et mesures (Annexe aux *Procès-verbaux des séances du Comité*, session de 1909, p. 15, et session de 1911, p. 12). Gauthier-Villars, édit., Paris. — V. aussi *La Nature*, 13 mai 1905, p. 574 ; 8 juillet 1905, p. 82 ; 3 novembre 1906, p. 363 ; 2 mai 1908, p. 348 ; 16 septembre 1911, p. 250, et *Le Cosmos*, n° 1095, année 1906, p. 59.

Günther. Exhibition of a small Fish of the genus Fierasfes im bedded in a Pearl-Oyster (*Proceedings Zool. Society*, année 1886, p. 318).

Guntz et Minguin. Procédé pour la préparation du diamant par l'action des rayons ultra-violets sur du carbone naissant (*Brevet français*, n° 438166, 7 mars 1911).

※ ※

Haardt (Henri). Les pierres précieuses : caractères minéralogiques, application pratique des rayons X à l'industrie de la joaillerie. — Broch. in-8°, 50 pages et 35 fig. (*Extrait du Moniteur de la Bijouterie*), Paris, 1909.

Hague. Ueber die natürliche und künstliche Bildung der Perlen in China (*Zeitschrift für Wiss. Zool.*, année 1857, t. VIII, p. 439).

Hähn. Topazes du Japon et de la Nouvelle-Galles du Sud (*Zeitschrift für Krystallogr.*, t. XXI, pp. 334 et 337, et *Bulletin de la Soc. franç. de Minéralogie*, t. XVIII, année 1895, p. 17).

Haidinger. Beschreibendes Verzeichniss einer Sammlung von Diamanten. — Un vol., Vienne, 1852.

Halphen (Ed.). 1. Art. Pierres précieuses in *Dictionnaire du Commerce*, Paris, 1840.

— 2. Art. Diamant in Dictionnaire des arts et de la navigation, Paris, 1859.

Halphen (Ed.). et Fremy. Sur un diamant particulier à couleur variable (*Comptes rendus de l'Académie des Sciences*, t. LXII, 7 mai 1866, p. 1036).

Hamlin (A.-C.). La tourmaline. — Un vol., Boston, 1873.

Hamonville (Baron d'). Les moules perlières de Billiers (*Bulletin de la Soc. zoologique de France*, t. XIX, année 1894, p. 140).

Hannay. 1. Mémoire sur la production artificielle du diamant (*Proceedings of the Royal Society Edimburgh*, année 1880, pp. 188 et 450).

— 2. De la reproduction du diamant (*Moniteur scientifique Quesneville*, année 1881).

Harley. 1. The chemical composition of Pearls (*Proceedings of the Royal Society of London*, t. XXXIII, p. 461).

— 2. The structural arrangement of the mineral matter sedimentary and crystalline Pearls (*Proceedings of the Royal Society of London*, t. IL, année 1889, p. 612).

Harting. Sur un diamant contenant des cristaux dans son intérieur (*Comptes rendus de l'Académie des sciences*, vol. XLVI, et *Mémoires de l'Académie royale d'Amsterdam*, année 1850).

Hasslinger (V.). Sur la reproduction du diamant par la fusion des silicates (*Monatsf. für Chemie*, t. XXIII, 8° fascicule, année 1902, p. 817, et *Bulletin de la Soc. franç. de Minéralogie*, t. XXV, année 1902, p. 374).

Hatch. 1. The Cullinan Diamond : a description of the big diamond found in the premier mine, Transvaal (*Smithsonian Report* for 1905, p. 212-213, n° 1676, et *Transactions of the geological Society of Sud Africa*, t. VIII, année 1905).

— 2. Découverte de diamants en Libéria (*Geological Magazine*, mars 1912, et *Revue scientifique*, 18 mai 1912, p. 624).

Haton de la Goupillière. Sondage au diamant noir (*Cours d'exploitation des mines*, t. I).

Haudiguer de Blancourt. L'art de la verrerie, où l'on apprend à faire le verre, ... les pierres précieuses, les perles, ... suivi d'un traité des pierres précieuses. — 2 vol. in-16, avec 8 pl. grav., Paris, Cl. Jombert, 1718.

Hautefeuille (P.). 1. Production artificielle du péridot (*Comptes rendus de l'Académie des Sciences*, t. LIX, année 1865, p. 734, et *Annales de Physique et de Chimie*, 4° série, t. IV, p. 174).

— 2. Étude sur la cristallisation de la silice par la voie sèche (*Bulletin de la Soc. franç. de Minéralogie*, année 1878, t. I, p. 1).

— 3. Mémoire sur la reproduction de quelques minéraux et sur une nouvelle méthode pour obtenir des combinaisons cristallisées par voie sèche (*Annales de l'Ecole normale supérieure*, 2° série, t. IX, p. 365).

Hautefeuille (P.) et **Perrey.** 1. Sur la reproduction de la phénacite et de l'émeraude (*Comptes rendus de l'Académie des Sciences*, t. CVI, 25 juin 1888, p. 1800).

— 2. Reproduction de la cymophane (*Comptes rendus de l'Académie des Sciences*, t. CVI, 13 février 1888, p. 487).

— 3. Sur la reproduction du zircon (*Comptes rendus de l'Académie des Sciences*, t. CVII, année 1888, p. 1000).

— 4. Sur la cristallisation de l'alumine et de la glucine (*Bulletin de la Soc. franç. de Minéralogie*, année 1890, t. XIII, p. 147).

— 5. Sur la cristallisation de l'alumine et de quelques autres oxydes dans l'acide chlorhydrique gazeux (*Comptes rendus de l'Académie des Sciences*, t. CX, année 1890, p. 1038).

— 6. Sur les combinaisons silicatées de la glucine (*Annales de Chimie et de Physique*, 6° série, t. XX, p. 447).

Haüy (Abbé). 1. Traité de Minéralogie. — 4 vol. in-8°, Paris, 1808.

— 2. Traité des caractères physiques des pierres précieuses pour servir à leur détermination lorsqu'elles ont été taillées. — Un vol. in-8°, 253 pages, 43 planches, Paris, 1817.

— 3. Sur l'usage des caractères physiques des minéraux pour la distinction des pierres précieuses qui ont été taillées (*Annales des Mines*, t. II, année 1817, p. 385).

Heaton (Noël). Le rubis : moyens pratiques pour découvrir les pierres artificielles. — Une broch. in-12, 12 pages et 10 fig. (Publication de *The Burma Ruby Mines Ltd*), Londres, 1913.

Heintz. Sur les causes de la coloration de diverses variétés de quartz (*Annales de Poggendorf*, t. L, p. 519 et *Annales des Mines*, p. 686, 4° série, t. VIII, année 1845).

Henneberg (W.). Notice sur le zircon (*Journal für praktische Chemie*, t. XXXVIII, p. 508, et *Annales des Mines*, 4° série, année 1847, t. XI, p. 664).

Henning (G.-C.). Outils en diamant (*The Iron Trade Review*, t. XXXVIII, année 1905, p. 64, et *Revue de Métallurgie*, t. II, Extraits, année 1905, p. 284).
V. aussi Holborn et Henning, p. 487.

Henrivaux (Jules). Le verre de quartz (*La Nature*, n° 1898, 9 octobre 1909).

Herdmann (W.-A.). Rapport du Gouvernement de Ceylan sur les pêcheries de perles du Golfe de Manaar. — Un vol. in-4°, avec planches (Publication de la *Royal Society*, Londres, 1903).

Hermann. Sur la tourmaline (*Journal für praktische Chemie*, t. XXXV, p. 232, et *Annales des Mines*, 4ᵉ série, année 1845, t. VIII, p. 705).

Hertz (H.). Définition de la dureté (*Verh. Berl. phys. Ges.*, p. 67, année 1882).

Hesse. Die Perlfischerei im Roten Meere (*Zool. Garten*, t. XXXIX, année 1898, p. 382).

Hessling (Von). Ueber die Ursachen der Perlbildung bei Unio margaritifer (*Zeitschrift für Wiss. Zoologie*, année 1858, t. IV, p. 543).

Heusser et **Claraz.** Gisement et exploitation du diamant dans la province de Minas-Geraes (Brésil) (*Revue de la Société allemande de géologie*, t. XI, p. 448, et *Annales des Mines*, 5ᵉ série, année 1860, t. XVII, p. 289).

Hidden et **Washington.** Contribution à la minéralogie de la Caroline du Nord : émeraude, tourmaline, quartz, topaze, corindon (*Bulletin de la Soc. franç. de Minéralogie*, année 1889, t. XII, p. 484).

Hidden et **Pratt.** La rhodolite, variété de grenat rose (*American Journal of Science*, avril 1898, p. 294, et *Bulletin de la Soc. franç. de Minéralogie*, t. XXII, année 1899, p. 39).

Hill. 1. Origine des turquoises (in *Notes sur Theophraste*, Londres, 1746).

— 2. Lettre sur les couleurs du saphir et de la turquoise. — Un vol. in-12, Paris, 1754.

Hintze. Sur les topazes du sud-ouest de l'Afrique (*Bulletin de la Soc. franç. de Minéralogie*, année 1890, t. XIII, p. 45).

Hisinger. Analyse du grenat almandin (*Annales de Chimie*, t. X, p. 275, et *Annales des Mines*, t. V, année 1820, p. 233).

Holborn et **Henning.** Coefficient de dilatation du quartz fondu (*Annalen der Physik*, vol. X, année 1903, p. 446).

Home (Everard). On the production and formation of Pearls (*Philosophical Transactions of the Royal Society of London*, année 1826, t. CXVI, p. 338).

Honoré (F.). Le problème des diamants (*Moniteur de la Bijouterie*, 31 janvier 1908).

Houtum-Schindler (A.). The turquoise mines of Nichapur, Khorassan (*Geolog. Survey Indian*, t. XVII, année 1884, p. 132).

Hubert (H.). Sur les minéraux associés à l'émeraude dans le gisement de Muso (Nouvelle-Grenade) (*Bulletin du Muséum d'Histoire naturelle*, année 1904, n° 4, p. 202).

Hückel (G.-A.). Les idées des anciens sur le corail (*Revue scientifique*, 15 octobre 1910).

Hunt (S.). Sur la nature du jade (*Comptes rendus de l'Académie des Sciences*, t. LVI, année 1863, p. 1255).

Huntington. V. Kunz et Huntington, p. 492.

*

* *

Igelström. 1. Hyalophane bleu verdâtre de Jakobsberg (Suède) (*Bulletin de la Soc. franç. de Minéralogie*, année 1883, t. VI, p. 139).

— 2. Sur l'idocrase de Jacobsberg (Suède) (*Bulletin de la Soc. franç. de Minéralogie*, année 1886, t. IX, p. 22).

Imhoof-Blumer et **Keller.** Tier und Pflanzenbilder auf Münzen und Gemmen. — Un vol. in-4°, Leipzig, 1889.

Inventaires. 1. Inventaire des bagues et pierreries des coffres du roy du 18 febvrier 1532 (*Archives nationales*, J-947).

— 2. Inventaire des joyaux de la Couronne de France en 1560 (*Revue universelle des arts*, t. IV, 1856-1857, p. 453).

— 3. Inventaire des joyaux de la Couronne du 16 septembre 1691 (*Archives nationales*, Oᶠ-3351).

— 4. Inventaire des diamants de la Couronne. — Un vol. in-8°, impr. nationale, Paris, 1791.

∴

Jacobs et **Chatrian.** 1. Application de la loi des couleurs complémentaires à la décoloration passagère des diamants teintés de jaune (*Comptes rendus de l'Académie des Sciences*, t. LXXXXV, 30 octobre 1882, p. 759).

— 2. Le diamant. — Un vol. in-8°, 300 pages, 30 fig. et 20 planches hors texte, Masson, éditeur, Paris, 1884.

Jacquelain. De l'action calorifique de la pile et du chalumeau à gaz sur le carbone (*Annales de Physique et de Chimie*, 3e série, t. XX, et *Comptes rendus de l'Académie des Sciences*, t. XXIV, 17 juin 1847, p. 1050).

Jacquemart (J.). Les gemmes et joyaux de la Couronne. — 2 vol., Paris, 1886.

Jacquemont. Voyage dans l'Inde. — Un vol., Paris, 1841.

Jaggar. Sur un microscléromètre pour la détermination de la dureté des minéraux (*Amer. Journ. of Sc.*, décembre 1897, t. IV, p. 399, et *Bulletin de la Soc. franç. de Minéralogie*, t. XXI, année 1898, p. 289.

Jameson. Speculations in regard of the formation of opal, woodstone and diamond (*Mem. of the Werner Soc. Edinburgh*, 1822).

Jameson (Lyster). On the origin of pearls (*Proc. of zool. Soc. of London*, 4 mars 1902).

Janesich (A.). Le diamant : nature, origine, histoire et commerce. — Un vol. in-8°, 138 pages et 1 planche hors texte. — Garnier frères, éditeurs, Paris, 1898.

Jannettaz (Ed.). 1. Sur la coloration du diamant dans la lumière polarisée (*Bulletin de la Soc. franç. de Minéralogie*, année 1879, t. II, p. 124).

— 2. Les minéraux associés au diamant dans l'Afrique australe (*Bulletin de la Soc. franç. de Minéralogie*, année 1879, t. II, p. 200).

— 3. Diamants et pierres précieuses (*Revue des Deux-Mondes*, 15 août 1880).

— 4. Sur un diamant du Cap : particularités de cristallisation (*Bulletin de la Soc. franç. de Minéralogie*, année 1885, t. VIII, p. 42).

— 5. Sur le chrysocolle de la Californie (*Bull. de la Soc. franç. de Minéralogie*, année 1886, t. IX, p. 211).

— 6. Sur les rubis artificiels (*Bull. de la Soc. franç. de Minéralogie*, année 1886, t. IX, p. 321).

— 7. Sur la turquoise dite de nouvelle roche (*Bulletin de la Soc. franç. de Minéralogie*, année 1890, t. XIII, p. 106).

— 8. Note sur l'historique de la décoloration du diamant (*Bulletin de la Soc. franç. de Minéralogie*, année 1891, t. XIV, p. 65).

— 9. Sur le grenat pyrénéite (*Bulletin de la Soc. franç. de Minéralogie*, année 1892, t. XV, p. 127).

— 10. Note sur le calcaire noir renfermant les émeraudes de Muso (Nouvelle-Grenade) (*Bulletin de la Soc. franç. de Minéralogie*, année 1892, t. XV, p. 131),

— 11. Sur un diamant ayant l'éclat de l'argent natif (*Bulletin de la Soc. franç. de Minéralogie*, année 1892, t. XV, p. 237).

— 12. Sur l'origine des couleurs et sur les modifications que leur font éprouver l'action de la lumière et l'état de l'atmosphère dans les substances minérales (*Bulletin de la Société géologique de France*, 2e série, t. XXIV, p. 682).

Jannettaz (Ed.), Vanderheym, Fontenay et Coutance. Diamants et pierres précieuses. — Un vol. in-8°, 590 pages, 346 fig. et 1 pl. en couleurs, Laveur, éditeur, Paris, 1881.

Jannettaz (Ed.) et L. Michel. 1. Sur la néphrite ou jade de Sibérie : analyse et propriétés (*Bulletin de la Soc. franç. de Minéralogie*, année 1881, t. IV, p. 178).

Jannettaz (Ed.) et L. Michel. 2. Sur des pierres taillées en statuettes (serpentine) du Haut-Mexique (*Bulletin de la Soc. franç. de Minéralogie*, année 1883, t. VI, p. 34).

Jannettaz (Paul). 1. Sur la dureté des minéraux (*Association française pour l'avancement des Sciences*, Congrès de 1895).

— 2. La malachite (*La Vie scientifique*, 26 mars 1898).

Jeffries (David). 1. Treatise on diamonds. — Un vol., Londres, 1750.

— 2. Traité des diamants et des perles, traduction française par Chapoten. — Un vol., Paris, 1753.

Jerolaïeff et Latchinoff. Note sur une météorite diamantifère tombée le 10/22 septembre 1886 à Nowo-Uréi, gouvernement de Penza (Russie) (*Comptes rendus de l'Académie des sciences*, t. CVI, 11 juin 1888, p. 1679).

Joly. Changement de volume des minéraux (diamant, etc.) au voisinage de leur point de fusion (*Proceedings of Royal Soc. Dublin*, t. VI, année 1897, p. 283, et *Bulletin de la Soc. franç. de Minéralogie*, t. XXI, année 1898, p. 283).

Jones. History and misteries of precious stones. — Un vol., Londres, 1880.

Jouin (H.). Esthétique du sculpteur ; les pierres gravées. — Un vol., Paris, 1888.

Jourdan. — V. Dumont et Jourdan, p. 476.

Judd. Sur les plans de structure du corindon (*Min. Mag.*, t. XI, p. 49, septembre 1895, et *Bulletin de la Soc. franç. de Minéralogie*, t. XIX, année 1896, p. 134).

V. aussi Brown et Judd, p. 468.

*
* *

Karnojitzky. Sur l'anomalie optique du béryl (*Zeitschrift für Krystallographie und Mineralogie*, t. XIX, p. 171, et *Bulletin de la Soc. franç. de Minéralogie*, année 1893, t. XVI, p. 117).

Kawall. La pêche des perles en Livonie (*Bull. de la Soc. malac. de Belgique*, année 1872, p. 38).

Kaye (C.). Les étalons de longueur en silice (*Proceedings of Royal Society*, 15 août 1911, et *Bulletin de la Société d'encouragement pour l'industrie nationale*, octobre 1911, p. 171).

Keilhack (K.). Sur la phosphorescence de certains minéraux (*Verh. d. deutsch. Geol. Gesellschaft*, année 1898, p. 131, et *Bulletin de la Société française de Minéralogie*, t. XXIII, année 1900, p. 264).

Keller. — V. Imhoof-Blumer et Keller, p. 487.

Kenngott. 1. Sur la dureté des corps cristallisés (*Jahrbuch d. geol. Reichsanstalt*), Vienne, 1852.

— 2. Sur un diamant noir (*Forschritte der Miner.*, 1859).

— 3. Sur la formule de la tourmaline (*Neues Jahrbuch*, année 1893, p. 71, et *Bulletin de la Société franç. de Minéralogie*, t. XVIII, année 1895, p. 74).

Kern. Les diamants de l'Inde (*Roy. Asiatic Soc.*, vol. VII, 1875).

King. 1. The natural history ancient and modern of precious stones and gems. — Un vol. in-8°, Daldy, éditeur, Londres, 1865.

— 2. Les mines de Golconde, Kadapah et Karnul (Indes) (*Record geol. Surv. India*, vol. II et X, et *Memoirs geol. survey India*, vol. XVIII et XXI).

— 3. Antique Gems and Rings. — 2 vol., Londres, 1872.

Kittoe. Les mines de diamants de Sambalpur (*Journ. Ass. scient. Bengal*, vol. VIII).

Klaproth. 1. Analyse de saphirs (*Beiträge zur chem. Kenntnis der min. Körper*, p. 81, année 1795).

— 2. La coloration du saphir et de l'émeraude (*Mémoires de Chimie*, t. I, p. 366).

Klaproth et Wolf. Analyses de turquoises (*Dictionnaire de Chimie*, traduction française, année 1811, t. IV, p. 460).

Klein (D.). Sur la séparation mécanique par voie humide des minéraux de densité inférieure à 3,6 au moyen des tungstoborates (*Bulletin de la Soc. franç. de Minéralogie*, année

1881, t. IV, p. 149, et *Comptes rendus de l'Académie des Sciences*, t. LXXXXIII, année 1881, p. 318).

Kobell. Analyse du grenat de Schwarzenstein (Tyrol) (*Annales des Mines*, 3ᵉ série, année 1832, t. 1, p. 169).

Kœnigsberg (Joh). Sur la substance colorante du quartz enfumé (*Tschermak Mitth.*, t. XIX, année 1899, p. 148, et *Bulletin de la Soc. franç. de Minéralogie*, année 1899, t. XXII, p. 188).

Kokschakow. Les diamants de l'Oural (*Materialen zur Mineralogie Russland*), Saint-Pétersbourg, année 1870.

Kraatz-Koschlau (Von) et LOTHAR-WÖHLER. Les colorations naturelles des minéraux (*Tschermak Mitth.*, t. XVIII, fasc. 4, p. 304, année 1899, et *Bulletin de la Soc. franc. de Minéralogie*, année 1899, t. XXII, p. 184).

Krejcci. Les diamants de Bohême (*Neues Jahrbuch*, année 1870).

Kroustchoff (De). Note sur le zircon (*Bulletin de la Soc. franc. de Minéralogie*, année 1884, t. VIII, p. 222).

Ktenas (A.). Sur la formation de la jadéite (*Comptes rendus de l'Académie des Sciences*, t. CXLVII, 27 juillet 1908, p. 254).

Kuhlmann (F.). Coloration des pierres précieuses (*Comptes rendus de l'Académie des Sciences*, t. LVIII, 25 mars 1864, p. 544).

Kunz (G. Fr.). 1. Les topazes du Maine (États-Unis) (*Amer. Journ. of Science*, février 1883, p. 161, et *New-York Acad. Science*, 7 novembre 1882).

— 2. La topaze (*Amer. Journ. of Science*, mars 1884, et *Bulletin de l'Association américaine pour l'avancement des sciences*, août 1883, p. 212).

— 3. Tourmalines colorées d'origine américaine (*Bulletin de l'Ass. amér. pour l'avancement des sciences*, vol. XXXII, août 1883, p. 271).

— 4. Note sur deux beaux cristaux de béryl (*Bulletin de l'Ass. amér. pour l'avancement des sciences*, août 1883, p. 275).

— 5. Sur un grenat originaire de Hull (Canada) (*Bull. de l'Ass. amér. pour l'avancement des sciences*, vol. XXXII, année 1883).

— 6. Grenat blanc originaire de Wakefield (Canada) (*Amer. Journ. of Science*, avril 1884, p. 1).

— 7. Sur les tourmalines du Maine (États-Unis) (*Amer. Journ. of Science*, avril 1884, p. 2).

— 8. Sur une nouvelle méthode pour graver les camées et les intailles (*New-York Acad. Science*, 25 mai 1884).

— 9. Sur cinq diamants brésiliens (*Science*, 30 mai 1884, p. 645).

— 10. Note sur une remarquable collection de diamants roses (*Bulletin de l'Ass. amér. pour l'avancement des Sciences*, vol. XXXIV, août 1885, p. 250).

— 11. Les bois silicifiés de l'Arizona (*Jeweler's Weekely*, 4 novembre 1885, p. 43).

— 12. La collection de pierres précieuses du Muséum national des États-Unis (Rapport à la *Smithsonian Institution*, année 1885-1886, p. 265-275, et *Popular Science*, avril 1886, p. 823).

— 13. Sur un cristal de grenat almandin de l'île de New-York (*New-York Acad. Science*, mai 1886).

— 14. Sur les rubis artificiels (*Trans. New-York Acad. Science*, 4 octobre 1886, p. 2).

— 15. Le jade de la Nouvelle-Zélande, de la Chine et de l'Inde (*New York Acad. Science*, 9 mai 1887).

— 16. Sur l'hydrophane du Colorado (*Amer. Journal of Science*, vol. XXXIV, décembre 1887, p. 1).

— 17. Sur la rhodocrosite du Colorado (*Amer. Journ. of Science*, vol. XXXIV, décembre 1887, p. 1).

Kunz (G. Fr.). 18. Notes sur la phénacite du Maine (États-Unis), l'oligoclase transparent, la cyanite de la Caroline du Nord (*Amer. Journ. of Science*, vol. XXXVI, septembre 1888, p. 222).

— 19. Le chrysobéryl de Ceylan (*Trans. New-York Acad. Science*, année 1888, vol. II, p. 64).

— 20. Les émeraudes et béryls de la Caroline du Nord (*Trans. New-York Acad. Science*, année 1888, vol. III, p. 37).

— 21. Notes minéralogiques sur l'opale, l'ambre et le diamant (*Amer. Journ. of Science*, vol. XXXVIII, juillet 1889, p. 72).

— 22. Sur la présence du diamant dans l'État de Wisconsin (États-Unis (*Bulletin de la Soc. géologique américaine*, année 1890, p. 2).

— 23. Gemmes et pierres précieuses de l'Amérique du Nord. — Un vol., 336 pages, 4 fig., 15 planches hors texte, The scient. publ. C°, édit., New-York, 1890.

— 24. La phosphorescence du diamant par l'insolation et par le frottement (*Trans. New-York, Acad. Science*, 5 janvier 1891, p. 50).

— 25. Les grenats de Bohême (*Trans. Amer. Instit. Min. Eug.*, février 1892, p. 9).

— 26. Les saphirs de Montana (*Jewelers' Weekly*, 27 avril 1892, et *Amer. Journ. of Science*, décembre 1897, p. 417).

— 27. Sur des gisements de pierres précieuses de l'Amérique du Nord (*Zeitschrift für Krystallographie und Mineralogie*, t. XIX, p. 478, et *Bulletin de la Soc. franç. de Minéralogie*, année 1893, t. XVI, p. 124).

— 28. Les perles et leur utilisation (*Bulletin de la Commission des pêches des États-Unis*, année 1893, p. 18).

✗ — 29. La genèse du diamant (*Science*, 17 septembre 1897, p. 450).

— 30. Les perles et les pêcheries de perles aux États-Unis (*Bulletin de la Commission des pêches des États-Unis*, année 1897, p. 373).

— 31. Sur la présence de l'opale de feu dans le basalte de l'État de Washington (*Bulletin de la Soc. géologique américaine*, vol. II, année 1902, p. 1).

— 32. Sur la californite, variété d'idocrase (*Amer. Journ. of Science*, 4ᵉ série, t. XVI, année 1903, p. 397).

— 33. Les pierres précieuses du Mexique (*L'Amérique latine*, 15 septembre 1903).

— 34. Une nouvelle variété de spodumène de couleur lilas, la kunzite de Pala, en Californie (*Amer. Journ. of Science*, vol. XVI, septembre 1903, p. 264, et *Proceedings N. Y. Acad. Science*, 4 janvier 1904).

— 35. Pierres précieuses de Californie. — Un vol., 1905.

— 36. Les gemmes de la Côte du Pacifique (*New-York Sun*, 10 décembre 1905).

— 37. Sur la présence du diamant dans le Nord de l'Amérique (*Bulletin de la Soc. géologique américaine*, vol. XVII, année 1905, p. 692).

— 38. Les gemmes et pierres d'ornementation de la Californie, avec 47 figures (*Bull. California State University*, San-Francisco, année 1905, p. 155).

— 39. Nouvelles observations sur la présence de pierres précieuses d'intérêt archéologique en Amérique (Extrait des *Mémoires et délibérations du XVᵉ Congrès des Américanistes, tenu à Québec en septembre 1906*, p. 7).

— 40. Les pierres précieuses (*The Mineral Industry*, mai 1907, p. 655).

— 41. Gemmes et pierres précieuses du Mexique (Rapport au *Congrès international de Géologie*, publié par le Gouvernement mexicain, année 1907, p. 34).

— 42. Les pêcheries de perles de l'Amérique du Nord et la protection des Unios (Rapport au *VIIᵉ Congrès international de Zoologie*, tenu à Boston en août 1907).

— 43. Les diamants naturels, artificiels et météoriques (*12ᵗʰ Gen. Meeting Am. Electrochem. Soc. New-York*, 18 octobre 1907, p. 39).

Kunz (G. Fr.). 44. Diamond in Arkansas (*Trans. of the amer. institute of mining engineers*, New-York, février 1908).

— 45. Histoire des gemmes provenant de la Caroline du Nord (*Geol. and Econom. Survey Car. N.*, t. XII, 60 pages et 10 planches).

— 46. Applications des pierres précieuses dans les arts. (*Handicraft*, vol. III, janvier 1911).

— 47. La morganite ou béryl rose (*New-York Acad. of Science*, 5 décembre 1910, et *Amer. Journ. of Science*, vol. XXXI, janvier 1911).

— 48. Sur un remarquable cristal de béryl (*Amer. Journ. of Science*, vol. XXXI, mai 1911).

— 49. Article LAPIDAIRES in *Encyclopedia Britannica*, 11ᵉ édit., p. 195, vol. XVI.

— 50. Pierres précieuses et météorites. — Un vol. de 500 pages avec fig., New-York, 1912.

— 51. Le diamant dans l'Amérique du Nord. — Un vol. de 200 pages avec figures, New-York, 1913.

— 52. Le diamant et les différentes variétés de carbone ; leurs usages dans l'industrie. — Un vol. de 150 pages, New-York, 1913.

Kunz (G. Fr.) et BASKERVILLE. 1. La phosphorescence des pierres précieuses et le radium (*Électrical Review*, 6 novembre 1903 ; *Revue générale des Sciences*, 3 décembre 1903 ; *L'électricien*, 26 décembre 1903).

— 2. La kunzite et ses propriétés (*Amer. Journ. of Science*, vol. XVIII, juillet 1904, p. 25).

— 3. Action du radium, de l'actinium, des rayons Roentgen et de la lumière ultra-violette sur les gemmes (*Science*, vol. XVIII, 18 décembre 1903, p. 769, et *Verhandlungen des Berliner Rœntgenkongresses*, année 1905, p. 2).

Kunz (G. Fr.). et HUNTINGTON. Sur le diamant contenu dans la météorite de Canon-Diablo (*Amer. Journ. of Science*, vol. XI, décembre 1893, p. 469).

Kunz (G. Fr.), PIRSSON et PRATT. Les saphirs de Montana (*Amer. Journ. of Science*, t. CLIV, p. 417, décembre 1897, et *Bulletin de la Société franç. de Minéralogie*, t. XXI, année 1898, p. 266).

Kunz (G. Fr.) et STEVENSON. La perle. — Un vol. de 650 pages avec 125 fig., New-York, 1908.

Kunz (G.) et WASHINGTON. Note sur la forme cristalline des diamants de l'Arkansas (*Amer. Journal of Science*, vol. XXIV, septembre 1907, p. 275).

.•.

Laborde (De). Notice des émaux, bijoux, etc. exposés dans les galeries du Musée du Louvre. — Un vol., Paris, 1853.

Laboulaye (Ch.). Art. PIERRES PRÉCIEUSES et PERLES in *Dictionnaire des arts et manufactures*.

Lacaze-Duthiers (H.). Histoire du corail : organisation, reproduction, pêche, industrie et commerce. — Un vol. in-8°, 365 pages et 20 planches hors texte en couleurs, Baillière, éditeur, Paris, 1864.

La Chau et **Le Blond.** Description des pierres gravées du Cabinet du duc d'Orléans. — 2 vol. Paris.

Lacour (A.). Le diamant (*Nouvelle Revue*, 15 février 1908).

Lacroix (Alfred). 1. Sur le grenat mélanite de Lautigné (Rhône) (*Bulletin de la Soc. franç. de Minéralogie*, année 1881, t. IV, p. 84).

— 2. Présence de l'azurite et de la malachite sur des monnaies romaines trouvées en Algérie (*Bull. de la Soc. franç. de Minéralogie*, 1883, t. VI, p. 176).

Lacroix (Alfred). 3. Sur un mode de reproduction du corindon (*Bulletin de la Soc. franç. de Minéralogie*, année 1887, t. X, p. 157).

— 4. Sur l'idocrase, le grenat et le corindon de l'Ariège (*Bulletin de la Soc. franç. de Minéralogie*, année 1889, t. XII, p. 523).

— 5. Sur l'origine du zircon et du corindon de la Haute-Loire (*Bulletin de la Soc. franç. de Minéralogie*, année 1890, t. XIII, p. 100).

— 6. Sur la formation de la cordiérite dans les roches sédimentaires fondues par les incendies des houillères de Commentry (Allier) (*Comptes rendus de l'Académie des Sciences*, t. CXIII, 28 décembre 1891, p. 1060).

— 7. Cristaux de quartz déformés (*Bulletin de la Soc. franç. de Minéralogie*, année 1891, t. XIV, p. 306).

— 8. Le zircon d'Itsatsou (Basses-Pyrénées) (*Bulletin de la Soc. franç. de Minéralogie*, année 1891, t. XIV, p. 324).

— 9. Le corindon (saphir) du puy de Saint-Sandoux (*Bulletin de la Soc. franç. de Minéralogie*, année 1894, t. XVII, p. 43).

— 10. Sur le béryl, le grenat et la tourmaline de la haute vallée de l'Ariège et des Hautes-Pyrénées (*Bulletin de la Soc. franç. de Minéralogie*, année 1894, t. XVII, p. 47).

— 11. L'épidote de Madagascar (*Bulletin de la Soc. franç. de Minéralogie*, année 1894, t. XVII, p. 119).

— 12. Sur l'existence de l'ouwarowite à Skyros (Morée) (*Bulletin de la Soc. franç. de Minéralogie*, année 1897, t. XX, p. 120).

— 13. Sur les minéraux et les roches du gisement diamantifère de Monastery (État libre d'Orange) et sur ceux du Criqualand (*Bulletin de la Soc. franç. de Minéralogie*, année 1898, t. XXI, p. 21).

— 14. Catalogue des minéraux et pierres précieuses du Muséum d'histoire naturelle de Paris.

— 15. Note sur les roches à topaze du Limousin (*Bulletin de la Soc. franç. de Minéralogie*, année 1901, t. XXIV, p. 307).

— 16. Madagascar au xxe siècle. — Un vol., Paris, 1902.

— 17. La plumasite, roche à corindon (*Bulletin de la Soc. franç. de Minéralogie*, année 1903, t. XXVI, p. 147).

— 18. Sur les gisements de calcédoine et de bois silicifiés de la Martinique (*Bulletin de la Soc. franç. de Minéralogie*, année 1903, t. XXVI, p. 150).

— 19. Historique de la découverte du triphane en place au Mont Bity (Madagascar) (*Bulletin de l'Académie malgache*, t. IV, année 1905-1906).

— 20. Les minéraux des filons de pegmatique à tourmaline lithique de Madagascar (*Bulletin de la Soc. franç. de Minéralogie*, année 1908, t. XXXI, p. 218).

— 21. Minéraux accompagnant la dioptase de Mindouli (Congo français) (*Bulletin de la Soc. franç. de Minéralogie*, année 1908, t. XXXI, p. 247).

— 22. Sur la danburite de Madagascar (*Bulletin de la Soc. franç. de Minéralogie*, année 1908, t. XXXI, p. 315).

— 23. Matériaux pour la minéralogie de la France : topazes (*Bulletin de la Soc. franç. de Minéralogie*, année 1908, t. XXXI, p. 349).

— 24. Sur une nouvelle espèce minérale et sur les minéraux qu'elle accompagne dans les gisements tourmalinifères de Madagascar (*Comptes rendus de l'Adadémie des Sciences*, t. CXLVI, 29 juin 1908, p. 1367).

— 25. Sur le travail de la pierre polie dans le Haut-Oubanghi (*Comptes rendus de l'Académie des Sciences*, t. CXLVIII, 28 juin 1909, p. 1725).

— 26. Observations sur les minéraux des pegmatites de Madagascar : tourmaline, rhodizite, béryls, danburite, triphane, grenats, lazulite (*Bulletin de la Soc. franç. de Minéralogie*, année 1910, t. XXXIII, p. 37).

Lacroix (Alfred). 27. Minéralogie de la France et de ses colonies. — 4 vol. in-8° avec figures. Ch. Béranger, éditeur, 1913.

— 28. La dumortiérite de l'Equateur (*Bulletin de la Soc. franç. de Minéralogie*, année 1911, t. XXXIV, p. 57).

— 29. Sur quelques minéraux de Madagascar : lazulite, quartz, etc. (*Bulletin de la Soc. franç. de Minéralogie*, année 1911, t. XXXIV, p. 63).

— 30. Sur les gisements de corindon de Madagascar (*Comptes rendus de l'Académie des Sciences*, t. CLIV, n° 13, 25 mars 1912, p. 797. — V. aussi *Minéralogie de la France et de ses colonies*, t. III, p. 242 ; *Madagascar au XXe siècle* : minéralogie ; *Bulletin de la Soc. franç. de Minéralogie*, t. XXXII, 1909, p. 318 ; *Revue industrielle*, 6 avril 1912, p. 191).

— 31. Les pegmatites gemmifères de Madagascar (*Comptes rendus de l'Académie des Sciences*, 19 août 1912, t. CLV, p. 441).

— 32. L'origine du quartz transparent de Madagascar (*Comptes rendus de l'Académie des Sciences*, 2 septembre 1912, t. CLV, p. 491).

— 33. Sur quelques minéraux de Madagascar pouvant être utilisés comme gemmes (*Comptes rendus de l'Académie des Sciences*, 14 octobre 1912, t. CLV, p. 672).

— 34. Un voyage au pays des béryls : Madagascar (*Revue scientifique*, 15 novembre 1912).

— 35. Sur quelques minéraux des pegmatites du Vakinaukaratra (Madagascar) : rhodizite, danburite, triphane (*Bulletin de la Soc. franç. de Minéralogie*, t. XXXV, année 1912, p. 76).

— 36. Les gisements de lazulite du Vakinaukaratra (Madagascar) (*Bulletin de la Soc. franç. de Minéralogie*, t. XXXV, année 1912, p. 95).

— 37. Les gisements de cordiérite de Madagascar (*Bulletin de la Soc. franç. de Minéralogie*, t. XXXV, année 1912, p. 97).

— 38. Sur la continuité de la variation des propriétés physiques des béryls de Madagascar en relation avec leur composition chimique (*Bulletin de la Soc. de Minéralogie*, t. XXXV, année 1912, p. 200).

V. aussi Des Cloiseaux et Lacroix, p. 474.

Lacroix (A.) et **Rengade.** Sur les propriétés optiques des béryls roses de Madagascar (*Bulletin de la Soc. franç. de Minéralogie*, année 1911, t. XXXIV, p. 123).

Laet (J. de). De Gemmis et Lapidibus. — Un vol. in-8°, Paris, 1648.

Lagorio (A.). Sur le dichroïsme artificiel (*Zeitschrift für Krystallographie*, t. XXXI, année 1899, p. 517, et *Bulletin de la Soc. franç. de Minéralogie*, année 1899, t. XXII, p. 189).

Lampen. Sur le point de fusion du quartz pur (*Revue d'électrochimie et d'électrométallurgie*, février 1907, p. 67).

Lançon. L'art du lapidaire. — Un vol. in-12. Paris, 1830.

Lane Carter. Les mines de Kimberley (*The Engineering and Mining Journal*, t. LXXIX, année 1905, p. 128, et *Revue de Métallurgie*, t. II, Extraits, année 1905, p. 615).

Lapierre (G.). La famille des corindons (*Moniteur de la Bijouterie*, décembre 1902).

Lapouze (G. de). La tête en jade de Gignac (Hérault) (*La Nature*, 20 août 1892, n° 1003, p. 180).

Lapparent (A. de). 1. Tourmaline englobant des cristaux d'apatite (*Bulletin de la Soc. franç. de Minéralogie*, année 1879, t. II, p. 187).

— 2. Traité de Minéralogie. — Un vol. in-8°, 650 pages avec gravures et une planche en couleurs, Masson et Cie, éditeurs, Paris, 1904.

Laspeyres (H.). Cristaux artificiels d'olivine (*Bulletin de la Soc. franç. de Minéralogie*, année 1883, t. VI, p. 73).

Launay (Louis de). 1. Note sur deux gisements de cordiérite et grenat dans la région de Commentry (*Bulletin de la Société géologique de France*, 3ᵉ série, t. XV, année 1887, n° 1, p. 12).
— 2. Les diamants du Cap (*Le Monde illustré*, 28 mars 1896)
— 3. Les diamants du Cap. — Un vol. in-8°, 250 pages avec fig., Paris, Béranger, éditeur, Paris, 1897.
— 4. Les procédés d'extraction des diamants au Cap (*La Nature*, 3 juillet 1897).
— 5. Les diamants de l'Afrique Australe (*Revue générale des Sciences*, 15 juillet 1897).
— 6. Sur les roches diamantifères du Cap et leur variation en profondeur (*Comptes rendus de l'Académie des Sciences*, t. CXXV, 2 août 1897, p. 335).
— 7. Article Diamant in *Dictionnaire de l'Industrie de Lamy*, 2ᵉ supplément, 1901.
— 8. Les richesses minérales de l'Afrique (diamant, turquoise, émeraude, etc.). — Un vol. in-8° de 420 pages avec figures, Béranger, éditeur, Paris, 1903).
— 9. Les calcédoines à inclusions géantes (*La Nature*, 15 octobre 1904, p. 307).
— 10. Les rubis de synthèse (*La Nature*, 3 mars 1906).
— 11. Les carrières de tourmaline de l'île d'Elbe (*La Nature*, 9 juin 1906, p. 17).
— 12. Sur la rencontre du granite dans les cheminées diamantifères du Cap (*Comptes rendus de l'Académie des Sciences*, 9 décembre 1907).
— 13. Rubis et radium (*La Nature*, 9 novembre 1907).
— 14. Les richesses minérales de l'Asie (diamant, corindon, rubis, saphir, jade, jadéite, topaze, saphirine, lapis-lazuli, tourmaline, améthyste, agates, jaspe, turquoise, grenat, zircon, etc.). — Un vol. in-8° de 800 pages avec figures, Béranger, éditeur, Paris, 1911.
— 15. Silicates précieux employés dans la bijouterie et l'ornemenration, in *Traité de Métallogénie*, t. I, p. 828, Béranger, éditeur, Paris, 1913.
Lavoisier (P.). Mémoire sur la combustion du diamant (*Œuvres*, t. II). — Impr merie impériale, Paris, 1862.
Lebeau (P.). Sur l'analyse de l'émeraude (*Comptes rendus de l'Académie des Sciences*, t. CXXI, 28 octobre 1895, p. 601).
Le Blanc (H.). Les pierres précieuses (*La Vulgarisation scientifique*, 15 janvier 1908).
Le Blaut (Edm.). 750 inscriptions de pierres gravées. — Un vol., Paris.
Le Blond. — V. La Chau et Leblond, p. 492.
Lebrun (J.-M.) et R. Nicaise. La reproduction artificielle du diamant (*Revue d'électrochimie et d'électrométallurgie*, juin et juillet 1912, pp. 163 et 194).
Lecesne. Procédé pour extraire l'alumine cristallisée de certaines bauxites sous forme de très petits corindons du genre spinellide (*Brevet français*, n° 421230, 8 octobre 1910).
Lechartier. Production artificielle du péridot (*Comptes rendus de l'Académie des Sciences*, t. LXVII, année 1868, p. 41).
Le Chatelier (Henry). 1. Sur la dilatation du quartz (*Bulletin de la Soc. franç. de Minéralogie*, année 1890, t. XIII, p. 112).
— 2. La silice et les silicates (*Revue scientifique*, 28 novembre 1908, p. 673, et *Revue universelle des Mines et de la Métallurgie*, février 1913, p. 85-142). — Un vol. in-8° de 576 pages, Hermann, édit., Paris, 1914.
Lecoq de Boisbaudran. Fluorescence du spinelle (*Comptes rendus de l'Académie des Sciences*, t. CV, année 1887, p. 261).
Legrand d'Aussy. Les perles de la Virlange (*Voyage en Auvergne*), t. II, p. 201.

Lemoine (P.). L'exploitation des roches à tourmaline de Madagascar (*Revue de Madagascar*, 10 janvier 1909, p. 14).

Lemur (De). Monographie du jade oriental ou néphrite. — Une broch. in-8°, 16 pages, Vannes, 1897.

Le Play (Fr.). Analyse d'une tourmaline du Mont-Rose (*Annales de Chimie*, t. XLII, p. 270, et *Annales des Mines*, 3ᵉ série, t. I, année 1832, p. 159).

Lesêtre (H.). Art. Perle in *Dictionnaire de la Bible*, par l'abbé Vigouroux, t. V, col. 144-146, année 1912.

Leteur. Traité de minéralogie pratique. — Un vol. in-4° avec 26 planches en couleurs. Delagrave, éditeur, Paris, 1907.

Leturcq. Notice sur Jacques Guay, graveur en pierres fines du roi Louis XV. Un vol. gr. in-8° avec planches. J. Baur, éditeur, Paris, 1873.

Levat (D.). 1. Guide pratique du prospecteur à Madagascar. — Un vol. in-8°, 131 pages, 38 fig. et 1 carte hors texte, Dunod et Pinat, éditeurs, Paris, 1912.

— 2. Richesses minérales de Madagascar. — Un vol. in-8°, 360 pages, 150 fig. et 1 carte, Dunod et Pinat, éditeurs, Paris, 1912.

Levesque (E.). Art. Pierre précieuse in Dictionnaire de la Bible, par l'abbé Vigouroux, t. V, col. 420-427, avec une planche en couleurs, année 1912. — V. aussi les noms des différentes gemmes : rubis, saphir, topaze, etc.

Leviticus (F.). Geïllustreerde encyclopaedie der diamantnijverheid. — In-4° avec fig., 1908.

Liais (E.). Climat, géologie, etc. du Brésil. — Un vol. in-8°, 700 pages, Garnier, éditeur, Paris, 1872.

Liebig et **Wöhler.** Sur la combustion du diamant (*Annalen der Chemie und Pharmacie*, t. LXIV, année 1848).

Liesegang (E.). La genèse de l'agate (*Revue générale des Sciences*, 30 juillet 1912, p. 535).

Lionnet. Sur la production naturelle et artificielle du carbone cristallisé (*Comptes rendus de l'Académie des Sciences*, t. LXIII, 30 juillet 1866, p. 213).

Lisboa. Les émeraudes de Muso (in *Voyages à la Nouvelle-Grenade*, Bruxelles, 1866).

Liverdsige. Notes on the Bingera diamond fields, with notes on the Mudgee (*Quarterly, Journal of the Geol. Society of London*, 1875).

Lodin (A.) et **Gruner.** Sondages exécutés au moyen de perforateurs diamantés (*Annales des Mines*, 7ᵉ série, t. VII, année 1875, p. 479).

Lomonosoff. Note sur les gisements de diamants au Brésil (*Annales des Mines*, 4ᵉ série, année 1843, t. III, p. 715, et *Comptes rendus de l'Académie des Sciences*, t. XVI).

Londerback (G.) et **Blasdale.** La bénitoïde (*Science*, février 1908 ; *Revue scientifique*, 17 juillet 1909, p. 78 ; *Bul. of the Depart. of Geologie* (Public. University of California), t. V, n° 9, juillet 1907, p. 149).

Lothar-Wöhler. — V. Kraatz-Koschlau et Lothar-Wöhler, p. 490.

Loucheux (G.). La fusion électrique du quartz à l'état transparent (*La Nature*, 20 avril 1912, p. 338).

⚹ **Ludwig (A.).** Transformation du charbon en diamant (*Chemik. Zeitschrift*, t. XXV, année 1902, p. 979, et *Bulletin de la Soc. franç. de Minéralogie*, t. XXV, année 1902, p. 374).

.*.

Mackensie. Expériences sur la combustion du diamant (*Nicholson Journal*, t. IV, 1800).

Macquer. Combustion du diamant (*Gilberts Annalen der Physik*, t. IV).

⚹ **Majorana.** Sur la reproduction artificielle du diamant (*Atti Acad. Lincei*, 5ᵉ série, année 1896, p. 141).

Malcolm (John). Les diamants de la Couronne de Perse (in *Sketches of Persia*), Londres, 1827.

Malepeyre. — V. Fontenelle (de) et Malepeyre, p. 479, et Roman, de Fontenelle et Malepeyre, p. 504.

Mallard (E.). 1. Remarques sur la forme pseudo-cubique du diamant (*Bulletin de la Soc. franç. de Minéralogie*, t. II, année 1879, p. 130).

— 2. Action de la chaleur sur la cymophane (*Bulletin de la Soc. franç. de Minéralogie*, année 1882, t. V, p. 237).

— 3. Les clivages du quartz (*Bulletin de la Soc. franç. de Minéralogie*, année 1890, t. XIII, p. 61).

— 4. Sur le grenat pyrénéite (*Bulletin de la Soc. franç. de Minéralogie*, année 1891, t. XIV, p. 293).

— 5. Sur le fer natif de Canon-Diablo (*Comptes rendus de l'Académie des Sciences*, t. CXIV, 4 avril 1892, p. 812).

Mallet. On sapphires lately discovered in the N.-W. Himalayas (*Records Geol. Survey of India*, t. XV, année 1882, p. 138).

Mandeville (Messire Jehan de). Le lapidaire en francoys compose par messire Jehan demandeuille chevalier. A Lhonneur ȝ a la gloire de la saīcte trinite. A la reqste de treshault et puissant homme Regnier en son vivãt roy de cecille ȝ de Jherusalē aẏ voulu translater de latin en frācoys aucun petit liure du lapidaire selon la vraye oppiniõ des Indois... (XIVᵉ siècle).

Mannucci (Umberto). Le pietre preziose. — Un vol. in-18, 400 pages, 40 fig. et 12 pl. en couleurs hors texte, Hoepli, éditeur, Milan, 1911.

Marbodeus Gallus. De gemmarum lapidumque pretiosarum formis atque viribus, 1593.

Mariano. L'opale (*Amer. Journ. of Science*, vol. VI, décembre 1873, p. 466).

Mariette. Traité de la gravure en pierres fines. — Un vol., Paris.

Marion du Mersan. Histoire du Cabinet des médailles antiques et pierres gravées, et description des objets exposés. In-8, Paris, 1838.

Mariot. La production des huîtres perlières aux îles Tuamotou (*Bulletin de la Soc. d'acclimatation*, 3ᵉ série, t. I, année 1874).

Marmier (A.). A propos du diamant artificiel (*Revue industrielle*, 26 octobre 1912, p. 595).

Marre (F.). Ingénieux truquage du rubis (*Le Cosmos*, 6 mai 1905, p. 485).

Marsden. Reproduction artificielle du diamant (*Chem. Society*, vol. XL, et *Proc. Roy. Society Edinburgh*, vol. II).

Martin. Notes sur le diamant (*Zeitschr. d. deutsch. geol. Gesellschaft*, t. XXX, année 1878).

Maskelyne et Flight. Sur le caractère des roches diamantifères de l'Afrique australe (*Quarterly Journal of the Geol. Soc. of London*, année 1874).

Mawe (John). 1. Traité des diamants et des pierres précieuses. — Un vol., Londres, 1812.

— 2. Voyage dans l'intérieur du Brésil, particulièrement dans les districts de l'or et du diamant. — Un vol. in-8, traduction Eyriès, Paris, 1816. — V. aussi *Annales des Mines*, t. II, année 1817, p. 199.

— 3. A Treatise on diamonds. — Un vol., Londres, 1823.

Melczer (G.). 1. Sur le rubis artificiel de MM. Fremy et Verneuil (*Bulletin du Muséum d'histoire naturelle*, année 1902, nº 2, p. 145).

— 2. Sur quelques constantes cristallographiques du corindon (*Cent. für Min.*, année 1902, p. 561, et *Bulletin de la Soc. franç. de Minéralogie*, t. XXV, année 1902, p. 121).

— 3. Sur quelques minéraux de Ceylan : chrysobéryl, béryl bleu, etc. (*Zeitschrift für Krystallogr.*, t. XXXIII, p. 240).

Mély (F. de). 1. Le grand Camée de Vienne (*La Gazette archéologique*, t. XI, année 1886, p. 244).

— 2. Le poisson dans les pierres gravées (*Revue archéologique*, 3ᵉ série, t. XII, 1889).

— 3. Les cachets d'oculistes et les lapidaires de l'Antiquité et du Moyen Age (*Revue de Philologie*, 1892).

J. ESCARD.

Mély (**F. de**). 4. Du rôle des pierres gravées au Moyen-Age (*Revue de l'Art chrétien*, 1893).

—   5. Le lapidaire d'Aristote (*Revue des études grecques*, 1894).

—   6. Pierres gravées attachées à la Sainte Châsse, d'après l'inventaire de Brillon en 1726, in *Le Trésor de Chartres (1310-1793)*. — Un vol. in-8°, 135 pages avec figures, Alp. Picard, éditeur, Paris, 1886.

—   7. Art. RUBIS in *Grande Encyclopédie*, t. XXVIII, p. 1124.

Mercereau (**H.**). 1. Perles et Pêcheries. — Une broch. in-12, 24 pages et 15 figures, H. Gautier, éditeur, Paris, 1896.

—   2. Le Diamant. — Une broch. in-12°, 48 pages et 20 figures. H. Gautier, éditeur, Paris, 1900.

Merle (**Ant.**). Les richesses minérales de Madagascar. — Une broch. in-8, 54 pages et 1 carte en couleurs, Dunod et Pinat, éditeurs, Paris, 1910.

Merrill. — V. CLARKE et MERRILL, p. 470.

Meunier (**Stanislas**). 1. Composition et origine du sable diamantifère de Du Toit's Pan (Afrique australe) (*Comptes rendus de l'Académie des Sciences*, t. LXXXIV, 5 février 1877, p. 250).

—   2. Reproduction artificielle du spinelle et du corindon (*Comptes rendus de l'Académie des Sciences*, t. XC, 22 mars 1880, p. 701).

—   3. Sur la production artificielle du péridot (*Comptes rendus de l'Académie des Sciences*, t. XCIII, année 1881, p. 737).

—   4. Examen minéralogique de la roche diamantifère du Cap (*Bulletin de l'Académie royale de Belgique*, année 1882).

—   5. Essais de reproduction artificielle de quelques aluminates, spinelles et corindons (*Bulletin de la Soc. franç. de Minéralogie*, année 1887, t. X, p. 190).

—   6. Production artificielle du spinelle rose ou rubis balais (*Comptes rendus de l'Académie des Sciences*, t. CIV, année 1887, p. 1111).

—   7. L'Obsidienne (*La Nature*, 2e semestre 1890, p. 424).

—   8. Recherches sur la production artificielle de l'hyalite à la température ordinaire (*Comptes rendus de l'Académie des Sciences*, t. CXII, 27 avril 1891, p. 953).

—   9. Recherches sur les gisements diamantifères de l'Afrique australe (*Bulletin de la Société d'Histoire naturelle d'Autun*, t, VI, année 1893).

—   10. Le radium et l'activité des profondeurs souterraines (coloration des gemmes) (*Bulletin de la Société des Naturalistes de l'Ain*, n° 20, mars 1907, p. 16).

Meusser. — V. MYLIUS et MEUSSER, p. 500.

Meyère (**A.**). Sur l'influence du radium, des rayons X et des rayons cathodiques sur diverses pierres précieuses (*Comptes rendus de l'Académie des Sciences*, t. CXLIX, 29 novembre 1909, p. 994).

Michel (**L.**). 1. Sur la décoloration partielle du zircon par la lumière (*Bulletin de la Soc. franç. de Minéralogie*, année 1886, t. IX, p. 215).

—   2. La production artificielle de l'azurite (*Bulletin de la Soc. franç. de Minéralogie*, année 1890, t. XIII, p. 139).

—   3. Sur la reproduction du grenat mélanite (*Comptes rendus de l'Académie des Sciences*, t. CXV, 14 novembre 1892, p. 830, et *Bulletin de la Soc. franç. de Minéralogie*, t. XV, année 1892, p. 254).

—   4. Sur les gisements de chrysolite de l'île Saint-Jean, dans la Mer-Rouge (*Bulletin de la Soc. franç. de Minéralogie*, année 1906, t. XXIX, p. 360).

     V. aussi JANNETTAZ et MICHEL, p. 488.

Michelant. Notice sur *Les pierres précieuses* de Jean d'Outremer. — Un vol. in-8°, Liège, 1870.

Michel-Lévy (A.). 1. Sur la présence du zircon dans les gneiss du Morvan (*Bulletin de la Soc. franç. de Minéralogie*, année 1878, t. I, p. 77).

— 2. Sur la tourmaline bleue (indicolite) des veines de pegmatite, à Chapey (Saône-et-Loire) (*Bulletin de la Soc. franç. de Minéralogie*, année 1883, t. VI, p. 326).

— 3. Les reproductions artificielles de roches et de minéraux (*Revue générale des Sciences*, 15 mai 1908, p. 345).

V. aussi Fouqué et Michel-Lévy, p. 480.

Middlemiss. Sur la saphirine (*Rec. India*, t. XXXI, année 1904, p. 38).

Millin. Introduction à l'étude de l'archéologie des pierres gravées (édition de l'an VI, 1797). — Édition posthume par B. de Roquefort, un vol. in-8°, Paris, 1826.

Milne-Edwards. Histoire naturelle des coralliaires. — 2 vol., 1857.

Minet (A.). Procédé Gin et Leleux pour la préparation du corindon et du rubis artificiels (*Traité théorique et pratique d'électrométallurgie*, Béranger, éditeur, Paris, 1901, et *L'Industrie électrochimique*, août 1897).

Minguin. — V. Guntz et Minguin, p. 485.

Minor. — V. Penfield et Minor, p. 502.

Mitscherlich. Présence du péridot dans les scories de hauts-fourneaux (*Abhardl. Acad. Wiss.*, Berlin, 1823).

Moberg et Schlieper. Sur l'émeraude (*Annales des Mines*, 4° série, t. VIII, année 1845, p. 659).

Mœbius. Die echten Perlen (*Abhandl. d. naturw. Vereins Hamburg*. t. IV, année 1857).

Moissan (Henri). 1. Sur la préparation du carbone (diamant) sous une forte pression (*Comptes rendus de l'Académie des Sciences*, t. CXVI, 6 février 1893, p. 218).

— 2. Étude de la méthode diamantifère de Canon-Diablo (*Comptes rendus de l'Académie des Sciences*, t. CXVI, 13 février 1893, p. 288).

— 3. Sur la présence du carbonado et de diamants microscopiques dans la terre bleue du Cap (*Comptes rendus de l'Académie des Sciences*, t. CXVI, 13 février 1893, p. 292).

— 4. Analyse des cendres du diamant (*Comptes rendus de l'Académie des Sciences*, t. CXVI, 6 mars 1893, p. 458).

— 5. Sur quelques propriétés nouvelles du diamant (*Comptes rendus de l'Académie des Sciences*, t. CXVI, 6 mars 1893, p. 460).

— 6. Le diamant (*Revue scientifique*, 12 août 1893).

— 7. Action de la température de l'arc électrique sur le diamant (*Comptes rendus de l'Académie des Sciences*, t. CVII, 25 septembre 1893, p. 423).

— 8. Sur un échantillon de carbon noir du Brésil (*Comptes rendus de l'Académie des Sciences*, t. CXXI, 23 septembre 1895, p. 449).

— 9. Étude de quelques météorites (*Comptes rendus de l'Académie des Sciences*, t. CXXI, 7 octobre 1895, p. 483).

— 10. Étude du diamant noir (*Comptes rendus de l'Académie des Sciences*, t. 123, 27 juillet 1896, p. 210).

— 11. Étude des sables diamantifères du Brésil (*Comptes rendus de l'Académie des Sciences*, t. CXXIII, 3 août 1896, p. 277).

— 12. Recherches sur les différentes variétés de carbone (*Annales de Physique et de Chimie*, année 1896, p. 62).

— 13. Sur la transformation du diamant en graphite dans le tube de Crookes (*Comptes rendus de l'Académie des Sciences*, t. CXXIV, 29 mars 1897, p. 653).

— 14. Le Four électrique. — Un vol. in-8°, Steinheil, éditeur, Paris, 1900.

Moissan (Henri). 15. Sur la température d'inflammation et sur la combustion dans l'oxygène des différentes variétés de carbone (*Comptes rendus de l'Académie des Sciences*, t. CXXXV, 1er décembre 1902, p. 921).

— 16. Nouvelles recherches sur la météorite diamantifère de Canon-Diablo (*Comptes rendus de l'Académie des Sciences*, t. CXXIX, 14 novembre 1904, p. 773).

— 17. Nouvelles expériences relatives à la préparation du diamant (*Comptes rendus de l'Académie des Sciences*, t. CXVIII, 12 février 1894, p. 320; t. CXXIII, 27 juillet 1896, p. 206; t. CXL, 30 janvier 1905, p. 277).

— 18. Chap. CARBONE in *Traité de Chimie minérale*, Masson, éditeur, Paris, 1905. V. aussi BECQUEREL (H.) et MOISSAN, p. 465.

Molengraaf. Étude sur le quartz (*Bulletin de la Soc. franç. de Minéralogie*, année 1889, t. XII, p. 382, et année 1891, t. XIV, p. 156).

Molinier (Em.). Histoire générale des arts appliqués à l'industrie. — 4 vol., Paris.

Monier (E.). Production artificielle de l'opale (*Comptes rendus de l'Académie des Sciences*, année 1877, t. LXXXV, p. 1053).

Moniteur de la Bijouterie-Joaillerie-Horlogerie (Le). — Revue bi-mensuelle, 15e année, Maillet, directeur, Paris.

Morales. Libro de las virtudes, etc., de las piedras pretiosas. — Un vol., Madrid, année 1605.

Moreau (G.). L'émeraude (*Le Génie civil*, t. XII, n⁰ 5, p. 65, 3 décembre 1887).

Moreau (L.). Guide du bijoutier : application de l'harmonie des couleurs dans la juxtaposition des pierres précieuses. — Un vol. in-16, Hetzel, éditeur, Paris.

Moreau (P.). La gravure sur pierres fines (in *Le Musée d'Art*, t. II, p. 169, librairie Larousse, 1908).

Morozewiez. Coloration du saphir oriental (*Tscherm. Mitth.*, t. XVIII, p. 62).

Morren. Combustibilité du diamant et effets produits sur ce corps par une température élevée (*Comptes rendus de l'Académie des Sciences*, t. LXX, 21 mai 1870, p. 990).

Mortemer (de). L'origine des turquoises (*Trans. phil.*, t. XLIV, année 1747, p. 482).

Mosander. Sur la composition des topazes (*Annales des Mines*, 3e série, t. XIX, année 1841, p. 678).

Moses. Identité des saphirs de fusion et des saphirs naturels (*Amer. Journal of Science*, 4e série, t. XXX, année 1910, p. 27).

Moulle (A.). Géologie et mines de diamants de l'Afrique du Sud (*Annales des Mines*, 8e série, t. VII, mars et avril 1885).

Mügge (O.). Les rubis artificiels de H. Goldschmidt (*Tchermak's Mittheilungen*, t. XIX, année 1899, p. 164).

Mullet (Clément). Essai sur la Minéralogie arabe (*Journal asiatique*, année 1868).

Murray. Mémoire sur le diamant, Londres, 1831.

Murray et SMITH. A Catalogue of engraved gems in the Britisch Museum.

Mylius et MEUSSER. Résistance du quartz fondu aux agents chimiques (*Zeitschrift für anorganische Chemie*, vol. XLIV, année 1905, p. 222). — V. aussi *Travaux du Congrès international de Chimie appliquée*, Berlin, 1903.

*
* *

Nabl (Arnold). 1. Sur le principe colorant de l'améthyste, du quartz citrine et de l'améthyste brûlée (*Monatschefte für Chemie*, t. XX, année 1899, p. 272, et *Bulletin de la Soc. franç. de Minéralogie*, année 1899, t. XXII, p. 189).

— 2. Sur la coloration naturelle des minéraux : améthyste, quartz enfumé, etc. (*Tschermak's Mittheil.*, vol. IX, fasc. 4, année 1900, p. 273, et *Bulletin de la Soc. franç. de Minéralogie*, t. XXIII, année 1900, p. 232).

Naldi. Delle gemme et delle regole per valutarle. — Un vol., Bologne, 1791.

Natter (L.). Traité de la méthode antique de graver en pierres fines, comparée à la moderne. — Un vol., Londres, 1754.

Neuwann. Point de fusion du quartz (*Revue de Métallurgie*, année 1911, t. VIII, EXTRAITS, p. 315).

Newbold. Les gisements d'agate, cornaline et onyx de Dekan (*Journ. Roy. As. Soc.*, t. XX, p. 17).
Newton. Combustibilité du diamant (in *Traité d'optique*, 1704).
Nichols. Gemmarius fidelis, or the faithful Lapidary. Un vol., Londres, 1659.
Nöggerath. Les péridots des hauts-fourneaux (*Jahrbuch fur Mineralogie*, année 1844, p. 223).
Nötling. Les gisements de jadéite de l'Upper Burma (*Records Geol. Survey of India*, t. XXVI, (1), année 1893, p. 26).

*
* *

Ochs (L.). Les Mines de diamants de l'Afrique du Sud (Communication à l'*Office national du Commerce extérieur de la France*), Paris, 1904.
Offret (A.). Variation, sous l'influence de la chaleur, des indices de réfraction de quelques minéraux : béryl, topaze, cordiérite, etc. (*Bulletin de la Soc. franç. de Minéralogie*, année 1890, t. XIII, p. 559).
Ohsson (D'). Analyse du grenat de Broddbo (*Annales des Mines*, année 1820, t. V, p. 233).
Osmond. Sur les transformations qui accompagnent la carburation du fer par le diamant (*Comptes rendus de l'Académie des Sciences*, t. CXII, année 1891, p. 578).
Ouvrier diamantaire (L'). Revue mensuelle de l'industrie et du travail des pierres précieuses, 16e année, Paris.
Ovide. Les métamorphoses (histoire du Corail), XI, p. 740.

*
* *

Pagenstecher. Ueber Perlenbildung (*Zeitschrift für Wiss. Zoologie*, année 1858, t. IX, p. 496).
Paillard (M.). Le commerce des pierres précieuses au Siam (*Moniteur officiel du Commerce*, 15 juin 1905).
Paisseau-Feil. Le montage des pierres en joaillerie (*Revue industrielle*, 6 février 1903).
Palache (Ch.). Sur l'épidote de l'Alaska (*Zeitschrift für Krystallogr.*, t. 35, p. 223, et *Bulletin de la Soc. franç. de Minéralogie*, t. XXV, année 1902, p. 269).
Pannier (L.). Les lapidaires français au Moyen-Age.
Papier. Sur des échantillons de quartz calcédoine recueillis aux environs de Bône (Algérie) (*Bulletin de la Société géologique de France*, 3e série, t. X, année 1882, n° 4, p. 256).
Paris (L.). Obtention de l'alumine fondue à l'état amorphe et reproduction de la coloration bleue du saphir oriental. Obtention de la cordiérite par fusion des éléments (*Comptes rendus de l'Académie des Sciences*, t. CXLVII, 16 novembre 1908, p. 933).
Parmentier. Production artificielle du corindon (*Comptes rendus de l'Académie des Sciences*, t. XCIV, année 1882, p. 1713).
Partsons (Ch.) et A. SWINTON. Conversion du diamant en coke dans un vide élevé par les rayons cathodiques (*Société royale de Londres*, 16 janvier 1908).
Pascal. Géologie du Velay. — Un vol. de 450 pages, 1865.
Patel (P.). Propriétés générales des pierres précieuses (*L'Union professionnelle*, 1er janvier 1910).
Paul (Marc). Les turquoises de l'Inde (in *Description géographique de l'Inde orientale*, t. II, chap. 32, p. 70). — Un vol. Paris, 1556.
Payan-Dumoulin. Les perles de la Virlange (*Bulletin de la Société d'Agriculture du Puy*, t. XXIII).
Penfield (S.-L.). 1. La phénacite du Colorado (*Bulletin de la Soc. franç. de Minéralogie*, année 1889, t. XII, p. 480).
   —   2. Sur la composition chimique de la turquoise (*American Journal of Science*, novembre 1900, p. 346, et *Bulletin de la Soc. franç. de Minéralogie*, t. XXIII, année 1900, p. 235).
   —   3. Sur la constitution de la tourmaline (*American Journal of Science*, juillet 1900, p. 19, et *Bulletin de la Soc. franç. de Minéralogie*, t. XXIII, année 1900, p. 282).

Penfield (S.-L.) et **Foote**. Sur la composition chimique de la tourmaline (*American Journal of Science*, février 1899, p. 97, et *Bulletin de la Société franç. de Minéralogie*, t. XXII, année 1899, p. 37).

Penfield (S.-L.) et **Forbes**. Propriétés optiques du péridot chrysolite (*American Journal of Science*, février 1896, p. 129, et *Bulletin de la Soc. franç. de Minéralogie*, t. XIX, année 1896, p. 125).

Penfield (S.-L.) et **Minor**. Composition chimique et propriétés optiques de la topaze (*Amer. Journal of Science*, t. XLVIII, année 1894, p. 387, et *Bulletin de la Soc. franç. de Minéralogie*, t. XIX, année 1896, p. 122).

Penfield (S.-L.) et **Sperry**. La phénacite (*Bulletin de la Soc. franç. de Minéralogie*, année 1889, t. XII, p. 502).

Perrey. Voir Hautefeuille et Perrey, p. 486.

Perrot. Sur les diamants de l'Oural (*Mémoires de l'Académie des Sciences de Saint-Pétersbourg*, 10e série, t. I).

Pervinquière (L.). La reproduction artificielle et l'imitation des pierres précieuses (*Revue hebdomadaire*, 7 mars 1908).

Pettigrew et **Gerbel-Strover**. Perfectionnement au traitement des matières réfractaires : fabrication des gemmes (*Brevet français*, n° 436916, 28 novembre 1911).

Petzholdt. Beiträge zur Naturgeschichte des Diamenten. — Un volume, Dresde et Leipzig, 1842.

Pézard (Maurice). 1. Les origines du bijou (*L'Art décoratif*, juillet 1907).

— 2. Les intailles de Suse (*L'Art décoratif*, novembre 1910).

Pfeil. Analyse de saphirs (*Centralbl. für Min.*, année 1902, p. 145).

Phipson. Sur la présence du diamant dans les sables métallifères de Freemantle (Australie occidentale) (*Comptes rendus de l'Académie des Sciences*, t. LXIV, 14 janvier 1867, p. 87).

Pierpont-Morgan. Catalogue de la collection de pierres précieuses à l'état naturel et taillées, toutes originaires d'Amérique, offerte au Muséum de Paris. — Une broch., 32 pages, Paris, 1903.

Pinder. De Adamante. — Un vol., Berlin, 1829.

Pini. La pierre de lune ou lunaire, in *Mémoire minéralogique du Saint-Gothard*, 1773.

Pirsson. — V. Kunz, Pirsson et Pratt, p. 492.

Pisani (F.) 1. Sur un spinelle noir de la Haute-Loire (*Comptes rendus de l'Académie des Sciences*, t. LXIII, année 1866, p. 49).

— 2. Sable grenatifère de Pesaro (*Comptes rendus de l'Académie des Sciences*, t. LXII, année 1866, p. 100).

— 3. Sur un nouvel appareil à mesurer la densité des minéraux (*Bulletin de la Soc. franç. de Minéralogie*, année 1878, t. I, p. 49, et *Comptes rendus de l'Académie des sciences*, t. LXXXVI, année 1878, p. 350).

— 4. Le zircon de Binnen (Valais) (*Bulletin de la Soc franç. de Minéralogie*, année 1888, t. XI, p. 300).

— 5. L'idocrase de Settino (Alpes Rhétiques) (*Bulletin de la Soc. franç. de Minéralogie*, année 1892, t. XV, p. 47).

Voir aussi Des Cloizeaux et Pisani, p. 474.

Pit. Histoire authentique du Régent (*European Magazine*, octobre 1710, et *Daily Post*, 2 novembre 1743).

Pline. Histoire naturelle : Des pierreries, t. II, chap. XXXVII.

Plummer. L'industrie de l'opale en Australie (*Mining World*, 1er février 1908, et le *Génie civil*, t. LIII, 2e sem. 1908, p. 64).

Porcher (E.). Note sur l'épidote (*Bulletin de la Soc. franç. de Minéralogie*, année 1892, t. XV, p. 197).

Portherie (La). Le saphir, l'œil-de-chat et la tourmaline de Ceylan. — Un vol., Hambourg, 1786.

Pottier (E.). Art. CORALLIUM in *Dictionnaire des Antiquités grecques et romaines* de DAREMBERG et SAGLIO, Paris, Hachette.

Pouget. Traité des pierres précieuses et de la manière de les employer en parure. — Un vol. in-4° avec 84 planches et notices (1762). — Réédité par la Librairie centrale d'art et d'architecture, Paris, 1895.

Pratt (J.-H.). 1. Sur deux nouveaux gisements de corindon de la Caroline du Nord (*American Journal of Science*, octobre 1900, p. 275, et *Bulletin de la Soc. franç. de Minéralogie*, t. XXIII, année 1900, p. 234).

— **2.** Sur la distribution du corindon aux États-Unis (*M. S. Geological Survey*, Washington, 1901).

Voir aussi HIDDEN et PRATT, p. 487, et KUNZ, PIRSSON et PRATT, p. 492.

Privat-Deschanel (P.) et ALLEMAND-MARTIN. La nacre, les perles et la pêche des huîtres perlières (*Le Génie civil*, 11, 18 et 25 mars 1911, pp. 400, 419 et 432).

Pujoulx. Minéralogie des gens du monde. — Un vol., Paris, 1813.

Purjold. Zwei abnorme diamant Krystalle (*Zeitschrift für Krystallographie*, année 1882).

* *
*

Quelch (J.-J.). Report on the Reef-Corals (*The Voyage of H. M. S. Challenger*, Part XLVI, année 1886, p. 13).

* *
*

Rabot (Ch.). Les mines de diamants de la Guyane anglaise (*Bulletin de la Soc. de géographie*, 15 avril 1902, p. 299).

Rain (P.). Le diamant (*Larousse mensuel*, octobre 1913, p. 854).

Rambosson (J.). Les pierres précieuses. — Un vol. in-8°, 450 pages, 67 figures et une planche en couleurs, Firmin-Diderot, éditeur, Paris, 1884.

Rammelsberg. Analyse de la lazulite (*Annales de Poggendorf*, t. LXIV, p. 266, et *Annales des Mines*, 4ᵉ série, année 1845, t. VIII, p. 670).

Range (P.). La découverte des diamants dans le Sud-Ouest africain allemand (*Dentscheus Kolonialblatt*, 20 novembre 1909, et *Revue scientifique*, 12 mars 1910, p. 339).

Rapport sur les mines de diamants de la Cⁱᵉ de Beers (*Annales des Mines*, année 1907, p. 607).

Rapport gouvernemental sur les huîtres perlières des côtes de Madagascar (*Revue de Madagascar*, 10 mai 1901, p. 358).

Rathbone. Développement des procédés mécaniques d'exploitation aux mines de diamant de la Cⁱᵉ de Beers (*Engineering News*, 8 août 1907, et *Le Génie civil*, 19 octobre 1907, p. 422).

Rau (Wilhelm). Sur un nouvel instrument pratique pour mesurer les indices de réfraction des pierres précieuses (Extrait de *Goldschmiedekunst*, année 1912, Nr. 44, S. 727, Leipzig). Une broch. in-8°, 16 pages avec figures, 1913.

Réaumur (De). Origine des turquoises (Extrait des *Mémoires de l'Académie des Sciences de Paris*, année 1715, p. 174).

Reboux. Sur l'ambre (*Comptes rendus de l'Académie des Sciences*, t. LXXXII, année 1876, p. 1374).

Reese. Inclusions de pétroles dans des cristaux de quartz (*Journ. Amer. Chem. Society*, t. XX, p. 795, et *Bulletin de la Soc. franç. de Minéralogie*, t. XXI, année 1898, p. 288).

Reinach (S.). Le corail (*Revue celtique*, t. XX, année 1899, pp. 13 et 117).

Renard (A.). Les roches grenatifères et amphiboliques de la région de Bastogne. — Un vol. in-8° avec 3 planches en couleurs, 1882.

Rengade. — Voir LACROIX et RENGADE, p. 494.

Renouard. Peut-on faire des pierres précieuses ? Production artificielle du diamant, des gemmes orientales, de l'émeraude, etc. — Une broch. in-8°, Paris, 1908.

Reoutowski (V.-S.). Poliesnii iskopaiemii sibipi (gisements utiles de Sibérie). Pierres précieuses. — Vol. in-8°, 2ᵉ partie, p. 274, typ. Rosen, Saint-Pétersbourg, 1905.

Reunert (Th.). Diamonds and gold in South Africa. — Un vol., Londres, 1893. Trad. française par J. DE MONTMORT, impr. Dejussieu et Demasy, Autun, 1893.

Reyner (A.). Les gros diamants de l'Afrique australe (*Magasin pittoresque*, 1ᵉʳ août 1905).

Richard (G.). Les pierres précieuses à Madagascar (*La Presse coloniale*, 16 octobre 1908).

Riggs (B.). Composition de la tourmaline (*American Journal of Science*, t. XXXV, p. 36, année 1888, et *Bulletin de la Soc. franç. de Minéralogie*, année 1889, t. XII, p. 495).

Rinne (F.). Notice sur le rubis et sur les composés du chrome (*Neues Jahrbuch für Min. und Geol. Beil.*, t. XIII, année 1900, p. 108, et *Bulletin de la Soc. franç. de Minéralogie*, t. XXIII, année 1900, p. 261).

Rivot. Analyse d'un diamant en masse amorphe et compacte provenant du Brésil (*Annales des Mines*, 1848, 4ᵉ série, t. XIV, p. 419, et *Comptes rendus de l'Académie des Sciences*, t. XXVIII, 5 mars 1849, p. 317).

Robin (P.). Le carat métrique : historique, lois, décrets, barème permettant de trouver en carats métriques la concordance d'un poids et d'un prix quelconques exprimés en carats anciens. — Une broch. in-12 de 50 pages, édit. par la Chambre syndicale de la bijouterie-joaillerie-orfèvrerie, Paris, 1811.

Robinson (F.). Sur la présence de l'acide phosphorique dans l'émeraude (*Chem. News*, t. LXVI, p. 297).

Rogers. Sur l'oxydation du diamant par voie humide (*Annales des Mines*, 4ᵉ série, 1849, t. XV, p. 115).

Roman (A.), DE FONTENELLE et MALEPEYRE. Manuel complet du bijoutier-joaillier. — Un vol. in-16, 400 pages et planches, Librairie Roret, Paris, 1884.

Romeu (A. de). L'industrie des abrasifs et le corindon (*Revue générale des Sciences*, 15 juin 1905).

Roscoë. 1. Sur la combustion des diamants du Cap (*Annales de Physique et de Chimie*, 5ᵉ série, année 1882, t. XXVI, p. 136).

— 2. Sur l'équivalent du carbone déterminé par la combustion du diamant (*Comptes rendus de l'Académie des Sciences*, t. LXXXXIV, 24 avril 1882, p. 1180).

Rose (G.). Du Labrador (*Annales des Mines*, année 1824, t. IX, p. 394).

Rose (H.). De l'analyse des aluminates naturels : spinelle, corindon, rubis, saphir (*Annales des Mines*, t. XIX, année 1841, p. 524).

Rosenmüller (E.-Fr.-R.). Handbuch der biblischen Alterthumskunde. — In-8°, t. IV, 1ʳᵉ partie, Leipzig.

Roserot (Alp.). Notice sur les sceaux corolingiens des archives de la Haute-Marne. — Un vol. in-8° avec planches, 1892.

Rossel. Les diamants de l'acier (*Comptes rendus de l'Académie des Sciences*, t. CXXIII, 13 juillet 1896, p. 113, et *Revue générale des Sciences*, 15 octobre 1896, p. 798).

Rousseau. Sur les condensations cycliques du carbone : production artificielle du diamant à l'aide des carbures d'hydrogène (*Comptes rendus de l'Académie des Sciences*, t. CXVII, 17 juillet 1893, p. 164).

Rubbel (A.). Ueber Perlen und Perlenbildung bei margaritana margatifera, nebst Beiträgen zur Kenntniss ihrer Schalenstruktur. — Un vol. in-8°, 80 p., 58 fig., et 2 pl., Marburg, 1911.

Rueus (F.). De Gemmis. — Un vol. in-12, Tiguri, 1565.

Rydberg (J.-R.). Relation entre les courbes de dureté, les points de fusion et les poids atomiques des corps simples (*Zeitschrift für physikalische Chemie*, t. XXXIII, année 1900, p. 353).

Sabot. — V. Duparc, Wunder et Sabot, p. 476.

Sacerdote (P.). Changements de coloration du diamant sous l'action de divers agents physiques (*Comptes rendus de l'Académie des Sciences*, t. CXLIX, 29 novembre 1909, p. 993).

Sage (G.). Traité des pierres précieuses. — Un vol. in-12 de 64 pages. — Paris, Didot, 1814.

Saint-Hilaire (De). Voyage dans le district des diamants de l'intérieur du Brésil. — Un vol., Paris, 1830.

Saint-Simon. Histoire du Régent, in *Mémoires*, t. XIV, Hachette, éditeur, Paris, 1874.

Saix. Sur la reproduction du diamant (*Comptes rendus de l'Académie des Sciences*, t. LXVI, 8 juin 1868, p. 1168).

Sallior (P.). 1. Les rubis de synthèse (*La Nature*, 3 mars 1906, p. 215).
— 2. Agates et cornalines (*La Nature*, 24 juillet 1909).

Sarrasin. V. Friedel et Sarrasin.

Sauvage (E.). Note sur les appareils perforateurs à diamant aux États-Unis (*Annales des Mines*, 7e série, t. VII, année 1375, p. 451).

Scacchi. 1. Recherches sur la composition de la topaze (*Comptes rendus de l'Académie de Naples*, année 1842, t. I, p. 268).
— 2. Notice sur les gisements de la sodalite (*Annales des Mines*, 4e série, année 1847, t. XII, p. 385).
— 3. Sur le péridot (*Comptes rendus de l'Académie de Naples*, année 1851, t. VI, p. 241).

Schafaritz (A.). Découverte du diamant à Dlaschowitz (Bohême) (*Comptes rendus de l'Académie des Sciences*, t. LXX, 24 janvier 1870, p. 140 et 21 février 1870, p. 397).

Scharizer (R.). Constitution chimique et couleur des tourmalines (*Bulletin de la Soc. franç. de Minéralogie*, année 1890, t. XIII, p. 40).

Schefer. Emploi du grenat comme matière à polir (*Journal of the Franklin Institute*, t. CLVIII, 1904, p. 468, et *Revue de métallurgie*, année 1905, t. 2, *Extraits*, p. 231).

Schiff (F.). L'industrie diamantifère au Cap (*Le Génie civil*, 18 août 1900, p. 287).

Schlieper. — V. Moberg et Schlieper, p. 499.

Schmitt. Zircon, grenat et épidote d'Australie (*Zeitschrift für Kristallographie und Mineralogie*, t. XIX, p. 56-62, et *Bulletin de la Soc. franç. de Minéralogie*, année, 1893, t. XVI, p. 110).

Schmitt. Utilisation de la potée d'étain pour la taille des pierres fausses (*La Nature*, 2e semestre 1892, p. 403).

Schrauf (A.). 1. La dureté des substances cristallisées (*Poggendorf Annalen*, t. CXXXIV, année 1868, p. 422).
— 2. Manuel des pierres précieuses. — Un vol. in-8°, Gerold, éditeur, Vienne, 1869.
— 3. Sur l'azurite de Nertschinsk (*Min. Mith. de Tchermak*, 1871).
— 4. Sur les inclusions de la labradorite (*Min. Mith. de Tchermak*, 1871).

Schrotter. Sur la formation du diamant (*Sitzungsberichte der Kön. Akademie der Wissensch.*, Wien, 1871).

Schuermans. Intaillés antiques employées au Moyen-Age. — Un vol. in-8°, 1872.

Schulten (De). Production artificielle de la malachite (*Comptes rendus de l'Académie des Sciences*, t. CX, p. 202, et t. CXXII, p. 1352).

Schulze. Praktisches Handbuch der Juwelierkunst und Edelsteinkunde. — Un vol., Leipzig, 1830.

Sergent-Marceau. Détails historiques sur le vol des diamants de la Couronne (*Revue rétrospective*, t. IV, année 1834, p. 137).

Seurat (L.-G.). 1. A propos de l'origine et du mode de formation des perles fines (*Comptes rendus de l'Académie des Sciences*, 4 novembre 1901).

— 2. L'origine des perles (*Bulletin du Musée océanographique de Monaco*, 20 mai 1906, et *Revue scientifique*, 18 août 1906).

— 3. Les perles (*La Science au XXᵉ siècle*, 15 avril 1906).

— 4. L'huître perlière. — Un vol. in-12, 200 pages, 10 fig. (*Encyclopédie Léauté*), Gauthier-Villars et Masson, éditeurs, Paris.

Seybert (H.). Analyse du chrysobéryl de Haddam (Connecticut) et du Brésil (*Annales des Mines*, année 1825, t. X, p. 289).

Siebold. Ueber die Perlenbildung chinesischer Süssasser-Mutcheln (*Zeitchrift für Wiss. Zool.*, t. VIII, année 1857, p. 445).

Silliman. Fusion du charbon, de la plombagine, de l'anthracite et du diamant ; production probable du diamant (*Annales de Physique et de Chimie*, t. XXIV, année 1824, p. 216).

Silliman (B.). 1. Gisements diamantifères de l'Amérique du Nord (*Amer. Journal of Science*, t. VIII).

— 2. Notice sur la turquoise du Nouveau-Mexique (*Bulletin de la Soc. franç. de Minéralogie*, année 1881, t. IV, p. 293).

Simmler. Ueber das Problem der Diamant Bildung (*Poggend. Annalen*, 1860).

Smith (Lawrence). 1. Analyse de saphirs de l'Inde (*Annales des Mines*, 4ᵉ série, t. XVIII, p. 289).

— · 2. Notes sur le corindon de la Caroline du Nord et de Montana (*Comptes rendus de l'Académie des Sciences*, t. LXXVII, année 1873, pp. 356 et 439).

— 3. La hiddenite, variété vert émeraude de triphane (*Bulletin de la Soc. franç. de Minéralogie*, année 1881, t. IV, p. 184).

Smith (Roorda). Les mines de diamant de l'Afrique australe (*Archives néerlandaises des sciences exactes et naturelles*, t. XV, 1880).
V. aussi MURRAY et SMITH, p. 500.

Smithson Tennant. Sur les mines de l'Afrique australe (*Association britannique pour l'avancement des sciences*, session de 1875).

Soldi (Em.). Les camées et les pierres gravées in *Les arts méconnus*. — Un vol., Paris, 1881.

Sommerville. Engraved Gems : their history and an elaborate view of their place inart. — Un vol. in-4°, Philadelphie, 1889.

Sorby et BUTLER. On the structure of rubies, saphires an diamonds (*Roy. Soc. Proc.*, t. XVII, année 1869).

Sotto (Is. del). Le Lapidaire du xivᵉ siècle (Traduction et adaptation de l'ouvrage de JEHAN DE MANDEVILLE (v. p. 497). — Un vol., Lyon, 1561.

Souheur (L.). Nouvelles formes observées dans la topaze de l'Oural (*Bulletin de la Soc. franç. de Minéralogie*, année 1894, t. XVII, p. 127, et *Zeitschrift für Krystallographie und Mineralogie*, t. XX, p. 232).

Sperry. — V. PENFIELD et SPERRY, p. 502.

Spezia (G.). 1. Production artificielle de cristaux de quartz (*Comptes rendus de l'Académie des Sciences de Turin*, 1899-1900).

— 2. Solubilité du quartz dans les solutions de tétraborate de sodium (*Atti Acc. Sc. Torino*, t. XXXVI, année 1901, p. 631, et *Bulletin de la Soc. franç. de Minéralogie*, t. XXV, année 1902, p. 119).

Stass. — V. DUMAS et STASS, p. 476.

Stelzner. Sur la prétendue existence du diamant dans une pegmatite de l'Hindoustan (*Neues Jahrbuch*, année 1893, p. 139, et *Bulletin de la Soc. franç. de Minéralogie*, t. XVIII, année 1895, p. 72).

Steuart (James). An Account of the Pearl Fisheries of Ceylon. — Un vol. avec 2 cartes, Ceylan, 1843.

Stevenson. — V. Kunz et Stevenson, p. 492.

Streeter (E.-W.). 1. Precious Stones and Gems, their history and distinguishing characteristics. — Un vol. in-8° avec planches en couleurs, Londres, 1877.

— 2. The great Diamonds of the World. — Un vol. in-8°, 2e édition, Londres, 1882.

— 3. Pearls and Pearling Life. — Un vol. in-8°, avec fig. et planches, Londres, 1886.

Summers. Statement of the wrought agates, cornelians, etc., together with the varied processes of preparation, and value of the Trade at Cambay (*Sel. Rec. Bo. Gor.*, 9e série, t. IV, année 1854, p. 26).

Sybert. Analyse d'un grenat manganésifère d'Amérique (*American Journal of Science*, t. VI, p. 155, et *Annales des Mines*, année 1826, t. XII, p. 297).

Swinton (A.). — V. Parsons et Swinton, p. 501.

Szabo. Les mines d'opale de Hongrie (*Association française pour l'avancement des Sciences*, 18e session, Congrès de Paris, p. 436).

* *

Tavernier. Voyage en Turquie, en Perse et aux Indes. — Un vol., Paris, 1676.

Termier (P.). 1. Sur le quartz prase des cargneules de Lazer (Hautes-Alpes) (*Bulletin de la Soc. franç. de Minéralogie*, année 1900, t. XXIII, p. 47).

— 2. Sur de gros cristaux de tourmaline de l'Ankaratra, à Madagascar (*Bulletin de la Soc. franç. de Minéralogie*, année 1908, t. XXXI, p. 138).

Teymon (G.). L'astérie ou gemme étoilée (*La Science illustrée*, 9 février 1895, p. 167).

Théophraste. Traité des pierres précieuses (traduit du grec). — Un vol., Paris, 1784.

Thollon. Sur une dioptase du Congo français (*Bulletin de la Soc. franç. de Minéralogie*, année 1890, t. XIII, p. 159).

Thomas (S.). Report on Pearl Fisheries and Chank Fisheries, Madras, 1884.

Thomson. 1. Analyse d'un grenat manganésifère de Franklin (*Annales des Mines*, 3e série, année 1832, t. I, p. 169).

— 2. Analyse de la ceylanite d'Annety, dans l'État de New-York (*Annales des Mines*, 3e série, année 1832, t. I, p. 174).

Thoulet (J.). 1. Séparation mécanique des divers éléments minéralogiques des roches (*Bulletin de la Soc. franç. de Minéralogie*, année 1879, t. II, p. 17).

— 2. Nouveau procédé pour prendre la densité des minéraux en fragments très petits, au moyen des iodures (*Bulletin de la Soc. franç. de Minéralogie*, année 1879, t. II p. 189).

— 3. Étude de quelques spinelles naturels et artificiels (*Bulletin de la Soc. franç. de Minéralogie*, année 1879, t. II, p. 211).

— 4. Essai sur la Minéralogie d'Homère (*Revue scientifique*, année 1880, t. XXV, p. 1014).

— 5. Sur l'apparence dite chagrinée de certains minéraux (*Bulletin de la Soc. franç. de Minéralogie*, année 1880, t. III, p. 62).

— 6. Triage mécanique des minéraux (*Bulletin de la Soc. franç. de Minéralogie*, année 1880, t. III, p. 100).

— 7. Les inclusions des minéraux (*Revue scientifique*, t. XXXIII, année 1884, p. 521).

Tissandier (G.). 1. Mines de diamant d'Agua Suja, au Brésil (*La Nature*, 1er juin 1895, p. 1).

— 2. Les bois pétrifiés de l'Arizona (*La Nature*, n° 842, 20 juillet 1889, p. 119; n° 1429, 13 octobre 1900, p. 305).

Toll. Le parfait joaillier. — Un vol., Lyon, 1644.

Toqué. Étude sur les turquoises de Nichapour (*Annales des Mines*, année 1888, p. 564).

Toscane (Grand-Duc de). Expérience sur la combustion du diamant (*Magasin de Hambourg*, t. XVIII).

Touche (De la). 1. The Sapphire mines of Kashmir (*Records Geol. Survey of India*, t. XXIII, année 1890, et *Annuaire géologique pour l'année 1890*, p. 775).

— 2. Die Rubingruben Burmas (*Zeitschrift für prakt. Geologie*, année 1900, p. 322).

— 3. Edelstein Gewinnung in Ceylon (*Zeitschrift für prakt. Geologie*, année 1902, p. 414).

Treptow (J.). Die Diamantengewinnung in Süd-Africa (*Sud-Afrikanische Wochenschrift*, 1899-1900, Berlin).

✗ **Tribeaudeau (P.).** La fabrication du diamant et du rubis. — Une broch. in-8°, 59 pages, imprim. Tauzin, Blaye (Gironde), 1910.

Troller (A.). La reproduction du saphir (*La Nature*, 2 janvier 1909, p. 75).

Tronquoy (R.). Les inclusions du quartz (*Bulletin de la Soc. franç. de Minéralogie*, t. XXXV, année 1912, p. 384).

Truchot (P.). 1. Les gisements et l'extraction du zircon (*Revue générale des Sciences*, 28 février 1898, p. 145).

— 2. L'industrie des diamants noirs (*Revue de Chimie industrielle*, année 1900, et *Revue scientifique*, année 1900, p. 285).

Tschermoff. Sur les cristaux de diamant dans l'acier (*Mém. de la Soc. tech. russe de Saint-Pétersbourg*, juillet et août 1907, et *Revue de Métallurgie*, mémoires, année 1908, t. V, p. 79).

.·.

Ungemach (H.). Contribution à la minéralogie du Mexique : topazes (*Bulletin de la Soc. franç. de Minéralogie*, année 1910, t. XXXIII, p. 375).

Ussing. La saphirine du Groenland (*Bulletin de la Soc. franç. de Minéralogie*, année 1890, t. XIII, p. 50).

.·.

Vanderheym. — V. JANNETTAZ, VANDERHEYM, FONTENAY et COUTANCE, p. 488.

Vassel (E.). La pintadine et l'acclimatation de la mère perle sur le littoral tunisien (*Association française pour l'avancement des sciences*, Congrès de Carthage-Tunis, 1898).

Vaulabelle (A. de). 1. Les pierres précieuses artificielles (*Le Cosmos*, 14 mars 1903).

— 2. Les pierres précieuses naturelles et artificielles. — Une broch. in-16, 44 pages, imprim. de l'*Indépendant auxerrois*, Auxerre, 1910.

Vauquelin. Mémoire sur l'aigue-marine (*Annales de Chimie*, 1re série, t. XXVI, année 1798, p. 155).

Vélain (Ch.). 1. Présence de l'opale hyalite dans des scories provenant d'une meule de blé incendiée (*Bulletin de la Soc. franç. de Minéralogie*, année 1878, t. I, p. 113).

— 2. Sur les sables diamantifères recueillis par Ch. Rabot dans la Laponie russe (*Comptes rendus de l'Académie des Sciences*, t. CXII, 12 janvier 1891, p. 112).

Venette. Traité des pierres. — Un vol., Amsterdam, 1701.

Vera (C.). Smaragd (émeraude) von Santa-Fé-de-Bogota (*Zeitschrift für Krist.*, t. V, p. 430).

Verleye (Léon). Les pierres précieuses et les perles. — Un vol. in-12, 250 pages, 60 figures, H. Renaud, éditeur, Paris, 1913.

Verneuil (A.). 1. Production artificielle du rubis par fusion (*Comptes rendus de l'Académie des Sciences*, t. CXXXV, 10 novembre 1902, p. 791).

—   **2.** Reproduction artificielle du rubis par fusion (*La Nature*, 20 août 1904, p. 177).

—   **3.** Mémoire sur la reproduction artificielle du rubis par fusion (*Annales de Chimie et de Physique*, 8ᵉ série, t. II, septembre 1904).

—   **4.** Observations sur une note concernant la reproduction de la coloration bleue du saphir oriental (*Comptes rendus de l'Académie des Sciences*, t. CXLVII, 30 novembre 1908, p. 1059).

—   **5.** Sur la reproduction synthétique du saphir par la méthode de fusion (*Comptes rendus de l'Académie des Sciences*, t. CL, 17 janvier 1910, p. 185).

—   **6.** Sur la nature des oxydes qui colorent le saphir oriental (*Comptes rendus de l'Académie des Sciences*, t. CLI, 5 décembre 1910, p. 1063).

    V. aussi Fremy et Verneuil, p. 480.

Vervoort. De diamant, eigenschappen en bewerking. — Un vol. in-8°, 1906.

Vever (Henri). Histoire de la Bijouterie au xixᵉ siècle. — 3 vol. in-8° de 600 pages, 900 fig., impr. G. Petit, Paris, 1906.

Villafane (A. de). Quilatador de la plata, oro, y piedras. — Un vol. in-4°, avec gravures. — Valladolid, 1572.

Viola (C.). Sur le chatoiement de quelques feldspaths (*Zeitschrift für Krystallogr.*, t. XXXIV, p. 171, et *Bulletin de la Soc. franç. de Minéralogie*, t. XXIV, année 1901, p. 458).

Vogel (0.). Recherches sur la fusion du quartz (*Electrochemische Zeitschrift*, t. XVIII, année 1911, p. 121, 181 et 718, et *Revue de Métallurgie*, année 1912, t. IX, Extraits, p. 529).

Vuillerme (A.). Madagascar et dépendances ; étude et recherches sur les pierres précieuses de la colonie (Mission 1905) (*Revue de Madagascar*, 10 février 1908, p. 58).

Vredenburg. Geology of the State of Panna with reference to the Diamond bearing deposits (*Rec. India*, t. XXXIII, année 1906, p. 261-314).

**

Wachmeister. 1. Examen de quelques minéraux du genre grenat (*Annalen der Chimie und Physik*, année 1824, et *Annales des Mines*, année 1825, t. X, p. 277).

—   **2.** Sur un grenat blanc de Tellemarken (*Annales des Mines*, 3ᵉ serie, année 1835, t. VII, p. 511).

Wallach (Oscar). Le dichroïsme du rubis d'Orient et les rubis reconstitués (*Le Diamant*, 31 mars 1906).

Wallerant (Fr.). 1. Sur l'origine de la polarisation rotatoire du quartz (*Bulletin de la Soc. franç. de Minéralogie*, année 1897, t. XX, p. 52).

—   **2.** Mémoire sur la fluorine (*Bulletin de la Soc. franç. de Minéralogie*, année 1898, t. XXI, p. 44-85).

—   **3.** Sur un nouveau modèle de réfractomètre (*Bulletin de la Soc. franç. de Minéralogie*, année 1902, t. XXV, p. 54).

Washington. — V. Hidden et Washington, p. 487, et Kunz et Washington, p. 492.

Weingarten (P.). Sur la composition chimique et la constitution de l'idocrase (*Thèse de doctorat*, Heidelberg, 1901, et *Bulletin de la Soc. franç. de Minéralogie*, t. XXV, année 1902, p. 364).

Weinschenk (E.). La coloration naturelle des minéraux (*Tschermak Mitth.*, t. XIX, p. 144, année 1899, et *Bulletin de la Soc. franç. de Minéralogie*, année 1899, t. XXII, p. 186).

Weiss et Erckmann. Propriétés optiques de l'ambre naturel et de l'ambre faux (*Comptes rendus de l'Académie des Sciences*, t. CVIII, année 1889, p. 376).

Wernadsky. Sur la worobewite (Travaux du Musée géologique Pierre-le-Grand, *Académie des Sciences de Saint-Pétersbourg*, t. II, année 1908, p. 81).

Werth. Considérations sur la genèse du diamant (*Comptes rendus de l'Académie des Sciences*, t. CXVI, 13 février 1893, p. 323).

West (X.). Répartition des pierres précieuses aux États-Unis (*La Nature*, 17 novembre 1894, p. 387).

Whitfield (Ed.). La danburite de Russel (État de New-York) (*Bulletin de la Soc. franç. de Minéralogie*, année 1889, t. XII, p. 493).

Wilson. Sur la formation du diamant (*Proceedings of the royal Society of Edinburgh*, année 1850).

Winchell. Sur un cristal de labrador de Minnesota (*Bulletin de la Soc. franç. de Minéralogie*, année 1896, t. XIX, p. 90).

Winer (G.-B.). Biblisches Realwörterbuch. — In-8°, t. I, p. 281, art. *Edelsteine*, Leipzig, 1847.

Wolf. — V. Klaproth et Wolf, p. 489.

Wöhler. Sur les inclusions du diamant (*Annales der Chemie und Pharmacie*, t. XLI, année 1842). V. aussi Liebig et Wöluer.

Wollaston. On the cutting diamond (*Philos. Transactions*, année 1816).

Wunder. — V. Duparc, Wunder et Sabot, p. 476.

Wyrouboff (G.). Sur l'obsidienne chatoyante du Caucase (*Bulletin de la Soc. franç. de Minéralogie*, année 1878, t. I, p. 110).

.˙.

Zerrenner. Anleitung zum Diamanten. — Un vol., Leipzig, 1851.

Zimanyi. Note sur l'azurite du Laurium (*Zeitschrift für Krystallographie und Mineralogie*, t. XXI, p. 86, et *Bulletin de la Soc. franç. de Minéralogie*, année 1894, t. XVII, p. 232).

INDEX ALPHABÉTIQUE DES MATIÈRES[1]

Les chiffres placés immédiatement à la suite des mots de cet index (Exemple : **Danburite**, 206) renvoient aux pages de l'ouvrage. Les noms d'auteurs et les chiffres placés à la suite du mot *Bibliographie* (Exemple : *Bibliographie* : Lacroix, 22, 26) renvoient à la Bibliographie détaillée (p. 460 à 510).

A

Abrasifs à base de corindon, 425.

Achroïte (tourmaline), 225.

Adulaire, 191.

Afghanistan (gisements gemmifères), 196, 244.

Afrique orientale (gisements d'émeraude), 236.

Agalmatolite (pagodite), 212.

Agates, 173, 443, 453. — *Bibliographie* : Anonymes, 2, 3 ; Blanford, 1 ; Culloch ; Daubenton ; Dutremblay ; Escard, 30 ; Faujas ; Friedel (Ch.), 3 ; Kunz, 11 ; Lacroix, 18 ; de Launay, 14 ; Liesegang ; Newbold ; Summers ; Tissandier, 2.

Agate d'Islande (obsidienne), 193.

Aigue-marine, 229, 451. — *Bibliographie* : Vauquelin. V. aussi BÉRYL.

Alexandrite, 255.

Algérie (gisements gemmifères), 143, 170.

Alluvions diamantifères, 123, 129, 145.

Almandin, 216.

Amazonite, 194. — *Bibliographie* : Abich, 3 ; Anonymes, 14, 37.

Ambre, 292. — *Bibliographie* : Anonymes, 17, 42 ; Cornand ; Escard, 14 ; Kunz, 21 ; Reboux ; Weiss et Erckmann.

Améthyste, 163, 392, 452. — *Bibliographie* : Gonnard, 4, 14, 19 ; de Launay, 14 ; Nabl, 1, 2. — V. aussi QUARTZ.

Améthyste orientale (corindon), 250, 313.

Andalousite, 189.

Aplome (grenat), 217.

Applications industrielles des pierres précieuses, 162, 164, 196, 403 et suiv.

Apyrite (tourmaline), 223.

Arabie (gisements gemmifères), 202, 258.

Arborisations sur les gemmes, 174, 177.

Aréomètre (mesure des densités), 38.

Arizona (gisements gemmifères), 179, 202.

Arlequine (opale), 181.

Asie-Mineure (gisements gemmifères), 176, 206.

Astérie, 169, 251.

Australie (gisements gemmifères), 140, 182, 206, 234, 248, 259.

Auvergne (gisements gemmifères), 165, 188, 190, 200, 237.

Aventurine, 169, 454. — *Bibliographie* : Anonymes, 16 ; Auger.

Azurite, 195, 262, 333. — *Bibliographie* : Becquerel (E.), 1 ; Debray, 2 ; Lacroix, 2 ; Michel, 3, Schrauf, 3 ; Zimanyi.

B

Balances carat-métrique, 58.

Balance densimétrique, 35.

Batée à gemmes, 229.

Batrachite (odontolithe), 260.

Bénitoïde, 210. — *Bibliographie* : Gaubert, 6 ; Londerback et Blasdale.

Béryls, 229 et suiv.. — *Bibliographie* : Baret, 2 ; Brewster, 6 ; Damour, 22 ; Des Cloizeaux, 9 ; Duparc, Wunder et Sabot, 1 ; Escard, 11 ; Gonnard, 5, 8 ; Gonnard et Barbier ; de Grammont ; Karnajitzky ; Kunz, 4, 20, 47,

---

1. La TABLE SYSTÉMATIQUE DES MATIÈRES est au début de l'ouvrage (p. XV-XXVI).

48 ; Lacroix, 10, 34, 35 ; Levat, 2 ; Melczer, 3 ; Merle ; Offret ; Vuillerme. — V. aussi ÉMERAUDE et AIGUE-MARINE.

Béryl d'or (cymophane), 255.

Birmanie (gisements de rubis), 244.

Blue-grund, 137.

Bohême (gisements gemmifères), 143.

Bois silicifié ou agatisé, 178.

Bornéo (gisements diamantifères), 139.

Bort (diamant), 95.

Brèche diamantifère, 137.

Brésil (gisements diamantifères), 127, 161, 164, 176, 205, 224, 229, 232.

Brillants, 349.

Briolettes, 351.

Brutage des diamants, 343.

C

Cabochons, 356.

Cacholong, 184.

Caillou d'Egypte (jaspe), 178.

Calcédoine, 170, 326, 453. — Bibliographie : Lacroix, 18, 26, 29 ; de Launay, 9 ; Brun (A.), 3 ; Papier. — V. aussi AGATES, CORNALINE et QUARTZ.

Calibres, 61.

Californie (gisements gemmifères), 198, 229.

Californite (idocrase), 219.

Callaïnite, Callaïte, 256, 257. — V. aussi TURQUOISE et ODONTOLITHE.

Camées, 366 et suiv. — V. aussi GEMMES GRAVÉES.

Canada (gisements gemmifères), 141.

Candite (spinelle), 254.

Cap de Bonne-Espérance (gisements diamantifères), 131.

Carat métrique, 54 et suiv.

Carbon, Carbonado (diamant noir), 95, 403. — Bibliographie : Baure ; Daubrée, 4 ; Descloizeaux, 3 ; Dupont ; Escard, 4; Friedländer, 2 ; Fromholt, 1, 2, 3 ; Haton de la Goupillière ; Kenngott, 2 ; Lodin et Gruner ; Moissan, 3, 8, 10 ; Sauvage ; Truchot, 2.

Caroline du Nord (gisements gemmifères), 187.

Cavités dans les diamants, 102. — V. aussi INCLUSIONS.

Ceylan (gisements gemmifères), 243, 280.

Ceylonite (spinelle), 253, 331.

Chaleur. Action sur les pierres précieuses, 74, 105.

Chatoiement, 71.

Cheminées diamantifères, 134.

Cheyssilite, 262.

Chine (gisements gemmifères), 142, 176, 197, 208.

Chlorospinelle, 254.

Chrysobéryl, 255,332. — Bibliographie : Arfvedson ; Claremont, 6 ; Duparc, Wunder et Sabot, 3 ; Grunling ; Kunz, 19 ; Melczer, 3 ; Seybert.

Chrysocolle, 211. — Bibliographie. — Jannettaz (E.), 5.

Chrysolite, 201.

Chrysolite orientale (cymophane), 255.

Chrysoprase, 172.

Citrine (quartz jaune), 167.

Clivage, 43, 101, 341.

Colombie (gisements gemmifères), 143, 231.

Colophanite (grenat), 217.

Colorado (gisements gemmifères), 187, 194.

Combustion du diamant, 106.

Conductibilité calorifique et électrique, 91, 102.

Congo (gisements de dioptase), 211.

Corail, 17, 289, 363. — Bibliographie : Anonymes, 49 ; Dana ; Darwin ; Ehrenberg ; Escard, 13 ; Gansius ; Gravier ; Hückel ; Lacaze-Duthiers ; Milne-Edwards ; Ovide ; Pottier ; Quelch ; Reinach.

Cordiérite, 200, 334. — Bibliographie : Bourgeois, 1 ; Cordier ; Gonnard, 11, 18, 19 ; Lacroix, 6 ; de Launay, 1 ; Offret ; Paris.

Corindon, 239, 312, 318, 389, 424, 430. — Bibliographie : Anonymes, 17, 46 ; Bonnefond ; Bordas ; Escard, 1, 9 ; Forschammer, 2 ; Friedel (G.), 8 ; Frossard ; Genth ; Girard (Ch.) ; Gonnard, 12 ; Grunling ; Hautefeuille et Perrey, 4, 5 ; Hidden et Washington ; Judd ; Lacroix, 3, 4, 5, 9, 17, 30 ; Lapierre ; de Launay, 14 ; Lecesne ; Melczer, 2 ; Meunier, 2, 5 ; Minet ; Paris ; Par-

mentier ; Pratt, 1, 2 ; de Romeu ; Rose (H.) ;
Smith (L.), 2.
V. aussi Rubis, Saphir, Gemmes orientales.
Cornaline, 171. — *Bibliographie* : Copland ;
Newbold ; Summers. — V. aussi Agates,
Calcédoine et Quartz.
Couleur des gemmes, 65 et suiv. ; — des dia-
mants, 103 ; — des perles, 271 ; — du saphir,
246.
Courbures du diamant, 100.
Crapaudine (odontolithe), 260.
Cristal de roche, 158, 390. — V. aussi Quartz.
Croisette de Bretagne (staurotide), 210.
Cullinan (diamant), 118, 341.
Cyanite, 189.
Cymophane, 254, 332. — *Bibliographie* : Da-
mour, 2 ; Des Cloizeaux, 2 ; Deville et Caron,
2 ; Ebelmen, 2 ; Hautefeuille et Perrey, 2 ;
Mallard, 2.
Cyprine (idocrase), 219.

D

Danburite, 206. — *Bibliographie* : Lacroix, 22,
26 ; Whitfield.
Demi-opales, 184.
Densité des gemmes, 30 et suiv. ; — des diamants, 102 ; — des rubis, 242 ; — des perles,
275.
Densivolumètres, 39.
Diallage, 200.
Diamant, 3, 9, 15, 93, 300, 338, 388, 403, 449. —
Bibliographie : Anonymes, 13, 19, 27, 29,
36 ; Arago, 1, 2 ; Babinet ; Von Baumhauer,
1, 2 ; Behrens ; Bellet ; Berthelot (D.), 1 ;
Berthelot (M.), 4 ; Biot ; Boutan (E.) ; Bra-
chet ; Brewster, 1 à 7 ; Cattelle, 3 ; de Chan-
courtois ; Chaper, 1, 3 ; Clarke, 1 ; Cohen,
2, 3, 4, 5 ; Couttolenc ; Damour, 6, 7, 10 ;
Darcet ; Daubrée, 5, 8, 9 ; Davy, 1, 2 ; Des
Cloizeaux, 1, 8 ; Despretz, 1, 2 ; Delafosse ;
Dieudonné ; Dieulafait ; Doman ; Dufrénoy ;
Dumas et Stass, 1, 2 ; Dupont ; Emanuel ;
Escard, 3, 5, 7, 17, 23 ; Eschewège ; Fizeau ;
Forbin ; Fouqué et Michel-Lévy, 2 ; Four-
croy ; Friedel (Ch.), 1, 4, 6, 10 ; Gallardo-

Bastant ; Gassiot ; Girard (F.-G.) ; Glocker;
Göppert ; Haidinger ; Halphen, 2 ; Halphen
et Fremy ; Harting ; Hatch, 1 ; Jacobs et
Chatrian, 1, 2 ; Jameson ; Janesich ; Jannettaz (E.), 1, 2, 3, 11 ; Jeffries, 1, 2 ; Kunz, 9,
10, 21, 22, 29, 52 ; Kurz et Huntington ;
Kunz et Washington ; Lacour ; de Launay, 5,
7, 8, 12 ; Lavoisier ; Liebig et Wöhler ; Lionnet ; Liverdsige ; Mackensie ; Macquer ; Mallard, 1, 4 ; Martin ; Maskelyne et Flight ;
Mawe, 1, 3 ; Mercereau, 2 ; Meunier, 1, 4,
9 ; Moissan, 2 à 10, 12, 13, 15, 16, 18 ; Morren ; Murray, Newton ; Osmond ; Petzholdt;
Phipson ; Pinder ; Purgold ; Rivot ; Roscoë,
1, 2 ; Rogers ; Schrotter ; Simmler ; Sorby
et Butler ; Streeter, 1 ; Tavernier ; duc de
Toscane ; Werth ; Wilson ; Wöhler ; Wollaston.
V. aussi Gisements diamantifères, Pierres pré-
cieuses, Synthèse.
Diamants célèbres, 111.
Diamants de la Couronne, 120. — *Bibliogra-
phie* : Alis-Harry ; Anonymes, 24 ; Bapst, 1,
2 ; Barbet de Jouy ; Barrière ; Bion ; Bloche,
1, 2 ; Colbert ; Delaborde ; Enault ; Inven-
taires, 1 à 4 ; Jacquemart ; Laborde ; Pit ;
Saint-Simon ; Sergent-Marceau.
V. aussi Histoire et Gemmes gravées.
Diamant d'Alençon (quartz enfumé), 167.
Diamant de Ceylan (zircon), 186.
Diamant du Dauphiné (quartz incolore, 160.
Diamant de Rennes (quartz hyalin), 160.
Diamantoïde (grenat), 217.
Dichroïsme, 71.
Dichroïte (cordiérite), 200.
Diopside, 199.
Dioptase, 211, 334. — *Bibliographie* : Becque-
rel (E.), 4 ; Lacroix, 21 ; Thollon.
Disthène, 188.
Dopps pour la taille du diamant, 345.
Dravite (tourmaline), 225.
Dumortiérite, 190. — *Bibliographie* : Lacroix,
28.
Dureté des gemmes, 43 et suiv. ; — des dia-
mants, 100 ; — des perles, 275.

E

Eau des diamants, 154 ; — des perles, 273.

Ebrutage, 343, 347.

Éclat des gemmes, 53, 101.

Égrisée, 346, 383, 424.

Elbe (île d') (gisements de tourmaline), 228.

Émeraude, 5, 229, 327, 442, 451. — *Bibliographie* : Anonymes, 15 ; Boussingault ; Combes (P.) ; Damour, 23 ; Debray, 1 ; Des Cloizeaux, 6 ; Deville ; Ebelmen, 3 ; Franchet ; Gonnard et Fr. Adelphe ; Hautefeuille et Perrey, 2, 6 ; Hidden et Washington ; Hubert ; Jannettaz (E.), 10 ; Klaproth, 2 ; Kunz, 20 ; de Launay, 8 ; Lebeau ; Moberg et Schlieper ; Moreau (G.) ; Robinson ; Vera. V. aussi BÉRYLS.

Émeraude lithique (hiddenite), 199.

Émeraude orientale (corindon), 250, 314, 324.

Émeraude de l'Oural (mélanite verte), 217, 218.

Émeraude du Brésil (tourmaline), 224.

Émeri, 430.

Épidote, 210. — *Bibliographie* : Azéma ; Brugnatelli ; Gonnard, 7 ; Lacroix, 11 ; Palache ; Porcher ; Schmidt.

Escarboucle (grenat), 216.

Espagne (gisements gemmifères), 165.

Essonite (grenat), 214.

États-Unis (gisements gemmifères), 141, 179, 248, 259.

Étoile du Sud (diamant), 113.

Étoile de l'Afrique du Sud (diamant), 115.

Euclase, 238. — *Bibliographie* : Damour, 8 ; Des Cloizeaux, 10.

Excelsior (diamant), 118.

Exploitation des gisements diamantifères, 145.

F

Falsifications des pierres précieuses, 324. — V. aussi IMITATIONS, STRAS.

Fausse-topaze (quartz jaune), 167.

Faux-jais (jaspe), 178.

Faux-lapis : calcédoine, 172 ; lazulite, 260.

Feldspaths nobles, 190 et suiv.

Feux des pierres précieuses, 52, 104.

Fibrolite, 190. — *Bibliographie* : Gonnard, 3.

Filières diamantées, 423.

Fiorite, 184.

Florentin (diamant), 118.

Fluorescence des gemmes, 81 et suiv. ; — du diamant, 105 ; — des rubis, 242.

Fluorine, 263, 443. — *Bibliographie* : Becquerel et Moissan ; Wallerant, 3.

France (gisements gemmifères), 165, 188, 206, 226, 249.

Fusion. Température de — des gemmes, 89.

G

Gemmes gravées, 8, 13, 366. — *Bibliographie* : Anonymes, 2, 4, 5, 10, 11 ; Babelon, 1 à 6 ; Bissinger ; Blanchet ; Catalogues, 1, 2, 3, 4, 8 ; Chabouillet, 1, 2 ; Claremont, 8 ; Escard, 18 ; Furtwaengler, 1, 3 ; Jouin ; King, 3 ; Kunz, 8 ; La Chau et Le Blond ; Le Blanc ; Leturcq ; Mariette ; de Mély, 1 à 5 ; Millin ; Molinier ; Moreau (P.) ; Murray et Smith ; Natter ; Roserot ; Schuermans ; Soldi ; Sommerville.

Gemmes orientales, 239 et suiv. — V. aussi CORINDON, RUBIS, SAPHIR.

Gemme du Vésuve (idocrase), 219.

Géodes cristallines, 86.

Girasol, 169. Saphir —, 251.

Gisements diamantifères, 123 et suiv. — *Bibliographie* : Adam ; Adler ; Akbarnamah ; Anderson ; Andrada ; Anonymes, 6, 7, 20, 21, 22, 23 ; Atkinson ; Ball, 1, 3 ; Béglar ; Benza ; de Berquem, 1 ; Boutan (E.) ; de Bovet, 11, 2 ; Breton ; Blanford, 2 ; Burmeister ; Burton ; Calogeras ; Chaper, 2, 4 ; Chatrian ; Claussen ; Cohen, 1, 5 ; Cugnin ; Dalton ; Damour, 6, 7, 10 ; Denis, 1, 2 ; Derby ; Desdemaine-Hugon, 1, 2 ; Doman ; Dünn, 1, 2, 3 ; Escard, 17 ; Fauvel, 1 ; Fazl ; Fieux ; Frédéric ; Friedel (Ch.), 8 ; Garnier, 1, 2 ; Gascuel ; Gilfillen ; Gorceix, 1, 2, 3, 4, 6, 7, 8, 9 ; Hatch, 2 ; Heusser et Claraz ; Jacquemont ; Kern ; King, 2 ; Kittoe ; Kotschakow ; Krejci ; Kunz, 37, 43, 44, 51, 52 ; Lacroix, 13 ; de Launay, 2, 3, 4, 5, 6, 12 ; Liais ; Liverdsige ; Lomonosoff ; Mawe, 1, 2, 3 ; Moissan, 3, 11 ; Moulle ;

Ochs; Perrot; Rabot; Range; Reunert; de Saint-Hilaire; Silliman (B.), 1; Smith (R.); Smithson Tennant; Stelzmer; Tissandier, 1; Treptow; Vredenburg.

Gisements gemmifères : ambre, 293 ; améthyste, 164; béryls, 231; corail, 292; corindon, 427; jade, 208; malachite, 261; opale, 181; péridot, 202; perles, 280; quartz hyalin, 161; rubis, 243; saphir, 247; spinelle, 254; topaze, 205; tourmaline, 226; turquoise, 257; zircon, 187.

Glyptique. — V. GEMMES GRAVÉES.

Golfe Persique (gisements perliers), 281.

Goniomètre, 28.

Goutte d'eau (topaze), 204.

Grand-Mogol (diamant), 114.

Gravure sur gemmes. — V. GEMMES GRAVÉES.

Grenats, 213, 329, 442, 452. — Bibliographie: Arzhénius; Berzélius, 1; Bourgeois, 2; Bredberg; Brun (A.), 1; Couyat; Damour, 3, 11, 16, 19, 21; Fouqué et Michel-Lévy, 1; Gentil; Gmelin, 1; Gonnard, 6; Gorgeu; de Grammont; Hidden et Pratt; Hissinger; Jannettaz (E.), 9; Kobell; Kunz, 5, 6, 13, 25; Lacroix, 1, 4, 10, 12, 26; de Launay, 14; Mallard, 4; Michel, 3; Ohsson; Pisani, 2; Renard; Schmidt; Sybert; Thomson, 4; Wachmeister, 1, 2.

Grossulaire (grenat), 214, 330.

Guyane (gisements diamantifères), 141.

H

Héliotrope, 173.

Hématite, 264.

Hiddenite, 199.

Histoire des pierres précieuses, 1 et suiv., 367. — Bibliographie: Abdharhaman; Agricola; Alis-Barry; Anonymes, 1, 2, 3, 4, 5, 8, 9, 24, 28; Babelon, 1, 2, 3, 4, 5, 6; Bacci, Baccius; Bapst, 1, 2; Barbet de Jouy; Barrière; Baumer; Beke; Belleau; de Berquem, 1, 2; Berthelot (M.), 2, 3; Bion; Bissinger; Blanchet; Bloche, 1, 2; Blondel; Boetius de Boot, 1, 2; Boyle; Braunius; Bruckmann, 1, 2; Buffon; Catalogues, 1, 2, 3, 4, 8; Cas-

tellani; Cattelle, 2; Cheyrouze; Claremont, 11; Claves; Colbert; Damour, 21; Delaborde; Emanuel; Enault; Epiphanius; Fugger; Furtwaengler, 1, 2, 3; Gima; Hückel; Inventaires, 1, 2, 3, 4; Jacquemart, Jones; King, 1, 3; Kunz, 39; Laborde; Lacroix, 25; Laet; Le Blant; Levesque; Malcolm; Mandevile; Marbodeus Gallus; de Mély, 1 à 6; Michelant; Millin; Molinier; Morales; Mullet; Natter; Nichols; Ovide; Pannier; Pit; Pline; Roserot; Rueus; Saint-Simon; Schuermans; Sergent-Marceau; Soldi; Sommerville; Sotto; Théophraste; Thoulet, 4; Toll; Venette; Winer. — V. aussi : DIAMANTS CÉLÈBRES, DIAMANTS DE LA COURONNE, GEMMES GRAVÉES.

Hongrie (gisements d'opales), 182.

Huîtres perlières, 266.

Hyacinthe : grenat, 215; zircon, 186.

Hyacinthe de Compostelle (quartz rouge), 168.

Hyalite, 184, 327.

Hydrophane, 184.

I

Idocrase, 218. — Bibliographie: Boecker; Damour, 15; Gaubert, 2; Igelström, 2; Kunz, 32; Lacroix, 42; Pisani, 5; Weingarten.

Imitation des pierres précieuses, 19, 444; — du corail, 292; — de l'ambre, 294; — des perles, 288; — des camées et intailles, 386. — Bibliographie : Anonymes, 13, 23, 25; Auger; Fontanieu; Fontenelle, 3; Haudiquer de Blancourt; Jacobs et Chatrian, 1; Jannettaz (E.), 8; Pervinquière; Pline; Schmitt.

Impressions sur des diamants bruts, 102.

Impuretés des diamants, 107.

Inclusions, 88, 102, 159.

Indes (gisements gemmifères), 123, 175, 181, 196, 197, 215.

Indices de réfraction des principales gemmes, 51.

Indicolite, 224.

Intailles, 366. — V. aussi GEMMES GRAVÉES.

Iolite (cordiérite), 200.

Iris (quartz), 169.

Irisations des pierres précieuses, 71. — des perles, 273.
Isolants en quartz, 437.

J

Jacinthe (zircon), 186.
Jade, 207. — *Bibliographie*: Blondel ; Clarke et Merrill ; Damour, 4 ; Dawson ; Dieseldorff ; Fischer, 2 ; Hunt ; Jannettaz et Michel, 1 ; Kunz, 15 ; de Launay, 14 ; de Lemur.
Jadéite, 197. — *Bibliographie*: Clarke et Merrill ; Damour, 12, 20 ; Fischer, 2, 3 ; Ktenas ; de Launay, 14 ; Nötling.
Jais ou Jayet, 264, 444.
Jargon, 186.
Jaspes, 178 et suiv.
Jubilee (diamant), 118.

K

Klaprothine, 195, 260. — V. aussi LAZULITE.
Kohi-Noor (diamant), 114.
Kornepurine, 189, 209.
Kunzite, 198. — V. aussi TRIPHANE.

L

Labrador, 195, 334. — *Bibliographie* : Rose ; Fouqué et Michel-Lévy, 1 ; de Grammont ; Schrauf, 4 ; Winchell.
Lapis-lazuli, 195, 444, 455. — *Bibliographie* : Anonymes, 12, 23 ; Brunner ; de Launay, 14.
Lazulite, 195, 260.
Libéria (gisements diamantifères), 141.
Lunaire (pierre-de-lune), 192.
Lune des Montagnes (diamant), 116.
Lunette dichroscopique, 72.
Lustre (ou satiné) des perles, 273.

M

Machine à cisailler les carbons, 405.
Macles, 25, 99.
Madagascar (gisements gemmifères), 161, 164, 168, 189, 191, 198, 200, 201, 207, 209, 215, 216, 217, 224, 226, 233, 244, 248, 282.
Malachite, 261, 333. — *Bibliographie* : Bec-

querel (E.), 1 ; Jannettaz (P.), 2 ; Lacroix, 2 ; de Schulten.
Marcassite, 264.
Mélanite (grenat), 217, 329.
Mer Rouge (gisements de péridots), 281.
Météorites diamantifères, 143 et suiv.
Meules pour le polissage des pierres précieuses, 337, 349, 361.
Mexique (gisements gemmifères), 143, 182, 194, 206.
Mines de pierres précieuses. — V. GISEMENTS DIAMANTIFÈRES ET GEMMIFÈRES.
Mongolite (jaspe), 178.
Montage des pierres précieuses, 364.
Morganite (béryl), 237. — V. aussi BÉRYLS.
Moules perlières, 282.

N

Nassack (diamant), 117.
Néphrite. — V. JADE.
Nicolo (agate), 173.
Nizam (diamant), 115.
Nouvelle-Grenade (gisements d'émeraudes), 231.

O

Obsidienne, 193, 444. — *Bibliographie* : Berthier, 3 ; Boussingault et Damour ; Brun (A.), 5 ; Wyrouboff.
Odontolithe, 259. — V. aussi TURQUOISE.
Œil-de-chat (quartz), 169.
Œil-de-serpent (odontolithe), 260.
Œil-de-tigre (quartz), 169.
Oligiste, 264, 334.
Olivine, 201. — V. aussi CHRYSOLITE et PÉRIDOT.
Onyx, 174. — *Bibliographie*: Claremont, 7 ; Newbold.
Opales, 180, 326, 453. — *Bibliographie* : Anonymes, 34 ; Becquerel (E.), 2 ; Bertrand, 3 ; Damour, 1 ; Ebelmen, 1 ; Fremy, 1 ; Jameson ; Kunz, 21, 31 ; Mariano ; Monier ; Szabo ; Vélain.
Orient des perles, 272.
Origine géologique et minéralogique des gemmes,

13 et suiv. ; — du diamant, 109 ; — de l'opale, 182 ; — des perles, 275.

Orloff (diamant), 115.

Orthose, 191, 192. — V. aussi FELDSPATHS NOBLES.

Ostréiculture perlière, 284.

Oural (gisements gemmifères), 142, 188, 190, 223, 261.

Outillage diamanté, 420.

Outremer, 195. — V. aussi LAPIS-LAZULI.

Ouwarowite (grenat), 218. — V. aussi GRENATS.

P, Q

Pagodite, 212.

Parangons (perles), 275.

Pêcheries de perles, 280.

Pendeloques (taille), 351.

Perçage des pierres précieuses, 362.

Perforatrices diamantées, 418.

Péridot, 201, 328. — Bibliographie : Anonymes, 39 ; Berthier, 1,2 ; Couyat ; Damour, 9, 18 ; Daubrée, 3 ; Ebelmen, 5 ; Fellenberg ; Friedel (Ch.), 9 ; Friedländer, 1 ; Gonnard, 10 ; Hautefeuille, 1 ; Laspeyres ; Lechartier ; Meunier, 3 ; Michel, 4 ; Mitscherlich ; Nöggerath ; Penfield et Forbes ; Scacchi, 3.

Péridot de Ceylan (tourmaline), 225.

Perles, 7, 16, 266, 362. — Bibliographie : Anonymes, 17, 31, 48, 51 ; Baer ; Berthelot (M.), 3 ; Bonnemère ; Bordas, 1 ; Boutan (L.), 1, 2 ; Cattelle, 2 ; Cheyrouze ; Courtet ; Dastre ; Deloncle ; Diguet, 1 à 4 ; Dubois, 1 à 14 ; Escard, 12 ; Fauvel, 2, 3 ; Filipi ; Giard, 1, 2, 3 ; Godron ; Grand ; Gray ; Grill ; Günther ; Hague ; Hamonville ; Harley, 1, 2 ; Hesse ; Hessling ; Herdman ; Home ; Jameson (L.) ; Kawall ; Kunz, 28, 30, 42 ; Kunz et Stevenson ; Laboulaye ; Le Grand d'Aussy ; Lesêtre ; Mariot ; Mercereau, 1 ; Mœbius ; Pagenstecher ; Payan-Dumoulin ; Privat-Deschanel et Allemand-Martin ; Rubbel ; Siebold ; Seurat, 1 à 4 ; Steuart ; Thomas ; Vassel.

Perlite, 194.

Perse (gisements de turquoise), 257.

Phénacite, 238, 328. — Bibliographie : Des Cloizeaux, 12 ; Des Cloizeaux et Lacroix ; Hautefeuille et Perrey, 1 ; Kunz, 18 ; Penfield, 1 ; Penfield et Sperry.

Phosphorescence des gemmes, 18, 81, 238, 242.

Picotite (spinelle), 254.

Pierre des Amazones. — V. AMAZONITE.

Pierre d'azur. — V. LAPIS-LAZULI.

Pierre-de-cannelle : grenat, 214 ; quartz jaune, 167.

Pierre-de-croix (staurotide), 210.

Pierres doublées, 447.

Pierre du Labrador. — V. LABRADOR.

Pierre-de-lune, 192.

Pierre-des-Martyrs (héliotrope), 173.

Pierre de Moka (agate), 175.

Pierre de Perpignan, 216.

Pierres précieuses. — Bibliographie des travaux d'ensemble, ouvrages généraux, sans spécification : Anonymes, 32, 38, 40, 41, 43, 44 ; Babinet ; Banet-Rivet ; Barbot ; Bauer ; Berquem, 1, 2 ; Boetius de Boot, 1, 2 ; Bouasse ; Brard ; Brongniart ; Brückmann, 1, 2 ; Buffon ; Caire ; Castellani ; Catelle, 1, 3 ; Claremont, 1, 2, 3, 4, 5, 9, 10 ; Cheyrouze ; Chriten ; Demarty ; Dodron ; Dumont et Jourdan ; Dutens ; Emanuel ; Escard, 1, 3, 25 ; Fladung ; Feutchwanger ; Fontenelle, 2 ; Fuchs et de Launay ; Gaubert, 1 ; Gonnard, 19 ; Groth ; Haardt ; Halphen, 1, 2 ; Haüy, 1, 2 ; Jannettaz, Vanderheym, Fontenelle et Coutance ; Kunz, 23, 27, 35, 36, 38, 39, 40, 41, 45, 46, 53 ; Lacroix, 31, 33 ; Lançon ; de Lapparent, 2 ; de Launay, 15 ; Le Blanc ; Leteur ; Levat, 1, 2 ; Mandevil ; Marbodeus ; Mannucci ; Mawe ; Naldi ; Patel ; Rambosson ; Sage ; Schrauf, 2 ; Schulze ; Streeter, 1, 2 ; Venette, Verlage.

Pierre-de-sang (héliotrope), 173.

Pierre-de-soleil, 195.

Pierre-de-touche (jaspe), 178.

Pigott (diamant), 117.

Pistachite (épidote), 211.

Pléonaste, 254.

Poids. Mesure du — des gemmes, 54.

Polissage des pierres précieuses, 344, 360.

Polychroïsme, 71.

Prase, 172.

Production artificielle des pierres précieuses. — V. Synthèse.

Pulsators, 150.

Pycnomètre, 37.

Pyrite, 264. — V. aussi Marcassite.

Pyroélectricité, 92.

Pyrope (grenat), 215.

Quartz, 158, 325, 390, 431. — *Bibliographie* : Anonymes, 35, 52 ; Auerbach, 2 ; Bardet ; Berlemont ; Berthelot (D.), 1 ; Bestelmayer ; Billon-Daguerre ; Brun (A.), 4 ; Des Cloiseaux, 4, 5 ; Dufour ; Egoroff ; Escard, 10 ; Friedel (Ch.), 5 ; Friedel et Curie, 1 ; Friedel et Sarrazin ; Friedel (G.), 1 ; Gautier ; Gill ; Gonnard, 1, 13, 15, 17, 20, 21 ; Heintz ; Henrivaux ; Hidden et Washington ; Holborn et Henning ; Kaye ; Kœnigsberg ; Lacroix, 7, 25, 29, 32 ; Lampen ; Le Chatelier, 1, 2 ; Loucheux ; Molengraaf ; Mylius et Meusser ; Nabl, 1, 2 ; Reese ; Spezia, 1, 2 ; Termier ; Wallerant, 1.

Quartz xyloïde (bois agatisé), 178.

Quincyte (opale rose), 184.

R

Radiations. Action des — sur les pierres précieuses, 78, 83, 84, 285, 458. — *Bibliographie* : Becquerel (Edm.), 3 ; Becquerel (H.), 1, 2 ; Berthelot (M.), 5 ; Bordas, 2 ; Buguet et Gascard ; Chaumet, 1, 2 ; Crookes, 1, 2 ; Dœlter, 1 ; Dutremblay ; Egoroff ; Escard, 15 ; Goodwin ; Guntz et Minguin ; Haardt ; Keilhack ; Kunz, 24 ; Kunz et Baskerville, 1, 3 ; de Launay, 3 ; Meunier, 10 ; Meyère ; Parsons et Swinton ; Sacerdote.

Radiographie des huîtres perlières, 285.

Réfractomètres, 49.

Réfringence, 48.

Régent (diamant), 111.

Réglements et lois, 449.

Règles de concordance (carats), 60.

Résinite, 184.

Rhodizite, 285. — *Bibliographie* : Lacroix, 26.

Rhodonite, 190.

Romanzowite (grenat), 214.

Roses. Taille en —, 350.

Rosopale, 184, 326.

Rubasse. Quartz —, 168.

Rubellite, 205, 223. — V. aussi Tourmalines.

Rubis, 240, 312, 318, 389, 428, 450. — *Bibliographie* : Abrez-Carme ; Anonymes, 12, 25, 26, 47 ; Bertrand, 2 ; Boyer, 1, 2 ; Brown et Judd ; Chaumet, 2 ; Des Cloizeaux, 13 ; Escard, 6 ; Fremy, 2, 3 ; Fremy et Feil ; Fremy et Verneuil, 1, 2, 3 ; Friedel (Ch.), 7 ; Grunling ; Heaton ; Jannettaz, 6 ; Kunz, 14 ; de Launay, 10, 13, 14 ; Marre ; Melczer, 1, 3 ; de Mély, 6 ; Minet ; Mügge ; Paillard ; Renouard ; Rinne ; Sallior ; Sorby et Butler ; de la Touche, 2, 3 ; Tribeaudeau ; Verneuil, 1, 2, 3 ; Wallach.

V. aussi Corindon, Gemmes orientales.

Rubis almandin (spinelle), 253.

Rubis balais (spinelle), 253, 330.

Rubis de Bohême (quartz rose), 168.

Rubis brésilien (topaze rose), 203, 205.

Rubis du Cap (grenat), 215.

Rubis de Sibérie (tourmaline), 223.

Rubis spinelle, 253, 330. — V. aussi Spinelles.

S

Sancy (diamant), 112.

Saphir, 246, 316, 323, 389, 428, 450. — *Bibliographie* : Anonymes, 47 ; Ball, 2 ; Bertrand de Lom ; Boule, 1, 2 ; Brun (P.) ; Chenevix ; Dorlhac ; Douglas-Sterrett ; Friedel (Ch.), 8 ; Gonnard, 19 ; Grunling ; Hill, 2 ; Klaproth, 1, 2 ; Kunz, 26 ; Kunz, Pirson et Pratt ; Lacroix, 9 ; de Launay, 14 ; Mallet ; Morozewicz ; Moses ; Paris ; La Portherie ; Pascal ; Pfeil ; Rose (H.) ; Smith (J.), 1 ; Sorby et Butler ; de la Touche, 1 ; Troller ; Verneuil, 4, 5, 6.

V. aussi Corindon, Gemmes orientales.

Saphir brésilien : topaze bleue, 203, 205 ; tourmaline bleue, 224.

Saphir d'eau (cordiérite), 200, 334.

Saphir de France (quartz bleu), 168.

Saphirine, 168, 201. — *Bibliographie* : Damour, 5 ; de Launay, 14 ; Middlemiss ; Ussing.

Saphirine. Calcédoine —, 172.

Sardonyx, 173. — V. aussi GEMMES GRAVÉES.

Satiné des perles, 273.

Schorl (tourmaline), 225.

Sciage des pierres précieuses, 343, 358, 383.

Scies diamantées, 407.

Scintillement, 52.

Scléromètres, 47.

Sculpture sur gemmes. — V. GEMMES GRAVÉES.

Semi-opale, 184.

Serpentine, 211.

Sertissage des pierres précieuses, 347, 413, 421.

Shah (diamant), 116.

Siam (gisement de rubis), 244.

Sibérie (gisements gemmifères), 164, 206, 234.

Sibérite (tourmaline), 223.

Smaragdite, 200.

Sodalite, 197. — Bibliographie : Friedel (Ch. et G.) ; Scacchi, 2.

Spath vert (amazonite), 194.

Spessartite (grenat), 217, 330.

Spinelles, 252, 330. — V. aussi RUBIS BALAIS. — Bibliographie : Abich, 1, 2 ; Gonnard, 17 ; Grunling ; Lecop de Boisbaudran ; Meunier, 2, 5, 6 ; Pisani, 1 ; Rose (H.), 1 ; Thomson, 2 ; Thoulet, 3.

Spodumène (triphane), 198.

Staurotide, 210.

Stewart (diamant), 115.

Stras, 22, 449. — V. aussi IMITATION.

Stries dans les gemmes, 86, 102.

Succinite (grenat), 214.

Sud-Ouest africain (gisements diamantifères), 141.

Sumatra (gisements diamantifères), 140.

Synthèse des pierres précieuses, 295 et suiv. — Bibliographie :

GÉNÉRALITÉS, TRAVAUX D'ENSEMBLE. — Boyer, 1 ; Bourgeois, 3, 4 ; Deville et Caron, 3 ; Daubrée, 7 ; Ebelmen, 4 ; Fouqué et Michel-Lévy, 4 ; Gaudin et Feil ; Hautefeuille, 3 ; Michel-Lévy ; Pervinquière ; Petitgrew et Gerbel-Strover ; Renouard ; Vaulabelle, 1, 2.

AZURITE ET MALACHITE. — Becquerel (E.), 1 ;

Debray, 2 ; Lacroix, 2 ; Michel, 2 ; de Schulten.

CORDIÉRITE. — Bourgeois, 1 ; Lacroix, 6 ; Paris.

CORINDON, RUBIS, SAPHIR (GEMMES ORIENTALES). — Abrez-Carme ; Anonymes, 17, 46, 47 ; Boyer, 1, 2 ; Des Cloizeaux, 13 ; Escard, 1 ; Fremy, 2, 3 ; Fremy et Feil ; Fremy et Verneuil, 1, 2, 3 ; Friedel (G.), 2 ; Gaudin et Feil ; Hautefeuille et Perrey, 4, 5 ; Heaton ; Jannettaz (E.), 6 ; Kunz, 14 ; Lacroix, 3 ; de Launay, 10, 13 ; Lecesne ; Lechartier ; Melczer, 1, 3 ; Meunier, 2, 5 ; Minet ; Moses ; Mügge ; Paris ; Parmentier ; Renouard ; Sallior ; Tribeaudeau ; Troller ; Verneuil, 1 à 6 ; Wallach.

CYMOPHANE. — Deville et Caron, 2 ; Ebelmen, 2 ; Hautefeuille et Perrey, 2.

DIAMANT. — Anonymes, 17, 53 ; de Boismenu, 1, 2, 3 ; Boyer, 1 ; Cagniard de la Tour ; de Chancourtois ; Claude ; Colson ; Combes (Ch.) ; Escard, 3, 5, 20, 21 ; Friedel (Ch.), 11 ; Friedländer, 1 ; Gannal ; Gradenwitz ; Guntz et Minguin ; Hannay, 1, 2 ; Hasslinger ; Honoré ; Kunz, 4, 3 ; Lebrun et Nicaise ; Lionnet ; Ludwig ; Majorana ; Marmier ; Marsden ; Moissan, 1, 6, 12, 14, 17, 18 ; Renouard ; Rossel ; Rousseau ; Saix ; Silliman ; Tribaudeau ; Werth.

ÉMERAUDE. — Deville ; Ebelmen, 3 ; Hautefeuille et Perrey, 2, 6.

GRENATS. — Bourgeois, 2 ; Fouqué et Michel-Lévy, 2 ; Gorgeu ; Michel, 3.

LABRADOR. — Fouqué et Michel-Lévy, 1,3.

OPALE. — Becquerel (E.), 1 ; Bertrand, 3 ; Ebelmen, 1 ; Fremy, 1 ; Monier.

PÉRIDOT. — Daubrée, 3 ; Ebelmen, 5 ; Hautefeuille, 1 ; Laspeyres ; Meunier, 3 ; Mitscherlich ; Nöggerath.

PHÉNACITE. — Hautefeuille et Perrey, 1.

SPINELLE (RUBIS BALAIS). — Meunier, 2, 5, 6 ; Thoulet, 3.

TOPAZE. — Daubrée, 2.

ZIRCON. — Deville et Caron, 1 ; Hautefeuille et Perrey, 3.

T

Tables de concordance (carats), 260.

Table de Tavernier (diamant), 113.

Tables à graisse (extraction des diamants), 150.
Table. Taille en —, 349, 351.
Taille des pierres précieuses, 338, 352.
Texas (gisements gemmifères), 187.
Thermo-électricité, 92.
Thermomètres en quartz, 433.
Thulite, 211.
Topaze, 203, 327, 451. — *Bibliographie* : Alling ; Bertrand, 1 ; Brewster, 6 ; Cesaro ; Daubrée, 2 ; Des Cloizeaux, 11 ; Friedel (Ch.), 5 ; Friedel et Curie, 2 ; Forchhammer, 1 ; Gorceix, 2, 5, 8, 9 ; Hahn ; Hidden et Washington ; Hintze ; Lacroix, 15, 23 ; de Launay, 14 ; Kunz, 1, 2 ; Mosander ; Offret ; Penfield et Minor ; Scacchi, 1 ; Souheur ; Ungemach.
Topaze de Bohême (quartz jaune), 167.
Topaze enfumée (quartz enfumé), 167.
Topaze orientale (corindon), 250, 324.
Topazolite (grenat), 217, 218.
Tourmalines, 159, 220. — *Bibliographie* : Achiardi ; Arsandaux ; Baret, 1 ; Caldaguès ; Chaignon ; Clarke, 2 ; Cossa ; Curie (J. et P.) ; Duparc, Wunder et Sabot, 3 ; Escard, 11 ; Farrington ; Gmelin, 2 ; Gonnard, 2 ; Grunling ; Hamlin ; Herman ; Hidden et Washington ; Kenngott, 3 ; Kunz, 3, 7 ; Lacroix, 10, 20, 24, 26 ; de Lapparent, 1 ; de Launay, 11, 14 ; Lemoine ; Le Play ; Levat, 2 ; Merle ; Michel-Lévy, 2 ; Penfield, 3 ; Penfield et Foote ; La Portherie ; Riggs ; Richard ; Scharizer ; Termier, 2 ; Vuillerme.
Transparence des pierres précieuses, 65, 81, 458.
Transvaal (gisements diamantifères), 131 et suiv.
Travail des pierres précieuses, 335, 354, 382. — V. aussi GEMMES GRAVÉES.
Triphane, 198. — V. aussi KUNZITE. — *Biblio-* *graphie* : Gillet de Laumont ; de Grammont ; Kunz, 34 ; Kunz et Baskerville, 2 ; Lacroix, 19, 26 ; Smith (L.).
Tube-mill (extraction du diamant), 151.
Turkestan (gisements gemmifères), 258.
Turquoise, 256, 455. — *Bibliographie* : Anonymes, 28 ; Berzélius, 1 ; Blake ; Carnot, 1, 2 ; Clarke et Diller ; Fischer, 1 ; Hill, 1, 2 ; Houtum-Schindler ; Jannettaz (E.), 7 ; Klaproth et Wolf ; de Launay, 8, 14 ; de Mortimer ; Paul ; Penfield, 2 ; de Réaumur ; Silliman (B.), 2 ; Toqué.
Tyrol (gisements de quartz), 187.

U

Ultra-marine (lapis-lazuli), 195.
Utilisation industrielle des pierres précieuses, 162, 164, 196, 403 et suiv.

V, W

Valeur commerciale des gemmes, 63.
Vermeil (grenat), 216.
Vésuvienne (idocrase), 219.
Williamsite, 212.
Wiluite (grenat), 214.

X, Z

Xantite (idocrase), 129.
Zircon, 185, 329, 441, 452. — *Bibliographie* : Bertrand de Lom ; Berzélius, 3 ; Damour, 13 ; Daubrée, 1 ; Deville et Caron, 1 ; Franchet ; Friedel (Ch.), 2 ; Gibbs ; Gonnard, 9, 19 ; de Grammont ; Hautefeuille et Perrey, 3 ; Henneberg ; Kroustchoff ; Lacroix, 5, 8 ; de Launay, 14 ; Michel, 1 ; Michel-Lévy, 1 ; Pisani, 4 ; Schmidt ; Truchot, 1.
Zoïzite, 211.

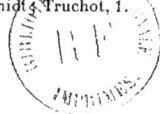

MACON, PROTAT FRÈRES, IMPRIMEURS

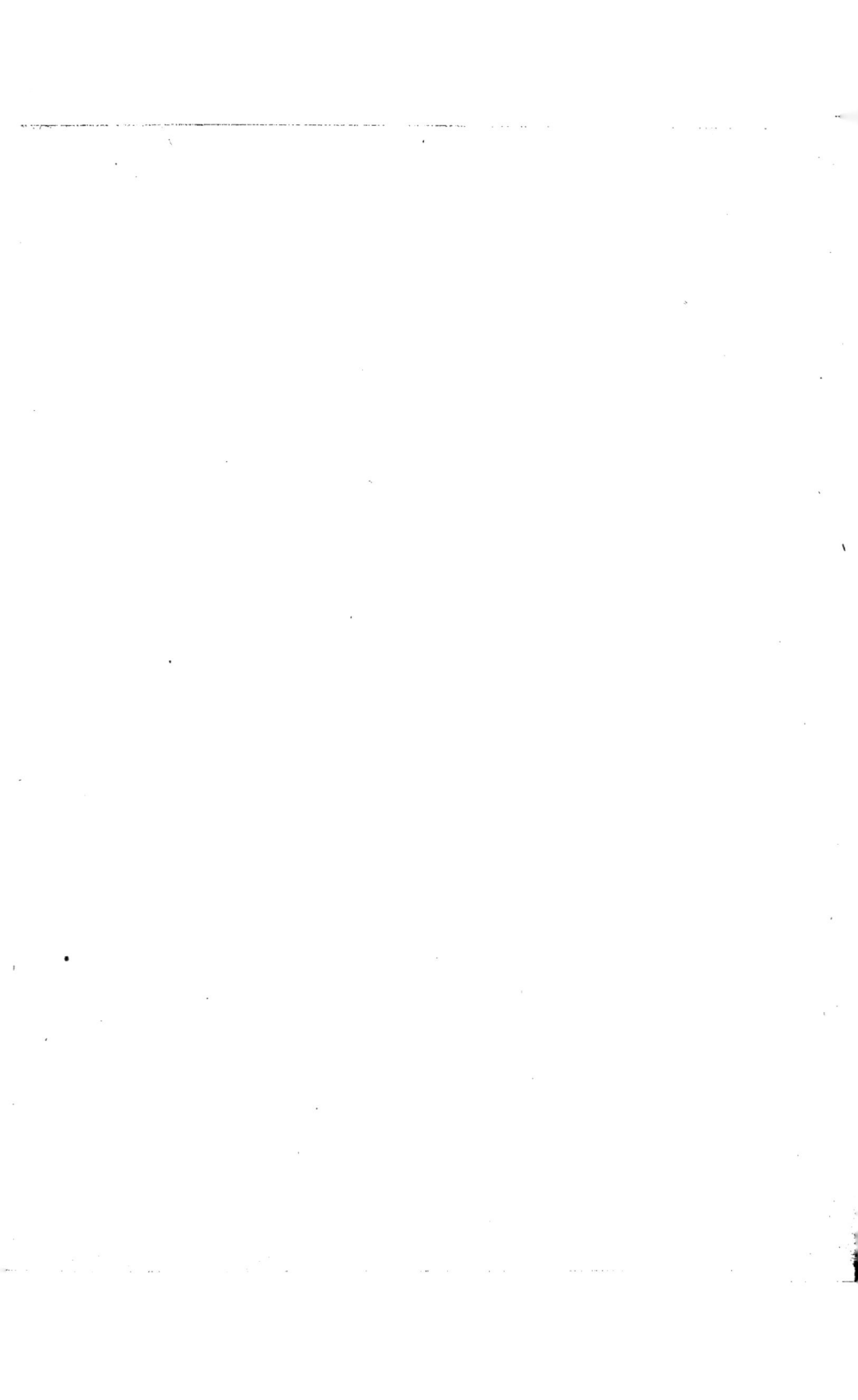

www.ingramcontent.com/pod-product-compliance
Lightning Source LLC
Chambersburg PA
CBHW031716210326
41599CB00018B/2410